于全，中国工程院院士，信息系统安全重点实验室主任。自然科学基金"空间信息网络基础理论与关键技术"重大研究计划指导专家组组长，*Journal of Communications and Information Networks* 创刊主编，中国通信学会云原生网络专委会主任，中国指挥与控制学会副理事长。研究方向包括无线自组织网络、空间信息网络、软件无线电、认知无线网、网络体系架构等。近年来学术兴趣点主要在"云原生网络""类脑神经元的无线异构网络"及"类生物免疫的网络安全防护"等领域上。主持国家级重大科研项目 10 余项，获国家科技进步奖一等奖 1 次、二等奖 1 次、省部级科技进步奖一等奖 5 次，曾被评为全国优秀科技工作者、优秀留学回国人员，获中国科协求是杰出青年奖、第九届中国青年科技奖，其带领的团队于 2024 年荣获"国家卓越工程师团队"称号，近年来发表学术论文近百篇。

Cloud-Native Network
for an Unmanned and
Intelligent Battlefield

Architecture and Key
Technologies

云原生网络
体系架构与关键技术
——面向无人化智能化战场

■ 于全 刘千里 等 —————— 编著

人民邮电出版社
北 京

图书在版编目（CIP）数据

云原生网络体系架构与关键技术：面向无人化智能
化战场 / 于全等编著. -- 北京：人民邮电出版社，
2025.6
ISBN 978-7-115-63993-6

Ⅰ. ①云… Ⅱ. ①于… Ⅲ. ①计算机网络—网络结构
Ⅳ. ①TP393.02

中国国家版本馆CIP数据核字（2024）第052565号

内 容 提 要

本书旨在为面向未来无人化智能化作战需求，适应"高速泛在、天地一体、云网融合、智能敏捷、安全可控、绿色低碳"的发展趋势，构建具有云原生、智原生、安全内生、弹性内生、低成本、低能耗等特征的新型云原生网络提供指导。本书简要回顾战场通信系统的发展历程，引出面向未来的云原生网络，并分别对云原生网络总体设计、云原生服务设计模式、大规模低轨星座系统、大规模移动自组织网络和云原生网络零信任安全进行了重点介绍。

本书可以作为广大从事信息通信网络技术研究和开发的科技工作者、工程师、本科生和研究生的参考用书，也可供军队指挥员、参谋人员和军队网络信息相关从业人员参考。

♦ 编　　著　于　全　刘千里　等
　　责任编辑　代晓丽
　　责任印制　马振武
♦ 人民邮电出版社出版发行　　北京市丰台区成寿寺路 11 号
　　邮编　100164　　电子邮件　315@ptpress.com.cn
　　网址　https://www.ptpress.com.cn
　　北京捷迅佳彩印刷有限公司印刷
♦ 开本：700×1000　1/16
　　印张：41.5　　　　　　　　2025 年 6 月第 1 版
　　字数：632 千字　　　　　　2025 年 7 月北京第 2 次印刷

定价：398.00 元

读者服务热线：(010)53913866　印装质量热线：(010)81055316
反盗版热线：(010)81055315

前言

胜利总是向那些预见到战争特性变化的人微笑，而不会向那些等待变化发生之后才去适应的人微笑。在战争形态迅速变化的时代，谁敢为人先走新路，谁就能获得用新战争手段取代旧战争手段所带来的无可估量的优势。

——朱利奥·杜黑

一边，信息化战争的硝烟仍在不断积聚；另一边，智能化战争的味道已然扑面而来。

2019 年上映的美国大片《天使陷落》中，无人机蜂群执行特战任务的一幕，不仅场面震撼、令人毛骨悚然，更是让观影者从银幕上初次管窥到未来无人化智能化战场的模样。画面中，美国总统在一队特勤局特工的严密安保下，正在悠闲地享受着钓鱼时光。突然，一大批无人机黑压压蜂拥而至、从天而降，对总统和卫队发动了突然袭击。面对这些行动迅速、配合默契、自主协同、精准打击的无人机，即使是训练有素、装备精良的总统卫队，也毫无还手之力，顷刻间几乎全军覆没。

数月之后，在 2020 年阿塞拜疆和亚美尼亚两国交战的纳卡战场上，这一画面便成了冷冰冰的现实。世人在为两国军队的无人机大规模运用及战果惊叹的同时，也纷纷将其视为无人化智能化战争的一个标志性开端。

纵观人类战争发展史，任何一次战争形态的演变，都是科学技术革命和世界格局变化推动的结果。近 10 年来，云计算、大数据、物联网、5G 通信、人工智能、机器人、生物工程等新技术突飞猛进、日新月异，一场新的科技革命正在走上历史舞台，同时也引发了国际政治、经济和军事力量对比的空前变化。世界正经历百年未有之大变局，各国纷纷探寻应对之策。

以美国为例，面对中国和俄罗斯近 20 年来综合国力，特别是尖端科技和军事实力的大幅提升，美军越来越强烈地认为，自己几十年来所依赖的以隐身突防、精确制导武器和网络化传感器为核心的军事力量，及其基于集中式决策、网络化战场态势感知和可靠通信指挥能力的网络中心战军事理论，在中、俄两国日益强大的电子战、网络战、太空战能力面前越来越难以形成跨代优势。

"同类相耗之力，巨大变革之本"（Attrition of the same adds up to big change）。因此，美军在 2014 年提出了"第三次抵消战略"，其核心就是利用美国在自治系统（Autonomous System，AS）、人工智能（Artificial Intelligence，AI）、自组织（Ad Hoc）网络等先进技术领域的优势，并与新的军力组织设计和创新性的作战概念相结合，抵消中、俄两国"反介入及区域拒止"（A2/AD）能力对美军全球力量投送构成的巨大威胁，打一场对手看不懂的战争。

在"第三次抵消战略"的引领推动下，多域战、算法战、蜂群战、马赛克战、分布式海战、联合全域战、决策中心战等新的作战理论和作战概念层出不穷，给传统的作战模式、力量编成、指挥控制和通信组网带来了巨大的，乃至颠覆性的冲击和挑战，引发各国纷纷就新一轮军事革命展开深入思考和激烈讨论。就像美军参谋长联席会议前主席马克·米利在《2022 年国家军事战略》中发出的那句"警言"："今时不变，日后就输（Adapt now, or lose later）。"

正是在这样的时代背景下，长期从事战术通信和信息系统研究的我们，在 2019 年春便萌生了对研究团队 10 年前出版的《战术通信理论与技术》再写续篇的想法，分析百年未有之大变局下传统通信网络面临的风险和挑战，进而探索下一代信息网络的能力需求、体系架构和关键技术。多番头脑风暴之后，结合前沿技术发展和战争形态走向，我们遂将本书取名为《云原生网络体系架构与关键技术——面向无人化智能化战场》。

"以史为鉴，可以知兴替。"为了更好地讨论面向未来无人化智能化战场的云原生网络，在第 1 章，我们回顾了百余年来通信手段如何改变战争的组织方式，并不断催生新的作战概念和作战手段。根据战场上信息传递获取方式的变化和对战争组织形态的影响，我们将现代战场通信的发展大致划分为 3 个阶段，即无线电台催生机械化、网络互联赋能信息化和云网一体开启智能化。我们重点讨论智能化战争的基本特征、制胜机理和典型作战概念（重点以美国国防高级研究计划局提出的马赛克战为例），分析其对分布式网络和分布式云的能力要求，提出面向未来无人化智能化战场，以云网融合为核心，构建分布式网络、计算和存储一体化的云原生网络构想。

战场资源像云一样飘忽不定、动态组合，因云而生、为云而存、依云而建。在第 2 章，我们向读者介绍了云原生概念及其四大要素——微服务、容器化、开发运维一体（DevOps）和持续交付，阐述了云原生网络的理念和架构，给出了云网一体的云原生网络的基本原理和特征。在此基础上，探讨了以 K8S（Kubernetes）为核心，对计算、存储、网络等异构资源进行统一虚拟化、统一调度分配、统一运维管理的云原生网络操作系统，以及基于网络孪生（Cybertwin），实现各类异构传输手段的高效协作融合和各种异质应用服务的按需质量保证。

在第 3 章，我们围绕云原生服务的设计、集成、部署、编排和运维，从设计模式、通信机制、数据存储、服务部署、运行监控等方面探讨了高可用云原生服务的构建方法，并以"派单式"时敏目标打击服务为典型案例，简要说明云原生军事应用的开发模式和部署流程。值得指出的是，随着软件开源生态的蓬勃发展，基于持续集成／持续部署（CI/CD）和 DevOps 的现代化软件工厂显著提升了云原生服务和应用的开发效率和交付能力。这场涵盖软件架构、敏捷开发、可视运维、资源优化和协同创新的深刻变革，仍然在持续迭代演进。

在云原生网络中，大规模低轨星座系统是实现战场信息网络远域扩展和广域链接的重要手段，对于支撑全球用户随遇接入和作战要素"一跳入云"具有天然优势。尤其是在俄乌冲突中，SpaceX 向乌方提供的"星链"（StarLink）

服务在一定程度上改变了战争走向，为大规模低轨星座的应用带来更多畅想。在第 4 章，我们聚焦类"星链"系统的大规模低轨星座，分析其技术挑战，并详细阐述其构型设计、星座组网、多星多波束协同传输、大规模星座用户接入和手机直连卫星等关键技术及实现路径。

随着无人机蜂群作战、马赛克战等新型作战概念的提出，面向支持大量战术末端异构平台之间宽带、扁平组网应用的大规模移动自组织网络（Mobile Ad Hoc Network，MANET）技术逐渐成为近年来的一个研究热点。我们认为，在云原生网络中，大规模移动自组织网络是战术末端的主要网络形态，是构建战术微云、实现战术末端有人平台和无人平台间互联互通和自主协同的重要基础。第 5 章具体论述大规模移动自组织网络的网络架构及能力特征、物理层技术、信道接入控制技术，以及路由技术等方面的内容。

在云原生网络中，基于边界的"城堡＋护城河"的传统网络安全模式显然无法提供足够的安全保证，而近几年热议的零信任安全架构，以其"从不信任、始终验证"——一种"以不变应万变"的策略，成为云原生网络中首选的安全机制。零信任安全架构从保护网络为中心转变为保护数据为中心，持续状态感知信任评估，动态访问授权接入控制，采用最小访问授权原则尽量减小网络的"暴露面"，实现细粒度的自适应访问控制。第 6 章提出基于网络孪生实现适应战场环境的分布式零信任安全机制。

温斯顿·丘吉尔曾言："写书是一种冒险。一开始，它只是一个玩物和一种消遣方式。然后它变成了情人，再变成主人，接着成为暴君。最后一个阶段是，就在你即将接受它奴役的时候，你终于杀死了它并将它示众。"

在本书即将付梓"示众"之时，我们对丘吉尔所言是如此地感同身受。本书从 2019 年启动到今日完稿出版，历时 6 年之久。其间，新冠疫情的肆虐未能阻挡我们探索前进的步伐，ChatGPT 的横空出世也让我们对未来通用人工智能（Artificial General Intelligence，AGI）、人机融合、协同演进的作战模式充满了新的期待与展望，DeepSeek 的闪亮登场更是进一步拓展了人工智能应用的边界，必将加剧行业变革的浪潮。6 年多来，写作提纲反复修改，各章内容不断打磨，自以为也算是经历了一场小小的"奥德赛之旅"。

　　颇感欣慰的是，我们在云原生网络的研究中，打破了传统思维定式，创新性地运用了多学科交叉思维方式，将通信、网络、指挥与控制、经济学、生物学、社会心理学、人工智能等多领域的相关知识融会贯通，以期能够为书中所论观点的科学性和前沿性提供一些多维度的加持。例如，为解决下一代互联网面临的可扩展性、移动性、可用性、安全性、可管性、经济性挑战，我们借鉴了经济学关于资源稀缺性的观点以及生物学关于复杂多样、共存演化的思想，提出了基于网络孪生的云原生网络架构；受生物免疫系统机理启发，我们提出了云原生网络的类免疫安全机制，并将零信任安全架构作为基本技术路线，实现了"可用性与安全性平衡，安全风险可预测、可评估、可隔离、可控制"的科学安全观的有效落地；面对业界时常出现的一些概念混淆问题，我们还对信任度、可信度及信任的传递等名词进行了明确的区分定义。

　　更多内容，敬请读者开卷端详，希望能够给您带来帮助和收获。

　　本书是我们科研团队多年学术研究的总结和集体智慧的结晶，刘千里、刘俊平负责第 1 章的撰写，魏子忠、张海山、梁丹丹负责第 2 章的撰写，魏子忠、解文博、涂静负责第 3 章的撰写，王敬超、邓博于负责第 4 章的撰写，董玮、李颖负责第 5 章的撰写，史云放、李颖、刘千里负责第 6 章的撰写，于全负责本书的内容规划、编写思路及全书统稿。参加本书资料整理和编写工作的还有汪李峰、秦猛、赵存茁、马琰、傅娟、白琳、苏阳、刘建武、杨茜、刘明、曹旭、孙己正，以及上海道客网络科技有限公司和深圳市华云中盛科技股份有限公司的相关技术人员，在此一并表示衷心的感谢。

　　由于水平有限，书中难免会有疏漏和不当之处，恳请读者不吝指正。

作者

2025 年 4 月

目 录

| 第 2 章 | 云原生网络总体设计 ······87
CHAPTER 2

| 第 3 章 | 云原生服务设计模式 ⋯⋯⋯⋯⋯⋯ 193

CHAPTER 3

第 4 章 | 大规模低轨星座系统 ·························· 321
CHAPTER 4

| 第 **5** 章 | 大规模移动自组织网络 ····················· 431
CHAPTER 5

| 第 **6** 章 | 云原生网络零信任安全 ····················· 521
CHAPTER 6

第 **1** 章

CHAPTER 1

绪论

　　每个在战史上因采用新的战法而创造了新纪元的伟大的将领，不是亲自发明了新的物质手段，就是首先发现了正确运用在他之前所发明的新的物质手段的方法。

——弗里德里希·恩格斯

在人类几千年战争形态演变进程中，长期处于冷兵器时代，战场上的通信联络主要采用光、声、旗帜等简易信号和运动手段来实现，典型的通信方式有烽火、鼓金、旗语、信鸽、邮驿等。这些通信手段组织简单、直观，在时效性、准确性和可靠性等方面，都处在比较低的水平 [1]。

人类通信史上的革命性变化，是从把电作为信息载体后发生的，典型的电信手段包括电话、电报、无线电台等。在战场上，具有划时代意义的颠覆性变化和标志性事件，是无线电台的发明和应用。由于无线电通信具备建立迅速、便于机动、抗毁性强等突出特点，能与运动中的方位不明以及被敌人分割或自然障碍阻隔的部队快捷建立并保持通信联络，能在复杂多变的战斗情况下保障作战指挥，因此成为现代战争中主要的通信手段。特别是在与飞机、坦克、舰艇等机动平台联络时，无线电甚至是唯一的通信手段。

1895 年，马可尼和波波夫发明无线电接收机。1897 年，美军建立了一条试验性舰岸无线线路。1901 年，马可尼发射的无线电信息成功穿越大西洋，从英格兰传到加拿大的纽芬兰省，开启了无线电通信进入实用的新篇章。随着无线电台在坦克、飞机、舰艇等运动作战平台上加装运用，现代战场指挥控制方式迎来了质的变革。

近 100 多年来，随着现代通信技术不断演进发展，战场信息交互方式和能力不断改进提升，相比冷兵器时代，通信手段更加深刻地改变了战争的组织方式，甚至不断催生新的作战概念和作战样式。根据战场上信息传递获取方式的变化和对战争组织形态的影响，我们将现代战场通信发展大致划分为 3 个阶段，即无线电台催生机械化、网络互联赋能信息化和云网一体开启智能化。

1.1 无线电台催生机械化

机械化战争是工业时代战争的基本形态，主要使用坦克、飞机、舰艇等机械化作战平台和火炮、导弹、炸弹等火力杀伤武器进行作战，其制胜理念是消耗敌人、摧毁敌人，大量歼灭敌人的有生力量，强调对作战平台火力和机动力的运用。机械化战争作为战争的基本形态，几乎贯穿整个 20 世纪。

在机械化战争的出现和演进背后，无线电台发挥了至关重要的推动作用，并在此过程中得到了广泛的应用和长足的发展。正是因为无线电台在各类机械化平台上的加装运用，平台的机动力和火力得到充分释放，促进了机械化战争形态和战争理论的蓬勃发展。可以说，机械化为无线电台提供了舞台和空间，无线电台为机械化插上了腾飞的翅膀，催生了机械化战争这一经典战争形态。

1.1.1 机械化战争演进与特征

1. 发展历程

1903 年莱特兄弟发明飞机，1909 年美国陆军装备世界上第一架军用飞机，1915 年英国斯文顿中校提出了坦克的概念并推动了坦克的诞生。军用飞机和坦克的问世，为机械化战争的出现创造了重要的物质条件。

第一次世界大战（1914 年—1918 年）期间，英国及其他欧洲国家逐步组建了机械化部队，坦克、装甲输送车等装备得到运用，形成了很强的突击能力，大幅改变了传统阵地战的长期对峙作战态势。

第二次世界大战（1937 年—1945 年）中，各主要军事强国将具有高度机动力、突击力的机械化作战平台大量运用于战争，坦克、装甲战车、自行火炮等机械化装备不断涌现，并被大量装备到部队中。在作战理论上，出现了杜黑的"空军制胜论"、富勒的"机械化战争论"、鲁登道夫的"总体战"等著名的机械化战争理论。特别是德国的"闪电战"理论，提出了以装甲部队在飞机和空降兵的协同下远程奔袭、高速突进的新型作战概念，成为第二次世界大战中德军作战的理论基础。这些理论在战争中得到充分运用，取得了显著的作战效果。

1945 年 8 月，美国在日本投下两颗原子弹。原子弹的出现，使机械化战争又发展到了一个新的阶段。这一时期，美军建立了战略空军司令部，苏联组建了战略火箭军，英、法等国家也建立了战略核部队。在常规力量建设上，苏、美等强国的陆军装备了威力强大的战役战术导弹和高性能火炮；空军装备了可携带导弹的新型作战飞机；海军导弹舰艇、导弹核潜艇和海军航空兵成为主要突击力量。

20 世纪 70 年代至 80 年代中期，美苏进一步形成核威慑条件下的常规战争理论。美军提出"空地一体战"理论，苏军发展"大纵深立体战役"理论，进一步丰富和发展了机械化战争理论。

2. 基本特点

与传统冷兵器战争、热兵器战争相比，机械化战争的突出特点如下。

① 具有高速机动能力的飞机、坦克、军舰，成为作战的主要平台。

② 战争中军队的进攻能力大大增强，打破了防御的优势。坦克等装备的使用，使得依靠战壕进行坚守防御的优势不复存在，极大地改变了军队的作战方式。

③ 战场范围扩大，态势变化加快。机械化装备的大量运用，军队的火力、突击力、机动力和整体作战能力空前增强，导致作战行动由陆地、海洋向空中扩展，前方与后方的界限模糊，战场情况瞬息万变，力量对比转化迅速，攻防转换频繁。

④ 立体作战、纵深作战成为重要作战方式。作战行动在多层次、全方位展开，陆空联合战役布势、全纵深火力突击、大纵深迂回穿插和奔袭作战增多。

⑤ 合同作战、联合作战迅速发展。以陆军为主，诸军种、兵种协同配合的合同作战，逐渐发展为诸军种联合作战，作战威力大大提高。

⑥ 破坏力强，消耗巨大。机械化武器装备对弹药、油料和其他物资的需求极大，武器装备损坏率高，人员伤亡增加，破坏严重，更加依赖于强大的经济、充足的人力物资、顺畅的交通运输和良好的后勤保障。

总之，机械化战争的基本要素是新型武器平台、无线电和作战理论方法，立体作战、纵深作战成为重要作战方式，以无线电为主体的战场通信，使飞机、坦克等作战平台如虎添翼，在机械化战争中发挥了举足轻重的作用。

1.1.2　闪电战：机械化战争经典作战概念

第二次世界大战中，德国名将海因茨·威廉·古德里安提出了著名的闪电战理论[2]，充分利用飞机、坦克、装甲车、摩托车等现代化战争工具的速度优势，以突然袭击的方式，对敌人实行闪电般的打击。其核心是奇袭、集中、速度，要求在敌人部署武装力量之前，集中优势兵力，以包围与合围的方式取得战争的胜利。

闪电战是二战期间德国军事战略的基础，在二战初期一战成名，创造了一系列辉煌战绩。在 27 天内征服波兰，1 天内征服丹麦，23 天内征服挪威，5 天内征服荷兰，18 天内征服比利时，39 天内征服号称拥有"欧洲最强陆军"的法国，在对苏战争的第一年也取得了巨大胜利。

闪电战经典战例：波兰战役

1939 年 9 月，苏联、纳粹德国与斯洛伐克军队入侵波兰，史称波兰战役。这次战役实践了立体化运动战战术，是闪电战的成功范例，以一种成功的全新战术被铭刻在了世界军事史上。

（1）战役过程

1939 年 9 月 1 日，德军以其 6 个装甲师、4 个轻装甲师和 4 个摩托化步兵师为主要突击力量，在一马平川的波兰西部，势如破竹般撕破了波军 6 个集团军约 80 万人组成的防线。

9 月 4 日，波军"波莫瑞"集团军的 3 个步兵师和 1 个骑兵旅全部被歼灭。

9 月 7 日，德军龙德施泰特的南路集团军群重创波军"罗兹"和"克拉科夫"两个集团军，占领了波兰工业中心罗兹和第二大城市克拉科夫。

9 月 14 日，南路集团军群所属赖歇瑙的第 10 集团军和布拉斯科维茨的第 8 集团军，在维斯瓦河以西一举合围从波兹南和罗兹地区撤退的波军，占领了波兰中部地区，使华沙处于半被合围的状态。

9 月 17 日，德军完成对华沙的合围。

9 月 27 日，华沙陷落。

10 月 5 日，波兰战役宣告结束。

（2）伤亡情况

波军 6.63 万人阵亡，13.37 万人受伤，91.1 万人被俘（其中，被德军俘虏 69.4 万人，被苏军俘虏 21.7 万人），10 万人逃至邻国。

德军仅阵亡 10 600 人，受伤 30 300 人，失踪 3 400 余人。

（3）小结

波兰战役中，德军坦克和空军显示了巨大威力。为了突破敌军防御，德军首次使用快速重兵集团——坦克军、坦克师和摩托化步兵师，与航空兵密切协同作战，以快速重兵集团在防御纵深对敌人实施迂回和合围，扩大战役进攻纵深，提高战役速度，显示了坦克兵团在航空兵协同下实施大纵深快速突击的威力，对军事学术的发展产生深远影响。

闪电战的成功可归结为三大要素，即坦克、飞机和无线电。坦克和飞机对作战的意义不言自明，在德国击败法国后，彻底排除了对"机械化是在现代战场上取得胜利的先决条件"的质疑。而无线电作为闪电战成功的第三大要素，核心在于它在战争史上第一次使指挥员可以实时监控己方和敌方的部署，并利用这些信息远程指导战场上的行动，使师、军甚至整个集团军在战场上像连队一样前进，保障作战指挥的快捷、持续、可靠。例如，德军利用无线电传达简洁的命令，创造出一种高度敏捷、反应灵活的指挥控制结构，这是二战初期几场战役中的主要竞争优势。同波兰、法国、英国、苏联这些对手相比，德军高级兵团和高级军团机动得更快，反应更迅速，变换方向也更容易。

因此，在闪电战中，无线电台通信对传送命令和情报至关重要。有了无线电台，军官可以更方便、快捷、有效、精准地指挥战斗，保持空中与陆地的紧密联系，快速出击、协同配合，实现整齐划一的行动。可以说，无线电台是坦克、飞机发挥强大机动力和火力的有力保证，这也正是闪电战屡建奇功的关键要素。

总之，闪电战挟最新高技术兵器，以最小的损失，突然迅速地达成战争目的，其理论魅力至今依然不减，现代局部战争中仍然常常见到其影子。特别是当现代战争插上信息技术翅膀后，突如其来的闪电战变得更加可怕。

1.1.3 机械化战场上的无线电台

从19世纪末20世纪初，直至二战时期，无线电技术及应用处于探索发展阶段。受限于器件及工艺技术，无线电通信主要以长波、中波、短波、超短波频段为主。无线电应用形式也比较简单，主要为话音通话、无线电报和测向导航。

第一次世界大战期间，无线电台被配备到营级指挥所（如图 1-1 所示），并在战场上得到应用，提升了作战行动中信息传递的效率，成为战斗力的重要组成要素，以崭新的姿态出现在战争舞台上。

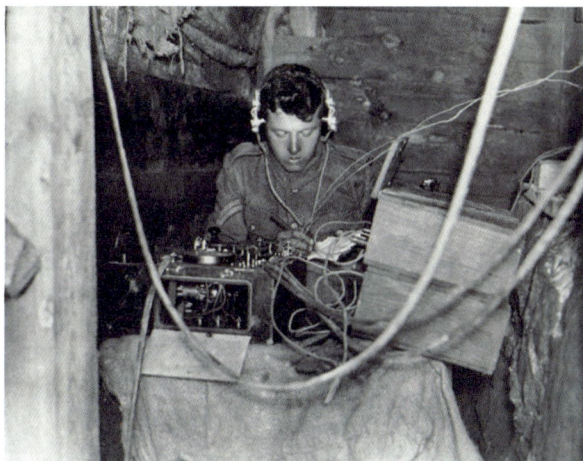

图 1-1 一战期间的无线电报

到了第二次世界大战期间，无线电技术取得了重要突破，无线电的应用大幅拓展，从指挥所一直延伸部署到坦克、装甲车等武器平台上。晶体管替代电子管，较小的高频设备替代庞大、笨重的电台。德军新装甲师的基本原则是为每个指挥所和部队的每一部车辆配备电台，从最小的摩托车到最重的坦克，莫不如此，另外还有搭载无线电台并配有发报机和接收机的专用指挥车。这些无线电台与机械化武器装备密切结合，展现出巨大的威力，在战争中大放异彩，深刻改变了战争形态，一定程度上催生了以闪电战为代表的经典作战理论的诞生。

德军是将无线电与战术行动密切结合应用的先驱。早在 20 世纪 30 年代，德军便开始了无线电标准化和普及化的工作。装甲部队作为进攻的矛头和防御时的"消防队"，需要时刻保持良好的车际通信，以及与炮兵、对地攻击机等支援单位的紧密联系，为此，德律风根（Telefunken）公司在 20 世纪 30 至 40 年代为德军陆续开发了一系列车载无线电设备，以满足前线需求。

二战中的德军战车加装的无线电设备，一般分为发报机和接收机两个主要部分，以及变压器和耳机、键盘等附件，如图 1-2 所示。为了便于检修和节省空间，不同的组件分别装在车内不同的框架或者盒子里。每部无线电设备都可以传递声音或者电报。

图 1-2 二战期间德军坦克或指挥部固定使用的无线电台 Fu5

20 世纪 40 年代以后，无线电台在世界各国军队中广泛普及，后又随着科技的进步获得了长足的发展。硬件工艺实现了从电子管到晶体管，再到集成电路、专用芯片的演变；工作频段从以高频、甚高频为主逐渐拓展，低端向中频、低频、甚低频拓展，高端向特高频、超高频、极高频等拓展；调制解调、编解码、抗干扰、加解密等技术不断创新。经过几十年发展，逐步形成了以短波电台、超短波电台、微波接力设备、卫星通信设备等为主体，中波电台、长波电台、散射通信设备、流星余迹通信设备等为补充，品类不断齐全、形态逐渐丰富、功能迭代优化的无线电通信设备谱系，成为战场上主要的通信装备。

图 1-3 给出了美军 20 世纪中后期一款主要的便携式 VHF 调频电台 AN/PRC-77。1967 年，该电台由美国无线电（RCA）公司研制，主要装备在陆军和海军陆战队，用于战术级通信。截至 1990 年底，共生产了 130 多万套。

图 1-3　美军 AN/PRC-77 电台

在 1991 年的海湾战争中，AN/PRC-77 电台在美陆军和海军陆战队中大量使用，发挥了比较重要的作用。但在实战应用中，该电台抗干扰性能和可靠性存在不足，后续得到了改进完善和升级。

1.2　网络互联赋能信息化

信息化战争是信息时代战争的基本形态，以信息为主要资源，在陆、海、空、天、电、网等全维战场空间展开，通常是多军兵种一体化的组织方式。信息化战争与以往战争最大的不同点，在于信息的地位和作用发生了变化，通过信息的网络化共享、扁平化分发，改变了物质和能量的作用方式，进而改变了作战制胜机理，信息成为生成战斗力的新型主导资源[3-4]。

随着信息化战争的发展演进，战场信息通信从无线电链路，逐步发展为网络化的通信系统。这些网络和系统连接战场上各类传感器、指挥所和武器平台，承担着各类信息的端到端、可靠、准确传递任务，发挥着基础性和枢纽性的支撑作用。可以认为，互联的网络是信息化战场信息系统的"底座"，网络互联为发挥信息的主导作用提供基本保证，是信息化战争的赋能器。

1.2.1 信息化战争演进与特征

1. 发展历程

20 世纪 70 年代中后期至 80 年代初，随着苏联核力量的大幅跃进以及美苏之间核均势的逐步显现，美国为了利用新的技术优势抵消苏联的数量优势，启动了第二次抵消战略，以信息化对机械化，打造一支更为强大的常规军事力量。第二次抵消战略涉及的主要领域包括隐身、先进传感器、电子战、太空和网络，发展基于信息的"技术赋能器"，运用卫星侦测平台、全球定位、计算机网络、精确制导等技术，大大提升已有武器平台的作战效能。这场以信息技术为核心的军事革命，使得美国在与苏联的军事竞争中再次占据了优势。

第二次抵消战略的成果在 1991 年海湾战争的"沙漠风暴"和"沙漠盾牌"行动中，首次得到大规模综合应用[5]。在海湾战争中，"爱国者"屡次成功拦截"飞毛腿"导弹，数据链在其中起到了重要作用。伊军发射的"飞毛腿"导弹至少要 4 ~ 5 min 才能到达预定目标，而美军的预警系统在导弹发射 12 s 后即可发现，并测出导弹的运行轨道和预定的着陆地区。报警信息及数据通过数据链系统，迅速传输到美国空军航天司令部数据处理中心，解算出有效拦截参数，并通过卫星传给位于沙特阿拉伯的"爱国者"防空导弹指挥中心，处理后的数据 3 min 内就被加载到"爱国者"导弹上并完成发射。预警探测、通信、计算和指挥控制等信息系统在整个作战过程中，发挥了至关重要的作用，海湾战争也随之成为信息化战争时代来临的重要标志。

此后，在 1999 年科索沃战争、2001 年阿富汗战争、2003 年伊拉克战争以及 2011 年利比亚战争中，信息化武器装备使用比例大幅度提高，争夺制信息权成为赢得战争主动权的关键。战争实践使人们进一步深刻认识到，人类战争形态正在由机械化战争向信息化战争转变。信息化战争逐渐成为战争的基本形态。

第一场信息化战争：海湾战争

海湾战争，是20世纪末美国领导的联盟军队对伊拉克进行的一场战争，标志着高技术局部战争作为现代战争的基本形态登上了世界军事舞台。

（1）事件经过

1990年8月1日，伊拉克与科威特围绕石油问题的谈判宣告破裂。

1990年8月2日，伊拉克向科威特发起突然进攻。经过约14 h的城市战斗，伊军完全占领科威特首都，随后占领了科威特全境。

1990年8月2日20时，美国启动防止伊拉克入侵沙特阿拉伯的"沙漠盾牌行动"。两支美国海军舰队进入战斗地区。

1990年11月，以美国为首的盟国共同决议，要求伊拉克在1991年1月15日之前撤出科威特，否则将采取武力措施。

1991年1月17日，以美国为首的多国部队轰炸巴格达，发起"沙漠风暴"行动。美军的空袭行动按计划3个阶段同时开始，齐头推进。

截至1991年2月23日，多国部队共出动飞机近10万架次，投弹9万吨，发射288枚"战斧"巡航导弹和35枚空射巡航导弹，极大削弱了伊军的C3I（指挥、控制、通信和情报）能力、战争潜力和战略反击能力。

1991年2月24日，多国部队发起地面进攻，在沙科、沙伊边界约500 km正面上由东向西展开5个进攻集团。

1991年2月26日，萨达姆宣布接受停火，伊军迅即崩溃。

1991年2月28日，达成停战协议，海湾战争结束。

（2）伤亡情况

以美国为首的多国部队以较小的代价取得决定性胜利，重创伊拉克军队。伊军伤亡人数大约10万人（其中2万人死亡），8.6万人被俘，损失飞机324架、坦克3 847辆、装甲车1 450辆、火炮2 917门、舰艇143艘，直接经济损失达2 000亿美元。

多国部队方面伤亡4 232人，其中美军阵亡148人，战斗受伤458人，非战斗死亡138人，非战斗受伤2 978人。其他多国部队阵亡192人，受伤318人。美军损失飞机56架（多国部队共68架）、坦克35辆、舰艇2艘。

（3）战争特点

海湾战争对"二战"以后形成的传统战争观念产生了重要影响，突显以下几个特点。一是电子战对战争进程和结果产生了重要影响，以美国为首的多国部队的电磁优势成为战争中重要的制高点。二是空中力量发挥了决定性作用，开创了以空中力量为主体赢得战争的先例，大量精确制导武器的使用，提高了空袭的准确性，又使平民伤亡降低到最小程度。三是作战空域空前扩大，战场向大纵深、高度立体化方向发展，不存在明显的前方和后方。四是高技术武器大大提高了作战能力，作战行动向高速度、全天候、全时域发展。

（4）小结

海湾战争中，美军首次将大量高科技武器投入实战，展示了压倒性的制空、制电磁优势。多国部队和伊拉克军队在兵力和主战兵器的数量上差距并不大，但多国部队拥有大量的高技术和信息化的武器装备，释放了较多的信息能，在战争开始就占据了主导地位和制高点。苏联观察家在这场战争结束之后总结说，"控制、通信、侦察、电子战以及常规火力投送的融合"已经首次实现。高技术武器的使用，使现代战争的作战思想、作战形态、作战方法、指挥方式、作战部队组织结构等都出现了重大变化，在全世界范围内掀起了研究未来新型战争的热潮，从而引发了一场以机械化战争向信息化战争转变为基本特征的世界性新军事革命。

2. 基本特点

在信息社会中，信息对物质和能量具有重要的制约作用，这在军事领域和战争舞台上体现为信息化战争。其主要特征是信息在战争中无处不在、无时不有，具有广泛的渗透性，战争的各种力量和各个环节都对信息具有极大的依赖性。

与机械化战争和传统战争形态相比，信息化战争的突出特点如下。

① 信息化武器成为战场的主导武器。信息化武器主要包括信息化弹药和信息化作战平台。信息化弹药主要指精确制导武器；信息化作战平台主要指利用信息技术和计算机技术，使作战平台的控制、制导、打击等功能达成自动化、精确化和一体化的各种武器装备系统。

② 信息成为决定战争胜负的主导因素。信息时代的战争工具主要是信息化武器装备。机械化战争时代的动力、平台、武器等仍具有重要作用，但能量释放结构产生了变化，电子信息装备由辅助性、保障性装备变为主导型装备，并渗透、融合到动力、平台、武器中，对能量及能量释放的时机、方式、数量、比例等进行精确控制，从而达到投入最小、效益最高的目的。

③ 作战各要素凝聚为一体化作战体系。信息化战争中，作为主要武器装备的指挥、控制、通信、计算机、情报及监视与侦察（C4ISR）系统、信息战装备、精确制导武器和信息化作战平台，通过信息系统无缝连接之后，形成全维度、全天时、全天候的一体化实时化作战体系，系统集成和横向一体化成为最关键的要素。

④ 精确控制成为实施作战的目标。围绕战场态势和信息共享对全维空间、全频谱信息、全部作战力量和战争资源进行有效精确控制成为信息化战争的精髓。大量的精确制导武器，已经具备自主攻击能力、实时攻击能力和防区外发射能力。

⑤ 作战节奏显著加快。信息化战争节奏明显加快，进程大大缩短。在信息技术的作用下，武器装备的能量释放速度加快，杀伤力增加；高技术手段的运用，使军队的机动能力、打击能力和保障能力大大提高，单位时间作战效能明显增强。

1.2.2　网络中心战：信息化战争经典作战概念

1.2.2.1　产生与发展

网络中心战由美国海军首先提出，后逐渐发展成为美国国防部和陆海空三军普遍接受的作战理论[6]。

1997 年 4 月，美海军作战部长约翰逊上将首次提出网络中心战概念，旨在将分散部署在陆海空天的各种情报侦察、指挥控制和武器打击等系统融合起来。

1998 年 1 月，美海军战争学院院长塞布罗斯基发表了题为《网络中心战：起源与未来》[7]的论文，详细论述了网络中心战的本质与内涵。

1999年8月，美国军事理论家艾伯茨、加斯特卡和斯坦合著的《网络中心战：发展和利用信息优势》[8]一书出版发行，引起美国国防部高度重视。

2001年7月，美国国防部向国会提交《网络中心战》报告，全面阐述了网络中心战的内涵、目的与意义以及实现网络中心战的条件、途径措施等，说明网络中心战与美军《2020联合作战设想》的关系 [9]。这份报告标志着网络中心战被美国国防部接受，成为美军信息化建设的指导性理论。

2003年11月，美国陆海空三军发表《转型路线图》，认为网络中心战具有巨大的潜力。同月，美国国防部军队转型办公室发布了《军事转型战略途径》，首次提出网络中心战是美军新的战争方式，确定以此作为统一美军建设和作战理论发展的指导思想。

2005年1月，美国国防部军队转型办公室发布《网络中心战实施纲要》[10]，进一步明确了实现网络中心战构想的方法、手段、步骤与途径，提出了以进行网络中心战能力建设统揽军事转型的长远规划。

2005年3月的《美国国防战略》[11]和2006年2月的《四年防务评估报告》[12]，均重申了网络中心战的战略地位。

2006年10月，美国国防部首席信息官签发了《国防部首席信息官战略计划》[13]，标志着美军网络中心战建设进入全面发展阶段。

1.2.2.2 基本概念与构想

网络中心战是美军对信息化战争形态发展演进不断总结反思形成的理论创新成果，既来源于对战争实践的总结，又反过来指导美军的建设和作战。基本理念是通过全球信息网格（GIG），将分散配置的作战要素集成为网络化的作战指挥体系、作战力量体系和作战保障体系，实现战场作战空间态势感知，构建通用作战图，提高信息共享程度、态势感知质量、协作和自主同步能力，最大程度地把信息优势转变为决策优势和行动优势，在广阔空间实施高度同步的联合作战[14]。

在作战理念上，网络中心战主张以网络为中心、围绕战场态势和信息共享来思考和处理作战问题，通过将所有作战要素网络化，力求取得物理域、信息域、认知域和社会域的全面优势。物理域是真实存在的有形领域，是各种作战平台和连接各种作战平台的通信网络客观存在的领域，包括陆地、海洋、空中和太空。信息域是一个无形的作战空间，是创造、采集、处理、传输、共享信息的领域，是作战人员进行信息交流，传送指挥信息、目标信息和指挥员作战意图的领域；在信息域争夺制信息权是核心，作战部队不仅要有很强的信息采集、访问、共享和防护能力，而且要在关键时段夺取对敌信息优势。认知域是作战人员的意识、思想、心理等领域，既包括知觉、感知、理解及据此做出的决策，也涉及军事领导才能、部队士气与凝聚力、态势感知能力和公众舆论等。社会域是人们交流互动、交换信息、相互影响、达成共识的群体活动空间，涉及文化、信仰、价值观等。

在作战体系上，网络中心战依托 GIG，建成传感器、指挥控制和交战三大网络。传感器网络包括各种侦察卫星、侦察舰机、陆基侦察阵地，以及具有感知能力的武器平台，把所有战略级、战役级和战术级信息融合在一起，迅速产生作战空间的态势感知能力。指挥控制网络包括全球指挥控制系统、战区作战管理核心系统、海上联合指挥信息系统等，对传感器网络和交战网络起支撑作用，对作战行动进行指挥控制。交战网络包括坦克、陆基导弹、作战飞机、舰艇等打击武器系统，负责对目标迅速实施打击。

在作战流程上，各作战单元以"即插即用"方式接入网络，形成"传感器－指控中心－射手"无缝链接，缩短"观察、判断、决策、行动"（OODA）周期，提高指挥速度，加快作战节奏，最终实现"发现即摧毁"。

从机械化战争的平台中心战到信息化战争的网络中心战，是作战空间中心的转移和作战维度的升级。作战的空间中心从有形物理空间的平台转移到无形网络空间，作战的体系结构从依托平台的单元集成演变为依托网络的系统集成，作战的指挥方式从树状集中式指挥演变为网状分布式指挥，作战的交互方式从传统信息指导下的平台质能交换演变为网络信息主导下的平台质能交换，作战的制胜机理也从火力主战演变为信息主导。网络中心战的作战节奏快，战争持续时间短；战争附带毁伤破坏小，必要破坏可减少到最低限度；作战行动在全维空间进行，地理地形因素的影响大大减弱；战争一体化程度高，信息起着关键性作用。

1.2.2.3 主要建设举措

美军自提出网络中心战以来，逐步将网络中心战建设作为全面转型的中心环节，推行了一系列重要举措，取得了明显的进展。

一是制定了建设网络中心战的总体战略，确定优先重点、发展目标及衡量标准。主要包括建立互通和可靠的网络，部署可实施网络中心战的作战部队、侦察监视系统和打击武器，研究根据共享态势感知实施同步作战的新部队编组方式，研究如何表述网络中心战的相关概念和能力，研究信息、协作、感知和共享态势感知的质量等。

二是以 GIG 为抓手开展一系列项目建设。美军以 GIG 为核心开展顶层设计和基础设施、应用系统建设，逐步将所有的武器装备系统、部队和指挥机关整合为一个具有互联互通能力的网络化有机整体，形成一个覆盖全球物理空间的大系统。在国防部层面，推进全球信息网格带宽扩展（GIG-BE）、联合战术无线电系统（JTRS）、转型卫星通信系统（TSAT）、网络中心企业服务（NCES）等项目，并在军种层面，面向战术末端延伸，发展陆战网、力量网、空军星座网等项目。

三是强化建设的统一领导，确立文化制度。美国国防部设立了国防部首席信息官，各军种和战区司令部也先后设立了首席信息官，明确了首席信息官负责网络中心战建设的指导、监督与管理等任务；加强网络中心战文化建设，转变观念，确立网络中心战的意识；制定信息共享战略，确保每个战斗人员都能使用网络；制定信息共享政策，发展相关程序和技术，实现与盟国伙伴、其他联邦机构和商业伙伴的信息共享。

美军 GIG 的几大核心系统基本上都属于信息网络的范畴。这些互联的网络通信系统连接一切、承载一切，发挥着基础性和枢纽性的支撑作用，以网络互联为核心实现各类信息全程端到端传送并确保服务质量，消除战争迷雾，实现精准全面的指挥控制和远程精确火力打击，体现了信息化战争的精髓要义。下面对战场上主要的几个典型通信网系进行简要介绍。

1.2.3 信息化战场上的通信网系

战场通信网系是利用无线电台、微波接力机、散射、卫星等多种通信方式构建的多手段、多层次、立体化的网络和系统，为战场上各类传感器系统（含情报、监视、侦察）、武器平台系统、指挥控制系统提供信息传输与交换功能。典型的战场通信网系主要包括战术电台网、数据链、卫星通信系统和战术互联网等。

1.2.3.1 战术电台网

战术电台网是通过网络互联协议，将遍布战场上的战术电台互联成一个有机的整体，以扩展通信距离，增加网络用户数，满足大范围地域内机动作战的通信保障要求。网络中的每个节点能够自动适应网络拓扑的变化，有效应对软硬打击和机动情况导致的通信中断，确保可靠的信息传递，提高抗毁生存能力。战术电台网具有自组织、自恢复能力，能够自动快速组网，形成强大的保障能力。

战术电台利用无线电波传递战场信息，是战术电台网的主要设备，也是战术通信的主要设备。经过近百年的发展，到 20 世纪末，形成了频段丰富、数量巨大、体制不一、形态各异的战术电台系列，一方面说明战术电台的重要作用地位，几乎所有的武器平台、传感器和指挥要素都离不开战术电台，而且有的平台或要素配备了不止一部战术电台；另一方面，体制不统一也导致不同军种的平台或要素在联合作战中互联互通困难。

1. 联合战术无线电系统（JTRS）

1997 年，为了解决电台互联互通难、维护成本高、波形少、支持业务单一等问题，美国国防部启动 JTRS 计划[15]，开发适用于所有军种要求的电台系列，覆盖 2 MHz～2 GHz 频段，在兼容传统电台波形基础上，实现多种新的先进波形，极大增强部队的通信能力。JTRS 采用软件定义的无线电技术，提出了系统顶层设计规范——软件通信体系结构（Software Communication Architecture，SCA）规范[16]，全面定义了 JTRS 设备软、硬件体系架构及波形应用接口，将多种波形以软件方式装入电台，实现嵌入式分布式通信系统中软件组件配置、管理、互联互通的标准化。

JTRS 原计划覆盖 5 个应用领域：机载、地面移动、固定站、海上通信和个人通信，将消除烟囱式的电台采购方式。采用集群方式进行开发，包括 5 个集群、26 个型号种类以及 32 种波形。

2006 年，美国国防部联合计划执行办公室（JPEO）对 JTRS 进行了调整，由 5 个集群改为 4 个领域：地面域，机载、海上和固定（AMF）域，特种电台域以及网络企业域（NED）。地面域包括手持式、背负式和小型无线电（HMS）装置、地面移动无线电（GMR）装置、加固型单信道手持无线电（CISCHR）装置；机载、海上和固定域包括空海固定台以及多功能信息分发系统（MIDS）；特种电台域主要指 JTRS 增强式多频段队间/队内电台（JEM）；网络企业域包括网关、波形等网络企业服务。

2011 年底，JTRS 完成了基本目标，实现了多武器系统平台组网的综合集成，如图 1-4 所示。新增宽带网络波形（WNW）、士兵无线电波形（SRW）和移动用户目标系统（MUOS）等波形，提供新的网络能力，并支持单信道地空无线电系统（SINCGARS）、Link16、增强型定位报告系统（EPLRS）、高频（HF）、特高频卫星通信系统（UHFSATCOM）等传统波形，实现与传统波形互联互通。

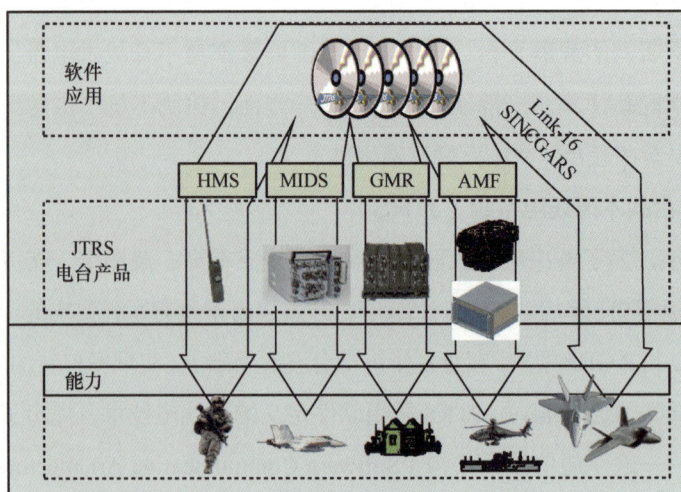

图 1-4　多武器系统平台组网综合集成

2012 年，JPEO 正式关闭 JTRS 计划，启动联合战术网络中心（JTNC）计划。原 JTRS 网络企业域（JNED）改名为联合战术网络（JTN），成为 JTNC 组件的一部分，剩余 JTRS 硬件项目交由各军种负责，AMF 和 HMS 成为陆军项目，MIDS 成为海军项目。

2. 联合战术网络中心（JTNC）

2012 年，美军 JTRS 计划正式转向 JTNC 计划。JTNC 的核心目标是向美军联合部队及联合作战力量提供软件定义的无线电的战术组网解决方案。主要开展 5 个方面的工作。

- 管理、开发和维护当前及未来的联合战术组网应用、波形和实现。
- 对波形实现的标准符合性进行测试认证。
- 维护开放标准和 SCA 接口的参数控制。
- 支持在未来新的应用和通信平台上利用 JTRS 和 SCA 标准方便快速地创新。
- 对设备进行测试和验证，以确保终端用户之间的互操作性。

3. 软件定义的无线电波形

下面对 JTRS 计划中几种主要的软件定义的无线电波形和后续几类新型波形进行简要介绍。

（1）宽带网络波形（WNW）

WNW 是高数据速率的移动自组织（Ad Hoc）网络（MANET）波形，为陆军的中层战术互联网提供骨干网（中转网络），支持地面移动车辆、机载和海上平台应用，可为基于 IP 的话音、数据和视频业务的安全交换提供高吞吐量的动态自适应连接，支持 MANET 动态 IP 路由，支持单播、广播和多播业务。WNW 主要有两种模式，即正交频分复用（OFDM）宽带模式和抗干扰（AJ）模式，每种模式都具有多种带宽。

WNW 主要功能性能指标如下。

- 支持旅和旅以下战术互联网骨干网和局域网。
- 工作频段：2 MHz ～ 2 GHz，常用 OFDM 宽带模式的工作频率在 225 MHz ～ 2 GHz。

- 网络吞吐量：5 Mbit/s。

- 网络规模：1 600 个节点。

- 业务类型：话音、数据、视频。

- 通信距离：10 km（地 – 地）、28 km（舰 – 舰、舰 – 岸）、370 km（空 – 空、空 – 地）。

- 通信波形：OFDM 模式（宽带）、AJ（抗干扰）模式。

- 支持 IP 路由协议（OSPF、BGP）。

（2）士兵无线电波形（SRW）

SRW 在系列战术无线电台上运行，能够为陆地作战的用户提供战术末端组网通信能力，支持战场上的话音、数据和视频即时通信，主要用于单兵、传感器和智能武器，包括车辆、旋转翼飞机、下车士兵、弹药、传感器和无人机（UAV）等，为下层（营和营以下）提供通信连接，通过网关可以接入中间层骨干网扩展通信范围。

SRW 主要功能性能指标如下。

- 频率范围：225 ～ 420 MHz、1 250 ～ 1 390 MHz、1 750 ～ 1 850 MHz。

- 业务类型：话音、视频和数据。

- 目标平台：步兵、车辆（有人 / 无人）、旋转翼飞机、传感器、无人升空平台。

- 工作模式：CC（战斗通信）、EW（电子战）、LPI/LPD（低截获 / 低检测）。

- 数据速率：50 kbit/s ～ 2 Mbit/s，点对点 1 ～ 2 Mbit/s@CC，100 ～ 300 kbit/s@EW。

- 通信距离：5 km（手持式）、10 km（背负式）、5 km（SFF-A/B/C/I 嵌入式单信道）、1 km（SFF-H 嵌入式双信道）。

SRW 波形在 NIE14.1 试验中暴露出网络规模、带宽、抗干扰能力等方面问题，一些新型的宽带自组网电台和波形投入使用，如 Silvus、WaveRelay（MPU5）波形、TrellisWare 的战术可扩展移动（TSM）波形等。

（3）战术可扩展移动（TSM）波形

TSM 波形由 TrellisWare 公司研发，能在移动自适应网络中可靠通信，克服了 SRW 波形所存在的问题，每个网络的节点容量由 SRW 波形的 30～40 人扩展到 200 人以上。不但克服了相关频谱问题，还保证了话音和数据信道的能力，能够支持定位信息、聊天功能和视频流。TSM 波形在恶劣的多径和高动态环境中依然可以提供可靠的话音和数据通信。波形的核心技术称为阻塞中继网络（BRN），实现了比传统 MANET 更可靠的性能。TSM 波形在美军 AN/PRC-163、AN/PRC-148C 手持电台等装备中得到应用。

TSM 波形主要功能性能指标如下。

- 频率范围：1 775～1 815 MHz、2 200～2 250 MHz。
- 用户速率：最高速率不小于 8 Mbit/s。
- 网络规模：大于 250 个节点。
- 业务种类：话音、时频和数据。
- 节点入网时间：不超过 1 s。
- 路由策略：阻塞中继网络（BRN）。
- 最大跳数：最高支持 8 跳传输。

（4）WaveRelay（MPU5）波形

WaveRelay 波形是加载于 Persistent System 公司手持终端产品 MPU5 上的一款波形，其主要特色为采用 3×3 MIMO(Multiple-Input Multiple-Output)多天线技术，大大提高了波形的传输速率和环境适应性。

WaveRelay 波形主要功能性能指标如下。

- 频率范围：1 350～1 390 MHz、2 200～2 500 MHz、4 426～4 980 MHz。
- 用户速率：150 Mbit/s@20 MHz。
- 调制方式：OFDM 调制。
- 网络规模：无限制。
- 多天线技术：支持 3×3 MIMO，采用最大比合并、空时分组编码和空分复用技术。
- 节点入网时间：不超过 1 s。
- 路由策略：WaveRelay 路由策略。
- 最大跳数：无限制。

1.2.3.2　数据链

数据链是按照规定的消息格式和通信协议，链接传感器、指挥控制系统和武器平台，可实时自动地传输战场态势、指挥引导、战术协同、武器控制等格式化数据的信息系统[17]。

1991 年，海湾战争中，数据链的作用得到初步体现，美军当时装备的主要数据链，如 Link4、Link11 以及 Link16 数据链，都投入了实战。实践证明，数据链对提高信息传递的时效性具有十分重要的意义，对提高联合作战指挥效能作用十分明显。

1999 年，科索沃战争中，数据链的使用范围大大提高，特别是随着 Link16 数据链终端联合战术信息分发系统（Joint Tactical Information Distribution System，JTIDS）装备数量的增加，在联合火力打击中发挥越来越重要的作用。美军目标打击的周期被大大缩短，从发现目标到实施打击的平均时间已经从海湾战争的数小时（或数天）缩短到了一小时。

2001 年，阿富汗战争中，数据链已大范围普及，使得美军的一体化联合作战能力得到快速提升，对时敏目标的打击能力也得到很大加强。美军通过"传感器－射手"计划，极大地提高了打击时敏目标的能力，从发现目标到实施打击的反应时间已经缩短为短短 10 min。

2003 年，伊拉克战争中，美军进一步把数据链的作战使用提高到一个更高层次，使大量"旧"兵器发挥了巨大的整体作战效能，主要表现在：一是数据链将传感器联网，从而实现了大范围信息的实时共享；二是数据链实现了指挥控制信息的实时、精确传输；三是数据链实现了比较紧密、高效的联合作战协同。

综合来看，美军已研发并装备了 30 余种主要数据链装备，形成了相对完善的战术数据链体系。其中，Link 4、Link 11、Link 11B、Link 16、Link 22 等数据链装备主要用于指挥控制，协同作战能力（CEC）、战术瞄准网络技术（TTNT）等数据链装备主要用于武器协同，通用数据链（CDL）系列数据链装备主要用于情报侦察。

1. 指挥控制数据链

指挥控制数据链是出现最早、应用最广的数据链，美军的指挥控制数据链主要有 Link 1、Link 4、Link 11、Link16、Link22 等，目前主要使用的是 Link 16 和 Link 22。

（1）Link 16

Link 16 也称联合战术信息分发系统（JTIDS），是美国国防部用于指挥、控制和情报的主要战术数据链，支持监视数据、电子战数据、战斗任务、武器分配和控制数据的交换，具有保密、大容量、抗干扰等突出特点，是联合作战的主要数据链装备。与 Link 11 和 Link 4A 相比，显著改进主要有：提高抗干扰能力，增强保密性，提高数据率（吞吐量），减小数据终端尺寸，允许在战斗机和攻击机上安装，具有数字化、抗干扰、保密话音功能，具有相对导航、精确定位和识别功能，并且提高了参与者数量。

Link 16 采用无中心的同步时分多址（TDMA）网络接入方式，整个网络就像一个巨大的环状信息池，所有的用户都将自己的信息投放到信息池中，也可以到信息池中获取自己需要的信息。该系统工作于 L 频段，传输速率 28.8 ～ 238 kbit/s，具有跳扩结合的抗干扰方式，跳频速率 76 900 次／秒；消息格式符合美军 MIL-STD-6016 与北约 STANAG 5516 标准的 J 系列消息，每个消息长 75 bit，包括 5 bit 的校验位；支持话音和数据加密功能；装备在海军、空军和陆军各种主战武器平台上，集通信、导航和识别等多种功能于一体，为海、陆、空三军联合作战或单军兵种独立作战提供安全、实时的话音和数字数据交换。

Link 16

Link 16 是被美国海军、空军、陆军、联合部队和北约部队广泛采用的一种大容量、保密、抗干扰的战术数据链。Link16 支持 Link11 和 Link4A 的功能，并增加了话音、相对导航、电子战等功能。

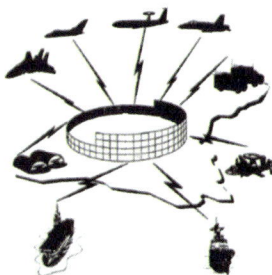

① 基本概念

Link16 是北约的称呼，指符合 MIL-STD-6016 标准的战术数据链。美军称之为战术数字信息链 J（TADIL J）。因此，Link16 和 TADIL J 是同义词。

JTIDS 是 Link16 的通信单元，包括终端软件、硬件、射频设备以及所产生的大容量、保密、抗干扰波形。JTIDS 与 Link16 的关系如图 1-5 所示。

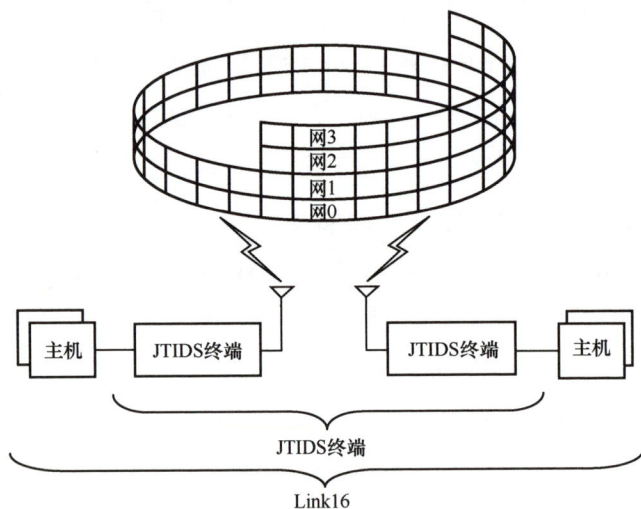

图 1-5 JTIDS 与 Link16 的关系

在北约成员中，JTIDS 对应的术语称为多功能信息分发系统（MIDS）。

②技术原理

JTIDS 使用 TDMA 通信体制，将时间划分为时隙，并设置多个同步的时隙组，每个时隙组与其他时隙组的时隙在时序上是交织的，分配给每个网络用户特定的时隙用来传送或接收数据。JTIDS 端机把 1 天分成 112.5 个时元，每个时元 12.8 min。每个时元又进一步划分为 64 个时帧，每个时帧 12 s。每个时帧又划分为 1 536 个时隙，每个时隙 7.812 5 ms。如图 1-6 所示。

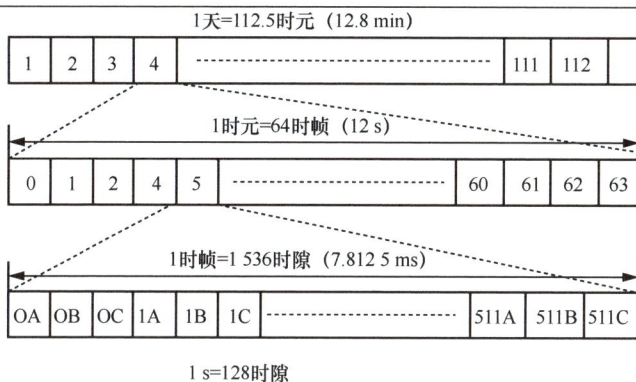

图 1-6　JTIDS 的时元、时帧和时隙

③ 与同类数据链性能对比

Link 16 与其他同类数据链性能对比如表 1-1 所示。

表 1-1　美军 Link 16 与其他同类数据链性能对比

项目名称	Link4	Link11	Link16	Link22
工作类型	网状点对多点	网状多点对多点	网状多点对多点	网状多点对多点
协议	单工/半双工异步时分	半双工，循环呼叫	半双工，同步时分多址	半双工，同步时分多址
频段	特高频（UHF）	HF、UHF	L	HF、UHF
通信速率	5 000 bit/s	1 364 bit/s 或 2 250 bit/s	28.8～238 kbit/s	2.25～13.6 kbit/s
抗干扰措施	无	无	跳频、扩频、跳时	跳频
消息标准	V/R 系列	M 系列	J 系列	FJ 系列和 F 系列
话音	有	有	有	有
保密	无	无	有	有
网络有结构	可变性	无	无	有
导航功能	无	无	有	无
超视距	无	无	有（中继）	有（HF）

（2）Link 22

Link22 是一种超视距战术数据链，由北约国家开发，目的是以较低费用来更新 20 世纪 60 年代研发的 Link11，最终取代 Link11 和补充完善 Link16 战术功能。Link 22 主要用于超视距平台之间或海上舰艇编队之间的信息共享和指挥控制，支持战术图汇编、武器交链和状态管理、海上指挥控制、空中早期警告和岸基作战。

Link 22 能够在 UHF 和 HF 频段使用定频和跳频波形。使用 HF 频段，能够提供 300 海里的无缝覆盖；使用 UHF 频段，覆盖范围仅限于视距；HF 和 UHF 都能够通过中继扩大覆盖范围。Link 22 采用 TDMA 或动态 TDMA 组网控制，最大可以支持不同传输媒介的 4 个网络同时运行，支持 F 系列和 F/J 系列（J 系列报文增加 2 bit 开销）报文的传输与转换，具有保密、抗干扰功能。

2. 武器协同数据链

为有效应对防空反导和对地面机动目标、辐射源、高机动空中目标、隐身目标等时敏目标快速精确打击需求的不断发展，美军越来越重视武器平台火控级协同打击能力的提升，相继开发了协同作战能力（CEC）系统、飞机编队协同数据链等系统。

（1）协同作战能力系统

协同作战能力系统，也称协同交战能力系统，是美国海军从扩展本土防御区域、提高反导能力军事需求出发，研发的一种具有复合跟踪与识别、精确提示与协同作战功能的海军专用武器协同数据链。系统工作在 4 635 ～ 4 685 MHz 的 C 波段，信息速率 2 ～ 5 Mbit/s，可扩展至 10 Mbit/s，采用视距传输，时分多址结合空分多址的分布式组网方式，采用扩频、高度定向的波束、大功率发射、高增益天线。CEC 系统可将作战部队所有的传感器进行协调和交链，形成一种单一、实时的具有火控质量的合成航迹图像，使作战系统之间共享未经滤波处理、低时延的原始传感器量测数据，并通过数据处理产生精确单一共享态势图，可实现对威胁目标超视距、跨平台协同探测、跟踪和打击。

（2）飞机编队协同数据链

美国空军针对时敏目标精确协同打击需求，在 20 世纪 90 年代后期研发了一系列具有火控级协同能力的数据链，包括飞机编队间数据链（IFDL）、多功能先进数据链（MADL）、战术瞄准网络技术（TTNT）等。

IFDL 和 MADL 是美军为四代机编队协同作战研发的专用数据链，利用定向窄带波束实现四代机编队间抗截获、抗干扰信息传输，支撑目标瞄准、平台状态、燃料状态和武器弹药等信息的实时交换。IFDL 是美国诺斯罗普·格鲁曼公司专为 F-22A 开发的机载协同数据链系统，采用 Q 频段的相控阵天线，利用定向窄带波束，在高速飞行的作战飞机间实现定向实时数据交换，交换的信息主要包括瞄准信息、平台状态、燃料状态和武器弹药等。MADL 是哈里斯公司为 F-35 开发的专用机间数据链路，利用相控阵天线集，实现飞机编队的定向通信，飞机间交换的信息内容与 IFDL 相同。

TTNT 是一种支撑传感器/武器协同、网络化制导与快速精确打击，实现多平台火控级协同作战的武器协同数据链。采用无线自组织网络架构，能够实现作战单元的随遇接入和退网。采用低时延传输波形和接入体制，能满足雷达协同、电子战协同等任务对毫秒级传输时延的要求。目前，TTNT 已逐渐发展成为支撑空－空、空－地、空－海协同作战的武器协同数据链系统，能够实现多军兵种之间的互联互通，还能支持三代机与四代机之间的协同作战，是美军主战武器协同数据链系统。

3. 预警监视数据链

为了解决预警监视数据链的互操作性问题，美国国防部于 1991 年指定通用数据链（CDL）作为支持信号和图像情报分发的数据链标准，并为其制定了相应的波形以及系统规范，强制要求各军种基于这些规范开发宽带数据链，以保证互操作性。与此同时，北约也将 CDL 作为其图像分发数据链的标准。

按照美军 CDL 规范的定义，CDL 是一种全双工、抗干扰、点对点的数字数据链，工作在 X 或 Ku 波段（通常地/海面终端会配备双波段工作能力，而机载终端通常只能工作在 X 波段或 Ku 波段）。CDL 为了满足不同用户和任务的需求，定义了一系列的波形，包括标准 CDL（STD-CDL）波形、先进 CDL（A-CDL）波形和组网 CDL（N-CDL）波形，以支持其定义的 5 类链路。

（1）STD-CDL

STD-CDL 旨在将机载侦察平台所获取的海量侦察情报传送给地/海面处理站，同时让地/海面用户也能够向机载平台发送信息。STD-CDL 的上下行链路为非对称链路，上行链路有两种标准的可选传输速率，即 200 kbit/s 和 10.71 Mbit/s（最高可达 45 Mbit/s）；而下行链路则有 10.71 Mbit/s、137 Mbit/s 和 274 Mbit/s 及新增的 2 Mbit/s 和 45 Mbit/s 共 5 种标准可选速率。

（2）A-CDL

A-CDL 是 STD-CDL 的扩展，其链路的可靠性比 STD-CDL 更高，而且是一种自适应数据率且支持 IP 协议的 CDL，主要用于实现空 – 空平台之间的高速数据交换，并且支持空中平台之间进行超视距中继，中继队列最多可达 12 个传感器平台。A-CDL 不仅可提供高速、隐蔽的通信能力，还具有抗干扰能力。目前已经开发出来的 A-CDL 系统是机载信息传输系统（ABIT），这是一种自适应速率、抗干扰的空 – 空数据链，其传输速率最高可达 548 Mbit/s。

（3）N-CDL

N-CDL 是为了适应信息化战争海量信息分发需求而诞生的。严格来说，它与 STD-CDL 有着本质的区别，具有多址访问和共享带宽能力，支持点对多点（广播式）数据传输结构，最多可同时向 50 个机载或地面节点广播数据。但 N-CDL 仍是基于 CDL 实现的一种宽带数据链，可以与其他宽带数据链基于 STD-CDL 实现互操作，更重要的是借助 N-CDL 可以实现 CDL 系列数据链组网。N-CDL 包括输出链路（即广播站至用户站的链路）和输入链路（即用户站至广播站的链路），不同于标准 CDL 的上行链路和下行链路。输出链路同时支持单点和多点 IP 广播；而输入链路则采用 TDMA 机制共享访问信道，传输速率可达 50 kbit/s ～ 68 Mbit/s。

（4）多平台 CDL（MP-CDL）

MP-CDL 将 STD-CDL、A-CDL 和 N-CDL 整合了起来，是一种可满足美空军未来网络中心战需要的新型视距宽带情报分发数据链，主要用于美军各侦察平台（包括空中侦察平台和地面 / 海面侦察平台）在联网作战环境下的情报信息交换，解决现役美空军情报侦察数据链的"烟囱"问题。MP-CDL 有两种工作模式，即广播模式和点对点模式。未来的 MP-CDL 还将具备同时支持点对点和网络化的广播链路能力，或者同时支持两个不同的网络化广播链路的能力。

（5）战术 CDL（TCDL）

TCDL 是一种专门针对无人机等小型平台的宽带情报侦察数据链，主要解决已有 CDL 系列宽带情报侦察数据链终端的重量、体积、功耗以及成本等无法适应无人机平台的问题。TCDL 适应无人机平台的同时，采用简化的 CDL 规范，能够保持与 CDL 系列的宽带情报侦察数据链互操作。换句话说，TCDL 是 CDL 的简化版。其上行链路工作在 15.15 ～ 15.35 GHz 频段，下行链路工作在 14.40 ～ 14.83 GHz 频段，配备 TCDL 系统的机载平台之间能够互通，并且可与 CDL 系列的宽带情报侦察数据链互操作。除了应用于无人机的 TCDL 系统，目前也开发出了可安装在直升机上的 TCDL 系统，即"鹰链"（Hawklink）、海军用的 TCDL 系统（TCDL-N）以及供单兵使用的手持式 TCDL 系统。

1.2.3.3 卫星通信系统

卫星通信系统以卫星作为中继站转发无线电波，在多个地球站之间建立通信链路，主要由卫星端、地面站、用户端 3 个部分构成。卫星端在空中起中继站的作用，即把用户或地面站发送上行的电磁波放大后再返送回地面用户。地面站是卫星系统与地面公众网的接口，地面用户也可以通过地面站出入卫星系统形成链路，地面站还包括地面卫星控制中心及其跟踪、遥测和指令站。用户端即各种卫星用户终端。卫星工作在距地面几百、几千甚至上万千米的轨道上，其覆盖范围远大于一般的战场通信系统，通常用于提供对地面无缝隙覆盖和大范围、远距离通信。按照轨道划分，卫星通信系统一般分为低轨道地球（LEO）卫星通信系统、中轨道地球（MEO）卫星通信系统和高轨道地球（HEO）卫星通信系统 3 类，高轨道地球卫星通信系统又可进一步划分为地球静止轨道（GEO）卫星通信系统和大椭圆轨道卫星通信系统。

卫星通信在美军通信系统中发挥着至关重要的作用。据统计，在"沙漠风暴"行动期间，卫星提供的通信占整个长途通信的 90%[18]。经过几十年发展，美军逐步形成了以宽带卫星通信、受保护卫星通信和窄带卫星通信 3 类卫星通信系统为主体的卫星通信体系，较好地满足了不同需求和场景下的通信需求。

1. 宽带卫星通信系统

宽带卫星通信系统主要用于远距离、大容量的数据和图像传输，以国防卫星通信系统（DSCS）、全球广播业务系统和宽带全球卫星（Wideband Global Satellite，WGS）通信系统为代表。其中，DSCS 工作在超高频频段，主要提供远距离、大容量、高优先级的话音、数据和图像传输服务，从 20 世纪 60 年代开始部署，发展到第三代系统，2015 年 8 月已退役。

WGS 是美军工作在超高频频段的新型大容量卫星通信系统[19]，旨在用 X 波段（上行链路 7.9 ～ 8.4 GHz，下行链路 7.25.2 ～ 7.75 GHz）替代 DSCS，用 Ka 波段（上行链路 30.0 ～ 31.0 GHz，下行链路 20.2 ～ 21.2 GHz）替代全球广播业务系统。宽带全球卫星如图 1-7 所示。

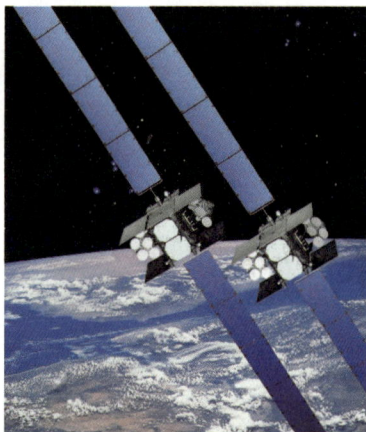

图 1-7　宽带全球卫星

WGS 是美国国防部容量最大的卫星通信系统。每颗卫星每秒能够发送 2.1 ～ 3.6 Gbit 的数据，是第三代 DSCS 通信能力的 10 倍以上。该卫星采用波音 702 商用平台制造，发射质量 5 900 kg，设计寿命 14 年。前 3 颗 WGS 卫星命名为 WGS Block Ⅰ卫星，可处理 35 条独立 125 MHz 信道，3 条 47 MHz 以及 1 条 50 MHz X 频段全球覆盖信道，卫星通信容量达 3.6 Gbit/s，双向通信速率 1.4 Gbit/s，广播速率 24 Mbit/s，数据回传速率 274 Mbit/s；随后的 4 颗卫星，即 WGS-4、5、6、7 为 Block Ⅱ星，增加了 2 条独立于主载荷的 400 MHz 信道，通信容量达到 6 Gbit/s；最后的 WGS-8、9、10 命名为 WGS Block IIA，所有信道都从 125 MHz 提升到了 500 MHz，单颗 WGS 的可用带宽几乎翻倍，容量可达 11 Gbit/s。

WGS 主要为固定和大型移动终端提供服务，承担了美国国防部 90% 的宽带卫星通信任务，可为美军提供视频、远程会议、数据传输和高分辨率成像等通信服务，还支持美军新型无人机的数据传输，使各种平台、陆海空部队能够快速访问信息。

2. 受保护卫星通信系统

受保护卫星通信系统主要用于安全保密、抗干扰通信，具有极强的战场生存能力以及核生存能力，以"军事星"（Milstar）和先进极高频（AEHF）卫星通信系统为代表。Milstar 是美军针对核战争条件下安全可靠的三军通信需求，从 20 世纪 80 年代开始部署的一种地球静止轨道极高频卫星通信系统，具有抗核爆加固能力和空间自主控制能力。Milstar 由 6 颗卫星组成，分为两代，包括 2 颗"Milstar Ⅰ"和 4 颗"Milstar Ⅱ"，采用跳频、自适应调零天线和智能自动增益控制等技术，提供较强的抗干扰通信能力。

AEHF 是美军新一代抗干扰、受保护卫星通信系统[20]，能以更大的通信容量、更高的数据传输速率来增强对战场通信的支持，可为战场指挥员提供安全保密、抗干扰、低检测概率和低截获概率的可靠通信服务，用以补充和替代 Milstar 系统。AEHF 卫星通信系统卫星如图 1-8 所示。

图 1-8　AEHF 卫星通信系统卫星

AEHF 的空间部分由工作在地球静止轨道的 4 颗卫星组成，上行链路使用极高频（EHF）频段，下行链路使用超高频（SHF）频段，星间工作频率为 60 GHz，可以覆盖地球南、北纬 65° 之间的广大区域。

在 Milstar 低数据率载荷和中数据率载荷的基础上，AEHF 又增加了数据传输速率为 75 bit/s ～ 8.192 Mbit/s 的扩展数据率载荷（XDR），核爆条件下可支持 19.2 kbit/s 的保底通信能力，单星通信总容量也从 "Milstar Ⅱ" 的 40 Mbit/s 提高到了 430 Mbit/s。该系统在兼容 "Milstar Ⅰ" "Milstar Ⅱ" 星间 10 Mbit/s 数据传输速率的同时，还具备 2 个双向 60 Mbit/s 链路。

AEHF 使美军的受保护通信能力发生了革命性的变化。例如，使用 "Milstar Ⅰ" 传输一份 1.1 MB 的空中作战任务计划需要 1.02 h，传输一幅由侦察卫星拍摄的 24 MB 的可见光图像需要 22.2 h，传输一幅由 "全球鹰" 无人侦察机拍摄的 120 MB 的雷达图像需要 110 h；使用 "Milstar Ⅱ" 传输，分别需消耗 5.7 s、2 min 和 12 min；而使用 AEHF 卫星，则仅需 1.07 s、24 s 和 2 min。

美军受保护卫星传输能力对比如图 1-9 所示。

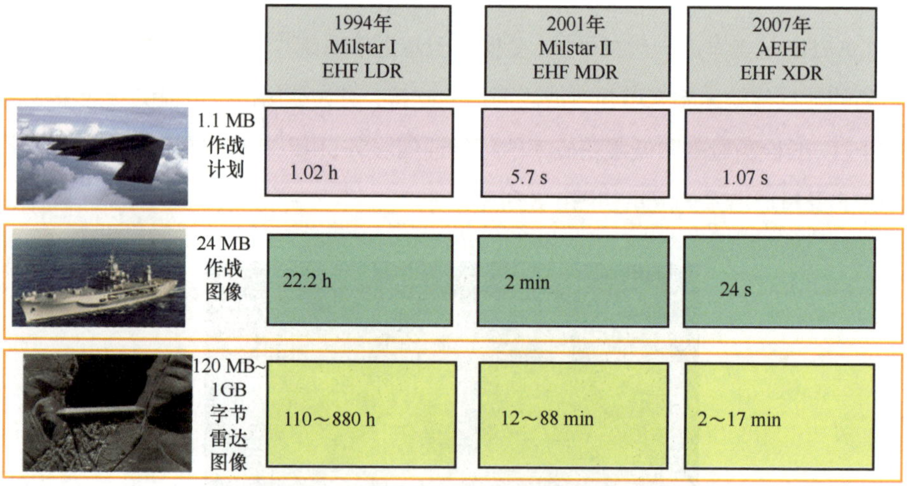

	1994年 Milstar I EHF LDR	2001年 Milstar II EHF MDR	2007年 AEHF EHF XDR
1.1 MB 作战 计划	1.02 h	5.7 s	1.07 s
24 MB 作战 图像	22.2 h	2 min	24 s
120 MB～ 1GB 字节 雷达 图像	110～880 h	12～88 min	2～17 min

图 1-9　美军受保护卫星传输能力对比

3. 窄带卫星通信系统

窄带卫星通信系统主要用于移动通信以及常规的话音和数据通信，以特高频后继（UFO）卫星通信系统和移动用户目标系统（MUOS）代表。UFO 卫星通信系统是美军在特高频（UHF）频段上使用的窄带军事卫星通信系统，主要为舰－舰、舰－岸以及舰艇与飞机之间提供话音和数据通信链路，是美海军最主要的通信系统之一，已于 2019 年退役。

MUOS 是美海军用来取代 UFO 的特高频窄带卫星通信系统[21]，采用第三代商用宽带码分多址（WCDMA）技术，可通过星载多波束天线实现对地面类似移动蜂窝系统的区域覆盖，其携带的特高频载荷还能够兼容现有的特高频卫星通信系统，如图 1-10 所示。

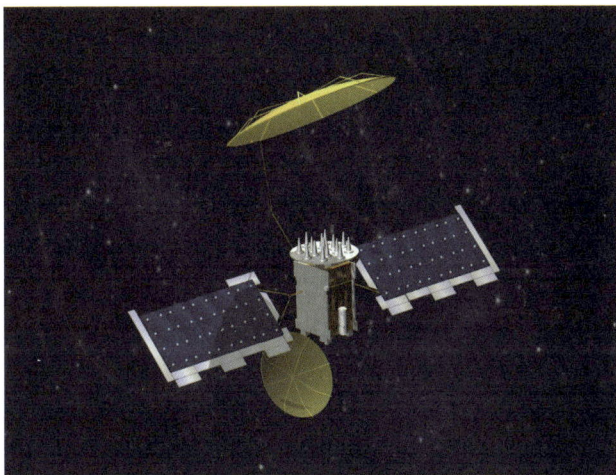

图 1-10　移动用户目标系统卫星

MUOS 工作在 UHF 和 Ka 两个频段。终端用户与卫星之间的工作频段为 UHF 段，上行 300 ～ 320 MHz，下行 360 ～ 380 MHz；地面站与卫星之间的工作频段为 Ka 段，上行 30 ～ 31 GHz，下行 20.2 ～ 21.2 GHz。空间部分由 4 颗同步卫星与 1 颗备用星组成，备用星可随时漂移到有业务需求的地区，以增加可用信道数量。该系统覆盖地球南、北纬 65° 之间的广大区域，而且有 70% 的地区可实现两颗星同时覆盖。

除用户容量更大之外，MUOS 的服务质量也得到了显著提升。首先，其 16 点波束天线有 12 ～ 15 dB 的接收增益，在极为恶劣的传输条件下，仍能保障系统手持终端达到至少 9.6 kbit/s 的传输能力。其次，该系统的信道带宽为 5 MHz，远大于 UFO 的 25 kHz 带宽，使系统终端能够在更小的发射功率上获得与 UFO 相同的性能，并使用户的隐蔽性和生存能力得到了进一步提高。最后，其采用的 WCDMA 网络功率控制技术，可以实时控制和调整上、下行发射功率，在最大程度地兼顾系统容量的同时，确保用户服务质量。

1.2.3.4　战术互联网

战术互联网是随着战术通信的发展逐步形成的。1994 年，美军在"沙漠铁锤"演习后明确提出了战术互联网的定义与组成，利用互联网协议将移动用户设备（MSE）、SINCGARS、EPLRS 等战术通信系统互联起来，利用近期数字电台（NTDR）实现师以下指挥所间的高速数据传输，进行适当的改造、提升和系统集成，形成无缝隙的整体网络，即战术互联网[22]。法军也于 2002 年基于 RIDA2000 机动通信网和 PR4G 战术电台网研制出了战术互联网。

从一般意义来看，战术互联网是通过网络互联协议将各类战术通信设备、指控终端、武器平台和传感器等互联而成的面向网络中心战的一体化战术通信系统，主要由机动部署通信网和运动通信网集成融合构成，并通过卫星、空中通信节点扩展通信范围，是诸军兵种联合作战时信息传输交换的公共平台。机动部署通信网主要指按需机动部署开通的地域通信网，运动通信网即支持"动中通"的战术电台网，机动通信和运动通信取长补短、互为补充，构建战场基础通信网络。战术互联网组成如图 1-11 所示。

1. 地域通信网

地域通信网是在作战地域内临机部署和开设若干通信节点，用微波、卫星、散射等通信链路连接构成的网格状通信网络，为覆盖地域内的固定和移动用户提供电话、电报、数据、传真等多种通信业务[23]。

20 世纪 60 年代，美国、苏联、英国、法国等军事强国开始大力发展能够覆盖集团军或军一级机动作战的地域通信网，到 80 年代逐步进入实用阶段。典型的地域通信网有美国的移动用户设备（MSE）[24]、英国的"松鸡"系统、法国的"里达"系统等。

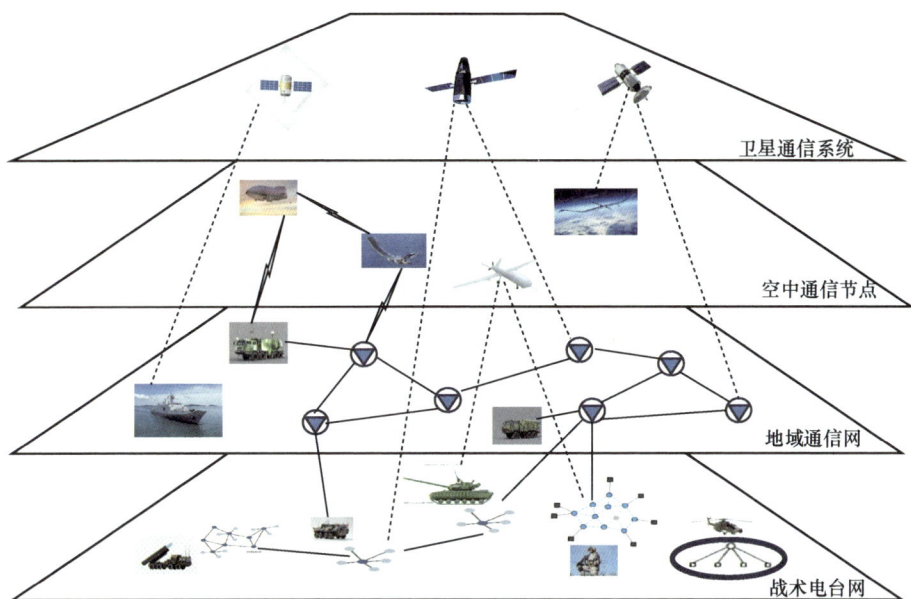

图 1-11　战术互联网组成

20 世纪末 21 世纪初的战争实践表明，美军原来的 MSE 和三军联合战术通信系统（Tri-TAC）已不能满足数字化部队对信息传输的需要。为此，美军提出了下一代战场高机动、高速、高容量的骨干通信网络——战术级作战人员信息网（Warfighter Information Network-Tactical，WIN-T），作为全球信息网格（GIG）的战场部分。WIN-T 用于在以网络为中心的整个战场上，传送视频、话音和数据，提供的服务能够从战略、战区级延伸到机动营，甚至机动连，涵盖数字化部队作战的全过程，全面提升了陆军高速机动作战条件下的不间断动中通信能力[25]。

WIN-T 是一个以节点为中心的系统，由网络基础设施、信息保证（IA）、网络管理和用户接口组成。基础结构主要包括交换、路由和传输设备。WIN-T 节点分为战术通信节点（TCN）、中继节点（TR）、网关节点（JGN）、嵌入式接入节点（POP）和网络运作节点（NOSC）。其中，嵌入式接入节点是直接集成到装甲平台上的通信节点，能够提供网络对装甲机械化部队的伴随通信保障能力。WIN-T 组网结构如图 1-12 所示。

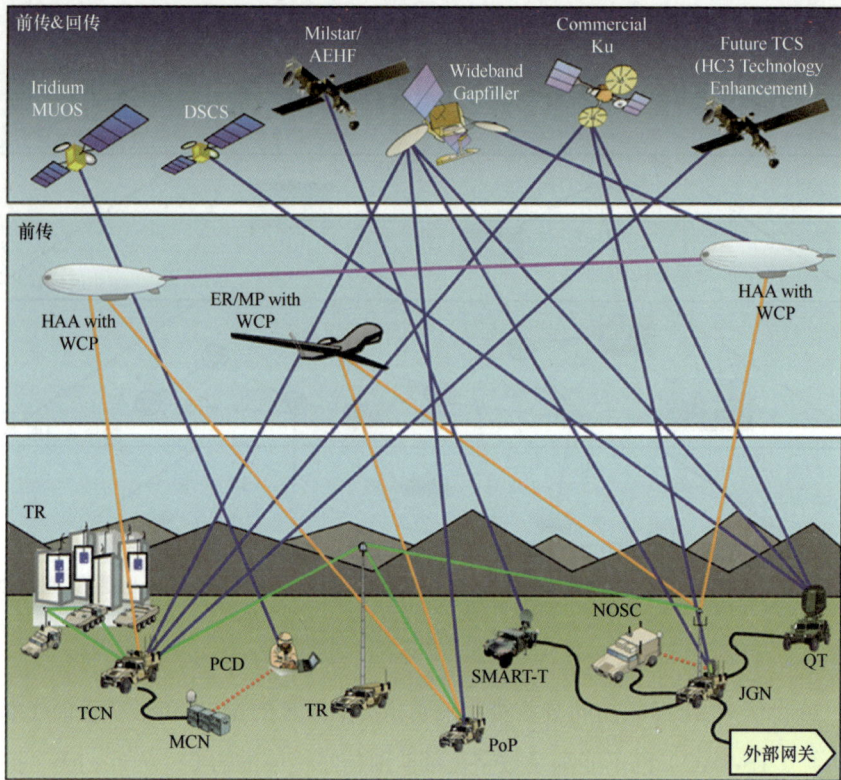

图 1-12　WIN-T 组网结构

2017 年，美陆军为实施网络现代化而开展的一项研究认为，WIN-T 在现代战场上"无法生存"、太复杂，存在互操作和网络安全问题，因而决定对 WIN-T 的研发部署进行重大调整。从 2018 年开始暂停 WIN-T 的采购，采用"停、定、转"的方法，大量依赖已经被美军特种作战部队检验证明过的商用技术，向一体化战术网络（ITN）转型。

ITN 是美陆军网络现代化的重要组成部分，通过利用先进的商用及军用网络传输，使战场上的士兵即便在受干扰、无连接、时断时续和带宽有限的环境下，也能确保安全可靠的通信连接，为多域制权提供支撑。ITN 不是一个全新的或独立的网络，而是一个把商用的网络和传输能力与陆军现有的战术通信系统和网络相结合的概念。它聚焦于一种精简的、独立的、移动的网络解决方案，这种解决方案不依赖于一个单一的组件，可为下至小分队的领导者提供增强型的网络可用性。

ITN首先从步兵旅、"斯特赖克"旅、装甲旅等旅部队开始，逐步推出移动能力，按照"能力集"的方式展开相关的研究、试验和部署工作。

"能力集21"（Capability Set 21）是ITN的第一个重要里程碑，具有更小、更轻、更快的通信能力；易于使用的应用和设备；多种连接选项，以及更强的网络安全和管理系统。能力集21首先装备4个步兵旅战斗队，目标是改进远征通信营以及旅和旅以下战斗部队的能力。

能力集23：聚焦网络容量和韧性的显著提升，其能力包括高容量商用卫星通信（SATCOM）、受保护的SATCOM波形、LEO星座和太空互联网等，提供更大的带宽和机动移动性，以及初步的云和抗干扰技术。

能力集25：陆军ITN的自动化程度和受保护程度更强，具有完全的云能力、自动化网络管理和决策工具、5G或同等的连接能力、先进的地－空通信和网络安全。

能力集27：陆军ITN将能够通过加固型的无线连接、人工智能、机器学习、带有跨编队通用应用的通用操作环境以及更小的电磁特征等能力，为"多域制权"提供支持。到2028年，陆军ITN将列装一个完整的多域作战（MDO）"部队套件"。

2. 空中通信节点

空中通信节点是将近地空间的航空器作为载体，将无线电通信设备或系统放置于载体内，完成多个地面台站之间通信中继转发的一种通信手段。其本质是利用升高天线把超视距通信转化为视距通信，实现超视距、大区域通信，既可满足延伸通信距离、扩大通信覆盖区域的要求，又方便组网、机动灵活。通过调整平台的升空高度，通信覆盖距离可从几十千米扩大到几百千米，特别是在山岳、丛林、岛屿、水域等特殊应用环境中，空中通信节点是解决这些地区通信难的有效手段。

空中通信节点主要包括飞行在对流层的战术级升空通信节点和飞行在平流层的战役级升空通信节点。战术级升空通信节点由小/中型升空平台加装通信设备组成，战役级升空通信节点由大型无人机和大型定点飞艇加载通信有效载荷组成。使用的空中平台主要有无人机、系留气球、平流层飞艇等。空中通信节点体系如图1-13所示。

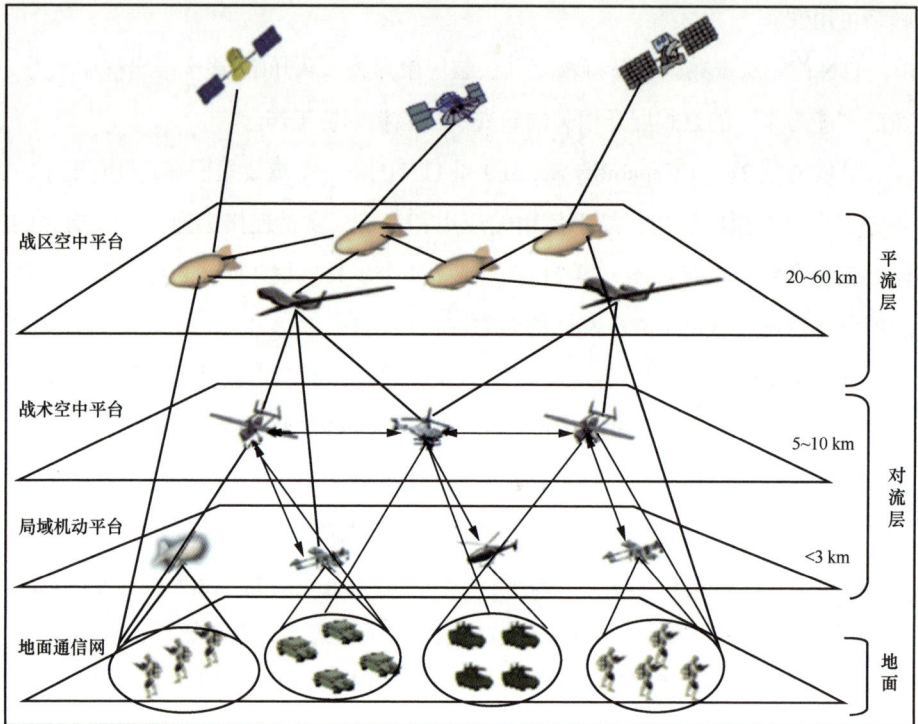

图 1-13　空中通信节点体系

　　通过空中平台搭载通信任务载荷构建空中通信节点，可以大大增强战区内的通信能力，主要体现在以下几个方面。

- 更有效地利用通信带宽，并扩展现有地面系统在视距范围内的通信距离。
- 提供比卫星通信更有效、反应更快的区域机动通信手段。
- 将通信扩展到无法接收卫星信号或者卫星信号被干扰的区域，从而更有效地弥补卫星在容量方面的不足。
- 与卫星通信相比，显著增强接收功率密度，改善信号的接收性能，降低敌方干扰所造成的损害。

　　升空平台的特有优势使其得到了广泛的应用，世界主要军事强国广泛开展了大量的研究计划项目。美军机载通信节点（Airborne Communication Node，ACN）及其后续的一系列项目就是典型案例。

　　为提高部队在复杂地形环境下远距离、高机动通信保障能力，满足分布式网络化作战需求，美国国防高级研究计划局（DARPA）于 1998 年提出了 ACN 研究计划[26-27]，旨在为美军及其盟军提供广泛的战区机载中继无线通信服务。

2002 年，DARPA 决定扩大 ACN 计划，进一步支持具有自组织特点的 Ad Hoc 战术信息网络，成为"自适应 C4ISR 节点"，即 AJCN。AJCN 搭载了模块化、可裁剪架构的多任务、多功能、可重配置的 C4ISR 载荷，不仅为机载平台提供通信中继和桥接功能，同时还增加了信号情报（SIGINT）和电子攻击（EA）功能。

随着需求的演变，美国空军于 2005 年提出了战术机载目标网关的风险降低 / 演示验证项目——战场机载通信网关（BACN）。BACN 继承了 AJCN 的主要功能特点，包括通信中继、SIGINT 与 EA、多任务软件框架、平台独立性（载荷模块化、尺寸可变，可以搭载多种平台）等特点，此外还增加了 CDMA 蜂窝基站的功能。

2005 年 11 月，BACN 系统被安装在老式的 WB-57"堪培拉"高空气象观测机上测试。在取得阶段性发展后，BACN 系统又被安装在庞巴迪公司的 BD-700公务机测试平台上进行飞行试验，起初该机被命名为 RC-700A 侦察机，后来改为 E-11A 飞机，意味着这是一架特殊的电子战机，如图 1-14 所示。庞巴迪公司 BD-700 系列公务机是一款性能良好的豪华公务机，该机能够在 1.5 万米高空飞行，续航时间达 12 h，能够长时间对空、对地作战。据悉，先后有 4 架该系列公务机被改装成 E-11A 飞机，以支持美军在阿富汗作战。

图 1-14 E-11A 战场机载通信节点

在研制 E-11A 飞机的同时，美国诺斯罗普·格鲁曼公司也将 BACN 系统安装在"全球鹰"长航时无人机上进行测试，并推出 EQ-4B"全球鹰"无人空中节点飞机（如图 1-15 所示），可提供长航时高空通信覆盖服务。此外，该公司还开发出了 BACN 吊舱，能够安装在各种飞机上，执行临时性空中通信补盲任务。

图 1-15　"全球鹰"无人空中节点飞机

BACN 可在不同的通信系统间进行实时信息交换，也可以进行话音中继，并在视距和超视距情况下，对多个战术话音系统进行桥接，支持多种美军主要使用的战术通信波形，包括 SINCGARS、UHF DAMA、EPLRS、SADL、HAVEQUICK Ⅰ和Ⅱ、Link 16 和通用数据链（CDL）等，如图 1-16 所示。据悉，美军在突袭击毙本·拉登的秘密行动中，就运用了 2 架搭载 BACN 的"全球鹰"无人机提供通信保障。此外，BACN 还是美军第四代隐身战斗机与三代机、预警机和侦察飞机等其他作战平台之间实现互通的纽带，可利用其空中中继转接能力，实现 F-22 战斗机与美军非隐身的 F-15、F-16 和 F/A-18 战斗机间的互通。

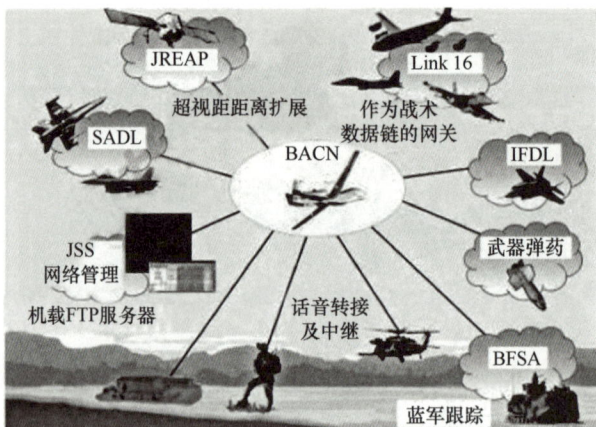

图 1-16　美军 BACN 功能

1.3 云网一体开启智能化

当前，在新一轮科技革命和产业变革推动下，人工智能、大数据、云计算、物联网等前沿科技加速应用于军事领域，大量无人作战平台和智能化武器装备列装部队、投入战场，战争形态由信息化战争加速向更高级的智能化战争演变。智能化战争不仅指武器装备的智能化，还包括情报研判、指挥控制、作战行动、综合保障等一系列的智能化。智能将主导各个作战环节，贯穿整个作战过程，成为制胜未来战争的关键性、决定性因素。

与机械化战争和信息化战争相比，智能化战争形态将在制权争夺、制胜机理、作战形态和战斗力生成机制等方面，发生重大颠覆性变革。在制权争夺方面，"制智权"将成为对战争全局有巨大战略影响力的新型控制权。在制胜机理方面，将从信息化战争的"联"为核心、信息为主导，向"算"为核心、智力为主导转变。在作战形态方面，无人化体系作战将成为常态，逐步从"有人为主、无人为辅"向"有人为辅、无人为主"和"规则有人、行动无人"转变。在战斗力生成机制方面，以智能化武器和智能化部队为主导的智能化战争具有很强的自学习、自成长特性，在持续不间断的迭代过程中逐步成长，完成"智能战斗力"的生成 [28-30]。

智能化战争中，以无人系统、自主系统为代表的智能化装备大量应用，客观上要求充分运用人工智能技术，将"人类指挥"和"机器自主"有机地结合起来，也就要求战场上广泛分布"算"力，实现任务式指挥和分布式自主决策，而不是像传统作战那样，在 OODA 各个环节都需要人的参与和决策（即从 Human in the Loop 向 Human on the Loop 转变）。这就要求面向无人化智能化战场的网云基础设施能够将有限而宝贵的通信资源和计算存储资源以更加灵活的方式进行一体化设计、一体化调度运用，高效地支撑智能化、自主化的情报监视侦察、指挥控制和火力打击等作战应用，在最大程度提升资源利用率的同时，提供可靠的服务质量保证。换言之，云网一体构建分布式的网络通信、计算和存储平台，为无人化智能化作战应用开辟无限可能。

1.3.1 智能化战争实践与特征

1. 智能化战争基本特征

以蒸汽机、内燃机等为代表的机械化时代，实现了人类体能的极大拓展；以互联网、精确制导等为代表的信息化时代，实现了人类感知能力的空前飞跃；以深度学习、自主决策等为代表的智能科技的迅猛发展，正在为"以智驭能"的智能化时代积蓄能力基础。从军事视角看，智能化载荷、智能化平台、智能化系统等构成的新型作战力量，将催生无人机蜂群战、认知控制战、智能算法战等新型作战样式。"制智权"将成为战争制权新的制高点。

与机械化战争和信息化战争相比，智能化战争的突出特征如下。

① 智能化作战体系成为主要力量形态。智能化作战体系的核心要义在于"人类指挥、机器自主、网络支撑"，这是有别于机械化、信息化时代的关键所在。智能化是把人的智能移植到了武器上，人与武器高度一体化。

② 无人化自主作战成为主要作战方式。随着无人系统、自主系统的推广应用，并逐渐成为战场的主要作战力量，无人化自主作战将逐渐成为主要作战方式。这种作战方式预计将经历 3 个发展阶段，即有人为主、无人为辅的初级阶段；有人为辅、无人为主的中级阶段；规则有人、行动无人的高级阶段。

③ "制智权"成为战争核心制权。信息力是信息化战争制胜的主导要素，制天权、制信息权成为战争制权争夺的核心；智能优势是智能化战争制胜的主导要素，"制智权"成为战争制权争夺的核心。智能主导、自主驭能、以智谋胜，将成为智能化战争的基本法则。

④ 多域融合与跨域攻防成为常态。智能时代的多域与跨域作战，将从任务规划、物理联合、松散协同为主，向异构融合、数据交链、战术互控、跨域攻防一体拓展，实现以体系对局部、以多域对单域、以融合对分享，谋求"降维打击"，形成行动优势。

⑤ 智能化并未改变战争的本质属性。智能化战争的政治决定性并没有改变，战争仍然是政治的工具和延续。随着智能科技孕育产生智能化社会，将重新定

位民众在智能化战争中的地位作用，显著拓展民众参与战争的广度和深度，民众可能成为智能化战争的直接攻击目标、防御主体和坚强后盾。

2. 美军智能化战争作战概念

当前，世界百年未有之大变局加速演进，国际政治经济格局发生深刻调整，国际力量对比正在发生近代以来最具革命性的变化。美国出于维护世界霸权的战略考虑，提出"第三次抵消战略"，明确把人工智能和自主系统作为优先发展的技术支柱，从战争设计、作战概念开发、技术研发、军费投入等方面，加快推进军事智能化发展，积极抢占军事智能革命先机，谋求以新的技术代差优势掌握战略主动权。

在第三次抵消战略的总体框架下，美军不断创新作战理论和作战概念，先后提出了空海一体战、穿透式制空、多域作战、全域作战、决策中心战等一系列概念构想，可以说是花样繁多、层出不穷。这些作战理论和概念，对美军的作战方式、技术变革以及能力构建都具有重大而深远的影响。经过不断的实践和迭代，美军目前重点聚焦于两条主线，即联合全域作战和马赛克战。

联合全域作战（Joint All-Domain Operation，JADO）由多域战（Multi-Domain Battle，MDB）和多域作战（Multi-Domain Operation，MDO）演进而来，目标是在陆、海、空、太空和网络空间等全维战争领域展开新型协同作战。实现联合全域作战概念的核心，在于联合全域指挥控制（JADC2），其目标是通过实现传感器、通信系统和数据的融合，在陆海空各平台与武器之间共享目标数据，采用基于人工智能的作战规划和辅助决策技术，构建基于"供应商－用户"架构的跨域杀伤网，确保美军做出最有效、最致命的威胁响应，将美军的"联合能力"提升到一个新的水平[31]。

联合全域指挥控制（JADC2）

联合全域指挥控制是美国国防部于 2019 年提出的概念，用于将陆海空天网所有军种的传感器和射手连接到网络中。

（1）概念定义

美军将 JADC2 设想为联合部队的一个云环境，通过先进计算技术、云

技术、人工智能和机器学习（AI/ML）技术，共享情报、监视和侦察数据，确保联合部队指挥员拥有在全作战域和全电磁频谱范围指挥联合部队所需的能力。JADC2通过从多个传感器收集数据，使用人工智能算法处理数据、识别目标，然后推荐最佳的动能和非动能武器，帮助指挥员做出更好的决策。美国国防部使用打车服务"优步"为类比，来描述JADC2的理想的最终状态。"优步"的算法根据用户位置、距离、目的地等，确定最佳的司机匹配。JADC2通过算法找到攻击给定目标的最佳平台，或者最能应对紧急威胁的部队。

（2）基本框架

JADC2规划了一种提升作战能力的方法，即在战争的所有级别和阶段、跨所有域以及与合作伙伴协作等方面，提供高速的信息优势。JADC2力求优化信息的使用及其可用性，以确保指挥员的信息获取和指挥决策周期相对于敌方更快更优。为此，依托现有的基于服务和分域指挥控制功能的框架基础，提供一种"叠加"的协作方法，将其作为优化开发资源和优选工作事项。

（3）实施方案

① 感知和融合全域数据。所有领域的数据和信息量都在稳步增长，需要采用先进的传感方法和信息管理技术，改进作战环境中的信息收集。JADC2支持联合部队和协同伙伴通过各种方式使用经过良好整编的数据。数据和信息传感器生态系统，利用传感器、情报资产和开放源来感知并整合所有领域内的信息，为联合部队指挥员提供信息和决策优势。

② 整理和理解作战环境。"整理"指分析信息，以便更好地理解和预测作战环境、对手的行动和意图，以及自己和友军的行动。此功能必须在安全的信息环境中执行，所有授权人员都可以随时访问，使整个联合部队和协同伙伴形成对作战环境可靠、持续、实时和共享的一致理解。JADC2利用人工智能和机器学习，帮助加快指挥员的决策周期。自动化的机-机处理，将直接从传感器基础设施中提取、整合和处理大量数据和信息。

③ 决策到行动的传导。"行动"是将决策的主观信息与通过技术手段感知、理解和预测的对手行动和意图结合起来，包括决策的精确表达以及指挥员的指示如何得到理解和执行。"行动"意味着下级指挥员都接受了任务式指挥原则的适当培训，并获得了授权。通过使用任务式指挥方法，下级指挥

员能够通过理解上级作战意图，自信而权威地采取行动，并且在通信中断或
紧急情况下，具有独立行动的能力。

马赛克战（Mosaic Warfare）是 2017 年由美国国防高级研究计划局（DARPA）
首次提出的作战概念。其核心理念是以决策为中心，将各种作战功能要素打散，
利用自组织网络将其构建成一张高度分散、灵活动态、动态组合、自主协同的"杀
伤网"，取得对抗的优势。马赛克战是美军面向未来战争，着眼大国竞争的威
胁与挑战，借助人工智能、自主系统等尖端科技而提出的一个颠覆性作战概念，
一旦形成实战能力，将对主要对手形成新的非对称优势。有关马赛克战的详细
介绍，参见 1.3.2 节。

综合来看，联合全域作战是未来美军全新的战争样式，由美国国防部、参
联会主导，各军种积极实施，代表了当前美军主流作战概念；马赛克战是在大
国竞争背景下，美军为谋求保持非对称优势，主要由 DARPA 提出并由有关智库
研究推进的颠覆性作战概念，更具前瞻性，也更聚焦于一线战场前沿。从推进
人工智能军事应用、夺取智能化战争优势的角度，可以理解认为，联合全域作
战致力于构建辐射全局的"集中式"大脑，而马赛克战着力打造一线战场前沿
的"分散式"大脑。

3. 智能化战争初步实践

战争形态演变是一个动态的实践过程，而每一种战争形态的发展变化，都
有一个从量变到质变、从渐变到突变的实现过程。与信息化战争的兴起相比，
智能化战争迄今为止还缺少像海湾战争那样完整、典型的战争实践样本。但是，
智能化作战的实验和实践，正在推动智能化战争从孕育向萌芽、从低级向高级
发展。

2015 年，俄罗斯在叙利亚战争中，第一次成建制使用了 4 台履带式"平台 -M"
战斗机器人和 2 台轮式"阿尔戈"战斗机器人，以及无人侦察机和"仙女
座 -D"自动化指挥系统，开创了以战斗机器人为主力的地面作战行动。2018 年
1 月，俄军在叙利亚战场又首次运用反智能化装备，击毁、干扰、俘获了 13 架
来袭无人机。

2020 年，阿塞拜疆和亚美尼亚两个西亚国家，给世人呈现了一场颇具教科书意义的"无人机战争"。无人作战平台第一次超过有人平台，达 75% 以上，而且无人机的使用数量、频率和强度，均创人类战争史之最。甚至有观点认为，阿亚两国之间的这场冲突和战争，标志着世界军事史进入了"无人机"战争新时代，而亚美尼亚也被称为第一个被无人机打败的国家。此前，在中东地区，无论是利比亚、叙利亚，还是沙特、伊拉克，都在战争中广泛使用过无人机，但它们并未形成气候，只是给新的战争样式掀开了一扇窗户。而这次阿亚两国军队对无人机的大规模运用及取得的战果，则被广泛视为无人化智能化战争降临的一个标志性开端。

2020 年 8 月，美国 DARPA 组织了第三次人机空战概念验证，在最终的虚拟对决中，人工智能团队大胜人类飞行员团队。这些已具有一定智能化特征的作战概念，其核心是探索智能化战争如何通过"智"的提升来统筹运用各军事力量，以跨域的非对称优势击败对手、谋取全胜。

2022 年 2 月，俄乌冲突爆发，无人化、智能化要素运用更加广泛。一是无人机集群成为战场核心，如乌军使用土耳其 Bayraktar TB2 无人机精准打击俄军装甲部队，俄军则以"柳叶刀"巡飞弹实施自杀式攻击；二是 AI 深度融入决策链，乌军通过商用 AI 软件快速分析卫星影像锁定目标，俄军运用 AI 干扰系统反制无人机；三是"分布式智能"趋势明显，双方将民用第一人称视角（First Person View，FPV）无人机改装为低成本察打平台，结合"星链"实现去中心化作战。

总的来看，"多用途无人战术运输"地面车辆、"忠诚僚机"无人机、"黄貂鱼"舰载无人加油机、"海上猎手"反潜无人艇、卫星机器人、"网络空间飞行器"、自适应雷达对抗、"阿尔法"超视距空战系统等各种智能装备项目纷纷涌现，人机混合编成、无人机蜂群作战、基于系统的认知欺骗等成为可能，作战方式、指挥控制、体制编制、后勤保障、军事训练等各领域出现体系性重大创新，"以智驭能"的智能化战争崭露头角。这些智能化作战的实践探索，不仅将推动智能装备在战场上的运用范围越来越广、投入数量越来越多、作战场景越来越丰富，而且将推动智能化作战手段和反智能化作战手段在对抗中逐渐升级，从而加速智能化战争的深刻演变。

1.3.2　马赛克战：智能化战争典型作战概念

近年，美军认为传统的网络中心战理论难以确保其在大国竞争中的作战优势，致力于探究军事理论和作战概念的转型。

2017 年 8 月，DARPA 首次提出了马赛克战的概念设想，其核心理念是以决策为中心，将各种作战功能要素打散，利用自组织网络，将各要素构建成一张高度分散、功能异质、动态组合 / 重组、自主协同的"自适应杀伤网"，进而取得体系对抗的优势[32]。2019 年 3 月，DARPA 战略技术办公室向业界发布了"战略技术"公告，介绍了马赛克战相关的技术、服务、试验等信息，开始大规模布局推进马赛克战概念相关技术项目的研发。

在 DARPA 的资助和推动下，美国多家著名智库发表了一系列关于马赛克战的相关研究成果，列举如下。

2019 年 9 月，米切尔航空航天研究所发布了题为《恢复美国的军事竞争力：马赛克战》的报告，描述了未来面向信息时代体系战的马赛克军力设计框架[33]。

2019 年 12 月，美国智库战略与预算评估中心（CSBA）发布《重夺制海权：美国海军水面舰队向决策中心战转型》报告，提出了决策中心战的概念，试图利用人工智能和自主技术改变作战形态，通过分布式部署实现多样化战术，在保障自身战术"选择优势"的同时，向敌方施加高复杂度，干扰其决策能力，在"认知域"这个新的维度实现对敌颠覆性优势[34]。

2020 年 2 月，CSBA 发布了题为《马赛克战：利用人工智能和自主系统实施决策中心战》的报告，明确提出以马赛克战为抓手，实施决策中心战构想，对马赛克战进行了全面阐述[35]。

2021 年 1 月，兰德公司接连发布了《分布式杀伤链：免疫系统和海军对马赛克战的启示》《迅速组合、异构、分解型部队的建模：基于代理模型的马赛克战研究》和《基于布洛托上校博弈框架的马赛克战研究》3 份报告，分别从分布式杀伤链、力量编成、资源分配的角度，对马赛克战的优势进行了研究剖析，通过建模仿真，验证马赛克战和决策中心战理念的有效性[36-38]。

2021 年 3 月和 7 月，哈德逊研究所发布了《实施决策中心战：提升指挥与控制，获取可选性优势》和《推进决策中心战：通过力量设计和任务集成赢得优势》两份研究报告，探讨了如何实施和推进以马赛克战为代表的决策中心战 [39-40]。

马赛克战的提出具有里程碑式的意义，标志着美军从传统的以网络为中心的消耗对抗作战理念，向以决策为中心的作战理念转变。马赛克战作为决策中心战的一个典型作战概念，并不是对网络中心战的全盘取代，而是面向未来无人化智能化战争、针对强敌对抗战术环境提出的一种新的作战样式，将对军力组成、指控流程、通信能力等产生根本性、颠覆性的影响。

1.3.2.1 提出背景

马赛克战概念的提出有其深刻的战略、地缘和技术背景。

1. 美国国防战略从后冷战时代重新回到大国竞争时代

2008 年前后，美国开始从后冷战时代向新的大国竞争时代过渡。在此期间，在网络中心战理论指导下，美军提出了跨域融合、协同增效的"空海一体战"概念，以应对"反介入 / 区域拒止"（A2/AD）构成的挑战 [41]。

2014 年，克里米亚并入俄罗斯联邦，成为美国转向新的大国竞争时代的直接导火索和标志性事件，美国认为其领导的国际秩序越来越受到强大对手的严峻挑战。为了抵消对手的发展势头，确保自己的碾压性优势，美国国防部借鉴冷战时期的经验做法，提出了一个"新的抵消战略"，亦称"第三次抵消战略"，其核心是利用美国在无人自主、人工智能、通信组网等先进技术领域的优势，与新的组织制度和创新性的作战概念相结合，以期抵消中俄两国"反介入 / 区域拒止"能力对美军全球力量投送构成的威胁。"第三次抵消战略"重新启动了大国竞争的冷战思维，转变了美国国防战略，指导了此后美军作战概念、军力结构以及装备建设的转型发展 [42]。

2015 年 6 月，奥巴马政府发布国家军事战略，确认了大国竞争时代的回归。2017 年 12 月和 2018 年 1 月，特朗普政府发布国家安全战略，国防部发布国防战略，大国竞争成为核心聚焦点。自此，美国国家安全战略和国防战略的优先方向，正式调整为"以与中国和俄罗斯的大国竞争为明确的、首要的焦点"。2020 年，美国前参议院军事委员会幕僚长、军届革新派思想家克里斯蒂安·布罗斯出版了《杀伤链：在高技术战争的未来保护美国》一书，表达了对未来美国国家安全的忧思关切，迫切主张军事改革[43]。2022 年 10 月，拜登政府发布的《国家安全战略》和美国国防部发布的《国防战略》中，更是明确了其"首要竞争对手"及"最大地缘政治挑战"[44-45]。

在此背景下，美军提出了多域战、全域战、电磁战、算法战、马赛克战、分布式海战、决策中心战等多种作战概念，以期赢得这场新的大国竞争。

2. 美军以网络为中心的作战方式面临严峻的地缘挑战

在后冷战时代，美军利用其在隐身飞机、精确制导武器、网络化传感器和通信网络技术等方面的绝对优势，提出了网络中心战的作战理论，并在阿富汗、伊拉克战场上得到了实战运用和成功验证。

随着这些技术不断扩散到竞争对手，美国享有的代差优势越来越小，面临的风险成本也越来越高。特别是在西太平洋和波罗的海等最有可能发生冲突或对抗的地区，美军网络中心战所依赖的透明战场态势感知和可靠通信指挥能力，难以得到充分实现或持续保障。相比之下，"对手"却能够利用自己"主场"作战的地缘优势，依托自己国土上的远程传感器和精确打击网络，对数百英里之外美军及盟军的航母打击群、旅战斗队、远征分队等大型作战编队，实施有效的探测和打击。鉴于此，美军先后提出了不少旨在实现分布式作战的新方法和新概念。

此外，"对手"还可利用这种基于本土的地缘战略优势，综合运用军事和准军事力量、军事和非军事手段，通过实施切香肠、灰色地带战术等行动，以较低的成本、可控的升级风险以及低于武装冲突门槛的竞争方式，造成"既成事实"，逐步达成自己的目标。而美军传统的作战方式和能力主要针对大规模高烈度冲突，难以在不造成对抗升级的情况下采取恰当的行动，制约了美军自身的可用选项。

因此，美军认为自己在大规模精确打击战中积累的经验能力价值正在降低，信息和决策已成为未来军事竞争的主要领域。

3. 人工智能和自主系统为美军向决策中心战转变提供重要支撑

为了在新的大国竞争中继续保持跨代优势，美军一直在探索充分利用新兴技术创造新的作战样式，改变传统以消耗和摧毁敌方部队直至其丧失战斗能力的作战理念，转向通过比对手更快更好地做出决策，对敌同时实施多重困境，进而实现决策优势，提升己方作战能力。人工智能和自主系统为美军向这种以决策为中心的转变提供了关键支撑。

美军认为，作为当今最突出的新兴技术，人工智能和自主系统不仅能够用来加快行动速度，更能成为决策中心战的根基。例如，通过利用无人自主系统，能够实现一种更可分解的军力设计，不仅可以增加作战平台的数量，而且易于提高部队的灵活重组能力，从而实现分布式作战；通过人工智能赋能的决策辅助工具，能够控制分布式的作战单元，解决美军当前任务式指挥的一些局限性问题，例如，当下级指挥员与上级通信中断时，容易发生决策质量不高、可选方案有限或者容易被敌方预测等问题，从而帮助指挥员有效管理复杂的作战行动，独立完成作战任务。

决策中心战旨在把人工智能和自主系统与新的作战概念相结合，通过人类指挥与机器控制的相辅相成，使美军能够比对手更快更有效地做出决策，同时对敌施加多重困境，使敌方疲于应对、无所适从，无法做出有效的响应，最终使敌方难以达成目标。

美国 DARPA 提出的马赛克战正是实施决策中心战的一种典型作战方式。

1.3.2.2 制胜机理

马赛克战，顾名思义，类似于用许多小而简单的色块来拼成复杂的图案（如图 1-17 所示），利用较小的、数量更多的简单作战单元来代替大型多功能的复杂系统，在合适的时间和地点进行灵活组合/重组，通过动态调整协作方式，应对快速变化和不确定的战场环境。

马赛克战的核心思想是，通过实施可灵活重组的军力设计以及以情境为中心的指挥、控制和通信（Context-centric C3）来实现一种全新的作战方式，由人类指挥员负责指挥、由 AI 赋能的机器负责控制，对己方高度分散的部队快速进行组合和重组，使得战场态势复杂化，在提升己方适应性和灵活性的同时，对敌造成不确定性，让敌方难以判断战争形势，进而陷入决策困境。

图 1-17　马赛克概念示意

因此，马赛克战的制胜机理，主要依赖如下 3 个方面：一是对敌施加决策困境；二是灵活组合的军力设计；三是以情境为中心的指挥、控制和通信（C3）。

1. 扰乱强敌"判断"环节，使其陷入决策困境

马赛克战的制胜机理，来源于对军事理论家约翰伯伊德著名的"观察、判断、决策、行动"（OODA）环路的理解[46-47]。

从 OODA 环路的角度来看，传统的网络中心战是依托强大顺畅的通信网络，把己方的 OODA 环路搞得极快，从而在速度上以快制慢，压制战胜敌人。这种作战方式依赖于无所不知和单向透明的观察感知能力，在战场上为技术力量强大的一方带来一边倒的碾压优势。

但在强敌对抗环境下，由于传感技术经历长足发展，任何一方可能都无法在"观察"环节占据绝对上风，再加上势均力敌或者实力接近的对手强大的电子战、网络战等能力，这样的通信网络是难以保障的，甚至是不可能实现的。这就要求马赛克战必须使用 OODA 环路的其他部分来获得优势。

因此，马赛克战提出聚焦 OODA 环中的"判断"环节，通过利用复杂性来扰乱敌方的判断能力，阻挠敌方 OODA 环路的运转，使敌方即使掌握战场态势信息，也难以判断己方的作战意图，进而难以确定打击重心和防御方向，无法做出正确合理的决策。

这既是马赛克战等决策中心战的出发点，也是决策中心战与网络中心战的本质区别。

图 1-18 表示出了美军的马赛克战是如何运用伯伊德的 OODA 环路的。美军使用灰色来描述第一个"O"（观察）：由于商用和军用传感器——包括射频、视觉、超视觉、声音等各种传感器的泛滥，敌我双方的行动要想完全躲避对方的观察，是很难甚至是不可能的。美军使用红色来描述第二个"O"（判断）：目的是削弱红方（敌方）的判断能力，即通过马赛克军力的复杂性，削弱红方（敌方）对马赛克战军力结构和预定战术的理解能力。"D"（决策）是蓝色的：目的是加快蓝方（己方）的决策速度，也就是说，马赛克战的指控方法可通过人类指挥与机器控制相结合，加快决策速度。"A"（行动）是蓝色的：目的是扩大蓝方（己方）的行动，也就是说，马赛克部队可以提供更多的选项和困境来应对敌方行动，并且能够更加高效地分配任务。

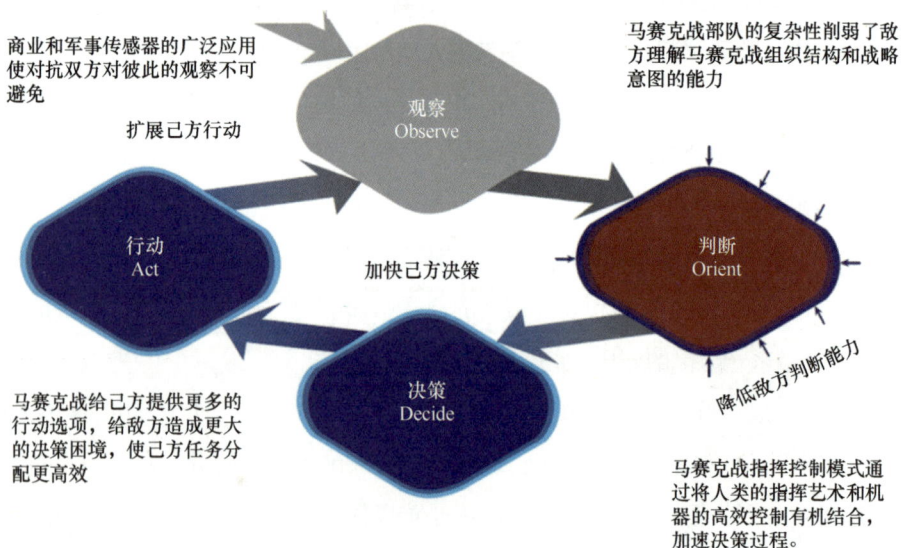

图 1-18　马赛克战中的 OODA 环路

因此，本质上来说，马赛克部队是在其自己的决策周期内，通过把可分解的分队同时分布于更多的行动中，提高决策的规模或尺度，并使用基于计算机的工具来加快决策速度，拥有更多的选项；同时，通过制造更多复杂的态势或混乱的态势，降低敌方的判断能力，并通过生成相当规模的友方决策和行动，使敌方不能有效行动，从而削弱敌军的 OODA 环路，并压缩敌方选项。

就可用的行动选项和决策空间来说，传统上，美军在进行战略规划和作战规划时，采用的是以预测为中心的方法和模式，依赖对未来作战场景以及美国与对手的能力、态势和目标的想定。如果这些想定是错误的，那么预测就是错误的。如图 1-19 所示，在以预测为中心的规划方法中，为了提高效率，通常会很快选出并实施一种最有可能成功的行动方案，以便把其他行动方案的资源分配给其他任务。美军认为，这种把资源和任务早早进行绑定的做法，必然会限制指挥员将来可用的选项空间，这也是当前美军面对灰色地带行动时缺少选项的原因。

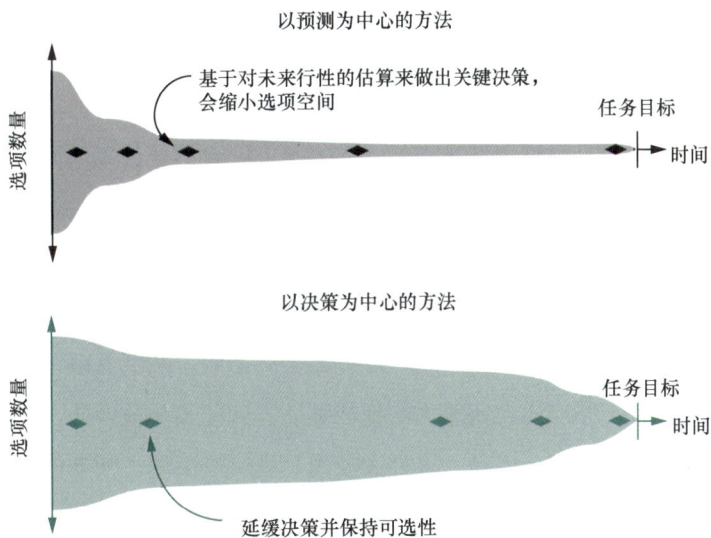

图 1-19　以预测为中心 VS. 以决策为中心

但在马赛克战等以决策为中心的方法中，则是把重点放在了破坏敌方的判断上，是把对敌方施加困境的数量和速度以及己方决策选项空间的大小作为核心指标。那些能够让指挥员保持开放选项，而不是把指挥员的选择缩小到寥寥几个可选的行动方案的决策流程，能够帮助部队在不确定条件下进行适应调整并取得胜利。同时，己方选项越多，能够为对手制造的不确定性就越多；当敌方的规划流程无法适应时，就能形成相对的决策优势。

可以看到，马赛克战的决策流程，可以探索和评估广泛的选项，尽可能保持己方的可选空间，从而为指挥员提供各种潜在的行动方案，这些行动方案的成功概率各有不同，对未来选项可用性的影响也不同。因此，所做出的决策能够为将来保持广泛的可能性，而不是鼓励早早地筛选出一个单一的"最优"行动方案。

美军认为，这种方法与当前由参谋驱动的规划过程形成了鲜明对比：传统的计划制定流程是确定性地去探求一套最优化的解决方案，供指挥员们选择。这种作战计划方法常常人为地放弃了众多可能的选项，部分是由基于一体化集成的多任务平台以及人工的计划作业所导致的，同时也是由于人类倾向于那些以往行之有效的或者遵循条令的行动方案。这种"路径依赖"流程非常适用于使用一个单一的或特定场景的解决方案，用来解决静态的非敌对的问题，但在面对强敌对抗时，这些方法就往往力不从心了，因为它们无法保留选择的多样性，不能对部队进行更灵活的适应性调整，也就难以对敌施加更多的复杂性和不确定性。而马赛克战可通过大量小巧的、有人无人平台组合的军力设计以及以情境为中心的指控和通信实现强大的决策优势。

2. 重塑有人无人灵活组合的军力设计

当前美军的作战平台主要由有人驾驶的、独立的或者一体集成的多任务单元组成，具备传感器、电子战系统、指挥与控制系统以及武器系统等。这些多任务单元和平台，共同组合成较大的作战编队，如陆军旅战斗队、陆战队远征分队或海军航母打击群。但是，这种大规模、高度聚集的多任务作战平台易受探测攻击，一体化集成的系统配置也不够灵活，从而限制了作战力量的可重组性，降低了部队的灵活适应能力，增加了作战行动被敌方预测的概率，也削弱了迷惑敌方的能力。

马赛克战的军力设计思想是，把一体化集成的多任务平台分解为数量更多、规模更小的作战单元，每个单元的功能更少、可组合性更强，通过作战单元临机、灵活的组合和重组，使己方能更好地获取决策优势。例如，一个由多艘驱逐舰组成的大型水面战斗群，可以由一艘护卫舰和几艘无人水面舰船取代；一个空中战斗机群编队，可以由一架攻击战斗机以及几架搭载传感器和电子战装备的无人机取代；一个大型地面编队，可以分解成更小的、配备中小型无人车或无人机的作战单元。

图 1-20 举例说明了美海军当前主要由有人平台组成的传统作战力量——主要包括航母、水面舰艇、潜艇、两栖攻击舰和后勤补给舰，如何能够通过部分的调整和再投资，实现马赛克战的军力设计。图中的黑色方框表示美海军当前的作战平台，灰色方框表示可淘汰改造的平台，而蓝色方框表示重新投资的新平台。通过淘汰部分传统平台，转而投资更多、更小的无人平台，不仅能够以几乎相同的成本形成更多的军力运用选项，而且能够对敌施加更多的复杂性。因此，在马赛克战的军力设计中，作战单元数量更多、更加多样，具备更强的分散能力和重组能力，不仅能为指挥员提供更多的潜在组合，而且能使指挥员更加精准地匹配军力，以满足不同样式的作战任务需求。此外，马赛克部队中尺寸更小、功能更少的作战单元，也更容易吸收新的任务系统和技术，通过迅速引入新的传感器、无线电通信、武器或电子战系统，而不是进行昂贵而耗时的集成改造，能够更快地适应任务需求。

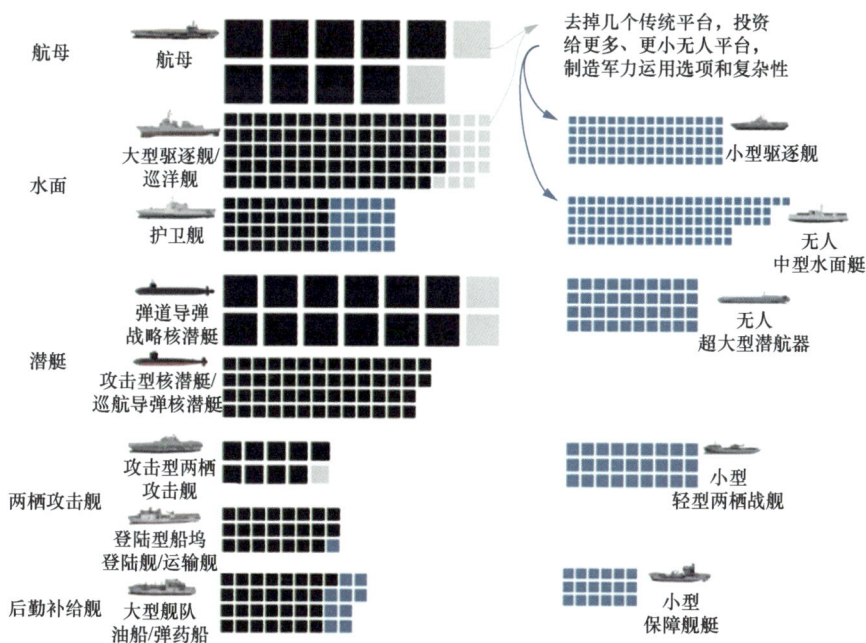

图 1-20　马赛克战的军力设计示例

本质上来看，马赛克战的这种军力设计，主要基于如下理念。己方的选择越多（灵活性），也就给敌方制造的复杂性越多（不确定性）；适应性和速度比精确性和最优化更重要；面对强敌需要施加快速、并行的分布式行动（复杂性）；人工智能的自动决策提供速度和规模，人类的智慧提供情境理解和创造力；分布式优于集中式，功能分散优于一体化综合集成；异构异质组合优于同构同质组合；更多更简单优于更少更强大；单一功能优于多功能，不同的单一功能模块更易于灵活组合；功能的动态组合，优于预先的综合集成；局部的自主性及主动性，优于强大的集中精确控制。

马赛克战的这种军力设计主要有六大优势：一是小型平台更容易融入新技术和新战术；二是更多的组合方式可以应对更多的威胁，提高部队的适应性和灵活性；三是大量分散的作战单元使对手难以判断和应对，给对手增加复杂性和不确定性；四是能够适应不同风险等级的作战任务，有针对性地、更精准地调配合适的作战单元，提高整体效能；五是更多的组合能够执行更多的任务，扩大部队作战行动的适应范围；六是更多的组合能够同时并行执行多种作战行动，从而更好、更灵活地实现上级的战略意图。

3. 实施以情境为中心的指挥、控制与通信

与传统的作战部队相比，马赛克战的军力设计可灵活组合，其包含的作战要素在数量上要大得多、分布得更广，势必会带来指挥控制方面的挑战。因此，马赛克战提出改变传统的由人主导的指控流程，通过人类指挥与机器控制相结合，使指挥员充分利用马赛克军力动态灵活的组合和重组能力，对敌施加不确定性和复杂性。

如图 1-21 所示，根据人在指挥与控制流程中的地位和作用，指挥与控制系统主要分为 3 类。

第一类是半自主系统：即由人来控制指挥与控制流程，指挥员负责做出决策并实施指挥与控制。目前大部分指挥与控制系统都属于这种人在回路中的半自主系统。

第二类是有监督的自主系统：即人处于监督者的地位，主要由机器负责做出决策，从而形成人在回路上的有监督的自主系统。

图 1-21　人在指挥与控制流程中的地位和作用

　　第三类是完全自主系统：即人完全脱离了指挥与控制流程，由机器独立做出自主决策，从而形成人在回路外的完全自主系统。

　　战场瞬息万变，决策的速度往往是最关键的问题，此时适用于人在回路上的有监督的自主系统；当武器平台与指挥员的之间通信链路受阻，无法实时介入决策回路时，则有必要引入人在回路外的完全自主系统。

　　马赛克战实施的以情境为中心的指挥、控制和通信，主要依赖人工智能和自主系统的发展，依托无人机、无人车、无人船以及水下潜航器等各类无人平台，通过信任授权的方式激活自主系统，把决策权交给机器，在战场通信受限的情况下，实现以情境为中心的指挥、控制和通信。

　　以情境为中心的指挥、控制和通信流程如图 1-22 所示。人类指挥员在充分理解并遵循上级指挥员战略意图的前提下，制定总体作战方案；通过人机接口，向机器赋能的控制系统分配需要完成的任务，输入预定的任务目标；机器赋能的控制系统，询问通信可达范围内的所有作战单元或军力要素，类似于"招标"；有人或无人作战单元，根据与战场的距离、与任务相关的能力以及自身物理特性等情况做出应答响应，类似于"投标"；机器赋能的控制系统，识别出可以接受任务的作战单元，自动生成若干具体的行动方案，并反馈给指挥员；指挥员从这些方案中进行选择确认，以此实现以情境为中心的指挥、控制和通信机制。

　　这种以情境为中心的指挥、控制和通信机制，也是马赛克战中具最颠覆性的一个变化，主要体现在如下几个方面：一是人机高效协同，人类负责指挥、机器负责控制；二是全局决策与局部决策相结合；三是自顶向下"招标"与自底向上"投标"相结合。

这种新的指挥、控制和通信方法的一个基本要素是开发新的作战规划工具，以便指挥员能够创造性地规划、适应和重组部队及其作战行动。目前，美军正在开发的一些项目已经验证了此类规划工具，比如国防高级研究计划局的适应跨域杀伤链（ACK）项目，以及复杂自适应系统组合与设计环境（CASCADE）项目。

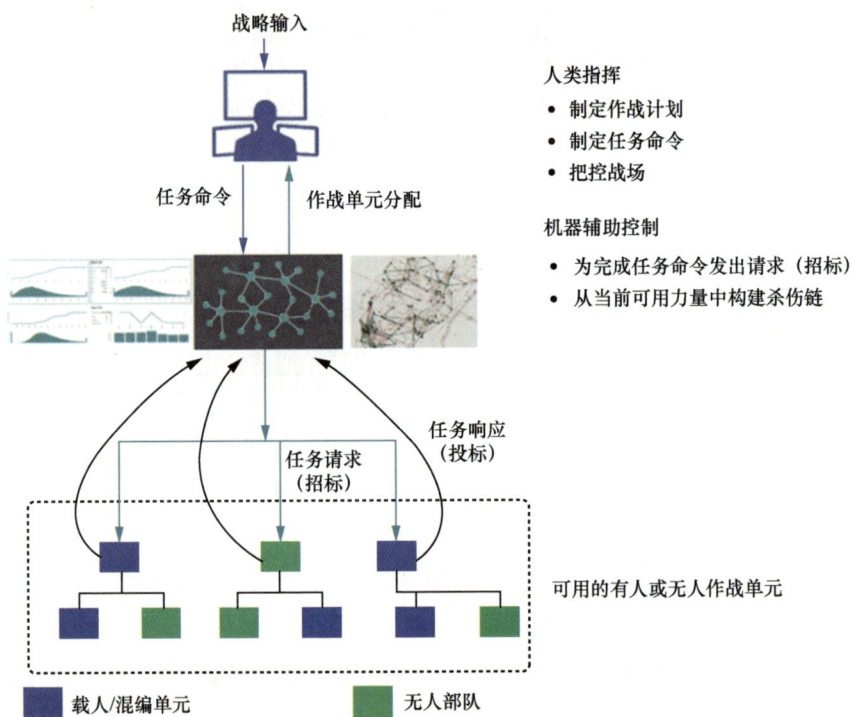

图 1-22   以情境为中心的指挥、控制和通信流程

1.3.2.3 突出特征

从上述机理可以看出，作为一个瞄准未来强敌对抗战术环境的具有颠覆性的作战概念，马赛克战力求通过分散和分布来增加对敌方的模糊性，通过重组性来提高己方的适应性，并以无人化和智能化为核心，实现自主性和灵活性。

从作战理论的角度来看，与美军近年来推出的其他作战概念相比，马赛克战具有 3 个方面的突出特征。

1．利用复杂性寻求新的非对称优势

在大国竞争背景下，美军正在从网络中心战向决策中心战转变，并把复杂性视为向对手施加多重困境的一个重要武器。

传统的网络中心战，依赖于高度透明的战场态势感知能力以及畅通无阻的通信指挥能力，通过一个无所不知的"上帝视角"对战场一览无余，实现战场态势的高度透明和精确可控，消除战场迷雾，并通过集中式"大脑"来实施己方的决策。

但在未来强敌高度对抗的战场环境下，集中式决策几乎不可能实现，因为对手不断改进的电子战能力以及其他的反指挥－控制－情报－监视－侦察（C2ISR）能力，将会降低己方的态势理解或通信能力。因此，决策中心战的本质是拥抱战场对抗中固有的迷雾和摩擦，通过分布式编队、动态的组合和重组、更少的电磁辐射以及反 C2ISR 行动，给敌方施加复杂性和不确定性，扰乱敌方指挥员的决策过程，降低敌方的决策质量和速度，同时使己方指挥员能够做出更快更有效的决策。

作为决策中心战的一个典型作战方式，马赛克战具有高度分散性、动态组合性和灵活适变性的特征，是其利用复杂性实现非对称优势的重要来源。马赛克战实现了信息化时代从静态分布式杀伤链到动态自适应杀伤网的演进，如图 1-23 所示。

分布式杀伤链延伸了战场感知和打击范围，这种杀伤链由分布在不同平台上的感知、决策、打击功能单元组合构成，主要不足是预先定义、相对静态、难以扩展。

综合集成系统由多条杀伤链组合构成，杀伤链的数量增多，不足仍然是预先定义、相对静态、难以扩展。

适应性杀伤网可以在预先设计的传感、决策、打击组合和给定的任务范围内按需选择、灵活组合，可以给敌方带来一定的复杂性，但其选择性和扩展性有限。

在马赛克战的动态自适应杀伤网中，各功能要素可临机动态组合，能够动态适应威胁和环境变化，具备灵活的选择性和扩展性，但对指挥员的指挥决策能力要求更高。

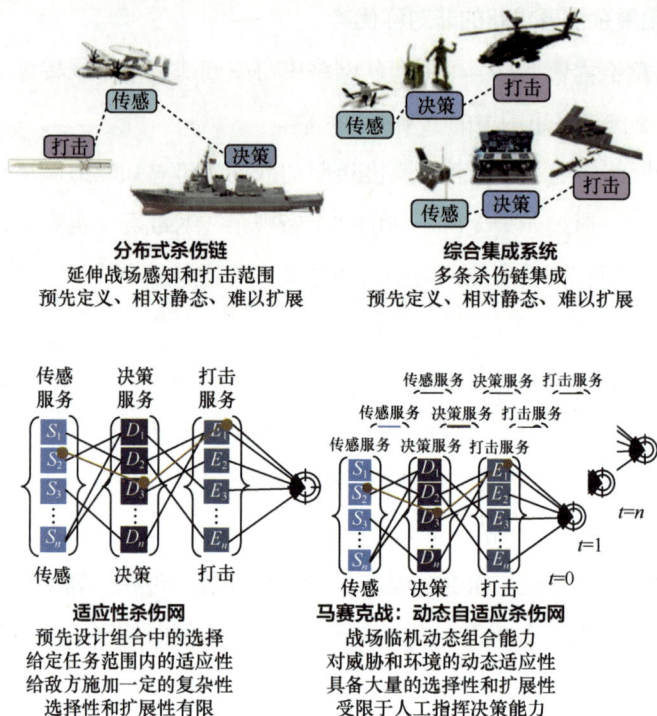

図 1-23 从静态分布式杀伤链到马赛克战的动态自适应杀伤网的演进

具体来说，马赛克战力求通过可迅速组合的动态自适应的杀伤网——包括大量低成本的传感器、多域的指挥与控制节点和自主协同的有人无人系统，把复杂性转化成一种新的强大的非对称武器。这样的杀伤网可根据战场环境快速部署，通过大量低成本可消耗的武器平台使敌方防御顷刻饱和，通过有人无人平台的灵活迅速组合和高效协同获取整体杀伤优势，并通过人类指挥与机器赋能的控制来实现决策优势，不仅可以给敌方制造复杂性和不确定性，形成复杂的战场态势，而且能够增强己方的适应性和灵活性，从而针对多种不同的情境（包括灰色地带行动）施加不同程度的复杂性，通过比对手数量更多、更加多样的可选方案，在决策空间实现新的非对称优势。

这种复杂性所带来的非对称优势，在马赛克战的军力组合中也有非常直观的体现。如图 1-24 所示，美军通过兵棋推演发现，如果采用同质同构组合（如图 1-24（a）所示），马赛克战虽然有优势，但不明显；但如果采用跨编组、跨平台、跨作战域的异质异构灵活多变的复杂组合（如图 1-24（b）所示），马赛克战的优势就会非常明显，因为其排列组合的可能性大大增加，这种指数级增长的复杂性大大增加了敌方的判断难度，使敌方陷入决策困境。

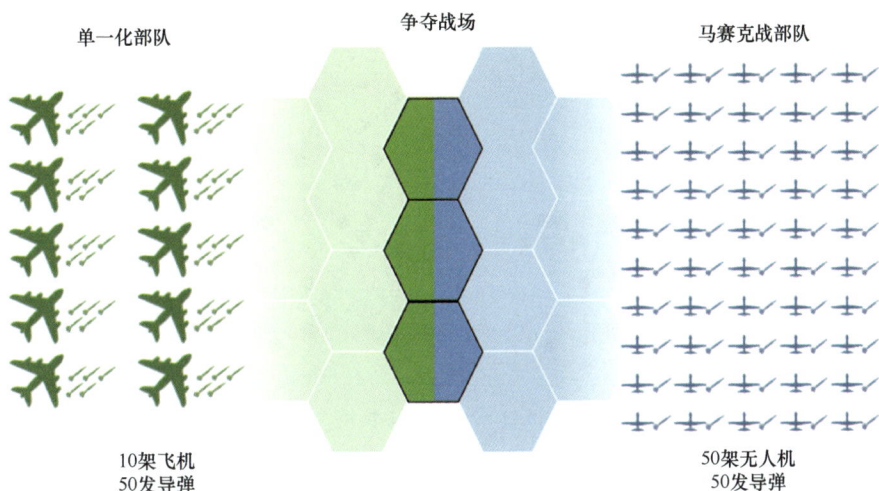

（a）同质同构组合

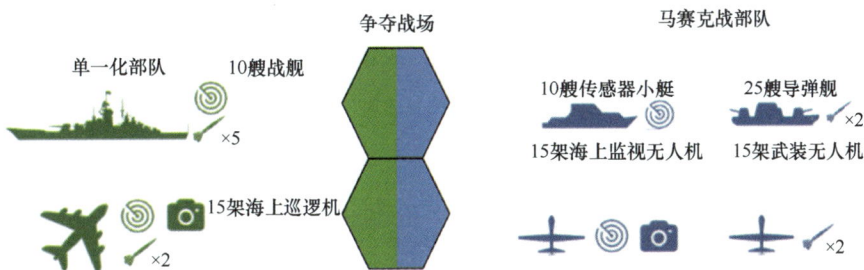

（b）异质异构组合：跨编组、跨平台、跨作战域

图 1-24　马赛克战复杂多变的军力组合

2. 基于通信可用性来构建指挥关系

马赛克战采用以情境为中心的指挥、控制和通信，其指挥关系建立在动态通信网络的可用性基础上，而不是试图为一个预设的指挥与控制结构去创建一个特定的通信网络。也就是说，马赛克战是基于通信能力、战场环境来调整作战方案和指挥关系的，通信是因、指控是果。而在以往的网络中心战中，通信

网络的构建是基于作战预案和指挥关系的输入，指控是因、通信是果。

以网络为中心的作战空间体系结构与以情境为中心的作战空间体系结构的对比如图 1-25 所示。

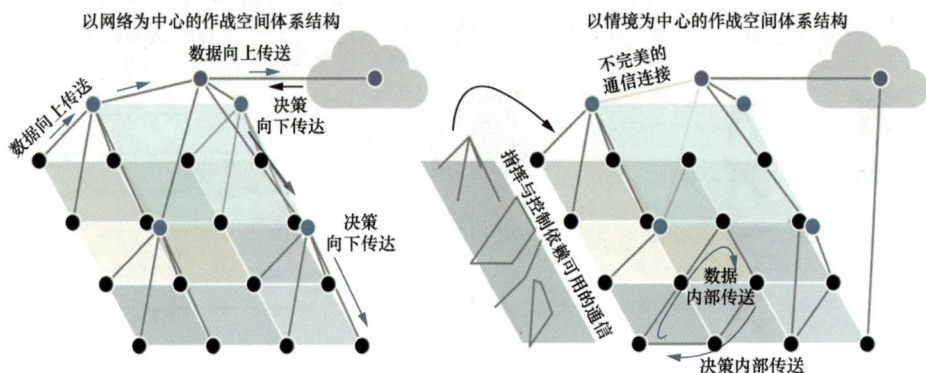

以网络为中心的作战空间体系结构

数据向上传送
数据向上传送
决策向下传达
决策向下传达

以情境为中心的作战空间体系结构

不完美的通信连接
指挥与控制依赖可用的通信
数据内部传送
决策内部传送

图 1-25　以网络为中心的作战空间体系结构与以情境为中心的作战空间体系结构对比

两种作战空间体系结构的综合对比见表 1-2。

表 1-2　以网络为中心的作战空间体系结构 VS. 以情境为中心的作战空间体系结构

对比项	以网络为中心的作战空间体系结构	以情境为中心的作战空间体系结构
描述	数据向上传送给一个集中的指挥与控制中心，再把决策向下传达	不完美的通信连接；指挥与控制依赖可用的通信；即使在失去通信连接的情况下，也可实现数据和决策的内部传送
通信和互操作性	统一的、联合的通信和数据标准	多样化的通信和按需的互操作
设计方法	预测联合部队和任务线程，强制执行标准合规	体系结构的原则，但演进式 / 涌现式的设计
指挥与控制方法	基于全局图像的、最优化的指令式控制	基于机遇 / 伺机的本地决策
作战概念	以消耗为中心	以决策为中心

结论：基于情境的指挥、控制和通信体系结构，是基于通信的可用性来组织指挥与控制关系的，并不寻求在各种电磁频谱条件下，都要持续保障一个严格的指挥与控制框架。

当前，美军的指挥与控制依赖集中指挥、分散执行的层级结构：指挥与控制集中在一个高级指挥员，命令、资源和权限都是沿着指挥链向下传送，以实现分散执行。当指挥员责任区内的通信普遍可用，而且有足够的吞吐量来传输传感器数据、分析、命令和反馈时，这种层级方法行之有效；当通信降级、通信能力不足、无法依赖上级总部时，低层级的领导者需要执行任务式指挥，但缺乏所需的决策支持工具，难以有效使用越来越多样化的分布式力量来执行任务。然而，在未来的大国冲突中，在高度对抗的电磁作战环境下，美军部队势必要越来越多地依赖任务式指挥。

作为决策中心战的一个典型作战样式，马赛克战的一个前提假定就是，在军事对抗期间，通信常常会被拒止。因此，指控关系应当遵循可用的通信，而不是像网络中心战中的那样，为了支持一种理想的、既定的指挥与控制结构而尝试去构建一个通信体系结构。美国国防部认为，其通信网络建设工作之所以会出现失败情况，部分原因就在于，过去他们是力求通过一个无处不在的网络来强制实施一种所渴望的指挥与控制结构，但这样的网络是难以实现且难以负担的，特别是在强敌对抗环境下。

但在决策中心战的基于情境的指挥、控制和通信方法中，指挥员是对他们能够与之通信的那些部队实施控制。自主的网络控制单元能够权衡通信带宽、距离和延迟等因素，连接指挥员完成任务所需的部队，以免指挥员的控制范围变得无法管理。那些不必要的或者无法连通的部队，则会被排除在该指挥员的力量控制范围之外。

因此，马赛克战的指挥关系是建立在动态通信网络的可用性基础上，而不是试图为预设的指挥与控制结构去创建一个特定的通信网络。分散部队中的通信可能会断续和局部互联，分散的单元需要保证一定程度的信息共享，但不需要与所有其他部队保持持续的连通，由机器实现的控制系统将自动匹配作战要素资源与指挥员。

通过对比集中式指挥和任务式指挥可以看出，马赛克战如何通过实施以情境为中心的指挥、控制和通信，降低通信干扰中断所造成的影响。在图 1-26（a）中，集中式指挥员能够管理一支大规模的、广为分散的部队。但在图 1-26（b）中，由于通信被降级，下级指挥员必须采取任务式指挥，在机器赋能的控制系统的辅助下，把任务与能够通信的部队结合起来，从而形成多个分散的指挥点，在统一的作战意图下协同完成作战任务。

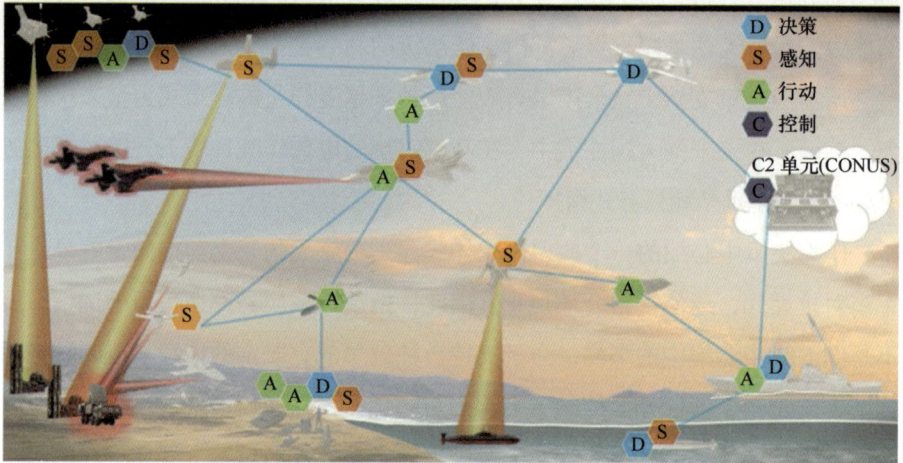

（a）集中式指挥

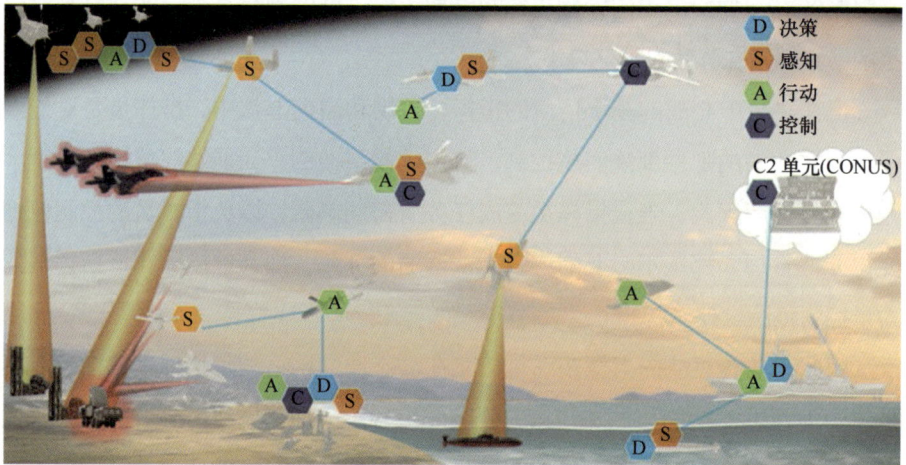

（b）任务式指挥

图 1-26　马赛克战如何降低通信中断的影响

3. 强调把指挥与控制视为一个动态的过程

除了颠覆通信和指控的关系，马赛克战还强调把指挥与控制视为一个动态的过程，而不是静态的网络和系统，如图 1-27 所示。

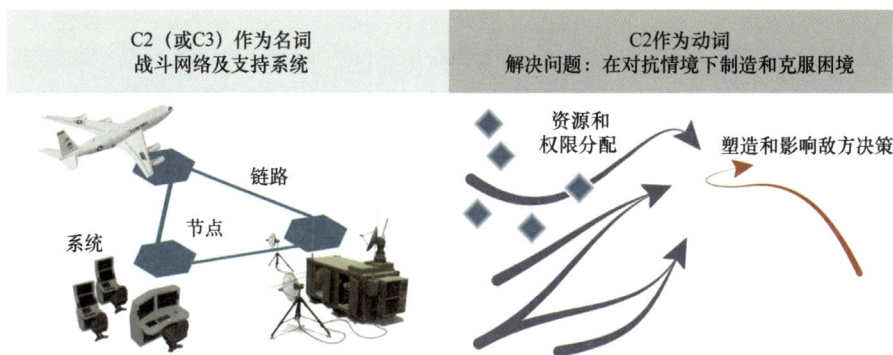

图 1-27　指挥与控制实现方法对比

　　长期以来，美军在指挥与控制（C2）方面建设了大量的作战中心和软件，以及包含节点、链路的战斗网络和支持系统，把指挥与控制视为用来共享信息的一个静态的网络和系统。马赛克战中的决策支持系统则更多地强调把指挥与控制的实现视为一个动态的过程，主要用于在对抗情境下制造和克服困境。

　　指挥与控制实现方法的对比如表 1-3 所示。

表 1-3　指挥与控制实现方法对比

对比项	指挥与控制作为一个名词	指挥与控制作为一个动词
描述	战斗网络及其支持系统：指的是系统、链路、节点（是静态之物）	用来解决问题：在对抗情境下制造和克服困境，指的是资源和权限的分配，旨在塑造和影响敌方决策
以网络为中心的特点	通用性 带宽 无所不知 互操作性 韧性	可选性 高效性
以决策为中心的特点	自适应性 健壮性 异构 规模	在信息熵方面的优胜 在不确定性方面的非对称性 极大的出其不意性

续表

对比项	指挥与控制作为一个名词	指挥与控制作为一个动词
技术角色	系统技术： • 把系统转变成计算平台 • 构建信息和行动路径 • 为适应性赋能	任务技术： • 用于模糊性推理的工具集 • 决策辅助：不确定性量化、人类增强、可实现速度和简化的计算工具 • 用于管理权限、出其不意性的工具集

结论：目前，国防部的投资大多数用于指挥与控制系统，而不是指挥与控制过程。要推进国防部指挥、控制和通信体系结构发展，必须要把指挥与控制视为一个解决问题的过程。

1.3.3 面向智能化战场的云原生网络

以马赛克战为代表的无人化智能化战争，大量部署运用低成本、小体积、消耗性的自主平台，实现有人与无人协同作战，将人的智慧与机器的精准执行、自主执行完美结合，按需、灵活构建具备极强效力、速度、适应性和整体动力的杀伤网，形成比对手更快的决策能力和更强的行动能力。对马赛克战机理和特征的分析表明，在以决策为中心的理念指导下，未来智能化战场上的军力组成和指挥控制可能会发生重大变革。这种变革完全颠覆了传统网络通信的逻辑，提出了一系列新的挑战，进而对未来的网络通信能力提出了新的要求。

1.3.3.1 主要挑战

马赛克战概念提出用大量的小型无人自主平台来替代少量综合集成的大型平台的理念，对战场通信提出了一系列新的挑战。主要体现在 6 个方面。

1. 用户规模指数级拓展

在马赛克战中，根据所执行任务的不同，小型无人平台数量可能成百上千，甚至成千上万。在强敌介入的高烈度地缘冲突中，分布在空中、地面、水面、水下的平台数量极多，弹性极强，分布也极广。这些平台都是战场通信系统的用户，必须保证其在机动条件下可靠、快速、抗干扰的通信能力。相比于传统的战场通信网络，用户规模可能达到 2 ～ 3 个数量级的提升。

2. 临机自主组合要求大大增强

马赛克战以情境为中心的指挥、控制和通信理念，要求指挥与控制要基于通信现状实施任务式指挥，执行临机性任务规划，对处于某个区域的各类有无人平台临机组合、实时编排，构建动态自适应杀伤网，从而遂行并完成作战任务。这就要求这些平台上的通信手段必须能够智能按需调整，包括频率、功率、调制、编码、MAC 协议、路由协议等，以便迅速适应环境，保障通信联络。

3. 网络扁平化弹性扩展能力要求大幅增强

马赛克战中，大量的小型无人平台将会根据任务需要，进行临机动态部署，必须具备动态自组网能力。与传统的自组织网相比，这样的动态自组网必须满足如下特征：一是规模具备更强的弹性，随时可以根据需要扩大或缩小组网规模，而且节点的通信能力不受规模的影响；二是不需要做过多的规划和配置，网络松散耦合、动态组合、更加扁平，高效完成战场信息的分布式采集、处理和分发，形成大规模宽带自组织网络。

4. 提供面向分布式应用的战场云服务更加迫切

战场通信条件受限，窄带宽、弱连接是战场通信网络的客观现实特征。鉴于此，马赛克战提出在这种条件下实施以情境为中心的指挥与控制，实现人类指挥与机器控制的结合、全局决策与局部决策的结合、自顶向下"招标"与自底向上"投标"的结合。马赛克战背景下的分布式应用系统，从人与人、物与物的通信转向智能体之间互联，从大容量宽带业务转向海量窄带实时业务交互，客观上要求构建一朵逻辑上的分布式战场协同云，实现业务模型从端到端向端到云转变。

5. 顽存与重组能力要求大幅提升

在大国博弈、均势对手对抗背景下，各类基础设施和系统极可能遭受物理打击、网络攻击、电子干扰等多种软硬攻击，因此，要想构建一张全面覆盖战场、时时刻刻处处都能可靠按需通信的网络，无疑是不现实的。在实施马赛克战等以决策为中心的作战概念时，要想高效地组织数量众多、机动性强的有无人平台执行作战任务，需要根据平台的位置、状态等实时重组，保障临机任务式指挥的完成。这对传统基于网络规划、参数配置的战场通信系统，提出了巨大的挑战。

6. 安全威胁形势更严峻

无线通信信号容易被截获，面临仿冒、重放等攻击风险。网络中的协议、数据和软件服务，面临被监听、窃取、拒绝服务等风险。特别是随着大量无人自主系统的部署运用，网络一旦被接管控制，就会造成难以预见的重大风险。这对信息网络的安全性设计，提出了更严苛的要求。

此外，战场信息网络的设计和构建还存在两个突出的特点：一是不依赖固定基础设施。虽然有固定基础设施能够更便捷地构建网络，且可获得稳定可靠的性能，但由于机动性和抗毁性等因素，在设计中不能过分强调和依赖基础设施，而要强调分布式、动态网络化保障。二是具有很强的异构性。例如，在通信手段上，有短波、超短波、微波、卫星、散射等，通信频率、传输带宽、通信距离、误码特性等千差万别；在组网方式上，有数据链、自组织网、无线接入等，面向不同的场景和组织运用模式，有不同的网络协议；在业务类型上，有话音、视频、数据、格式化消息等，支持不同类别的业务信息传递。这些特征也是构建信息网络时需要重点考虑的因素。

1.3.3.2 能力要求

马赛克战的重要特征之一是，通信与指挥控制的关系发生了一定的变化，指挥关系建立在动态通信网络的可用性基础上，即基于通信的可用性来构建指挥关系。表面上看，这似乎降低了对通信可靠性的要求，但实际上从全局和整体视角来看，由于面临1.3.3.1节分析所述的一系列挑战，这对战场通信带来了新的更高的要求。

一般来说，对战场通信系统的能力主要从覆盖范围、用户容量、传输速率、动态组网、随遇接入、业务保障、抗毁抗扰、可管可控、安全保密等方面提出要求，有时也专门强调动中通、快速开通等能力。这里并不全面讨论未来战场通信系统的能力要求，而是重点针对马赛克战对战场通信的新的能力要求进行剖析，为开展新型战场信息网络的设计提供参考。

1. 广域泛在互联能力

广域泛在互联能力,指覆盖陆海空天电全维作战域,连接各级各类作战要素,确保链路可达、信息互通的能力。由于用户规模指数级跃升、分布更广更分散,必须综合陆海空天各类平台和通信手段,以多手段融合、此断彼通为基本要求,以自主感知环境、主动调整波形为技术途径,实现全要素多手段互联。广域泛在互联能力,是未来实施马赛克战的重要前提。

目前,美军正在考虑通过 3 个波次的任务集成来全面实现决策中心战,第一波次就是联军联合全域指挥与控制(CJADC2)。CJADC2 可提供泛在的通信连接能力和经过改进的决策支持工具,能够显著改进军力组合和行动方案的开发。在此过程中,美国国防部主要聚焦通过空军的先进战斗管理系统(ABMS)、陆军的一体化战斗管理指控系统(IBCS)和海军的"通信即服务"等项目,改进现有网络之间的通信互操作性,并通过陆军的"融合工程"和海军的"优胜工程",开展在任务背景下、在不同网络之间建立杀伤链的试验。

美国国防部之所以非常强调连通性,一定程度上是因为军队可用的各种传感器、无人系统、网络显示及控制设备(包括政府设备和商用设备),无论是数量上还是多样性上都在不断增加。因此,美军借鉴互联网的做法,力求打造一个军用物联网(IoT),以实现广域泛在的连接能力(如图 1-28 所示)。

图 1-28　基于泛在连接的联合全域指挥控制

作为信息化时代以来战争的战场中枢,卫星通信,特别是低轨星座,将在未来的战场各要素泛在连接中发挥至关重要的作用(如图 1-29 所示)[48]。低轨卫星具有发射快、数量多、时延短、响应快等特点，能够近似实时地实现从传感器到射手的数据传输。对于强调分布式、机动性、韧性、敏捷性等特征的新兴作战概念来说，低轨卫星通信具有很大的优势。

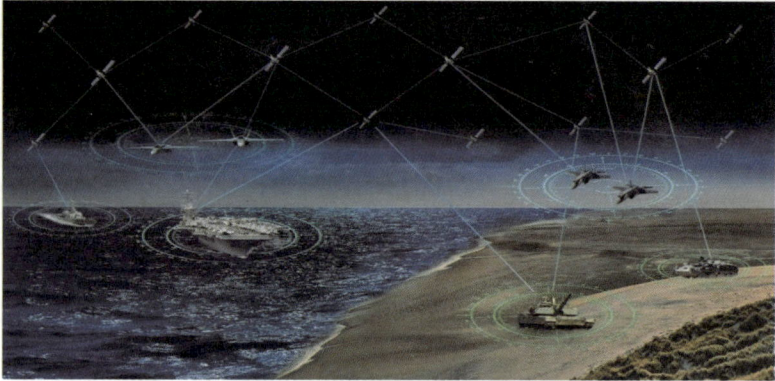

图 1-29　战场泛在连接示意

2022 年爆发的俄乌冲突，证明了低轨星座的威力。从乌军角度，可以说是低轨星座改变了整个战局。据报道，乌克兰的政府官员、各级指挥所和外勤人员，都依赖于 SpaceX 的"星链"系统来保持通信联络。特别是在俄乌冲突前线的大部分地区，由于乌通信基础设施因为停电、被炸毁或被干扰等原因无法提供话音和互联网服务，乌军主要依靠"星链"卫星保持指挥联络。在亚速钢铁厂，乌军"亚速营"被围困以后，就是通过"星链"同基辅当局保持联系，向外界发布照片、视频和各种信息。

但需要注意的是，这种可提供泛在连接的军用 IoT 体系结构的设计，必须要把军事环境的强对抗性考虑在内，要把决策支持系统和通信管理系统吸纳进来，要能够随着通信可用性所带来的决策地点的变化而改变信息流的方向，以便能够支持基于情境的指挥、控制和通信以及任务式指挥。

2. 临机动态自组网能力

临机动态自组网能力，指大量战场要素在没有预先规划的情况下，根据需要临时建立通信联络，形成自组织网络的能力。马赛克战要求执行临机性任务规划，对各类有人无人平台临机组合、实时编排，按需构建动态自适应杀伤网，将具备通信可达性的要素临机编组,对自组织网络的动态组合能力和弹性扩展能力提出了较高要求。

与传统的自组织网络相比,马赛克战对组网模式和网络架构有了更高的能力需求。

一是临机动态的自组网模式。传统的自组织网络都是根据作战预案进行预先规划的,是相对静态的自组网模式。而在马赛克战中,需要的是临机的、动态的而不是预先规划的自组网,要能够随着节点的临机加入和退出来动态调整参数,随遇入网互通。

二是大规模扁平化无中心的网络架构。在传统的组网模式下,网络规模一旦增大,都会按指挥关系将网络分层,通常是划分为核心网、接入网、末端子网,通过网络分层把各类子网串联起来。而在马赛克战中,要把这种层级化的网络变成一种大扁平化的网络,层级和隶属关系等都可以被模糊掉,这就必须要能够实现大规模(数千个节点)的无中心的自组织网络。

这种新的组网模式将面临巨大的挑战,一方面是无中心自组网的服务质量保证问题,另一方面是自组网容量随节点数指数下降问题。对此,美军近年来的一个技术思路就是所谓的宽带自组织网络,其涉及的关键技术如图 1-30 所示。

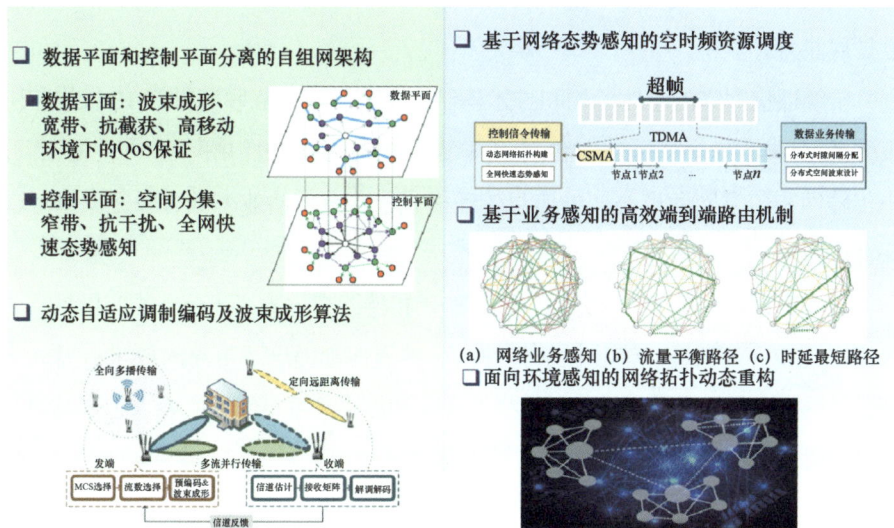

图 1-30　宽带自组织网络关键技术

宽带自组织网络的核心要点是有效应对信道的复杂性、网络拓扑的动态性，提供有保证的服务质量。具体来说，就是通过宽带自组织网络的两个机制，即波束成形和空间分集，设计两种工作模式，将数据平面和控制平面进行分离。传统自组织网络中，数据平面和控制平面无法分离，无法解决马赛克战通信组网面临的挑战。采用宽带自组织网络技术后，数据平面和控制平面相互分离，一系列新型关键技术，如动态自适应调制编码、波束成形算法、基于网络态势感知的空时频资源调度、基于业务感知的端到端路由机制和基于情境感知的网络拓扑动态重构等，均可以应用到马赛克战通信组网设计中。

3. 网云一体弹性扩展能力

网云一体弹性扩展能力，指融合信息通信网络和云计算基础设施及服务，解耦和共享传输、计算、存储等资源，为战场海量用户提供分布式、可扩展、健壮灵活的信息传递服务的能力。

马赛克战背景下的分布式应用，对构建分布式云服务的需求越来越迫切，因而必须转变传统通信网络传输网和信息网两层叠加的模式，强化网云一体设计，即网络专门为访问云、服务而设计和构建，网络为云的稳定可靠运行、为服务的持续供给而存在，依托云环境、以云原生软件的构建模式来实现网络服务和网络功能，实现网络"因云而生、为云而存、依云而建"，具备较强的弹性扩展能力。

传统通信网络的总体架构和技术体制，基本采用了互联网 TCP/IP 架构和协议体系，其核心理念是网络简单、末端智能，网络主要解决路由问题。在此框架下，由传输网和信息网两层叠加的信息传递模式，存在传输效率低、服务质量难以保证等问题。

在马赛克战背景下，一方面，不断迭代和持续交付的战场分布式应用系统，对用户规模、灵活性、健壮性、弹性、可扩展性等提出了更高的要求；另一方面，用户规模弹性变化频繁，对临机组合和动态灵活重组能力的要求越来越强。这些都对战场通信系统的设计提出了更高的要求。

目前，随着移动互联网、云计算（及边缘计算）、物联网、大数据等新技术的兴起与蓬勃发展，网络云化、网云一体的趋势越来越迫切。将云原生的理念应用到网络中是大势所趋，基于云而不是路由器来构建网络，网络主要解决云服务问题，实现云－边－端智能协同，提供敏捷、可靠、高弹性、易扩展的网云基础能力。

网云一体弹性扩展能力，就是贯彻云原生理念，统筹建网与构云，把"网聚"能力和"云算"能力融为一体，联构全域"网云阵"，聚零散点为联合体，构建泛在、敏捷、安全的"一张战场云网"，以计算能力和存储能力换通信距离和网络带宽，以网云体系支撑为节点行动减负增效，实现网联力量、云聚战力，达成全域力量深度联合。

4. 韧性和自适应能力

韧性和自适应能力，指在受到攻击、发生故障或其他原因而通信服务不可用时，具备平稳的服务降级能力、迅速的自适应能力和恢复正常状态的能力。在大国博弈、强敌对抗背景下的马赛克战，对顽存与重组提出了极高的要求，也就对战场通信的韧性和自适应能力提出了更高的要求。韧性和自适应能力，是未来实施马赛克战的重要保证。

马赛克战中的信息系统，包括战场通信系统，应具有高度的自适应性和韧性，要能够不断适应新的威胁，韧性高效地完成任务。在这方面，美军当前正在开展的韧性智能的下一代系统（ Resilient & Intelligent NextG Systems，RINGS ）项目，其核心目标就是要解决下一代无线宽带网络面临的韧性、自主性和自适应性等问题，包括在极端作战场景下的挑战[49]。

下一代网络系统通常要在分布式的用户－边－云的情境下，支持动态变化的数据处理、分发和存储需求。这些网络系统可能要在无线连接和移动环境下，提供个性化、可组合的服务，为实时的计算 / 学习能力赋能，实现大规模的内容分发。它们需要使用微服务的体系结构，对异构的组件、系统和结构进行动态组合。鉴于网络系统的规模以及破坏事件的影响，不可能总是依赖人在回路中的控制系统，来迅速地从破坏事件中恢复。因此，在这种异构的动态环境中提供韧性的通信和计算服务，确实是一个巨大的挑战。

此外，下一代网络系统还必须是安全的、智能的，而且要支持自主决策。人工智能 / 机器学习工具和技术的最新发展，为实现零接触、"自管理"、运维高度敏捷的移动宽带网络提供了巨大潜力。在发生故障或攻击时，自主性使网络系统能够通过自己再编程、再配置，应对性能问题和新出现的威胁。此外，自主性还能够在网络中实现零信任的系统模式，即便存在不可信的硬件、软件或网络操作者，也能够支持强大的安全属性。

美军的 RINGS 项目中，要求下一代网络系统应具有以下一个或多个能力属性：对攻击、故障和服务中断，具有抵御能力和高度容受能力，并且可迅速查明根源；当资源可用性因破坏事件受到影响时，具备平稳的服务降级能力和迅速的自适应能力；在分布式的、异构的和分解的资源之间，韧性地分散计算能力。具体表现在以下几个方面。

（1）全栈安全

例如，可组合且可编程的安全性；零信任安全，包括涉及网络系统的不可信组件方面的设计、运行和管理；用于协议和栈实现的形式验证工具；嵌入式设备安全和网络验证体系结构；利用无线信道和设备属性，确保设备和网络安全；联邦式异构网络中的多方面安全及可配置的内在安全；验证、授权、委托和加密机制，包括能够韧性应对量子算法攻击的机制；从端设备到无线电接入网（RAN）到移动核心网到服务的端到端安全切片。

（2）网络智能 / 自适应性

例如，带有分布式学习的多代理智能，推理和多代理联邦，以及跨网交互式学习，包括无线电接入网和端设备；可保护隐私的机器学习，以及分布式学习和组网的联合设计；可动态组合、按需配置和编排的网络和服务；通过智能的网络取证，迅速识别和理解干扰事件；面对极端干扰事件，能够保持关键服务保障能力的自适应边缘网络。

（3）自主性

例如，具有数据驱动的通信方法和网络系统设计的零接触自主网络；对异构的移动 - 边缘 - 云系统的无缝（且安全的）编排能力；可供网络使用的安全且可预测的人工智能——公平、透明、可解释、健壮且韧性容攻；迅速、自主的自适应能力，可针对干扰事件，重建或重新配置网络功能；攻击 - 探测后的实时恢复能力，以满足网络系统内的关键功能和安全保障需求。

1.3.3.3　业界的发展：云原生网络

现有互联网采用 TCP/IP 架构和协议体系，核心理念是网络简单、末端智能，网络主要解决路由问题，通过域名服务系统（DNS）实现信息网与传输网的关联。在此框架下，一是依托各类传输设备，由路由交换设备互联构成传输网，二是在此之上，为各类用户提供基于客户端、服务端信息交互的信息网。这种传输网和信息网两层叠加（Over the Top，OTT）的信息传递模式，存在传输效率低、服务质量难以保证等矛盾问题。传统 OTT 模式的网络架构如图 1-31 所示。

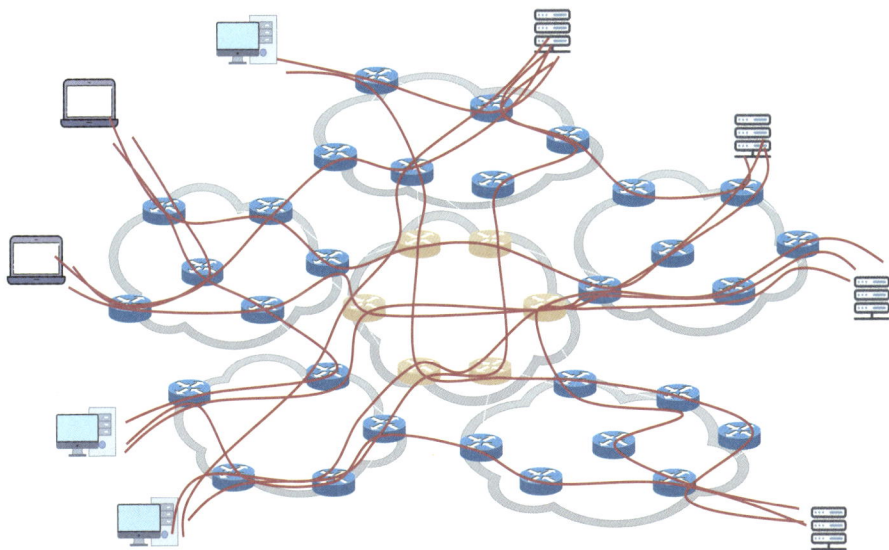

图 1-31　传统 OTT 模式的网络架构

近十几年，随着云计算、大数据、移动互联网、物联网的兴起，网络的流量模式发生了巨大的变化，网络上绝大部分流量都是用户与数据中心的交互流量，如图 1-32 所示。在这种场景下，传输网与信息网严重失配。为了解决存在的问题，业界出现了大量新的解决方案，如内容分发网络（Content Delivery Network，CDN）、边缘计算等。

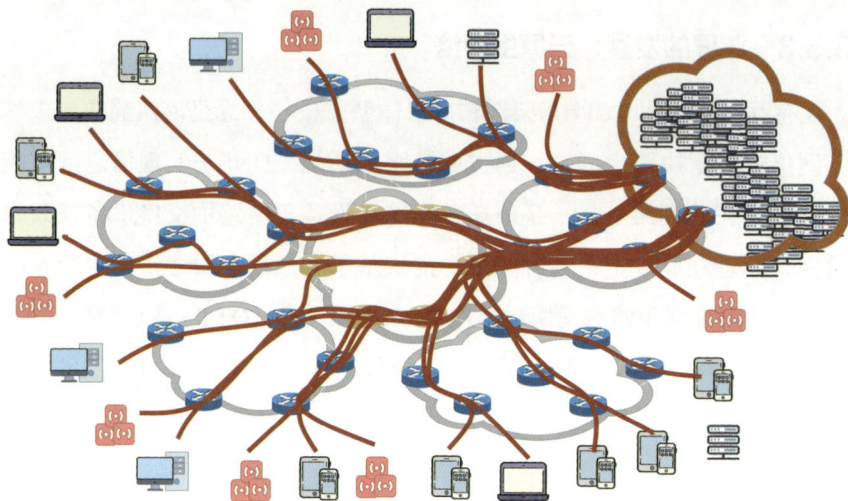

图 1-32　云计算和移动互联网兴起后的网络架构

近年，随着需求和技术的进一步发展，业界兴起了云原生理念。按照云原生计算基金会（Cloud Native Computing Foundation，CNCF）的定义，云原生技术能够使各个组织在公共云、私有云、混合云等新型动态环境中，构建和运行弹性可扩展的应用。我们理解，云原生是基于分布部署和统一运管的分布式云，以容器、微服务、DevOps 等技术为基础，构建和运行应用程序的一套技术体系和方法论。

在分布式软件和应用逐步云原生化的过程中，网络也逐渐跟上应用的节奏，将云原生的理念和设计模式应用于网络。爱立信公司基于谷歌云构建 5G 核心网，西班牙电信公司基于亚马逊云构建 5G 核心网，北美 Next G 联盟明确提出了云原生移动网络的 6G 演进路线图。网络的云化趋势日渐明晰。图 1-33 给出了云原生网络架构模型。

云原生网络是面向信息系统"云端"架构发展趋势，将云原生的理念和设计模式应用于网络，通过将无线接入网、IP 承载网和数据中心网络进行融合设计，支持各类机动用户一跳入网、入云，高效支持云-边-端智能协同，以健壮、灵活、弹性可扩展的方式来构建符合应用和业务需求的信息网络。网络因云而生、为云而存、依云而建，云网一体，是一种全新的网络架构。

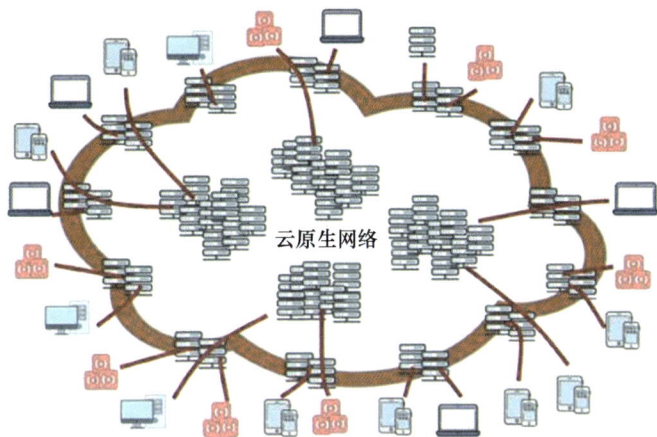

图 1-33　云原生网络架构模型

从技术驱动力来看，云原生网络主要来源于 3 个方面的推动。一是云计算的发展，要求网随云动，从原来云被动适应网发展到网主动适配云，再到以数据中心为核心进行组网，实现网络切片进行差异化承载，推进应用的云化、安全部署；二是网络的发展，要求网络云化，从以硬件为主体发展到软件化、虚拟化和云化，采用"容器通信技术（CT）云 + 虚拟化云网操作系统"推进软件定义网络服务，实现软硬解耦、控制与转发分享和云边协同，支持云原生应用；三是数字化平台的发展，要求云能力升级，将网络、计算等能力进行聚合和输出，推进容器云的灵活编排调度，支撑微服务的标准化部署，实现云对综合信息服务的赋能。

云网一体是市场、客户需求及技术变革带来的新服务形态，使多系统、多场景、多业务的上云需求促进云和多样化网能力深度融合，对内对外提供云和网高度协同的一体化服务模式，并向着融合化、智能化、泛在化、开放化、敏捷化方向发展。

1.3.3.4　战场信息网络的云原生发展

为应对迅猛发展的信息技术、不断增长的网络威胁、持续紧缩的国防预算以及跨域融合的作战需求，美军于 2010 年提出联合信息环境（Joint Information Environment，JIE）的构想，旨在通过共享的信息技术基础设施、通用的企业服务和统一的安全体系结构,实现无缝信息共享、打造全谱作战优势。JIE 基于 GIG 发展而来,也是美国国防部信息技术现代化的框架,标志着美军信息系统建设从"以网络为中心"向"以数据为中心"转型[50]。经过持续发展,通过 JIE 能力目标的不断实现,完成国防部 IT 基础设施的整合优化、标准化和现代化,充分利用人工智能、大数据、云计算、5G、零信任体系架构等新兴技术的巨大潜力,特别强调云环境、软件开发生态系统以及韧性和速度[51],构建"一个更加安全、协同、无缝、透明、高效费比、能够把数据转化为行动可用信息,并且在面向持久的赛博威胁时,也能确保可靠执行任务的 IT 体系结构",提高美军信息环境的有效性、高效性和安全性,为美军跨域、多域、全域的全球一体化联合作战提供可靠支撑。

在战场环境下,通信链路面临窄带宽、弱连接、动态变化等突出特点。尽管在战场通信网络的设计和建设中,一直将抗毁抗扰、灵活可靠作为核心能力要求,但必须清醒地认识到,其连通性和连接的质量难以得到充分的保障,这是不以主观意志而转移的客观现实情况。网络中心战理念下,战场通信网络常常成为指挥控制的制约因素,网络连接的质量直接影响情报侦察、指挥控制和火力打击的效果。

在决策中心战理念下,马赛克战要求将人类指挥和机器控制结合,为大量分布在战场上的无人和自主系统提供计算存储和智能处理能力,这就需要将计算、存储等资源前移至战场前沿,充分发挥广泛分布的机器的智能计算和存储能力,使得"处处有智能"。正是基于这种考虑,针对马赛克战提出的基于情境的指挥、控制与通信,可以将网络作为指挥和控制的"因",实现网络与计算、存储、应用更紧密的融合,将战场环境下的传输网叠加信息网转变为云网融合的信息基础设施。另一方面,战场环境下的通信带宽和计算存储资源有限而宝贵,传统分层架构效率低,不能有效提升资源利用率,迫切需要采用更为简洁的跨层融合设计,使用户更便捷地寻址到服务和数据,在有效提升资源利用率的同时,保证业务应用的服务质量。

为了有效实现未来智能化战场上的云网一体,需要采取更具革命性的架构,着眼于有机整合、高效利用战场上有限而宝贵的通信、计算、存储等资源,以云的理念思维来设计网络、按照云的能力要求来构建网络、根据云的调度聚合来运用网络，打造健壮、灵活、可扩展、高效运转的"云原生"网络，以便能够有效支撑战场分布式"云原生"应用软件的开发、安全、运维（DevSecOps）一体化和快速、弹性交付，进而有效支持以有人无人协同作战、无人自主作战等为主要特征的未来智能化战争。

面向战场对抗环境的云原生网络，总的设计理念是网为基础、云为核心，网络因云而生、为云而存、依云而建，构建网云一体的信息基础设施，实现计算、存储、传输资源的有机融合，以计算能力换通信距离、以存储能力换网络带宽，达成网联要素、云聚战力。

云原生网络的主要使命任务，是"入网、上云、用数、赋智"。"入网"是指为战场各类传感器、武器平台和指挥控制等要素提供连接入网服务；"上云"是指以云服务的方式提供网络服务功能、信息服务功能和作战应用服务功能；"用数"是指深入推进战场环境下大数据的融合运用；"赋智"是指促进数据、信息、知识、智慧的高速转换与流动，将传感器、决策者、武器融合构成联合作战体系，为无人化智能化作战提供平台、赋予动能。

1.4 本章小结

本章按照现代战争形态从机械化向信息化、智能化演进的三大阶段，简要回顾了战场通信系统的主要发展，在对战争形态演进、典型作战理论概念进行总结的基础上，给出对应的主要战场通信系统，分析战场通信与战争形态、作战体系的密切联系，对战场通信的发展及发挥的重要作用进行了总结分析，如表 1-4 所示。

表 1-4　现代战场通信发展

对比项	第一阶段 无线电台催生机械化	第二阶段 网络互联赋能信息化	第三阶段 云网一体开启智能化
历史时期	20 世纪初—20 世纪 80 年代	20 世纪 90 年代至今	2020 年前后开始

对比项	第一阶段 无线电台催生机械化	第二阶段 网络互联赋能信息化	第三阶段 云网一体开启智能化
战争形态	机械化战争	信息化战争	智能化战争
作战理论	闪电战（德国） 空地一体战（美国） 大纵深立体战役（苏联）	网络中心战	决策中心战、马赛克战
典型战例	波兰战役	海湾战争、科索沃战争、阿富汗战争、伊拉克战争	——
突出特征	单台单站、专向链路	系统化、网络化	网络化：更立体、更大规模、泛在、扁平、韧性 智能化：分布式云脑处理
核心理念	无线电台与坦克、飞机等平台结合，促进机动力与火力发挥出巨大威力	网络互联和信息共享确保信息端到端可靠传递，有效消除战场迷雾、赋能精确打击	云网一体使得战场上"处处有智能"，为大量分布的无人和自主系统提供计算存储和智能处理能力
基本途径	武器平台上加装电台，形成树状指挥链路。确保通得上、扛得住	构建网络化通信系统，连接传感、指控、打击等要素。确保信息端到端传递，并确保服务质量（QoS）	构建韧性分布式信息网络，连接战场万物。实现基于情境的指挥、控制和通信（C3），基于可用的通信能力实施指挥控制，末端具备较强自主能力
关键目标	指挥命令畅通，保证指挥员叫通武器平台	全面的态势感知与信息共享，消除战争迷雾，实现精准全面的指挥控制、远程精确的火力打击	接受战争迷雾，不强调精确、完全可控。强调人类指挥与机器控制相结合，灵活构建动态自适应杀伤网
作战效果	"二战"中，德军在坦克、飞机上配备电台，使作战平台如虎添翼	海湾战争中，在数据链支持下，"爱国者"拦截伊军"飞毛腿"导弹取得成功	以大量小体量、低成本、消耗性的小型军队以及高度自主机器为主体，人类指挥与机器控制结合，动态形成杀伤网

总的来说，在战争形态的发展演进中，战场通信发挥着举足轻重的基础支撑作用。机械化战争时代，无线电台与火力、机动力结合，催生了以闪电战为代表的机械化战争理论，在第二次世界大战及其后相当长时间内发挥着巨大威力。信息化战争时代，互联的战场通信网系支撑信息的按需共享，实现传感器、指挥所和武器平台等要素信息的端到端传递，诞生了以网络中心战为核心的信息化战争理论，在海湾战争以后直至今日，仍然主导着战争的基本形态。智能化战争时代，云原生网络将通信、计算、存储等紧密融合，实现云网一体，构成有弹性、韧性的信息网络和智能、自主的智能体，能够临机组织协同团队，对窄带弱连接通信链路具备较强的容忍度，战场上"处处有智能"，为大量分布在战场上的无人机和自主系统提供计算存储和智能处理能力，推动以马赛克战为代表的智能化作战概念落地变成现实。

本书主要探讨云原生网络的体系架构和关键技术，结合无人化智能化战争的需求和相关技术的发展，着眼于顶层架构设计和关键技术研究，重点关注网络架构、云原生服务、低轨卫星互联网、大规模自组织网和零信任安全等内容，注重实际应用。本书共6章。

第1章绪论，旨在引出全书的主题——云原生网络，首先将现代战场通信的发展划分为无线电台催生机械化、网络互联赋能信息化和云网一体开启智能化3个阶段，然后分别对战争形态演进及以闪电战、网络中心战、马赛克战为典型代表的作战概念进行简介，并对各阶段的无线电台、通信网系和面向未来的云原生网络进行简要介绍。

第2章云原生网络总体设计，探讨云原生网络的概念内涵和体系架构，提出了以数据中心网络为基础、以云原生操作系统为核心、基于智能化接入代理实现异构接入手段和异质应用服务质量保证的实现架构，并对云原生数据中心网络、云原生操作系统和多手段融合接入等核心要素进行了细化阐述。

第3章云原生服务设计模式，聚焦云原生网络提供的云原生服务，建立服务体系，按照建模设计、集成交付到部署运行的全生命周期展开阐述，探讨云原生计算环境中，以容器为基础、采用微服务架构和持续交付模式，实现高可用、高弹性、高扩展应用程序的机制和方法，并以典型服务的设计为案例，简要说明云原生服务的开发模式和服务流程。

第 4 章大规模低轨星座系统，聚焦云原生网络远域扩展与战术用户"一跳上云"能力实现，在回顾低轨星座系统发展历程、分析大规模低轨星座系统技术挑战的基础上，对大规模低轨星座系统构型设计、可靠组网、协同传输、用户接入、手机直连等关键技术及实现路径进行了详细阐述。

第 5 章大规模移动自组织网络，围绕云原生网络中战术末端的主要网络形态——大规模移动自组织网络，在分析发展需求及现有无线自组网支撑大规模扁平组网时存在问题的基础上，对支撑大规模移动自组织网络的网络架构及能力特征、物理层、信道接入控制和路由等核心技术进行阐述。

第 6 章云原生网络零信任安全，针对云原生网络的安全问题，在分析传统边界防护架构的问题不足基础上，全面分析了零信任安全理念、特征与实践，提出了基于网络孪生的云原生网络安全架构，并对 Kubernetes 安全防护、细粒度认证和授权、自适应安全防护进行了详细阐述。

参考文献

[1] 于全 . 战术通信理论与技术 [M]. 北京 : 人民邮电出版社 , 2020.

[2] 罗伯特·M. 奇蒂诺从闪电战到沙漠风暴 : 战争战役层级发展史 [M]. 小小冰人 , 译 . 北京 : 台海出版社 , 2019.

[3] 伍仁和 . 信息化战争论 [M]. 北京 : 军事科学出版社 , 2004.

[4] 吴达 , 刘力 , 刘兴堂 , 等 . 信息化战争导论 [M]. 北京 : 科学出版社 , 2019.

[5] 李成刚 . 第一场高技术战争 : 海湾战争 [M]. 北京 : 军事科学出版社 , 2008.

[6] 赵滨江 . 论网络中心战 [M]. 北京 : 解放军出版社 , 2004.

[7] CEBROWSKI A K, GARSTKA J J. Network-centric warfare: its origin and future[J]. Proceedings of the U.S. Naval Institute, 1998, 124(1): 28-35.

[8] ALBERTS D S, GARSTKA J J, STEIN F P. Network centric warfare: developing and leveraging information superiority [M].2nd ed. [S.l.]: Command and Control Research Program (CCRP) Publication, 1999.

[9] U.S. Department of Defense. Network centric warfare: department of defense report to congress[R]. 2001

[10] Office of Force Transformation. The implementation of network-centric warfare[R]. 2005.

[11] U.S. Department of Defense. The national defense strategy of The United States of America[R]. 2005.

[12] U.S. Department of Defense. Quadrennial defense review report[R]. 2006.

[13] U.S. Department of Defense. 2006 department of defense chief information officer strategic plan[R]. 2006.

[14] Joint Staff J6. The global information grid (GIG) 2.0 concept of operations version 1.1[R]. 2009

[15] 李妍, 刘俊平. 联合战术无线电系统的战略构想及发展路线 [EB]. 2012.

[16] JPEO J. Software communications architecture specification[S]. 2006.

[17] 相征. 数据链技术与系统 [M]. 西安: 西安电子科技大学出版社, 2014.

[18] JOE L, PORCHE I R. Future army bandwidth needs and capabilities[R]. 2004.

[19] Wikipedia. Wideband global SATCOM[EB]. 2023.

[20] Wikipedia. Advanced extremely high frequency[EB]. 2023.

[21] Wikipedia. Mobile user objective system[EB]. 2023.

[22] 夏启斌, 刘千里等. 战术互联网 [M]. 北京: 解放军出版社, 2010.

[23] 刘俊平, 方志英. 外军战术地域通信系统简介 [EB]. 2004.

[24] 总参第六十一研究所. 移动用户设备操作 [EB]. 1999.

[25] ALI S R, WEXLER R. Army warfighter network-tactical (WIN-T) theory of operation[C]//IEEE Military Communications Conference. Piscataway: IEEE Press, 2013: 1453-1461.

[26] 邹恒, 刘俊平. 盘点机载通信节点 [EB]. 2012.

[27] 李妍, 宋荣, 杨茜. 美军联合空中层网络构想与作战应用 [EB]. 2014.

[28] 林聪榕, 张玉强. 智能化无人作战系统 [M]. 长沙: 国防科技大学出版社, 2008.

[29] 保罗·沙瑞尔. 无人军队：自主武器与未来战争 [M]. 朱启超，王姝，龙坤，译. 北京：世界知识出版社, 2019.

[30] 吴明曦. 智能化战争——AI 军事畅想 [M]. 北京：国防工业出版社, 2021.

[31] U.S. Department of Defense. Summary of the Joint all-domain command&control （JADC2）Strategy[R]. 2022.

[32] WILLIAMS B D. DARPA's 'Mosaic Warfare' concept turns complexity into asymmetric advantage[EB]. 2017.

[33] DAVID D, PENNEY H, STUTZRIEM L, et al. Restoring America's military competitiveness: mosaic warfare[R]. 2019.

[34] CLARK B, WALTON T A. Taking back the seas: transforming the U.S. surface fleet for decision-centric warfare[R]. 2019.

[35] CLARK B, PATT D, SCHRAMM H. Mosaic warfare: exploiting artificial intelligence and autonomous systems to implement decision-centric operations[R]. 2020.

[36] O'DONOUGHUE N A, MCBIRNEY S, BRIAN P. Distributed kill chains: drawing insights for mosaic warfare from the immune system and from the navy[R], 2021.

[37] RAND S, PENN-KRAUS R, GRANA J, et al. Modeling rapidly composable, heterogeneous, and fractionated forces: findings on mosaic warfare from an agent-based model[R]. 2021.

[38] GRANA J, LAMB J, O'DONOUGHUE N A. Findings on mosaic warfare from a colonel blotto game[R]. 2021.

[39] CLARK B, PATT D, WALTON T A. Implementing decision-centric warfare: elevating command and control to gain an optionality advantage[R]. 2021.

[40] CLARK B, PATT D, WALTON T A. Advancing decision-centric warfare: gaining advantage through force design and mission integration[R]. 2021.

[41] 陆十一. 解读美军"空海一体战" [M]. 北京：解放军出版社, 2013.

[42] MARTINAGE R. Toward a new offset strategy: exploiting U.S. long-term advantages to restore U.S. global power projection capability[R]. 2014.

[43] BROSE C. The kill chain: defending America in the future of high-tech warfare[M]. New York: Hachette Book Group, 2020.

[44] The White House. National security strategy[R]. 2022.

[45] U.S. Department of Defense. National defense strategy of The United States of America[R]. 2022.

[46] BOYD J R. Destruction and creation[R]. 1976.

[47] Wikipedia. OODA loop[EB]. 2023.

[48] CHILTON KEVIN P. The Backbone of JADC2: satellite communications for information age warfare[R]. 2021.

[49] National Science Foundation. Resilient & intelligent NextG systems (RINGS) [R]. 2021.

[50] U.S. Defense Information Systems Agency. Enabling the joint information environment (JIE)[R]. 2014.

[51] U.S. Department of Defense. Department of defense software modernization strategy[R]. 2022.

第 2 章

CHAPTER 2

云原生网络总体设计

未来的网络是无所不在的、无形的、无限的云。

——雷·奥兹

2.1 概述

在第 1 章谈到，云网一体开启智能化，要求战场上广泛分布"算"力，充分支持任务式指挥和分布式自主决策，将"人类指挥"的智能决策与"机器行动"的精准执行有机结合，推动通信网络从"适配云、为云服务"的支撑机制向"因云而生、依云而建"的融合机制转变，将面向组网互联的网与面向信息处理的云融为一体，构建具有"智联智算"特征的云原生网络。覆盖战场的分布式网络通信、计算和存储平台，将计算、存储等资源移至战场前沿，支持行动决策前置完成、作战要素灵活重组，在网络连接受限情况下，为无人化智能化作战提供更加高效敏捷的支撑环境。

战场环境下，用户主要通过各类无线手段入网，通信链路具有窄带宽、弱连接、链路质量动态变化等突出特点，网络的连通性和连接质量很难保证，基于宽带网络构建云的模式在战场环境下面临很大挑战，因此更具革命性的想法是简化机动信息基础设施架构，将负责分组传输的"网"和提供信息服务的"云"合二为一，直接依云建网、用云构网，设计云网一体的新型云原生网络，入网即入云，支持计算、存储、网络等异构资源的统一描述、统一调度和统一管理，实现各类异构接入手段高效协同和各种异质应用服务的按需质量保证。

云原生网络颠覆了传统基于路由器构建网络的模式，网络的主要功能从原来的端到端分组传送，向云–边–端高效协作转变。网络主要支撑云的稳定运行并提供便捷的访问云服务，本质上是以云服务为中心的网络，传统的 IP 路由寻址作为隐性支撑，但对用户来说更加透明。用户入网的主要目的是获取所需的服务或数据。从用户的角度看，这样的网络更加扁平、高效，能够直接获取所需的服务和信息。

在高机动、强对抗、弱连接的战场环境下，按照云原生理念设计全新的战场信息网络仍面临许多挑战。目前，学术界和业界尚未形成完整的理论框架和解决方案，云原生网络的体系架构、互联机制、协议体系、服务模式等方面均需深入研究；在战场机动条件下，实现移动性支持、资源管控、传输保障、安全管理等也面临诸多挑战。

本章结合上述背景,围绕新型云原生网络的概念内涵、体系架构、云原生数据中心网络、云原生网络操作系统、云原生网络融合接入等方面展开阐述,探讨云原生网络的基本架构和实现方案,为推动这一理念的落地实施提供研究基础和实现参考。

2.2 云原生网络概念

云原生网络是一个全新的概念,随着云计算和容器技术的发展而兴起。本节首先介绍专门为开发云上应用提出的云原生概念;然后从高效支撑云原生应用的角度出发,分析网络和云互相依存、一体融合的发展趋势,并提出具有"因云而生、为云而存、依云而建"特征的云原生网络概念[1];最后结合军事应用场景,探讨对抗环境下战场云原生网络的特点。

2.2.1 什么是云原生

云原生是一个组合词,"云"表示应用程序运行于分布式云环境中,"原生"表示应用程序在设计之初就充分考虑了云平台的弹性和分布式特性,专门为在云上部署运行而设计。与传统将应用程序向云上迁移,适配云环境相比,云原生是一种能更充分利用云计算优势对应用程序进行设计、实现、部署、交付和操作的架构体系。

云原生的概念最早由 WSO2 公司的创始人兼首席技术官保罗·费里曼特尔（Paul Fremantle）在 2010 年发布的一篇博客中提出[2]。文章通过马车、汽车在不同类型道路（土路、柏油路、高速公路）的适配情况,类比各类应用和中间件在云环境中的优化过程,并归纳出了云原生的多个核心属性,包括分布式 / 动态连接、弹性、多租户、自助服务、细粒度计量以及增量部署和测试等,文章强调只有实现了这些属性,应用程序在云中运行时才能充分发挥出云计算的优势。这些云原生属性把多租户、自助服务等对云环境自身的要求也赋予了云应用,还不能完整准确地刻画云应用的特征。然而,云原生这一概念的提出,确实引发了业界对云原生支撑技术和方法论的思考，成为云原生生态体系建立和发展的重要助力，点燃了云原生应用蓬勃发展、形成燎原之势的星星之火。

2013 年，Pivotal 公司的马特·斯泰恩（Matt Stine）推广了云原生概念，并在 2015 年 *Migrating to Cloud-native Application Architectures*[3] 一书中系统定义了符合云原生架构的特征，包括 12 因素模式集合、微服务、自服务敏捷架构、基于应用程序接口（Application Programming Interface，API）的协作、抗脆弱性等。随着云原生技术体系的发展，云原生的定义也得到了迭代更新。2019 年，Pivotal 官网将云原生模式概括为四大要素，即微服务、容器化、开发运维一体和持续交付，如图 2-1 所示。

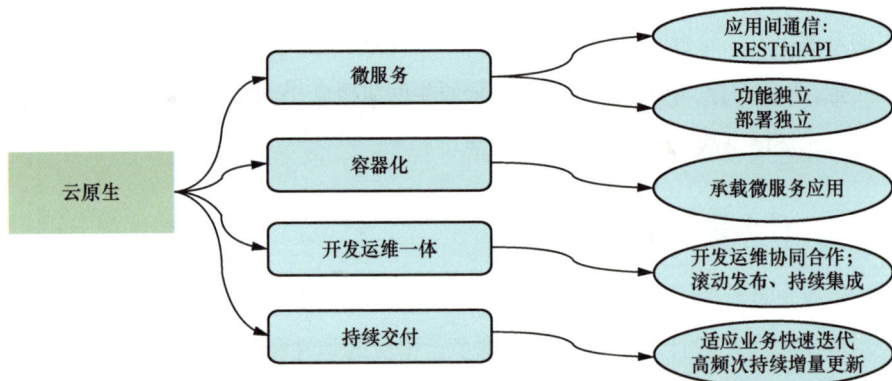

图 2-1　云原生模式的四大要素

云原生技术一直在持续发展，关于云原生的定义也在不断迭代更新，不同的社区组织或公司对云原生也有自己的理解和定义。

2015 年，云原生计算基金会（CNCF）建立，围绕云原生的概念打造云原生生态体系，起初 CNCF 对云原生的定义包含 3 个方面：应用软件容器化、面向微服务架构、支持动态编排调度。

2018 年，随着业界对云原生理念的广泛认可和云原生生态的不断扩大，CNCF 旗下的项目和会员大量增加，CNCF 对云原生进行了重新定义，同年 6 月，CNCF 正式对外公布了更新之后的云原生定义 1.0 版本 [4]，其定义如下。

"云原生技术助力各组织在公有云、私有云和混合云等新型动态环境中，构建和运行可弹性扩展的应用，云原生的代表性技术包括容器、服务网格、微服务、不可变基础设施和声明式 API，这些技术能够构建容错性好、易于管理和便于观察的松耦合系统。结合可靠的自动化手段，云原生技术能够使工程师轻松地对系统进行频繁且可预测的重大变更。"

新的定义继续保持了原有的核心内容，即容器和微服务，但是更加强调服务网格，将其从微服务中单独列出，不再把服务网格作为微服务的一个子项或者实现模式，体现了云原生中服务网格这一新兴技术的重要性。而不可变基础设施和声明式 API 的加入，则强调了这两个概念对云原生架构的影响和对未来发展的指导作用。CNCF 提出的云原生技术体系如图 2-2 所示 [5]。

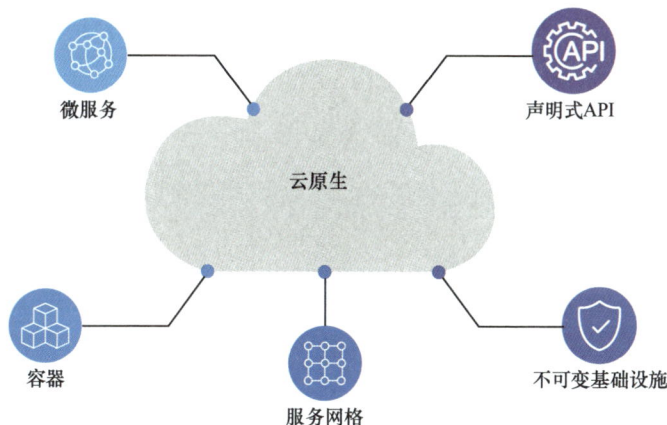

图 2-2　CNCF 提出的云原生技术体系

云原生计算基金会（CNCF）成立

CNCF 是 Linux 基金会旗下的非营利组织，成立于 2015 年，由 Google 及其他云原生技术先驱共同发起。其核心使命是推动云原生技术的普及与可持续发展，通过开源协作构建一个开放、标准化的技术生态系统，支持企业在任何云环境中高效构建和运行可扩展的应用程序。

CNCF 通过中立治理模式，汇聚全球开发者、企业及终端用户，共同推进技术演进。CNCF 开源社区贡献者超过 24 万，每年的 KubeCon+CloudNativeCon 成为云原生领域规模最大的技术盛会。

CNCF 项目全景图（Landscape）不仅包含 CNCF 托管项目，还整合了第三方工具及商业解决方案，形成了完整的云原生技术栈。其项目覆盖供应层、运行时层、编排与管理层、应用定义与开发层、可观测性与分析层五大板块。截至 2025 年 4 月，CNCF Landscape 收录的项目和产品总数超过 1 000 项，涵盖开源项目与商业产品。其中，CNCF 官方托管的核心开源项目超过 190 个，包括已毕业的明星项目（如 Kubernetes、Prometheus）和孵化中的项目（如 Vitess、gRPC）。

综上，云原生的描述性定义如下："云原生是基于分布式部署和统一运管的分布式云，以容器、微服务、服务网格、开发运维一体化、声明式 API 等技术和理念为基础，构建和运行应用程序的一套技术体系和方法论。"

采用云原生方法，基于微服务架构、容器化部署、自动化运维等先进技术，能够开发灵活、弹性、可扩展的云原生应用，向日益增长的海量互联网用户持续提供高质量的服务。

2.2.2 什么是云原生网络

2.2.2.1 应用云原生化对网络的需求

作为一种全新的软件开发和交付方式，云原生应用能够充分利用云计算的优势，将应用程序的构建、部署和管理都放在云端进行，通过微服务架构和容器化部署来实现高可用性、弹性伸缩和快速迭代。

传统的软件开发方式往往存在开发周期长、部署复杂、运维成本高、复用困难等问题，导致软件难以保证按照预期的时间、成本和质量完成交付。而云原生应用采用现代化的开发模式、技术架构和支撑工具，能够有效地解决这些问题。相比传统的单体应用和虚拟化部署方式，云原生应用具有更高的效率、更低的成本和更好的用户体验，有效缓解了长期困扰软件研发人员的"软件危机"，因此得到了越来越多的关注和应用。

软件危机

软件危机是早期计算机科学的一个术语，最初由美国计算机科学家艾兹格·W·迪杰斯特拉（Edsger W. Dijkstra）在 1968 年提出。它是指落后的软件生产方式无法满足迅速增长的计算机软件需求，从而导致软件开发与维护过程中出现一系列严重问题，这些严重问题阻碍了软件生产的规模化、商品化以及生产效率的提高，让软件的开发和生产成为制约软件产业发展的"瓶颈"。

软件危机的表现如下。

（1）对软件开发成本和进度的估计常常很不准确。这种现象降低了软件开发组织的信誉，而为了赶进度所采取的措施又往往损害了软件产品质量，引起用户的不满。

（2）用户对"已完成的"软件系统不满意的现象经常发生。软件开发人员和用户之间的信息交流往往很不充分，导致最终的软件产品不符合用户实际需要。

（3）软件质量保证技术（审查和测试等）没有在软件开发过程中得到持续应用。

（4）软件常常是不可维护的。开发过程没有统一的、公认的规范，软件开发人员按各自的风格工作，各行其是。软件很难适应新的硬件环境，难以满足用户要求增加的新功能需求，软件的复用性不高。

（5）软件通常没有适当的文档资料。计算机软件应该有一整套文档资料，这些文档资料在软件开发过程中产生，并且和程序代码版本保持一致。

（6）软件成本在计算机系统总成本中所占的比例逐年上升。由于微电子学技术的进步和生产自动化程度的不断提高，硬件成本逐年下降，然而软件开发需要大量人力，软件成本随着软件规模和数量的不断扩大持续上升。1985 年，美国软件成本占计算机系统总成本的比例高达 90%。

（7）软件开发生产率提高的速度远远跟不上计算机应用迅速普及深入的趋势。软件产品"供不应求"的现象使人类不能充分利用现代计算机硬件提供的巨大潜力。

软件危机产生的原因如下。

（1）软件是计算机的逻辑部件而不是物理部件。软件问题是在开发阶段引入、而在测试阶段没能检测出来的隐式故障。

（2）软件规模庞大，其复杂性随着规模扩大呈指数级上升。为了在预定时间内开发出规模庞大的软件，必须由许多人分工协作，随着软件规模的增加，软件开发工作量呈非线性增长。

（3）早期软件开发轻视需求分析和软件维护，把注意力放在程序的编写和运行上。

（4）缺乏正确的理论指导、有力的方法论和工具支持。软件开发是复杂的逻辑思维过程，依赖开发人员的智力投入，过分依靠程序设计人员在开发过程中的技巧和创造性。

随着云原生应用的普及，网络也需要做出相应的改变以支持这种新型应用的高效运行，如更高的可靠性、更快的传输速度、更好的安全性和更高的灵活性等。迪内希·G·杜特（Dinesh G. Dutt）在 *Cloud Native Data Center Networking:Architecture,Protocols, and Tools*[6] 一书中，用生动的比喻刻画了网络和应用的关系："分布式应用架构的演变是一场由应用程序领舞，网络配合的双人舞，当应用程序开始翩翩起舞时，传统的网络已经无法跟上其灵活的步伐……"作者通过总结应用程序从单体架构向微服务架构的演进过程，梳理了不同应用程序架构对网络需求的发展变化，如图 2-3 所示。

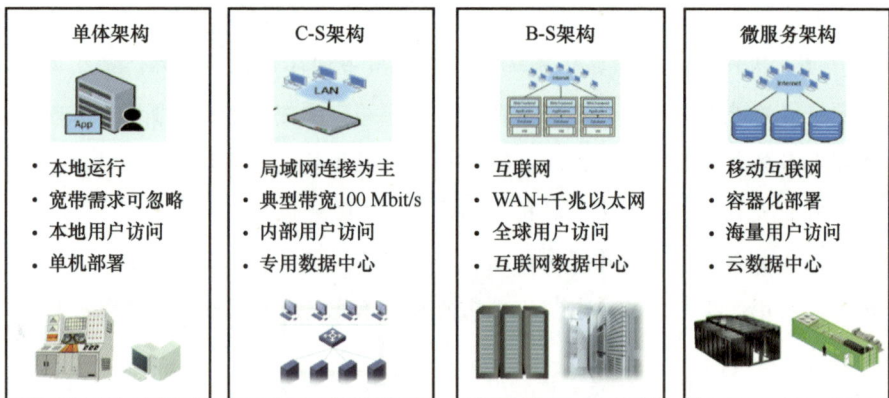

图 2-3　应用程序架构演进与网络需求

按照对网络的需求，应用程序架构的演进可分为 4 个阶段。

（1）单体架构

在单体应用时代，应用通常作为一个整体运行在大型机器或高性能计算机上，是单机部署方式。这类应用主要供本地用户使用或访问，因此应用对网络的带宽需求很小，按照现在的标准来看基本可以忽略不计。

（2）C-S 架构

随着工作站和个人电脑的普及，客户端－服务器（Client-Server，C-S）架构兴起。这类应用一般部署在企业内部的专用机房，网络环境以局域网为主，主要供企业用户通过内部网络访问，互连速度最快可达 100 Mbit/s。采用的局域网技术和协议大多是专有的，如以太网、令牌环和光纤分布式数据接口等。

（3）B-S 架构

随着互联网的普及和 TCP/IP 栈的流行，应用程序跳出了企业的围墙，支持用户通过浏览器从世界任何地方访问服务器，浏览器－服务器（Browser-Server，B-S）架构迅速发展，软件运行的网络环境拓展到了广域网（WAN）和更快的千兆以太网。应用程序面向全球用户访问，单个服务器无法承载大量用户的访问请求，于是服务器集群、分布式存储、多服务实例运行、负载均衡器等技术和模式开始应用，并且组合规模不断扩大，出现了专门容纳计算、存储、网络、安全等设备和系统的互联网数据中心（Internet Data Center，IDC）。

（4）微服务架构

随着移动互联网和云计算的兴起，海量用户要求时刻在线和随时随地访问各类服务，对应用程序提出了高可用、高并发、可扩展、灵活响应、快速迭代等刚性需求，催生了高度分布式的微服务架构。通过将应用拆分成多个能够独立运行、独立部署、独立维护的微服务，打包成容器镜像，在 Kubernetes（简称为 K8S）等容器集群平台上部署、编排、调度、运行，支持多个微服务实例间的自动负载均衡和故障转移，整个服务具备灰度升级和持续交付能力，大幅提高了应用程序的稳定性、可靠性和灵活性。

在这个背景下，传统的互联网数据中心逐步向专门承载云服务的云数据中心演进，应用程序开始了从客户端－服务器通信模式到服务器－服务器通信模式的历史性转变，服务器之间的东西向流量成为现代数据中心的主要流量。传统的三层网络架构在支持虚拟机动态迁移、流量无阻塞转发、横向灵活扩展等方面越来越难以满足云数据中心对网络的需求。

微服务化的云原生软件要求用云原生的理念来设计和构建网络。云原生的初衷是构建健壮、敏捷、可扩展的应用程序，使企业能够和这个瞬息万变的世界保持同步。当云原生的理念应用于网络时，意味着以健壮、灵活、可扩展和高效的操作方式来构建适合应用程序部署运行和业务需求快速变化的网络，因此，专门为访问云和云服务而设计的云原生网络应运而生。

2.2.2.2　网络云化发展趋势

当前互联网由底层承载的传输网及上层业务的信息网组成，是一种典型的OTT（Over the Top）模式。其中，底层传输网由骨干核心路由器、汇聚路由器、边缘路由器和各种异构接入网组成，而上层信息网提供各种应用和云服务。这种OTT模式的优势是网络很简单，不管是终端还是服务器都在网络的边缘，这样网络主要解决端到端的连接问题，其核心是路由问题[7]。但是由于底层的传输网和上层的信息网相对独立，所以传输网很难感知到上层业务的服务质量需求，这导致了传输效率低以及服务质量难以保证的问题。

近年来，随着云计算、大数据、物联网、人工智能技术的兴起，业务需求不断增长，网络边缘的云服务商越来越庞大、越来越集中，如谷歌云（Google Cloud）、亚马逊云（AWS）、百度云、阿里云、腾讯云等。传统互联网的OTT模式越来越不堪重负，传输网和信息网的组合越来越难以满足海量用户的服务访问需求。这样，网络结构就显得越来越不合理[8]。近年来，内容分发网络（Content Delivery Network，CDN）[9]、边缘计算[10]、云网融合等技术迅速发展，都是为了弥补OTT模式的不足。但是，这些技术并没有从根本上改变双重网络逻辑分离的本质。

为满足日益增长的新业务需求和互联网经济的持续发展对网络通信与服务能力的新要求，网络云化的发展趋势日渐凸显。各大运营商积极布局云原生架构的5G核心网，用微服务实现核心网功能，并以容器形式部署到云上，充分利用云的弹性和可扩展性，实现根据用户规模进行能力按需伸缩和资源动态分配。

移动网络的核心功能以云原生服务的形式"依云而建",能够显著提升用户服务体验,大幅降低运营成本[11]。

目前,全球已有 AT&T、Dish、Telefónica 德国、Swisscom 等运营商宣布将 5G 核心网迁移到 Azure 或 AWS 上。爱立信和诺基亚两家电信设备商也宣布与 Google Cloud、AWS 结成联盟,共同构建云原生 5G 核心网解决方案[12-14]。其中最具代表性的是亚马逊向西班牙电信提供基于云原生软件架构的 5G 核心网云化解决方案、业务编排组件以及数据隐私保护等,其架构如图 2-4 所示。

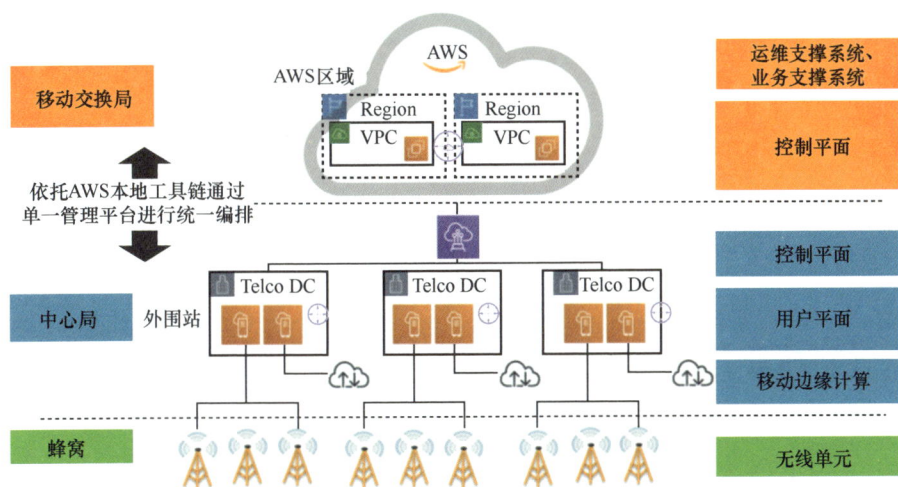

图 2-4　5G 网络部署层次结构

基于云原生技术,西班牙电信可以向企业提供基于云的 5G 核心网功能,使 5G 核心网由以硬件为中心的技术转变为软件解决方案。这样,企业只需配备搭建相应天线的 5G 无线电接入网(Radio Access Network,RAN),不需要现场部署物理核心网基础设施。

2019 年,欧洲电信标准组织也发布了云原生与平台即服务的增强网络功能虚拟化(Network Function Virtualization,NFV)架构的研究报告,包括 NFV 架构演进策略以及 NFV 参考架构中引入容器管理编排的研究,为标准化框架选型提供了参考依据[15]。

2021 年 1 月,谷歌云和诺基亚联合推出了 5G 核心网解决方案,将诺基亚的 5G 运营服务和网络功能与谷歌云在人工智能、机器学习和分析方面的领先技术进行融合，通过 Anthos 平台将工作负载从公有云和私有云转移到边缘网络。

综上，5G 移动网络已将部分功能迁移到云上，目前仍处于逐步云化的进程中。而且运营商的网络部署大多采用专用设备与云上部署相结合的混合模式。目前，新一代 6G 通信网络的设计则采用了全面云化的方案，真正迈向了云原生网络架构，并具有 AI 赋能的自动运维与自优化功能，如图 2-5 所示[16]。

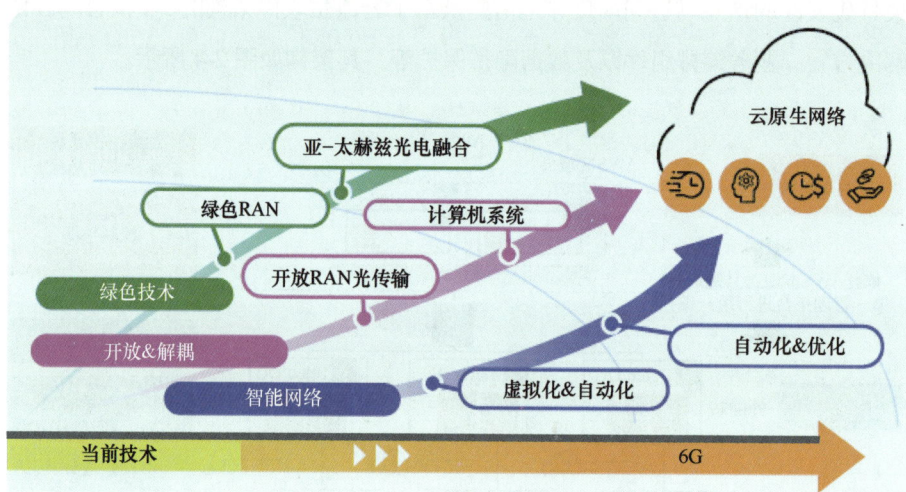

图 2-5　6G 通信网络全面云化架构

北美 Next G 联盟的《6G 路线图》中也明确提出，新一代 6G 网络采用云原生移动网络架构，基于开放的 Open RAN，将传统的接入、汇聚、核心网功能整合实现为 6G 的广域云，其架构如图 2-6 所示[17]。

由此可见，基于云原生的理念构建弹性、灵活、可扩展的网络，是云计算与网络技术融合发展的必然趋势，设计高效支持云原生应用的云原生网络架构，推动建立云原生生态，支持网络能力快速迭代和持续交付，代表了移动通信、云计算、网络技术融合发展的最新方向。

2.2.2.3　云网一体的云原生网络

互联网主要由以 4G/5G、Wi-Fi 为主体的无线接入网、以路由器为主体的 IP 承载网和以服务器为主体的数据中心网络组成。其中，数据中心网络作为云的

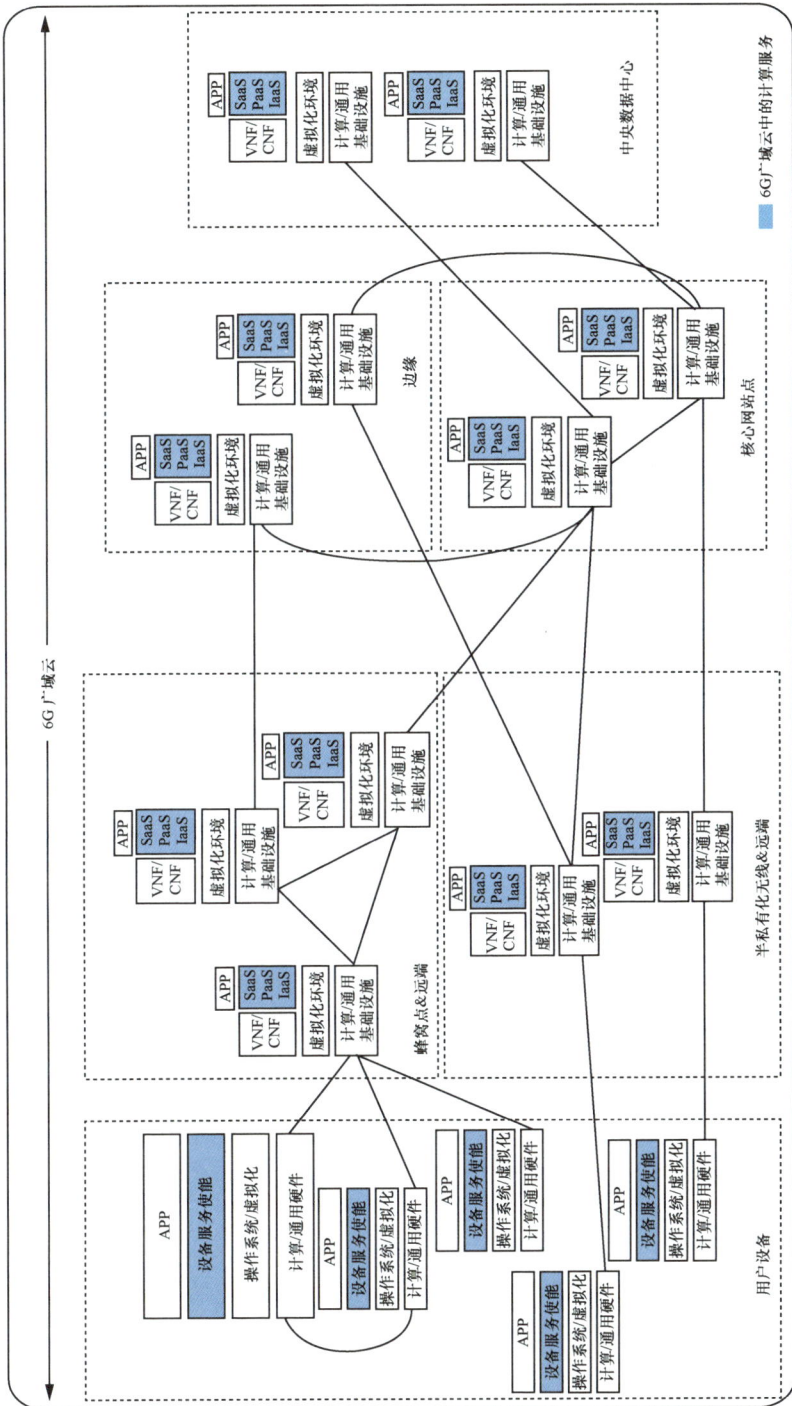

图 2-6　6G 广域云架构

载体，支撑各类互联网应用和服务的持续运行，通过数据中心网络实现内联和广域互联。长期以来，无线接入网、IP 承载网和数据中心网络各自独立运行、独立建设、独立发展，如图 2-7 所示。

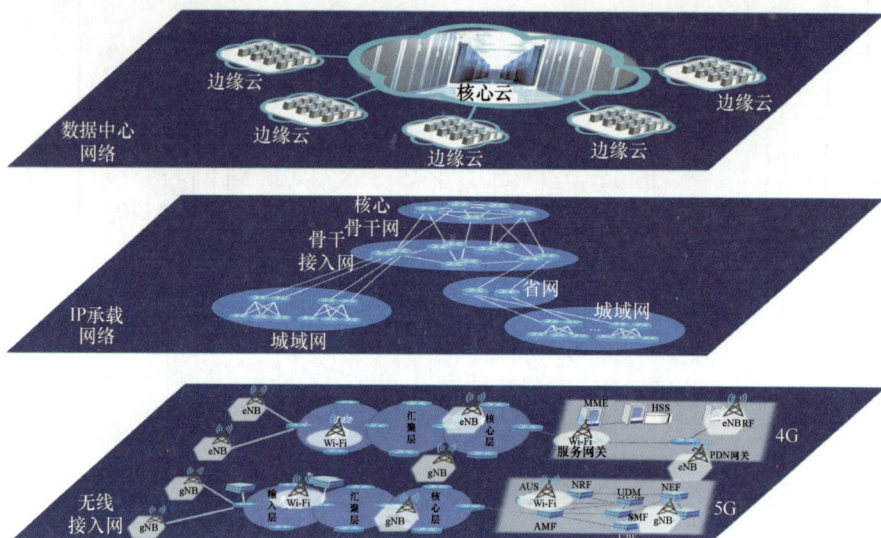

图 2-7　互联网三层架构

　　随着互联网业务需求的快速增长，云的数量、规模和覆盖范围不断扩大，联网和入云成为密不可分的整体，用户对云服务的访问成为上网的基本需求。在云数据中心遍布全球的情况下，只要能够通过一根网线或一条光缆连接到服务器，就能高效便捷地访问服务、获取信息，从而获得良好的用户体验。这样，如果所有业务都在云上，数据中心网络能够覆盖的地方，传统的 IP 承载网可能会变得不再重要，其骨干传输的地位将逐渐被数据中心互联网络（Data Center Interconnect，DCI）取代，退化为接入云的一种手段，而数据中心网络会距离用户越来越近。同时，在 5G/6G 移动网络的云化趋势推动下，无线接入网的诸多功能上移到数据中心网络，在云上以服务形式实现，传统互联网的三层架构将逐步演进成扁平化的二层架构。这种支持用户多手段"一跳"联网入云、以服务为中心、通过网云资源统一调度管理、按需保证应用服务质量的网络，我们称之为云原生网络，如图 2-8 所示。

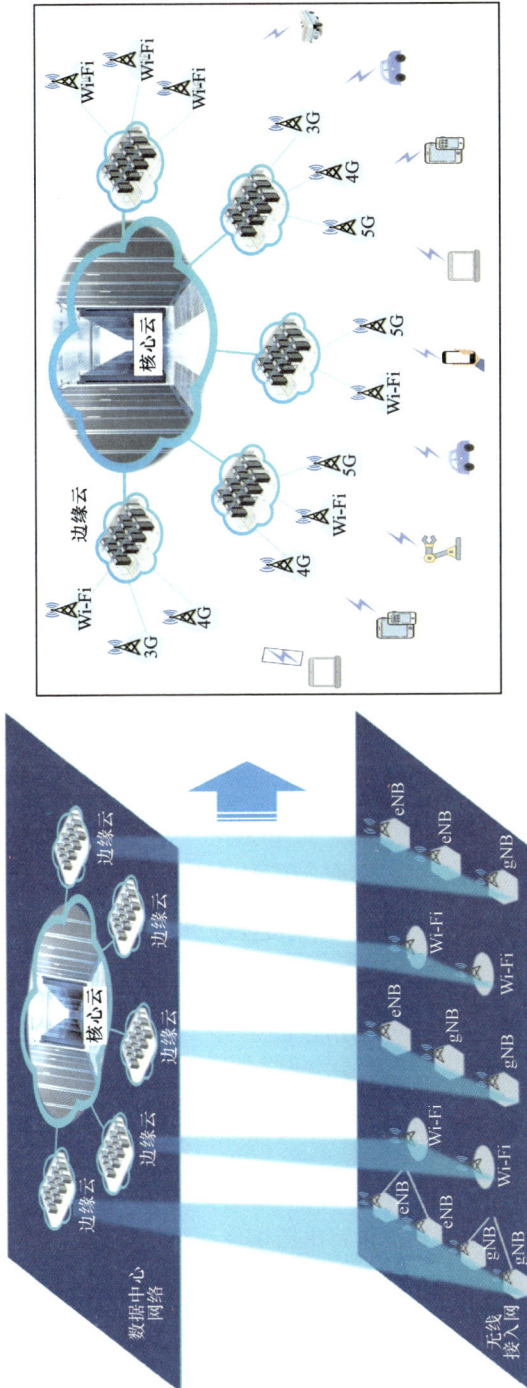

图2-8 扁平化二层架构的云原生网络

从互联网发展的角度看，云原生网络本质上是无线接入网、IP 承载网以及数据中心网络的三网融合，即以核心云和边缘云为中心，各类设备通过多种有线/无线手段接入网络、访问云服务。

云原生网络是一种基于云计算和容器化技术的新型网络架构，旨在为云原生应用提供高效、灵活、可扩展的网络支持。云原生网络的概念可以从网络功能虚拟化上云、网络功能微服务化实现、计算/存储/网络资源的一体化调度 3 个方面理解。

（1）网络功能虚拟化上云：网络功能虚拟化将网络功能从专用硬件中解耦并部署在通用服务器上，通过虚拟化技术实现网络功能的软件化，从而提高网络资源的利用率和灵活性。在此基础上，将这些虚拟化的网络功能部署到云平台，以实现更高的灵活性、可扩展性和效率。

（2）网络功能微服务化实现：网络功能微服务化是将传统的单一网络功能拆分为多个小型、独立部署的微服务，每个微服务负责完成特定的网络功能，通过微服务间的协同工作实现整体网络功能。这种微服务化的网络功能采用容器化部署方式运行到容器集群中，支持网络功能的持续集成和持续交付，使网络功能可以更加灵活地部署和扩展，同时也提高了网络系统的可维护性和可管理性。

（3）计算/存储/网络资源的一体化调度：传统的资源调度通常对计算资源、存储资源和网络资源分别进行调度，而在云原生网络中，这 3 种资源被视为一个整体进行调度和管理，这种一体化调度能够更好地适应动态变化的工作负载，并且能够更加高效地利用资源，提高整个网络信息系统的性能和稳定性。

网络功能虚拟化上云、网络功能微服务化以及计算/存储/网络资源的一体化调度，作为云原生网络的核心特征，将会提高未来网络的灵活性、可扩展性和效率。随着云计算、大数据、人工智能等新兴技术的不断发展，云原生网络将成为未来网络发展的重要方向，为各行各业带来更加高效、智能的网络服务。

云原生网络改变了传统基于路由器构建网络的模式，紧密围绕构建云和访问云服务而设计，网络的主要功能从原来的端到端分组传送，向云－边－端高效协作转变，网络主要解决支撑云稳定运行和便捷访问云服务的问题。因此，云原生网络本质上是以云服务为中心的网络，具有"因云而生、为云而存、依云而建"等特征。

（1）因云而生。网络专门为构建云、访问云服务而设计。随着云数据中心数量和规模的扩大，其部署区域逐渐从经济和人口中心向低成本区域转移，传统依托基础网络建立托管机房和互联网数据中心（Internet Data Center，IDC）的模式，逐渐向围绕分布式云提供带宽和连接的模式转变。从"依网建云"到网络"因云而生、网随云动"，两者之间依存关系的深刻变化，是云原生网络的核心特征之一。

（2）为云而存。网络的存在是为了保障云的稳定可靠运行和服务的持续供给。网络要能够适应云的弹性伸缩特性，以健壮、灵活、可扩展的方式提供网络服务，并确保网络连接能力和足够的网络带宽，能根据云和服务需求按需动态调整。为了支持服务的持续稳定运行，高性能、高可靠、可观测、敏捷适变、高效运维等成为了网络设计的核心目标。

（3）依云而建。网络功能依托云构建，以微服务形式实现，在云上进行容器化部署。依托云环境，以云原生模式的技术体系和方法，采用微服务架构来实现网络功能，从网络功能虚拟化（NFV）向网络功能云原生化（CNF）转变，支持网络能力的在线升级、持续交付。

在云原生网络架构下，网和云在规划之初就进行一体化设计，两者互为依存，融为一体，即"网是云原生的网，云是网络化的云"。

2.2.2.4　面向战场的云原生网络

面向战场的云原生网络是云原生网络向战场前沿对抗环境的适配延伸，在体系架构、运行机理、服务模式上与互联网视角下的云原生网络一脉相承，在实现方式上重点针对高机动、强对抗部署条件和复杂电磁环境，进行抗毁性、安全性和无线信道适配设计。

如图 2-9 所示，面向战场的云原生网络是基于云原生技术体系和方法论构建的以数据中心网络为基础，以多种接入网络为延伸（卫星站、微波、散射、电台、数据链、短波站点、机动 5G），以服务为中心的新一代智能化信息通信网络，具备健壮、弹性、灵活、可扩展等特征。

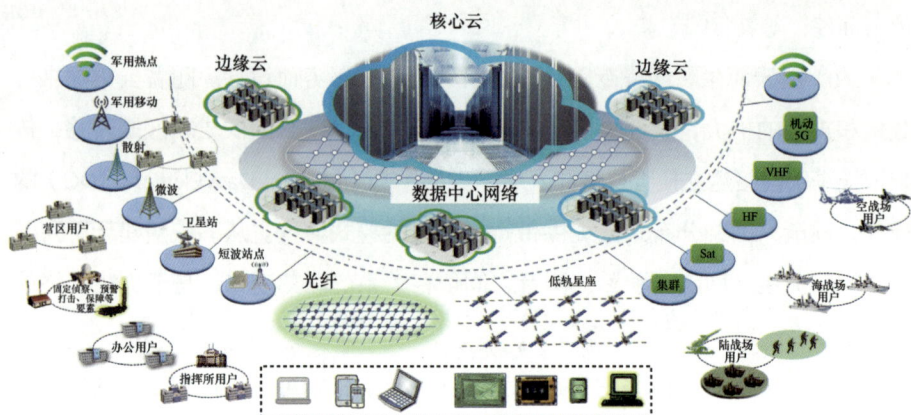

图 2-9　面向战场的云原生网络

在功能定位上，面向战场的云原生网络是未来战场信息基础设施的主体，综合运用机动卫星、战术电台、数据链等手段，为传感器、武器平台和指挥控制等要素提供入网上云服务，支持无人平台大规模自组织组网、自适应自协同；依托核心云和边缘云进行智能化信息处理，以云服务的方式提供网络服务、信息服务和作战应用服务功能，具备面向作战任务的计算、存储、传输资源一体化调度能力，通过传感、态势等各类数据的近实时处理，提供对更高效的作战行动决策和跨域一线协同的支持。

在实现方式上，面向战场的云原生网络以数据中心网络为基础，以支持计算、存储、网络等异构资源统一描述、统一调度、统一管理的云原生操作系统为核心，基于智能化接入代理（网络孪生，见 2.6.1 节）实现各类异构接入手段高效协同和各种异质应用服务的按需质量保证。

面向战场的云原生网络，其核心设计理念是以网为基础、云为核心，构建网云一体的战场信息基础设施，实现计算、存储、传输资源的有机融合。通过充分运用云计算便捷、按需、弹性、易扩展的独特优势，在网络的规划、设计、部署、构建之初，就实现以云服务为中心，共性服务需求向底层结构（网络设施）渗透，服务访问、服务发现、服务运行、服务提供等能力逐渐下沉，形成平台化、标准化、自动化的部署与运行模式，从而构建基于云原生理念设计、开发、管理、构建、部署的网络，具备内生的安全特征，实现网与云以及信息服务丰富生态的深度链接。

除了云原生网络"因云而生、为云而存、依云而建"的基本特征,面向战场的云原生网络适应战术信道的弱连接、高动态特性和战场高机动、高对抗的复杂电磁环境,还具有以下特点。

(1)泛在连接、人装互联。未来数字化战场,任何一个作战单元都需要接入网络、融入体系,人机物,智能体,指挥员、作战人员、传感器、武器平台、有人/无人作战平台、大规模无人机集群,遍布陆海空天全域的战场传感器等,既有大尺度的稀疏连接,也有小尺度的密集连接。

(2)网云融合、智联智算。对抗条件下,战场情况瞬息万变,要求各类数据能够随时随地进行高效、实时处理,快速响应,OODA 环路快速流转,以快打慢,满足各类作战任务的需求。传统将数据通过网络回传到云计算中心集中处理的模式,处理时延大,网络负载重,严重影响作战效能发挥,要求网络增加"智能处理"能力,实现数据的就近处理。

(3)场景驱动、敏捷适变。网络特性从通用型向场景型转变。智能化战场上的网络,需要基于统一的作战计划与规则,在保持通用网络连接的基础上,以特定场景下的业务需求为驱动、基于资源可用性而动态构建场景型网络,并能随着场景的切换而动态调整。

(4)架构立体、扁平组网。未来战场空间拓展到陆海空天多域,网络需要从陆基保障为主,向空基、天基拓展,实现空天地一体的立体化组网。网络支持战场要素的临机加入、退出和灵活重组,网络部署从预规划、层次型向自组织、扁平化转变。

面向战场的云原生网络,通过云网一体化设计和网络、计算、存储资源的综合运用,以服务的提供、运行、发现、访问、优化等为中心,将信息的高效处理和快速传输有机结合,通过边缘数据的实时处理,支持末端感知、指挥、控制、打击等要素的快速灵活组合。此外,面向各类战场用户的业务需求,能够通过定制化的智能代理服务,自动感知、识别、提取用户的资源调用和信息需求,实现用户与网云基础设施、各类服务的智能交互,进行各类资源的获取和信息交换,实现基于用户位置、任务需求、安全特性、分发策略等约束条件的个性化精准服务。

2.3 云原生网络体系架构

2.3.1 网络架构

网络架构是指为构建网络系统而建立的系统节点布局及其相互间的结构方式（连接关系），定义了网络系统的基本组成、接口关系、功能依赖等，解决系统正常运行需要达成一致的根本问题，良好的网络架构能够为系统设计提供稳定的参考点，具有相对稳定性和持续演进特征。网络架构设计通常需要考虑网络规模、业务强度及类型、网络控制管理效能、对节点间连接关系动态变化的适应能力等[18]。面向无人化智能化战场的云原生网络，适应无人自主系统大规模运用、作战单元快速灵活重组的需求，网络架构要具备无中心自组织、弹性可扩展、敏捷适变等特性，与当前通信网络普遍采用的分层架构相比，网络结构更加扁平，网络的通联功能和云的信息处理功能进一步融合。

将云原生理念应用于网络设计，将云与网络进行一体化设计，构建新型的云原生网络，网络紧密围绕构建云和访问云服务设计，网络依云而建，与云共生共存，高效支持云–端智能协同，满足用户随时随地访问云服务，快速精准获取资源和信息的需求。云原生网络架构如图 2-10 所示。

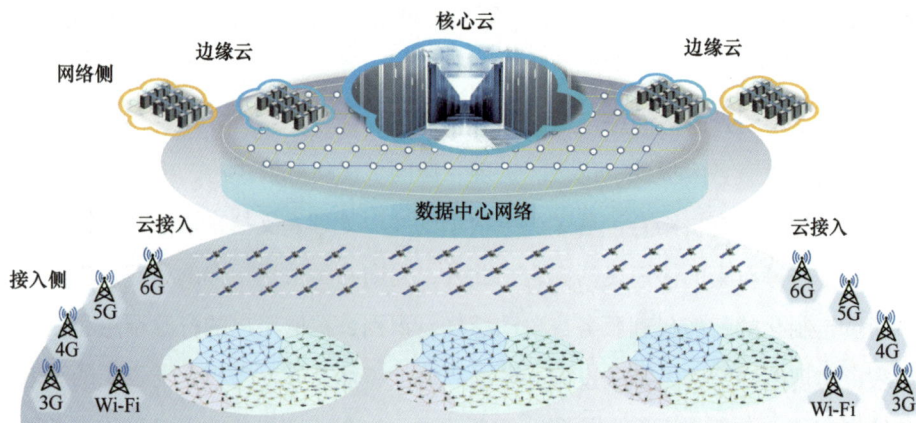

图 2-10　云原生网络架构

云原生网络的网络侧以数据中心网络为核心，实现核心云、边缘云的宽带互联，接入侧主要包括无线接入子网和大规模自组织子网两种模式。无线接入子网模式下，用户通过热点、4G、5G、低轨道地球卫星等手段一跳入网上云，实现对云服务的访问；大规模自组织子网主要保障有人 / 无人协同编队和无人机集群等集群用户，子网中依托部分资源优势节点，构建支持末端自主协同的战术云，通过节点间网络、计算、存储资源的聚合运用，实现集群内部的实时信息处理和快速响应，自组织子网中的主要用户，能够按需连接边缘云节点，实现信息同步和关键信息上报。

与现有网络相比，云原生网络架构具有如下典型特征。

（1）网络层次扁平：由接入网、传输网、承载网、信息网多网叠加模式演变为基于云的扁平化构网模式，网络架构更加扁平，支持一跳入网上云，实现"一网互联、一体服务"。

（2）服务模式创新：以支撑云和访问云服务为中心构建网络，通过网络接入和云服务访问的统一处理，支持用户行为和服务数据的记录分析，进而提供更具个性化、智能化的服务，支持基于零信任的按需按权服务访问。

（3）网络功能云原生化：用云原生的设计模式和方法论实现网络功能，网络功能继虚拟化、服务化之后，进一步微服务化、云原生化，支持网络能力可持续升级，具备敏捷性、弹性、扩展性、灵活性，能够适应云原生应用的快速迭代发展。

与传统的互联网相比，云原生网络的关注点从网络连接转向了云服务，在架构设计上考虑的核心问题也发生了重要变化。

传统互联网的架构设计以 IP 为中心，对上支持所有上层应用的创新，对下包容所有媒介的传输手段，旨在建立端（主机源地址）到端（主机目的地址）通信连接，重点要解决的是 IP 编址（Addressing）、网络路由（Routing）和数据转发（Forwarding）等基本问题。

云原生网络在通信连接的基础上，以服务为中心，采用网云融合、存算一体的全新网络架构，旨在通过实时调度网络传输资源，优化计算与数据资源的时空组合，提供服务到服务的动态赋能，提升服务价值和服务体验，更好地满足多样化、个性化、智能化服务的需求。云原生网络重点要解决的是动态映射

（Mapping）、抽象表征（Visualization）和高效编排（Orchestration）等核心问题。

动态映射：为人、机、物、数据、服务等物理或虚拟对象创建身份标识，并建立起这些标识与传输、计算、存储等资源 IP 地址之间的动态映射关系，实现物理空间、网络空间中各类实体的虚实对应、融合。

抽象表征：对中央处理器（CPU）、图形处理单元（GPU）、神经网络处理单元（NPU）等计算和智算资源、存储资源以及网络带宽、无线接入等传输资源进行虚拟化，实现各类异构资源的抽象表征，为资源池化和统一调度奠定基础。

高效编排：按照服务赋能需求对传输、计算、存储等异构资源进行高效编排，实时分配无线接入和网络传输资源，部署或迁移各类数据和应用服务，实现人 /机 / 物、数据 / 服务与传输、计算 / 存储资源的灵活适配。

2.3.2　技术架构

从技术视角看，云原生网络的技术架构分为传输层、平台层、服务层三层。技术架构如图 2-11 所示。

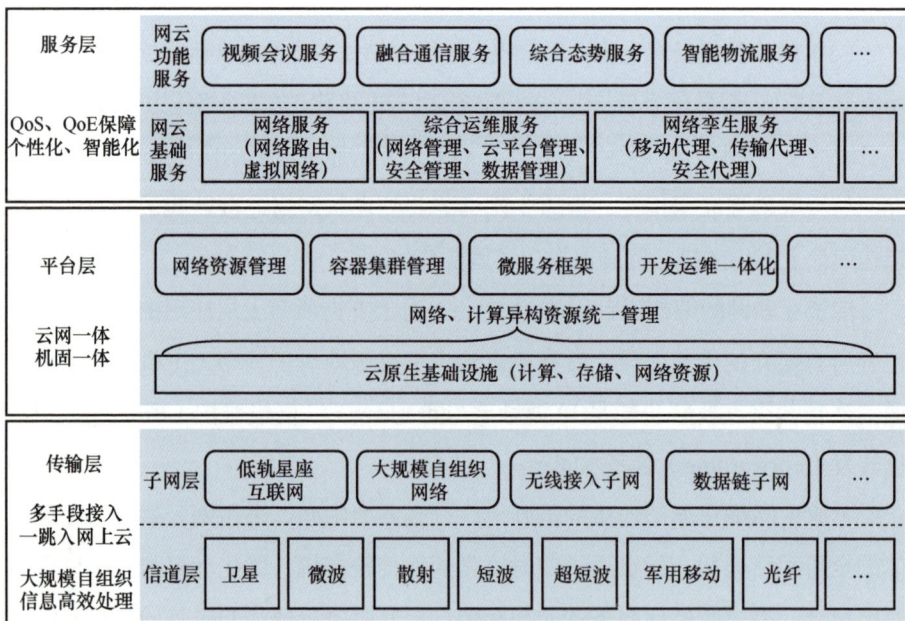

图 2-11　云原生网络技术架构

传输层是云原生网络节点互连和用户接入的物理传输媒介，主要提供多种无线、有线传输资源，支撑构建传输子网，支持各类用户多手段接入网络，一跳入网上云，同时具备自组织组网条件下的信息高效处理、作战任务快速响应能力。传输层可分为两个子层，一是信道层，主要提供卫星、微波、散射、短波、超短波等无线传输和光纤等有线传输；二是子网层，基于信道构建末端子网，提供一定规模的本地群体组网和对上接入功能，主要包括低轨星座互联网、大规模自组织组网、无线接入子网、数据链子网等。

平台层采用云计算技术理念，将云原生网络中计算、存储、网络资源进行虚拟化和池化管理，实现资源的弹性部署、动态分配和灵活调度，是网云一体的操作系统，也是云原生网络的基础底座。平台层主要包括网络、计算、存储等云原生硬件基础设施和网络资源管理、容器集群管理、微服务框架等功能软件，以及开发运维一体化等能力。

服务层采用微服务技术实现网云核心服务功能，是云原生网络功能的实现载体，主要包括网云基础服务和网云功能服务两类服务。网云基础服务面向组网、入云和运维，提供网络服务、网络孪生服务和综合运维服务，基于云的框架和技术实现网络的基础功能。其中，网络服务主要包括网络路由、虚拟网络等组网功能；网络孪生服务主要包括移动代理、传输代理和安全代理等入云功能；综合运维服务主要包括网络管理、云平台管理、安全管理和数据管理等运维服务。网云功能服务基于网云平台和基础服务，面向上层应用提供各类通用、公共业务服务，主要包括视频会议、融合通信等通信业务类服务和综合态势、智能物流等应用业务类服务。

2.3.3 系统架构

在系统组成上，云原生网络主要包括云网络基础设施、云原生网络操作系统、零信任安全、接入服务点、各类云服务和综合运维管理等，系统架构如图 2-12 所示。

（1）云网络基础设施

云网络基础设施主要由数据中心网络、核心云、边缘云组成，提供计算、存储和网络资源，是云原生网络运转的物理基础，"核心云＋边缘云"构成分布式云服务环境，其中核心云依托总部级公共数据中心构建，边缘云依托靠近用户的固定或机动边缘数据中心构建。数据中心内部网络和数据中心互联网络，采用云原生数据中心网络架构，主要包括各类路由交换设备，构建可灵活扩展的 IP 网络。

图 2-12　云原生网络系统架构

（2）云原生网络操作系统

云原生网络操作系统是云原生网络的基础软件平台，在对计算、存储、网络等资源进行虚拟化管理的基础上，将网络资源管理、容器集群调度和微服务管理（服务网格）功能融为一体，以统一的方式抽象底层云网基础设施的各类能力，提供平台级和系统级服务功能调用接口，承载核心云和边缘云，为各类云服务提供运行框架，高效支撑边缘信息实时处理和快速响应。

（3）接入服务点

接入服务点支持固定和机动用户用智能信息终端通过多种无线手段一跳入网入云，支持用户通过 4G/5G、卫星、短波等手段接入云网络基础设施和云原生服务平台，实现终端用户随遇接入和链路优选、依案接替、链路聚合，支持终端用户按需选择网络连接。

（4）各类云服务

基于统一的服务目录和应用商店，建立开放的云原生应用生态系统，支持不同业务领域的开发者设计、研发、部署各类原生应用，面向用户提供数据、应用工具和计算资源的访问服务。

（5）零信任安全

从以"网络边界"为核心的传统安全架构演进到以"动态身份认证"为核心的零信任架构，面向整个云服务平台建立基于零信任的持续身份认证及访问授权管理机制，针对用户身份、网络环境、行为模式、角色等制定不同的安全策略，支持根据资源的敏感等级进行细粒度访问控制。

（6）综合运维管理

部署统一的网、云、数据管理平台，对数据中心网络、接入服务点、分布式云环境以及各类云服务进行全面监控、运维和管理。

2.4 云原生数据中心网络

数据中心网络是云原生网络的基础，主要解决云内部各类资源互联和边缘云与核心云间的远程互联等问题。本节重点介绍云数据中心网络的物理网络和虚拟网络。

2.4.1 物理网络

云数据中心物理网络实现数据中心网络中各类服务器、存储设备的宽带互联，为云计算平台提供物理支撑。物理网络是虚拟化的基础，因为云计算的本质是通过虚拟化技术将物理设备转化为逻辑设备，使得用户可以通过网络访问虚拟机、容器、网络存储等资源。数据中心的流量最终都是在物理网络上传输的，物理网络的架构、带宽、时延、扩展性等，直接影响数据中心虚拟网络性能和资源访问效率。随着云计算的迅速发展，云数据中心物理网络的架构已经从传统的接入－汇聚－核心三层架构演进为高度可扩展的 Clos 架构，网络路由机制与传统的域内、域间路由相比，在快速收敛、自动化配置、引流机制、大规模网络支持等方面也有了更高的要求，需要进行针对性设计。

2.4.1.1 传统三层网络架构

传统数据中心网络沿用了园区网络接入－汇聚－核心的三层架构[18]，如图 2-13 所示，包含以下三层。

接入层：接入交换机通常位于机架顶部，所以它们也被称为架顶交换机（Top of Rack，ToR），主要负责物理机和虚拟机的接入、虚拟局域网（Virtual Local Area Network，VLAN）标记，以及二层流量转发。

汇聚层：汇聚交换机连接接入交换机，同时提供安全、QoS 保障、网络分析等其他服务。

核心层：核心交换机为进出数据中心的流量提供高速的转发服务，同时为多个汇聚层提供连接服务。

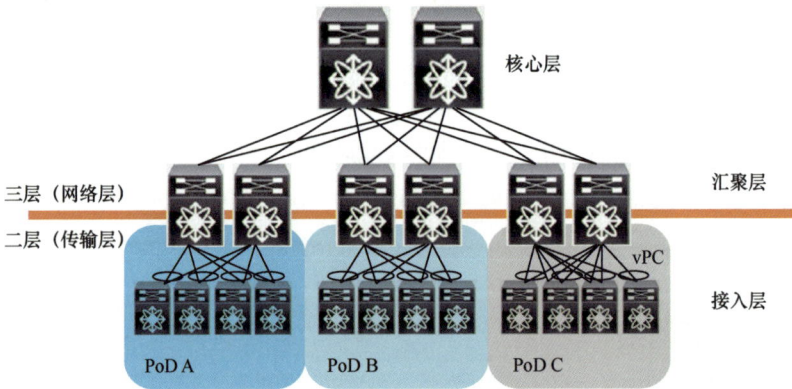

图 2-13　传统数据中心三层网络架构[19]

汇聚交换机通常作为二层网络与三层网络的分界点，汇聚交换机之上的网络为使用路由进行转发的三层网络，而汇聚交换机与接入交换机间的网络为使用桥接进行转发的二层网络，因此汇聚交换机同时具备路由以及桥接转发的能力，其南向接口向下提供桥接服务，北向接口向上提供路由服务。每组汇聚交换机管理一个称为 PoD（Point of Delivery）的物理分区，每个 PoD 内都是独立的 VLAN。服务器在 PoD 内迁移不必修改 IP 地址和默认网关，因为同一个 PoD

对应一个二层广播域。

数据中心的三层网络架构具有实现简单、配置工作量低、广播控制能力较强等优势，因此在传统数据中心中大量应用。但是在云计算背景下，传统以南北向流量为主的接入－汇聚－核心网络架构已经难以满足云数据中心对网络的要求 [20]，主要体现在以下方面。

（1）扩展性差

尽管接入－汇聚－核心网络被设计成可扩展的，能够通过部署更强大的交换机和路由器来支持更多的服务器，但是这种按比例缩放的模型很快就达到了可伸缩的极限，在各个层级上都遇到了问题，具体如下。

① 泛洪机制

接入层网桥的"泛洪和学习"模型缺少可伸缩性，MAC 地址是扁平结构，MAC 转发表是一个针对 VLAN 和目的 MAC 地址的 60 bit 查找表，借助泛洪和学习模型来学习高达 100 万个 MAC 地址，超时后周期性重新学习，基本不可行，全网范围内的泛洪对于终端来说也无法接受。此外，随着虚拟化技术的应用，虚拟机或主机操作系统需要面对更多个虚拟网络。在每个虚拟网络上处理数百万数据包的周期性泛洪，进一步加重了主机的性能负担。

② VLAN 限制

传统设计中，VLAN 标识符为 12 bit，因此一个网络中最多支持 4 096 个 VLAN。云计算模式下，面对多租户场景和大规模应用部署需求，4 096 个 VLAN 显然不够用。业界有人提出了通过增加 12 bit VLAN 标识创建扁平 VLAN 空间的方法，但由于存在每个 VLAN 都对应一个 STP 实例的限制，运行 1 600 万个 STP 实例是不现实的。多实例 STP（MSTP）能够在一定程度上缓解这个问题，但仍然缺少全面彻底的解决方案。

③ ARP 负担

汇聚交换机必须响应来自 ARP 数据包的请求。然而，当 ARP 数据包过多时会大量占用中央处理器（CPU）资源，严重时甚至会使其他控制平面协议失效，进而导致整个网络瘫痪。虚拟设备引入后，虚拟机和容器部署模式使汇聚交换机处理的终端数量大大增加，进一步加剧了 ARP 负担问题，使其呈指数级恶化。

④ STP 局限

处理东西向带宽需求增长的通用方法是部署更多的汇聚交换机。但是，STP 为了避免出现环路，要求汇聚交换机不能超过两台。因此，只能使用两台汇聚交换机的局限严重限制了出口带宽，导致网络出口容易拥塞，进而影响应用程序的性能。

（2）复杂性高

在接入－汇聚－核心网络架构中，桥接网络需要支持多种网络协议，包括 STP 协议及其变种、FHRP、链路失效侦测，以及供应商的私有协议等。支持多种协议显著增加了桥接网络解决方案的复杂性，意味着当网络失效时，必须检查多个运行时组件来定位问题，这就增大了网络运维的难度。

（3）失效域控制

随着数据中心的规模不断扩大，失效成为了大概率事件，因此，对大量失效事件的及时处理非常重要。为了量化失效处理，引入爆炸半径概念来度量单一失效造成的影响范围。失效范围越靠近失效点，说明失效域的粒度越细，即爆炸半径越小。接入－汇聚－核心架构容易发生粗粒度的失效，即失效的爆炸半径都较大。例如，单条链路失效会造成带宽减半，单个汇聚交换机失效会使整个网络的流量带宽减半，更严重的是，剩下的一台汇聚交换机必须处理两台交换机的控制平面流量，容易造成交换机过载。

（4）不可预测性

在特定情况下，有些普通故障也会导致整个 STP 机制瘫痪。例如，如果由于某种原因，一个 STP 节点没有将 Hello 报文及时发送出去，其他 STP 节点会认为这个节点没有运行 STP，会向原本已经负载过高的交换机转发数据包，这就会立刻造成网络环路和广播风暴，并导致网络完全瘫痪。

（5）缺乏灵活性

VLAN 位于桥接和路由边界上的汇聚交换机内，同一个 VLAN 不会跨越两台成对出现的汇聚路由器。这就要求网络设计者必须在规划网络时仔细地考虑虚拟网络所需的端口数量，造成设计灵活性降低。

（6）缺乏敏捷性

在云计算领域，经常出现新租户申请资源或者到期不再续租的情况，但是添加或移除 VLAN 节点需要仔细规划，配置也比较烦琐，整个过程费时费力，通常要持续数天，缺少快速满足业务需求的敏捷性。

由于上述传统三层网络架构的局限性，数据中心网络的设计者选择了一种新型的网络拓扑结构来构建云数据中心网络。

2.4.1.2　新型 Clos 网络架构

（1）基本 Clos 拓扑

20 世纪 50 年代，查尔斯·克洛斯（Charles Clos）博士试图解决一个类似于 Web-scale 的先驱们所面临的问题，即如何应对电话网络的爆炸式增长。他在《无拥塞交换网络研究》论文 [21] 中所提的架构被广泛应用于时分复用网络，为纪念其贡献，便以他的姓氏 Clos 命名这一架构。Clos 架构的核心思想是用大量的小规模、低成本、可复制的网络单元构建大型的网络架构，其基本架构如图 2-14 所示。

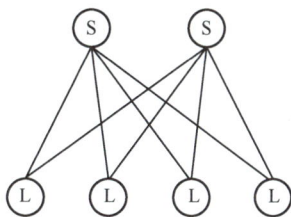

图 2-14　Clos 网络基本架构

Clos 网络的基本特征如下。

设备功能单一。每个 Leaf 交换机（L）同时连接到每个 Spine 交换机（S）上，Leaf 交换机之间没有直接连接，而是通过 Spine 交换机实现互联。服务器通过 Leaf 交换机连接到网络。在部署网络时，通常的做法是将服务器和 Leaf 交换机放在同一个机架，并将 Leaf 交换机放在机架的顶部。因此，Leaf 交换机通常称为架顶交换机（ToR）。Spine 和 Leaf 可以使用相同类型的交换机设备。

互连模式简洁。因为在任何两台服务器之间都有两条以上的路径，所以这种拓扑构造了一个高冗余的网络。Leaf 交换机间的带宽可以通过增加更多的 Spine 交换机实现。Spine 交换机的主要功能就是连接不同的 Leaf 交换机，计算节点永远不会被连接到 Spine 交换机上，Spine 交换机也不提供任何其他服务。在 Clos 拓扑中，所有功能都下沉到了网络边缘的 Leaf 交换机和服务器节点上，网络中心的 Spine 交换机除连接 Leaf 交换机之外，并不提供其他的网络功能。

架构易扩展。Clos 网络支持用完全一致的方式进行水平扩展，通过添加更多的 Leaf 交换机和服务器节点，可以方便扩展网络负载能力。Spine 交换机只用于扩展边缘节点之间的可用带宽。相比之下，在接入－汇聚－核心类型的网络中，网络的扩展是通过增强汇聚交换机的能力实现的，因此称为垂直扩展架构。

连通一致性。Clos 网络中，服务器与其他服务器之间通常网络跳数固定，数据时延可预测。此外，因为服务器之间有多条冗余链接，任何链路故障只会带来一小部分带宽损失，不会导致完全的连接丢失。而在传统网络架构中，汇聚交换机链路故障带来的带宽损失通常会高达 50%。

最大服务器数量。在 Clos 网络中，除了交换机互连外的所有其他功能都被下沉到了网络边缘，向网络中添加更多的 Leaf 交换机来提高服务器接入数量时，只会轻微增加 Spine 交换机的控制平面负载。对于采用 1:1 收敛比的非阻塞架构，即 Leaf 节点和 Spine 节点之间上行链路容量与 Leaf 节点和服务器之间的下行链路容量相同，整个网络支持的服务器的总数是 $\frac{n^2}{2}$，其中 n 是交换机的端口数量。例如，对于采用 64 端口交换机的 Clos 网络，理论上能够连接的服务器数量是 2 048 台。

Clos 网络架构与传统网络架构的主要区别如表 2-1 所示。

表 2-1　Clos 网络架构与传统网络架构的主要区别

网络架构	扩展方式	数据包转发	时延	故障域	交换机、服务器数量
Clos	水平扩展架构	路由	可预测	细粒度	可准确预估
传统网络架构	垂直扩展架构	桥接	不可预测	粗粒度	预估困难

（2）扩展 Clos 拓扑

基于虚拟机箱的三层 Clos 拓扑。构建三层 Clos 拓扑的一种方法是通过在二层 Clos 拓扑的底层添加一排交换机来创建新的一层。该拓扑结构是从 Facebook 开始流行起来的三层拓扑模型，称为虚拟机箱模型。

基于 PoD 的三层 Clos 拓扑。从二层 Clos 拓扑中的 Spine 交换机中拿出两个端口，连接到另一层交换机。微软、亚马逊和许多数据中心运营商都采用该模型，称为 PoD 或集群模型。原来属于二层 Clos 拓扑的交换机每 4 个组成一个单元，称为 PoD 或集群。图 2-15 展示了用四端口交换机组成 4 个 PoD，实现 PoD 互联的新一层交换机称为"超级 Spine 交换机"或"PoD 互联 Spine 交换机"。图 2-15 也对两种模型的网络工作负载和扩展难易程度进行了对比[6]。

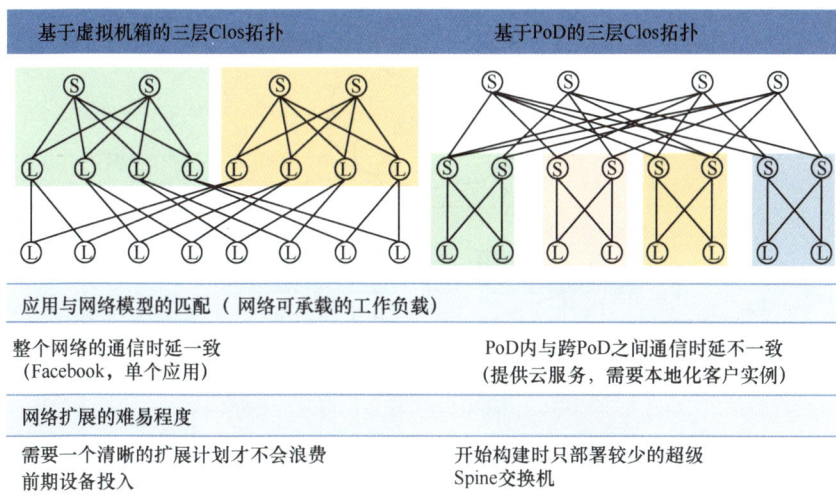

图 2-15 扩展 Clos 拓扑模型

2.4.1.3　路由协议与路由配置

路由是基于目的 IP 地址将数据包从发送源转发到目的地的过程。IP 路由要求每个路由器独立做出数据包转发决策，路由器在其内部的路由表中查找数据包的目的 IP 地址，以找到数据包的下一跳，然后路由器查询相应的网络接口，将该数据包通过此接口转发出去。云原生网络中，首先要解决承载物理网络路由问题，网络规模较小时，可以采用链路状态协议，如开放最短路径优先（Open Shortest Path First，OSPF）路由协议[22]，网络规模较大时，可以采用边界网关协议（Border Gateway Protocol，BGP）。

（1）数据中心 OSPF 路由

云节点内部网络运行无编号 OSPF 路由协议，减少路由配置的复杂度。

OSPF 支持两级分层结构，分层结构的顶层称为骨干区域，是主要的区域，层次结构中的第二级称为非骨干区域。在云原生网络中，可以采用两种策略：第一种策略是将整个云节点网络划分为一个区域；第二种策略是为每个 PoD 创建一个单独的区域，并创建一个跨多个 PoD 的骨干区域，即在干线路由器之间构建一个骨干区域。在第二种策略下，骨干区域覆盖所有干线路由器，每个 PoD 位于非骨干区域，OSPF 在云原生网络中的区域划分如图 2-16 所示。

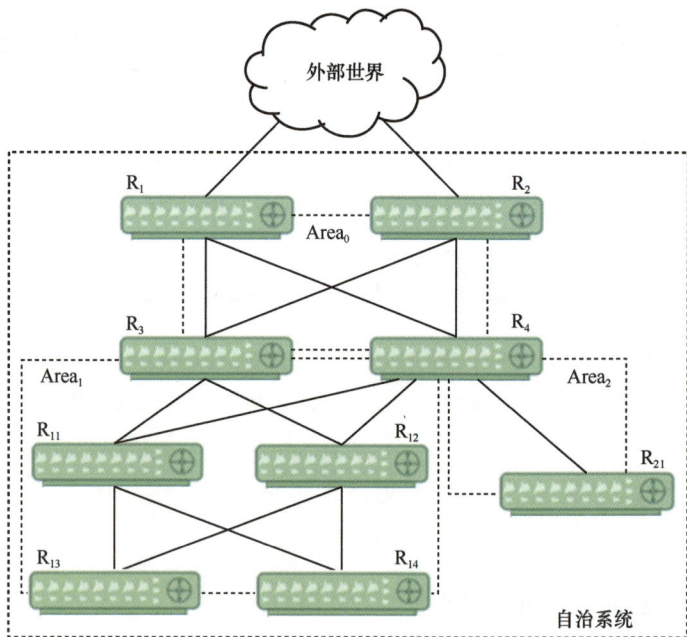

图 2-16　OSPF 在云原生网络中的区域划分

在具体接口的路由配置中，选择在无编号接口上运行 OSPF 路由协议，这样可以避免对外公告路由器接口地址，使路由表变得更小，在链路和节点状态变化时收敛更快，能够显著提高协议的运行效率。此外，在网络自动化配置方面，无编号配置能更好地支持通过编程方式实现接口 IP 地址的自动分配。

（2）数据中心 BGP 路由

BGP[23] 是一种距离矢量路由协议，在 TCP 之上运行，支持多种网络地址类型，如 IPv4、IPv6、多标签协议交换（MPLS）、虚拟可扩展局域网（VXLAN）等，以及复杂的路由策略，支持在多个管理域之间进行路由信息交互。云原生网络中，可以把每个边缘云看作一个独立的管理域，云节点之间互联可以采用 BGP。

与传统 BGP 部署相比，数据中心中 BGP 需要注意如下配置项 [6]。

① ASN 分配

自治系统编号（Autonomous System Number，ASN）是 BGP 的基本概念，每个 BGP 实体都必须有一个 ASN，用于识别路由环路，确定到特定前缀的最佳路径，并将路由策略与网络域关联。在互联网中，BGP 协议的 ASN 公开分配并具有众所周知的编号，但是数据中心内的大多数路由器很少与外部管理域中的路由器交互，因此，BGP 配置采用私有 ASN 空间。2 byte ASN 有 1 023 个私有 ASN（64512 ~ 65534）的空间，当数据中心网络的路由器数量超过 1 023 个时，可以切换到 4 byte ASN，拥有近 9 500 万个私有 ASN（编号 4200000000 ~ 4294967294），足以满足大规模数据中心的部署需求。

在 Clos 拓扑中，路由器之间密集互连，为了避免额外的信息交换和信息传播开销，采用如图 2-17 所示的 BGP ASN 模型。

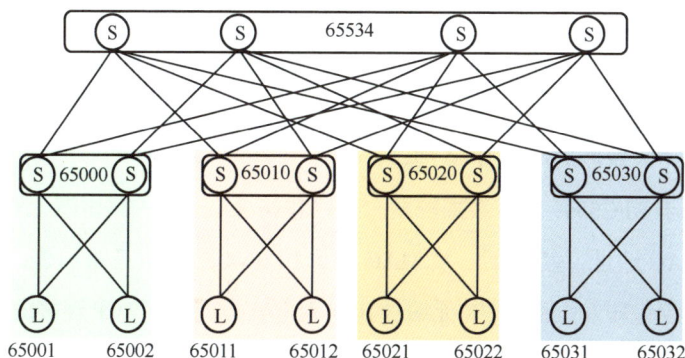

图 2-17　三层 Clos 拓扑中的 BGP ASN

- 每个 Leaf 交换机都分配自己的 ASN。
- 二层 Clos 中所有 Spine 交换机都有自己独立的 ASN；在三层网络中，同一 PoD 内的所有 Spine 交换机使用相同的 ASN，但每个 PoD 的 ASN 不同；所有超级 Spine 交换机使用相同的 ASN。

② 无编号 BGP

Closs 拓扑中相邻层节点之间只使用单条链路，很容易识别链路两端的相邻节点，没有必要为每个接口都分配单独的 IP 地址。此外，为了减少恶意软件的攻击，并减小转发信息库（FIB）大小，要求不要对外公告路由器接口地址。因此，数据中心中广泛使用无编号接口，减少采用有编号接口带来的自动化配置复杂度。

配置无编号 BGP 时，主要采用以下机制。

- 获取 IPv6 链路本地地址。当前所有操作系统都已经支持 IPv6 协议，在一个链路上启用 IPv6 后，会自动生成一个仅在该链路上有效的 IPv6 地址，即链路本地地址（LLA）。大多数情况下，该地址基于接口 MAC 地址生成，无编号 BGP 可以使用本地 LLA 建立 TCP 连接，但是与远程 BGP 实体建立连接还需要链路对端接口的 IPv6 LLA。
- 学习链路对端 LLA。为了让主机和路由器能够自动发现和其相邻的路由器，IPv6 中添加了路由器通告（Router Advertisement，RA）功能，在接口上启用 IPv6 后，RA 会定期对外通告该接口的 IPv6 地址，包括链路的 LLA。因此，链路一端可以自动获取另一端的 IPv6 地址。
- 基于 RFC 5549 获取 IPv4 路由。要交换 IPv4 路由，BGP 实体仅通告 IPv6 LLA 建立 TCP 连接是不够的，还需要下一跳 IPv4 地址。RFC5549 定义了使用 IPv6 下一跳通告 IPv4 网络层可达信息（NLRI）的机制，可以用来获取对端的 IPv4 地址。
- 基于 RFC5549 进行数据转发。利用 IPv6 RA 提供的路由器上对等接口的 MAC 地址，使用下一跳 MAC 地址和 IPv4 路由填充路由表，实现 IPv4 数据包转发，最终支持无编号 BGP 对等实体间基于 TCP 连接的路由交互。

③ BGP 收敛时间

在数据中心中，路由的快速收敛比稳定性更为重要，当发生故障或从故障中恢复（如链路恢复可用）时，通常有 4 个定时器来控制 BGP 的收敛，通过对这些定时器进行调优可以进一步优化 BGP 的收敛时间。

- 通告间隔定时器（Advertisement Interval Timer）。通告间隔定时器为每个邻居节点配置最小的通告时间间隔，确保 BGP 实体间进行信息更新。缺省情况下，外部 BGP（eBGP）对等体的通告间隔时间为 30 s，内部 BGP（iBGP）对等体的通告间隔时间为 0 s。在数据中心的 BGP 配置中，此值应设置为 0，因为不需要处理跨管理域的路由器，通过该设置可以使 eBGP 的收敛时间大大缩短。
- 保活定时器（Keepalive Timer）和保持定时器（Hold Timer）。保活和保持定时器用于控制每段 BGP 会话中节点周期性发送 Keepalive 消息和判定对端"死亡"的时间，如果对等体在保持时间内没有收到 Keepalive，则结束会话，放弃关于该连接的所有信息，并尝试重新启动 BGP 状态机。在数据中心内部 BGP 配置的最常用值是 3 s 的 Keepalive 和 9 s 的 Hold Timer。
- 连接定时器(Connect Timer)。连接定时器用于设置 BGP 实体的重连间隔，BGP 在尝试连接对等体时，如果某种原因导致连接失败，会等待一段时间后再尝试连接，默认为 60 s。在数据中心中，BGP 的连接定时器通常设置为 10 s。

2.4.2　逻辑网络

云数据中心的逻辑网络是指基于网络虚拟化技术，基于现有的物理网络构建多个互相隔离的虚拟网络。其主要作用是提供高效、可靠、敏捷的网络服务，实现网络资源的灵活配置和弹性扩展，支持各类云应用、云服务的按需部署和动态迁移。在云数据中心中，逻辑网络是连接云主机、存储设备、应用程序等要素的关键环节，其性能和稳定性直接影响整个云平台的运行效率。云数据中心的逻辑网络基于 IETF 定义的 VXLAN 技术标准构建 [24]，控制平面采用基于以太网的虚拟专用网络（EVPN），通过 BGP 协议扩展等机制实现地址映射、封装识别和路由通告等控制平面功能，数据平面采用 VXLAN 隧道，实现跨三层网络的二层数据封装，满足云数据中心构建跨域大二层虚拟网络的要求。此外，随着云原生应用的普及，容器化部署成为数据中心的标准配置，容器网络作为逻辑网络的重要类型，其组网模式和与集群调度平台间的容器网络接口（CNI）是云数据中心逻辑网络设计中需要重点关注的问题。

2.4.2.1 网络虚拟化

网络虚拟化是一种物理网络共享技术，支持将单一物理网络划分为多个互相隔离的虚拟网络，每个虚拟网络拥有独立的网络接口、转发表和数据包缓存队列。为了隔离不同虚拟网络的流量，一般会将物理网络划分成多个逻辑接口，分配给对应的虚拟网络，并在数据包头中添加虚拟网络标识符，这样根据数据包头查找转发表和流表时，就能按照报文携带的虚拟网络标识符进行转发。虚拟网络有多种实现技术，每种实现方式都有特定的标识，如 VLAN 使用 VLAN ID，VPN 使用 VPN ID，VXLAN 则使用 VNID 等，目前还没有一个统一的虚拟网络 ID 能够识别与数据包关联的多种虚拟网络。

按照网络虚拟化的不同实现方式，虚拟网络的构建模型可以分为内嵌模型和叠加模型。

① 内嵌模型

虚拟网络内嵌模型中，从源端到目的端的每一跳都会感知到虚拟网络的存在，并使用虚拟网络标识信息查询转发表。内嵌模型的主要优点是数据包头开销小。但由于虚拟网络的任何改动都会影响到端到端路径上的每个节点，内嵌模型不易扩展且效率较低。

② 叠加模型

叠加模型又称为 Overlay 模型，该模型中只有网络的边缘部分会感知到虚拟网络，其他节点不需要关心虚拟网络，叠加模型一般采用网络隧道方式来实现，网络边缘节点作为隧道端点，在端点处对数据包进行隧道封装，在原始数据包头之外用新的源地址和目的地址再封装一层，作为隧道包头，封装后的数据包在网络中间节点进行转发，到隧道出口处的隧道端点对数据包进行解封装，隧道之间的网络节点不会感知到隧道包头内所封装的任何信息[25]。

在数据中心网络中，通常基于叠加模型实现虚拟网络，具体实现采用

VXLAN 机制。

VXLAN 是无状态的二层网络隧道，用于在三层网络基础设施上建立一个二层网络。VXLAN 使用 IP 之上的用户数据报协议（User Datagram Protocol，UDP）作为封装技术，支持网络设备在多条路径上实现负载均衡，VXLAN 主要部署在数据中心内部，在 VXLAN 协议中，网络隧道的端称为 VXLAN 隧道端点（VXLAN Tunnel Endpoint，VTEP）。

VXLAN 的报文格式如图 2-18 所示。UDP 的源端口字段在入口 VTEP 上使用内部载荷包头计算得到。这使得所有的传输节点都可以针对 VXLAN 数据包实现负载均衡处理。网络的其他部分仍按照外部 IP 包头转发 VXLAN 数据包。

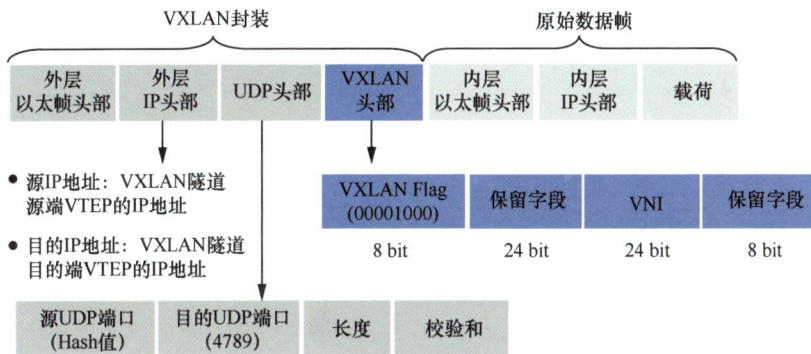

图 2-18　VXLAN 的报文格式

2.4.2.2　VXLAN 控制平面

在 VXLAN Overlay 模型中，控制平面协议需要交换如下信息：

- 内部载荷目的地址到隧道包头中目的地址的映射；
- 每个 Overlay 网络端点所能支持的虚拟网络列表。

最初的 VXLAN 方案（RFC7348）[26] 中没有定义控制平面，需要手工配置 VXLAN 隧道，通过流量泛洪的方式进行主机地址学习。这种方式实现简单，但会导致网络中存在很多泛洪流量，网络扩展比较困难。

为了解决上述问题，VXLAN 引入 EVPN 作为 VXLAN 的控制平面。EVPN 提供了一种在三层网络之上构建叠加二层网络的机制，参考 BGP/MPLS IP VPN

的实现方式，BGP 中定义了 EVPN 路由，通过在网络中发布 BGP 路由来实现 VTEP 的自动发现和主机地址学习。

EVPN 可通过 IP 或 IP/MPLS 骨干网在不同的二层网络域之间提供虚拟多点桥接连接。与 IP VPN 和虚拟专用 LAN 服务（VPLS）等其他 VPN 技术一样，EVPN 在 PE 路由器上配置实例，以确保多客户业务之间的逻辑分离。运营商边缘（PE）路由器用于连接用户边缘（CE）设备，这些设备可以是路由器、交换机或主机。PE 路由器使用多协议 BGP（MP-BGP）交换可达性信息，并在 PE 路由器之间转发封装的流量。由于该架构的元素与其他 VPN 技术是通用的，因此 EVPN 可以无缝引入并集成到现有的业务环境中。

EVPN 的基本思想是将多个以太网通过中间的 IP 网络连接，在网络边界的 PE 路由器上运行扩展的 BGP EVPN 协议，实现跨广域 IP 网络的以太网连接，如图 2-19 所示 [27]。

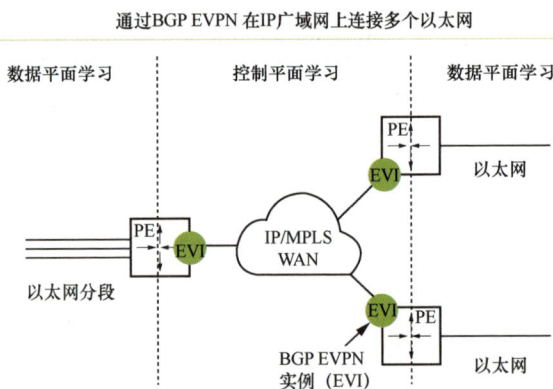

图 2-19　EVPN 基本原理

MP-BGP 在 BGP-4 的基础上对 NLRI 进行扩展，定义了 5 种 EVPN 路由类型支持不同的应用场景。

① Type（类型）1 路由：Ethernet auto-discovery route，即以太网自动发现路由，用来在站点多归属组网中通告以太网段（Ethernet Segment，ES）信息，以便实现水平分割、别名（Aliasing）和主备备份等特性。

② Type2 路由：MAC/IP advertisement route，即 MAC/IP 通告路由，用来通

告 MAC/IP 地址信息。

③ Type3 路由：Inclusive multicast Ethernet tag route，即包含组播以太网标签路由，用来通告 VTEP 及其所属 VXLAN，以实现 VTEP 自动发现、自动建立 VXLAN 隧道、自动创建 VXLAN 广播表等。

④ Type4 路由：Ethernet segment route，即以太网分段路由，用来通告 ES 及其连接的 VTEP 信息，以便发现连接同一 ES 的 VTEP 冗余组其他成员，以及在冗余组之间选举指定转发器（DF）等。

⑤ Type5 路由：IP prefix route，即 IP 前缀路由，用 IP 前缀的形式通告引入的外部路由。

EVPN 路由在发布时会携带路由标识符（Route Distinguisher，RD）和 VPN Target。RD 用来区分不同的 VXLAN EVPN 路由；VPN Target 是一种 BGP 扩展团体属性，用于控制 EVPN 路由的发布和接收。

在采用 EVPN 部署分布式 VXLAN 网关的场景下，控制平面负责 VXLAN 隧道建立和动态 MAC 地址学习，转发平面负责子网内已知单播报文转发、子网内 BUM（Broadcast，Unknown Unicast，Multicast）报文转发和子网间的数据包转发。

（1）子网内 VXLAN 隧道建立

VXLAN 隧道由一对 VTEP 决定，当两个 VTEP 之间的 IP 地址路由可达时，可在它们之间建立 VXLAN 隧道，因为它们只需要在同一个二层广播域中通信。当使用 EVPN 动态建立 VXLAN 隧道时，两个 VTEP 建立 BGP EVPN 对等体关系，并交换 Type3 路由，传递 VNI 和 VTEP IP 地址信息，然后在它们之间动态建立 VXLAN 隧道，如图 2-20 所示。

VXLAN 隧道建立后，可以用 EVPN 进行 MAC 学习，以替代数据平面泛洪方式的 MAC 学习机制，减少泛洪流量。EVPN 的 MAC 学习通过在 VTEP 之间传递 Type2 路由完成，如图 2-21 所示。

（2）子网间 VXLAN 隧道建立和路由通告

● 主机路由通告

VTEP 需要相互通告所连接主机的 IP 路由，否则对端 VTEP 无法获知对端主机信息，无法在三层 IP 网络上转发主机之间的报文。EVPN Type 2 路由可以通过携带 32 位掩码的主机 IP 地址来进行主机路由通告，使不同网段上的主机能够在分布式网关下相互通信。

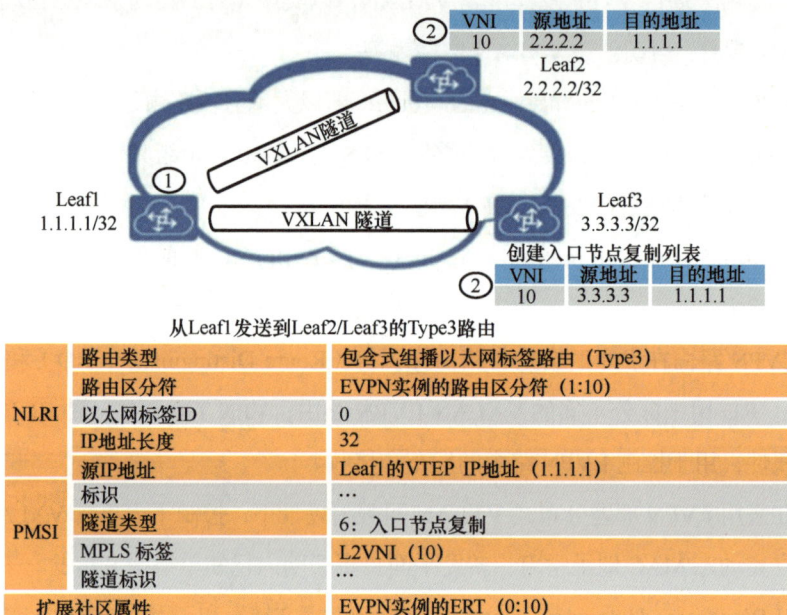

NLRI	路由类型	包含式组播以太网标签路由（Type3）
	路由区分符	EVPN实例的路由区分符（1:10）
	以太网标签ID	0
	IP地址长度	32
	源IP地址	Leaf1的VTEP IP地址（1.1.1.1）
PMSI	标识	…
	隧道类型	6：入口节点复制
	MPLS 标签	L2VNI（10）
	隧道标识	…
	扩展社区属性	EVPN实例的ERT（0:10）

图 2-20　子网内 VXLAN 隧道建立

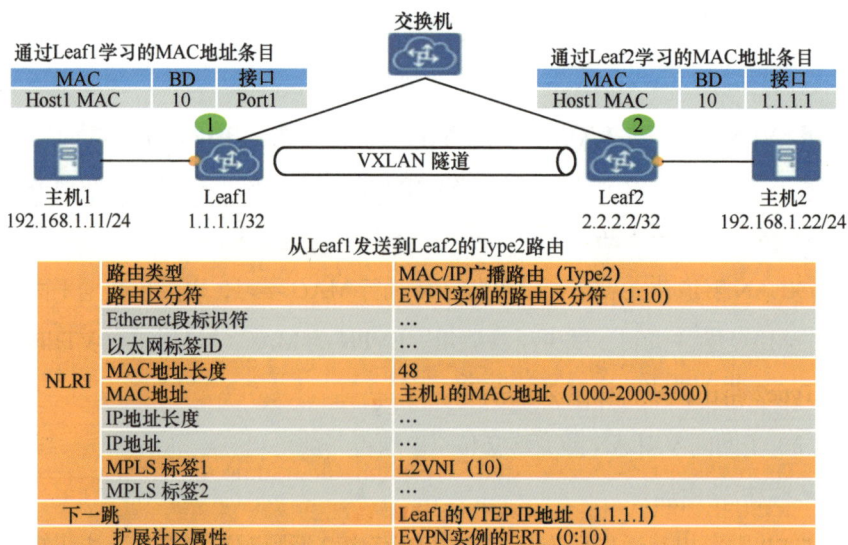

NLRI	路由类型	MAC/IP广播路由（Type2）
	路由区分符	EVPN实例的路由区分符（1:10）
	Ethernet段标识符	…
	以太网标签ID	…
	MAC地址长度	48
	MAC地址	主机1的MAC地址（1000-2000-3000）
	IP地址长度	…
	IP地址	…
	MPLS 标签1	L2VNI（10）
	MPLS 标签2	
下一跳		Leaf1的VTEP IP地址（1.1.1.1）
扩展社区属性		EVPN实例的ERT（0:10）

图 2-21　通过 EVPN 学习远端主机的 MAC 地址

- 网段路由通告

网段路由的通告过程与主机路由类似，不同的是网段路由通过 Type5 路由进行通告，网段路由通告的前提是该网段在整个网络中唯一，否则不能配置发布。

采用 EVPN 作为控制平面的优势包括：可实现 VTEP 自动发现、VXLAN 隧道自动建立，从而降低网络部署、扩展的难度；EVPN 可以同时发布二层 MAC地址和三层路由信息，进一步减少网络中的泛洪流量。

2.4.2.3 VXLAN 数据平面

EVPN 建立起 VXLAN 隧道并配置好路由信息后，VXLAN 数据平面支持桥接和路由场景下子网内、子网间的报文转发。

- 子网内单播报文转发

子网内的报文转发只在二层 VXLAN 网关之间完成，三层 VXLAN 网关不需要知道该过程。首次通信时，源节点发送 ARP 广播报文请求目的端的 MAC 地址，然后以单播方式进行通信，如图 2-22 所示，主机 1 和主机 2 在同一个子网中。

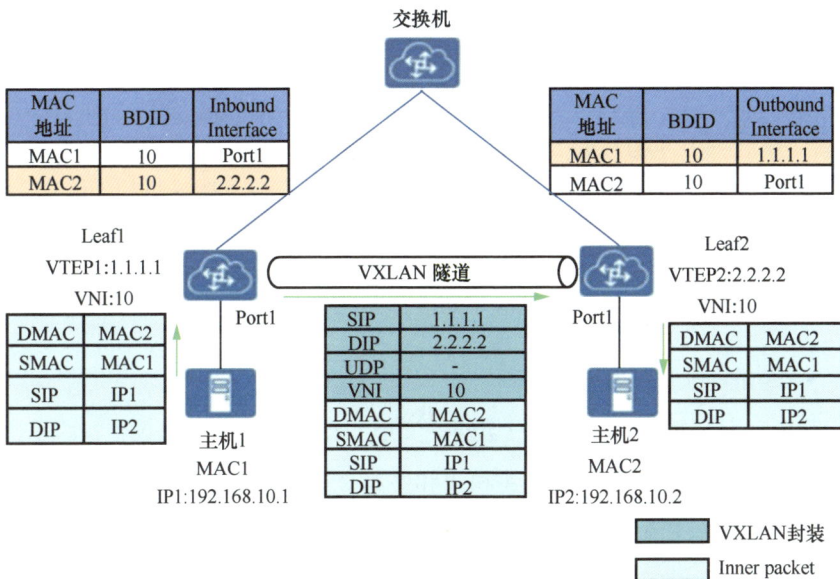

图 2-22　子网内单播报文转发

• 子网内 BUM 报文转发

同子网 BUM 报文转发只在 VXLAN 二层网关之间进行，采用头端复制的方式。当接收到一个主机到同一子网内其他主机的 BUM 数据包时，VTEP 会将数据包发送到连接到同一子网上主机的所有 VTEP。在如图 2-23 所示的例子中，主机 1 发送了一个广播包。Leaf1 交换机收到主机 1 的广播报文后，根据报文的入站接口或 VXLAN 信息确定主机 1 所属的广播域，查找广播域中的所有隧道列表，基于获得的隧道列表对报文进行封装，并通过所有隧道发送数据包。这样，数据包就被转发到同一子网的主机 2 和主机 3。

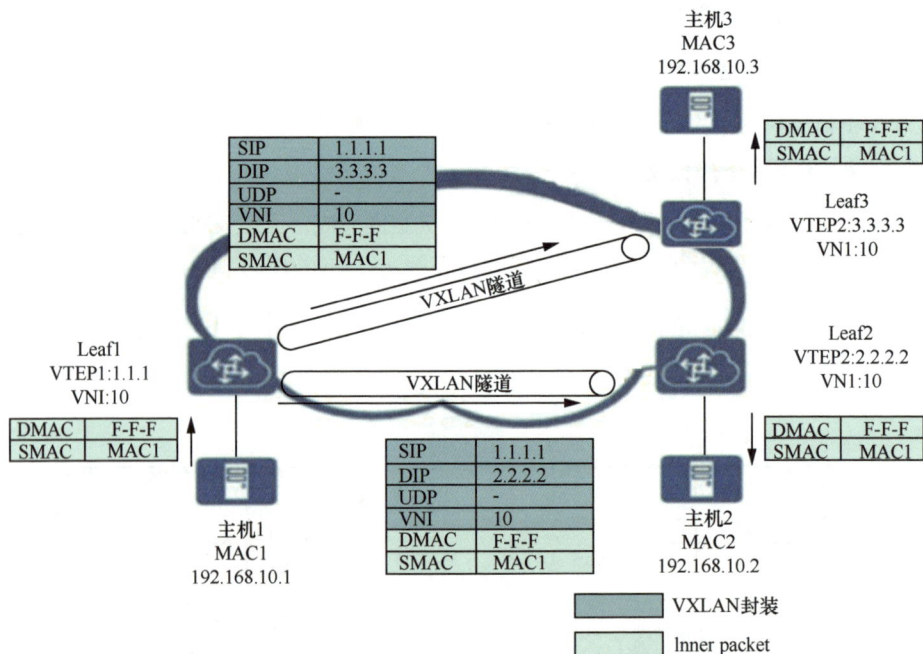

图 2-23　子网内 BUM 报文转发

• 跨子网报文转发

跨子网报文转发需要通过三层网关实现。在分布式网关场景中，跨子网报文转发的流程如图 2-24 所示。主机 1 和主机 2 分属不同的子网，Leaf1 交换机和 Leaf2 交换机作为三层 VXLAN 网关，进行 VXLAN 封装和三层转发。Spine 交换机仅作为 VXLAN 报文转发节点，不处理 VXLAN 报文。

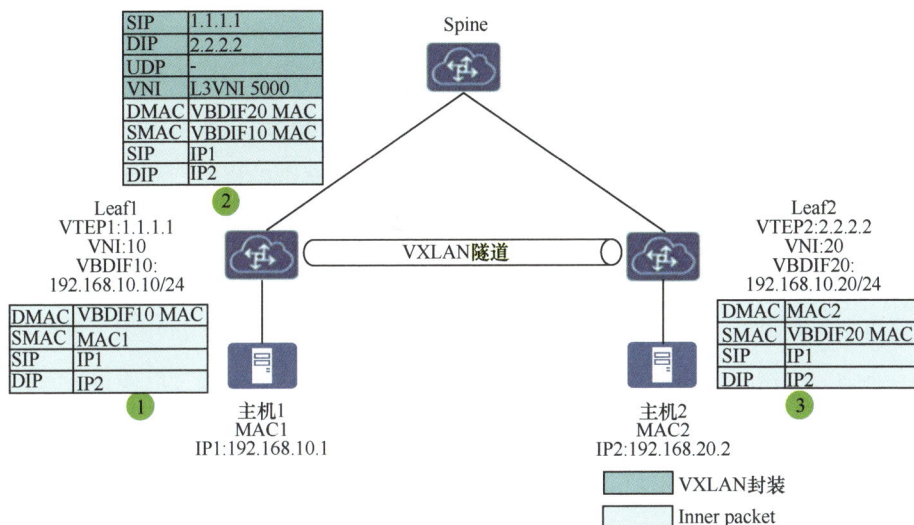

图 2-24　分布式网关场景下的跨子网报文转发

2.4.2.4　容器网络

云数据中心中，容器已经成为构建、部署和管理应用程序的重要工具。随着容器规模不断扩大，容器间的通信和连接越来越复杂，容器网络组件成为云数据中心逻辑网络的重要组成部分。

1. 容器相关概念

容器主要有两种含义，一是作为打包模型，为应用提供一种轻量级、可移植的软件封装方案；二是为应用提供一个独立的运行环境，使应用程序可以在不同的计算环境中保持一致的运行状态，从而实现跨平台和跨云部署。作为打包模型，容器将应用程序代码及其依赖、配置和数据等打包在一起，封装为标准化的单元，这样就可以在任何支持容器引擎的环境中直接运行，而不需要对应用程序本身进行修改。作为执行模型，每个容器都拥有自己的文件系统、进程空间、网络空间等资源，使不同的容器之间相互隔离，互不干扰。这种隔离性使容器可以实现多租户的部署，不同的应用程序可以在同一台主机上同时运行而不会相互影响。同时，容器还可以限制每个容器可以使用的资源，如 CPU、内存、磁盘等，从而保证每个应用程序都能获得足够的资源以保证其性能和稳定性。

容器的执行模型是一个用户空间组件，通过命名空间实现隔离性，命名空间提供了一种轻量级的虚拟化技术，可以将不同的进程组织在不同的命名空间中，使在一个容器中运行的进程无法访问另一个容器中的资源，从而实现资源的隔离。

在容器中，常见的命名空间包括 PID 命名空间、挂载命名空间、IPC 命名空间、网络命名空间等。PID 命名空间可以使每个容器拥有自己独立的进程树，进程在一个容器中运行时无法看到其他容器中的进程；挂载命名空间可以使每个容器拥有独立的文件系统挂载点，实现文件系统隔离；IPC 命名空间可以使每个容器拥有独立的进程间通信机制，实现进程间通信的隔离。网络命名空间可以使每个容器拥有独立的网络栈，从而实现网络隔离，下面从网络命名空间开始讨论容器网络。

网络命名空间（Network Namespace，又称 netns）的概念类似网络虚拟化，一般网络虚拟化组件仅对单层进行虚拟化，如二层或三层，而网络命名空间提供了多层虚拟化机制，包括传输层乃至整个网络协议栈，创建一个新的网络命名空间时，内核会在其上创建一个回环接口。因此，利用网络命名空间，可以创建两个独立的容器，每个容器都运行一个端口为 80 的 Web 服务器。

Linux 提供了一个虚拟以太网组件，称为 veth。veth 总是被成对创建，数据包进入 veth 一端会自动从另一端出来。可以将 veth 的一端放入网络命名空间，然后将另一端放入希望进行外部通信的位置，这样就能够实现网络命名空间中的接口与外部通信。例如，当通过 docker 命令创建容器时，会自动创建一个 veth pair，一端在所创建容器的 netns 中，另一端在默认的 netns 或主机 netns 中，这样就可以建立容器和外界之间的网络连接[28]。

2. 容器网络运行模式

容器不同于物理机、虚拟机，它可以被理解为一个标准化、轻量级、便携独立的集装箱，集装箱之间相互隔离，都使用自己的环境和资源。但随着环境变化越来越复杂，容器在运行中需要容器间或者容器与集群外部之间的信息传输，这个被隔离的容器进程，该如何与其他 netns 的容器进行交互呢？这时候容器就要在网络层拥有一个名字（即 IP 地址），容器网络就应运而生 [29]。

容器网络运行模式的发展和演进主要经历了端口映射、容器网络接口（CNI）和服务网格 + CNI 3 个阶段，如图 2-25 所示。

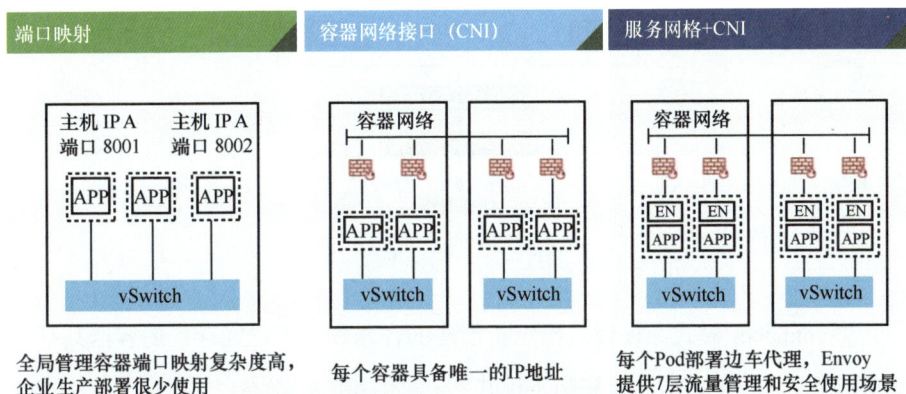

图 2-25　容器网络的发展与演进

（1）端口映射网络模式

端口映射网络可进一步细分为 4 种模式。

① bridge 模式。即 Linux 的网桥模式，Docker 在安装完成后，会在系统上默认创建一个 Linux 网桥，称为 Docker0，并为其分配一个子网，针对由 Docker 创建的每个容器，均为其创建一个虚拟的以太网设备（veth peer）。其中一端关联到网桥上，另一端映射到容器的网络空间中。然后从这个虚拟网段中分配一个 IP 地址给这个接口，网桥模式如图 2-26 所示。

② host 模式。如果启动容器时使用 host 模式，那么这个容器将不会获得一个独立的网络命名空间，而是和宿主机共用一个 netns。容器将不会虚拟自己的网卡、配置自己的 IP 等，而是使用宿主机的 IP 和端口。但是，容器的文件系统、进程列表等还是与宿主机隔离。使用 host 模式的容器可以直接使用宿主机的 IP 地址与外界通信，容器内部的服务端口也可以使用宿主机的端口，不需要进行 NAT，host 模式的最大优势就是网络性能比较好，但是不能绑定 Docker host 上已经使用的端口，牺牲了网络隔离性。

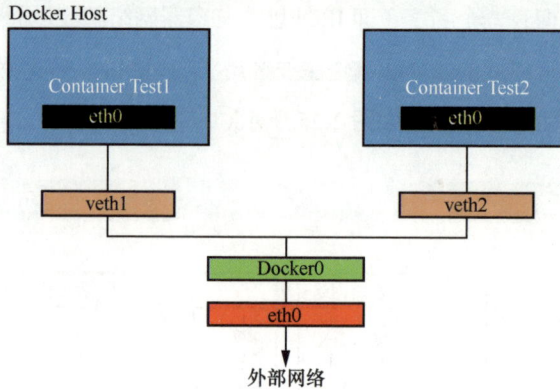

图 2-26　网桥模式

③ container 模式。该模式指定新创建的容器和一个已经存在的容器共享同一个网络命名空间，而不是和宿主机共享。新创建的容器不会创建自己的网卡、配置自己的 IP，而是和该指定的容器共享 IP、端口等。同样，两个容器除了网络，其他资源如文件系统、进程列表等仍互相隔离。两个容器的进程可以通过回环网络接口进行通信。

④ none 模式。在 none 模式下，Docker 容器拥有自己的网络命名空间，但并不为 Docker 容器进行任何网络配置。也就是说，这个 Docker 容器没有网卡、IP、路由等信息。这种网络模式下容器只有回环网络，没有其他网卡与外界联网，实际上是一个封闭的网络，能很好地保证容器的安全性。none 模式可以在容器创建时通过 -network=none 来指定。

4 种端口映射网络模式的对比 [30] 如表 2-2 所示。

表 2-2　4 种端口映射网络模式的对比

Docker 网络模式	配置	说明
bridge 模式	– net=bridge	为每个容器分配 / 设置 IP，并将容器连接到一个 Docker0 虚拟网桥（默认为该模式）
host 模式	– net=host	容器和宿主机共享网络命名空间。容器不会虚拟自己的网卡、配置自己的 IP 等，而是使用宿主机的 IP 和端口

续表

Docker 网络模式	配置	说明
container 模式	– net=container: NAME_or_ID	容器和另外一个容器共享网络命名空间。K8S 中的 Pod 就是多个容器共享一个网络命名空间。新创建的容器不会创建自己的网卡、配置自己的 IP，而是和一个指定的容器共享 IP、端口范围等
none 模式	– net=none	容器有独立的网络命名空间，但并没有对其进行任何网络设置，如分配 veth pair 和网桥连接，配置 IP 等

（2）容器网络接口模式

容器网络接口（CNI）如图 2-27 所示[31]，是 CNCF 旗下的一个项目，由一组用于配置 Linux 容器网络接口的规范和库组成，同时还包含了一些插件。CNI 仅关心容器创建时的网络分配，并在容器被删除时释放网络资源。CNI 是由 Google 和 CoreOS 主导制定的容器网络标准，是在 RKT 网络提议的基础上发展而来的，并在设计过程中综合考虑了灵活性、扩展性、IP 分配和多网卡等因素。CNI 连接了两个组件：容器管理系统和网络插件，它们之间通过 JSON 格式的文件进行通信，由网络插件实现容器的各项网络功能，包括创建容器网络空间、把网络接口放到对应的网络空间、给网络接口分配 IP 等。

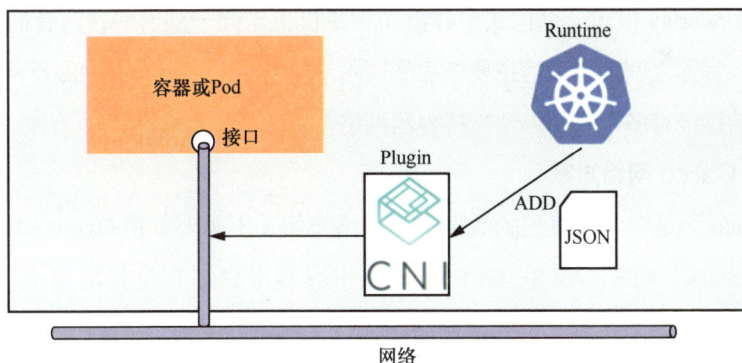

图 2-27　容器网络接口

容器网络接口主要包含 Overlay 模式、路由模式和 Underlay 模式 3 种实现方式，如图 2-28 所示。

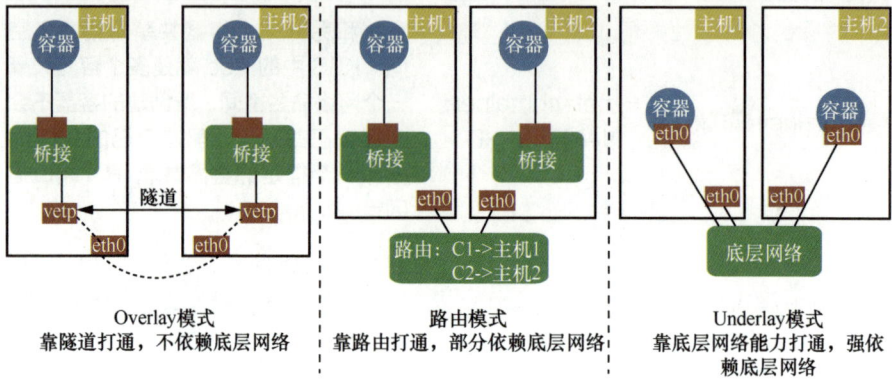

图 2-28　容器网络接口 3 种实现方式

① Overlay 模式。该模式的典型特征是容器独立于主机的 IP 网段，该 IP 网段通过在主机之间创建隧道的方式进行跨主机网络通信。它将整个容器网段的数据包封装成底层物理网络中可以传输的主机之间的数据包。该模式的好处在于运行在底层网络之上，不依赖底层网络。

② 路由模式。该模式中主机和容器也分属不同的网段，与 Overlay 模式的主要区别在于其通过路由打通实现跨主机通信，无须在不同主机之间进行隧道封装。然而，路由打通需要部分依赖底层网络，如要求底层网络具有二层可达的能力。

③ Underlay 模式。该模式中容器和宿主机位于同一层网络，两者拥有相同的地位。容器之间网络通信主要依靠底层网络，因此该模式强依赖底层网络。

目前已经有多个开源组件支持容器网络模型[28]，主要包括以下方案。

1. Calico 网络方案

Calico[32] 是一个纯三层的数据中心网络方案（不需要使用 Overlay），并且与 OpenStack、K8S、AWS、GCE 等 IaaS 和容器平台都有良好的集成。Calico 能够创建并管理一个扁平的三层网络，为每个容器分配一个可路由的 IP 地址。由于其通信时不需要解包和封包，具有较小的网络性能损耗、易于进行故障排查和水平扩展。

Calico 在每个计算节点上利用 Linux Kernel 实现了高效的虚拟路由器来负责数据转发，每个虚拟路由器通过 BGP 将 workload 的路由信息传播到整个 Calico 网络——在小规模部署中可以直接互联，在大规模部署中可通过指定的 BGP 路由反射器来完成。以此来保证所有的 workload 之间的数据流量都通过 IP 路由方式完成互联。Calico 节点组网可以直接利用数据中心的网络结构，不需要额外的 NAT、隧道或者 Overlay 网络，如图 2-29 所示。为保证路由正常工作，每个容器所在的主机节点必须能够获取整个集群的路由信息，Calico 采用 BGP 使全网所有的节点和网络设备都记录到全网路由信息，然而，这种方式会产生较多的无效路由，对网络设备的路由规格要求较高，因此整个网络中不能有路由规格低的设备。此外，Calico 实现了从源容器经过源宿主机，再经过数据中心路由，最终到达目的宿主机并分配给目的容器的路径，整个过程始终根据 BGP 进行路由转发，没有进行封包、解包过程，显著提高了转发效率，这是 Calico 容器网络的技术优势之一。

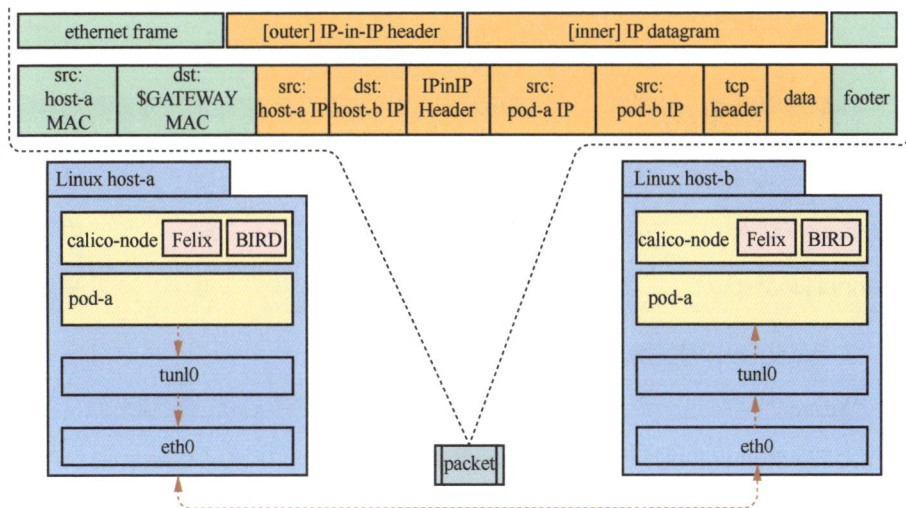

图 2-29　Calico 网络方案

2. Flannel 网络方案

Flannel[33] 是 CoreOS 开发的一种用于解决容器集群跨主机通信问题的网络方案。Flannel 通过分配和管理全局唯一容器 IP 和跨组数据封装网络转发的方式，

构建容器通信网络，目前已支持 UDP、VXLAN、Host-gw、AWS VPC、GCE
（Google Cloud Engine）路由网络通信模式（如表 2-3 所示），其中以 VXLAN
技术最为流行。Flannel 为每个主机分配一个 subnet，容器从该 subnet 中分配
IP，这些 IP 可在主机间路由，容器间无须 NAT 和端口映射就可以跨主机通信。
Flannel 让集群中不同节点主机创建容器时都具有全集群唯一虚拟 IP 地址，从而
使得不同节点上的容器能够获得"同属一个内网"且"不重复"的 IP 地址，让
不同节点上的容器能够直接通过内网 IP 通信，网络封装部分对容器是不可见的。
源主机服务首先将原本的数据内容封装在 UDP 中，根据其自身的路由表投递给
目的节点，当数据包到达目的节点后会被解包，直接传送至目的节点的虚拟网
卡，再送达目的主机容器的虚拟网卡，从而实现网络通信。Flannel 虽然对网络
要求较高，需要引入封装技术，在一定程度上影响转发效率，但是 Flannel 可以
和 SDN 很好地结合起来，使整个网络实现自动化部署、智能化运维和管理，因
此更适于新建数据中心网络的部署。但 Flannel 缺少必要的安全隔离和 QoS 等能
力，适合简单、安全隔离要求较低的场景。

表 2-3 Flannel 网络通信模式

网络通信模式	底层网络要求	实现模式	封包 / 解包	Overlay 网络	转发效率
Flannel UDP	三层网络	Overlay	用户态	三层	低
Flannel VXLAN	三层网络	Overlay	内核态	二层	中
Flannel Host-gw	二层网络	路由	无	三层	高

3. Weave 网络方案

Weave[34] 网络是一个多主机容器网络方案，支持去中心化的控制平面，各个
host 上的 wRouter 间通过建立 Full Mesh 的 TCP 链接，并通过 Gossip 协议来同
步控制信息。Weave 可以把不同主机上容器互相连接的网络虚拟成一个类似于本
地网络的网络。在该网络中，不同主机之间都使用自己的私有 IP 地址，当容器
分布在多个不同的主机上时，通过 Weave 可以简化这些容器之间的通信。Weave
网络中的容器使用标准的端口提供服务（如 MySQL 默认使用 3306）。每个容
器都可以通过域名来与其他容器通信，也可以直接通信而不需要使用 NAT，也

不需要使用端口映射或者复杂的连接。部署 Weave 容器网络最大的好处是不需要修改应用代码。Weave 通过在容器集群的每个主机上启动虚拟路由器，将主机作为路由器，形成互联互通的网络拓扑，在此基础上实现容器的跨主机通信。

4．CNI 与服务网格的融合模式

2016 年，原 Twitter 基础设施工程师威廉姆·摩根（William Morgan）和奥利弗·古尔德（Oliver Gould）在 GitHub 上发布了第一代服务网格产品 Linkerd， William Morgan 发表的文章 "What's A Service Mesh? And Why Do I Need One?" [35] 中首次正式地定义了"服务网格"（Service Mesh）一词，服务网格作为处理服务间通信的基础设施层，主要提供 L5 ~ L7 层网络服务，通常以轻量级网络代理的形式实现在每个应用容器前部署一个边车代理，提供微服务间的智能路由、分布式负载均衡、流量管理、限流熔断和超时重试等功能。服务网格与工作在 L2 ~ L4 层的 CNI 相互配合，能够在实现基本通信功能的基础上，为容器化部署的微服务提供更强大的层次化网络服务能力。

2.5 云原生网络操作系统

操作系统（OS）是计算机系统中最重要的系统软件，负责管理和控制计算机的内存、处理器、存储器、I/O 设备等硬件资源，提供丰富的系统调用、程序 API 和操作界面等外部接口，为用户和各类应用程序提供友好、高效、安全、便捷的使用环境。在摩尔定律的驱动下，伴随个人计算机的更新换代和新型智能设备的涌现，操作系统的功能、效率、交互模式、人机界面等不断演进变化，出现了桌面操作系统、服务器操作系统、手机操作系统、嵌入式操作系统、网络操作系统等多种类型。

随着互联网的迅速发展，以虚拟化技术为基础的云计算开创了通过网络访问计算、存储、平台和软件等资源的新型服务模式，支持用户通过互联网访问全球范围的云资源，云计算大幅拓展了计算、存储、网络资源的服务范围，可以将广域互联的云服务器、存储器等看作一台功能强大的虚拟"巨型计算机"，这些网云基础设施作为一个整体，同样需要一个超级操作系统去管理计算、存

储、网络等异构资源，围绕云上应用的持续可靠运行需求，进行资源的统一调度、动态分配。我们把这个超级操作系统称为云原生网络操作系统，将其作为传统操作系统概念的拓展和推广。本节从操作系统架构、异构资源虚拟化和集群资源调度编排等方面探讨云原生网络操作系统的概念内涵和实现机制。

2.5.1　IT 基础架构的演进

信息技术（IT）基础架构大致经历了中央计算机、物理机（服务器/个人计算机）、虚拟机、容器和最新的云原生架构等五代发展[36]，如图 2-30 所示。在不同的 IT 基础架构中，操作系统负责封装底层资源，提供各类接口供上层应用调用，旨在解决底层资源供给与上层应用需求间的供需矛盾。随着 IT 基础架构资源种类、服务对象和资源分配方式的变化，操作系统的地位、作用、实现机制、资源调度策略等也随之发展演进。

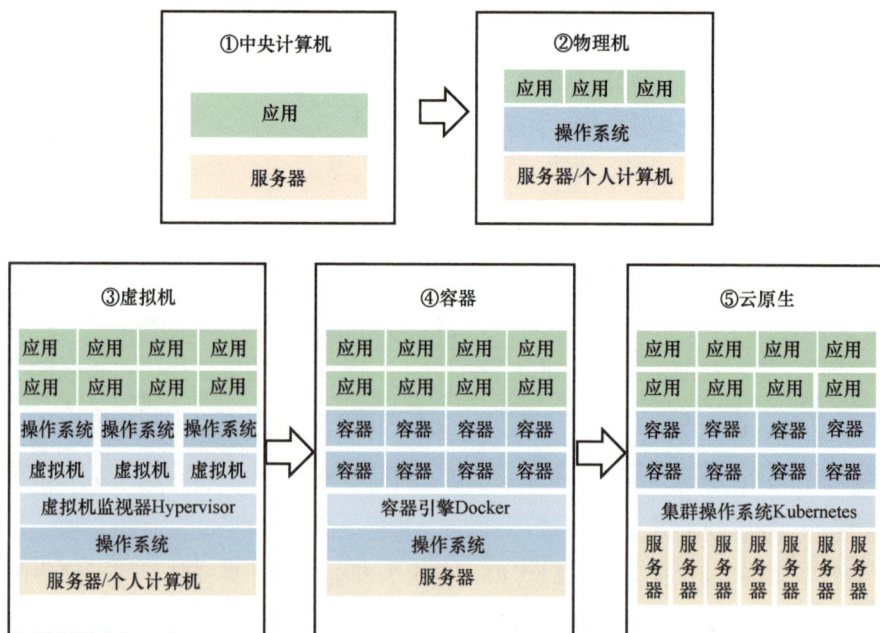

图 2-30　IT 基础架构的代际演进趋势

从管理单主机资源的传统单机操作系统到以容器集群管理为主的新型集群操作系统，是操作系统发展演进的重要分水岭，如图 2-31 所示。

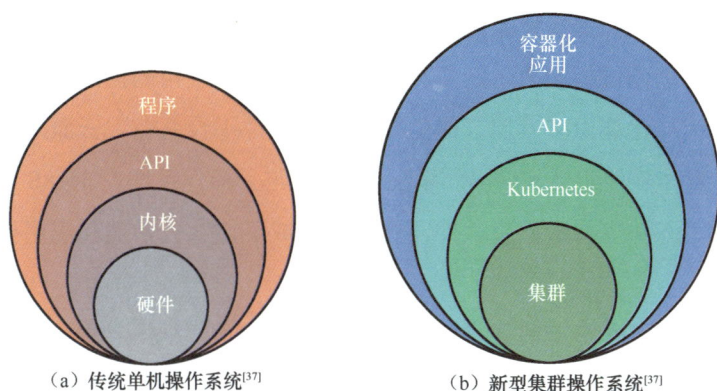

（a）传统单机操作系统[37]　　　　　　（b）新型集群操作系统[37]

图 2-31　操作系统的演进

在传统 IT 架构中，主流的 Linux、Windows 等操作系统主要负责管理计算机的所有软硬件资源，对计算机的内存、处理器、存储器、I/O 等硬件设计进行抽象，提供各类系统调用和编程接口，实现对应用层的支持。随着云计算技术的不断发展，容器化应用的高可用和在线升级，对网云基础设施的计算、存储、网络等资源提出了弹性扩缩、持续供给的需求，在这个过程中，IT 系统的资源分配粒度逐步细化，应用程序的开发和扩展也变得越来越敏捷，以 Kubernetes（简称为 K8S）为典型代表的云操作系统应运而生。在云数据中心中，与传统单机操作系统的基本功能类似，集群操作系统需要实现两大功能，一是对底层网云物理基础设施资源进行统一管理，对资源能力进行抽象封装；二是对上层应用的承载和支撑，实现应用的全生命周期管理。

云原生网络中，操作系统管理资源的范围和模式进一步拓展，要求在云原生网络操作系统的统一调度下，实现核心云、边缘云中计算、存储、网络等异构资源的统一管理，以用户的服务体验为核心，围绕云原生应用的高可用和持续服务，进行资源的统一调度、动态分配，面向各类用户提供各类资源访问和信息服务保障。

基于上述分析，归纳提出云原生网络操作系统的概念：云原生网络操作系统是基于计算、存储、网络等异构资源的统一虚拟化，对各类资源进行统一调度管理，集网络资源管理、容器集群管理、微服务治理和持续交付框架于一体的新型超融合操作系统，运行在网云一体的基础设施上，以统一的方式抽象底层基础设施能力，定义和管理面向云原生应用的控制模式和集群编排，作为标准化能力接入层，提供各类基础软件平台服务。云原生网络操作系统可以看作软件定义网络操作系统（NOS）与云操作系统（如 K8S）的统合，同时，为了天然支持云原生软件，进一步集成了微服务治理和应用持续交付框架。

① 网络操作系统。软件定义网络中，SDN 控制器负责维护全局网络资源状态，将底层网络资源的调度封装为可编程的北向接口，支持用户按照自身需求自定义网络转发路径和传输规则策略。因此，SDN 控制器作为网络设备和用户之间的桥梁，常被称为网络操作系统。

② 云操作系统（Cloud-OS）。以 K8S 为典型代表，运行于服务器集群，负责计算和存储资源的虚拟化与管理、容器编排调度、运行时管理等基础功能的操作系统。

③ 微服务治理框架。主要支持服务编排、运行，服务间负载均衡、流量管理，服务路由，运行监控，服务策略等，如 Istio、Linkerd 等。

④ 持续交付框架。持续地将各类变更（包括新功能、缺陷修复、配置变化等）安全、快速、高质量地交付到生产环境或用户手中的能力，包括代码管理、版本构建、配置管理、软件测试、自动部署、版本验证等基础工具集。

以 K8S 为代表的云操作系统，默认服务集群资源间的连接为高带宽、高质量的有线连接，重点关注资源发现、容器调度、服务自愈、负载均衡、弹性扩容等 IaaS 和 PaaS 层面的问题，基本不考虑集群资源之间的网络连接。而在战场对抗环境下，核心云与边缘云通过光缆、卫星、微波、散射等有线 / 无线手段互联，联合构建分布式云服务环境，不同互联信道的连接带宽、链路质量差异较大，此时云原生操作系统对资源的调度管理，需要充分考虑带宽约束和链路异构性，根据连接状态、信道能力等进行资源的调度、编排和管理，即在操作系统的容器集群管理方面，需要设计能够感知底层信道的增强型 K8S，并与网络资源管理、微服务治理框架等组件进行一体化设计。

2.5.2 云原生网络操作系统架构

云原生网络操作系统并不是全新架构，是以基于 Google Borg 的 K8S 容器操作系统为核心，逐步演进拓展而来的，其系统架构受到 Borg 和 K8S 的深刻影响。

（1）Google Borg 系统

2015 年，Google 公司首次披露了内部数据中心操作系统 Google Borg[38]。Borg 的主体是一个高性能的集群管理器，位于谷歌基础设施技术栈的最底层，承载 FlumeJava、Pregel、GFS、BigTable、MegaStore、MapReduce 等功能组件，支撑谷歌邮件 Gmail、文档应用 Google Docs、搜索引擎 Web Search 等多种高性能应用，如图 2-32 所示。

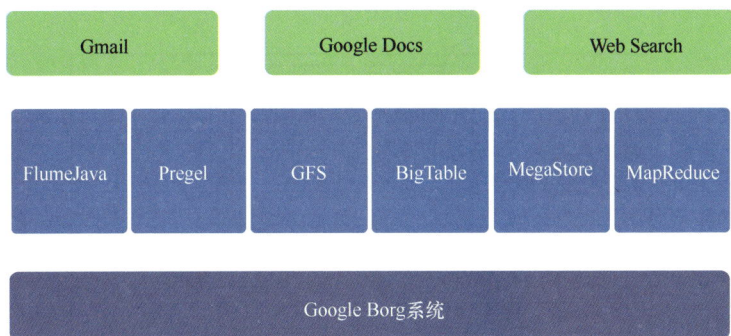

图 2-32　Google Borg 系统

Borg 是 Google 开发的第一个容器管理系统，用于管理多个应用集群，每个集群包含数以万计的机器，这些机器上运行着 Google 的各类应用。Borg 通过实施准入控制，优化任务分配，超额资源分配和进程级别隔离的机器共享，达到极高的资源使用效率，能够同时处理数以万计的作业（Job）。Borg 通过降低故障恢复时间的运行时特性和减少相关运行时故障的调度策略来保证应用程序的高可用。

Borg 系统的用户是谷歌内部开发人员和系统管理员，用户负责开发和运行各类应用和服务。用户通过作业（Job）的形式将工作交给 Borg。作业由一个或多个任务（Task）构成，每个任务运行相同的二进制程序。作业只在一个 Borg 单元（Cell）内执行。Borg 单元是机器资源管理的基本单位。

Borg 系统采用典型的分布式架构，由一个逻辑主节点（Borg master）和多个工作节点（Borglet）组成，每个节点上都运行着一些代理程序。系统用户通过 Borgcfg 命令行或者 Web UI 向系统提交要运行的任务（Task），Borgmaster 接收请求，并将其放入队列中，等待 Scheduler 来扫描。Scheduler 会根据应用的资源需求，在集群中匹配合适的机器，匹配成功后，将任务分配到机器上，并启动运行。Borg 系统的主要组件包括：Borgmaster、Borglet、Borgcfg 和 Scheduler，如图 2-33 所示。

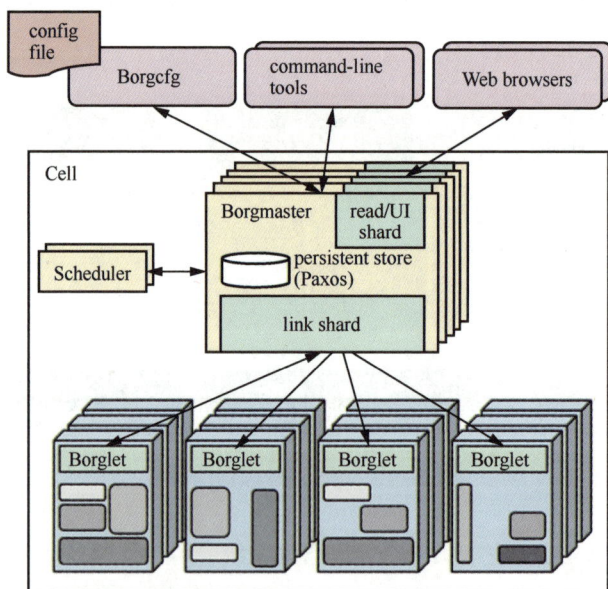

图 2-33　Borg 系统架构

Borgmaster：整个集群的控制中心，负责管理集群的状态，保证集群存储的数据具有高度容错性。

- **Scheduler**：负责任务调度，按照应用特点和资源需求将任务调度到适当的机器上。
- **Borglet**：负责任务的具体执行。

- Borgcfg：Borg 系统的命令行工具，实际通过配置文件向集群系统提交任务。

Borg 系统具有以下特点。

- 通过隐藏资源管理和错误处理的细节，使得用户可以聚焦应用开发，从而保证系统的易用性。

- 高可靠性和高可用性，同时支持应用的高可靠和高可用。

- 在数万节点上有效运行工作负载，具备可扩展性。

（2）K8S 系统

2015 年，云原生正式开始走进大众视野，作为云原生时代的核心基石——K8S 容器编排系统为构建全新 IT 生态体系提供了重要支撑。

K8S 起源自 Borg 系统，主要用于容器应用集群部署和管理，其核心功能是通过开发者自定义工作流或自动化任务流，降低容器编排和管理的复杂性，使开发者只需要关注应用的业务逻辑，能够更轻松地部署和管理容器化应用程序。K8S 提供了多种基础功能，如自动化容器部署、资源调度、服务发现、负载均衡、故障恢复和安全性等，以支持容器化应用程序的全生命周期管理。

在云原生 IT 生态体系中，K8S 系统作为大规模分布部署的计算机集群操作系统，是一组计算机集群的抽象，对下管理数据中心集群的物理基础设施。作为多台服务器集群的抽象层，K8S 把数据中心的服务器、存储器等硬件资源当成一个资源池来统一管理，对上为容器化的云原生应用提供支撑，如图 2-34 所示。

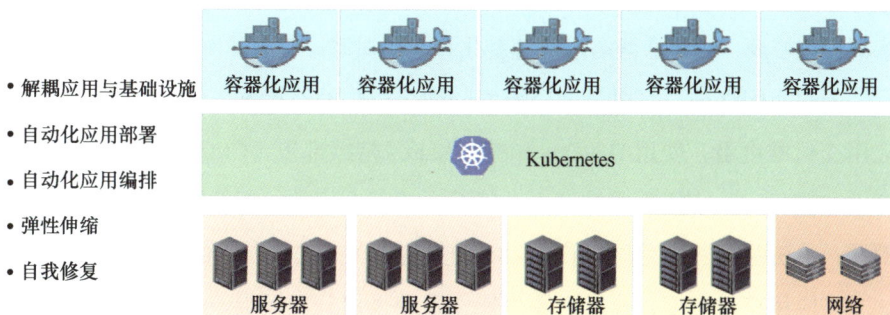

图 2-34　K8S 核心支撑功能

传统 IT 系统架构中，操作系统是运行于服务器或者虚拟机的单机系统，局限于在单个服务器或虚拟机上发挥作用。在新型云原生架构中，K8S 实现数据中心容器集群管理的核心功能，成为云原生 IT 架构的云操作系统。容器集群操作系统与传统单机操作系统的对比分析如图 2-35 所示，面向多云异构的基础设施以及大规模的容器化应用，传统操作系统的核心功能如设备管理、进程管理、文件管理、包管理等，被 K8S 系统的分布式调度、容器管理、容器持久化、编排管理等能力所代替。

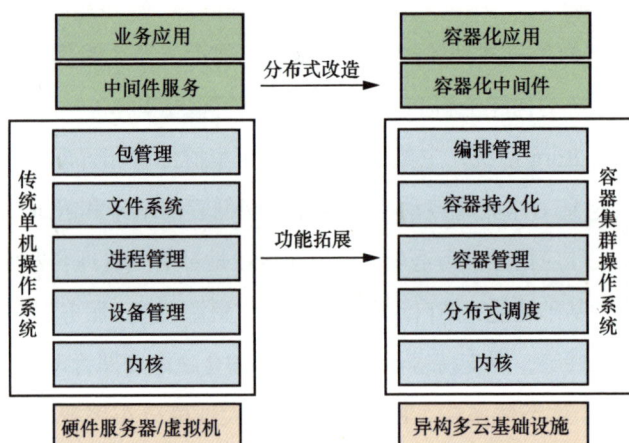

图 2-35　容器集群操作系统与传统单机操作系统功能对比

（3）云原生网络操作系统架构

云原生网络操作系统的根本目标是在计算、存储、网络等异构资源统一虚拟化管理的基础上，以容器化的云应用为中心，通过灵活调度、按需分配各类基础设施资源，满足业务需求快速变化和应用对底层资源弹性扩展的要求。

云原生网络中，可以从 3 个维度归纳云原生网络操作系统的运行机制：从应用交付维度看，使用 DevOps 和持续集成 / 持续部署（CI/CD）的方式，进行开发和交付；从应用部署维度看，将组合成云应用的一组微服务，以容器形式部署；从资源管理维度看，采用 K8S 的集群管理方式，进行容器编排。

在应用交付维度，要求云原生操作系统采用开发运维一体化模式，支持云原生应用的持续集成和持续交付，能够将应用的新增功能、缺陷修复、配置变化等各类变更快速、安全、高质量地交付到生产环境中，以便快速响应业务需求变化，持续为用户提供服务。云原生操作系统的应用交付功能组件包括源代码管理、自动化构建 / 测试 / 部署、配置管理和运行监控等。为了实现这些功能，需要使用一系列工具，包括版本控制工具（如 Git、SVN）、自动化构建工具（如Jenkins、Travis CI）、自动化测试工具（如 Junit、Selenium）、配置管理工具（如Ansible、Puppet）等。将支持云原生应用持续交付的框架和支撑工具作为操作系统的基础功能组件，是云原生网络操作系统的重要特征。

在应用部署维度，要求操作系统能够提供轻量化、高效可靠的应用部署方式，支持微服务应用的容器化部署。云原生操作系统的应用部署组件包括应用打包、应用部署、运行监控、日志管理等，通过将应用及其依赖打包成一个容器镜像文件，借助 K8S 等容器编排工具，将镜像部署到可用的容器上快速运行。在应用运行过程中，实时监控应用的运行状态、性能指标、SLA 水平等，监控结果可以作为资源动态调度的依据。通过在云原生网络操作系统中提供容器化部署组件，能够更好地满足应用高可靠、高可用、弹性伸缩等需求。

在资源管理维度，要求操作系统具备高效的容器集群调度管理能力，这是云原生网络操作系统的核心功能，基本设计思想是采用资源虚拟化技术，将数据中心的服务器集群、存储器、网络设备等底层基础设施抽象为分布式的多维资源池，动态维护计算、存储、网络等资源的可用状态，并通过声明式 API 为上层应用提供底层资源的调度使用能力，满足云原生应用持续可靠运行对各类资源的弹性分配需求。从更高的抽象层次看，将服务器集群中的主机看作网络CPU、存储器看作网盘、网络设备看作网络接口，整个数据中心集群就组成了一台巨型的超级服务器，这台服务器拥有成千上万个处理器核心、海量的存储空间和泛在的高密度网络接口，云原生网络操作系统需要在更大尺度下，对聚合多维资源的超大资源池进行统一管理、统一调度，为部署于数据中心的各类云原生应用提供服务支撑。在实现机制上，云原生网络操作系以容器为单元进行资源调度，基于 K8S 的容器集群管理功能，在整个数据中心范围内实现云原生应用的调度运行。

操作系统通常由内核与围绕内核扩展的各类系统工具构成，内核是操作系统最基础的部分，通过硬件抽象、文件系统管理、多任务调度等功能，为应用程序提供对硬件资源的访问。在云原生技术体系中，云原生网络操作系统以 K8S 为内核，通过基础设施配置管理层对多维资源进行统一虚拟抽象，以可扩展插件的形式完成存储、网络、计算等资源的统一配置管理，提供标准化容器与基础设施之间的接口，在此基础上，通过云原生软件控制层，将从物理基础设施中抽象出的多维资源能力直接提供给云原生网络系统中的容器，完成容器集群编排与调度功能。

云原生网络操作系统是一种面向云计算环境的操作系统，基于统一的传输、计算、存储多维异构资源模型，其架构可以从控制平面和数据平面两个维度来描述，如图 2-36 所示。

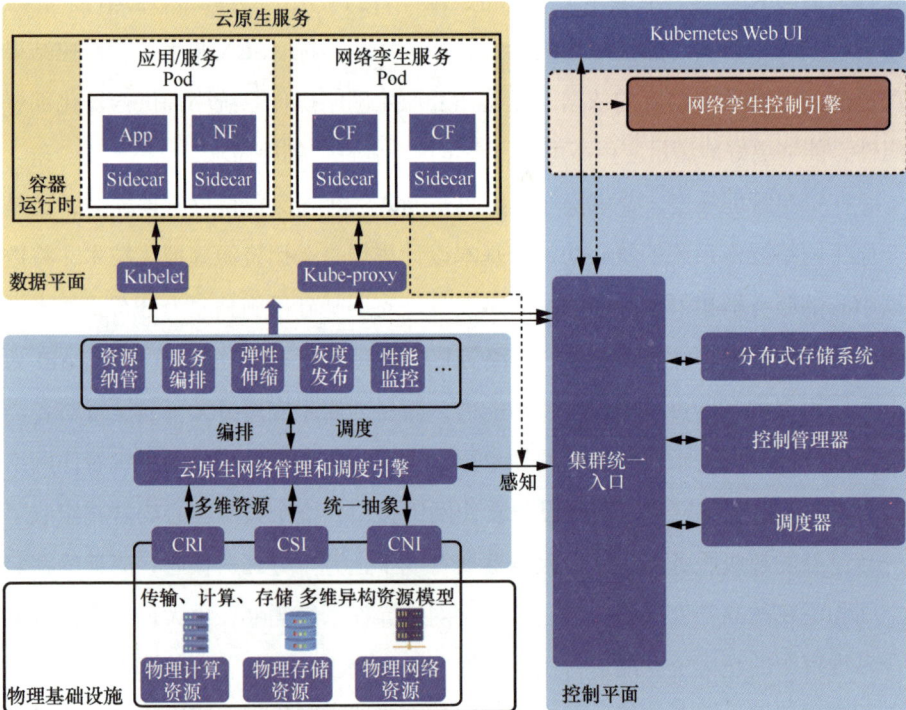

图 2-36 云原生网络操作系统架构

云原生网络操作系统控制平面是指操作系统的管理和控制层，主要负责云原生网络集群资源的全局决策，以及检测和响应集群事件。控制平面包括一组管理节点（Master），负责管理集群，提供集群的资源数据访问入口，主要包括集群统一入口（API Server）、控制管理器（Controller Manager）、调度器（Scheduler）以及分布式存储系统（Etcd）这 4 个组件，关联到多个工作节点（Node）。其中，API Server 提供 HTTP REST 接口的关键服务进程，是集群资源增、删、改、查等操作的唯一入口以及集群控制的入口进程；Controller Manager 是所有资源对象的自动化控制中心，处理集群中常规后台任务，一个资源对应一个控制器；Scheduler 是负责资源调度（Pod）的进程。此外，通过在控制平面中部署零信任控制器，作为持续认证、服务调用和数据访问微隔离的安全组件，进行零信任安全策略的实施部署。位于控制平面的网络孪生控制引擎包含（身份验证、授权、准入控制、日志和审计）等，与零信任安全组件进行实时交互，获取认证、授权、网络策略等核心安全配置信息，下发到用户的网络孪生服务，从而配合完成用户的接入认证授权、服务资源的访问认证授权管理、网络传输的认证授权及监控等。

　　云原生网络操作系统数据平面是指操作系统的数据处理层，主要负责集群任务的调度执行，处理云原生应用的数据请求和响应。数据平面包括一组集群中运行 Pod 的 Node，Node 是集群操作的基本单元，用来承载 Pod 的运行，是 Pod 运行的宿主机。Node 关联控制平面的 Master，拥有独立的名称、IP 地址和系统资源信息，每个 Node 都运行着一组关键进程：容器引擎（Docker Engine）、守护进程（Kubelet）及负载均衡器（Kube-proxy）。

- 容器引擎：负责本机容器的创建和管理工作，可以是 Docker 或者任何 K8S 支持的容器运行组件，其主要功能是基于提供的接口与守护进程协同，将应用运行起来。
- 守护进程：负责容器的创建、启动和停止，与控制平面的 API Server 通信，将应用运行的状态反馈给控制节点上的组件。
- 负载均衡器：实现多个云原生应用间的负载均衡，将入口请求流量重定向到应用的多个实例上。

　　数据平面中，网络孪生功能（Cybertwin Function，CF）作为人机物的代理，作为一种基础性云服务，在网络孪生控制引擎的管理下，对物理世界中的人机物的通信传输、服务访问等行为进行代理，网络孪生感知人机物的个性化需求，与云原生网络操作系统的控制引擎和其他通信网络服务交互，使得调度引擎能够根据人机物的个性化业务需求，进行资源调度和服务编排。

以边车（Sidecar）模式部署的服务网格实现业务逻辑与数据传输的分离。服务网格使用一组网络代理控制不同微服务间的数据共享。在逻辑上看，服务网格是多个边车的集合，能够隔离传输层与应用层，基于边车的通信服务提供统一的通信策略，使开发人员能够专注于业务逻辑，不需要考虑通信底层相关的功能。

将服务治理功能纳入云原生网络操作系统，能够为云原生网络中的云服务提供全面的运行支撑，部分内容如下。

- 提供流量治理：包括负载均衡、熔断器、故障注入等，支持应用服务间流量的动态流转拓扑展示，监控节点的健康状态等信息。
- 支持服务链路追踪：可跟踪和记录业务的调用过程，对应用的调用状态、调用耗时等关键指标进行全方位的监控，用于性能和故障的快速定位。
- 实现灰度发布：通过流量比例或者请求内容规则的方式对新旧版本流量进行控制，且支持查看新旧版本服务的实时监控信息。

2.5.3　异构资源虚拟化与调度

2.5.3.1　资源模型

云原生网络操作系统中，主要管理 3 类云资源：计算资源、存储资源、网络资源。操作系统本身并不提供资源，主要通过对底层资源的封装，提供资源调用接口，如通过虚拟机、容器和编排器对计算资源进行调度，实现计算能力的弹性伸缩。为了支持分布式资源管理的可扩展和高可用，操作系统的资源模型定义了多种容器级资源接口，分别对接不同的后端，实现计算、存储和网络资源的抽象和调用，如图 2-37 所示。

- 容器运行时接口（Container Runtime Interface，CRI）。定义计算资源的抽象接口，定义如何创建、销毁、管理容器等操作接口，实现守护进程

Kubelet 和容器运行时之间的解耦，核心设计原则是只关注接口本身，不需要关注具体实现，不同的容器提供者只需要提供 CRI 的实现，就能够通过接口的 gRPC API 与守护进程通信，实现对容器实例的管理。

- 容器网络接口（Container Network Interface，CNI）。定义网络资源的抽象接口，为了支持分布式数据中心中跨主机容器间的网络互通，网络模型遵循 3 个设计原则：①所有容器都不需要网络地址转换（NAT）就能够与其他容器通信；②所有宿主机都不需要 NAT 就能够与所有容器通信，反之亦然；③容器本身的 IP 地址与其他宿主机或者容器看到的地址保持一致。CNI 作为操作系统提供的插件规范，规定了对网络插件的基本要求，在实现规范 CNI 的基础上，第三方厂商可以使用自己网络栈，通过使用 Overlay 网络支持多子网或其他个性化使用场景。CNI 网络插件（如 Flannel、Calico 等）被添加到以 K8S 为核心的云原生网络操作系统中，提供网络资源。

- 容器存储接口（Container Storage Interface，CSI）。定义存储资源的抽象接口，操作系统将网络化的物理存储抽象成一组标准化的外部存储组件接口，支持第三方存储厂商发布和部署开放的存储插件，为用户提供了更多存储选项，如 AWS、网络文件系统（NFS）、分布式文件系统（Ceph）等。

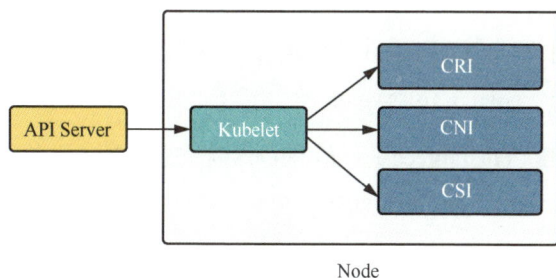

图 2-37　云原生网络操作系统容器级资源模型

云原生网络操作系统基于 K8S 内核进行资源调度和管理，在 K8S 中，中央处理器（CPU）、图形处理单元（GPU）等计算资源被称作"可压缩资源"，支持弹性伸缩，当可压缩资源不足时，Pod 只会"饥饿"，但不会退出。而内存、磁盘空间等存储资源则被称作"不可压缩资源"，具有刚性特征，当不可压缩资源无法满足需求时，无法继续申请，Pod 就会被内核"杀死"强行退出。

在 K8S 中，Node 是提供计算资源的实体，包括物理机、虚拟机、云主机等，Pod 作为云原生应用运行的实体，是容器资源调度的基本单位，Pod 中包括一个或多个容器，每个 Pod 最终会被调度到 Node 上，利用 Node 提供的计算资源（CPU、内存、GPU）、存储资源（磁盘、固态硬盘）、网络资源（网络带宽、IP 地址、端口）支持应用运行。K8S 通过调度器（Scheduler）处理用户创建 Pod 的请求，根据请求所需资源状态决定 Pod 最终被调度到哪个 Node 上。

Pod 作为最小的资源调度单元，其对象的字段属性为每个容器设定所需要的资源数量，实现机制是在 Pod 创建时规定容器的资源请求和资源限制[39]。

- 资源请求：定义容器需要的最小资源量。请求保证容器能够运行的资源数量，K8S 根据容器的资源请求，将其调度到可以为其提供该资源的节点上。

- 资源限制：定义了容器最大可以消耗的资源上限，防止过量消耗资源导致资源短缺甚至资源耗尽。当资源限制设置为 0 或者不设置上限时，表示对使用的资源不做限制。

Pod 是一组容器的组合，Pod 中每个容器都有自己的限制和请求，资源请求计算时需要将 Pod 组内每个容器的限制和请求加在一起获取 Pod 的聚合值。K8S 通过定义容器的资源请求和资源限制，还能对 Pod 的服务质量等级进行配置。当 K8S 创建 Pod 时，会通过 Pod 的资源请求与资源限制的取值给这个 Pod 分配相应的 QoS 等级，如图 2-38 所示[39]。

- 确保服务（Guaranteed）：最高 QoS 优先级，Pod 里的每个容器都必须有内存和 CPU 资源请求和资源限制，并且请求和限制的取值必须相等。

- 允许突发（Burstable）：中等 QoS 优先级，Pod 里至少有一个容器的内存或 CPU 的资源配置不满足 Guarantee 等级的要求，即内存或 CPU 的资源请求和资源限制的取值不同。

- 尽力而为（BestEffort）：最低 QoS 优先级，Pod 里的容器必须没有任何内存或者 CPU 的限制或请求。

```
apiVersion: v1
kind: Pod
metadata:
 name: myapp
 labels:
  name: myapp
spec:
 containers:
 - name: myapp
  image: nginx
  resources:
   requests:
    memory: "128Mi"
    cpu: "500m"
   limits:
    memory: "128Mi"
    cpu: "500m"
  ports:
   - containerPort: 80
```

Guaranteed

```
apiVersion: v1
kind: Pod
metadata:
 name: myapp
 labels:
  name: myapp
spec:
 containers:
 - name: myapp
  image: nginx
  resources:
   requests:
    memory: "128Mi"
    cpu: "500m"
  ports:
   - containerPort: 80
```

Burstable

```
apiVersion: v1
kind: Pod
metadata:
 name: myapp
 labels:
  name: myapp
spec:
 containers:
 - name: myapp
  image: nginx
  ports:
   - containerPort: 80
```

BestEffort

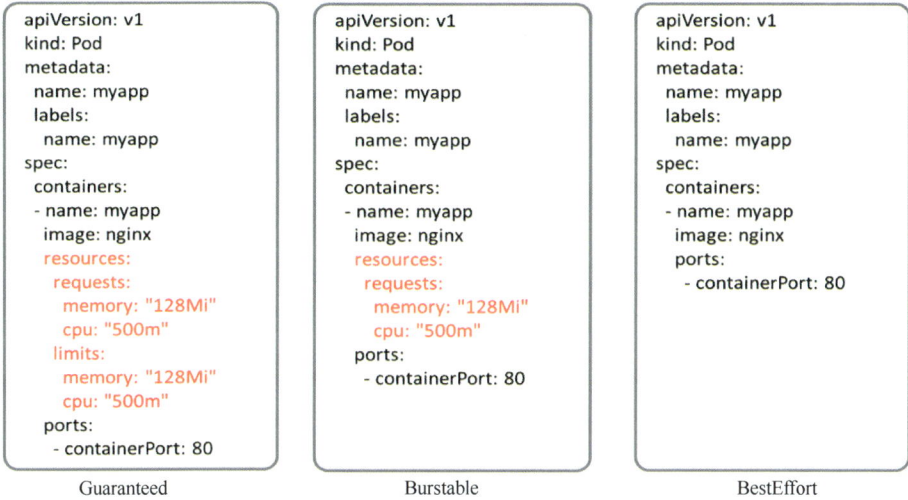

图 2-38　K8S 系统中的服务质量（QoS）等级示例

在 K8S 中，如果 Pod 没有配置资源限制，则此 Pod 可以使用节点上任意多的可用资源，但这也导致它不稳定且危险，因为系统会在该 Pod 占用过多资源导致节点资源紧缺时将它处理掉。因此系统中 Pod QoS 等级的含义就是根据 Pod 的资源请求把 Pod 分成不同的重要性等级，以满足不同应用的资源需求（如表 2-4 所示），主要有以下两种使用场景。

表 2-4　Pod QoS 等级

CPU requests 与 limits	内存的 requests 与 limits	容器的 QoS 等级
未设置	未设置	BestEffort
未设置	Requests = Limits	Burstable
未设置	Requests = Limits	Burstable
Requests < Limits	未设置	Burstable
Requests < Limits	Requests < Limits	Burstable
Requests < Limits	Requests = Limits	Burstable
Requests < Limits	Requests = Limits	Guaranteed

- 调度场景：调度算法根据不同的 QoS 等级确定可以将 Pod 调度到哪些节点上，完成资源的调度。

- 回收场景：当资源不足时，K8S 会优先处理掉 QoS 等级低的 Pod，进行资源释放和回收。

K8S 系统通过资源配额（Resource Quota）管理来解决不同命名空间的总体资源限制问题。当 K8S 集群被多个用户或者多个团队共享时，需要考虑资源的公平使用问题，因为某个用户可能会占用过多资源，超过基于公平原则分配的资源量。通过系统的 Resource Quota 对象，可以定义资源配额，为每个命名空间分配资源使用限制，既可以限制命名空间中某种类型对象的总数上限，又可以设置命名空间中 Pod 可以使用的特定资源的总上限。

2.5.3.2　调度模型

在 K8S 系统中，Scheduler 是负责集群资源调度的默认调度器，主要功能是根据特定的调度算法和策略为新创建出来的 Pod 寻找最合适的节点，确保其以期望的状态运行，从而更加合理地利用集群的资源。具体的调度流程中，调度器首先调用一组预选算法（Predicate）筛选可用节点，然后再调用一组优选算法（Priority）对筛选出的每个节点打分，得分最高的节点作为调度结果，将该节点的名字填到 Pod 的对应字段（spec.nodeName）中，上述调度机制的工作原理如图 2-39 所示[40]。

Kube-scheduler 调度器的核心是通知路径和调度路径相互独立的控制循环。

（1）通知路径（Informer Path）：主要作用是启动一系列 Informer 来监听 Etcd 中 Pod、Node、Service 等与调度相关的 API 对象的变化。当一个 Pod 被创建（Create）出来后，调度器通过 Informer Handler 将待调度的 Pod 放入调度队列。默认情况下，K8S 的调度策略是一个优先级队列，当集群信息发生变化时，调度器按照优先级从队列中取出待调度的 Pod。为了支持抢占机制，允许调度器对队列内容进行"强制删除""提前出队"等特殊操作。

（2）调度路径（Scheduler Path）：主要逻辑是不断地从调度队列取出一个 Pod，然后调用预选算法进行"过滤"，得到一组节点，即所有可以运行这个

Pod 的宿主机。接下来,调度器调用优选算法对筛选出的节点打分,得分最高的节点作为本次调度选择的对象。调度算法执行完成后,调度器向 API Server 发起更新 Pod 的请求,将 Pod 对象的 nodeName 字段修改为调度选择的节点,来完成绑定(Bind)操作。

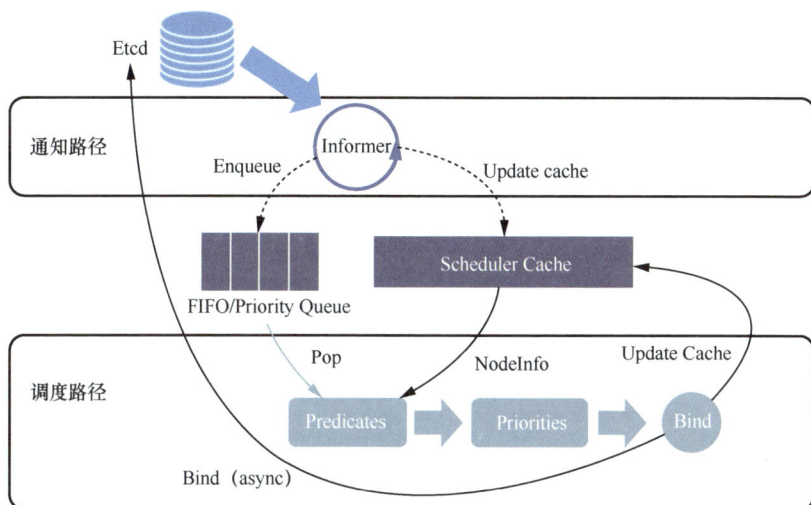

图 2-39　调度机制工作原理

为了提高预选和优选算法的执行效率,调度器尽可能将与调度相关的 API 对象信息都存放到缓存中(Scheduler Cache)。在绑定阶段,调度器只会更新缓存里的 Pod 和节点信息,是一种基于"乐观"假设的绑定设计。当一个新的 Pod 需要在某个节点上运行起来之前完成绑定,该节点上的 Kubelet 还会发起允许(Admit)操作再次验证 Pod 的运行条件是否能够真正满足。

Kube-scheduler 调度流程的时序如图 2-40 所示 [41]。

(1)首先用户通过客户端提交创建 Pod 的 YAML 的文件,向 API Server 发送请求"创建 Pod"。

(2)API Server 接收到请求后把创建 Pod 的信息存储到 Etcd 中。

(3)Scheduler 采用 watch 机制定时监控 API Server,一旦 Etcd 存储 Pod 信息成功,API Server 会立即把 Pod 创建的消息通知 Scheduler。

（4）Scheduler 发现 Pod 的属性中 Dest Node 为空时，会立即触发调度流程进行调度，为新创建的 Pod 对象执行节点预选、优选和绑定过程，筛选出最佳的节点。

（5）绑定工作完成后，目标节点上的 Kubelet 服务进程接管后继工作，将 Pod 的相关数据传递给容器运行时（如 Docker），启动 Pod 中各个容器。

（6）Kubelet 通过容器运行时获取 Pod 的状态，然后更新到 API Server，写入 Etcd。

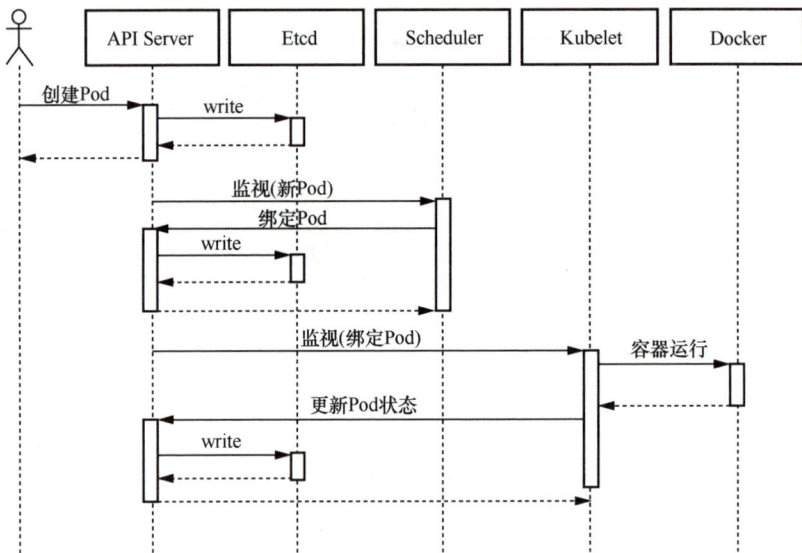

图 2-40 调度流程时序图

2.5.3.3 调度框架

K8S 中的默认调度器采用可扩展的调度框架设计，基本设计思想是在整个调度周期中定义一组扩展点，向用户提供可以扩展和实现的接口。用户通过实现这些接口定义自己的调度逻辑，并将扩展注册到扩展点上。调度框架在执行调度工作流时，遇到对应的扩展点，就调用用户注册的扩展功能，这就赋予了用户自定义调度器的能力。调度器的可扩展设计如图 2-41 所示 [42]。

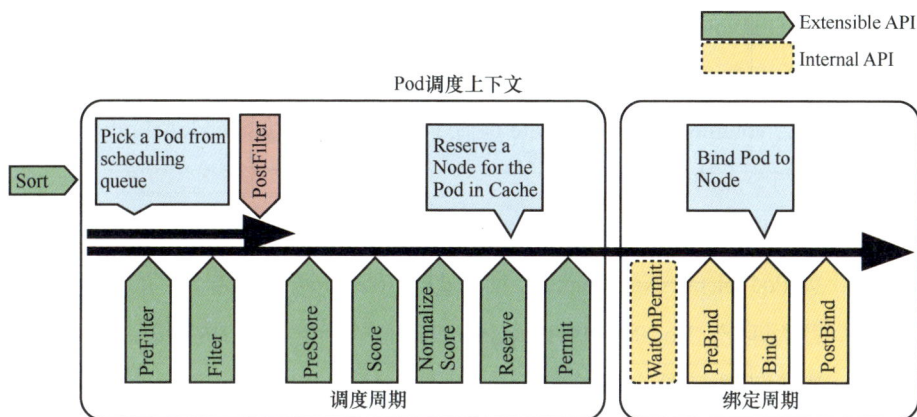

图 2-41　调度框架的可扩展设计

按照调度器的工作流程，调度 Pod 的过程分为两个阶段：调度周期（Scheduling Cycle）和绑定周期（Binding Cycle）。调度周期为 Pod 选择一个合适的节点，绑定周期将调度过程的决策应用到集群中。调度周期和绑定周期一起被称为调度上下文（Scheduling Context），在调度上下文的主要环节，允许用户以插件形式插入自定义逻辑的接口，对在默认调度器的基础上进行深度定制。

2.5.3.4　调度策略

调度策略主要在 K8S 默认调度器的预选和优选阶段发挥作用。在预选阶段，调度器按照调度策略从集群的所有节点中"过滤"出一系列符合条件的节点，默认的调度策略主要有如下 4 种。

- 通用策略。是一组基础过滤规则，检查节点能否满足 Pod 运行所需要的基本要求，如 PodFitsResources 检查宿主机的 CPU 和内存能否满足 Pod request 字段指定的资源需求，PodFitsHost 检查宿主机的名字是否与 Pod 的 spec.nodeName 字段一致等。这些规则是 K8S 考察一个 Pod 能否在一个节点上运行的基本过滤条件。

- 卷相关策略。是一组与容器的投射卷相关的过滤规则，如 NoDiskConfict 检查多个 Pod 声明挂载的投射卷是否有冲突，

MaxPDVolumeCountPredicate 检查节点上投射卷数量是否超过一定数值，VolumeZonePredicate 检查投射卷的 Zone 标签与节点的 Zone 标签是否匹配，VolumeBindingPredicate 检查 Pod 对应投射卷的 nodeAffinity 字段是否与节点的标签一致等。

- 宿主机相关策略。是一组检查待调度 Pod 是否满足节点自身条件的规则，如 PodToleratesNodeTaints 检查 Pod 的 Toleration 字段与节点的 Taint 字段是否匹配，NodeMemoryPressurePredicate 检查当前节点内存是否够用等。
- Pod 相关策略。是一组检查节点上已有 Pod 相关条件的规则，如 PodAffinityPredicate 检查待调度 Pod 与节点上已有 Pod 之间的亲和性和反亲和性关系。

上述 4 种调度策略构成了调度器确定节点能否运行待调度 Pod 的基本规则集，在具体执行时，为了提升性能，K8S 调度器会并行启动多个 Goroutine，为集群里的所有节点计算调度策略。

在优选阶段，调度策略主要用于为预选出的所有节点打分，打分的范围是 0 ~ 10 分，得分最高的节点就是最后被 Pod 绑定的最佳节点。优选策略中最常用的打分规则有如下 6 种。

- 空闲资源优先：计算节点 CPU 和内存资源减去 Pod 的资源需求后的剩余值，实际上是选择空闲资源（CPU 和内存）最多的宿主机。
- 资源均衡优先：计算 CPU、内存和卷容量与 Pod 对应资源需求之间的差值，选择资源差距最小的节点，实际上是选择所有节点中各种资源分配最均衡的那个节点，避免节点上出现一种资源被大量分配，而另一种资源大量剩余的情况。
- 节点亲和性优先：检查节点的亲和性相关字段，优先调度与 Pod 的亲和性字段匹配的节点。
- 污点容忍度优先：污点与亲和性相反，是定义在节点上的键值型属性数据，用于描述节点拒绝 Pod 调度到自身的条件。为节点添加一个污点，意味着除非 Pod 明确声明可以容忍这个污点，否则该 Pod 不会被调度到该节点上。容忍度是定义在 Pod 上的键值型属性数据，用于配置 Pod 可容忍的污点。污点容忍度的优先规则是检查 Pod 的污点容忍度字段，优先调度能够容忍该字段的节点。

- Pod 亲和性优先：检查待调度 Pod 与节点上已运行 Pod 的依赖关系，优先将一组 Pod 对象调度到同一位置或者相近的位置（如同一节点、机架、区域、地区等）。

- 本地镜像优先：如果待调度 Pod 需要使用很大的镜像，并且该镜像已经存在于某些节点上，则优先选择拥有本地镜像的节点。

2.5.4　容器集群管理与编排

容器技术的轻量化使得基础设施可以快速地创建出大量的容器实例，并进行分布式部署，为微服务架构提供了完善的云原生支持。在实际应用过程中，通常会由大量容器构建成容器集群，以支撑复杂的应用程序体系统，此时便需要相应的系统对容器集群进行统一的编排、管理和调度。随着容器集群中的容器数量越来越多，如何高效地管理快速增长的容器实例，是容器集群编排系统的主要任务。云原生网络操作系统以 K8S 为核心，为容器化应用提供部署运行、资源调度、服务发现和动态伸缩等一系列完整功能，提高了大规模容器集群管理的便捷性 [40]。

2.5.4.1　容器集群管理架构

容器编排工具把每个应用看作一个部署或管理实体，实现应用集群的自动化管理，包括应用实例部署、应用更新、健康检查、弹性伸缩、自动容错等，同时能够监控和管理承载应用的服务器集群，以提供高质量、不间断的应用服务。容器集群管理是容器高效编排的基础，需要具备以下主要管理功能。

- 容器组管理：通过使用命名空间等机制，支持多个容器共享磁盘、网络等，形成容器组，支持将多个容器组作为应用程序组件的集群进行管理。

- 应用健康检查: 容器运行过程中，根据用户需要,定时检查容器健康状况。

- 自动愈合功能：通过重新启动容器来尝试从灾难性情况中自动修复，保证容器应用的正确运行。

- 动态负载均衡：容器运行过程中，可以动态配置主机端口，通过负载均衡分配流量。
- 多租户管理：具备多租户彼此隔离能力，最大程度减少租户间的影响，通过多种策略确保租户间集群资源分配的公平性。

K8S 提供了管理大规模容器集群的基础框架，实现容器集群的全生命周期管理，能够在分布式服务器集群上支持容器化部署的复杂云原生应用。K8S 集群管理框架采用类似 Linux 的分层架构，如图 2-42 所示。

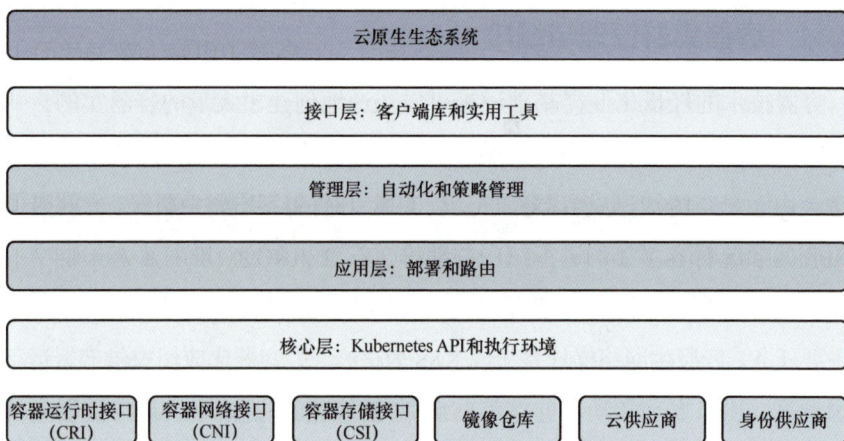

图 2-42　K8S 容器集群管理分层框架

容器集群管理框架主要包括核心层、应用层、管理层和接口层，以及基于该框架构建的云原生生态系统。

- 核心层：对外提供各类 Kubernetes API，支持构建上层应用，对内提供插件式执行环境，以可扩展方式管理底层的集群资源。
- 应用层：主要提供应用部署和服务路由支持，具备各类应用的部署能力，包括无状态应用、有状态应用、批处理任务、集群应用等，以及服务发现、DNS 解析等功能。
- 管理层：主要提供系统度量（如基础设施、容器和网络的度量）、自动化运维（如自动扩展、动态配置等）以及策略管理（如基于角色的权限控制、限额控制、网络策略等）支持。

- 接口层：提供容器管理的命令行工具、客户端软件开发开具包（SDK）
  等各类客户端库和实用工具。

基于 K8S 开放的基础管理框架，在接口层之上逐步形成了庞大的容器集群管理调度生态系统，主要分为两大类：K8S 外部扩展组件，包括日志、监控、配置管理、持续集成、持续交付、工作流、函数即服务、OTS（Open Table Service）应用、ChatOps 等；K8S 内部系统组件，包括 CRI、CNI、CSI、镜像仓库、云供应商、身份供应器等。

基于上述分层设计理念，K8S 容器集群管理系统架构如图 2-43 所示。

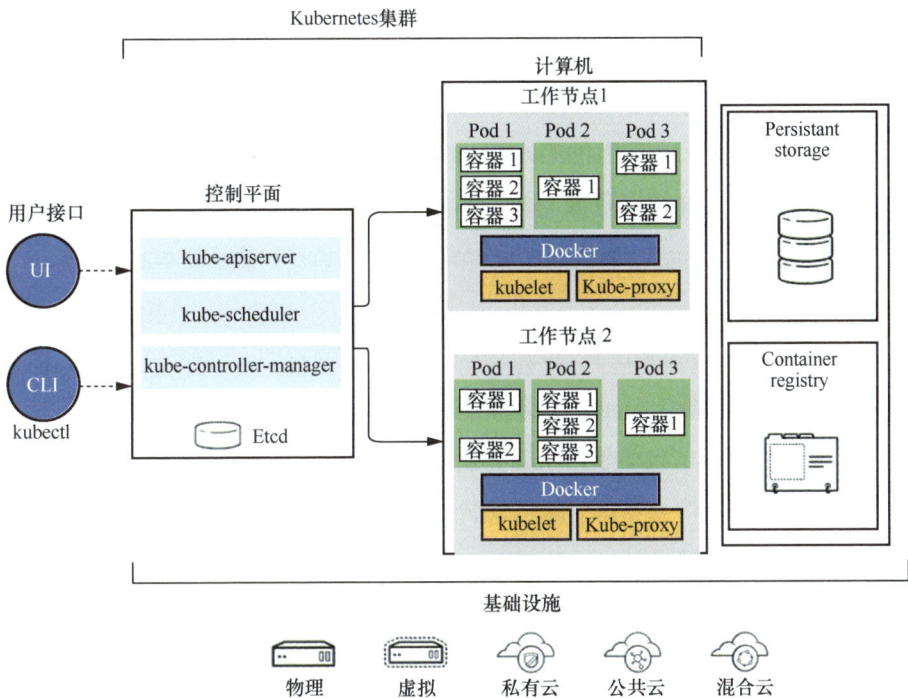

图 2-43　K8S 容器集群管理系统架构

其中，控制节点和工作节点是完成集群管理和调度功能的核心，分别构成 K8S 的控制平面和数据平面，主要实现以下容器管理功能。

- 自动部署和回退。分步骤将应用或其配置更改上线，同时监视应用程序运行状况，支持采用滚动更新策略更新应用，一次更新一个 Pod，而不是同时删除所有 Pod。如果更新过程中出现问题，能够回退更改，保证对外提供的业务服务不受影响。

- 服务发现和负载均衡。为多个容器提供统一访问入口，支持负载均衡器关联的所有容器，使得用户无须考虑容器 IP 问题，集群内应用可以通过 DNS 名称访问其他应用，方便微服务之间的通信。
- 自我修复。在节点故障时重新启动失败的容器，替换和重新部署容器，保证预期的副本数量；杀死健康检查失败的容器，并且在未准备好之前不会处理客户端请求，确保线上服务不中断。
- 弹性伸缩。使用命令、UI 或者基于 CPU 使用情况自动快速扩容和缩容应用程序实例，保证应用业务高峰并发时的高可用性；业务低峰时回收资源，以最小成本运行服务。
- 资源监控。Node 组件集成 cAdvisor 资源收集工具，可通过 Heapster 汇总整个集群节点资源数据，然后存储到 InfluxDB 时序数据库，再由 Grafana 展示，可以快速实现对集群资源的监控，满足基本监控需求。

2.5.4.2　容器集群控制模式

K8S 容器编排系统中，Pod 是最小的 API 对象，是原子调度单位。Pod 对"容器"概念进一步封装和抽象，添加了更多属性和字段，使得描述和调度云原生应用更加便捷。K8S 通过位于集群控制平面的控制器完成 Pod 的调度和操作。K8S 包含一组内置控制器，如 Deployment、Service、StatefulSet 等，运行在控制平面的 kube-controller-manager 组件内，每种控制器至少追踪一种类型的 K8S 资源对象，确保该资源对象的当前状态接近期望状态。K8S 系统基于一切皆是对象的设计思想，所有资源对象都可以抽象成如图 2-44 所示的格式。

```
type Object struct {
    metav1.TypeMeta
    metav1.ObjectMeta
    Spec ObjectSpec
    Status ObjectStatus
}
```

图 2-44　K8S 中的资源抽象

所有资源对象均包含对象元数据、期望状态（Spec）和运行状态（Status）。在集群控制平面上，管理节点通过 K8S API 创建 / 更新 / 删除资源对象，各类控制器会监听资源对象事件（创建 / 更新 / 删除），并通过循环控制来协调资源对象趋向期望状态。控制器的实现方式如图 2-45 所示。

```
for {
  desired := getDesiredState()
  current := getCurrentState()
  makeChanges(desired, current)
}
```

图 2-45　K8S 中的控制器实现方式

K8S 控制器逻辑结构如图 2-46 所示，主要包括 Reflector、Informer 和 Indexer 这 3 个组件。

- Reflector 组件。基于 List 和 Watch 来获取 K8S 资源对象数据。其中，List 的主要作用是在控制器重启以及 Watch 中断的情况下对资源对象进行全量更新；Watch 的主要作用是在多次全量更新之间进行资源对象的增量更新。Reflector 获取新的资源对象更新后，把包括资源对象信息以及资源对象事件类型的 Delta 记录添加到 Delta 队列中。为了避免 Reflector 重启 List 和 Watch 时产生重复记录，需要保证 Delta 队列中同一个资源对象仅有一条记录。

- Informer 组件。主要功能是不断从 Delta 队列中弹出资源对象增量记录。每接收到一个增量，Informer 组件会判断其事件类型，触发事先注册好的 Resource Event Handler，创建或者更新本地对象的缓存。例如，如果事件类型是 Add（添加对象），则 Informer 通过 Indexer 库，把增加的 API 对象保存在本地缓存中，并为它创建索引。如果事件类型是 Del（删除对象），Informer 就会把这个对象从本地缓存中删除。

- Indexer 组件。主要提供本地缓存的索引，实现本地缓存的资源对象快速查找。默认设置下，用资源的命名空间来做索引，这些索引信息可以被控制管理器或多个控制器共享。

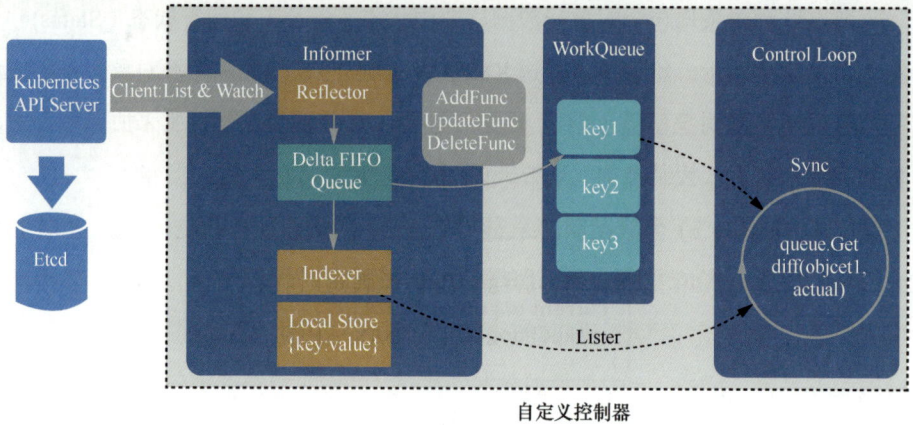

图 2-46　K8S 控制器逻辑结构

在 K8S 容器集群管理平台中，控制器模型能够统一实现对各种不同对象或资源的编排操作，保证对象的实际状态与对象的期望状态相同。控制器直接访问 K8S 的 API Server 得到对象的实际状态，从用户向集群管理平台提交的 YAML 描述文件得到对象的期望状态。控制器通过循环模型不断对比两者之间的差异，触发编排动作，逐步将对象的实际状态调整到期望状态，如图 2-47 所示。

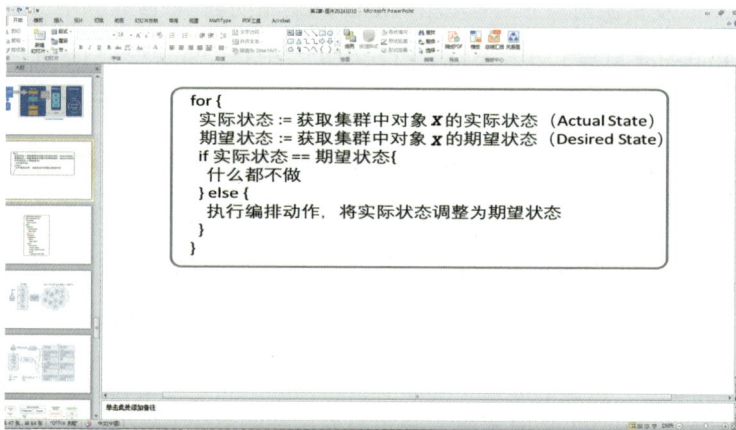

图 2-47　控制器循环模型

以 Nginx 的部署控制器（Deployment Controller）对象为例，说明资源对象的调整过程，该控制器的 YAML 描述如图 2-48 所示，其中，Nginx 的部署控制器期望携带 app=nginx 标签的 Pod 个数等于 spec.replicas 指定的个数（此处为 2）。当集群中携带了 app=nginx 标签的 Pod 个数大于 2 时，部署控制器会删除多余的 Pod；反之则会新建 Pod，确保 Pod 数量与期望值一致。

```
apiVersion: apps/v1
kind: Deployment
metadata:
 name: nginx
spec:
 selector:
  matchLabels:
   app: nginx
 replicas: 2
 template:
  metadata:
   labels:
    app: nginx
  spec:
   containers:
   - name: nginx
    image: nginx:stable
    ports:
    - containerPort: 80
```

图 2-48　Nginx 的部署控制器

通过 K8S 的控制器模式，能够很方便地实现容器化应用的水平扩展 / 收缩和滚动更新功能。

- 水平扩展 / 收缩。修改部署控制器中 ReplicaSet 的 Pod 副本个数，通过 Pod 副本个数的增减就能直接实现云原生应用的水平扩展和收缩。
- 滚动更新功能。修改 Deployment 里的 Pod 定义后，部署控制器会使用修改后的 Pod 模板创建新的 Pod 集合（ReplicaSet），新集合的初始 Pod 副本数是 0。首先，部署控制器将新 ReplicaSet 的 Pod 副本数从 0 变成 1，即"水平扩展"出一个新 Pod 副本；然后，控制器将旧 ReplicaSet 的 Pod 副本数减少 1 个，即"水平收缩"掉一个旧副本，通过交替进行上述过程，就完成了 Pod 版本的滚动更新过程。

综合上述容器编排和部署过程，K8S 在服务器集群上部署应用程序的流程分别如图 2-49 和图 2-50 所示。首先，开发者根据业务需求，对业务逻辑进行应用描述，K8S 控制平面的管理节点根据应用描述信息进行自动化应用业务部署和运维管理，将应用映射到由多个工作节点构成的部署平台上。

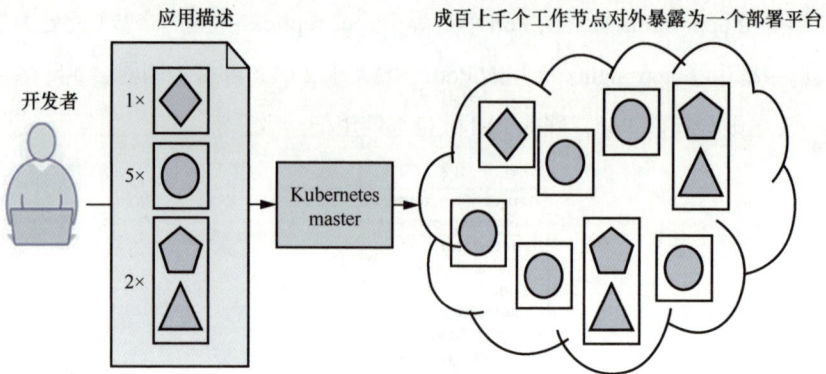

图 2-49　K8S 集群中的应用部署

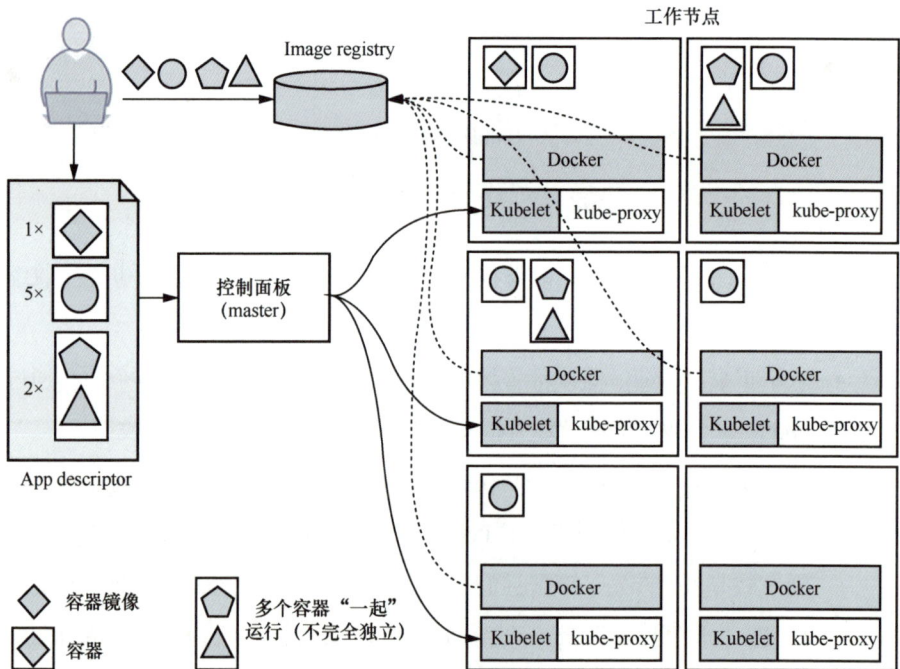

图 2-50　K8S 集群中应用开发部署流程

当开发者把应用描述提交到 K8S 容器集群平台后，K8S 根据业务应用的需求，对集群资源进行编排和调度，通过控制器以 Pod 为单位实现容器组的自动部署、管理和监控，通过调度器将 Pod 放置到合适的节点上，以便对应节点上的 Kubelet 能够运行这些 Pod。

2.5.4.3　容器集群运行监控

在容器集群运行过程中，需要根据分布式集群环境的特点来构建适合的监控方法和体系。K8S 容器集群中，监控作为可观测性实践（监控、日志、追踪）中的关键一环，重点关注 3 个方面。

- K8S 集群本身监控：主要是监控 K8S 的各个系统组件。
- K8S 集群 Pod 监控：包括 Pod 的 CPU、内存、网络、磁盘等。
- 集群应用监控：针对应用自身运行状态的监控。

以 Prometheus[43] 为核心的监控系统已成为云原生监控领域的事实标准，该系统由 SoundCloud 公司基于 Go 语言开发，2016 年加入 CNCF，2018 年 8 月正式发布，在容器和微服务领域得到了广泛应用。Prometheus 服务器定时从监控目标中拉取度量数据，一个服务器能够处理数百万级别的指标数据，使用 key-value 多维度格式将数据保持在时序数据库中，支持通过强大的数据查询语句对数据进行检索、运算，为容器编排平台提供了开箱即用的监控功能，Prometheus 监控体系的系统架构如图 2-51 所示。

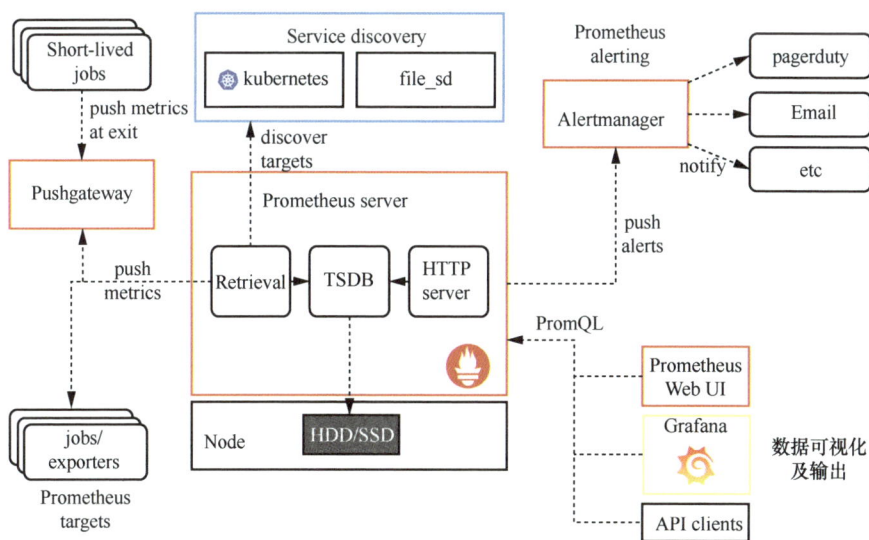

图 2-51　Prometheus 监控体系的系统架构

Prometheus 监控体系主要组件如下。

- Prometheus 服务器：收集指标和存储时间序列数据，并提供查询接口。使用拉取模型，通过 HTTP 来实现检索指标。而对于那些 Prometheus 无法抓取指标的用例，可以选择使用 Pushgateway 将指标推送到 Prometheus。

- 推送网关（Push Gateway）：用于将时间序列数据推送到 Prometheus 服务器的中间件，推送的 Metric 数据由短期作业或脚本生成，不是整个作业生命周期中持续提供的度量数据。

- Alertmanager：主要负责处理和发送告警信息，接收来自 Prometheus 服务器的警报，根据预定义规则对告警信息进行去重、分类、筛选、分组和路由。

- Web UI：提供 Web 界面，对收集到的数据进行可视化展示。

实际 Prometheus 监控系统的部署实施中，度量指标规划一般遵循业界通用的 USE（Utilization，Saturation，Error）原则和 RED（Rate，Error，Duration）原则。

USE 原则主要关注资源，如节点和容器的资源使用情况，按照以下 3 个维度来规划资源度量指标。

（1）利用率（Utilization）：资源被有效利用来提供服务的平均时间占比；

（2）饱和度（Saturation）：资源的拥挤程度，如工作队列的长度；

（3）错误（Error）：错误的数量。

RED 原则主要关注服务，如 kube-apiserver 或某个应用的工作情况，按照以下 3 个维度来规划服务度量指标。

（1）每秒服务处理的请求数（Rate）；

（2）每秒失败的请求数（Error）；

（3）每个请求所花费的时间（Duration）。

2.6 云原生网络融合接入

云原生网络在架构上更加扁平，由接入网、传输网、承载网、信息网多网叠加模式演进为以云和服务为中心的扁平架构模式，支持用户通过多种手段一跳入网上云，访问各类云服务。为了给用户提供更具个性化、智能化的服务，在这里引入"网络孪生"的概念，设想在每个用户入网上云的"锚点"运行一个专属的智能代理，这个代理在云端"永远在线"，能够记录用户的接入方式、使用习惯、信息需求、访问历史等各类数据，并基于这些数据进行分析、推理、学习，不断提升用户的服务质量和体验质量。这个智能代理就像用户在云原生网络中的孪生体，能够自动感知、识别、提取用户的资源调用和信息需求，代表用户与网云基础设施、各类服务和其他用户代理进行智能交互，如服务访问、资源获取和信息交互，实现基于用户身份、位置、任务需求、安全特性的个性化精准服务。我们把这个智能代理定义为用户在云原生网络中的"网络孪生"，本节重点介绍基于网络孪生的多手段融合接入设计。

2.6.1 网络孪生基本概念

为了满足云原生网络中各类用户（人 / 机、物、组织）个性化智能化服务的需求，提出"网络孪生"的概念模型及功能要素，用来解决云原生网络中安全性、移动性和可用性等挑战。

> 网络孪生是人 / 机、物、组织在云原生网络中的移动代理、传输代理和安全代理，是部署和运行在边缘云和核心云上的一种基础服务。

网络孪生概念与数字孪生有本质的不同，数字孪生与网络孪生的定义与功能对比如表 2-5 所示。网络孪生服务可以支撑富媒体会议等上层应用高效运行，支撑人 / 机、物高效灵活协同，支持多维异构资源的融合与协作，支持云 – 边 – 端资源共享和能力聚合，支撑异构终端设备的安全接入及服务资源的高效获取等。

表 2-5　数字孪生与网络孪生的定义与功能对比

概念	定义	功能
数字孪生	物理世界人 / 机、物实体行为的实时仿真、数字镜像或数字化映射	数字孪生是物理世界实体行为的实时仿真、数字镜像或数字化映射；主要完成应用层的功能
网络孪生	网络孪生是人 / 机、物、组织在云原生网络中的移动代理、传输代理和安全代理，是部署和运行在边缘云和核心云上的一种基础服务	网络孪生主要完成网络层和传输层的功能；人 / 机、物的传输代理（灵活聚合异构传输资源）、移动代理、安全代理（高效支撑零信任安全架构）；个人数字资产确权与隐私保护

基于网络孪生的云原生网络融合接入架构如图 2-52 所示，围绕核心云、边缘云来构建网络，网络孪生是每个用户上网的唯一入口，入网实体通过网络孪生获得网络资源服务。

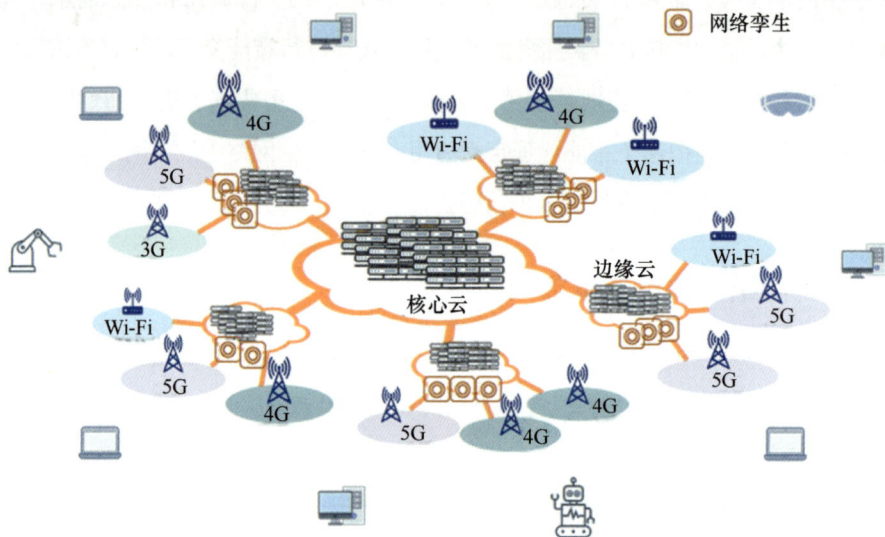

图 2-52　基于网络孪生的云原生网络接入架构

2.6.2　网络孪生功能要素

网络孪生是每个要素实体上网的唯一入口，在云原生网络中的主要能力可总结如下。

（1）高可靠。网络孪生支撑了云原生网络的高可靠性服务入口，网络孪生永远在线，根据个性化的服务和业务需求，建立末端实体到其网络孪生的多链路连接以及网络孪生到云的多路径连接，在高移动场景下多链路和多路径连接保证数据的高可靠传输。

（2）高实时。网络孪生通过跨层协议设计获取网络状态，从云原生网络全局角度，对有限资源进行合理分配，实现网络传输的高实时性。

（3）高可信。网络孪生是末端用户实体接入网络的唯一入口，用户的网络孪生对用户本身进行细粒度身份认证和访问授权，并且用户在物理空间、网络空间的行为数据都由自己的网络孪生全部记录，保证用户数据采集及获取的高可信和安全性。

（4）高融合。主要体现在两个方面，一是基于网络孪生的 CT（Communication Technology）、IT（Information Technology）系统与技术的深度融合；二是基于网络孪生的人 / 机、物、组织在云原生网络中的互联互动。

（5）深交互。基于网络孪生的跨地域、跨系统、跨平台的实时交互，以及实现与智能模型的迭代交互与动态演化。

（6）强协作。网络孪生根据用户个性化业务需求与多方资源提供方灵活协商可用资源，实现应用业务的云 – 边服务资源与边 – 端资源的高效匹配、灵活调度，保证用户个性化融合业务的服务质量。

网络孪生的功能架构如图 2-53 所示，网络孪生是每个用户上网的唯一入口，末端实体通过网络孪生获得网络资源服务支撑个性化融合业务的服务质量，主要实现以下 3 种代理功能。

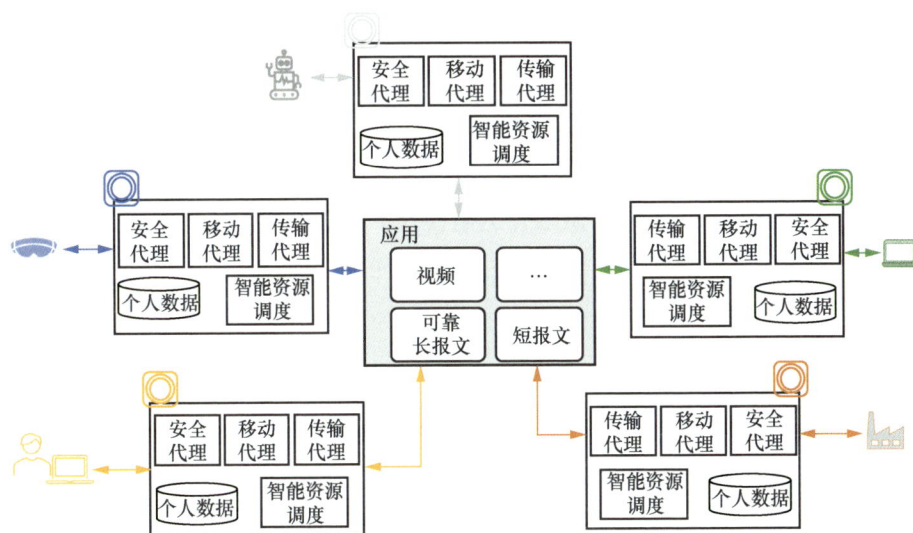

图 2-53　网络孪生的功能框架

（1）安全代理。在末端实体接入网络时，网络孪生的安全代理功能对其进行动态身份认证和访问授权，解决"实名入网上云"的安全性问题。

（2）移动代理。以用户的网络孪生为锚点，面向服务寻址，保障在高移动场景下用户的可靠接入，解决用户的移动性管理问题。

（3）传输代理。网络孪生根据用户的个性化业务需求，通过传输代理功能，建立末端实体到其网络孪生的多链路连接及网络孪生到云的多路径连接，解决网络的可靠传输问题。

网络孪生可有效支撑解决云原生网络的安全问题、移动问题和传输问题。用户在物理空间、网络空间的行为数据都由自己的网络孪生全部记录，这样用户完全拥有自己的数据，实现个人隐私保护。同时，基于用户自己的个人数据，智能助理能够提供真正的个性化服务。网络孪生根据用户个性化融合业务需求与多方资源提供方灵活协商可用资源，并对所获得的网络资源进行服务编排从而形成服务实例，实现业务的云－边服务资源与边－端传输资源的高效匹配、灵活调度，保证用户个性化融合业务的服务质量。

2.6.3　基于网络孪生的异构接入

云原生网络中丰富的异构终端和通信手段，使用户能够通过多种终端选择多种方式接入网络，获取不同的网络服务和相应的数据。在多手段并存的情况下，支持多种手段的优选，以及更加强大的聚合通信能力。基于网络孪生的接入框架和异构接入资源融合运用模式，能够针对不同的任务需求，通过自适应移动性管理机制和异构接入资源协作，实现业务和网络资源的深度联动，满足多样化场景业务需求和个性化用户服务体验，为用户提供服务质量保证。

1. 异构接入框架

用户通过虚拟接入点接入云原生网络，由网络孪生对用户进行认证和移动性管理，根据业务需求与无线资源提供方进行无线资源协商，获取保证用户个性化业务所需的无线传输资源，如图 2-54 所示。

① 无线网络接入点：4G、5G 及 Wi-Fi、星闪等接入手段，通过虚拟化及云原生软件技术实现接入网功能的云原生化。

② 无线资源提供方：无线资源提供方拥有多种异构接入网资源，并可对其进行弹性按需控制与编排。提供方可以是移动网络运营商或虚拟移动网络运营商。

③ 网络孪生：对用户进行无线接入认证及移动性管理，并根据用户的无线业务需求与无线资源提供方进行资源协商。

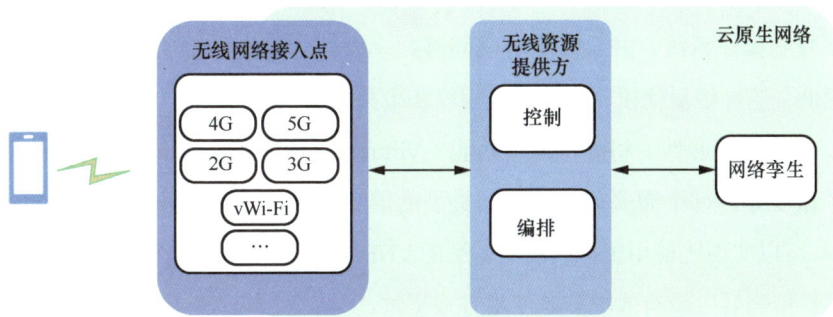

图 2-54　基于网络孪生的接入框架设计

2. 异构接入资源融合

云原生网络边缘的多接入手段融合与协作，首先要解决异构接入资源的服务化封装问题，实现 4G/5G 基站、Wi-Fi 等传输功能的网络功能虚拟化及微服务化[44]，其次设计异构资源调度机制，实现不同接入点资源的按需编排与调度，与拥有接入资源的运营商或虚拟运营商协作，实现无线接入资源的分配。

① 异构传输功能服务化

首先是实现基站、Wi-Fi 等传输功能的虚拟化及微服务化。传统的蜂窝网无线电接入网络由天线、室内基带处理单元（Building Baseband Unit，BBU）和控制器组成，需要专门的硬件和软件实现，这使它们成为移动网络中最昂贵的组件。虚拟化 RAN（Virtual RAN，vRAN）解决方案克服了这些缺点，正在替换专有的、基于硬件的无线电接入网络。vRAN 基于 NFV 可将典型的基于硬件的网络体系结构转换为基于软件的环境[45]。在 vRAN 模型中，BBU 被虚拟化为 vBBU（Virtual BBU）。vBBU 部署在基于标准 x86 硬件的多个 NFV

平台上，并设置在各集中式数据中心，而射频拉远头（Remote Radio Head，RRH）则留在网络边缘的小型站点。vRAN 利用标准的服务器硬件，经济高效地按需扩展或缩减处理器、内存和 I/O 资源，并支持将应用智能注入 RAN，以显著提高服务质量和用户体验。

基于云原生技术的虚拟化无线接入网具有如下优势。

（1）支持高密度部署。由于无线接入网功能基于容器实现，每个容器中不需要复制操作系统，并且多个容器能够共享大部分操作系统功能，因此资源开销更低，这种轻量化机制支持更大规模和更高密度的部署。

（2）高拓展性。将虚拟网络功能（Virtual Network Function，VNF）实现为多个微服务，每个微服务都由不同类型的容器提供。将微服务部署在不同的容器中，可以实现比使用虚拟机时更精细的 VNF 缩放。这意味着资源运用更加高效，可以根据需要以最有效的资源使用方式交付。

（3）快速部署。启动容器可以像启动新进程一样简单，可能仅需要几秒钟。这与启动虚拟机相比非常有优势，后者需要几分钟才能启动整个操作系统。这使得 VNF 能够动态响应负载的变化。

（4）可移植性和不变性。如上所述，容器打包应用程序和所有依赖项的事实使 CI/CD 工具链成为可能，并简化了从开发到生产环境整个部署过程中每个阶段所需的测试工作。每个微服务容器都是整个系统中的一个元素，比以前的整体式实现小得多。因此，仅升级其中一项就意味着更小的变化，并且这种变化可以更频繁地进行，引入不稳定性的风险较低。

（5）可编排性。尽管虚拟机的管理和编排方面取得了重大进展，但其调度机制仍然不够轻量化。容器集群的编排比虚拟机简单得多，管理和配置要求也更便捷。

为了实现基站的虚拟化及云原生化，可将基带和网络处理转移到集中式处理中心，从而创建虚拟基站池。这样，原始基站被拆分为具有所有基带处理功能的集中式 BBU 和网络边缘的 RRH，其中 RRH 包含无线电功能，并且这两个单元之间的通信通过前传链路进行 [46]。在虚拟基站池中，一个重要功能是在不同基站之间共享处理资源，这有助于降低成本。通过使用基于 Docker 的容器化技术及现有容器编排平台 **K8S** 等技术设计了如图 2-55 所示的 **RAN** 体系 [47]，用于实现对基站资源的虚拟化。

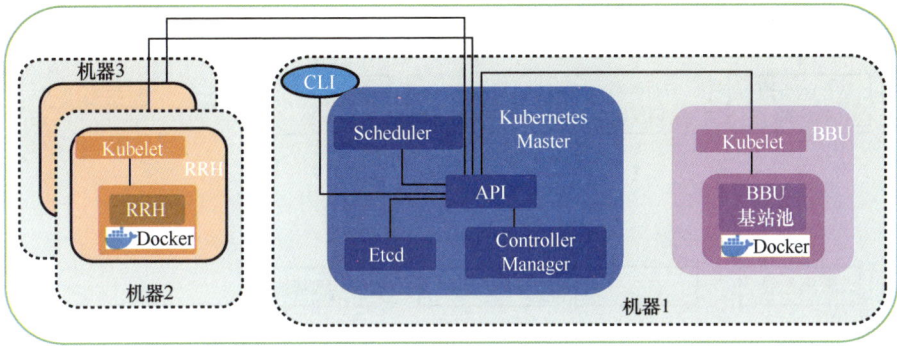

图 2-55　基于 Docker 的 RAN 体系

通过上述系统设计，结合容器和容器集群编排调度，可以基于云原生模式实现对基站资源的管理，同时该设计也可以用于 **Wi-Fi**、星闪等接入点的云原生化实现，实现对异构接入资源的高效融合和使用。

② 异构接入资源控制

异构接入资源控制采用逻辑集中的控制方法，逻辑集中的控制器作为控制平面的核心，负责与接入网络的基站、接入点交互，同时面向应用层提供开放的 **API**。

为了实现对多种异构接入资源的集中管理，设计了无线接入网服务化资源管理框架，如图 2-56 所示。虚拟资源层通过资源获取接口与 4G/5G 和 **WLAN** 资源调度器等模块交互，获取用户在各网络中的可用资源。当用户业务接入时，用户的网络孪生首先向虚拟资源调度服务发起请求并指明业务类型、持续时间和所需服务质量等信息，虚拟资源调度服务基于从虚拟资源层中获取的资源属性、相应的网络状态和业务状态，为用户分配可用资源。虚拟资源层将网络资源分配情况通过调度接口传递给各个资源调度器模块，由各个资源调度模块进一步与基站、接入点等功能模块交互，完成相应的无线资源分配。

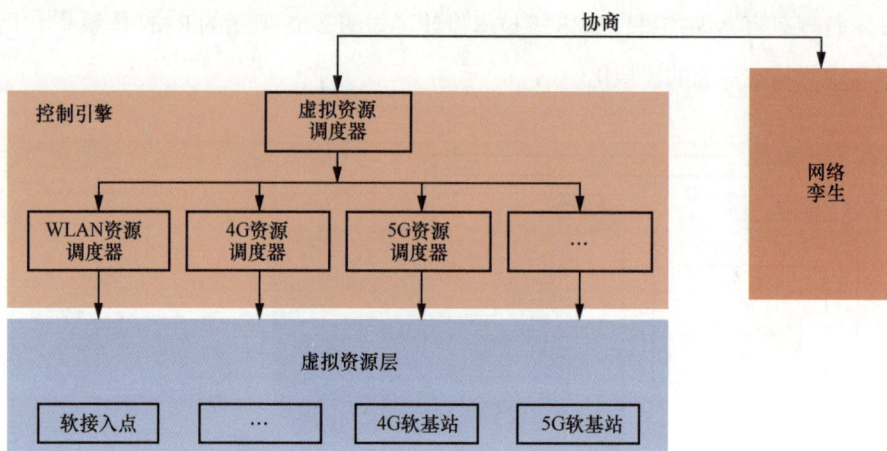

图 2-56　无线接入网服务化资源管理框架

2.6.4　异构手段多业务传输融合

云原生网络支持基于网络孪生进行异构手段并存条件下的多业务柔性组合，能够根据链路状态和业务场景进行多手段传输优化和聚合运用，为用户提供个性化服务质量保障，提升用户服务体验。首先，对用户的个性化融合通信业务进行体验质量（Quality of Experience，QoE）和服务质量（Quality of Service，QoS）参数建模，表征用户个性化的服务需求。以此为性能指标，借鉴经济学的动态市场定价机制研究基于网络孪生的多维资源竞争调度机制，针对用户个性化服务需求进行端到端资源适配和多链路多连接的资源调度，实现异构手段的多路径传输融合。

1. 个性化业务 QoE/QoS 建模

对用户的融合通信业务进行个性化 QoE/QoS 建模，是实现云原生网络多维资源个性化适配的基础。本节首先针对目前个性化 QoE 建模存在的个人数据获取困难等问题，将网络孪生作为用户的数据代理，记录并管理用户的个人行为数据。然后，针对不同业务需求提出基于可调参模型的个性化 QoE 建模方法，在此基础上，还可以综合考虑用户的业务、所处的场景以及个性化特性，基于深度学习进行智能化 QoE 建模。

QoS 是学术界及业界广泛采用的服务度量标准，典型的 QoS 参数包括通信网络的带宽、速率、丢包率、时延、时延抖动等[47]。目前通信网络多以 QoS 为评价指标来进行网络资源的调度，然而 QoS 指标反映了服务技术层面以及网络传输层面的性能，忽略了用户的主观因素以及用户所处环境的影响，因此 QoS 并不能直接反映用户对服务的认可度。不同于速率、时延、丢包率等可以客观评估的技术层面的 QoS 参数，QoE 参数在客观技术参数 QoS 的基础上，综合考虑了服务层面、网络层面、用户层面及环境层面的影响因素，可以直接反映用户对服务的认可程度[48]。而且，对于同一个 QoS 指标，不同的用户对同一种业务有不同的 QoE 参数要求。它的设计理念是为了更贴近用户的真实感受，更好地满足用户的个性化需求。因此，对用户的 QoE 进行合理建模是实现用户个性化服务的第一步。

关于 QoE 模型的研究主要需要解决两个问题。

（1）用户个性化数据的获取。现有用户的个性化数据由提供方或者服务商集中收集，用户的数据归属于不同的提供方或者服务商，用户无法掌控自己的个性化业务数据，也就无法建立真正的个性化业务 QoE 模型。

（2）用户个性化融合通信业务的 QoE 建模。现有的 QoE 参数是由各服务商通过收集大量用户的行为数据并进行统计而构建的，用于衡量用户的主观体验参数，如直播卡顿了多久或者多少次之后，多少用户会选择离开当前直播间。通过该建模方法所获得的 QoE 是面向用户群的统计性参数，无法体现用户的个性化业务体验。

如何从用户的行为数据中提取个性化特征，将其与 QoS 指标融合并智能地映射为 QoE 指标，为云原生网络中人 / 机、物的个性化融合通信业务提供保证，同时提升网络资源利用率，是亟待解决的关键问题。

在基于网络孪生的云原生网络接入架构下，网络孪生是上网的唯一入口，这样用户在网上的所有行为，如用户的行动计划、用网习惯等，都会被网络孪生记录，用户的个人数据也由网络孪生来管理。因此，可以采用网络孪生数据代理，根据用户的历史行为数据来挖掘其个性化特征，并结合业务类型、网络环境（如周围的干扰环境等）等因素建立用户对不同业务的 QoE 模型。影响

QoE 的因素可以分为两大类，分别是用户偏好和业务类型。考虑到不同业务类型的需求不同，针对不同的业务类别，设计各自的 QoE 模型，并通过 Min-Max 离差标准化方法将 QoE 量化为归一化的 0 到 1 的连续值。QoE 分值越大，用户满意度越高，用户体验越好。

首先，话音业务的 QoE 衡量公式 [48] 为

$$QoE = \alpha_1 lb\left(1 + \frac{1}{1 + \beta_1 PEP}\right) + \gamma_1 \qquad (2-1)$$

其中，PEP 表示丢包率（Packet Error Probability，PEP)，α_1、β_1、γ_1 表示话音 QoE 衡量公式中的可变参数，具体数值可以根据不同用户的偏好用机器学习的方法获取。

其次，数据流业务的 QoE 衡量公式 [49] 为

$$QoE = \frac{\alpha_2}{\sqrt{S}} \ln(T_c) + \beta_2 \qquad (2-2)$$

其中，S 表示文件或流数据大小，T_c 表示吞吐量，α_2 和 β_2 表示数据流业务 QoE 模型中与用户个性化偏好相关的可变参数，具体数值也可以根据不同用户的偏好用机器学习方法获取。

最后，高清视频流的 QoE 评估比较复杂，和传输速率、端到端时延、视频内容等各种因素相关。可采用如下公式 [50] 对视频 QoE 进行建模

$$QoE = k \log_a\left(\frac{R}{u}\right) + \alpha_3 \qquad (2-3)$$

其中，R 表示用户的传输速率，u 表示编码速率，k 表示视频移动因子，a 表示视频空间特性因子。式（2-3）中，k、a 和 α_3 是和用户个性化偏好相关的可变参数。

除了调整不同业务类型 QoE 模型的个性化参数，还可以采用深度神经网络来构建用户的个性化 QoE 模型。具体是将网络孪生中用户的个人数据、环境、业务类型及 QoS 等因素作为深度神经网络的输入，将用户对服务的认可度作为输出，利用标签数据对深度神经网络中节点间的连接权重、重要性权重以及聚合能力进行训练，训练出的深度神经网络可以直接用于表征用户的个性化 QoE

模型。所获得的 QoE 模型可以直接用于网络资源按需联接与调度，使资源能够保证用户的个性化业务的服务质量 [51]。

除了使用 QoE 指标直接进行云原生网络资源调度，还可以将所建模的个性化业务的 QoE 指标映射到 QoS 指标，以业务层 QoS 指标为输入进行网络端到端高可靠传输策略设计。基于建模的 QoE/QoS 模型，以个性化 QoE/QoS 为指标，进行云原生网络中个性化融合通信业务的资源按需调度。

2. 基于网络孪生的多维资源竞争调度机制

由于网络环境的不确定性以及用户服务请求的多样性和并发性，为满足用户的个性化 QoE/QoS，首先引入经济学中的博弈论，在单用户与多家资源提供方之间进行资源竞争博弈；然后将每个用户的网络孪生作为智能体，研究多用户同时与多家资源提供方之间基于多智能体深度强化学习的资源智能博弈，保证在资源稀缺的情况下，用户个性化融合通信业务有服务质量保证。

为解决用户需求量大而网络多维资源稀缺的问题，借鉴经济学理论，引入动态博弈机制，进行稀缺多维资源在多用户间的智能调度。由网络孪生代表用户，在可承受的代价范围内竞争网络的可用资源，如图 2-57 所示。具体而言，多家无线资源提供方和云资源提供方各自根据其通信资源以及带宽计算存储资源的稀缺程度，即资源的实时占用率和用户量，确定使用其资源的使用代价。每个用户的网络孪生感知多家资源提供方的可用资源及其对应的服务质量和使用代价，网络孪生代表用户根据资源信息以及用户业务的重要程度和可接受的代价范围，采用博弈论的方法来竞争网络的可用稀缺资源。通过竞争来平衡网络稀缺资源和多用户高需求之间的供需关系，去掉用户的伪需求，留存用户的真实需求，提升网络资源利用的有效性。具体地，分别基于 Stackelberg 博弈 [52] 和多智能体强化学 [53] 来解决资源竞争调度问题。

（1）基于 Stackelberg 博弈的资源竞争调度机制

假设各家云资源提供方、无线资源提供方以及用户的网络孪生代理都是理性且自私的。多家资源提供方之间会彼此竞争价格，形成非合作博弈关系，且资源提供方与用户的网络孪生代理之间也存在交易博弈的关系。那么，可以将资源提供方与网络孪生之间的交互关系建模为 Stackelberg 博弈。在该博弈中，资源提供方根据资源的占用情况对自己拥有的资源进行动态实时定价，网络孪生根据业务需求与资源提供方的资源价格来调整资源的调用。

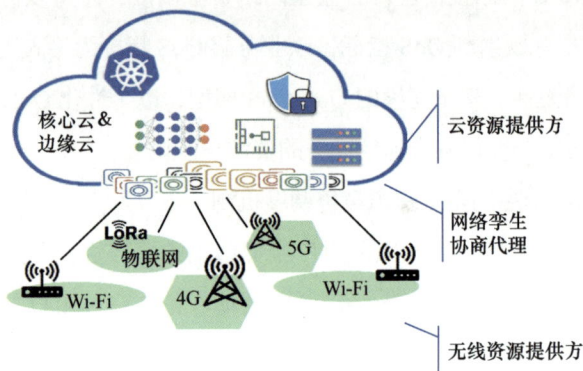

图 2-57　基于网络孪生的资源协商

Stackelberg 博弈的参与者为 K 家云资源提供方、M 家无线资源提供方以及用户的网络孪生。云资源提供方 k 的策略是虚拟云资源块的价格 $\boldsymbol{p}_k^c = [p_{k1}^c, \cdots, p_{kL}^c]$，目标是最大化资源收益，即

$$\max u_k^c(\boldsymbol{p}_k^c) = \sum_{k_l=1}^{m_l} p_{k_l}^c \alpha_{k_l} \qquad (2\text{-}4)$$

其中，$\alpha_{k_l} \in \{0,1\}$ 表示用户的网络孪生是否调用第 k 家云资源提供方的第 l 个云资源块。无线资源提供方的策略是虚拟无线资源块的价格 $\boldsymbol{p}_m^w = [p_{m1}^w, \cdots, p_{mL}^w]$，目标是最大化资源收益，即

$$\max u_m^w(\boldsymbol{p}_m^w) = \sum_{m_l=1}^{m_l} p_{m_l}^w \beta_{m_l}^w \qquad (2\text{-}5)$$

其中，$\beta_{m_l} \in \{0,1\}$ 表示用户的网络孪生是否调用第 m 家云资源提供方的第 l 个云资源块。

用户网络孪生的策略是 $\boldsymbol{\alpha} = \alpha_{11}, \cdots, \alpha_{KL}$ 和 $\boldsymbol{\beta} = [\beta_{11}, \cdots, \beta_{KL}]$，目标是同时最大化各个业务效用，即

$$\max u_s^C(\boldsymbol{\alpha}, \boldsymbol{\beta}) = \frac{\text{QoE}_s(\boldsymbol{\alpha}, \boldsymbol{\beta})}{\text{cost}_s(\boldsymbol{\alpha}, \boldsymbol{\beta})} \qquad (2\text{-}6)$$

其中，$u_s^C(\boldsymbol{\alpha},\boldsymbol{\beta})$ 表示业务 s 的效用；$\mathrm{QoE}_s(\boldsymbol{\alpha},\boldsymbol{\beta})$ 表示业务 s 的满意度，一般为非凸函数；$\mathrm{cost}_s(\boldsymbol{\alpha},\boldsymbol{\beta})$ 表示业务 s 的消耗成本。

在上述两阶段的 Stackelberg 博弈模型中，K 家云资源提供方和 M 家无线资源提供方决策其资源的初始价格，用户的网络孪生根据资源提供方定义的价格进行服务资源的调度。资源提供方再根据用户对资源的占用率进行价格的调整，网络孪生再次根据调整后的价格进行资源调度，直至资源调度结果收敛。

从式（2-6）可以看出，用户的目标是同时最大化各个业务的效用，该问题是一个向量优化问题，即多目标优化问题。对于多目标优化问题，可以寻找该问题的帕累托最优解。尽管通过最大化多个业务效用的加权和或者加权积可以找到多目标优化的可行解，但是加权和的方法没有考虑不同业务效用函数的不同模态（如不同单位、不同变化范围等），而采用加权积的方法会导致问题很难求解。因此，可以采用切比雪夫加权方法，即加权最大化最小问题，来寻找多目标优化问题的帕累托最优解。采用切比雪夫加权后，多目标优化问题可以转化为

$$\max_{\boldsymbol{\alpha},\boldsymbol{\beta}} \min_{1\leq s\leq S} \frac{u_s^C(\boldsymbol{\alpha},\boldsymbol{\beta})}{\omega_s} \tag{2-7}$$

其中，ω_s 表示给定的业务 S 的权重。通过调整 ω_s 的值，可以找到处于帕累托边界上不同位置的帕累托最优解。

为了寻找帕累托最优解，引入新的变量 t，将最大化最小问题式（2-7）转化为如下可处理的等价形式，即

$$\max_{\boldsymbol{\alpha},\boldsymbol{\beta},t} t$$
$$\mathrm{s.t.} \frac{u_s^C(\boldsymbol{\alpha},\boldsymbol{\beta})}{w_s} \geq t, \forall s \tag{2-8}$$

由于 $\dfrac{u_s^C(\boldsymbol{\alpha},\boldsymbol{\beta})}{w_s}$ 是个非凸函数，优化问题式（2-8）是个非凸问题，可以采用梯度下降法或内点法等方法进行处理。

综上所述，基于 Stackelberg 博弈的云原生网络服务资源调度机制如图 2-58 所示。

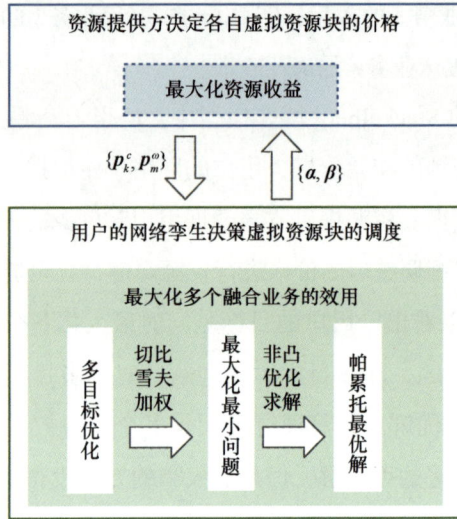

图 2-58　基于 Stackelberg 博弈的云原生网络服务资源调度机制

（2）基于多智能体强化学习的资源竞争调度机制

考虑多用户资源竞争场景，包括 K 家云资源提供方、M 家无线资源提供方和 N 个用户，如图 2-59 所示。第 k 家云资源提供方可提供 k_L 个虚拟计算存储资源块，各资源块可承载的计算频率为 f_{kl}，存储空间为 c_{kl}，带宽资源为 g_{kl}，使用代价为 p_{kl}^c，其中，c 表示云的资源，k_l 表示第 k 个云资源提供方的第 l 个资源块。第 m 家无线资源提供方可提供 m_L 个无线通信资源块，各个资源块的通信速率为 r_{ml}，时延为 T_{ml}，使用代价为 p_{ml}^ω，其中，ω 表示无线资源，m_l 表示第 m 家无线资源提供方的第 l 个无线资源块。第 n 个用户同时拥有 n_L 个上网终端，所运行的业务总数 n_s，业务 n_s 的类型为 { 文本，话音，视频等 } 集合中的一种。用户可以通过部署在云原生网络中的网络孪生代理，根据业务的服务质量需求和各家资源提供方资源的使用代价，灵活协同调度多家云资源提供方和无线资源提供方提供的虚拟资源块。此外，各家资源提供方会根据所拥有资源的占用率对资源的使用代价进行动态调整，以反映资源的稀缺程度。

从用户角度出发，用户 n（如网络孪生 n）为占用资源块所为付出的成本为

$$C_n = \sum_{c=1}^{n_s} \left(\sum_{k_L=1}^{K} \sum_{kl=1}^{k_L} \alpha_{kl} p_{kl}^c + \sum_{m_L=1}^{M} \sum_{ml=1}^{m_L} \beta_{ml} p_{ml}^w \right) \tag{2-9}$$

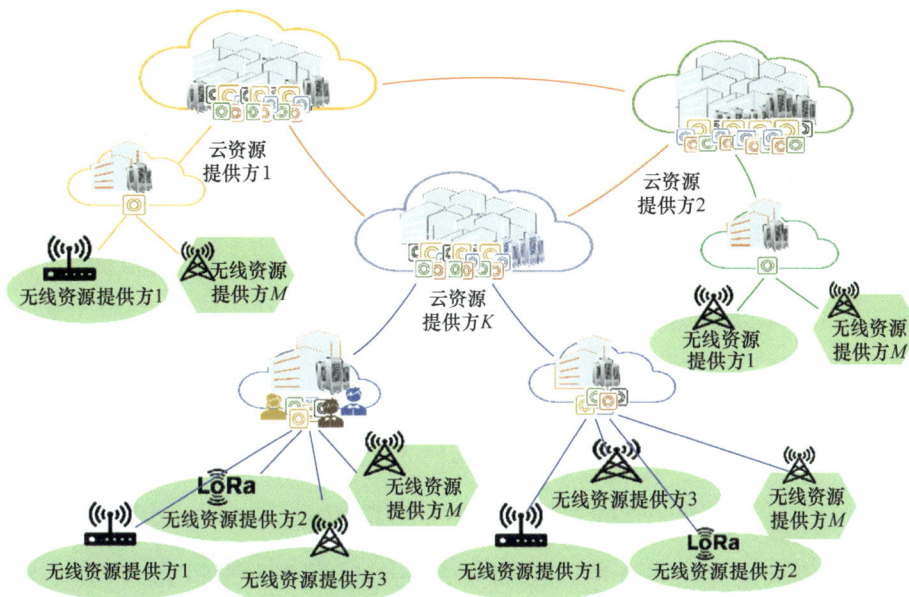

图 2-59 多用户资源竞争场景

其中，$\alpha_{kl} \in \{0,1\}$ 表示用户 n 是否占用云资源提供方提供的第 kl 个资源块，$\beta_{ml} \in \{0,1\}$ 表示用户 n 是否占用无线资源提供方提供的第 ml 个资源块。每个用户网络孪生代理的目标是在满足业务服务质量的前提下最小化所付出的成本。

$$\min_{\alpha_{kl}, \beta_{ml}} C_n = \sum_{s=1}^{n_s} \left(\sum_{k=1}^{K} \sum_{l=1}^{L} \alpha_{kl} p_{kl}^c + \sum_{m=1}^{M} \sum_{l=1}^{L} \beta_{ml} p_{ml}^w \right) \tag{2-10}$$
$$\text{s.t.} \quad \text{QoE}_{n_s}(\alpha_{kl}, \beta_{ml}) \geqslant \text{QoE}_{n_s}^{\min}, \forall n_s$$

其中，$\text{QoE}_{n_s}(\alpha_{kl}, \beta_{ml})$ 表示业务 n_s 占用的资源块到服务质量的映射函数，一般为非凸函数，且不同的业务类型具有不同的 QoE 需求和不同的映射函数，$\text{QoE}_{n_s}^{\min}$ 表示业务 n_s 的最小 QoE 需求。

从资源提供方的角度出发，资源提供方会根据当前时刻其拥有资源的占用率对后续资源块的价格进行动态调整。云资源提供方 k 的动态定价机制为

$$p_{kl}^c(\alpha_{kl}) = f_k^c \left(\frac{\sum_{kl=1}^{k_L} \alpha_{kl}}{k_L} \right) \tag{2-11}$$

其中，f_k^c 表示资源提供方 k 的资源占用率到价格的映射函数，一般为非线性函数。同理，无线资源提供方 m 的动态定价机制为

$$p_{ml}^w(\beta_{ml}) = f_l^w\left(\frac{\sum\limits_{ml=1}^{m_L} \beta_{ml}}{m_L}\right) \tag{2-12}$$

整体目标是根据资源提供方的动态定价机制，通过灵活调度虚拟资源，在保障各用户服务质量的前提下，最小化各个用户的长期成本消耗。用户 n 的长期优化问题可以建模为

$$\min_{\alpha_{kl},\beta_{ml}} E\left(\sum_{s=1}^{n_s}\left(\sum_{k=1}^{K}\sum_{l=1}^{L}\alpha_{kl}p_{kl}^c(\alpha_{kl}) + \sum_{m=1}^{M}\sum_{l=1}^{L}\beta_{ml}p_{ml}^w(\beta_{ml})\right)\right) \tag{2-13}$$
$$\text{s.t.} \quad \text{QoE}_{n_s}(\alpha_{kl},\beta_{ml}) \geqslant \text{QoE}_{n_s}^{\min}, \forall n_s$$

在优化问题式（2-13）中，用户的资源调度是一个长期的非凸优化问题，难以直接求解。此外，由于不同用户需要占用资源提供方提供的虚拟资源，同时最小化各自的成本消耗，用户之间存在一定的竞争关系。为有效降低各个用户的长期成本消耗，可以采用多智能体强化学习的方法对网络资源进行灵活调度。每个用户的网络孪生被视为一个智能体，负责对周围的网络环境进行动态感知，并在此基础上为该用户调度网络资源。网络的状态集合为各资源提供方虚拟资源的闲置率，每个智能体的动作空间为 $\{\alpha_{kl},\beta_{ml}\}$，奖励函数为 C_n。据此，可将问题式（2-13）重新建模为多智能体马尔可夫博弈模型。

由于上述问题的状态空间和每个智能体的动作空间维度很大，可以采用多智能深度强化学习进行求解，多用户多终端多业务的服务资源协作算法如图 2-60 所示。该方法可以实现集中式训练和分布式执行，能够有效处理高维空间数据，并根据环境变化实时智能调度网络服务资源。

3. 基于网络孪生的端到端资源个性化适配机制

由于网络的不确定性和资源的稀缺性动态性，每个用户的网络孪生以竞争博弈的方式获取保证业务 QoS 的服务资源。每个用户在竞争到的可用资源内，根据该用户不同业务的紧急重要程度，尽可能满足不同业务的端到端服务质量需求。在基于网络孪生的资源调度中，从网络角度看，部署在云端的网络孪生

将竞争用户到网络孪生的无线通信资源以及网络孪生到核心云数据中心的带宽
计算存储资源。从用户角度看，网络孪生需要智能按需调度竞争到的无线资源
和有线资源，以满足用户各类业务的个性化需求。异构多手段接入场景下，云
原生网络的用户竞争到的多家无线资源提供方的异构接入点通信资源会形成多
条无线链路，用户业务可以同时经过这多条无线链路到达自己部署在云端的网
络孪生。与之类似，用户竞争到的多家云资源提供方的带宽计算存储资源会形
成多条连接，用户的业务可以从其网络孪生经过多条连接到达的数据中心或服
务器。因此，云原生网络中端到端的个性化资源调度是一个多链路多连接多业
务的联合调度以及流量均衡问题。

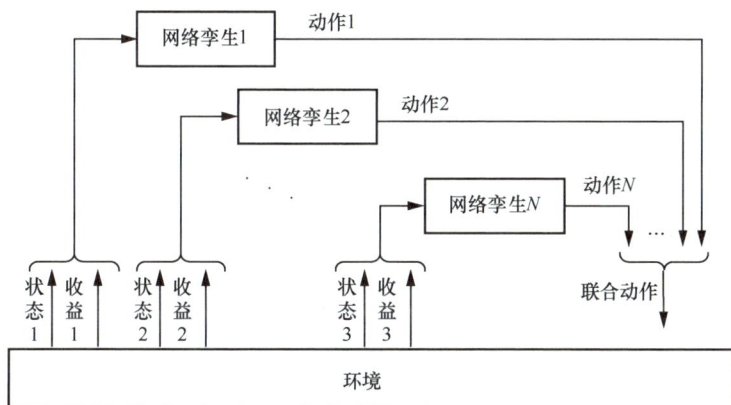

图 2-60　多用户多终端多业务的服务资源协作算法

为了解决这个问题，可以根据网络孪生竞争到的多条无线链路和有线连接
状态，以及用户的个性化 QoS 要求，设计自适应路径选择和流量均衡机制。其中，
网络孪生需要感知的无线链路状态包括链路的信干噪比、链路的误包率、链路
的节点排队情况、无线接入点的最大功率等；需要感知的有线连接状态包括每
条连接可承载的最大速率、连接的拥塞情况、连接的时延等。用户的业务类型
包括基于长数据包的高速率业务、基于短数据包的窄带业务、时延容忍型业务、
尽力而为的业务等。网络孪生根据感知到的链路状态和用户业务需求，将业务
流拆分映射到多条连接上并行传输。

考虑多链路多连接的业务保障场景，如图 2-61 所示，用户 u 的网络孪生 c_n

竞争到 M 个用户到网络孪生的无线链路和 N 条网络孪生到数据中心的有线连接。用户 u 同时发起 I 个业务请求，业务类型属于 {type1,type2} 中的一种，其中，type1 表示基于长数据包的大速率业务，type2 表示基于短数据包的窄带业务。第 i 个业务需要传输的业务量大小为 S_i。

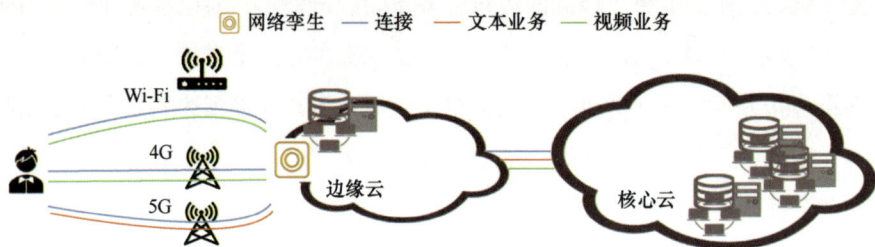

图 2-61　基于网络孪生的多链路多连接业务保障

首先，对不同业务类型的无线传输部分进行建模。当业务类型为基于长数据包的大速率业务时，业务 i 选择无线链路 m 的速率为

$$R_{m,\text{type1}}^i = B_m \log\left(1 + \frac{p_m h_m^2}{\sigma^2}\right) \tag{2-14}$$

其中，B_m 和 P_m 分别表示无线链路 m 的带宽和发射功率，h_m 表示无线链路 m 的信道信息，σ^2 表示噪声功率。当业务类型为基于短数据包的窄带业务时，根据短数据包传输信息论，业务 i 选择无线链路 m 的速率为

$$R_{m,\text{type2}}^i = \frac{B_m}{\ln 2}\left(\ln\left(1 + \frac{P_m}{\sigma^2}\right) - \sqrt{\frac{V}{L_{B,i}}} f_Q^{-1}\left(\varepsilon_{c,i}\right)\right) \tag{2-15}$$

其中，$L_{B,i}$ 表示业务 i 数据块的符号长度，$\varepsilon_{c,i}$ 表示业务 i 可承受的误码率，$f_Q^{-1}(\cdot)$ 表示 Q 函数的逆函数，V 表示信道扰动，可以表示为 $V = 1 - \frac{1}{(1+\gamma)^2}$。无线链路 m 的其他指标还有传输时延 τ_m 和可靠性 ς_m 等。

然后，对端到端链路的有线连接进行建模。相比于无线传输侧快速动态变化的信道，有线侧的传输环境要稳定得多。第 n 条有线连接的可承受速率为 R_n^{wired}，传输时延为 τ_n^{wired}，可靠性为 $\varsigma_n^{\text{wired}}$。

在此基础上，对每条链路和连接的排队情况进行建模。第 n 条无线链路的队长度为 q_m，第 n 条有线连接中缓存的队列长度为 Q_n。

最后，将 M 条无线链路和 N 条有线连接的状态信息 {速率，传输时延，可靠性} 作为有向图的边，将节点的队列长度作为图的节点属性，将多链路资源分配问题建模为多业务流在图中的路径选择和流量均衡问题。与传统图论不同，在满足用户各类业务个性化需求的约束下，由网络孪生通过优化业务流的路径选择，最大化用户的服务体验。

具体而言，图 2-62 所示的图论模型中，为了适应云原生网络中 N 条连接的多链路并行传输，用户的 I 个业务数据可以在各自的服务器端自适应拆分成多个小数据包，在服务器到网络孪生之间共享 N 条连接。数据在网络孪生重新聚合组包，再根据 M 条无线链路的状态情况，重新拆分成多个小数据包，在 M 条无线链路上并行传输。根据图中各节点以及链路的特征向量，通过优化 I 个业务拆分的小数据包的大小和每个小数据包的路径选择，在满足各个业务的个性化 QoS 约束（时延、可靠性）下，最大化用户所有业务的 QoE。

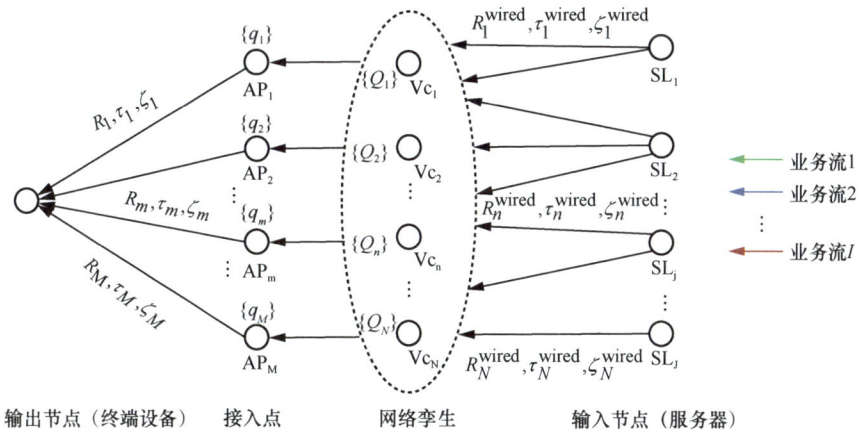

图 2-62　基于图的路径选择和流量均衡

为了智能化适应网络链路的动态性，可以采用深度强化学习[54]的方法进行数据包拆分和路径选择的决策。网络优化时的路径选择问题可以表述为根据各链路的运行状态选择流量进行调整，其中每条流都面临选择和不选择的决策，这是一个序列决策过程。通过对网络中流量信息、实时链路状态的感知，利用深度强化学习的延迟反馈和自适应调整能力，为网络选择合适的数据量、适合传输路径的数据流进行调度；同时根据网络环境的变化对决策的动作进行评价，在学习和调整的过程中找到流量优化的较优解。

采用深度强化学习解决数据包拆分和路径选择问题时，需要将问题重新用马尔可夫决策过程进行描述。需要考虑的状态空间 $s_0(t)$ 为网络孪生感知到的 t 时刻 M 条无线链路和 N 条有线连接以及节点队列的状态信息。行为空间 $a_0(t)$ 是 t 时刻满足各业务的个性化 QoS 约束的条件下进行数据包的拆分和每个数据包的路径选择。奖励函数 $R_0(t)$ 是 t 时刻用户对所有业务的 QoE。

在所建模的问题中，数据包的路径选择是个离散问题，而数据包的拆分是个连续问题。因此在深度神经网络与强化学习的基础上，需要更进一步明确求解带有连续动作空间的问题，可以基于深度确定性策略梯度（Deep Deterministic Policy Gradient，DDPG）算法[55]用深度神经网络解决连续分配问题，同时能够给出每一时刻确定的动作值，具体流程如图 2-63 所示。采用深度强化学习来解决数据包拆分和路径选择问题，主要有以下特点。首先，该机制能够快速自适应动态变化的网络环境，如支持网络拓扑的动态变化以及新设备的加入。其次，该机制能够根据负载感知的奖赏函数合理分配网络资源，实现网络流量均衡。最后，该机制通过设置合理的学习策略，可以有效减少网络调整的次数，获取对网络资源分配的较优解。

4. 基于网络孪生的多路径通信流程

以多业务流到多链路的路径选择和映射结果为输入，可以实现基于网络孪生的多路径并行传输，基于 XLINK[56]提出的 QoE 反馈多路径传输流程，网络孪生利用应用的 QoE 反馈作为网络孪生调度器的控制信号，如图 2-64 所示。QoE 可以包含多个与用户体验相关的参数，并反馈到控制调度器。网络孪生进行多路径传输时，并不需要对路径的带宽和时延进行精确的估计，而是采取数据包重注入（Re-injection）的自适应补偿方法，让数据包自适应地在多条路径上实现均衡，这样可以在几乎不增加额外数据量的情况下，通过用户 QoE 反馈调节数据包重注入的粒度，达到性能与成本之间的平衡，进而支持高码率视频应用的多路径自适应传输。

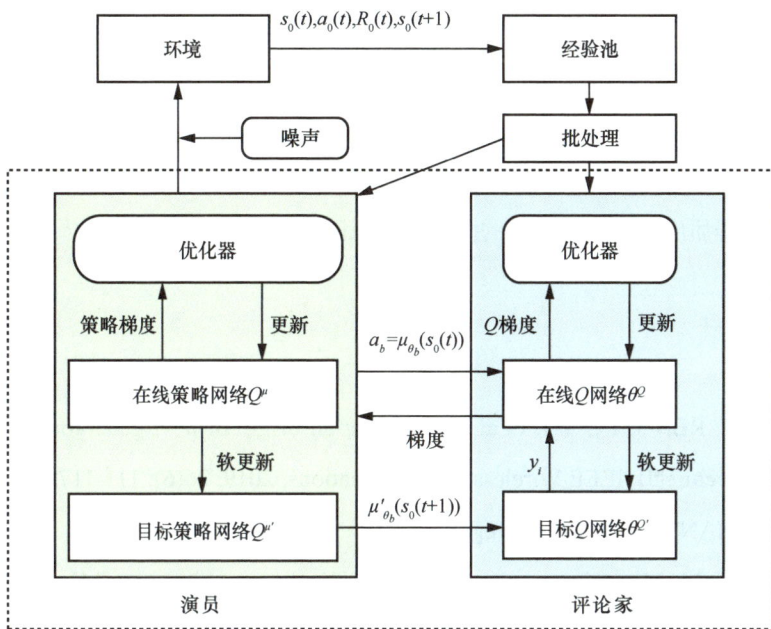

图 2-63　深度强化学习基于 DDPG 架构的策略更新

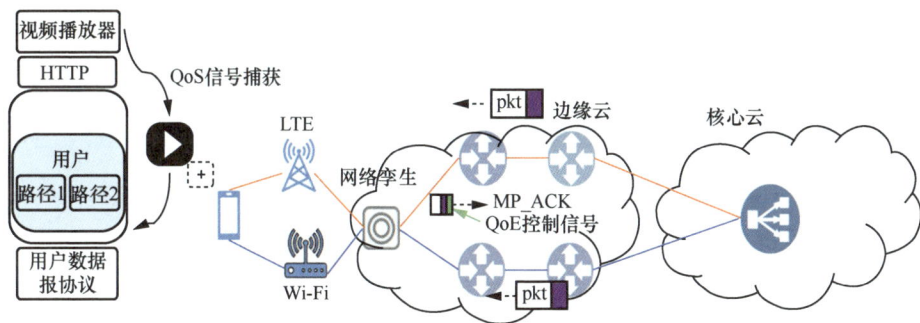

图 2-64　QoE 反馈多路径传输

2.7 本章小结

　　本章探讨了如何将云原生的理念应用于网络设计，阐述了构建新型云原生网络的理念、架构和网络层面的关键技术。云原生网络的核心特征是"因云而生、为云而存、依云而建"，在网络拓扑上，以 Clos 架构的数据中心网络为基础，从固定向机动拓展，支撑构建分布式云环境；在云网资源统一管理上，以容器集群平台 K8S 为核心，构建支持计算、存储、网络等异构资源统一调度管理的云原生网络操作系统，实现云边一体的集群协同管理；在末端接入和服务提供上，以智能化的网络孪生服务为统一入口，支持各类异构接入手段融合运用，为不同用户的异质应用提供个性化的按需质量保证。

参考文献

[1] YU Q, REN J, FU Y J, et al. Cybertwin: an origin of next generation network architecture[J]. IEEE Wireless Communications, 2019, 26(6): 111-117.

[2] FREMANTL P. Cloud native[EB]. 2010.

[3] STINE M. Migrating to cloud-native application architectures[M]. California: O'Reilly Media, 2015.

[4] CNCF. Cloud native definition v1.0[EB]. 2018.

[5] Manhattan Active Platform. What is cloud-native[EB]. 2023.

[6] DINESH G D. Cloud native data center networking: architecture, protocols, and tools[M]. California: O'Reilly Media, 2020.

[7] YU Q, LIANG D D, QIN M, et al. Cybertwin based cloud native networks[J]. Journal of Communications and Information Networks, 2023, 8(3): 187-202.

[8] YU Q, LIANG D D, ZHANG W. Cloud native network for intelligent Internet of everything[J]. Chinese Journal on Internet of Things, 2021, 5(2): 1-6.

[9] GHAZNAVI M, JALALPOUR E, SALAHUDDIN M A, et al. Content delivery network security: a survey[J]. IEEE Communications Surveys & Tutorials, 2021, 23(4): 2166-2190.

[10] ABBAS N, ZHANG Y, TAHERKORDI A, et al. Mobile edge computing: a survey[J]. IEEE Internet of Things Journal, 2018, 5(1): 450-465.

[11] 李铭轩, 童俊杰, 刘秋妍. 基于云原生的 5G 核心网演进解决方案研究 [J]. 信息通信技术, 2020, 14(1): 63-69.

[12] AWS. 5G network evolution with AWS[R]. 2020.

[13] AWS. AWS private 5G[R]. 2021.

[14] WEISSBERGER A. Google cloud, Nokia partner to accelerate cloud native 5G readiness for communications providers[R]. 2021.

[15] ETSI. Network functions virtualisation (NFV) release 3; architecture; report on the enhancements of the NFV architecture towards "cloud-native" and "PaaS": GR NFV-IFA 029[S]. 2019.

[16] Fujitsu Limited. Networks in 2030-6G for the digitalized future society[R]. 2023.

[17] Next G Alliance Report. 6G distributed cloud and communications systems[R]. 2022.

[18] 大卫·D. 克拉克. 互联网的设计和演化 [M]. 朱利, 译. 北京: 机械工业出版社, 2020.

[19] 依耘. 数据中心网络架构与技术演进 [EB]. 2020.

[20] 徐文伟, 张磊, 陈乐. 云数据中心网络架构与技术 [M]. 2 版. 北京: 人民邮电出版社, 2022.

[21] CLOS C. A study of non-blocking switching networks[J]. Bell System Technical Journal, 1953, 32(2): 406-424.

[22] MOY J. OSPF v2.0[R]. 1997.

[23] REKHTER Y, LI T, HARES S. A border gateway protocol 4 (BGP-4)[R]. 2006.

[24] IEEE SA. IEEE standard for local and metropolitan area networks-bridges and bridged networks: IEEE 802.1Q[S]. 2014.

[25] GARG P, WANG Y S. NVGRE: network virtualization using generic routing encapsulation: RFC 7637[S]. 2015.

[26] MAHALINGAM M, DUTT D, DUDA K, et al. VXLAN: a framework for overlaying virtualized layer 2 networks over layer 3 Networks: RFC 7348[S]. 2020.

[27] SDNLAB. 一文读懂 EVPN 技术 [EB]. 2022.

[28] 陈莉君, 康华. Linux 操作系统原理与应用 [M]. 北京: 清华大学出版社,

2006.

[29] 龚正, 吴治辉, 王伟, 等. Kubernetes 权威指南: 从 Docker 到 Kubernetes 实践全接触 [M]. 北京: 电子工业出版社, 2017.

[30] LUKSA M. Kubernetes in Action 中文版 网络技术 [M]. 七牛容器云团队, 译. 北京: 电子工业出版社, 2019.

[31] Github. CNI[EB]. 2023.

[32] Github. Calico[EB]. 2023.

[33] Github. Flannel[EB]. 2023.

[34] Github. Weave[EB]. 2023.

[35] MORGAN W. What's a service mesh? and why do I need one[EB]. 2017.

[36] 爱分析, 道客. 2022 云原生产业发展白皮书[R]. 2022.

[37] 罗建龙. 云原生操作系统 [M]. 北京: 电子工业出版社, 2001.

[38] VERMA A, PEDROSA L, KORUPOLU M, et al. Large-scale cluster management at google with Borg[C]//Proceedings of the Tenth European Conference on Computer Systems. New York: ACM Press, 2015: 1-17.

[39] 宋净超. Kubernetes 中文指南 [EB]. 2023.

[40] 张磊. 深入剖析 Kubernetes[M]. 北京: 人民邮电出版社, 2021.

[41] Kubernetes. Kubernetes 集群调度策略及调度原理 [EB]. 2022.

[42] 张永曦. Kubernetes 调度器原理解析 [EB]. 2022.

[43] Prometheus. From metrics to insight[EB]. 2023.

[44] AROUK O, NIKAEIN N. 5G cloud-native: network management & automation[C]//Proceedings of the 2020 IEEE/IFIP Network Operations and Management Symposium. Piscataway: IEEE Press, 2020: 1-2.

[45] ETSI. Network functions virtualisation (NFV); use cases: GS NFV 001[S]. 2013.

[46] CHECKO A, CHRISTIANSEN H L, YAN Y, et al. Cloud RAN for mobile networks-a technology overview[J]. IEEE Communications Surveys & Tutorials, 2015, 17(1): 405-426.

[47] NOVAES C, NAHUM C, TRINDADE I, et al. Virtualized C-RAN orchestration

with docker, Kubernetes and OpenAirInterface[J]. arXiv preprint arXiv: 2001.08992, 2020.

[48] PONNAPPAN A, YANG L J, PILLAI R, et al. A policy based QoS management system for the IntServ/DiffServ based Internet[C]//Proceedings of the Third International Workshop on Policies for Distributed Systems and Networks. Piscataway: IEEE Press, 2002: 159-168.

[49] KHAN S, DUHOVNIKOV S, STEINBACH E, et al. Application-driven cross-layer optimization for mobile multimedia communication using a common application layer quality metric[C]//Proceedings of the 2006 International Conference on Wireless Communications and Mobile Computing. New York: ACM Press, 2006: 213-218.

[50] REICHL P, EGGER S, SCHATZ R, et al. The logarithmic nature of QoE and the role of the Weber-Fechner law in QoE assessment[C]//Proceedings of the 2010 IEEE International Conference on Communications. Piscataway: IEEE Press, 2010: 1-5.

[51] THAKOLSRI S, COKBULAN S, JURCA D, et al. QoE-driven cross-layer optimization in wireless networks addressing system efficiency and utility fairness[C]//Proceedings of the 2011 IEEE GLOBECOM Workshops. Piscataway: IEEE Press, 2011: 12-17.

[52] KANG X, ZHANG R, MOTANI M. Price-based resource allocation for spectrum-sharing femtocell networks: a Stackelberg game approach[J]. IEEE Journal on Selected Areas in Communications, 2012, 30(3): 538-549.

[53] LI T X, ZHU K, LUONG N C, et al. Applications of multi-agent reinforcement learning in future Internet: a comprehensive survey[J]. IEEE Communications Surveys & Tutorials, 2022, 24(2): 1240-1279.

[54] ZHANG H, LI W Z, GAO S H, et al. ReLeS: a neural adaptive multipath scheduler based on deep reinforcement learning[C]//Proceedings of the IEEE INFOCOM 2019 - IEEE Conference on Computer Communications. Piscataway:

IEEE Press, 2019: 1648-1656.

[55] LILLICRAP T P, HUNT J J, PRITZEL A, et al. Continuous control with deep reinforcement learning: US11803750[P]. 2023-10-31.

[56] ZHENG Z L, MA Y F, LIU Y M, et al. XLINK: QoE-driven multi-path QUIC transport in large-scale video services[C]//Proceedings of the 2021 ACM SIGCOMM 2021 Conference. New York: ACM Press, 2021: 418-432.

第 3 章

CHAPTER 3

云原生服务设计模式

软件正在吞噬世界，而服务正在吞噬软件。

——皮特·本德 塞缪尔

3.1 概述

云原生网络本质上是以云服务为中心的网络，基于一体化的容器编排系统（如 Kubernetes）[1]、服务网格（Istio）[2] 技术和网络孪生（Cybertwin）理念，对网络、计算、存储等异构资源进行统一描述、统一调度和统一管理，对各类异构接入手段进行聚合运用，为云原生服务的构建、运行、发现、访问、优化提供网云一体的服务质量（QoS）和服务体验质量（QoE）保障，满足各类用户的个性化、智能化服务需求。

云原生服务是构建云原生应用的核心组件，通常基于微服务架构设计多个独立可扩展的微服务，每个微服务实现应用的特定功能或业务逻辑，多个微服务有机组合形成云原生应用，进而充分利用云计算的优势，实现应用程序的高可用、弹性扩展、持续交付和自动化运维。正如迪内希·G·杜特（Dinesh G. Dutt）在《云原生数据中心网络》中写道："当应用程序开始翩翩起舞时，传统的网络已经无法跟上其灵活的步伐，于是现代数据中心网络的故事开始了……"[3]从这个角度看，应用软件的微服务化是推动网络云原生化的根本动力。

本章围绕云原生服务的设计、集成、部署、编排和运维，从设计模式、通信机制、数据存储、服务部署、运行监控等方面探讨高可用云原生服务的构建方法，最后以"派单式"时敏目标打击服务为典型案例，简要说明云原生军事应用的开发模式和部署流程。

3.2 Kubernetes 与微服务设计

云原生服务设计模式是一种以微服务架构、容器化部署、持续交付和自动化运维为核心的软件设计方法，旨在帮助开发者充分利用云计算的扩展性、弹性和敏捷性，构建专为云计算环境设计、在云平台中高效运行的分布式服务。这种设计模式包含一系列指导原则和最佳实践[4]。

- 微服务架构。将应用分解为多个细粒度、松耦合的微服务，每个微服务实现特定的业务功能，可以独立开发、部署、运行和维护。多个微服务组合形成云原生应用。

- 容器化部署。使用容器技术（如 Docker）将每个服务及其依赖项打包，形成轻量化的容器镜像，确保不同运行环境中的一致性和可移植性，方便按需部署和水平扩展。

- 服务编排。运用容器编排系统（如 Kubernetes）管理封装为容器的服务，通过容器集群的编排部署、扩展升级等自动化功能，支持服务的快速部署运行和弹性伸缩。

- 开发运维一体（DevOps）。开发（Development）和运维（Operations）团队紧密合作，通过各类工具支持服务构建、测试和部署流程的自动化，以实现服务能力的快速迭代和持续交付。

- 服务网格（边车模式）。使用 Istio 或 Linkerd 等服务网格技术，将分布式服务间的通信抽象为单独一层，提供服务发现、负载均衡、故障恢复等能力。服务网格作为一个和服务对等的代理服务，与服务部署在一起，接管服务的流量，以边车旁路方式完成服务间的通信请求，并实现认证授权、监控追踪、流量控制等扩展功能。

- 可观测设计。集成日志、监控和状态追踪等可观测性工具，实时监控服务的健康状况，便于开发者和运维团队理解系统的运行状态和行为，并快速响应问题。

随着云原生设计理念的普及，软件开发和交付方式发生了重大变化，Google、Amazon、Microsoft、RedHat、阿里巴巴、腾讯、百度等国内外技术厂商，联合开源社区相继推出各类云原生支撑平台和工具，推动了整个云原生生态的形成和发展。其中极具代表性的就是 Docker 和 Kubernetes。Docker 作为一种轻量级的容器技术，通过容器镜像极大简化了应用程序的打包和部署流程，而 Kubernetes 作为一个开源的容器编排引擎，为容器化应用的大规模部署、扩展和管理提供了标准化的解决方案，使得云原生应用的管理更加灵活高效。Kubernetes 为云原生应用的开发、部署、运行提供了强大的基础平台和工具库，用于管理容器化的工作负载和服务，并支持通过应用程序接口（Application

Programming Interface，API）编程以插件形式灵活扩展平台功能。目前，国内外主要的云服务提供商都默认支持 Kubernetes，Kubernetes 已成为工程实践中构建和运行云原生应用的事实标准。

3.2.1 不同视角的服务概念

Kubernetes 以其强大的容器编排管理能力，为基于微服务架构的应用提供了理想的运行平台，其核心组件和抽象概念（Pod、Controller、Label、Service、Ingress 等）与微服务的部署、发现、升级、扩展、监控等相互映射、密切关联。

在 Kubernetes 生态系统中，一个应用程序包括一组 Pod 和 Deployment、StatefulSet 等控制器对象，这些对象由 Service 提供服务，Service 负责将服务名称绑定到 IP 地址和端口号，为 Pod 提供稳定的网络访问接口，使得应用程序可以被外部访问。这组 Service 共享相同的应用程序标识（Label），对应一组动态部署运行的 Pod。每个 Pod 内含一组容器，这组容器具有相同的生命周期，所有容器都运行在同一个节点（主机）上，每个容器镜像对应一个微服务，由特定团队开发维护，具有独立的发布周期，Kubernetes 主要组件与微服务的关系如图 3-1 所示 [5]。

Kubernetes 自动化部署、扩展和管理云原生应用的过程中，需要结合上下文和场景，从开发部署、运行维护、外部访问和升级扩展等多个维度，理解微服务的不同含义。

开发视角。开发和构建微服务时，以容器为单位，通常一个微服务对应一个容器镜像，该镜像是云原生应用解决某个问题的功能单元，可以独立开发、部署和运行。开发人员要构建的微服务就是容器镜像，创建模块化、可重用、单一用途的容器镜像是形成 Kubernetes 生态系统的基础。

运维视角。在部署和运行微服务时，以 Pod 为单位，Pod 是调度、部署和运行一组容器的最小单元，一个或一组微服务对应一个 Pod，Pod 决定这些容器化部署的微服务在何时、何地、以何种资源和何种方式运行，由开发人员通过声明式 API 指定 Pod 的预期状态，Kubernetes 平台负责 Pod 的资源分配、自动调度和编排运行。

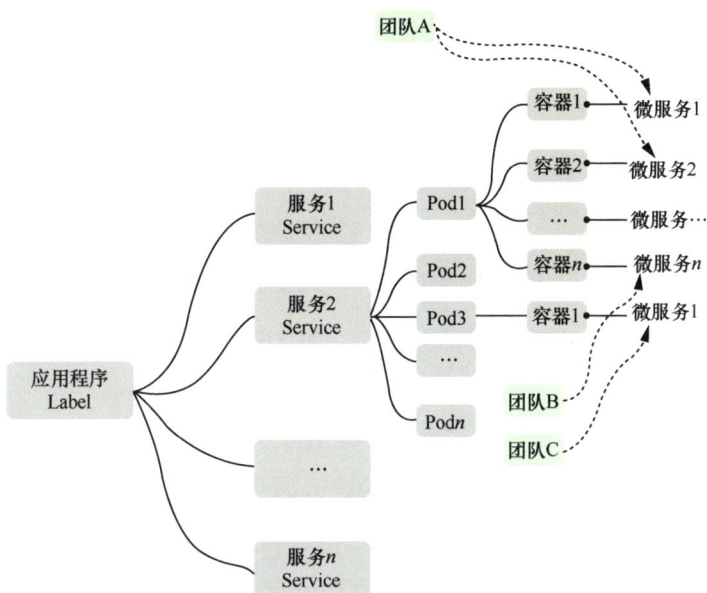

图 3-1　Kubernetes 主要组件与微服务的关系

用户视角。在访问微服务时，以 Service 为单位，每个 Service 负责将服务名称绑定到 IP 地址和端口，Service 代表微服务的访问入口，一个或一组 Pod 对应一个 Service 对象。在使用 Pod 部署容器化应用时，Kubernetes 调度器会动态选择适合 Pod 运行的节点，并会根据资源约束和容器状态动态删除或重建 Pod，Pod 的 IP 地址会动态改变，因此需要引入 Service 对象，对外提供固定的服务访问入口（IP:Port），屏蔽 Pod 在应用程序生命周期内的变化，将用户的访问请求动态映射到实际运行的 Pod 上。

管理视角。从微服务的全生命周期管理看，每个微服务的设计、开发、发布、部署、运行、升级，都由一个 DevOps 团队全权负责，包括微服务定义和设计开发，构建对应的容器镜像，定义相关 Pod 的预期状态，通过 Kubernetes 编排调度，面向用户或其他微服务提供服务，并负责微服务的升级维护、持续集成。

微服务架构下，应用程序被拆分成多个独立构建、发布、运行和扩展的微服务，应用程序作为一个整体的概念被弱化，微服务作为独立功能单元的概念得到强化，开发维护好每个微服务成为云原生应用的设计重点，应用程序成为一组微服务的逻辑组合，这种松耦合关系通过应用程序标签（Label）来标识。

综上所述，关于微服务可以总结如下。

- 从开发视角，一个微服务对应一个容器镜像；
- 从运维视角，一组微服务对应一个 Pod 单元；
- 从用户视角，一组微服务对应一个 Service 入口；
- 从管理视角，一个微服务对应一个 DevOps 团队。

因此，从某种意义上说，一个云原生应用是 N 个微服务的逻辑组合，是 N 个团队松耦合协作的成果。在构建云原生应用的过程中，每个微服务是一个完成特定功能的完整产品，由一个团队负责这个微服务开发、部署、发布、维护的全生命周期活动，如图 3-2 所示。在 Kubernetes 生态系统中，一个团队需要为一个微服务的全流程负责。云原生平台的真正伟大之处在于，它以技术为杠杆，构造了一个自己需要为自己的行为后果负责的生态系统。在这样的生态系统中，一个拥抱外部真实世界，并得到正向反馈的团队会逐渐成长；一个固步自封，无法得到外界认可的团队会逐步消亡。在生产力进步的同时，也构建了与之相适应的生产关系，使其成为构建生态、促进持续创新的原动力。

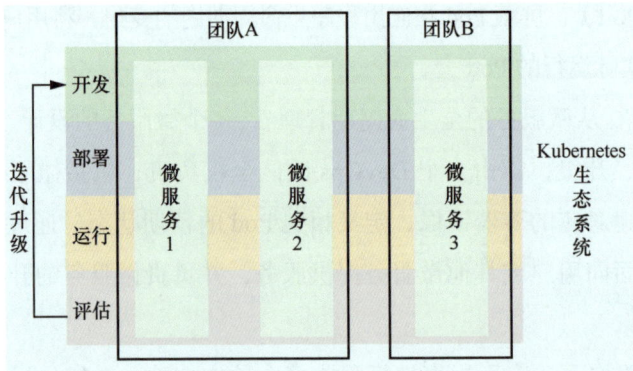

图 3-2　Kubernetes 中微服务的全生命周期

3.2.2　Kubernetes 服务部署

Kubernetes 为云原生服务提供了前所未有的灵活性和可扩展性，但如何高效地构建部署仍然是许多团队面临的挑战。下面简要说明在 Kubernetes 环境中，面向用户提供服务的基本流程。

（1）部署服务

在 Kubernetes 中，部署服务是提供服务的第一步。通常使用 Deployment 资源来描述期望运行的 Pod 副本数量，Kubernetes 会根据服务的期望状态自动为 Pod 分配资源，并为服务提供滚动更新、弹性缩放等支持。

```
apiVersion: apps/v1
kind: Deployment
metadata:
  name: my-service
spec:
  replicas: 3
  selector:
    matchLabels:
      app: my-service
    template:
      metadata:
        labels:
          app: my-service
      spec:
        containers:
        - name: my-service
          image: my-image
          ports:
          - containerPort: 8080
```

上述 YAML（YAML Ain't Markup Language）文件描述了一个名为"my-service"的 Deployment，它将运行 3 个带有标签"app: my-service"的容器，该容器使用"my-image"作为镜像，并监听 8080 端口。

（2）开放服务

一旦服务部署完成，就需要将其开放给外部用户，提供用户访问服务的入口。在 Kubernetes 中，Service 资源用于定义服务内部或服务与外部世界之间的通信规则。

```
apiVersion: v1
kind: Service
metadata:
  name: my-service
spec:
  selector:
    app: my-service
  ports:
  - protocol: TCP
    port: 80
    targetPort: 8080
  type: LoadBalancer
```

上述 YAML 文件定义了一个名为"my-service"的 Service，它选取所有标签为"app: my-service"的 Pod，并在每个 Node 上打开 80 端口，将流量转发到目标 Pod 的 8080 端口。type 字段设置为 LoadBalancer 表示我们希望 Kubernetes 为此 Service 分配一个外部负载均衡器。

（3）配置访问策略

为了保障服务的安全性，通常需要配置访问策略。Kubernetes 提供了网络策略（Network Policy）资源，可以用来定义哪些 Pod 可以与哪些其他 Pod 进行网络通信。

```
apiVersion: networking.k8S.io/v1
kind: NetworkPolicy
metadata:
  name: allow-http-access
spec:
  PodSelector:
    matchLabels:
      role: web
    ingress:
    - ports:
      - protocol: TCP
        port: 80
      from:
      - namespaceSelector:
        matchLables:
          project: myproject
        PodSelector:
          matchLabels:
            role: frontend
```

上述 YAML 文件定义了一个名为"allow-http-access"的网络策略，它允许具有标签"role: frontend"的 Pod 通过 TCP 80 端口访问具有标签"role: web"的 Pod。

（4）流量路由

在复杂的分布式系统中，需要根据各种条件，如统一资源定位符（Uniform Resource Locator，URL）路径、HTTP 头部、客户端 IP 等，将流量路由到不同的服务实例。

Kubernetes 提供了 Ingress 资源，可以配合 Ingress Controller（如 NGINX Ingress Controller）实现复杂的流量路由和负载均衡策略。

```
apiVersion: networking.k8S.io/v1beta1
kind: Ingress
metadata:
  name: my-ingress
spec:
  rules:
  - http:
      paths:
      - path: /foo
        backend:
          serviceName: my-service
          servicePort: 80
```

上述 YAML 文件定义了一个名为"my-ingress"的 Ingress，它将所有到达"/foo"路径的 HTTP 请求转发到名为"my-service"的 Service，端口为 80。

（5）监控和日志

最后，为了保证服务的质量和稳定性，需要对服务进行监控，收集和分析日志。

Kubernetes 提供了丰富的监控和日志解决方案，如 Prometheus、Grafana、Elasticsearch 和 Kibana 等。

```
apiVersion: monitoring.coreos.com/v1
kind: Prometheus
metadata:
  name: my-prometheus
spec:
  serviceMonitorSelector:
    matchLabels:
      team: myteam
```

上述 YAML 文件定义了一个名为 "my-prometheus" 的 Prometheus 对象，它会自动发现并监控所有标签为 "team: myteam" 的 Service。

在 Kubernetes 环境中提供服务是一项复杂的任务，需要考虑到多个方面，包括服务部署、对外发布、访问控制、流量路由和监控等。Kubernetes 社区提供了丰富的资源和工具，使得这些任务变得更加简单和可管理，合理利用这些资源和工具，可以高效构建高可用、可扩展且安全的服务。

3.2.3　微服务设计方法

为了满足不断变化的业务需求，应用软件架构一直处于演进和发展中。云计算条件下，应用程序需要面向全球用户持续提供服务，高并发、高可用、弹性扩展、快速交付成为软件设计的核心目标。采用单体架构开发的大型软件系统，面临"大船难掉头"的窘境，其开发效率和部署周期难以跟上云时代的步伐，促使开发人员转向更加灵活的微服务架构。

（1）单体架构

单体架构是指基于单一代码库和单一部署单元的应用程序架构。在这种架构中，整个应用程序的功能模块都打包在一起，构建为一个单一的可执行文件或一组文件，主要功能模块都在同一个进程中运行。单体架构通常包括前端、业务逻辑和数据访问层，如图 3-3 所示 [6]。前端通常由用户界面、用户交互和呈现逻辑组成，业务逻辑层包含应用程序的核心功能和业务规则，而数据访问层则负责与数据库或其他外部数据源进行通信。

单体架构在一定程度上简化了开发和部署过程，在项目起步阶段，是较为高效和节省成本的方式。假设要开发一个与滴滴打车类似的"派单式"时敏目标打击软件，采用单体架构设计，其六边形模型如图 3-4 所示。

单体"派单式"时敏目标打击软件采用模块化的六边形架构，软件的核心（六边形内部）是业务逻辑，定义了服务、领域对象和事件。应用软件核心的外围（六边形外部）是与外部对接的各种适配器，包括数据库访问组件、生产和处理消息的消息组件，以及提供 API 或用户界面（User Interface，UI）访问的 Web 组件。

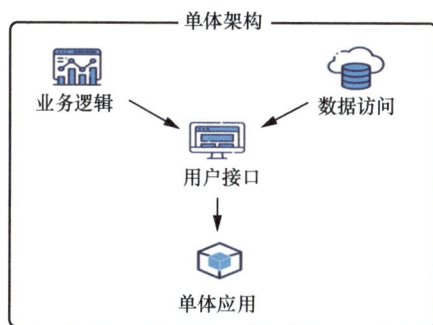

图 3-3　典型单体架构

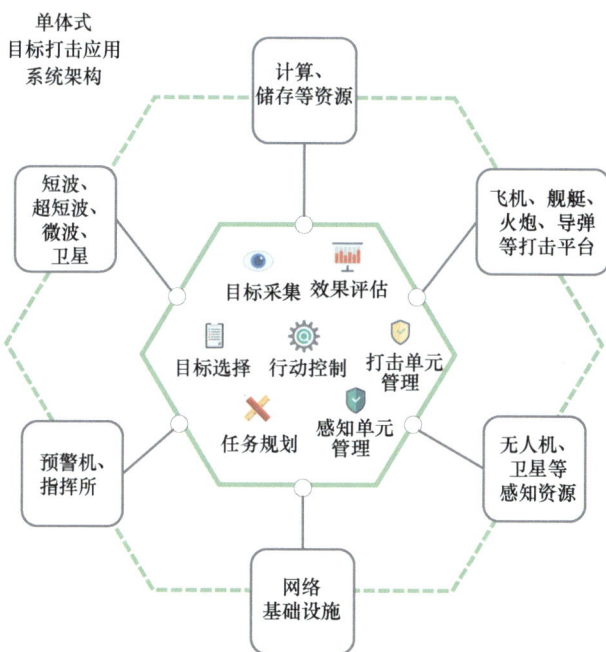

图 3-4　单体架构的六边形模型

　　尽管采用了模块化架构，单体应用的所有功能仍然是统一封装为一个整体进行打包部署，具体的包格式依赖于开发语言和框架。例如，大部分 Java 应用会被打包为 WAR 格式，部署在 Tomcat 或 Jetty 上，而另外一些 Java 应用则会被打包成自包含的 JAR 格式。

　　单体式开发风格很常见，各类集成开发环境（Integrated Development

Environment，IDE）工具都能支持。单体应用联调方便，只需要在开发环境中运行应用，链接 UI 组件就可以完成端到端测试。单体应用也易于部署，把运行包拷贝到服务器端，在负载均衡器后运行多个实例就能实现应用能力扩展。对于小型系统，即由单台机器就足以支撑其良好运行的系统，单体应用开发的复杂度低，运行效率高，具有较高的"性价比"。

（2）单体架构的缺点 [7]

在项目初期，单体应用可以很好地运行。然而，随着需求不断增加，软件规模和开发团队逐渐扩大，应用的代码库迅速膨胀。单体应用的可维护性、灵活性会逐渐降低，修改升级的成本越来越高。单体架构的主要缺点如下。

- 难以扩展。在单体架构中，所有的功能模块都集成在一个应用中，当需求变化或者业务规模扩大时，往往需要对整个应用进行修改和扩展，这会增加开发维护的成本和复杂性。

- 部署运维困难。由于整个应用作为一个整体进行部署，需要考虑各个模块之间的依赖关系，而且随着业务增长，部署和运维工作会变得越来越复杂，单体应用的部署频率经常以年或月计，版本发布周期较长。

- 可靠性较低。单体应用的所有功能模块都运行在同一个进程中，一旦某个模块出现故障，便会影响整个应用的稳定性，甚至导致整个系统崩溃。

- 技术栈选择受限。由于单体应用使用相同的技术栈，在引入新技术或者更新现有技术时会面临较大困难，从而限制开发团队的创新能力。此外，随着时间推移、需求变更和人员更迭，掌控整个应用的技术栈更难，"全能型"人员成为项目组的稀缺资源，导致技术债务不断累积。

- 团队协作效率较低。在单体架构中，所有功能模块都耦合在一起，不同模块之间的依赖关系复杂，新功能开发或原有功能修改需要频繁交互，模块间集成经常需要等待其他模块，团队成员之间很难进行高效的分工合作。

单体架构潜在的观念是希望系统的每一个部件、每一处代码都尽量可靠，基于少出甚至不出缺陷来构建可靠系统。然而，依靠高质量代码来保证高可靠性的思路，在小规模软件上还能运作良好，随着软件系统规模增大，交付一个可靠的单体系统会变得越来越具有挑战性。

随着软件架构的演进，构筑可靠系统逐渐从"追求尽量不出错"到正视"出错是必然"的理念转变，开发人员开始探索将单体架构拆分成多个独立服务的方法，于是出现了面向服务的体系结构（Service-Oriented Architecture，SOA)，并进一步向更细粒度的微服务架构演进。

3.2.3.1 SOA

（1）SOA 概念

SOA 的概念最早由 Gartner 公司在 1994 年提出，当时 SOA 还不具备发展的条件，直到 2006 年，IBM、Oracle、SAP 等公司共同成立了 OSOA（Open Service Oriented Architecture）联盟，联合制定和推进 SOA 相关行业标准。SOA 的基本思想是把一个大型的单体应用，拆分成多个独立服务，每个服务作为独立的功能单元，承担不同的任务，服务之间通过协议交互，通过分布式和自治，提高软件的重用性、移植性和可维护性。

SOA 中，服务是指独立的软件功能（或一组功能）单元，其设计意图是完成特定的任务（如检索指定信息或执行某项操作）。服务包含执行完整业务功能所需的代码和数据集合，并且支持远程访问。多个服务间使用企业服务总线进行松耦合通信，服务总线可以提供消息传递、事件发布订阅等机制，使得各个服务可以独立演化和扩展，尽可能减少彼此间的依赖。SOA 的基本框架如图 3-5 所示 [8]。

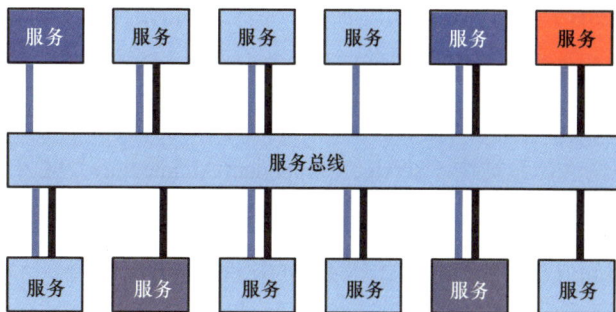

图 3-5　SOA 的基本框架

SOA 一般采用标准网络协议，如简单对象访问协议（Simple Object Access Protocol，SOAP）、表征性状态转移（Representational State Transfer，REST），

对外提供服务访问接口，基于 JSON、XML 等标准数据格式发送请求或访问数据，确保不同服务之间的互操作性。

（2）SOA 的优点

SOA 将单体应用的功能模块封装为可复用的服务，基于企业服务总线进行集成，对于大型企业级应用，SOA 是一种更高效的软件开发模式，其主要优点是更具灵活性、可重用性和可维护性。首先，SOA 将复杂的系统拆分为多个独立的服务，每个服务提供特定的功能，支持通过服务组合实现快速的业务创新，能够更灵活地满足用户需求。其次，SOA 强调服务的可重用，即相同的服务可以被多个应用程序共享使用，避免重复开发，提高了开发效率和质量。此外，SOA 中，服务间是松耦合关系，每个服务可以独立设计、升级和扩展，只要保持服务接口稳定，就不会对其他服务和整个系统造成影响。

SOA 针对服务的松耦合、注册、发现、治理、管理等提出了系统级的解决方案，逐步发展成为一套软件设计的基础平台。领导制定技术标准的组织 Open CSA（Composite Services Architecture）致力于推进 SOA 的标准化工作，提出了操作性很强的软件设计指导原则，如服务的封装、自治、松耦合、可重用、可组合、无状态等；明确采用 SOAP 作为远程调用的协议，依靠 SOAP 族，包括 WSDL（Web Services Description Language）、UDDI（Universal Description Discovery and Integration）等来完成服务的发布、发现和治理；基于企业服务总线（Enterprise Service Bus，ESB）的消息管道实现各个子系统之间的通信交互，实现服务间的松耦合，为进一步实施业务流程管理（Business Process Management，BPM）奠定了基础；SOA 使用服务数据对象（Service Data Object，SDO）来访问和表示数据，使用服务构件体系结构（Service Component Architecture，SCA）来定义服务封装的形式和服务运行的平台等。在这一整套体系化、互相协作的组件支持下，SOA 在技术层面成功解决了分布式环境下的软件系统设计问题。

（3）SOA 的局限

SOA 是一种系统级的软件架构方案，其宏大理想是总结出一整套自顶向下的软件研发方法论，包括如何挖掘需求、如何将需求分解为业务能力、如何设计服务、如何编排已有服务、如何开发测试部署新的功能等，一劳永逸地解决大型企业软件开发中的全部问题。此外，SOA 还涉及软件研发过程中的需求、管理、流程和组织问题，是一个大而全的复杂体系。与之相对应，建立、实施和维护 SOA 软件也带来了高昂的成本。

因此，SOA 从诞生之日起，就注定了只能是大型软件公司才能驾驭的"奢侈系统"，尽管严格遵循 SOA 能够实现复杂软件系统的设计集成，但其过于严格的规范定义带来的过度复杂性，使得 SOA 很难作为普适性的软件架构推广。随着互联网开源社区的蓬勃发展，大量更轻量、简洁的"草根框架"脱颖而出，以农村包围城市的方式，逐渐将少数软件巨头力挺的 SOA 推到了软件开发的舞台边缘，在今天的新型微服务架构中，只留下了 SOA 部分概念和思想的背影 [9]。

3.2.3.2 微服务架构

（1）微服务概念

"微服务"这个技术名词最早由彼得·罗杰斯（Peter Rodgers）博士在 2005 年度的云计算博览会上提出，当时的说法是"Micro-Web-Service"，指专注于单一职责的、语言无关的、细粒度 Web 服务，这一阶段的微服务作为 SOA 的轻量化方案 [9]。2014 年，马丁·福勒（Martin Fowler）与詹姆斯·刘易斯（James Lewis）合写的文章"Microservices: A Definition of This New Architectural Term" [10] 明确定义了现代微服务的概念，标志着微服务架构成为一种独立的架构风格。该文对微服务的定义为："微服务是一种通过多个小型服务组合来构建单个应用的架构风格，这些服务围绕业务能力而非特定的技术标准来构建。各个服务可以采用不同的编程语言、不同的数据存储技术，拥有属于自己的独立执行流程。微服务采用轻量级的通信机制和自动化的部署机制实现通信与运维。"文章列出了微服务的 9 个核心技术特征，包括围绕业务能力构建、分散治理、数据去中心化、强终端弱管道、容错性设计、演进性设计、基础设施自动化等，还专门申明微服务不是 SOA 的变体或衍生品。微服务摒弃了很多 SOA 的约束和规定，提倡以"实践标准"代替"规范标准"，追求更加自由的架构风格，典型的微服务架构如图 3-6 所示 [6]。

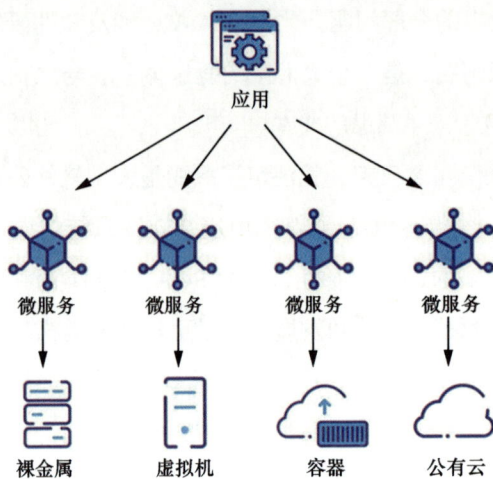

图 3-6 微服务架构

许多通过互联网提供云服务的公司，如 Amazon、eBay 和 NetFlix，都采用微服务架构模式解决单体应用开发的问题，其思路是将巨大的单体应用分解成一系列较小的互连服务，一个服务完成某个特定的功能，如客户管理、订单管理等，每个微服务都有自己的六边形架构，包括业务逻辑和多个适配器。部分微服务会发布 API 供其他微服务或应用客户端调用，在运行时，每一个微服务实例可能是一个云上的虚拟机或 Docker 容器。

（2）微服务与扩展立方体

微服务架构模式与 *The art of Scalability: Scalable Web Architecture, Processes, and Organizations for the Modern Enterprise*[11] 书中描述的扩展立方体相对应，扩展立方体定义了扩展一个应用程序的 3 个维度，如图 3-7 所示。

扩展立方体定义了扩展应用程序的 3 种不同方法，对应图中的 3 个维度：x 轴、y 轴和 z 轴[12]。

x 轴扩展。也称为水平扩展，在多个相同实例之间实现请求的负载均衡。x 轴扩展是扩展单体应用程序的常用方法，其工作原理如图 3-8 所示。在负载均衡器之后运行应用程序的多个实例。负载均衡器在 N 个相同的实例之间分配请求，是提高应用程序吞吐量和可用性的好方法，其基本思想在当前的云服务部署中一直沿用。

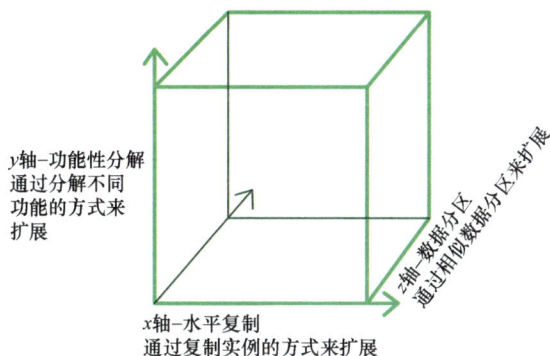

图 3-7 应用程序扩展立方体模型

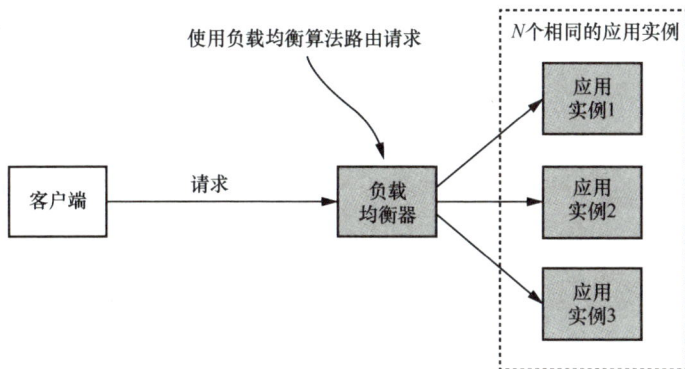

图 3-8 x 轴扩展工作原理

z 轴扩展。基于请求的属性路由请求以实现扩展。z 轴扩展也需要运行单体应用的多个实例，但与 x 轴扩展不同，每个实例仅负责数据的一个子集。z 轴扩展的工作原理如图 3-9 所示。置于前端的请求路由器根据请求中的特定属性将请求转发到适当的实例，例如，可以根据请求中的用户标识或 IP 地址将请求分配到不同的实例。

y 轴扩展。根据业务功能把应用拆分为多个功能组件。x 轴和 z 轴扩展能够有效提升应用的吞吐量和可用性，但没有解决应用程序自身开发的复杂性问题。y 轴扩展通过将应用拆分成一组服务，实现业务功能的灵活扩展。因此 y 轴扩展对应于微服务架构模式，在此基础上，多个微服务的容器化部署和对持续集成、持续交付的支持，也能够提高 x 轴和 z 轴扩展的性能。

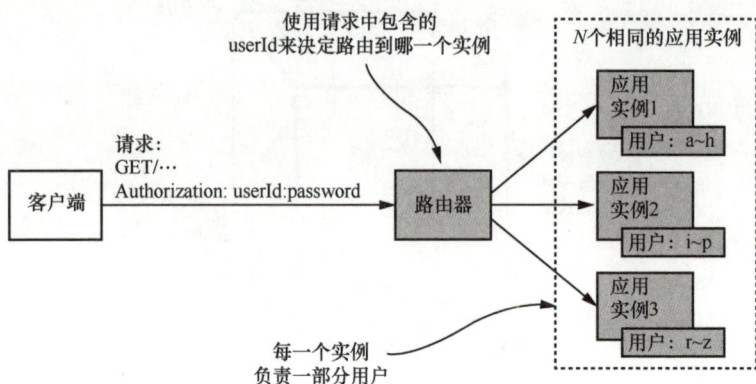

图 3-9　z 轴扩展工作原理

对应 y 轴扩展的微服务模式深刻影响了应用和数据库之间的关系，与单体应用中多个模块共享一个数据库不同，微服务架构中的每个微服务都有自己的数据库。

（3）微服务架构与 SOA

从表面上看，微服务架构中的服务粒度更细，是 SOA 的轻量化版本，按照服务粒度从粗放到精细的顺序，可以依次对应到单体架构、SOA 和微服务架构，如图 3-10 所示 [13]。

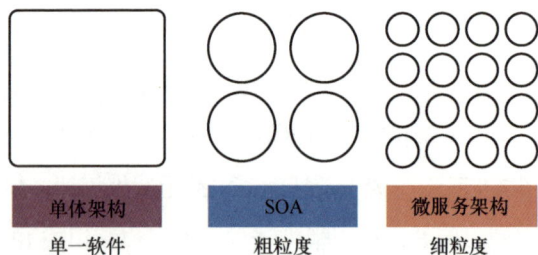

图 3-10　单体架构、SOA、微服务架构的简单对比

除了服务粒度，微服务架构与 SOA 在设计目标、通信机制、数据管理等多个方面都有重要的区别 [12-13]。

① 设计目标不同

SOA 的设计目标是减轻大型软件系统开发集成的压力，把企业内部基于不同协议、数据结构的服务进行综合集成，提高系统的重用性和可移植性，而微服务架构的设计目标是通过多个独立开发、部署、自治的服务，提高软件系统的可扩展性和灵活性，降低运行和维护成本，提高研发效率。

② 通信机制差异

SOA 中，服务间通信往往采用比较重量级的协议，如 SOAP、微软消息队列（Microsoft Message Queuing，MSMQ）或高级消息队列协议（Advanced Message Queuing Protocol，AMQP）等。在此基础上，使用 ESB 进行服务集成，ESB 是包含了业务和消息处理逻辑的智能管道。而微服务架构摒弃了 SOA 中复杂厚重的 ESB，而是基于哑管道进行服务间通信，采用类似 REST、Thrift API 或 gRPC（Google Remote Procedure Call）等轻量级协议或 RocketMQ、Kafka 等消息队列。

③ 数据管理模式不同

SOA 通常采用全局数据模型，所有的服务使用相同的底层数据库，而且一般使用传统的关系型数据库，如 Oracle、Mysql 等。微服务架构下，每个服务通常都有自己的数据模型和数据库，可以分别选择适当的数据库类型，如关系型数据库（SQL）或非关系型数据库（NoSQL），并且大多数微服务都需要将数据沉淀到自己的数据库中，服务间共享数据只能调用目标服务对外暴露的访问接口，可以有效缓解服务之间抢占数据库和缓存资源所带来的性能问题。

④ 服务粒度不同

SOA 在进行服务划分的时候，颗粒度比较粗。例如，在一个企业资源规划系统中，"员工管理系统"可以作为一个服务，其中包含员工信息管理、绩效管理、薪酬管理、固定资产管理等多个模块，这些模块被统一规划到员工管理服务中，部署的时候也是作为一个整体，从某种意义上讲，SOA 服务的体量与一个中等单体应用相当。而在微服务架构中，员工信息管理是一个独立开发、部署的微服务，其他的模块也都对应各自的微服务。

⑤ 适用场景不同

SOA 适合于外部访问量较少、业务体系庞大复杂的企业级系统，这个系统在企业中会延续应用很长时间，而且会不断开发新的业务系统，与原有系统进行统一集成，如果推倒重来或进行大规模优化，在时间和人力成本上基本不可行，因此类似的企业级系统一般采用 SOA，基于 ESB 进行异构系统的通信集成。微服务架构适合需要快速交付、轻量级的互联网应用，特别是移动互联网应用，这类应用的客户需求瞬息万变，每个业务系统都需要快速尝试、快速交付。由于每个服务都可以单独部署，在大并发的情况下，更容易横向扩展，即使出现某个服务宕机的异常情况，也可以通过服务熔断等技术手段，避免对其他服务和整个业务系统产生影响。

（4）微服务架构的优点

微服务架构通过将应用程序拆分为小型、独立的服务，可以更好更快地满足业务需求，其优点主要体现在如下方面。

- 灵活可扩展。微服务架构将大型单体应用分解为多个微服务，每个服务采用远程过程调用（Remote Procedure Call，RPC）或消息驱动 API 定义出清晰的边界，各个服务可以独立进行开发、扩展和升级，能够根据业务需求变化进行快速灵活扩展。

- 技术多样性。由于每个微服务都是独立的，开发者可以自由选择开发技术，采用不同的技术栈来开发和部署服务，能够根据具体业务需求选择最适合的技术，开发者也不需要被迫使用某项目初始阶段采用的过时技术，由于服务粒度较细，采用新技术重新编写以前的代码也变得可行，从而提高了系统开发的灵活性和可维护性。

- 高可用性和容错性。微服务架构中的每个服务都是独立的，因此即使某个服务出现故障，也不会影响整个系统的运行，从而提高了系统的可用性和容错性。

- 更好的团队协作。微服务架构可以根据业务需求将团队划分为多个小团队，每个团队负责开发和维护一个或多个微服务，这样可以更好地实现团队之间的协作和沟通，提高开发效率和质量。

- 更快的上线速度。由于每个微服务都是独立的，可以并行开发和部署不同的服务，从而缩短了系统上线的时间，更快地响应业务需求。微服务架构模式使得持续集成、持续交付成为可能。

（5）微服务架构的不足

正如图灵奖得主布鲁克斯（Brooks）在 1986 年提出的著名论断："没有银弹"（"No Silver Bullets"，比喻在软件开发中很难找到一劳永逸的理想解决方案）[14]。微服务架构也不例外，作为一种分布式系统架构模式，虽然在扩展性、灵活性等很多方面具有优势，但同时也存在一些不可忽视的缺点，主要包括以下方面。

- 服务的拆分和定义是一项挑战。关于微服务拆分还没有统一的标准实施方法，需要在深入理解业务领域、合理划分服务边界的基础上，逐步具象化各个微服务，服务的拆分和定义更像是一门艺术，需要在多次实践中逐步完成。如果服务拆分不合理，不但难以发挥微服务的优势，而且会引入更多弊端，服务拆分的难度给实施微服务架构设置了第一道"门槛"。
- 分布式系统的挑战。微服务架构中的各个服务单元分布在不同平台上，通过网络进行通信，会存在网络延迟、通信失败、数据一致性等分布式系统面临的挑战问题，开发人员需要面对创建分布式系统的复杂性，针对上述挑战进行额外的处理和优化。
- 数据一致性和事务管理。微服务架构中的各个服务单元拥有自己的数据存储，会带来数据一致性和事务处理方面的困难，需要设计合适的解决方案来确保数据一致性，实现跨服务的分布式事务处理。
- 性能监控和故障排查困难。由于微服务架构中的多个服务分布式运行，服务间的调用关系复杂，对系统性能进行监控和故障排查会更加困难，需要建立完善的监控和故障管理系统来保证稳定性和可靠性。

在使用微服务架构时，上述问题无法回避，这也是获得微服务好处需要付出的代价，为了应对上述挑战，业界提出了诸多解决方案，包括通过领域驱动建模进行服务定义、设计服务注册与发现机制以及分布式事务处理等，以促进微服务架构模式的落地实施。

3.2.3.3 微服务拆分

实施微服务架构的关键是将应用程序功能分解为多个微服务，并对服务间的依赖关系和调用接口进行清晰定义，这是全新设计微服务应用或将现有应用迁移到微服务架构的首要工作，下面探讨对应用程序进行服务拆分的原则和方法。

1. 服务拆分策略

无论哪种架构设计模式，一般都会强调降低服务或模块间的耦合度，因为服务／模块间的耦合程度会直接影响软件的可靠性、扩展性和开发周期。而微服务架构的核心特性之一是服务之间是松耦合的，服务间交互通过服务 API 完成，封装服务的实现细节，允许服务在不影响客户端的情况下，对实现方式做出修改，同时能够避免外界直接访问服务内部数据，保证数据的私有性，这与面向对象的设计理念十分相似。

为了确保服务的独立性，能够以松耦合方式相互协作，在应用程序拆分成微服务的过程中，需要遵循以下基本原则 [15-16]。

- 单一职责原则。一个微服务应该只负责一个功能或业务领域，其他功能或业务交给其他服务来完成，这样可以使微服务的职责清晰、可维护性高、易于扩展和替换。

- 服务自治原则。每个微服务都应该具备高度自治的能力，有各自的存储、配置，不需要过多关注其他微服务的状态和数据，要求每个服务能做到独立开发、测试、构建、部署和独立运行。

- 分层单向依赖原则。在复杂的业务系统中，如果需要分层定义微服务，如数据访问层、领域服务层、应用服务层、API 网关层等，要求每层的微服务只能调用下层服务提供的接口，完成本层数据或业务处理，在此基础上，继续为上层提供调用接口。

- 避免环形／双向依赖原则。服务拆分中需要避免服务间形成相互嵌套的闭环依赖关系（环形依赖）或服务之间出现互相依赖的情况（双向依赖），核心是对微服务间依赖关系进行严格规范，将强相关功能放在同一个服务中，同时引入异步通信机制，将服务间的依赖关系转化为消息发送和接收。

基于上述服务拆分原则，对应用程序进行服务分解的过程中，具体实施策略可以从功能维度和非功能维度两个方面考虑。

- 功能维度主要是基于业务功能的边界定义微服务，主要有 3 种拆分方式。

一是纵向拆分，按照业务的关联程度，将功能相对独立的业务单独拆分为一个微服务，将相关性强、关联密切的业务放到一个微服务中。二是横向拆分，按照功能的公共性和独立程度，将相对独立且为其他模块提供公共功能的部分封装为微服务。三是基于领域模型拆分，按照业务功能的内在逻辑关系划分业务领域或子域，根据域边界定义微服务。

- 非功能维度主要从软件的扩展性、可靠性、高性能、安全性等角度定义微服务。从扩展性角度来看，将系统中相对稳定、成熟、通用的功能拆分出来，作为共用的服务，将易变的部分独立出来满足个性化扩展的需要。从可靠性角度来看，将可靠性要求高的核心服务和可靠性要求相对低的非核心服务区开，然后重点保证核心服务的高可用。从高性能角度来看，将性能要求高或性能压力大的模块拆分出来，封装为独立的服务，避免性能压力大的服务影响其他服务，常见的拆分方式和具体的性能瓶颈有关，例如，将性能压力大的排队功能独立成一个服务；对于读写性能差异大的功能，基于读写分离来拆分服务；按照对数据一致性的不同要求分别定义服务等。从安全性角度来看，根据对信息安全的不同要求，将需要高度安全的服务拆分出来，进行区分部署，以降低对安全设备吞吐量、并发性等方面的要求，从而降低成本、提高效率。

微服务的拆分工作通常有两种情况：一是已有的单体应用在功能迭代的过程中遇到了难以解决的痛点，需要进行现有架构的微服务化改造，这个过程涉及对原有代码和数据库的分解，也可能需要将某些功能进行重构；二是从零开始设计微服务架构的软件系统，允许设计者根据实际需求进行更精细的服务划分，这个过程给设计者提供了较大的灵活性，但对设计能力要求较高[17-18]。

在微服务软件设计实践中，可以根据实际情况对功能维度和非功能维度的服务拆分策略进行组合使用，如功能维度中的纵向和横向拆分策略比较适用于单体应用迁移到微服务架构的过程，而基于领域模型结合业务能力进行服务拆分，更适用于从零开始设计的微服务架构。此外，需要注意的是，服务拆分不仅是架构的调整，也意味着要在组织结构上做出相应的优化，以确保拆分后的服务由独立团队负责维护。

2. 服务拆分方法

应用程序的服务拆分跟通常的软件开发过程类似，都是从需求开始，在此基础上，通过定义系统操作、定义服务、定义服务 API 这 3 个步骤，迭代形成合理的微服务架构。微服务拆分的三步式流程如图 3-11 所示[12]。

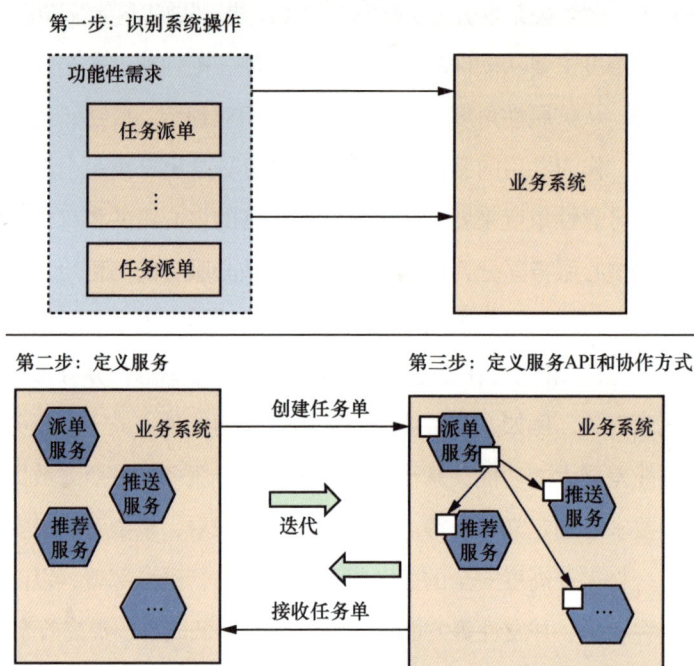

图 3-11　微服务拆分的三步式流程

① 识别系统操作。将应用程序的需求提炼为各种关键请求，用系统操作对关键请求进行抽象描述，既可以是更新数据的命令，也可以是检索数据的查询。系统操作作为应用程序处理请求的一种抽象描述，能够从架构层面描述服务之间的协作方式和场景。

② 定义服务。定义服务是确定如何进行服务拆分的关键环节，主要有两种可选策略：一是根据业务能力直接定义对应的服务；二是围绕领域驱动模型设计，根据子域来分解和设计服务。这两种策略都是围绕业务概念而非技术概念来拆分和定义服务的。

③ 定义服务 API 和协作方式。将第一步中标识的每个系统操作分配给服务。

如果一个系统操作需要多个服务协同完成，通过定义服务 API 确定服务间的协作方式，同时确定实现每个服务 API 的进程间通信机制。

3. 识别系统操作

识别系统操作是定义应用程序微服务架构的第一步，起点是应用程序需求，包括用户场景和各类用例，识别系统操作可以视为对产品需求的剖析和分解，一般采用两步流程进行系统操作定义，如图 3-12 所示。第一步是创建由关键类组成的抽象领域模型，这些关键类提供用于描述系统操作的词汇表，主要目的是提取出系统操作的对象（领域对象）；第二步是定义系统操作，根据领域模型描述每个系统操作的行为，主要体现系统操作对一个或多个领域对象的影响[19-20]。

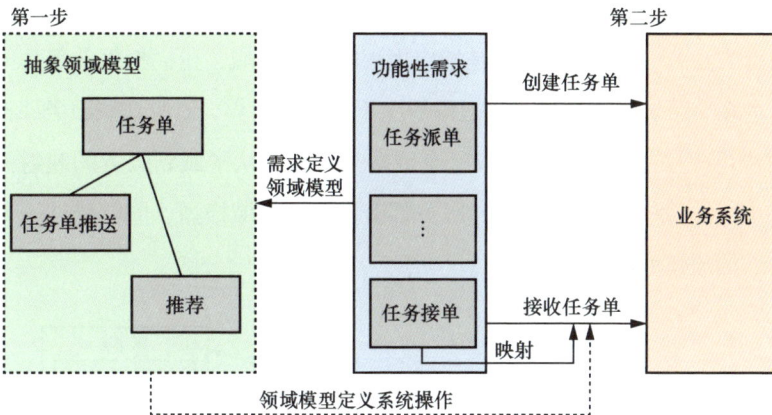

图 3-12　系统操作定义流程

在完成产品需求的场景分解后，就可以得到系统应用场景中的必备元素，这些元素就是实际承载各类数据的载体，称为业务对象。系统操作通过发出指令驱动各业务对象开展工作。以场景中的动作为切入点，可以很容易识别出系统指令，通过上述场景分析来完成对产品需求的剖析和分解，从而识别出软件的系统操作，这个过程可以让软件的业务能力逐渐清晰，帮助开发者以业务为中心逐步完成软件的微服务架构设计。

4. 定义服务

识别系统操作后，下一步是完成服务的识别和定义，主要有两种方式：基于业务能力进行服务定义和基于子域进行服务定义。

（1）基于业务能力进行服务定义

业务能力是指能够为公司或组织产生价值的商业活动，通常集中在特定的业务对象上，尽管在不同场景下每个业务对象可能有不同的系统操作，但即使后续业务扩展、场景增加，已有业务对象的功能定义也不会改变，围绕着业务对象梳理出业务能力，并在此基础上设计的微服务架构也会相对稳定。在基于业务能力进行服务定义时，首先基于系统操作进一步细化业务能力，然后为每个业务能力或一组相关能力定义对应的服务。

（2）基于子域进行服务定义

基于子域进行服务定义来源于埃里克·埃文斯（Eric Evans）在其经典著作 *Domain-Driven Design: Tackling Complexity in the Heart of Software* 中提出的领域驱动设计方法[19]，其中，领域是指应用程序的问题域，可以根据业务功能进一步划分为多个子域，子域之间通过限界上下文划分边界，对应到微服务架构中，就是将应用程序的子域，映射成一个或多个服务。从子域到服务的映射关系如图 3-13 所示，每个子域映射到的服务都有自己的领域模型，能够描述子域的业务实体、抽象模型、业务知识等。

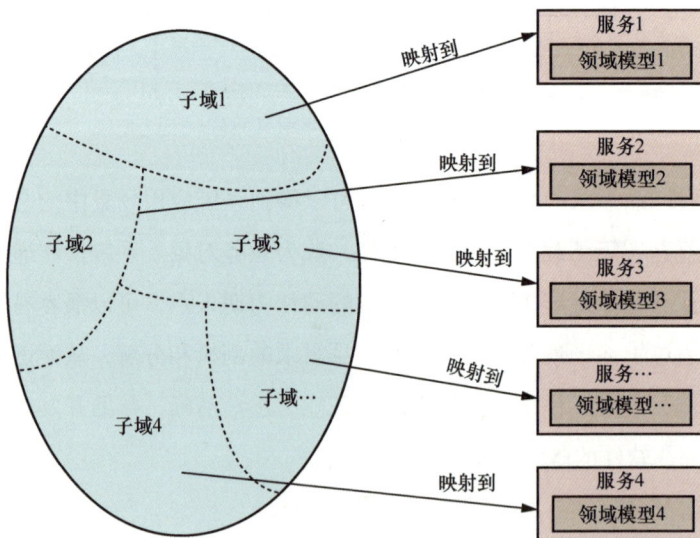

图 3-13　从子域到服务的映射关系

领域驱动设计中子域和限界上下文的概念，能够很好地匹配微服务架构中的服务。微服务由多个自治团队独立开发、维护的理念也与领域驱动设计中每个领域模型由独立团队开发维护的理念相吻合。因此，在微服务架构的设计实践中，领域驱动设计已经成为一种通用设计方法，能够帮助开发团队以规范化方式处理微服务系统的复杂性[21-22]。

按照基于子域进行服务定义的方法，根据从业务场景中提取的系统操作和各个类的作用，将关系紧密、依赖性强的类划分到同一个子域，并将每个子域映射为一个或多个服务。

5. 定义服务 API 和协作方式

识别系统操作并完成微服务定义后，得到一组系统操作列表和一组服务列表，接下来进行服务的 API 定义，主要任务是确定每个服务对应的操作和事件。服务的操作分为两种，一种由外部客户端调用，这类操作会通过 API 网关对外提供；另一种由其他服务调用，用来支持服务间的协作。此外，服务还可以通过对外发布事件来通知外部客户端或支持服务间的协作。

定义服务 API 的第一步是将每个系统操作分配给各个服务，然后确定服务是否需要与其他服务协作以实现系统操作，如果需要协作，就进一步定义相关服务为支持协作提供的 API。某些系统操作由单个服务处理，该系统操作就是服务需要提供的 API。有些系统操作会跨越多个服务，因此在确定了系统操作的起始点后，还需要梳理服务间的协作关系，明确其他参与协作的服务需要提供的 API。通过这种办法，可以依次列出各个服务的 API 与其协作者之间的映射关系，从而梳理出每个服务需要实现的 API。

至此，就完成了应用程序的微服务拆分和定义。需要说明的是，当前的拆分只是从概念层面说明基本流程，实际工程实现中，还需要综合考虑服务间通信机制、数据一致性以及性能效率等问题，需要在实施过程中不断迭代优化。

3.3 服务网格与微服务通信

在传统的单体应用中，软件模块间的通信可以通过代码级的方法或函数调用实现。而微服务应用是运行于多个主机的分布式系统，构成应用程序的多个服务，需要经常协作处理各种外部请求，这些服务的实例通常是运行在云虚拟机或容器上的进程，所以微服务间通信本质上还是进程间通信（Interprocess Communication, IPC）。随着微服务规模的扩大，服务间通信机制就变得更加复杂，通信故障发生的可能性也越大，对通信机制的设计要求也就越高，单体应用与微服务应用通信机制的比较如图 3-14 所示 [23]。

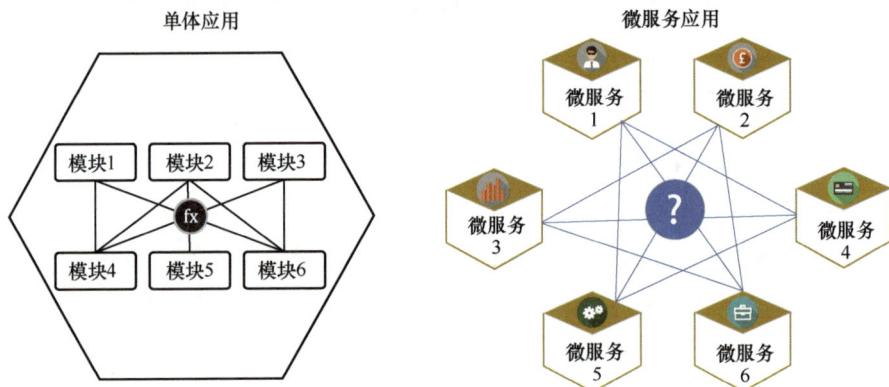

图 3-14　单体应用与微服务应用通信机制的比较

3.3.1　服务网格概念

为了降低微服务拆分带来的复杂度，将开发人员从复杂的服务间交互机制中解脱出来，专注开发业务功能，业界提出了多种微服务治理框架，专门解决微服务之间的通信、注册发现、负载均衡、流量控制、熔断降级等共性问题。其中，最具代表性的新一代微服务治理框架是服务网格（Service Mesh）。

服务网格的概念最早由 Buoyant 公司的威廉姆·摩根（William Morgan）首次提出 [24]。他将服务网格定义为处理服务间通信的基础设施层，提供轻量级的高性能网络代理，将采用边车（Sidecar）代理模式服务的通信抽象为单独一层，实现服务发现、负载均衡、认证授权、监控追踪、流量控制等分布式系统所需要的功能，边车与业务服务部署在一起，但对服务透明，自动接管服务的流量，以代理方式完成服务之间的交互。应用系统作为服务的发起方，只需用最简单

的方式将请求发送给本地服务网格代理，然后网格代理会进行后续的操作，将
请求转发给目标服务。服务网格的边车代理模式如图 3-15 所示。

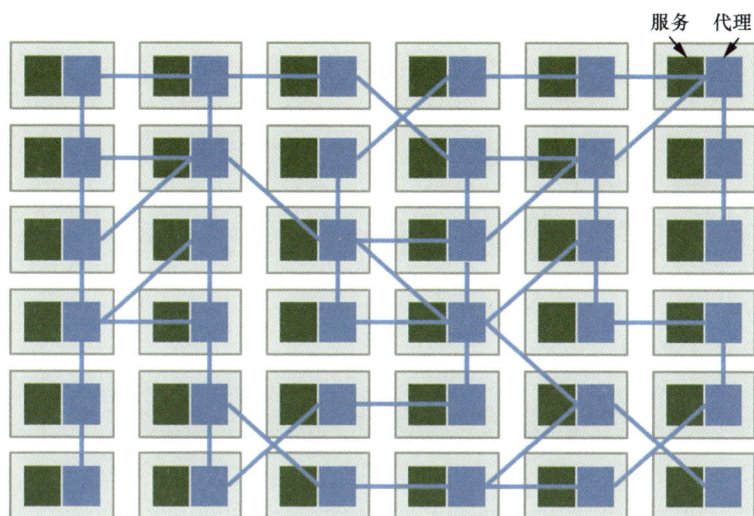

图 3-15　服务网格的边车代理模式

　　服务网格的特点是将控制平面和数据平面完全分离，从云原生应用和服务
的角度看，服务网格实现了应用与平台基础设施的解耦，将大量公共组件从业
务进程中剥离出来，以无侵入的方式实现了应用轻量化，使开发者可以聚焦业
务逻辑，不再关注微服务治理相关问题，从而提升应用开发效率，加速业务创新。
服务网格的典型架构如图 3-16 所示。

　　在服务网格架构中，服务 A 调用服务 B 的所有请求，都被其下方代理截获，
因此代理可以在服务无感的情况下实现两个服务之间的服务发现、熔断、限流
等功能，这些功能相关策略在控制平面上单独配置即可。服务网格中的控制平
面组件一般运行在虚拟机或容器中，通过将治理功能组件标准化，提供对代码
/ 业务无侵入的服务治理能力，实现业务组件与治理模块全面解耦，服务治理模
块可以独立演进。

　　服务网格的出现，将微服务通信下沉到基础设施层，屏蔽了微服务处理各
种通信问题的复杂度，将服务网格与以 Kubernetes 为核心的云原生操作系统结合，

在提升微服务系统的稳定性、灵活性、可观测性和持续交付能力方面具有明显优势。随着云原生应用的迅速发展，服务网格作为云原生架构不可或缺的重要组成部分，成为实现应用云原生化的关键支撑 [25]。

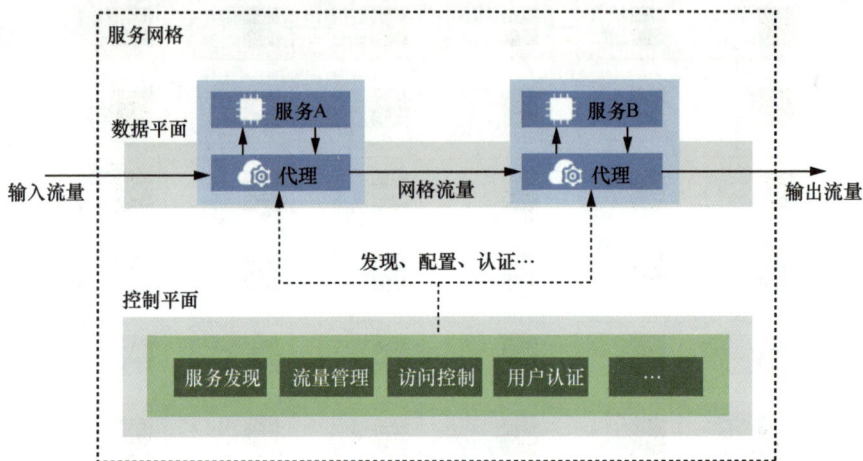

图 3-16 服务网格的典型架构

3.3.2 服务网格功能

在第一代服务网格项目中，更多的是实现服务网格的数据平面，简单来说就是网络代理（Proxy）。在大规模微服务集群中，网络代理会形成巨大的代理矩阵或者网格，如何对这些看起来错综复杂的分布式代理进行统一的管理，是第二代服务网格需要考虑的问题，而解决办法就是为服务网格构造控制平面或控制中心。

Istio 是第二代服务网格的杰出代表，在数据平面组件 Envoy 的基础上构建了控制平面，对复杂的 Envoy 代理网格进行统一管理。有了控制平面，管理员只需根据控制中心的 API 来配置整个集群的应用流量、安全规则即可，网络代理会自动和控制中心打交道，根据用户的期望改变自己的行为。同时网络代理还会与控制中心通信，一方面可以获取需要的服务信息；另一方面也可以汇报服务调用的流量数据。

服务控制平面的主要功能包括以下方面。

（1）流量管理。在服务之间动态地配置、控制和路由流量，可以轻松实现A/B测试、金丝雀部署和灰度发布等策略，而无须修改服务代码。此外，还支持故障注入和流量镜像，有助于进行故障排除和调试。

（2）策略执行。支持策略配置以实现服务的授权、限流和配额控制。运维人员可以轻松地实施复杂的访问控制策略，并确保服务在收到不合理请求时得到适当的保护。

（3）服务安全。包括服务间的身份认证、访问控制和流量加密。通过使用网络代理，可以在服务之间自动注入安全性，从而减轻了开发人员实现这些功能的负担。

（4）故障恢复。支持故障恢复和容错机制，如超时控制、重试和断路器。这些功能有助于保护应用程序免受服务间故障的影响，并确保系统在出现问题时保持稳定。

（5）指标、跟踪和监控。帮助运维人员了解服务的性能和行为。通过集成监控工具，运维人员可以对服务进行实时监控和故障排除。

（6）日志和链路跟踪。提供了丰富的日志记录和追踪功能，开发和运维人员可以深入了解服务间的通信和请求流。这对于故障排除、性能优化和安全审计很有帮助。

3.3.3 服务发现机制

微服务间通信首先要知道目标服务的网络地址，获取服务网络地址的过程，称为服务发现。在分布式微服务架构下，靠手工配置大量的服务地址是不现实的，必须有一套完备的服务自动发现机制。不管是传统单体应用还是微服务，对外接口的表现形式都是"IP:Port"，服务发现的本质就是让外部服务消费者获知服务提供者的IP地址和端口号。

运行在传统物理服务器或虚拟机上的单体应用动态性不强，更新和发布频度较低，通常以月甚至以年计。一般情况下，单体式应用的服务端IP地址是静态的，即使IP地址发生变化，由IT运维人员手动更新配置文件，调用方从配置文件中读取更新的 IP 地址和端口号就可以继续访问这个应用。

在微服务架构下，应用被拆分成众多微服务，具有弹性伸缩、动态上线和下线等特性，而且因为扩展、失效和升级等需求，服务实例会经常动态改变。因此，微服务架构下，服务实例的 IP 地址往往是动态分配的，无法事先写入配置文件中并及时跟踪其动态变化。在中大规模微服务系统的生产环境中，如果仍然通过手工修改配置文件来维持服务正常通信，基本上是不可行的。因此，需要引入一种服务发现机制，当被访问服务的网络地址发生变更时，访问者能够及时感知并获取到最新的网络地址。

微服务的服务发现机制主要包含 3 个角色：服务提供者、服务消费者和服务注册表。

- 服务提供者：指对外提供服务的服务实体，在启动时将服务信息注册到服务注册表，服务退出时从服务注册表中注销服务。
- 服务消费者：指访问服务的实体，从服务注册表中获取服务提供者的最新网络位置等服务信息，维护与服务提供者之间的通信。
- 服务注册表：连接服务提供者和服务消费者的桥梁，维护服务提供者的最新网络位置等服务信息。

下面以 Spring Cloud 微服务框架为例，简要说明服务注册与发现的实现机理。

在 Spring Cloud 框架中，默认使用 Eureka 组件提供服务注册与发现功能。Eureka 是一个基于 RESTful 的服务，由 Eureka 服务端和 Eureka 客户端两个组件组成。

- Eureka 服务端：提供服务注册服务，各个微服务节点启动后，会在 Eureka 服务端中进行注册，Eureka 服务端中的服务注册表中就会存储所有可用服务节点的信息。
- Eureka 客户端：是一个基于 Java 的客户端程序，微服务节点启动后，开始向 Eureka 服务端发送心跳（默认为 30 s）信息，如果 Eureka 服务端在多个心跳周期内没有接收到某个节点的心跳，Eureka 服务端将从服务注册表中把这个服务节点移除（默认为 90 s）。

Eureka 集群部署时，多个 Eureka 服务端之间通过复制方式完成数据同步。

此外，Eureka 还提供了客户端缓存机制，即使所有的 Eureka 服务端全部出现故障，客户端仍然可以利用缓存中的信息调用其他微服务节点的 API。Eureka 组件实现服务发现的基本原理如图 3-17 所示 [26]。

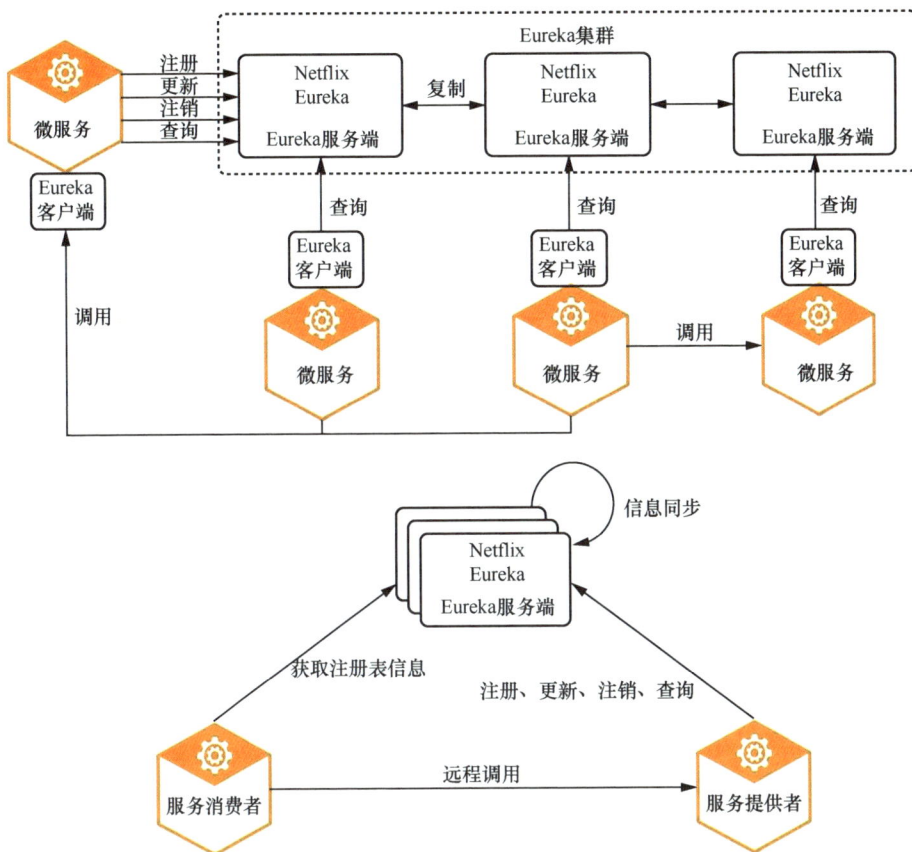

图 3-17　Eureka 组件实现服务发现的基本原理

在微服务架构中，主要有两类服务发现模式：客户端发现和服务端发现。

3.3.3.1　客户端发现模式

客户端发现模式中，客户端负责确定可用服务实例的网络位置，并对请求进行负载均衡。客户端查询服务注册表，获取到可用服务实例的网络位置，并利用负载均衡算法选择一个可用服务实例，客户端发现模式的基本原理如图 3-18 所示。

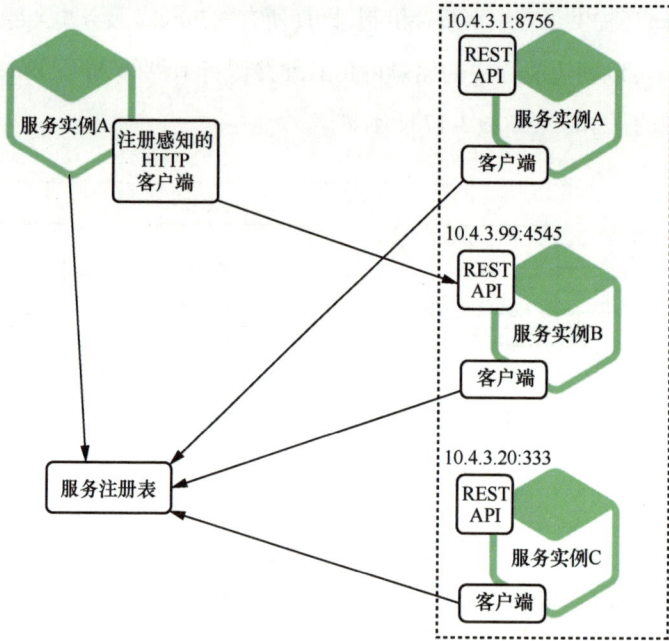

图 3-18　客户端发现模式的基本原理

服务实例的网络位置在启动时注册到服务注册表中，当实例终止时从服务注册表中删除。服务实例注册信息一般使用心跳机制来定期刷新。

客户端发现模式的优点是比较简洁，除了服务注册表，没有其他改变的因素。此外，因为客户端能够发现可用的服务实例，可以实现更具智能化的负载均衡决策。而该种模式最大的缺点是客户端与服务注册表紧耦合，需要根据每种客户端使用的编程语言和框架开发对应的服务发现逻辑[7]。

3.3.3.2　服务端发现模式

服务端发现模式是由服务侧的负载均衡器确定可用服务的网络位置，并对请求进行负载均衡处理，其基本原理如图 3-19 所示。

服务端发现模式中，客户端通过负载均衡器向某个服务提出请求，负载均衡器向服务注册表查询服务信息，获取可用服务后，基于负载均衡算法将每个请求转发到可用的服务实例。与客户端发现模式相同，服务实例在服务注册表中注册或注销。

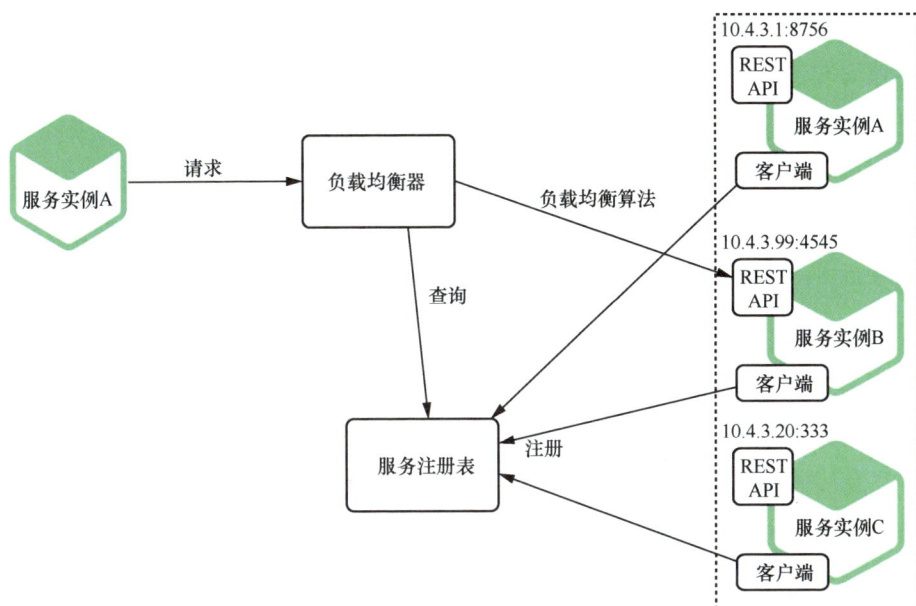

图 3-19　服务端发现模式的基本原理

服务端发现模式的最大优点是客户端无须关注服务发现的细节，只需要简单地向负载均衡器发送请求，实际上减少了编程语言框架需要完成的发现逻辑。该模式的缺点是依赖部署环境提供的负载均衡器，当部署环境中不提供负载均衡器时，需要额外配置用于服务发现的高可用系统组件，进行服务发现设置和管理 [7]。

3.3.3.3　服务注册表

服务注册表是服务发现的关键部分，是包含服务实例网络地址的数据库。服务注册表需要保持高可用和信息最新，虽然客户端可以缓存从服务注册表获得的服务网络位置，但这些信息最终会过期，客户端将无法发现服务实例。因此，服务注册表使用复制协议来维护服务器集群中服务注册信息的一致性。

服务注册表的典型示例是前文所述的 Netflix Eureka，该组件提供了 REST API 注册和请求服务实例。服务实例使用 POST 请求注册网络地址，每隔 30 s 必须使用 PUT 方法更新服务注册表，使用 HTTP DELETE 请求或实例注册超时来移除注册信息。客户端可以使用 HTTP GET 请求来检查已注册的服务实例。

Netflix 通过在每个 AWS EC2（Amazon Web Service Elastic Compute Cloud）域运行一个或者多个 Eureka 服务实现高可用性，每个 Eureka 服务器都运行在拥有弹性 IP 地址的 EC2 实例上。DNS TEXT 记录用于存储 Eureka 集群配置，存放从可用域到一系列 Eureka 服务器网络地址的列表。当 Eureka 服务启动时，客户端向 DNS 请求接受 Eureka 集群配置，确认同伴位置，给自己分配一个未被使用的弹性 IP 地址。Eureka 客户端首选同一域内的服务，如果域内没有可用服务，客户端会尝试发起 DNS 请求，使用另外可用域的 Eureka 服务。

其他的服务注册组件包括 Etcd、Consul 和 Apache ZooKeeper 等，需要说明的是，在一些云平台系统中，如 Kubernetes、Marathon 和 AWS 等并没有独立的服务注册组件，服务注册中心作为平台的内置功能，作为基础设施的一个组成部分 [7]。

3.3.4　服务通信机制

3.3.4.1　服务间交互方式

选择服务间的进程间通信机制时，首先需要考虑服务如何交互。客户端与服务间的交互方式可以分为两个维度，第一个维度关注的是交互双方的数量：一对一和一对多。

- 一对一：每个客户端请求由一个服务实例来处理。
- 一对多：每个客户端请求由多个服务实例来处理。

第二个维度关注的是同步和异步：同步模式和异步模式。

- 同步模式：客户端请求需要服务端实时响应，客户端等待响应时可能导致堵塞。
- 异步模式：客户端请求不会阻塞进程，服务端的响应可以是非实时的。

服务间通信通常使用的都是以上这些交互方式的组合，根据实际情况进行交互方式选择，如表 3-1 所示。

表 3-1　服务间交互方式

维度	一对一	一对多
同步模式	请求 / 响应	无
异步模式	异步请求 / 响应 单向通知	发布 / 订阅 发布 / 异步响应

服务间的一对一交互方式有以下 3 种类型。

- 请求 / 响应。一个客户端向服务端发起请求，等待响应；客户端期望服务端很快就会发送响应。在一个基于线程的应用中，等待过程可能造成线程阻塞。这样的方式会导致服务的紧耦合。
- 异步请求 / 响应。客户端发送请求到服务端，服务端异步响应请求。因为服务端的响应不会马上就返回，客户端在等待响应时不会阻塞线程。
- 单向通知。客户端的请求发送到服务端，但是并不期望服务端做出任何响应。

服务间的一对多的交互方式有以下 2 种类型。

- 发布 / 订阅方式。客户端发布通知消息，被零个或者多个感兴趣的服务订阅。
- 发布 / 异步响应方式。客户端发布请求消息，然后等待一段时间来接收响应。

通常每个服务都是组合使用这些交互方式，对于某些服务，单一的 IPC 机制就足够了；而其他服务可能需要多种 IPC 机制组合。

根据服务间交互方式的不同，需要在服务操作和事件的基础上，采用接口定义语言（Interface Definition Language，IDL）精确定义服务的 API，如果使用消息机制，则 API 由消息通道、消息类型和消息格式组成；如果使用 HTTP，则 API 由 URL、HTTP 操作以及请求和响应组成。此外，服务的 API 很少一成不变，总是随时间推移而改变。在单体应用中，更改 API 和更新所有调用者通常很容易完成，而在基于微服务的应用程序中，通常无法强制所有客户端与服务同步升级，需要逐步部署服务的新版本，对 API 进行兼容性和版本管理，允许新版本和旧版本服务同时运行。

如何处理服务 API 变化，取决于变化的大小。如果 API 变动较小且保持与旧版本的兼容，例如，只是在 API 参数中添加了一个属性，则可以遵循客户端与服务器通信的稳健性原则，允许客户端使用旧版 API 和新版本一起工作，服务端提供默认响应值，客户端忽略旧版本不需要的响应。如果服务 API 需要进行较大修改，而且可能与旧版本不兼容，那么，由于不可能强制让所有的客户端立即升级，所以支持老版本客户端的服务还需要继续运行。如果使用基于 HTTP 机制的进程间通信，如 REST，一种解决方案是把版本号嵌入 URL 中，每个服务都能同时处理多个版本的 API。或者采用负载均衡模式，部署多种类型的实例，每种实例处理一个版本的请求 [12]。

3.3.4.2　同步通信机制

当使用基于同步调用的通信机制时，客户端向服务器发送请求，服务器处理该请求并发回响应，客户端阻塞并等待响应。将底层通信协议封装之后，客户端通信的调用方式与普通的函数调用基本一致，调用方的线程只有收到调用结果后才可以继续处理后续流程。远程过程调用是典型的同步通信机制，其基本原理如图 3-20 所示。

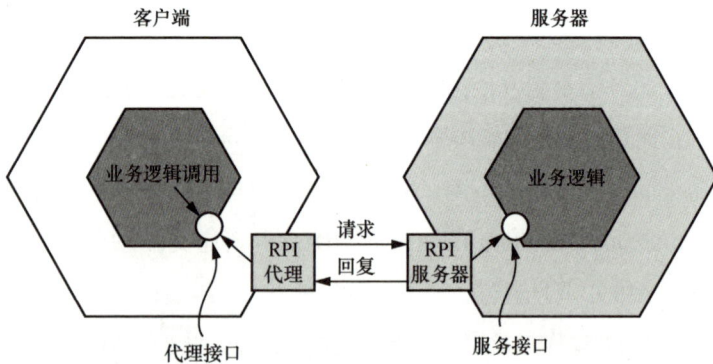

图 3-20　远程过程调用的基本原理

客户端中的业务逻辑调用代理接口，这个接口由代理适配器类实现。代理向服务器发出请求，服务器端口适配器类处理该请求，通过接口调用服务侧的业务逻辑，然后将响应返回客户端代理，代理再将结果提交给客户端的业务逻辑[12]。

客户端的代理接口通常封装底层通信协议，有多种协议可供选择，主流的有 REST 和 gRPC。

1. REST

表征性状态转移（REST）是一种基于 HTTP 协议的进程间通信机制。REST 中的关键概念是资源，通常标识单个业务对象，如客户或产品，或业务对象的组合。REST 使用 HTTP 操作访问资源，使用 URL 引用这些资源。例如，GET 表示请求返回资源，PUT 表示更新资源，POST 表示创建一个新资源，DELETE 表示删除资源等[27]。

在 REST 协议中，数据交换格式通常使用 JSON（Java Script Object Notation）格式和可扩展标记语言（eXtensible Markup Language，XML）。其中，JSON 是一种轻量级的数据交换格式，适用于移动互联网项目的移动端场景；XML 是一种重量级交换格式，一般用于企业级应用。

为了规范 REST 协议的设计和应用，伦纳德·理查德森（Leonard Richardson）定义了 REST 成熟度模型，具体分为以下 4 个层次[28]。

- 级别 0。0 级服务的客户端只是向服务端发起 POST 请求，进行服务调用。每个请求都指明了需要执行的操作、操作的目标以及参数。
- 级别 1。1 级服务支持资源的概念。要执行对资源的操作，客户端会创建一个 POST 请求，指定要执行的操作和参数。
- 级别 2。2 级服务使用 HTTP 动词来执行操作：使用 GET 检索、使用 POST 创建、使用 PUT 进行更新。这使服务能够利用到 Web 的基础特性。
- 级别 3。3 级服务的 API 基于非常规命名原则设计，基本思想是在由 GET 请求返回的资源信息中包含链接，这些链接能够执行该资源允许的操作。

REST 机制的优点在于其简单性和灵活性。通过使用标准的 HTTP 方法和状态码，REST 允许开发者使用统一的接口进行资源的访问和操作，这样可以降低学习成本并提高开发效率。此外，RESTful 机制的无状态性使得服务端可以更容易地进行水平扩展，从而提高系统的可伸缩性。另外，RESTful API 的设计使得客户端和服务器之间的耦合度较低，这样可以更容易地进行系统升级和维护。

然而，REST 机制也存在一些缺点。首先，RESTful API 只支持请求、响应方式的通信，而且很难在单个请求中同时对多个资源进行操作，这就限制了 REST 适用的应用场景；其次，由于客户端和服务直接通信，没有代理来缓冲消息，这就要求客户端和服务器在 REST API 调用期间都保持在线，导致可用性降低；另外，由于 RESTful 架构的无状态性，客户端需要在每次请求中都携带足够的信息来进行身份验证和状态管理，处理大规模数据时会带来性能问题等。

2. gRPC

gRPC[29] 是一种基于二进制消息的协议，使用基于 Protocol Buffer 的 IDL 定义 gRPC API，Protocol Buffer 由 Google 提出，是用于序列化结构化数据的二进制格式，具备高效、紧凑以及语言中立的特点。Protocol Buffer 采用一种标记格式，消息的每个字段都有编号，并且有一个类型代码。消息接收方可以提取所需的字段，并跳过它无法识别的字段。因此，基于 gRPC 的服务 API 能够在保持向后兼容的同时进行变更。

gRPC API 可由一个或多个服务和请求 / 响应消息定义组成。除了支持简单的请求 / 响应 RPC，gRPC 还支持流式 RPC，即服务器可以使用消息流回复客户端，客户端也可以向服务器发送消息流。这能够解决 REST 很难在单个请求中同时对多个资源进行操作的问题。

gRPC 机制的优点在于其高性能和效率，通过使用 HTTP/2 协议和基于二进制的传输格式，可以实现更快的数据传输和更小的开销。另外，gRPC 还支持多种语言，能够实现跨语言的通信，使其在复杂的分布式系统中具有很好的适用性。此外，gRPC 还提供了丰富的功能，如流式处理、认证和错误处理等，使其在大规模系统中更加稳定和可靠。但是，与基于 REST/JSON 的 API 机制相比，gRPC 的实现复杂度偏高，需要客户端侧做更多的开发工作。

3. 容错机制

分布式微服务系统中，当服务间采用同步通信机制时，面临着局部故障的风险。因为客户端和服务端都是独立的进程，服务器可能无法在有限时间响应客户端请求。服务端可能因为故障或维护原因暂停；或者服务器因为过载对请求的响应变得极其缓慢。此外，除了服务器自身原因，网络状况也是一个不容忽略的因素。

根据墨菲定律，服务消费者和服务提供者之间的通信失败是迟早的事。假设服务无法响应请求，客户端就会由于等待响应而阻塞，这不仅会给客户带来很差的体验，而且在很多应用中还会额外占用系统资源，甚至可能由于被阻塞的客户端越来越多，资源被耗尽。

因此，服务间采用同步通信机制时，为了防止客户端因等待响应被阻塞，避免在整个应用系统中故障的传导和扩散，需要合理设计相应的预防和应急处理机制，使用超时、限流、熔断等技术来保护自己[24]。

（1）熔断机制

在微服务框架中，经常使用断路器提供的熔断机制来增强服务依赖的稳定性，它可以在网络连接缓慢、资源繁忙、暂时不可用、服务宕机等情况下实现服务失败条件下的快速切换与恢复，避免请求线程累积造成大量资源的浪费。

在电路领域中，断路器是一种用于保护电路的自动操作电气开关，其基本功能是在检测到故障后主动熔断电路，以避免灾难性损失，在故障解决后重置（手动或自动）以恢复正常操作。这与微服务通信机制中的故障隔离和容错处理问题非常相似：当目标服务响应缓慢或大量超时的时候，调用方能够主动熔断，以防止服务被进一步拖垮；如果情况又好转了，电路又自动恢复，这就是所谓的弹性容错，系统具备自恢复能力。一个典型的弹性自恢复断路器的状态机如图 3-21 所示。

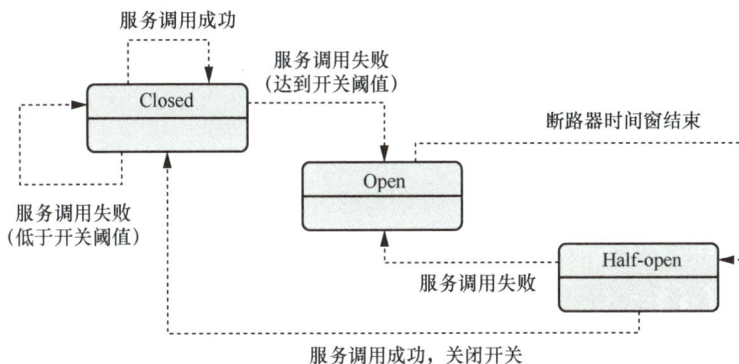

图 3-21　弹性自恢复断路器的状态机

正常状态下，状态机处于关闭状态（Closed），如果调用持续出错（如请求次数大于 20 次，且 10 s 内错误率达到 50%），状态机的开关被打开进入熔断状态（Open），后续一段时间内（也称作休眠期，如 5 s）的所有调用都会被拒绝。休眠期结束之后，断路器尝试进入半熔断状态（Half-open），允许少量请求进来尝试，如果调用仍然失败，则回到熔断状态（Open）；如果调用成功，则回到关闭状态（Closed）。

熔断机制能够有效保护微服务系统免受不稳定或不可用服务的影响，大幅提高系统的可用性和稳定性，已成为构建稳健可靠微服务应用的重要手段，相关的实现机制已作为基本组件纳入服务网格微服务治理框架中。

（2）隔离模式

在船舶设计中，通常使用舱壁将船舶划分为几个部分，如果一个船舱损坏进水，只会损失一个船舱，其他船舱不受影响。将类似的设计思想引入软件设计领域中，可用于故障隔离，这一方法被称为舱壁隔离模式，意思是指像舱壁一样对关键资源（CPU、内存、连接池等）进行隔离，防止由于单个服务的故障引起级联故障，其基本原理如图 3-22 所示。

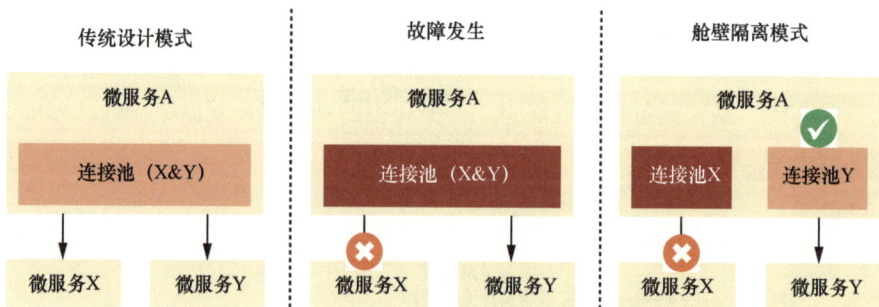

图 3-22　舱壁隔离模式基本原理

线程隔离（Thread Isolation）是隔离模式的典型示例。假设微服务 A 调用了微服务 X 和微服务 Y 两个服务，且部署 A 的容器一共有 100 个工作线程。采用线程隔离机制后，可以给微服务 X 和微服务 Y 的调用各分配 50 个线程。如果微服务 X 响应速度慢，分配给微服务 X 的 50 个线程阻塞并最终耗尽，线程隔离机制可以保证分配给为微服务 Y 的另外 50 个线程不受影响。相反，如果不采用舱壁隔离机制，当微服务 X 响应慢的时候，100 个工作线程会很快全部被对微服务 X 的调用撑满，整个应用程序会被瞬间拖垮。

（3）其他容错机制

除了熔断和隔离模式，还有超时、限流、回退等机制，简述如下。

- 超时：限定服务器响应的时间。在服务调用时给服务器设置一个响应超时上限，如果服务器在规定的时间内没有响应，会立即失败，避免等待响应时出现无限期阻塞。
- 限流：限制客户端向服务器发出请求的数量。服务器设置一个请求上限，如果请求达到上限，后续更多的请求则会立即失败。
- 回退：当一个请求失败后可以进行回退，体现了系统的弹性恢复能力。常见的处理策略包括直接抛出异常，也称快速失败；返回空值或缺省值；返回备份数据，即如果主服务熔断，从备份服务中获取数据。

3.3.4.3　异步通信机制

服务间基于消息交换异步通信时，客户端向服务器发送请求后，客户端假定不会马上收到回复，因此请求线程不会阻塞。当服务端处理完成之后，将包含结果的消息发送给客户端。

基于消息的通信机制中，遵循消息传递模型，消息通过消息通道进行交换，基于消息通道的异步通信的工作原理如图 3-23 所示。

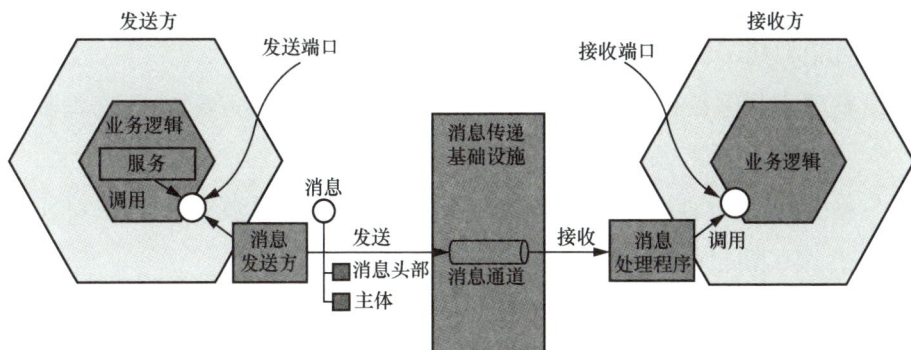

图 3-23　基于消息通道的异步通信的工作原理

消息发送方中的业务逻辑调用发送端接口，该接口封装底层通信机制。发送端口由消息发送适配器实现。该消息发送适配器通过消息通道向接收器发送消息。消息通道是消息传递基础设施的抽象。消息处理程序调用接收方业务逻辑实现的接收端口来处理消息。

主要有两种消息通道机制：点对点（Point to Point，P2P）和发布－订阅（Publish and Subscribe，Pub-Sub）。

- 点对点机制：通道将一条消息发给一个确切的、正从通道读取消息的接收方。
- 发布－订阅机制：通道将一条消息发给所有订阅的接收方。

消息代理架构是实现上述通信机制的常用方式，如图3-24所示。消息代理（或消息中间件）作为服务提供者和服务消费者之间的桥梁，服务提供者将消息写入消息队列，服务消费者从消息队列中拉取消息[24]。

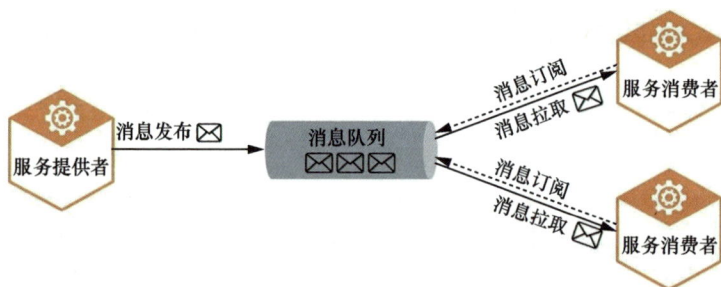

图 3-24　基于消息代理架构实现异步通信

使用消息队列的主要优势如下。

- 服务提供者生产的消息只需要发送到消息队列，不需要知道服务消费者的网络位置，是一种典型的发布－订阅机制。
- 消息队列可以在消息被处理之前一直缓存消息，不要求通信双方必须在交互期间保持一直在线。

与基于远程过程调用的同步通信机制相比，基于消息交换的异步通信机制有很多优势。

- 解耦客户端和服务端。客户端只需要将消息发送到正确的消息通道，客户端完全不需要了解具体的服务实例，更不需要一个发现机制来确定服务实例的位置。

- 消息缓存机制。与同步请求／响应协议相比，消息模式中，可以采用消息队列缓存消息，不要求通信双方在交互期间保持一直在线。

- 弹性客户端－服务端交互。消息机制支持服务之间的各种交互模式，具有很高的灵活性和弹性。

- 显性进程间通信机制。基于 RPC 的机制试图屏蔽远程服务调用与本地服务调用的差异。然而，由于物理位置和网络通信等因素影响，远程和本地调用有很大不同。消息交换机制将这些差异展示出来，使开发者能够谨慎处理。

消息交换机制的主要缺点是引入了额外的操作复杂性，与之相对应，也增大了工程实现的难度。为了弥补这一缺陷，业界推出了多种支持多编程语言的开源和商业消息中间件，为实现消息代理框架提供了多种可选的解决方案，典型的消息系统有 RabbitMQ、Apache Kafka、Apache ActiveMQ 和 NSQ 等 [30-33]。

3.3.4.4　API 网关通信

1. 微服务与客户端直接通信

在微服务架构下，所有后端业务功能都被设计为提供 API 的微服务。外部客户端的每一次业务请求，都可能需要调用内部多个服务接口才能完成，如果让客户端与各微服务直接通信，则可能会遇到如下问题。

- 设计复杂度高：客户端需要多次向不同的微服务发送请求，增加了设计复杂性。

- 认证机制复杂：每个服务都需要独立认证，需要处理分布式认证等一致性问题。

- 软件难以重构：随着项目的迭代，可能需要重新划分微服务。如果客户端直接与微服务通信，那么重构将会变得难以实施。

- 安全策略问题：某些微服务可能使用不同的安全策略，造成直接访问的技术困难。

为了避免客户端与多个后端微服务直接通信，引入了 API 网关，作为客户端访问各服务的代理。

2. 微服务使用 API 网关通信

API 网关是一个访问服务器，是客户端访问业务系统的唯一入口。API 网关封装内部系统的架构，提供 API 供各个客户端调用。所有来自客户端的请求都要先经过 API 网关，网关将这些请求转发到对应的微服务，通常会通过调用多个微服务并聚合结果来处理一个请求。API 网关与客户端之间采用标准 Web 协议，与内部服务间可以采用其他协议，在路由请求和返回结果的过程中，完成两类协议的转换。

API 网关可以为不同类型的客户端提供定制化的 API。例如，为了移动用户操作简便，API 网关可以提供一个服务访问点，使得移动客户端可以在一个请求中检索到产品最终页的全部数据。API 网关通过调用多个微服务来处理这一个请求并返回结果，包括产品信息、推荐、评论等。

3. API 网关的主要功能

（1）请求映射

请求映射是 API 网关的基本功能。当外部请求进来之后，如何才能找到内部具体的微服务？ API 网关的重要职责之一就是将外部请求映射到内部微服务上。如图 3-25 所示，API 网关将来自客户端的"/catalog"请求、"/cart"请求、"/inventory"请求以及"/order"请求分别映射到商品目录服务、购物车服务、商品清单服务和订单服务 [34]。

（2）认证鉴权

在微服务架构下，一个应用被拆分为若干个微服务，每个微服务都需要明确当前访问用户及其权限，API 网关作为服务访问的统一入口，所有用户请求都经过 API 网关，很适合完成用户的认证鉴权。

API 网关的认证鉴权流程如图 3-26 所示。API 网关拦截用户请求，获取请求中附带的用户身份信息，然后调用认证授权中心的服务，对请求者做身份认证，即确认当前访问者确实是其所声称的身份，并检查该用户是否有访问该后台服务的权限 [34]。

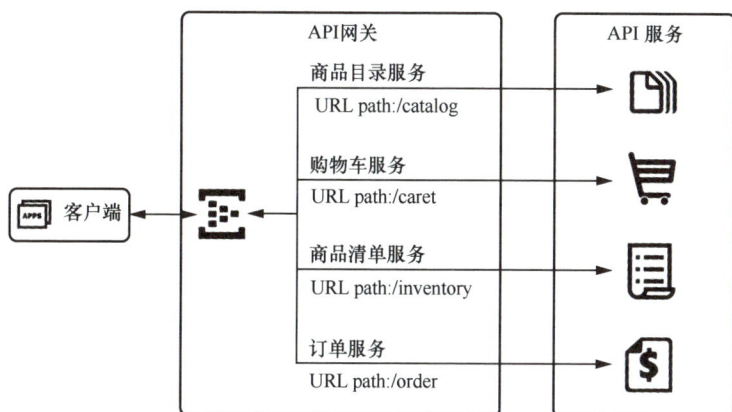

图 3-25　API 网关的请求映射

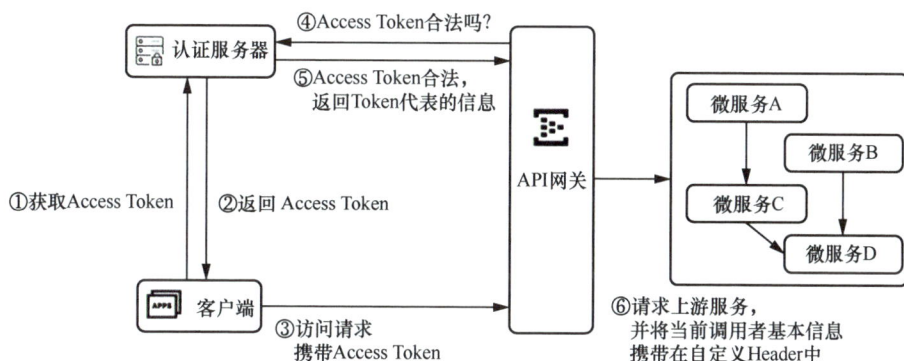

图 3-26　API 网关的认证鉴权流程

（3）服务熔断

API 网关可以实现 3.3.4.2 节所述的熔断机制，防止实际生产环境中某个微服务发生故障时引发的"雪崩效应"，从而避免整个系统瘫痪，如图 3-27 所示。

API 网关负责检查调用链路中相关微服务的响应状态，当某个微服务不可用或者响应时间太长时，会进行服务降级，进而熔断该微服务的调用，快速返回错误的响应信息。当检测到该微服务调用响应正常后，恢复调用链路 [34]。

4．API 网关的优缺点

微服务系统中使用 API 网关的优势是封装系统的内部结构，对外隐藏内部服务的细节，降低了客户端与服务端的耦合度，客户端只需要与 API 网关通信，而不必调用特定的服务，减少了客户端与应用间服务调用的往返次数，更加简洁高效。此外，API 网关实现统一的认证授权、服务熔断、流量监控等功能，有助于提升系统的安全性和可靠性。但是，引入 API 网关的代价是一方面增加了系统的复杂度和维护成本，需要额外投入力量进行网关的开发、部署和管理；另一方面，API 网关也可能导致系统故障或性能瓶颈，网关一旦出现问题，会对整个系统产生影响，降低系统的性能和可用性。

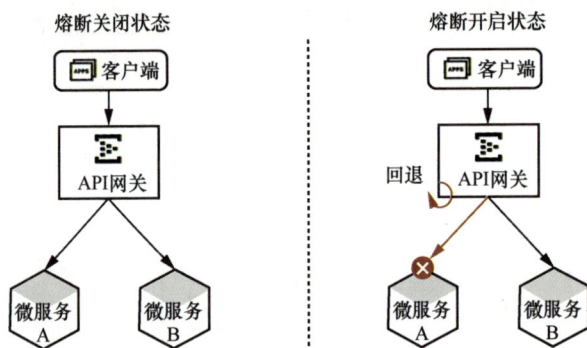

图 3-27　API 网关的服务熔断功能

此外，在实际开发实践中，需要注意 API 网关的更新过程应尽量放缓，以免开发人员因等待网关更新而排队，从而削弱微服务开发带来的效率优势[7]。

3.4　云原生数据存储

在云原生架构中，为了充分利用云计算环境的弹性伸缩和高可用性，应用的有状态与无状态特性是设计微服务时需要考虑的关键因素。理想方式是构成云原生应用的多个容器完全相同，容器之间没有依赖关系，容器删除和重建过程中无须保存额外的状态数据，能够便捷实现多副本快速复制和部署。在 Kubernetes 中，无状态应用通过 Deployment 和 ReplicaSet 组件管理，能够充分利用容器平台的自动扩缩容能力，分配相应的资源，确保应用的副本数量始终符合期望的状态。但在实际应用场景中，应用常需要保存各类状态数据，如会话状态、订单数据、交易状态、运行日志等，因此必须考虑容器之间的依赖关系、启动顺序以及对外部数据的依赖。这些情况下，需要通过持久化存储进行有状态应用的数据管理，Kubernetes 专门设计了有状态（Stateful）组件，跟踪每个 Pod 的状态，确保应用程序在故障恢复或水平扩展时能够正常运行。本节在分析无状态（Stateless）和有状态服务特点的基础上，重点讨论云原生数据的持久化存储方案和多实例间的数据一致性机制。

3.4.1 无状态与有状态服务

Kubernetes 中的无状态和有状态是描述云原生服务架构和行为的重要概念，对 Kubernetes 集群如何设计、部署和管理应用程序至关重要 [35]。

（1）无状态服务

无状态服务是指服务运行的实例不会在本地保存状态数据，即无论何时何地启动服务实例，它们都以相同的方式运行，且多个实例对于同一个请求的响应结果完全一致。当服务请求到达时，负载均衡器可以任选一个服务实例来响应请求。

无状态服务的主要特点如下。

可替换性：无状态服务在处理请求时，不依赖之前的请求信息，服务实例之间没有区别，可以无缝替换，任何一个请求都可以被任意一个服务实例处理。

可扩展性：服务无须保存数据或状态信息，可以根据负载情况按需增加或减少实例数量，因此更容易进行水平扩展。

独立性：每个服务实例都是独立的，不依赖其他实例的状态，与之相对应，每个请求也相互独立，可以灵活地进行负载均衡，将请求分发到不同的服务实例上。

易恢复：具有较强的容错和故障恢复能力，如果某个服务实例发生故障，可以随时停止或重建，恢复到正常状态。

无状态服务是对应用架构的理想化抽象，其设计理念是将状态管理的责任从应用逻辑中剥离，从而提高应用的可维护性、可靠性和伸缩性，具有简单、高效、易扩展的特点，适用于实时性要求较高、需要快速响应的场景，在处理简单业务方面有优势。但在实际应用中常常需要处理更复杂的业务逻辑，尤其是分布式应用，它的多个实例之间往往存在依赖关系，并且需要保存复杂的状态数据，这就需要引入有状态服务。

（2）有状态服务

有状态服务是指在服务执行过程中，需要记录和维护特定的状态信息，以便后续的操作可以基于之前的状态进行。与无状态服务不同，有状态服务会记录请求的上下文，服务的每个实例会保存会话信息、用户数据、内部数据或其他需要在多个请求之间的状态信息，允许用户重复返回并恢复之前的操作。

有状态服务的主要特点如下。

持续性：有状态服务会记录客户端请求的状态信息，如会话状态、认证状态等，可以跟踪用户的行为、偏好和其他相关信息，同时确保服务在重启或者中断后能够恢复到之前的状态。

顺序性：有状态服务实例的创建和删除通常是有序的，实例之间存在依赖关系，不能随意替换。

可变性：有状态服务的状态可以根据外部输入或内部逻辑的变化而改变，如用户的位置、设备类型或其他上下文信息等，使得有状态服务能够动态地响应用户的需求和环境的变化，提供个性化服务和更丰富的功能。

上下文关联：有状态服务能够持续维护不同请求或操作之间的关联信息，以便在后续操作中能够保证上下文一致，确保服务执行过程中状态的一致性。

持久化存储：有状态服务一般需要持久化存储卷来记录和保存各类状态信息，确保服务在重启或者中断后能够恢复到之前的状态。

有状态服务适用于需要维护用户状态、处理复杂事务或需要长期存储数据的应用场景。记录状态可以使服务更加灵活和智能，但也增加了系统的复杂性和资源消耗。因此，在设计有状态服务时，需要特别注意持久化存储、数据一致性和高可用性等问题。

3.4.2 持久化存储

Kubernetes 提供了一套完善的机制来支持有状态服务的数据持久化，这套机制主要基于持久卷（Persistent Volume，PV）和持久卷声明（Persistent Volume

Claim，PVC）的概念。PV 代表集群中的一块存储，可以由管理员预先配置或使用存储类（Storage Class）来动态供应。PVC 则允许用户根据需求申请存储资源，Kubernetes 系统会自动匹配合适的 PV 来满足这些要求。

（1）Kubernetes 存储的核心概念

存储卷（Volume）。存储卷是最基本的存储抽象，支持多种存储类型，如本地存储卷、临时空目录、云存储服务等。Volume 的生命周期和 Pod 绑定，可以直接被 Pod 使用，如果 Pod 由 Kubelet 重启，存储在 Volume 中的数据依然存在。只有当 Pod 删除时，Volume 才会被清理。

持久卷。持久卷是 Kubernetes 集群中的一个共享存储对象，是对底层网络存储资源的抽象，由管理员创建和配置，通过插件机制实现与共享存储资源的对接，支持容器化应用通过持久卷声明请求访问和使用。持久卷拥有独立于 Pod 的生命周期，即使 Pod 被删除，数据也不会丢失，持久卷的创建和维护由 PV 控制器控制。

持久卷声明。持久卷声明是用户对存储资源 PV 的请求，容器化应用可以通过 PVC 申请特定的存储空间和访问模式。根据 PVC 中指定的条件，Kubernetes 控制器会动态匹配系统中的 PV 资源并进行绑定。

存储类。存储类是 Kubernetes 支持自动创建 PV 的资源对象，为管理员提供了描述存储类别的方法，其作用是定义创建 PV 的模板，包括 PV 的属性和创建这种 PV 需要用到的存储插件。通过存储类定义，用户可以非常直观地描述各种存储资源的特性，Kubernetes 控制器就能根据用户提交的 PVC 找到对应的存储类，然后调用该存储类声明的存储插件，创建出需要的 PV。使用存储类的优势在于可以动态创建 PV，并支持封装不同类型的存储资源供 PVC 选用。

持久卷、持久卷声明和存储类之间的关系如图 3-28[36] 所示。

（2）Kubernetes 存储架构

Kubernetes 采用控制器模式实现持久化存储的管理，其核心包括卷管理器、PV 控制器和连接 / 分离（Attach/Detach，AD）控制器等控制组件，主要功能是监控存储资源的状态，并根据集群中应用的需求动态调整存储资源绑定关系和分配释放，如图 3-29[36] 所示。

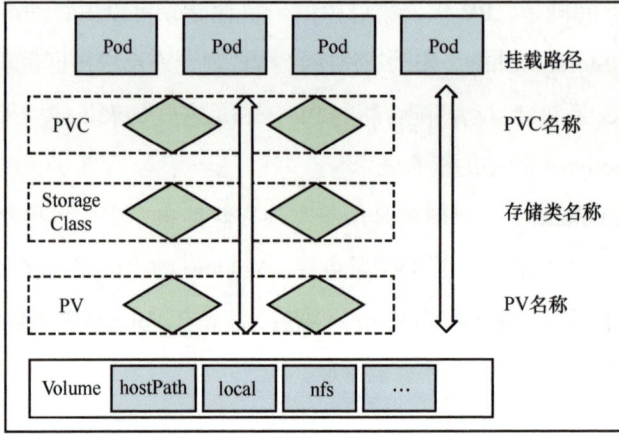

图 3-28　持久卷、持久卷声明和存储类之间的关系

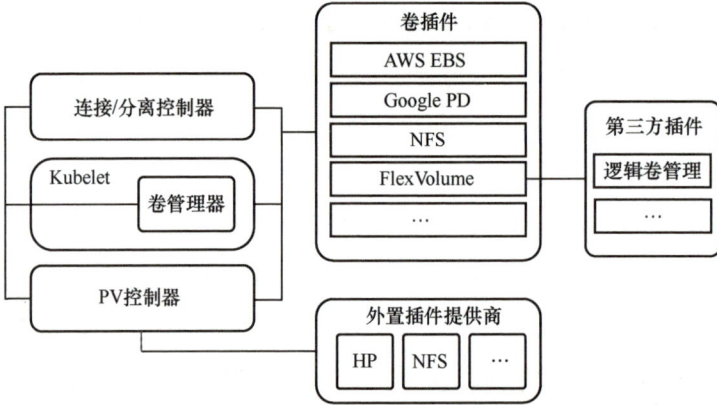

图 3-29　Kubernetes 存储架构

卷管理器。卷管理器运行在 Kubelet 中，主要作用是管理 Pod 中的存储卷，执行卷设备的挂载、格式化和绑定到公用目录的操作，将存储卷连接到 Pod 中并确保存储卷的持久性和可用性。卷管理器协调连接 / 分离控制器、持久卷控制器和各类卷插件，最终实现将块存储等资源从创建到挂载到系统指定目录的过程。

连接 / 分离控制器。连接 / 分离控制器运行在主节点上，负责存储设备的连接 / 分离操作，主要是将远程块存储设备连接到 Pod 所在的宿主机上，以便执行后续的挂载（Mount）操作。

持久卷控制器。持久卷控制器的主要作用是监控集群 API 服务器中卷管理器的资源对象更新，管理 PV、PVC、SC 资源对象的生命周期，执行创建、删除、绑定、回收等操作，实现 PV/PVC 绑定。

卷插件。卷插件包含各类存储资源挂载功能的具体实现，对外提供存储卷的访问接口。按照实现方式的不同，卷插件分为内置和外置两类。

- 内置插件。表示卷插件的实现代码集成在 Kubernetes 内部，与 Kubernetes 一起发布、管理与迭代。

- 外置插件。是一种独立开发、部署和管理的插件模式，卷插件的代码与 Kubernetes 分离，由外置插件提供商按照约定的接口实现，外置插件主要有 FlexVolume 和容器存储接口（Container Storage Interface，CSI）两种实现机制，推荐使用 CSI 机制。

基于上述存储架构，各个控制器协同操作，能够为 Pod 中的容器提供持久化存储服务，其核心是将创建的 PV 对象映射为容器能够访问的 PV，该卷不会因为容器的删除而被清理，也不会与当前的宿主机绑定，当容器重启或在其他节点上重建之后，仍然能够通过挂载这个 PV 访问存储的文件。大多数情况下，PV 的实现依赖一个远程存储服务，如远程文件存储、远程块存储（公有云提供的远程磁盘服务）等。Kubernetes 的任务就是使用这些远程存储服务为容器准备一个持久化的目录，容器向该目录写入的文件都会实际保存在远程存储中。

Kubernetes 实现上述"持久化"目录的过程分为两个阶段 [37]。

第一阶段（Attach 阶段）。当 Pod 调度到一个节点上之后，Kubelet 负责为这个 Pod 创建对应的 Volume 目录，默认情况下该目录对应一个宿主机上的路径，接下来的操作取决于远程 Volume 的类型，如果 Volume 类型是远程块存储，则执行连接/分离操作；如果是远程文件存储，则跳过连接过程。卷管理器通过连接/分离控制器不断检查每个 Pod 对应的 PV 与该 Pod 宿主机的连接情况，决定是否进行 Attach 或 Detach 操作。

第二阶段（Mount 阶段）。Attach 阶段完成后，对于远程块存储，需要先格式化，然后再挂载到宿主机指定的挂载点上，该挂载点即第一阶段为 Pod 创建的 Volume 目录。挂载完成之后，这个宿主机目录就成为一个"持久化"目录，容器向目录写入的内容会保存在远程块设备上。对于远程文件存储，Kubelet 的处理过程更简单，会直接从 Mount 阶段开始准备宿主机上的 Volume 目录，Kubelet 以 Pod 所在宿主机作为客户端，将远程网络文件系统（Network File System，NFS）服务器的目录挂载到宿主机目录上。通过这个挂载操作，Volume 的宿主机目录就成为一个远程 NFS 目录的挂载点，后面向该目录写入的所有文件都会保存在远程 NFS 服务器上，这样就完成了这个 Volume 宿主机目录的"持久化"。

经过上述两个阶段，就得到了一个"持久化"的 Volume 宿主机目录，在创建 Pod 时，Kubelet 把这个 Volume 目录通过 docker -v 参数传递给容器，就能够将已经挂载到本地的 PV 映射到容器中，为 Pod 中的容器提供可随时访问的"持久化"目录。

3.4.3 数据一致性

持久化卷能够解决容器的长期数据存储问题，但在分布式应用的复杂业务场景中，经常会出现多个容器访问同一个数据源的情况，如何确保容器间跨服务的数据一致性，即实现分布式事务处理，是实现云原生服务面临的重要挑战。

3.4.3.1 分布式事务

分布式事务是指事务的参与者、支持事务的服务器、资源服务器以及事务管理器分别位于不同节点。简单来说，一次大的操作由不同的小操作组成，这些小操作分布在不同的服务器上，且属于不同的应用，分布式事务需要保证这些小操作要么全部成功，要么全部失败。本质上，分布式事务就是为了保证不同数据库的数据一致性。一个分布式事务包含一组操作序列，由两个或两个以上的网络主机参与。通常主机提供事务性资源，而事务管理器负责创建和管理全局事务，由事务管理器协调事务参与的资源[38]。

分布式事务和本地事务并无太大不同，也需保证事务的 4 个属性，即原子性、一致性、隔离性、持久性）（Atomicity, Consistency, Isolation, Durability，
ACID）。与关系型数据库处理本地事务类似，分布式事务处理也有一套完
整的基础理论支撑，主要包括一致性、可用性、分区容错性（Consistency,
Availability, Partition Tolerance，CAP）理论和基本可用、软状态、最终一致性
（Basically Available, Sofe State, Eventually Consistent，BASE）理论。

（1）CAP 理论

CAP 理论是分布式系统中的平衡理论，如图 3-30 所示[39]。在分布式系统中，
一致性要求所有节点每次读操作都能保证获取到最新数据；可用性要求无论任
何故障产生后都能保证服务仍然可用；分区容错性要求被分区的节点可以正常
对外提供服务。事实上，任何系统只能同时满足其中两个，无法三者兼顾。
对于分布式系统而言，分区容错性是最基本的要求。如果选择一致性和分区
容错性，放弃可用性，那么网络问题会导致系统不可用；如果选择可用性和分
区容错性，放弃一致性，那么不同节点之间的数据不能及时同步而导致数据的
不一致。

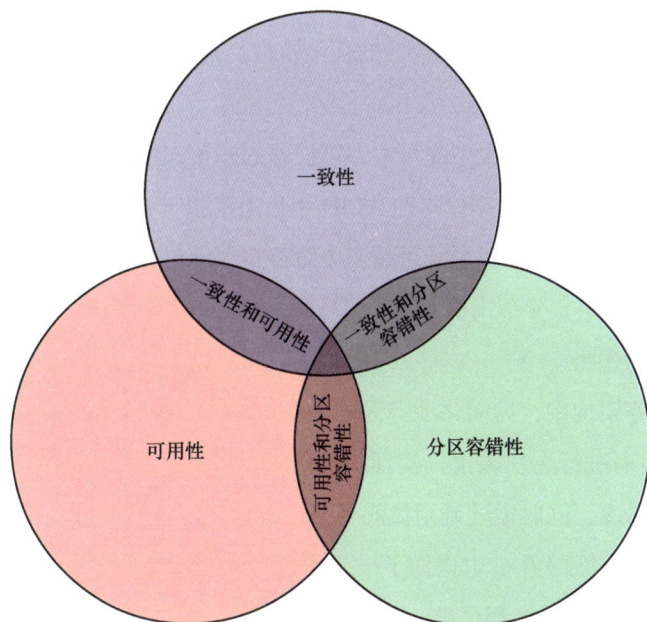

图 3-30　分布式事务处理的 CAP 理论

（2）BASE 理论

BASE 理论由 eBay 架构师丹·普里切特（Dan Pritchett）于 2008 年在 "BASE: An Acid Alternative" 论文中首次提出 [40]。

BASE 思想与 ACID 原理截然不同，它满足 CAP 原理，通过牺牲强一致性获得可用性，一般应用于服务化系统的应用层或者大数据处理系统中，通过达到最终一致性来尽量满足业务的绝大多数需求。

BASE 理论是基于 CAP 定理演化而来，是对 CAP 中一致性和可用性权衡的结果。核心思想是即使无法做到强一致性，但每个业务可以根据自身的特点，采用适当的方式来使系统达到最终一致性。BASE 理论包含以下 3 个元素。

基本可用。指分布式系统在出现故障的时候，允许损失部分可用性，保证核心可用，但不等价于不可用。例如，搜索引擎 0.5 s 返回查询结果，但由于故障，2 s 响应查询结果；网页访问量过大时，为部分用户提供降级服务等。

软状态。软状态是指允许系统存在中间状态，并且该中间状态不会影响系统整体可用性，即允许系统在不同节点间副本同步的时候存在时延。

最终一致性。系统中的所有数据副本经过一定时间后，最终能够达到一致的状态，不需要实时保证系统数据的强一致性。最终一致性是弱一致性的一种特殊情况。

BASE 理论面向的是大型高可用、可扩展的分布式系统，通过牺牲强一致性来获得可用性。与传统数据库本地 ACID 事务追求强一致性相比，BASE 理论的最终一致性模型，为微服务系统跨越多个服务实现分布式事务提供了理论指导。

微服务架构下，分布式事务的典型场景，可以分为以下 3 类。

① 跨服务事务

在微服务架构中，为简化业务逻辑需拆分成不同的独立服务。服务之间通过 RPC 框架来进行远程调用，实现彼此的通信。微服务 A 完成某个功能需要直接操作数据库，同时需要调用微服务 B 和微服务 C，而微服务 B 又同时操作了 2 个数据库，微服务 C 也操作了一个库。需要保证这些服务对多个数据库的操作要么都成功，要么都失败，如图 3-31 所示，这是最典型的微服务分布式事务场景。

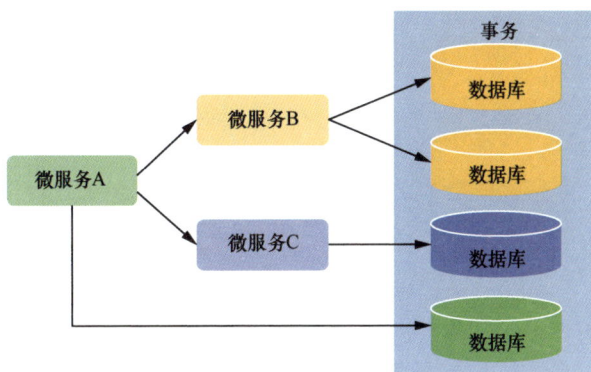

图 3-31　跨服务事务

② 跨库事务

一个完整业务需要操作多个独立数据库，不同库中存储不同的业务数据。例如，需要在数据库 A 中插入一条订单记录，同时更新数据库 B 中的库存状态，两个操作跨数据库，但是需要控制在一个完整事务中处理，如图 3-32 所示。

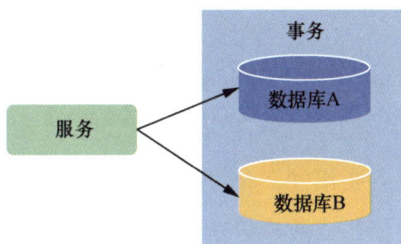

图 3-32　跨库事务

③ 分库分表事务

当一个数据库的数据量比较大或者预期数据量比较大时，都会进行水平拆分，也就是分库分表。对于分库分表的情况，一般使用数据库中间件来降低 SQL 操作的复杂性，在单库情况下可以保证事务的一致性。由于进行了分库分表，开发人员希望将 1 号记录插入分库 1，2 号记录插入分库 2，所以数据库中间件要将其改写为 2 条 SQL 语句，分别插入两个不同的分库，此时要保证两个库要么都成功，要么都失败，因此基本上所有的数据库中间件都面临着分布式事务的问题，如图 3-33 所示。

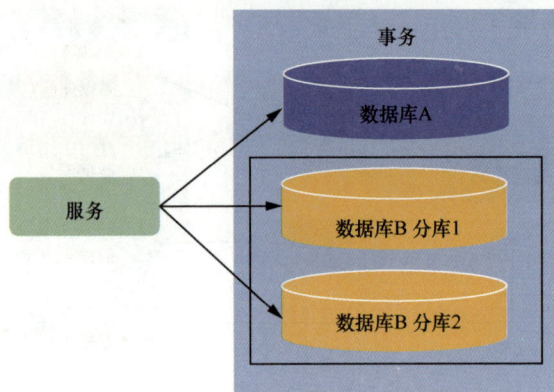

图 3-33　分库分表事务

为了实现微服务系统中的分布式事务管理，目前的解决方案主要有事件驱动事务管理和 Saga 模式事务管理两大类。

3.4.3.2　事件驱动事务管理

1. 事件驱动架构

事件驱动架构（Event Driven Architecture，EDA）是一种基于事件和消息的分布式系统架构，用于构建具有高可扩展性、高可用性和灵活性的分布式系统。事件驱动架构的核心是各类事件，一般指系统某个状态变化或行为发生时产生的信号或通知，如用户操作、数据更新、定时任务等。在事件驱动架构中，应用程序不再依赖特定的服务或数据源，而是通过订阅和发布事件的方式进行通信。当某件重要事情发生时，微服务会发布一个事件，订阅该事件的微服务响应事件，进行相关处理，也可能继续发布更多的事件。

在微服务架构中，可以使用事件来实现跨服务的分布式事务。一个事务由一系列步骤构成，每个步骤包含微服务更新业务实体和发布事件所触发的操作。以"派单式"目标打击软件为例，依次展示在打击任务发布时使用事件驱动方法过滤符合条件的作战单元。微服务之间通过消息代理来交换事件[7]。

事件驱动机制能够通过引入更多步骤处理更复杂的业务场景，通过每个服务原子性更新数据库、发布事件和消息代理确保事件至少传递一次，来实现跨服务的事务管理。这种模式提供了 BASE 模型描述的最终一致性，即弱一致性。此外，还可以采用事件驱动模式实现不同微服务间的数据预连接，当数据变化时，通过发布订阅相关事件来更新其他服务的相关视图。

事件驱动架构能够实现跨多个服务的事务管理且提供最终一致性，但是与 ACID 事务相比，它的编程模型更加复杂，通常需要实现补偿事务，才能从应用级故障中恢复。

实现事件驱动架构的主要挑战是如何以原子操作的方式更新状态和发布事件，主要有 3 种实现方法：使用本地事务发布事件、挖掘数据库事务日志和使用事件溯源。

2. 使用本地事务发布事件

基于事件驱动架构获得原子性的一个方法是使用本地事务的多步处理流程来发布事件。具体实现方式是在数据库中设计一张模拟消息队列的 Event 表，用于存储业务实体状态。首先启动一个本地数据库事务，更新业务实体状态，向 Event 表中插入一条事件，根据事务处理的步骤不断插入事件，最后提交整个事务。另外设计一个单独的线程或进程轮询 Event 表，将查询结果以事件形式向消息代理发送，然后使用本地事务标注此事件状态为已发布。使用本地事务发布事件的流程如图 3-34 所示。

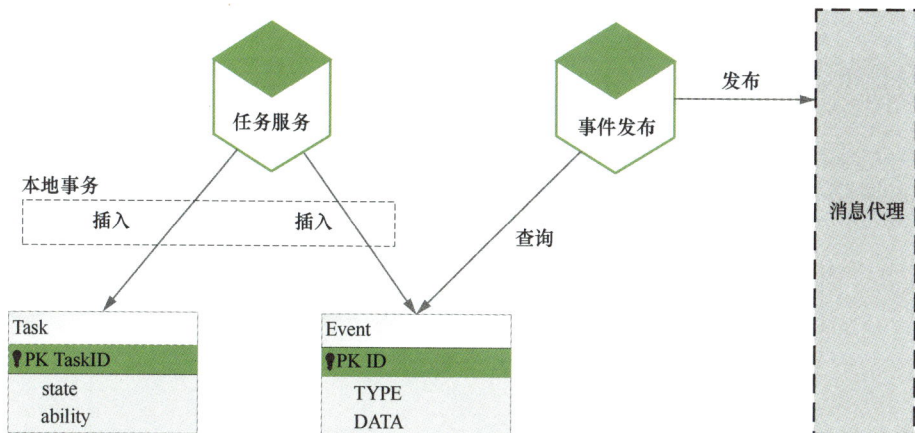

图 3-34　使用本地事务发布事件的流程

任务服务首先向 Task 表中插入一行记录，然后在 Event 表中插入类型为 Task Created 的事件，状态设置为 New。事件发布线程或进程轮询 Event 表中未发布的事件，发布相关事件后将 Event 表事件状态更新为已发布。

使用本地事务发布事件有以下优点。

- 能够确保每次更新都有对应的事件发布，不需要依赖两阶段提交。

- 应用发布的是业务层级事件，免去了推断事件类型的麻烦。

使用本地事务发布事件有以下缺点。

- 设计和实现容易出错。该机制要求开发者必须在本地事务更新后再发布事件。

- 实现复杂度依赖数据库。当使用 NoSQL 数据库时，由于 NoSQL 的事务管理和查询能力有限，需要额外设计相关本地事务处理机制，会增大实现难度。

3. 挖掘数据库事务日志

基于事件驱动架构获得原子性且不依赖两阶段提交的另一个方法是通过分析数据库事务日志来发布事件。当服务更新数据库时，数据库的事务日志会记录这些变更信息，事务日志挖掘线程或进程读取这些日志后，将事件发布到消息代理。挖掘数据库事务日志的流程如图 3-35 所示。

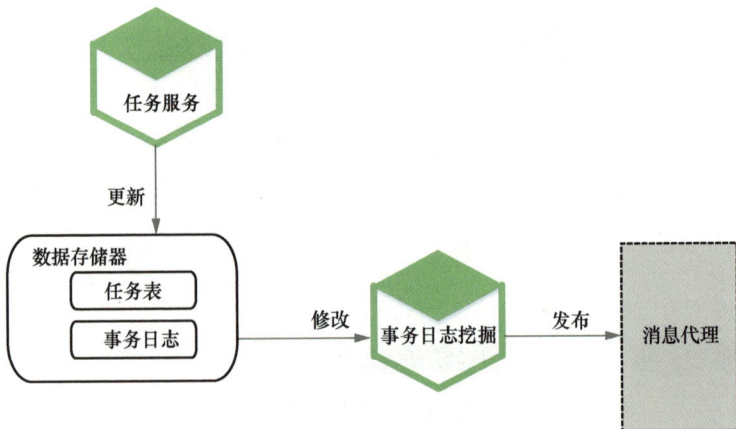

图 3-35　挖掘数据库事务日志的流程

挖掘数据库事务日志方式有以下优点。

- 能保证发布事件的每次更新都不依赖于两阶段提交。

- 通过将事件发布与应用业务逻辑分离，简化应用设计。

挖掘数据库事务日志方式有以下缺点。

- 每个数据库或同一数据库不同版本的事务日志格式不同，需要针对数据库类型或数据库不同版本分别设计。

- 当数据库的事务日志级别较低时，从日志中反推高级别业务事件的难度会很大。

4. 使用事件溯源

基于事件驱动架构获得原子性还可以使用事件溯源方式，基本思想是以事件为中心来保存业务实体，通过存储一系列状态改变的事件，而不是存储实体状态，当业务实体的状态发生改变时，就向事件列表中添加新的事件。服务可以通过重放事件来构建出实体的当前状态。由于保存事件是单一操作，因此本质上具有原子性。

以一个任务服务为例，当使用事件溯源时，任务服务存储引起任务单状态变化的各类事件，包括创建、派发、接单、取消等。每个事件均包括足够的数据用于重新构建任务单实体的当前状态。使用事件溯源的流程如图 3-36 所示。

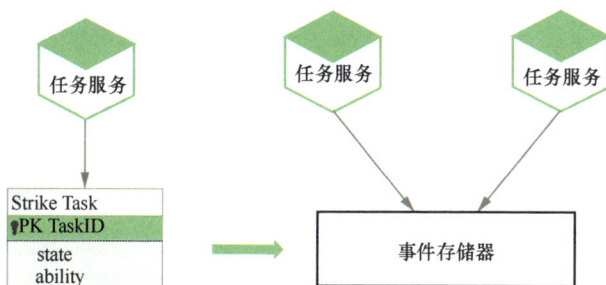

图 3-36 使用事件溯源的流程

事件持久性保存在事件存储器中，提供添加或查找实体事件的接口，支持事件订阅发布机制，提供 API 供其他服务订阅事件，并将事件发布至感兴趣的订阅者。

使用事件溯源方式主要有以下优点。

- 能够确保业务实体状态变化时可靠发布事件，比较高效地解决数据一致性问题。
- 通过用持久化事件取代领域对象状态存储，避免了面向对象到关系数据库的不匹配问题。
- 能够提供业务实体更改的可靠审计日志，使得获取任何时间点的实体状态成为可能。

使用事件溯源方式的主要缺点是通过重放事件构造实体状态有较高的设计和实现复杂度，另外，由于事件数据库只支持通过主键查询业务实体，需要使用命令查询责任分离（Command Query Responsibility Segregation，CQRS）机制来完成查询，要求应用程序维护查询数据的最终一致性。

3.4.3.3　Saga 模式事务管理

Saga 是一种高效实现分布式事务的设计模式[41]。Saga 模式由一系列有序子事务 $T_1, T_2, \cdots, T_i, \cdots, T_n$ 组成，每个事务都支持幂等操作，用于更新本事务并触发下一个子事务。如果某个步骤失败，则 Saga 将执行补偿操作，每个子事务 T_i 都有对应的补偿 C_i，用于抵消上一个事务的影响。同样，补偿操作也支持幂等操作。Saga 模式主要包含以下 3 个步骤。

- 拆分事务：将一个长事务拆分为多个子事务，每个子事务都可以独立完成并提交。
- 执行事务：按照一定的顺序执行这些子事务，如果所有的子事务都执行成功，那么整个长事务就执行成功。
- 补偿事务：如果在执行子事务的过程中，任何一个子事务失败，那么就需要执行补偿操作。补偿操作对已经执行成功的子事务进行回退，以保证数据的一致性。

1. Saga 实现方法

Saga 的实现需要协调 Saga 中各个步骤的 Saga 控制器，当通过系统命令启动 Saga 时，控制器选择并通知第一个 Saga 参与方执行本地事务，一旦该事务完成，Saga 控制器选择并调用下一个 Saga 参与方，整个过程一直持续到 Saga 执行完所有步骤。如果任何本地事务失败，则 Saga 控制器执行补偿事务。构建 Saga 控制器主要有协同式和编排式两种方法。

- 协同式 Saga。把 Saga 的决策和执行顺序逻辑分布在 Saga 的每一个参与方中，通过交换事件的方式来进行沟通。

- 编排式 Saga。把 Saga 的决策和执行顺序逻辑集中在一个 Saga 编排器中。Saga 编排器向各个 Saga 参与方发出命令式消息，指示这些参与方服务完成具体操作（本地事务）。

（1）协同式 Saga

Saga 中的参与方通过交换事件进行沟通，按照提前确定好的发布顺序进行决策和排序。这种模式由每个服务监听对应事件，并对事件做出响应，没有单点风险。Saga 事务由应用程序发布第一个事件开始，中间服务接收到对应事件后进行本地事务的处理，然后继续发布事件。每一个事件由一个或多个服务监听，当最后一个服务执行本地事务并发布事件后，应用程序收到最后一个事件，整个事务结束。

协同式 Saga 有实现简单、事务参与方之间松耦合的优点，但存在如下缺点。

- 机制难以理解：协同式 Saga 的处理逻辑分布在每个服务的实现中，没有中心控制，开发人员很难理解应用程序中的 Saga 是如何工作的。

- 服务间循环依赖：Saga 参与方订阅彼此的事件，很容易出现服务间循环依赖关系。

- 紧耦合风险：虽然基于事件订阅发布机制在一定程度上实现了 Saga 参与方之间的松耦合，但由于每个 Saga 参与方必须订阅所有影响它们的事件，因此存在部分服务代码需要同步更新的情况，会出现服务间耦合度增加的风险。

（2）编排式 Saga

由 Saga 编排器集中处理事务的决策和业务逻辑排序，以命令或回复的方式与每个 Saga 参与方进行通信，告诉每个参与方什么阶段该做哪些操作。

编排式 Saga 主要有以下优点。

- 依赖关系统一管理：Saga 编排器负责调用所有 Saga 参与方，不会形成 Saga 参与方之间的循环依赖。
- 服务间松耦合：每个服务独立实现供编排器调用的 API，因此它不需要知道 Saga 参与方发布的事件，Saga 参与方之间的耦合度更低。
- 简化业务逻辑：服务之间的协同由 Saga 编排器统一管理，Saga 参与方只需要关注自身业务。

编排式 Saga 的主要缺点是由编排器集中处理事务管理过程，会出现单点故障。

2. Saga 事务补偿

事务补偿机制是指在事务链中的任何一个正向事务操作，都必须存在一个完全符合回退规则的可逆事务。

事务补偿通常在实现时采取嵌套事务的方式，即把一个主事务拆分成多个从业务操作，事务的发起和结束由主事务完成。从业务服务提供补偿操作，补偿操作可以抵消（或部分抵消）正向业务操作的业务结果。具体回退整个事务还是回退到某个事务点，需要依据具体业务来处理。可以考虑实现一个通用的事务管理器，实现事务链和事务上下文的管理。对于事务链上的任何服务正向和逆向操作，均在事务管理器上注册，由事务管理器接管所有的事务补偿和回退操作。

事务补偿机制能正确工作的前提是事务可以补偿，补偿操作也是一次事务操作，应该支持失败后的重试，这就要求补偿操作满足幂等性，即重复调用多次产生的业务结果与调用一次产生的业务结果相同。事务补偿机制主要有两种恢复机制，即向后恢复和向前恢复。

（1）向后恢复

向后恢复是指如果某个环节的 T_i 事务提交失败，那么就执行这个 T_i 事务对应的补偿 C_i 操作，不断进行尝试（C_i 接口要幂等），直到接口返回成功。

这里要求 C_i 必须可以执行成功，适用于在业务上允许失败的场景。以任务创建为例，如果接单操作失败，那么需要任务规划、执行情况和作战单元管理都执行补偿。执行顺序为 T_1,T_2,T_3,T_4,T_5（失败）, C_5,C_4,C_3,C_2,C_1（补偿），如图 3-37 所示。

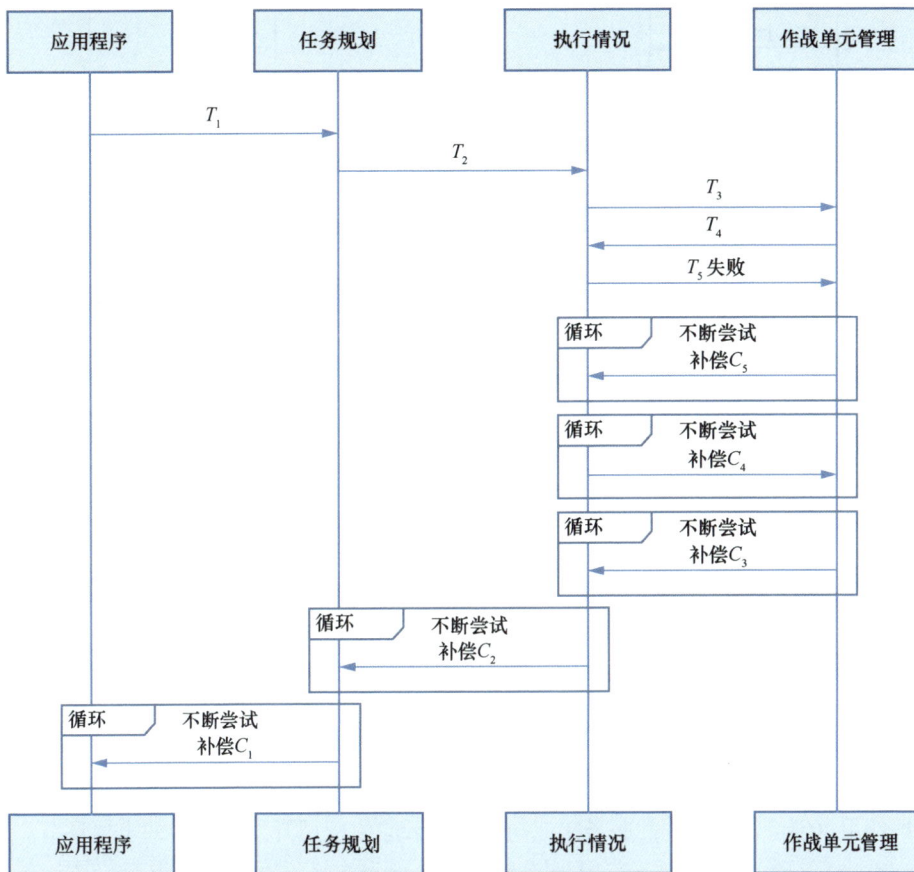

图 3-37　向后恢复机制

（2）向前恢复

向前恢复是指如果某个环节的 T_i 事务提交失败，那么就对这个 T_i 事务不断进行尝试（接口幂等），直到接口返回成功。

向前恢复不需要对应的补偿动作 C_i，适用于在业务上均为正向操作的场景。以电商购物为例，如果用户的订单付款成功，那就一定要发货。执行顺序为 T_1,T_2,T_3（失败，不断尝试，继续执行）, T_4……，如图 3-38 所示。

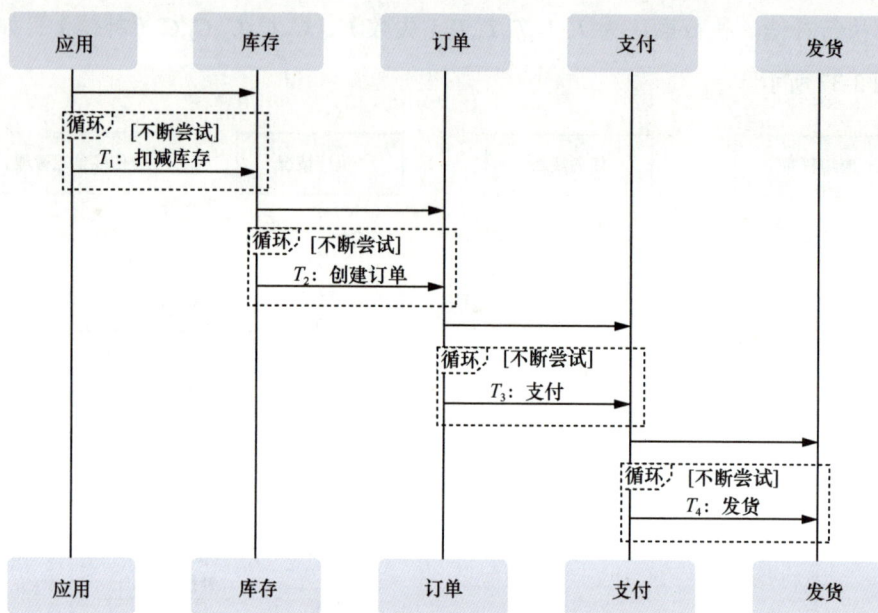

图 3-38　向前恢复机制

3.5　服务持续集成与持续部署

微服务开发完成后，部署到生产环境中并面向用户提供服务，才能真正发挥作用，创造价值，因此服务集成与部署是云原生应用开发过程中的重要环节。随着软件行业的快速发展，软件交付速度和质量成为企业竞争的关键。为了实现快速、高质量的软件交付，持续集成（Continuous Integration，CI）和持续部署（Continuous Deployment，CD）已经成为许多团队的首选实践。

持续集成是指开发团队频繁地将代码集成到共享存储库中，并通过自动化构建和测试流程来验证新代码的正确性。通过持续集成，团队可以及早发现和解决代码集成问题，从而减少集成阶段的风险，并确保软件的稳定性和可靠性。持续部署是指将经过测试的代码自动部署到生产环境中，实现快速、可靠的软件交付。

如今持续集成和持续部署（CI/CD）已经成为现代软件开发中不可或缺的实

践，遵循高效、稳定的 CI/CD 流程，团队可以提高开发效率，降低风险，更好地满足用户需求。近年来，开发运维一体化的 DevOps 模式，为大规模微服务部署提供了理念、方法和工具支持，DevOps 可以通过自动化工具和流程来实现应用的 CI/CD，进而提高服务部署的效率和质量。

在 CI/CD 实践和 DevOps 方法论的驱动下，面对软件开发效率低与高标准需求的双重压力，现代化的"软件工厂"应运而生。软件工厂是一种以工业化思维重构软件生产流程的体系化平台，通过标准化、自动化、可观测的技术栈与协作模式，实现软件从需求到交付的全生命周期高效运转。软件工厂通过模块化流水线模板、环境自愈、灰度发布等能力，支持多团队并行开发与快速迭代，其度量体系与可视化看板，将 DevOps 的反馈闭环具象化为数据驱动的持续改进机制，实现软件生产的"精益化"，并通过技术流水线与协作范式的深度融合，使软件生产具备制造业级别的可预测性和规模化交付能力。

3.5.1 CI/CD 概念

（1）DevOps 基本概念

维基百科中对 DevOps 的定义是："它是一种重视'软件开发人员'（Development）和'IT 运维技术人员'（Operation）之间沟通合作的文化、运动或惯例。通过自动化'软件交付'和'架构变更'的流程，使得构建、测试、发布软件能够更加便捷、频繁和可靠。"[42]

DevOps 打破了传统研发模式中开发团队和运维团队相互隔离、各自为政的现状，在统一的框架下，把需求、计划、开发、测试、部署、运维、运营等要素和流程相互融合，实现开发运维一体化运行，建立自动化流水线的过程。DevOps 能够使业务更快、更自动化地运营，并能更敏捷地应对各种变化。在安全性要求高的业务领域，DevOps 还可以在每个阶段集成安全相关的活动，实现开发、安全、运维一体化，即 DevSecOps，作为 DevOps 实践的拓展，致力于产品从开发到运营整个生命周期的全过程管理。

（2）DevOps 关键流程

实施 DevOps 的关键是要求团队成员对产品目标理解清晰，开发人员和运维人员通力合作，建立自动化的流水线过程，持续维护产品整个生命周期的演进，DevOps 关注软件产品从规划到交付的全生命周期，如图 3-39 所示。

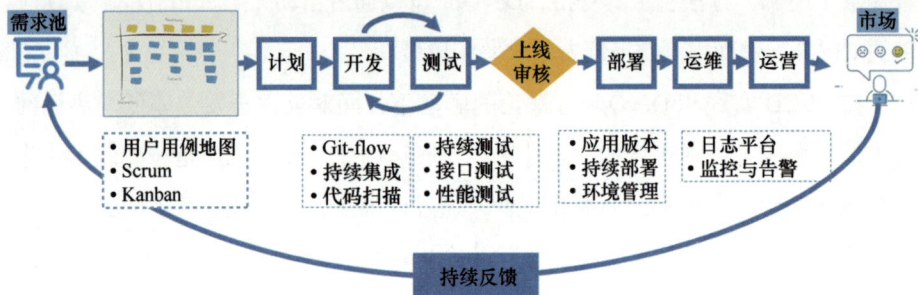

图 3-39　DevOps 关键流程

① 产品规划

产品负责人明确项目愿景、目标和价值，提出基于场景的用户用例地图，确定拟采用的开发模式等。

② 计划阶段

需求负责人基于产品原型说明，面向整个团队，进行用户需求评审，明确需求项的优先级；研发负责人根据需求，明确项目里程碑，完成项目任务分解和分工，输出产品开发计划；研发工程师按照各自的分工，评估技术可行性。

③ 开发阶段

用户界面设计师根据产品原型，进行界面和人机交互设计；研发工程师完成系统概要设计以及正式编码前的一系列研发设计工作；测试工程师根据需求拟定测试方案和测试用例；DevOps 工程师配置开发、测试和运维的基础环境；管理人员研究软件合规性以及监管要求；开发团队使用规范的敏捷方法，进行编码开发、单元测试。

④ 测试阶段

持续集成过程中，测试工程师和 DevOps 工程师共同建立和维护测试流水线，代码的质量测试保证不因程序员的过失将风险引入线上环境，软件的集成测试保证软件功能和性能持续稳定并可用。

⑤ 部署阶段

在完成持续集成之后，自动化流程开始进入验收测试和部署阶段。DevOps 工程师建立流水线形式的单一自动化部署途径，运维负责人能够监控整个部署过程的进度，支持合规性审核，确认是否允许上线。

⑥ 运维阶段

软件上线后，运维人员持续对线上进行监控，并设置详细的报警规则。当发生灾难事件时，确保关键服务的容灾备份和快速恢复非常重要。

⑦ 运营阶段

运营人员积极收集客户反馈，包括用户体验和质量事件等运维问题。经团队审核后，它们将作为变更事项添加到待办任务中。

DevOps 以流水线方式优化需求、计划、开发、测试、部署等关键流程，将各个环节闭合形成持续优化的能力环，实现软件产品的持续集成、持续交付和持续部署。

（3）持续集成

通过实施自动化构建，能够实现高频率的系统集成，并且在集成过程中，不断增加软件功能，尽早发现系统缺陷。持续集成的目的是让产品可以在保持高质量的前提下快速迭代。为了实现持续集成，需要确保新开发或修改的代码在集成到主干之前，必须通过自动化测试，只要有一个测试用例失败，就不能集成。因此持续集成的优势之一在于能够快速发现错误、防止分支大幅偏离主干。

持续集成具有以下特点。

- 自动化：持续集成是一个自动化、周期性的集成测试过程，从检测出代码、编译构建、运行测试，再到结果记录、测试统计等环节都是自动完成，无须人工干预。
- 集中构建：持续集成需要设立专门的集成服务器来执行集成构建。
- 代码托管：持续集成需要有代码托管工具支持。

持续集成的完整流程[43]如图 3-40 所示。首先，开发人员提交代码到源代码仓库。其次，触发持续集成服务器的相关操作，执行编译、测试、输出结果的流程。最后，向开发人员快速反馈结果报告。

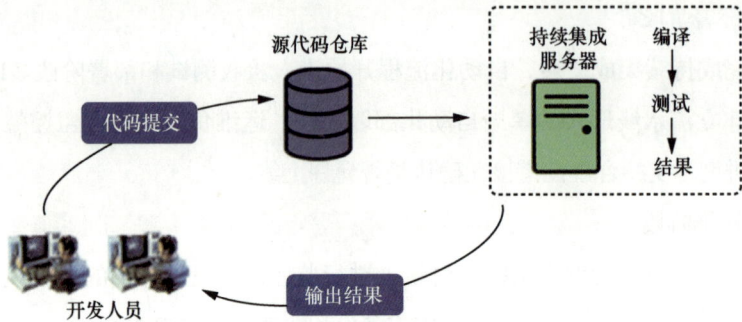

图 3-40 持续集成的完整流程

在持续集成阶段，确保新增的代码能够与原先代码正确集成是首要目标。持续集成与持续交付、持续部署最主要的差别在于目标的不同。

在云原生架构下，持续集成的实现需要满足以下条件。

① 使用容器化技术

容器化技术可以将应用程序和依赖项打包成一个可移植的容器镜像，以便在不同的环境中进行部署和运行。在持续集成中，容器化技术可以帮助开发人员更快地构建和测试应用程序，并确保测试环境与生产环境一致。

② 使用自动化工具

持续集成需要使用自动化工具来执行自动化测试、构建和部署流程。常见的自动化工具包括 Jenkins、Travis CI、CircleCI 等，这些工具可以帮助开发人员快速构建和测试代码，并自动化地将代码部署到生产环境中。

③ 实时监控和反馈

持续集成需要实时监控代码的构建和测试过程，并及时反馈测试结果和构建状态，可以帮助开发人员及时发现和解决问题，保证代码的质量和稳定性。

（4）持续交付

持续交付是持续集成的下一步。它以全面的版本控制为核心，通过各种角色的紧密协作，确保每个发布过程的可靠、可重复。在软件交付过程中，导致交付延迟的主要因素包括配置交付测试环境周期长、自动化程度低等。持续交付的首要目标是确保应用程序在通过测试和质量检查后能维持在产品就绪状态，具备交付到生产环境进行部署的条件。

与持续集成相比，持续交付的侧重点在于完整产品的交付，因此其关注的核心对象不仅是代码，而是可交付的产品。持续集成仅针对新旧代码的集成过程执行测试，从代码变动到产品交付还需要增加额外的测试流程。持续交付流程 [43] 如图 3-41 所示。

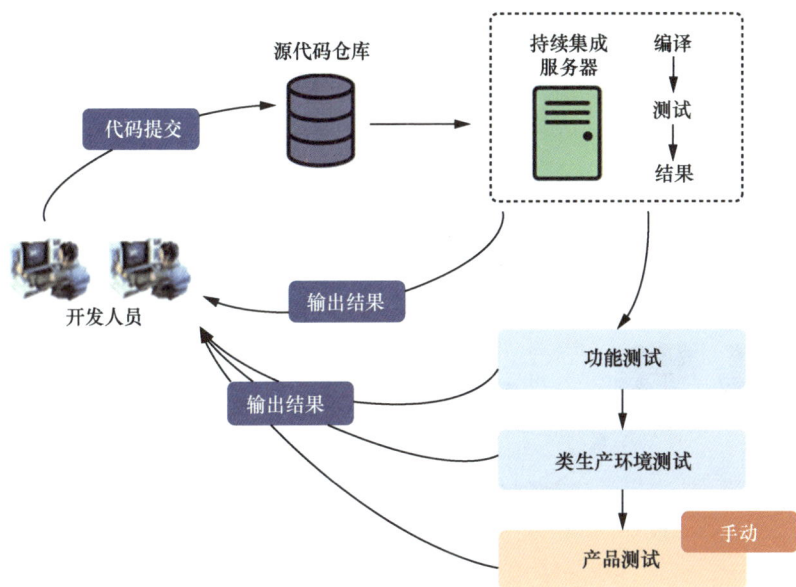

图 3-41　持续交付流程

与持续集成相比较，持续交付添加了功能测试、类生产环境测试和产品测试流程，通过这些测试过程，确保新增代码在生产环境中可用。

在新增加的流程中，功能测试环节不仅包括基本的单元测试，还拓展到更复杂的产品功能测试和集成测试。类生产环境测试环节要求尽可能对真实的网络拓扑、数据库数据及硬件设备等资源进行模拟，为测试人员反馈代码在生产环境中的可能表现。持续交付流程中每一个环节的执行结果都会向开发人员反馈，每一个出现的错误都会导致版本回退。只有所有测试完毕且确认无误后，才能部署到生产环境。

（5）持续部署

持续部署是持续交付的下一步，指通过自动化手段将软件功能配置部署到生产环境。与持续集成和持续交付相比，持续部署强调面向生产环境的自动化，从开发人员提交代码到编译、测试、部署的全流程不需要人工干预，从而进一步加快代码提交到功能上线的速度，保证新的功能能够第一时间部署到生产环境并被使用。

与持续交付相比，持续部署更关注生产环境，强调通过自动化部署手段，对新的软件功能进行自动化的产品测试。持续部署的流程[43]如图 3-42 所示。

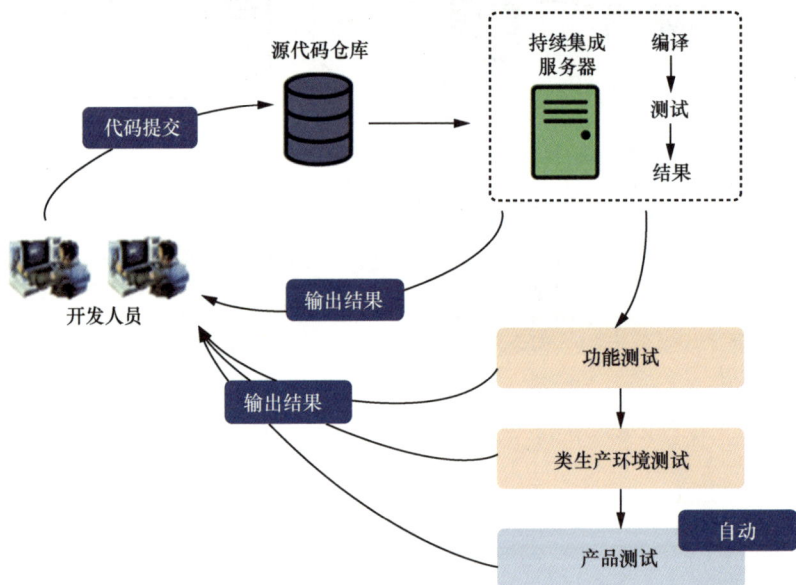

图 3-42　持续部署流程

在云原生架构下，持续部署的实现需要满足以下几个条件。

① 使用容器化技术

持续部署需要容器化技术来实现快速、可靠的部署，并确保部署环境与生产环境一致。

② 使用自动化工具

持续部署需要使用自动化工具来支持自动化部署过程。常见的自动化工具包括 Ansible、Puppet、Chef 等，这些工具可以帮助开发人员快速部署代码，并确保部署过程的一致性和可靠性。

③ 实时监控和反馈

持续部署需要实时监控代码的部署过程，并及时反馈部署状态和错误信息，帮助开发人员及时发现和解决问题，保证部署的质量和稳定性。

3.5.2　CI/CD 工具与实践

虽然当前的 DevOps 工具种类繁多、功能强大，但工具并不能简单堆砌，于是产生了支撑 DevOps 完整流程的流水线工具集，如图 3-43 所示。在产品迭代过程中，可以将渐进式交付等具体行为附着在流水线中，将整条交付流水线看作产品迭代的一次渐进式交付周期。渐进式交付在实践中是以 A/B 测试、金丝雀发布、灰度发布等方式落地的。

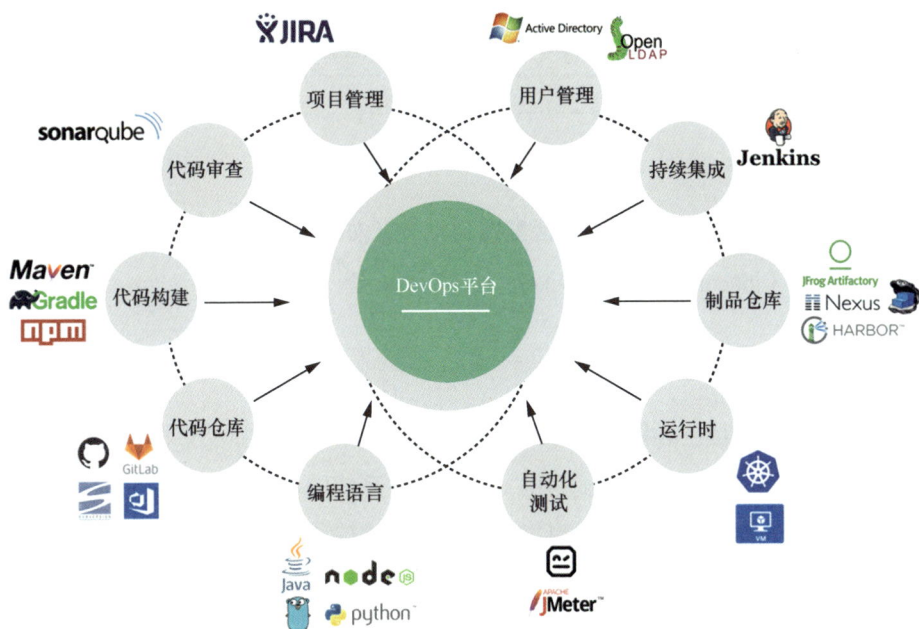

图 3-43　支撑 DevOps 完整流程的流水线工具集

CI/CD 流水线工具如图 3-44 所示，其中最常用的开源工具是自动化服务器 Jenkins，能处理从 CI 到 CD 的完整流程，是一个通用的 CI/CD 产品，可用于应用的编译、测试、打包、集成、发布，目前大多数公司的流水线能力都是基于 Jenkins。但是 Jenkins 并不是专门针对云原生环境设计。在云原生场景中，面向 Kubernetes 平台的 CI/CD 框架 Tekton 更有优势，Tekton 能够通过容器提供标准的 CI/CD 体验，支持云原生应用的持续集成和交付。此外，CI/CD 解决方案中还有 GitLab、Maven、Nexus、Gradle、Travis CI、CircleCI、Spinnaker、GoCD、Atlassian Bamboo、Flux、Argo CD、JFrog 等工具。

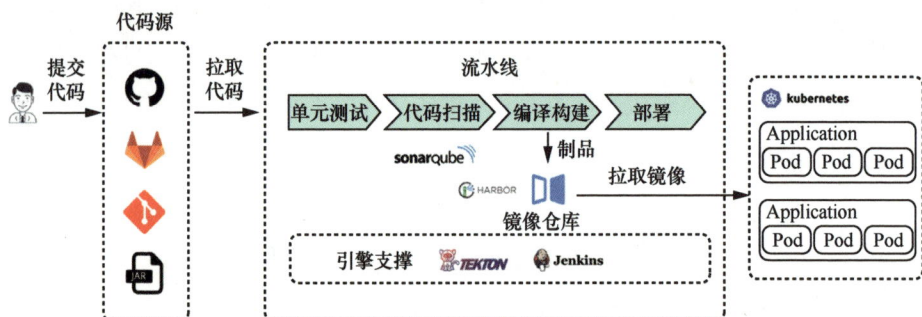

图 3-44　CI/CD 流水线工具

此外，DevOps 工具集还包括配置自动化（如 Ansible、Chef 和 Puppet）、容器运行时（如 containerd、Docker、rkt 和 cri-o 等）。

3.5.3　自动化测试

自动化测试是持续集成和持续部署的关键技术之一。自动化测试是指利用自动化工具和脚本来执行测试用例，验证软件系统的功能是否符合预期。与手动测试相比，自动化测试能够提高测试效率、降低成本，并且能够更好地适应快速迭代的软件开发流程 [44]。

（1）确定测试范围

在进行自动化测试前，需要确定待测试的功能范围，可基于用户需求或功能列表来确定。同时需要区分主要功能和次要功能，优先对重要功能进行测试。

（2）选择合适的自动化测试工具

根据项目需求和团队技术水平，选择合适的自动化测试工具。常见的自动化测试工具包括 Selenium、Appium、JUnit 等。

（3）设计自动化测试用例

根据测试需求，编写自动化测试用例。测试用例应覆盖项目的核心功能和边界条件，同时注意测试用例的可重用性和可维护性。

（4）创建测试环境

在进行自动化测试前，需要创建合适的测试环境。测试环境应与生产环境相似，包括操作系统、数据库、网络环境等。需特别注意的是，测试环境应能够满足多个并发测试的需求。

（5）配置持续集成工具

选择合适的持续集成工具（如 Jenkins、Travis CI），并配置自动化测试任务。配置任务包括设置代码检查、编译、部署和运行测试用例等。

（6）编写自动化测试脚本

根据测试用例，编写自动化测试脚本。脚本应能够模拟用户操作，包括输入数据、点击按钮、验证输出结果等。脚本应具有可重复执行和可维护的特性。

（7）运行自动化测试任务

通过持续集成工具，运行自动化测试任务。持续集成工具会自动拉取最新代码，进行编译和部署，并运行自动化测试用例。测试结果应能够及时反馈给团队成员。

（8）分析测试结果

分析自动化测试的结果，包括用例数、失败用例数、错误用例数等。对失败的用例进行排查和修复，并重新运行自动化测试。

（9）定期维护自动化测试脚本

随着项目的迭代和需求的变更，需要定期维护自动化测试脚本，保持脚本的可靠性和稳定性，以适应项目的变化。

3.5.4　Kubernetes 的 DevOps

DevOps 强调协作、自动化和持续改进，使团队能够更快地交付具有更高质量的软件。而 Kubernetes 凭借其在大规模管理容器化应用方面的能力，与这些原则完美契合。通过在容器中部署应用程序，开发和运维团队可以确保在软件生命周期的不同阶段使用一致的环境[45]。

（1）自动化部署流程

Kubernetes 简化了构建、测试和部署应用程序的过程，其强大的自动化能力使得团队能够创建自动化的部署流水线。通过使用 Jenkins、GitLab CI/CD 或 Tekton 等工具，团队可以创建自动化的部署流程，从而实现代码更改的无缝集成、自动化测试以及在 Kubernetes 集群中协调部署。这种自动化减少了人为错误，加速了交付流程，并支持持续集成和持续交付。

（2）高效资源利用

Kubernetes 资源管理能力是其核心优势之一，借助 Kubernetes，DevOps 团队可以根据需求给应用程序动态分配资源。这种弹性确保了资源的最佳利用，提高了成本效益，减少了基础设施浪费。应用程序的水平扩展或收缩变得更加平稳，与工作负载需求保持一致。

（3）增强协作与监控

DevOps 成功的关键之一是开发与运维团队之间的紧密协作，Kubernetes 通过其监控和日志记录功能提供了对应用程序性能的集中控制和可视化。通过集成工具（如 Prometheus 和 Grafana），团队能够监控应用程序的健康状况、资源消耗和其他关键指标，从而实现有效的协作。

DevOps 流水线典型流程如图 3-45 所示。项目开发初期，用 VS Code 开发代码，将代码推送到 GitLab 里存储，通过 GitLab 的 Hook 使 Jenkins 执行部分 CI 过程，如单元测试，构建 Docker image，再调用 Helm 把 Docker image 部署到开发环境或测试环境中。在测试环境里通过 Jenkins 触发集成测试的功能，完成后即可部署到生产环境里，通过 Kubernetes 安装扩展（Add-on）的方式，把 Prometheus、Grafana 等监控组件部署到集群里，从而实现一整套从 CI 到 CD 的监控过程。

基于 Kubernetes 的 DevOps 实践提供了一种高效、灵活的方式来加速软件交付，并确保在快速迭代过程中保持高质量的标准。通过利用 Kubernetes 的强大功能，DevOps 团队能够克服传统软件开发和运维过程中的诸多挑战，从而实现真正的敏捷性和高效率。

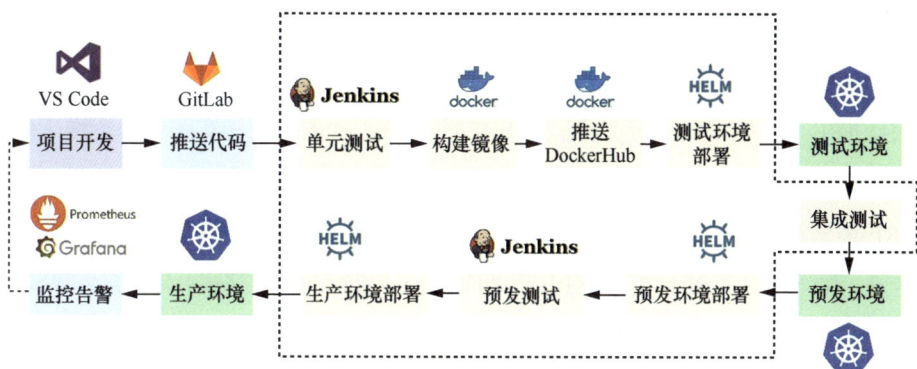

图 3-45　DevOps 流水线典型流程

3.6　服务可观测性

在云原生网络环境中，服务以容器化方式分布式部署，并随着云的弹性伸缩动态扩展，这种模式提高了服务的灵活性和可用性，但也带来了监控和管理的挑战。服务可观测性是确保云原生服务在动态、分布式环境中高效可靠运行的关键。

为了实现云原生服务的可观测性，需要一套综合性的方法论和工具集，旨在通过日志、度量、跟踪等多维数据的收集分析，为基于云原生架构的应用程序提供深入的洞察力，帮助服务开发和运维团队全面理解服务的工作机制、运行状态和性能表现，实现故障预防和问题快速定位，并做出相应的优化和调整。云原生架构下，服务可观测性与站点可靠性工程（Site Reliability Engineering，SRE）密切相关，是确保服务稳定运行的基础，本节首先介绍 SRE 运维体系，然后从日志管理、指标监控、链路追踪等方面详细介绍实现云原生服务可观测性的具体机制。

3.6.1　SRE 运维体系

（1）SRE 基本概念 [46]

SRE 是一种由 Google 提出并实践的运维理念，旨在通过软件工程的方法来

解决大规模互联网服务的可靠性问题。SRE 的起源可以追溯到 2003 年，当时
Google 的工程师开始意识到传统的运维模式已经无法满足公司快速增长的需求，
因此提出了新型的 SRE 运维理念。SRE 将软件工程的原则和实践引入运维工作
中，通过自动化、监控、故障分析等手段来提高系统的可靠性和稳定性。随着
SRE 理念在 Google 内部的成功应用，越来越多的公司开始关注服务可靠性和稳
定性，并尝试引入 SRE 实践，SRE 逐渐成为一种流行的运维模式。在云原生领域，
SRE 已经成为保障系统稳定运行的重要手段之一，其理念和实践不断演化和完
善，为整个行业带来了许多创新和进步，对保障系统稳定运行和提升用户满意
度起到了至关重要的作用。

SRE 实践强调自动化和避免重复性工作，其理念是"Automate Everything"
和"Don't Repeat Yourself"，主旨是采用软件工程方法来自动化 IT 运维服务，
如编写自动化脚本监控系统的运行情况，通过各类自动化工具进行变更管理、
事件响应、故障恢复和系统容量扩展等，代替传统运维系统中的人工操作。此外，
SRE 实践强调数据驱动决策，基于大量收集的监控数据和性能指标进行数据分
析，发现系统的瓶颈和潜在问题，及时调整系统配置和资源分配；同时采用持
续改进和迭代方法，不断审视系统的设计和运行情况，分析挖掘改进点，进行
实验和测试，不断打磨团队，提升系统的可靠性和稳定性。

SRE 团队负责落实 SRE 实践，主要由具有软件开发和运维经验的工程师组
成，团队成员对业务需求和系统架构有深入了解，能够运用各种工具和技术，
如 Prometheus、Grafana、Ansible、Terraform 等，简化系统管理和故障排除工作：
包括使用自动化配置管理工具进行大规模系统的配置、使用监控系统来实时掌
握系统的运行状态、使用日志分析工具快速定位故障等。SRE 团队的工程师通
常将不超过一半的时间用于执行手动 IT 操作和系统管理任务，其余时间则用于
开发代码来自动化这些任务，核心目标是减少手动干预，提高效率。

SRE 团队中的主要角色如下。

① SRE 工程师

SRE 工程师是 SRE 团队中最核心的角色之一，其主要职责是确保系统的可
靠性、稳定性和可扩展性。他们需要深入了解系统架构和运行机制，通过监控、

调优和故障排除等手段，保障系统能够高效、稳定地运行。此外，SRE 工程师还需要参与系统的设计和开发过程中，提出改进建议，以确保系统的可靠性和可维护性。

② 网络工程师

网络工程师在 SRE 团队中负责设计、部署和维护系统的网络架构。主要职责是确保网络的稳定性和安全性，防范分布式拒绝服务（Distributed Denial of Service，DDoS）攻击、网络故障等问题，并且负责优化网络性能，确保系统能够高效地运行。

③ 数据库管理员

数据库管理员负责管理系统中的各种数据库，包括关系型数据库、非关系型数据库等。主要职责是确保数据库的稳定性、安全性和高可用性，并且负责数据库的备份、恢复和性能优化等工作。

④ 安全工程师

安全工程师在 SRE 团队中负责系统的安全工作，包括安全审计、漏洞扫描、安全策略制定等。主要职责是确保系统能够抵御各种安全威胁，防范数据泄露、恶意攻击等问题。

⑤ 自动化工程师

自动化工程师负责设计和开发自动化工具和系统，以简化运维工作、提高效率和减少人为错误。主要职责是设计并实现自动化方案，提高系统的可靠性和稳定性。

SRE 团队中的角色各有所长，通力合作，共同完成团队的使命和目标，确保系统的高效稳定运行，为用户提供优质的服务。

（2）SRE 核心理念[46]

SRE 将软件工程的实践应用于 IT 运维，其核心理念之一是拥抱风险。传统的运维工作往往以稳定性为首要目标，因此会尽量避免风险，减少变更，以确保系统稳定运行。然而，在当今灵活弹性的云计算环境下，这种保守做法已经无法满足业务快速迭代的需求。SRE 提倡定义错误预算，即允许系统在一定时间内出现一定程度的故障或错误，从而能够更快速地推动创新和变革。这种区别于传统运维的理念变化，意味着 SRE 更加注重业务的持续发展和创新，而非单纯追求系统的稳定性。通过拥抱风险和定义错误预算，SRE 能够更好地适应快速变化的业务需求，推动组织持续创新和发展。

SRE 拥抱失败，并容忍故障，这并不意味着对故障不加以重视，而是意味着要接受现实，认识到系统和软件在某种程度上都是有缺陷的。SRE 强调的是如何在故障发生时快速恢复，而不是避免故障的发生。容忍故障并不意味着不重视系统的稳定性，而是要在稳定性和创新之间找到平衡点。通过容忍故障，SRE 能够更好地了解系统的运行情况，从而能够更好地预测和应对可能出现的问题。在实践中，SRE 通过引入故障注入、灾难演练等方式来测试系统的弹性和可靠性，从而不断提升系统的稳定性和可靠性。因此，SRE 拥抱风险、容忍故障，并不是放任系统出现问题，而是要通过失败和故障来不断改进，加强预防性措施和运维自动化，减少人为错误，提升系统的稳定性和可靠性。

因此，SRE 不再试图创建一个完全可靠的服务，追求服务在线时间最大化，而是寻求快速创新和高效运营业务之间风险的平衡。SRE 团队中，管理服务的可靠性很大程度上通过管理风险来进行，将风险作为一个连续体，把可用性目标同时看作风险的上限和下限，例如，当设定可用性目标为 99.99% 时，为提高服务可靠性所做的投入，要控制在不会超过该目标太多的合理范围内，否则就会浪费为系统增加新功能、清理技术债务或降低运营成本的机会。

基于上述理念，SRE 通过度量服务风险、辨别服务风险容忍度、定义错误预算等方式，平衡服务的功能、性能和服务质量，在确保达成可用性目标的前提下尽可能提高产品的创新速度。

① 度量服务风险

服务发生故障会有多种潜在影响，包括用户满意度、直接或间接收入损失、品牌信誉、负面影响等，有些因素很难被合理度量。为了简化问题、保持一致性，通常选择服务的计划外停机时间来度量服务风险。计划外停机时间由服务预期的可用性水平体现，通常用 "9" 系列数字来表示，如可用性为 99.9%（3 个 9）、99.99%（4 个 9）或 99.999%（5 个 9），每增加一个 9，代表向 100% 可用性有一个数量级的提高。

计划外停机时间可基于服务系统正常运行时间比例计算得出，即基于时间的可用性。

$$可用性 = 系统正常运行时间 / （系统正常运行时间 + 停机时间） \quad (3\text{-}1)$$

基于式（3-1），可以按照服务可用性预期计算出一年内可接受的停机时间，如可用性目标为 99.99% 的系统一年中的停机时间不超过 52.56 min。

此外，还可以通过请求成功率定义服务可用性，即基于请求的可用性。

$$可用性 = 成功的请求数 / 总请求数 \quad (3\text{-}2)$$

尽管在一个典型的应用中，有多种不同的请求，但从终端用户的角度看，计算全部请求成功率是对计划外停机时间的合理估计。对于不直接服务终端用户的系统，通过明确定义成功和失败的工作单元或者某条记录处理的成功与否，也能计算出请求成功率，作为有效的可用性指标。

通过明确定义服务的计划外停机时间、请求成功率等，能够精确度量服务风险，进而定期对服务性能进行跟踪，挖掘影响可用性的潜在因素，不断优化调整，使服务的可用性达到更高的层次。

② 辨别风险容忍度

辨别服务的风险容忍度对于确定服务的可用性目标至关重要。服务的风险容忍度是指在面临各种服务故障和问题时，组织愿意承担的风险程度。在实际运营中，不同的服务具有不同的风险容忍度，这取决于服务对业务的重要性、用户体验的影响以及成本等因素。

首先，需要评估各项服务对业务的重要性，有些服务对业务的影响非常关键，一旦出现故障可能会导致严重的业务损失甚至用户流失。对于这类关键服务，组织通常会采取接近零容忍度的策略，即对任何潜在风险都采取高度警惕和严格的监控措施。而对于一些次要的服务，组织可能会更加宽容一些，允许一定程度的故障和问题出现。

其次，需要考虑服务对用户体验的影响，一些服务可能直接关系到用户的体验和满意度，如页面的加载速度、响应时间、搜索功能的准确性等。对于这类服务，即使风险容忍度较高，也需要密切监控具体指标和变化趋势，并且采取快速响应的措施来减少用户体验的负面影响。

另外，成本也是影响风险容忍度的重要因素之一。一些高可用性和高可靠性的服务可能需要投入大量的资源和成本来保障其稳定性，而一些次要的服务则可能并不值得投入过多资源来保障其稳定性。因此，SRE 团队考虑风险容忍度时需要综合考虑成本效益因素。

在实际操作中，SRE 团队需要与业务部门和产品部门密切合作，共同确定各项服务的风险容忍度，并根据实际情况进行动态调整。具体实施中，可以通过制定风险容忍度矩阵来明确各项服务的风险容忍度，并据此制定相应的应对策略和监控措施。

③ 定义错误预算

定义错误预算的主要目的是平衡产品研发团队和 SRE 团队之间的矛盾。产品研发团队追求快速推出新功能，不断满足用户需求，可能会忽视系统稳定性带来的风险。而 SRE 团队则更关注系统的稳定性和可靠性，可能会对新功能的推出持保留态度，这种矛盾导致了双方在权衡新功能推出与系统稳定性之间产生分歧。

在这样的背景下，引入错误预算成为了一种常见做法。错误预算是指在系统构建过程中，为错误和故障设置一个可接受的上限，预先容许一定的错误和故障发生，以便及时发现和解决问题，确保系统在快速迭代的同时不会牺牲稳定性。定义错误预算的目的是确定产品研发团队和 SRE 团队都同意的风险平衡点，提供一个明确、客观的指标来决定服务在一个时间段内（如每个季度）能接受多少不可靠性。具体做法如下。

- 定义服务的服务等级目标（Service Level Objective，SLO），确定一项在每个季度预计的正常运行时间。
- 通过中立的第三方（如作为服务可观测平台的监控系统）测算服务的实际在线时间。
- 实际在线时间和预计正常运行时间的差值即这个季度中剩余的错误预算。
- 只要有剩余的错误预算（测算出的实际在线时间高于 SLO 要求的正常运行时间），就可以发布新的版本。

产品研发团队和 SRE 团队通过共同定义基于 SLO 的错误预算，能够在产品创新和可靠性之间找到合理的平衡点，这种策略可以有效消除双方的分歧、增强团队间的互信并大幅提升合作效率。

（3）SRE 方法论 [46]

SRE 团队的工作内容涵盖可用性改进、延迟优化、性能优化、效率优化、变更管理、监控、紧急事务处理以及容量规划与管理等多个方面。虽然每个 SRE 团队有各自的工作流程、优先级定义和日常工作规范，但通过在工程实践中不断积累经验，逐步形成了一套共同的方法论，规定了如何操作生产环境、如何进行系统监控和故障处置、如何和其他成员进行有效沟通等，逐步形成了完整的沟通准则和行事规范。

SRE 方法论包含一系列核心原则，Google SRE 团队作为 SRE 行业的标杆，提出并践行的一些关键原则，成为整个 SRE 运维领域的重要借鉴。

① 减少琐事、关注研发

SRE 将琐事定义为运维工作中手动、重复、应急性且没有持久价值的任务，这类琐事通常能够被机器处理替代，并且任务数量与服务规模或用户数量呈线性增长关系。Google SRE 团队的一个公开目标是保持每个 SRE 成员的工作时间中，日常运维工作（即琐事）的比例低于 50%，至少要花 50% 的时间在工程项目上，以减少未来的运维琐事或增加服务功能，如提高可靠性、性能或资源利用率。在实践中，SRE 管理人员应该经常度量团队成员的时间分配，一旦发现运维压力过大，就需要采取暂时性措施将压力转移到其他团队。此外，SRE 处理日常运维工作的一项准则是：在每 8 ～ 12 h 的"随叫随到"轮值期间最多只处理两个紧急事件。这个准则保证了轮值工程师有足够的时间跟进紧急事件，正确地处理故障、恢复服务，并且撰写一份事后总结报告，报告应该包括事故发生、发现、解决的全过程，事故的根本原因，预防或者优化的解决方案。

② 保障 SLO、最大化迭代速度

如前文所述，SRE 通过使用错误预算处理迭代创新速度与产品稳定性之间的矛盾。按照实际应用中，任何软件系统都不应该追求 100% 可靠的理念，商务或产品部门需要建立起合理的可靠性目标，即定义服务的 SLO。如果一个服务的 SLO 是在一个时间周期内可用性为 99.99%，那么错误预算就是 0.01%，这意味着产品研发部门和 SRE 部门可以在这个范围内将该预算用于新功能上线或产品的创新。理想情况下，在保障服务质量的前提下，应该使用错误预算最大化新功能上线的速度，只要系统符合 SLO，就可以继续发布新版本。如果频繁违反 SLO 导致错误预算被耗尽，产品发布就应该暂停，同时在产品测试和开发环节投入更多资源提升系统性能。通过引入错误预算的概念，产品研发团队和 SRE 团队之间的组织架构冲突得以解决，两个团队的目标达成一致，不再是系统"零事故运行"，而是在保障服务可靠性需求的同时尽可能地加快新功能上线速度。

③ 监控系统、自动分析

监控系统是 SRE 团队掌握服务质量和可用性的主要手段。与传统监控系统根据特定情况或阈值触发警报的策略不同，SRE 认为监控系统不应该依赖人工来分析警报信息，而是应该由系统自动分析，仅当需要用户执行某种操作时，才需要通知用户。

一个监控系统应该只有以下 3 类输出。

- 紧急警报。收到警报的用户需要立即执行某种操作，目标是解决某个已经发生的问题，或者避免即将发生的问题。
- 工单。接受工单的用户应该执行某种操作，但并不是立即执行。输出工单意味着系统不能自动解决当前的情况，但如果用户在几天内执行工单要求的某种操作，系统不会受到任何影响。
- 日志。主要用于事后分析或调试，平时用户不需要主动阅读日志。

为了构建有效的监控和报警系统，需要利用自动化技术对监控数据进行实时分析和处理，以发现系统异常、预测故障风险、优化系统性能等。这一功能的实现通常依赖于机器学习、人工智能等先进技术，通过对历史数据的分析学习，提高警报和工单的准确性，减少误报和漏报的情况。

④ 应急响应、复盘改进

评价 SRE 团队将系统恢复为正常情况的有效指标是平均恢复时间，恢复时间取决于应急响应的速度和有效性。在面对突发事件时，运维团队需要依赖完善的运维手册来进行应急处理，运维手册应当包括系统的架构图、关键组件、监控指标、常见问题和应对方案等内容，以便运维人员能够快速定位问题和采取有效措施。在 SRE 团队中，通常会进行模拟演练，以验证运维手册的完整性和实用性，确保团队成员熟悉应急处理流程并能够迅速做出反应。针对不同类型的应急事件，运维手册中应当包含相应的应对策略。例如，针对网络故障，需要清楚地记录网络拓扑、设备配置和路由信息，以便快速排查问题；硬件故障，则需要包括备份方案、设备更换流程和数据恢复步骤等内容。此外，针对常见的系统故障，如内存泄漏、CPU 负载过高等，也应当有相应的应对方案和调优建议，以提高系统的稳定性和性能。由于任何需要人工操作的任务都只会延长恢复时间，SRE 团队需要建立自动化的应急响应流程，利用自动化工具对常见问题进行快速处理，减少人工干预的时间和错误率。

在 SRE 中，复盘是一个非常重要的环节，通过复盘可以总结之前的故障处理经验，发现问题的根本原因，提出改进措施，以避免类似的问题再次发生。在进行复盘时，Google 倡导的一项原则是"无指责的事后分析"，即"对事不对人"，首先要梳理应急事件或故障处理的完整过程，包括故障的发现、定位、修复和恢复等各个环节，分析每个环节中存在的问题和不足。其次，需要找出故障发生的根本原因，可能涉及系统设计不当、配置错误、程序漏洞、人为失误等多种因素，需要进行深入的分析。最后，针对发现的问题，提出具体的改进措施，包括技术上的调整、流程上的优化、人员培训等方面的改进，确保类似的问题不再发生。

⑤ 变更管理、渐进发布

SRE 中的变更管理是指对系统进行更新、修复、优化等操作的过程，根据 SRE 实践经验，大约 70% 的生产事故由某种部署的变更触发，因此 SRE 倡导在变更管理中采用自动化方式完成 3 项主要任务。

- 渐进发布。将新版本或新功能逐步引入生产环境中，以便及时发现和解决潜在的问题，同时最大限度地减少对用户的影响。
- 检测问题。在变更过程中或变更后，能够通过实时监测和警报系统，迅速而准确地检测到问题发生，立即发出警报，提示用户迅速采取行动。

- 安全回退。在确认变更发生问题时，能够安全迅速地回退改动，使系统恢复到变更前的状态。

做到上述 3 项任务可以有效降低变更带来的时间成本，通过将人工因素排除在流程之外，变更执行的速度和安全性同时得到提升。

⑥ 需求预测、容量规划

需求预测和容量规划是指基于系统性能、用户行为和业务发展趋势的分析，根据业务需求和资源情况对系统的容量进行合理规划和管理，以确保系统能够满足业务需求并保持稳定运行，保障一个业务有足够的容量和冗余度来服务未来需求。一个业务的容量规划，不仅需要包括自然增长（随着用户使用量上升，资源用量增加），也需要包括一些非自然增长的因素（如新功能的发布、商业推广、重要事件以及其他商业因素等）。

SRE 要求容量规划至少包含以下 3 个方面的工作。

- 建立准确的自然增长需求预测模型，并且需求预测的时间应该超过资源获取的时间。
- 必须进行准确的非自然增长需求来源的统计。
- 进行周期性压力测试，在业务容量和系统原始资源之间建立准确的对应关系。

服务的容量对可用性至关重要，因此 SRE 应该主导需求预测和容量规划的过程。

⑦ 自动化、简单化

自动化是 SRE 方法论的核心，被视为提高效率、降低错误率和增强可靠性的关键手段。通过开发各类自动化工具，可以减少重复性工作的时间和精力消耗，使工程师能够更专注于解决复杂的技术问题和创新性工作。自动化还可以提高系统的一致性和稳定性，减少人为因素对系统运行的影响，从而提升整体的可靠性和安全性。SRE 强调通过自动化来帮助团队更高效地管理和维护复杂的系统架构，提高服务可靠性和生产率，并释放人力资源进行更有价值的工作。在 SRE 实践中，自动化体现在多个方面。首先是基础设施的自动化部署和扩展，通过工具和脚本实现对服务器、网络设备等基础设施的快速部署和扩展。其次是监控和警报的自动化，通过监控系统实时收集指标数据，并基于预设的规则自动触发警报，及时发现和处理潜在的问题。此外，自动化还包括故障恢复和容灾切换等，通过自动化脚本和流程实现系统在发生故障时的快速切换和恢复。

SRE 中倡导简单化，即通过简化系统和流程来提高可靠性和效率。简单化不仅是技术上的简化，也是流程和沟通的简化。在技术上，简单化意味着尽量减少组件和依赖，避免过度工程化和复杂的架构设计，降低系统出现故障的可能性，同时也使故障排查更加容易。在流程上，简单化意味着简化决策流程和减少不必要的审批环节，以加快问题的解决速度，提高团队的工作效率。在沟通上，简单化意味着清晰明了地传达信息，避免信息传递的混乱和误解，减少不必要的时间浪费。然而，简单化并不意味着一刀切，也不意味着放弃创新和发展。在实践中，需要权衡简单化和功能需求之间的关系。有时候，为了满足业务需求和用户需求，可能需要一定程度的复杂性。因此，在实践中需要根据具体情况权衡简单化和功能需求之间的关系，在系统的灵活性和稳定性之间找到一个平衡点。

（4）SRE 与服务可观测性[47]

SRE 的监控与报警系统在传统基于阈值或事件驱动的逻辑上，增加自动化分析，减少人工判断，提高了系统输出的准确性和异常处置效率，本质上是一种被动响应机制。随着云原生架构的快速发展，由大量微服务组成的云原生应用成为关键业务的核心，微服务之间相互依存的复杂性、大量容器的跨节点运行、用户请求的并发性、业务调用链跟踪困难等，使得传统监控与报警系统很难快速定位问题，能够利用的错误预算越来越少，无法满足服务持续在线可靠运行的要求，于是可观测性系统应运而生。可观测性系统采用一种更全面、主动的方法，试图从全局角度去理解整个系统的运行状态，包括软件运行情况、业务的调用过程、代码的执行逻辑等，旨在通过日志、指标、链路跟踪等多个维度的数据来度量和推断系统的内部状态和行为，帮助团队更快速地发现、诊断和解决问题。构建可观测性系统的目标不仅是处理已显现的故障，更重要的是通过主动探索系统以发现问题。可观测性强调面向整个云原生应用，关注整个应用从开发、部署到运行的全生命周期，对系统日志、运行指标、用户行为、业务数据、服务调用链等进行综合分析，深层次、多维度揭示复杂分布式系统的运行机理，及时发现和解决系统问题，以实现更高效的故障管理、性能优化和用户体验保障。

在 SRE 研究领域中，基于监控与报警系统进行扩展，构建平台化的服务可观测性系统，通常关注以下几个方面。

- 日志管理。包括日志的收集、存储、索引和检索等功能，以及日志数据的关联分析和可视化呈现。
- 指标监控。采集系统的各项运行指标，包括基础资源、服务性能、业务调用等相关指标，并进行实时监控和告警。
- 调用链追踪。跟踪分布式云原生应用中的请求调用链路，通过调用链分析定位性能瓶颈和故障原因。

可观测性系统是新型运维体系的基础，通过构建更加全面、智能化、自动化的可观测性系统，SRE 团队能够有效利用可观测性数据，洞察系统内部运行机制、跟踪系统的健康状态，实现更高效、更主动的服务可靠性管理。

3.6.2　日志管理

在分布式云原生系统中，日志管理负责记录服务运行期间产生的各类信息，为诊断问题或排查故障提供依据，是运维体系正常运行的基础。日志管理通过对系统产生的各类结构化和非结构化数据进行收集、存储、分析和展示，帮助运维和开发人员了解系统运行状态、分析系统性能瓶颈、追踪用户操作行为以及快速发现和解决问题，从而保障系统持续稳定运行。在工程实践中，需要综合运用多种技术和工具，对大规模分布式系统的日志数据进行高效管理和利用。

云原生架构中，Kubernetes 对容器日志的处理方式是在集群层面，称为 cluster-level-logging，即日志处理系统的生命周期独立于容器、Pod 和节点，这种设计是为了保证即使在容器不工作、Pod 被删除甚至节点宕机等情况下，仍然能够正常获取应用的日志。

Kubernetes 本身并不为用户做容器日志收集工作，为了实现 cluster-lever-logging 日志收集分析功能，需要在部署集群时，提前规划日志管理方案，推荐的方案主要有 3 种 [37-48]。

第一种是在节点上部署日志代理（logging-agent），将日志文件转发到后端存储起来，方案架构如图 3-46 所示。

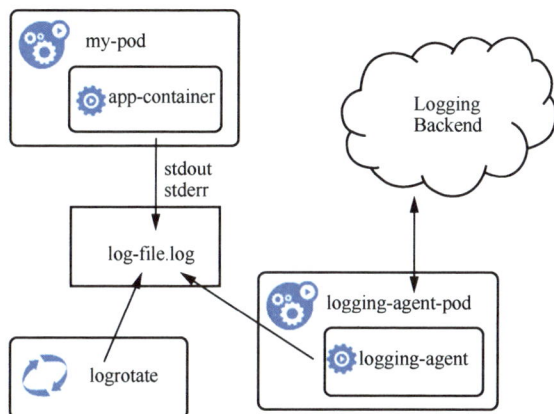

图 3-46　日志代理方案架构

该方案的核心在于 logging-agent，它一般都会以 DaemonSet 的方式运行在节点上，挂载宿主机上的容器日志目录，然后把日志数据转发出去。这种方案的不足之处是要求应用必须把日志直接输出到容器的 stdout 和 stderr，否则无法接收日志数据。

第二种方案是对上述不足的补救处理，即应用日志无法直接输出到容器的 stdout 和 stderr 时，如只能输出到某种日志文件，可以通过一个 Sidecar 容器把日志文件重定向到 Sidecar 的 stdout 和 stderr 上，然后就能继续使用第一种方案了。Sidecar 方案架构如图 3-47 所示。

由于 Sidecar 容器与主容器之间是共享存储卷的，所以 Sidecar 方案的额外性能损耗并不高，主要是增加很少的 CPU 和内存占用。需要注意的是，这时宿主机上实际上会存在两份相同的日志文件：一份是应用自己写入的；另一份则是 Sidecar 的 stdout 和 stderr 对应的 JSON 文件，日志重复记录会浪费磁盘空间，这是 Sidecar 方案的主要缺点。

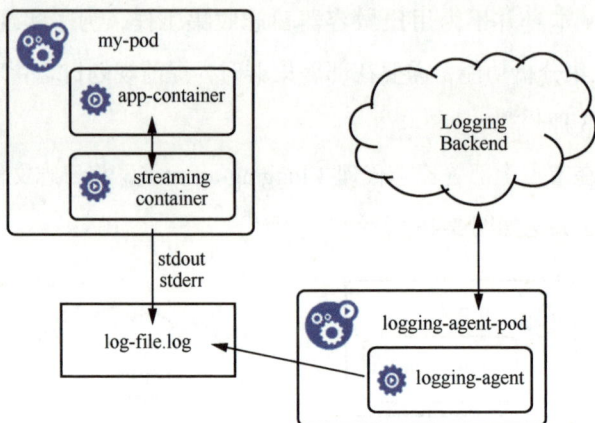

图 3-47 Sidecar 容器方案架构

第三种方案通过一个 Sidecar 容器直接把应用的日志文件发送到远程存储，相当于把第一种方案中的 logging-agent 放到了应用 Pod 中。日志代理内置方案架构如图 3-48 所示。

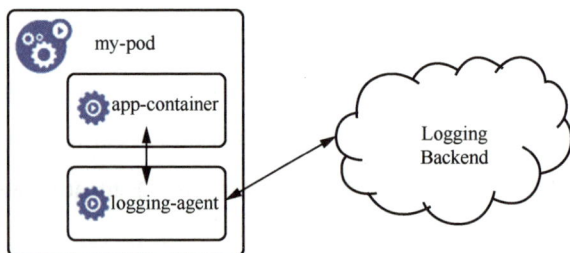

图 3-48 日志代理内置方案架构

在这种方案中，应用既可以把日志输出到容器的 stdout 和 stderr，也可以直接输出到特定的文件。日志代理 logging-agent 采用 fluentd 采集日志数据，按照应用日志输出方式设定 fluentd 的输入源，fluentd 直接将日志数据存储到后端的 Elasticsearch。这种方案具有部署简单且对宿主机友好的优点，但是内置到应用 Pod 的日志代理可能会消耗较多的资源，甚至会拖垮应用容器。

上述 3 种方案中，推荐采用将应用日志输出到 stdout 和 stderr，然后通过在宿主机上部署 logging-agent 的方式来集中处理日志。这种方案可以通过 kubectl logs

查看日志输出，具有管理简单、可靠性高的优点，而且可以利用宿主机的 rsyslogd 等成熟的日志收集组件。需要注意的是，无论采用哪种方案，都必须合理配置宿主机上的日志文件切割和清理操作，或者为日志目录挂载容量足够的远程存储，否则会出现主磁盘分区被占满的极端情况，会严重影响整个系统的运行。

3.6.3　指标监控

如果无法度量服务的性能、稳定性和可靠性，就无法准确识别问题并进行改进（If you can not measure it，you can not improve it.——Lord Kelvin）。因此不管是面向消费者的外部服务，还是供内部调用的服务 API，都需要制定一个针对用户的服务等级目标，分解并量化该目标对应的各类指标，通过专业化工具对这些指标进行监控、分析，及时发现潜在的问题。

SRE 体系中，采用服务等级指标（Service Level Indicator，SLI）和服务等级目标（SLO）来度量服务的质量和可靠性。

服务等级指标指特定服务的某项服务质量的具体量化指标，如服务请求延迟（处理请求所消耗的时间）、请求错误率（请求处理失败的百分比）、系统吞吐量（每秒请求数量）等，这些指标通常按照一个度量时间范围进行原始数据汇总，计算出平均值、百分比等统计数据。此外，服务的可用性也是 SRE 重点关注的服务等级指标，通常利用"格式正确的请求处理成功的比例"来定义。

服务等级目标指特定服务的某个 SLI 的目标值或范围。制定一个合适的 SLO 是非常复杂的过程，既要考虑用户的实际需求和期望，又也要权衡服务提供方的实际能力和资源限制。

服务各项 SLI 的采集、监控和告警是服务监控系统的核心。如果某项 SLI 超出预期范围，就需要按既定策略进行自动化分析，输出紧急警报、工单或者日志记录，并根据情况的紧急程度决定是否需要运维人员介入处理。

3.6.3.1　指标收集

服务等级指标可以分为多个类别，如可用性、性能和容量等，每个类别又包含多个具体的指标。在工程实践中，监控指标的选取主要遵循以下原则[49]。

（1）Google SRE 四大黄金指标

Google 的 SRE 手册中，提出了服务性能的 4 个黄金指标，用来衡量用户体验和服务的可用性。

- 延迟（Latency）。延迟表示服务响应用户请求所需花费的时间，延迟增加可能意味着系统性能下降或存在瓶颈，因此延迟的监控对快速定位和解决问题至关重要。

- 流量（Traffic）。流量通常用于表示当前系统的负载状态和不同时段的负载情况，如对于 HTTP 应用，流量指标可以用每秒事务数或每秒查询数来度量。

- 错误数（Error）。错误数表示当前系统处理请求时发生错误的数量。如 HTTP 状态码返回 500 表示失败，返回 200 则表示成功。错误数是评估系统稳定性和可靠性的重要指标，除了简单的错误计数，还需要关注错误的具体类型、来源和原因，以便快速定位和解决问题。

- 饱和度（Saturation）。表示当前资源使用的饱和情况，用来衡量系统所提供服务的资源利用率和服务承载能力，当资源利用率接近或达到饱和时，系统的性能会受到影响。饱和度指标对评估系统资源利用率和扩展能力至关重要。

（2）Netflix USE 方法

USE 是 Utilization（使用率）、Saturation（饱和度）、Error（错误数）的首字母组合，由 Netflix 的内核和性能工程师 Brendan Gregg 提出，主要用于分析基础设施的系统性能问题。

- 使用率。使用率用来衡量系统资源的使用情况，用一定时间间隔内的百分比值表示，主要包括 CPU、内存、网络、磁盘等，如果某项资源使用率持续较高，通常是系统出现性能瓶颈的标志。

- 饱和度。饱和度用来衡量资源的耗尽程度，如 CPU 等待调度的任务队列长度、缓冲区深度等，任何资源在某种程度上的饱和都可能导致系统性能下降。

- 错误数。服务运行中报告的错误数量，如 HTTP 请求处理错误、数据传输失败等。

USE 方法通过对资源使用率、饱和度和错误数的持续观测，能够指导用户快速识别系统瓶颈。

（3）Weave Cloud RED 方法

RED（Rate，Error，Duration）方法是 Weave Cloud 基于 Google SRE 四大黄金指标，结合 Prometheus 的容器监控实践提出的方法论，适于云原生应用以及微服务的监控和度量。RED 方法可以有效衡量云原生应用的用户体验，主要关注 3 种关键指标。

- Rate：每秒服务处理的请求数。
- Error：每秒失败的请求数。
- Duration：每个请求所花费的时间。

RED 方法是以请求（Request）为中心，聚焦影响用户使用体验的关键信息。

遵循上述服务指标选取原则，监控系统对各类指标进行采集、汇总和分析，来观察系统的行为、衡量服务的性能，及时发现系统中的问题并进行处理。

3.6.3.2 监控系统

监控系统处于 SRE 运维架构的底层，主要用于收集、处理、汇总和呈现特定应用或服务的实时量化数据，完整的监控系统需要覆盖应用程序技术栈的各个层面，包括业务、容器、节点、数据库、操作系统、存储、网络和安全等[50]。

（1）监控目的

监控的主要目的包括以下方面。

- 临时性回溯分析。当应用服务出现异常时，实时分析它的某些现象。
- 告警。当应用服务出现故障时，自动发送告警信息，通知运维人员立即执行某种操作进行修复；或者预测某项服务可能出现故障时，通知运维人员尽快查看。
- 长期趋势分析。对某个应用或服务的增长速度、数据库中的数据量、活跃用户数量等数据进行趋势分析，用于需求预测、容量规划等，找出应用的未来优化方向。

- 构建监控台。提供统一的监控视图，将服务的延迟、流量、错误数和饱和度等关键指标进行集中呈现，让运维人员掌握应用或服务的运行状态。

（2）监控类型

监控一般分为白盒监控和黑盒监控这两种类型。

① 白盒监控

白盒监控是指通过在应用或服务内部插入监控点，实时监测系统的运行状态、性能指标和异常情况，以便及时发现和解决问题的一种监控手段。白盒监控可以深入系统的内部，获取更加详细和全面的信息，对系统的运行情况进行全方位的监控和分析，能够帮助 SRE 团队更好地了解系统的运行状态，发现潜在的性能问题和故障，并提供数据支持进行故障排查和性能优化。

② 黑盒监控

黑盒监控通过观察系统的输入和输出对系统进行监控和评估。黑盒监控是面向现象的，不需要了解系统内部的具体运行逻辑，一般通过模拟用户的实际操作或者对系统输出结果进行分析来评估系统的健康状态。黑盒监控可用于对系统的输入输出行为、响应时间、错误率、可用性等指标的监控和分析。

（3）监控系统设计

典型的监控系统设计包括以下功能 [51]。

① 数据收集

数据收集是监控系统的基础，需要选择合适的数据收集方式和工具，获取系统的各类运行数据，如日志、指标数据、事件等，同时还需要考虑数据的存储和管理方式。此外，还要求监控系统能够保存一段时间内的历史数据，并设计数据采样策略和数据聚合方式。常用的开源数据收集工具包括 Filebeat、Logstash、Fluentd 等。

② 数据处理

数据处理是将收集的数据进行分析和加工的过程，需要选择合适的分析工具和技术，将数据转化为有用的信息，如告警、工单、图表等。常用的开源数据处理工具包括高性能的分布式时序数据库 InfluxDB、数据搜索和分析引擎 Elasticsearch 等。

③ 数据可视化

数据可视化是将处理后的数据以可视化的方式呈现出来，帮助用户更好地了解系统的运行状态和趋势，监控系统通常使用可配置的图形和仪表板来组织数据视图，推荐采用功能强大的开源可视化工具如 Grafana、Kibana 等构建可视化模块。

④ 告警机制

告警机制是当系统出现问题时，能够及时发现并采取相应的措施，需要定义合适的告警规则，并选择适当方式（如邮件、短信、微信等）通知运维人员。常用的开源告警工具包括 Alertmanager、PagerDuty 等。

3.6.4　链路跟踪

由多个微服务构成的云原生应用，处理一次外部请求往往会涉及多个微服务，需要一系列串行或并行调用才能完成。如何跟踪一个请求在云原生服务内部处理的完整路径和流程，发现调用环节的性能瓶颈，更精准地定位服务故障，是链路跟踪要解决的问题。

分布式系统中链路跟踪模型 [52] 如图 3-49 所示。

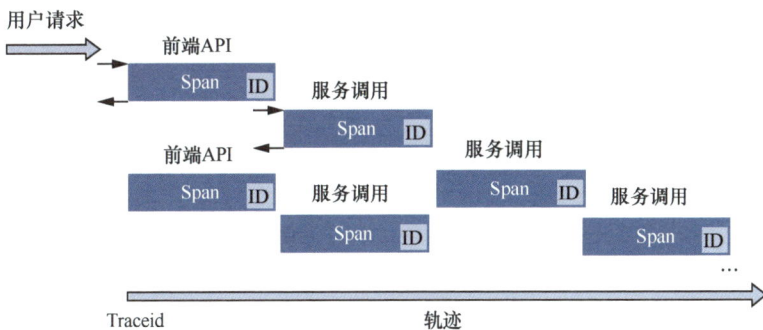

图 3-49　链路跟踪模型

链路跟踪模型中，采用跨度（Span）和轨迹（Trace）两个术语来标识请求在系统中的处理过程。

Span 是链路跟踪的基本单元，一个 Span 代表请求在单个服务或服务组件中的执行过程，它是跟踪请求在系统中流动的最小单元，每个 Span 用 SpanID 唯一标识。

Trace 由多个 Span 组成，表示一条调用链路，包含请求从发起到结束的完整处理流程。一个 Trace 可以跨越多个服务或组件，串联起整个请求的处理过程。每个 Trace 用 TraceID 唯一标识，在调用链中，请求会一直携带 TraceID 往下游服务传递，每个服务内部会生成 SpanID 用于建立内部调用视图，并和 TraceID 一起传递给下游服务。

Traceid 在请求的整个调用链中始终保持不变，所以可以通过 Traceid 查询到整个请求期间系统记录下来的所有日志。

分布式系统中链路跟踪的概念源自 Google 公司于 2010 年发表的论文 "Dapper, a Large-Scale Distributed Systems Tracing Infrastructure"。论文详细介绍了 Google 内部分布式链路跟踪系统 Dapper 的设计原理，其基本思想是将一次分布式请求还原成调用链路，对请求的调用情况进行集中展示，包括各个服务上的耗时、请求到达的具体节点、每个服务的请求状态等。在此基础上，提出了链路跟踪系统的 3 个设计准则。

- 低开销：确保核心系统不会因为链路跟踪带来的额外性能开销拒绝使用。
- 应用透明：链路跟踪应该对应用开发透明，不需要开发人员做额外的工作。
- 可扩展：在相当长的一段时间内，随着业务的高速发展，链路跟踪能够一直有效运转。

Dapper 系统实现分布式链路跟踪的核心方法是在分布式应用的接口方法上设置一些观察点，然后在入口节点给每个请求分配一个全局唯一的标识 TraceID，当请求流经这些观察点时会为该请求生成 SpanID，随请求传递的上游服务 SpanID 会被记录成 parent-spanid 或 pspanid。当前服务生成的 SpanID 随着请求一起再向下传递时，该 SpanID 又会被下游服务记录成 pspanid，形成一个首尾相连的调用链结构。最后通过 TraceID 将一次请求的所有 Span 进行组装，就可以还原出该次请求的链路轨迹。Dapper 系统追踪树的结构如图 3-50 所示，追踪树的节点为基本单元 Span，边线为 Span 之间的连接，追踪树直观展示了 Span 之间的顺序和所耗费的时间 [53]。

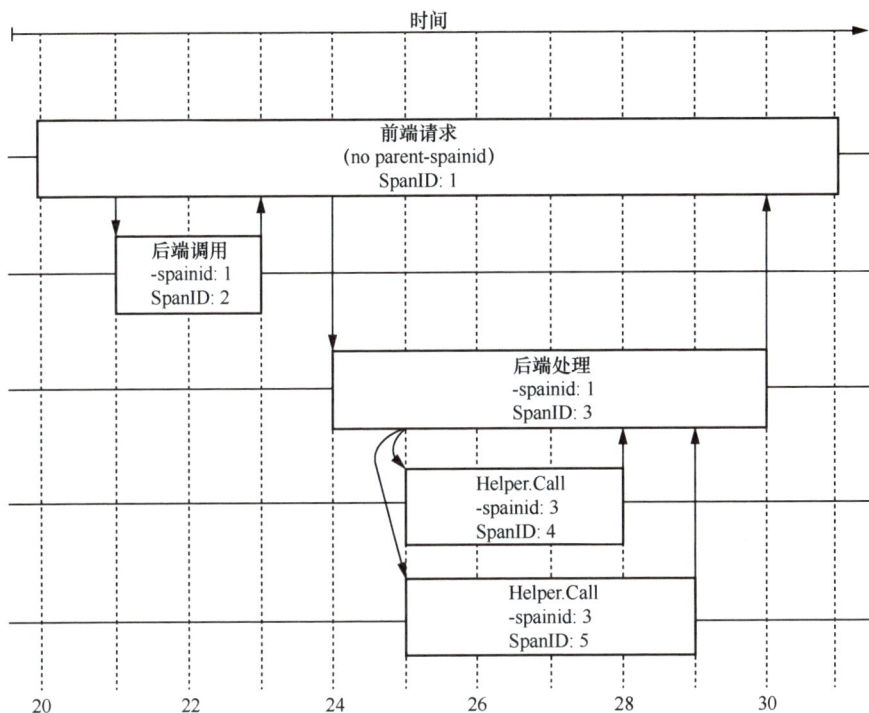

图 3-50　Dapper 系统追踪树的结构

随着云原生应用的迅速发展，大规模微服务应用的系统维护和问题诊断难度急剧增大，分布式链路跟踪系统越来越受到业界重视。开源社区中，主要的链路跟踪系统包括 Zipkin、OpenTracing、OpenCensus 和国内使用较多的 SkyWalking 等。

Zipkin 是起步最早、社区体系最完备的分布式追踪解决方案。它借助稳定的 API 库及广泛的集成，几乎覆盖了从开源到商业级的分布式系统的各个角落。其覆盖的语言包括 Java、C#、Go、JavaScript、Ruby、Scala、C++、PHP、Elixir、Lua 等，甚至为每种语言都提供了不止一种 API 库，更好地适应了各种不同的应用场景。

OpenTracing 是 CNCF 托管的分布式追踪项目，它的官方定位是针对分布式系统追踪的 API 标准库，不依赖特定厂商，旨在为不同的分布式追踪系统提供统一的对外 API 接入层。因此 OpenTracing 并不包含任何实现，可以将它理解为一套接口协议标准，类似于 Java 的数据库访问接口 JDBC。支持 OpenTracing API 的一个实现是 CNCF 托管项目 Jaeger。

OpenCensus 来自 Google，它的定位介于 OpenTracing 和 Zipkin 之间，提供统一的 API 层，同时提供了部分实现逻辑。OpenCensus 目前支持发送 Zipkin、Jaeger、Stackdriver 和 SignalFx 格式的数据。在 Google 的大力支持下，OpenCensus 已经成为 OpenTracing 的有力竞争者。

3.7 云原生战术应用案例

美国国防部针对未来一体化联合作战提出了联合全域指挥与控制（JADC2）的概念[54]，旨在通过先进的信息技术和数据处理能力，提高指挥员对战场的感知能力和决策效率。JADC2 设想为联合部队提供一个战场云环境，支持从多个传感器收集数据，汇聚多源情报，使用人工智能算法识别提取目标信息，然后推荐最佳的动能和非动能武器实施打击，帮助指挥员更快做出决策。美国国防部将打车服务优步（Uber）作为类比来描述 JADC2 的理想应用模式[55]。优步算法根据客户当前位置、距离、目的地等确定最佳的司机匹配。在 JADC2 场景中，通过智能算法来匹配攻击给定目标的最佳武器平台，或者最适合应对紧急威胁的作战力量。这类服务在 2022 年爆发的俄乌冲突中得到了应用验证[56]，乌军利用安卓战术攻击工具包（ATAK）、"刺莓麻"等系统创造了"滴滴打车式"火力打击模式，由一线单兵发起任务单，指挥机构进行派单，前线小组接单，体现了"集中指挥、分布控制和分散执行"的作战理念，是云原生应用在军事领域的具体实践。

云原生服务自动伸缩、自动修复、故障转移等属性在复杂多变的战场环境中优势突出，指挥控制等各类作战应用也呈现出云原生和微服务化的趋势。本节以"派单式"时敏目标打击服务为典型案例，详细阐述云原生应用的设计。

3.7.1 场景分析

"派单式"时敏目标打击软件的产品需求可以分解为多个应用场景。

> 已知
>
> 　　任务信息，如任务目标、打击对象、战场环境、时间要求、作战能力要求等
>
> 　　打击单元信息，如打击单元所在位置、可用状态、能力范围、武器配备等
> 当指挥员规划并发布一个打击任务时，任务信息采集完毕且具备符合要求的打击单元
>
> 　　创建一个打击任务单，状态为等待接单
>
> 　　打击任务与指挥员关联
>
> 　　通知符合接单条件的打击单元存在一个待接受的任务单

在这个场景中，可以看出完成该场景描述的任务，指挥员信息、打击单元信息和打击任务信息都是必不可少的元素，可以将其提取为业务对象。

同样，作战单元接单的功能也可以分解为多个场景。

> 已知
>
> 　　一个等待接单的打击任务
>
> 　　战场环境信息，如行进路线信息，周边情况等
> 当打击单元申请完成一个打击任务时
>
> 　　打击任务单状态变为等待分派
>
> 　　打击任务单与打击单元关联

在这个场景中，可以看出完成该场景任务必不可少的元素为打击单元信息和打击任务信息。

以场景中的动作为切入点，可以很容易识别出系统指令，创建打击任务单的场景中，指挥员规划并发布了一个打击任务就是一个必备的系统操作。表 3-2 列出了一些关键的系统操作。

表 3-2 "派单式"时敏目标打击软件的关键系统操作

操作者	场景	系统操作	描述
Commander	任务发布	PlanTask ()	指挥员根据战场信息规划打击任务
Commander	任务发布	CreateTask ()	指挥员发布打击任务，创建了一个打击任务单
StrikeUnit	任务申请	ApplyTask ()	作战单元申请了一个打击任务任务单，并承诺按要求完成
StrikeUnit	位置更新	UpdateLocation ()	更新作战单元所在位置信息
Commander	任务分派	AssignTask ()	指挥员将打击任务分派给指定作战单元
StrikeUnit	到达指定位置	Arrived ()	作战单元到达指定位置，并开始实施打击
StrikeUnit	任务完成	Completed ()	打击目标达成，任务完成
Commander	效果评估	EffectEvaluation ()	评估打击任务完成状态及对战场影响

这些系统操作可以根据场景中的信息，进一步细化其行为规范，以任务发布系统操作的行为规范为例，参见表 3-3。

表 3-3 任务发布系统操作的行为规范

操作	CreateTask ()
返回	taskId，……
前置条件	• 任务信息完整 • 有符合条件的作战单元可以接单 • 指挥员具备操作权限
后置条件	• 创建打击任务单，任务单状态为"等待接单" • 通知符合条件的作战单元存在任务单

从任务发布系统操作的行为规范中可以看出，规范中的"前置条件"对应规划发布打击任务场景中的已知信息，而"后置条件"对应规划发布打击任务场景中触发的情况。由此可知，"前置条件"就是这个系统操作执行前必须满

足的条件，"后置条件"就是这个系统操作执行后必须达成的目标。

再看一下作战单元接单系统操作的行为规范，如表 3-4 所示。

表 3-4　接单系统操作的行为规范

操作	ApplyTask（）
返回	—
前置条件	• 状态为等待分派的打击任务单 • 任务相关的战况信息
后置条件	• 任务单状态变为"等待分派"

3.7.2　架构设计

在传统单体架构中，"派单式"时敏目标打击软件可以采用模块化的六边形架构，如 3.2.3 节的图 3-4 所示。

对"派单式"时敏目标打击软件采用微服务架构改进后，将单体分解成了多个微服务，如图 3-51 所示。

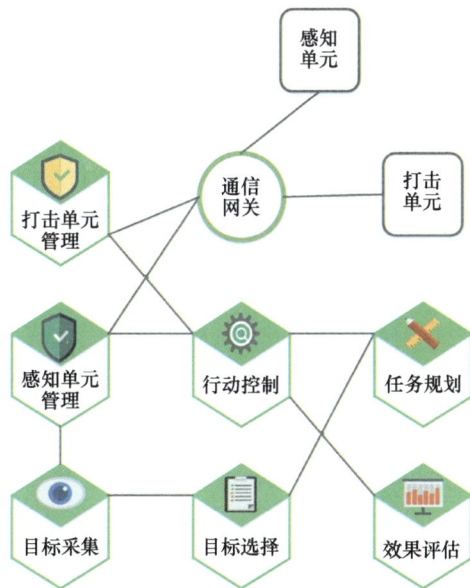

图 3-51　"派单式"时敏目标打击软件的微服务架构

采用微服务架构的"派单式"时敏目标打击软件中，每个功能区域都由各自的微服务实现，其 Web UI 被拆分成面向指挥员的移动应用和面向打击单元的移动应用，这种按用户拆分的方式更容易实现基于场景的软件部署。每个后端微服务对外提供一个 REST API，大部分服务都使用其他服务提供的 API，如 Fire Management 使用 Notification 服务来通知一个可用打击单元、一条可选打击链路。UI 服务调用其他服务来渲染页面、更新信息。服务之间可以使用基于远程过程调用的同步 REST 通信，也可以使用基于消息的异步通信。

指挥员和打击单元都连接到 API 网关上，一些后台服务为指挥员和打击单元提供了 REST API，供指挥员和打击单元使用的移动应用调用，但这些应用并不直接访问后台服务 API，而是通过 API 网关来传递中间消息。API 网关负责负载均衡、缓存、访问控制、API 计费监控等任务，是微服务应用的核心组件。

3.7.3　服务拆分

"派单式"时敏目标打击软件的服务拆分可以采用基于业务能力拆分和基于子域拆分两种策略。

（1）基于业务能力拆分服务

"派单式"时敏目标打击软件的典型业务能力包括以下内容。

①打击任务规划，依据战场信息和战术目标形成打击任务规划。

②打击单元管理，对打击单元相关的信息进行管理。

③打击任务单管理。

- 指挥员任务单管理，指挥员可以创建和管理任务单。

- 作战单元任务单管理，作战单元可以管理任务单分配后执行任务的过程。

- 任务单：方案选择，任务发布可以选择作战方案；状态管理，管理任务执行过程的实时状态。

④效果评估

- 结果确认，作战结果状态确认。

- 影响分析，分析对战场的影响效果。

⑤ 其他业务能力

"派单式"时敏目标打击软件的业务能力包括打击任务规划、打击单元管理、打击任务单管理和效果评估等，这些能力被认为是"派单式"时敏目标打击软件的顶层能力。其中，打击任务单管理和效果评估进一步分解，这些分解出的能力称为子能力。业务能力确定后，就可以为每个业务能力或一组相关能力定义服务，如图 3-52 所示。

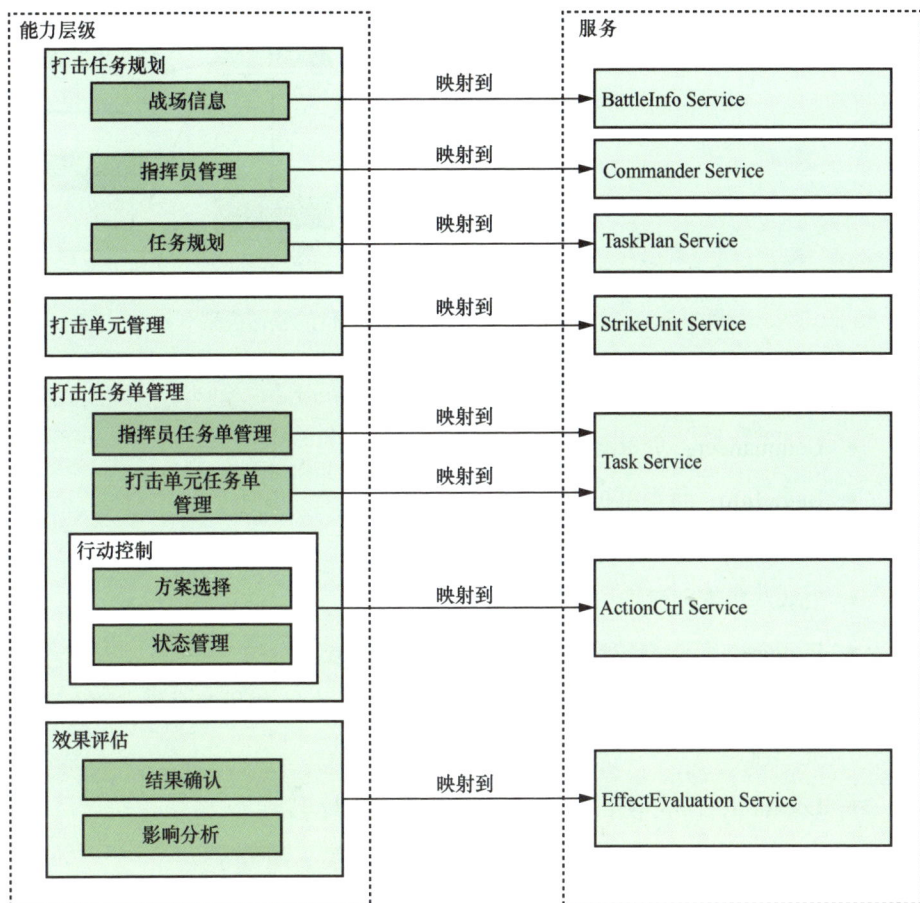

图 3-52 业务能力映射到服务

（2）基于子域拆分服务

对"派单式"时敏目标打击软件的子域进行划分，绘制出领域模型，包括对应各个业务对象的类、值对象、操作等，如图 3-53 所示 [57-58]。

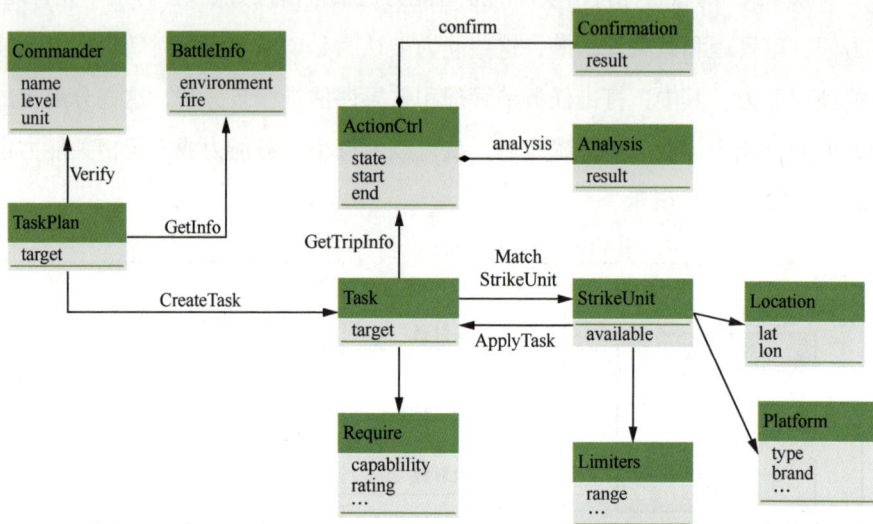

图 3-53　"派单式"时敏目标打击软件的领域模型

上述领域模型中主要类的作用如下。

- Commander：负责维护指挥员信息及权限。

- BattleInfo：负责维护战场环境信息。

- TaskPlan：负责根据战场状态规划打击任务。

- Task：负责创建维护打击任务单。

- Require：负责维护打击任务单的个性化信息。

- StrikeUnit：作战单元信息，负责根据任务单信息提供符合要求的作战单元信息。

- Location：作战单元的位置信息，用经纬度标识。

- Platform：作战单元的作战平台信息，如类型、型号等。

- Limiters：负责维护作战单元能力范围信息。

- ActionCtrl：负责实时维护作战任务执行状况信息。

- Confirmation：负责确认打击任务结果状态。

- Analysis：负责分析对战场的影响。

根据各个类的作用，将关系紧密、依赖性强的类划分到同一个子域，并将每个子域映射为一个或多个服务，如图 3-54 所示。

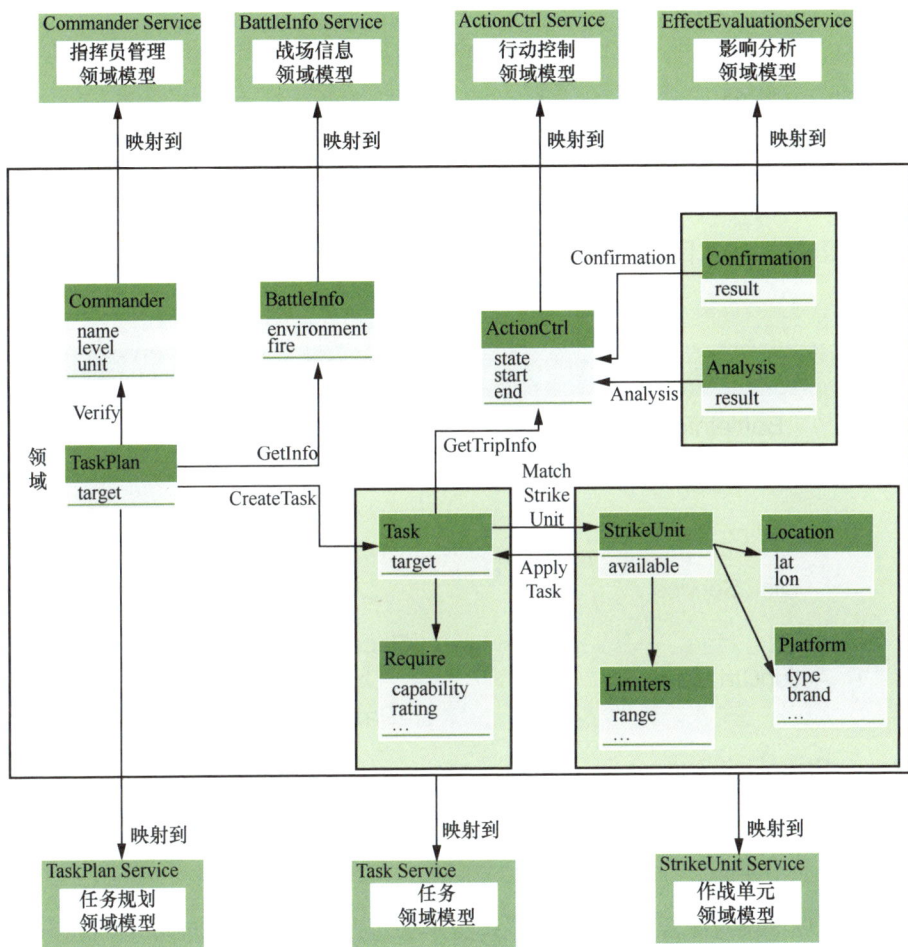

图 3-54 "派单式"时敏目标打击软件的子域映射到服务

"派单式"时敏目标打击软件的子域映射到服务的具体情况如下。

- 领域模型中的 Commander、BattleInfo、TaskPlan、ActionCtrl 都是相对独立的功能类，可以作为单独的子域映射到不同的服务。
- Task 和 Require 的关系比较紧密，Require 可以认为是 Task 的附加信息，合并为 Task 子域，映射为一个服务。

- Confirmation 和 Analysis 的关系比较紧密，合并为 EffectEvaluation 子域，映射为一个服务。

StrikeUnit 和 Location、Limiters、Platform 的关系比较紧密，Location、Limiters、Platform 可以认为是 StrikeUnit 的附加信息，合并为 StrikeUnit 子域，映射为一个服务。

（3）服务 API 定义

首先把提取的系统操作分配给各个服务，确定作为系统操作起始点的入口服务，"派单式"时敏目标打击软件中主要系统操作与服务的映射关系如表 3-5 所示。

表 3-5　"派单式"时敏目标打击软件中主要系统操作与服务的映射关系

服务	系统操作
BattleInfo	GetInfo ( )
Commander	Verify ( )
TaskPlan Service	PlanTask ( )
Task Service	CreateTask ( )
ActionCtrl Service	ReceivedPassenger ( ) UpdateLocation ( ) PassengerArrived ( )
StrikeUnit Service	ApplyTask ( )
Confirmation Service	Confirmation( ) Analysis( )

从表 3-5 中可以看出，大多数系统操作可以清晰地映射到服务，但有些系统操作映射就没有那么明显，如 UpdateLocation ( ) 操作用于实时更新作战单元的位置，尽管更新的是作战单元位置信息，但其目的是将信息提供给行动控制服务（ActionCtrl Service），也就意味着这个操作是从行动控制服务开始的，所以将该操作分配给行动控制服务。

某些系统操作由单个服务处理，该系统操作就是服务需要提供的 API。有些系统操作会跨越多个服务，因此在确定了系统操作的起始点后，还需要梳理服务间的协作关系，明确其他参与协作的服务需要提供的 API。如 Task Service 的

CreateTask ( ) 系统操作，就需要以下多个服务协作才能完成。

- Commander：确认操作的指挥员具备权限。
- BattleInfo：获取实时战场信息。
- TaskPlan Service：分析战场环境，创建打击任务。
- StrikeUnit Service: 分析是否存在符合任务要求的打击单元，并通知它们。

同样，StrikeUnit Service 的 ApplyTask( ) 系统操作也需要其他服务的协作才能完成。

- Task Service：更新打击任务单状态，将打击单元与任务单进行关联。
- ActionCtrl Service: 创建一个打击行动信息，监测打击过程中发生的变化。

通过这种办法，可以依次列出各个服务的 API 与其协作者之间的映射关系，从而梳理出每个服务需要实现的 API，"派单式"时敏目标打击软件的服务 API 与协作服务的映射关系如表 3-6 所示。

表 3-6 "派单式"时敏目标打击软件的服务 API 与协作服务的映射关系

服务	API	协作服务
BattleInfo Service	GetInfo ( )	—
Commander Service	Verify ( )	—
TaskPlan Service	PlanTask ( )	• BattleInfo Service GetInfo ( ) • Commander Service Verify ( )
Task Service	CreateTask ( )	• StrikeUnit Service GetMatchStrikeUnit ( )
	UpdatingTaskStatus ( )	• ActionCtrl Service CreateAction ( )
ActionCtrl Service	Arrived ( ) Completed ( )	• Task Service UpdatingTaskStatus ( )
	UpdateLocation ( )	—
	CreateAction ( )	—

服务	API	协作服务
StrikeUnit Service	ApplyTask ( )	• Task Service UpdatingTaskStatus ( )
	GetMatchStrikeUnit ( )	—
Confirmation Service	Confirmation ( )	—
Analysis Service	Analysis ( )	—

至此，就完成了"派单式"时敏目标打击应用的微服务拆分和定义。

3.7.4　通信机制设计

"派单式"时敏目标打击软件中，创建打击任务时，相关微服务之间支持多种通信机制，如图 3-55 所示。

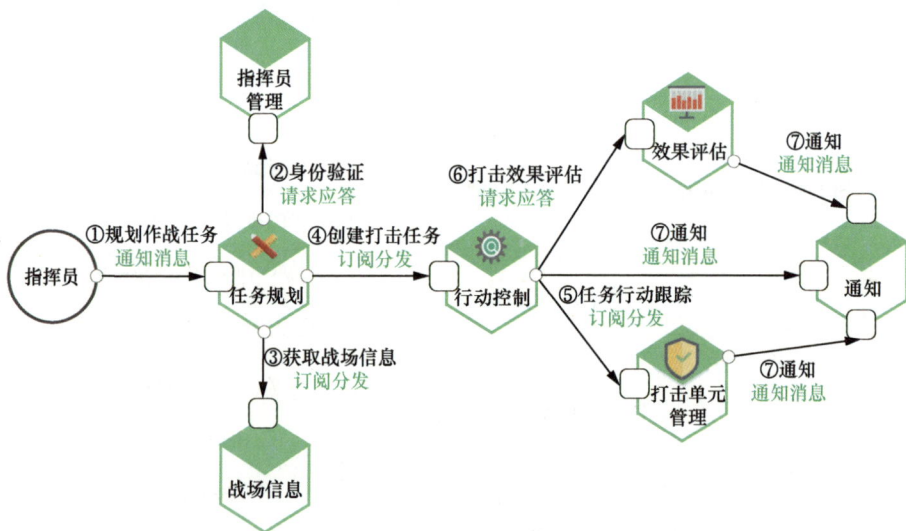

图 3-55　"派单式"时敏目标打击软件中服务间的多种通信机制

图 3-55 中，服务间通信使用了通知消息、请求应答和订阅分发等方式。指挥员通过终端给任务规划服务发送通知，规划作战任务。任务规划服务创建任

务并通过订阅分发方式通知行动控制服务。订阅控制服务在监控任务执行过程中通过请求应答手段向效果评估服务发送效果评估请求。

（1）同步通信机制

任务规划服务向行动控制服务提交了一个 POST 要求创建一个打击任务。行动控制服务收到请求创建任务之后，会不定期接收到打击单元管理服务的更新任务状态信息。同步通信机制的调用过程如图 3-56 所示。

图 3-56　同步通信机制的调用过程

在 REST 协议中，数据交换格式通常使用 JSON 格式和 XML。其中，JSON 是一种轻量级数据交换格式，适于移动互联网项目的移动端场景；XML 是一种重量级交换格式，一般用于企业级应用。

（2）异步通信机制

任务单管理服务向发布 / 订阅通道写入一条创建打击任务的消息，并通知调度管理服务有新的打击请求。调度管理服务发现符合条件的打击单元后，向发布 / 订阅通道写入一条推荐打击单元的消息，并通知其他服务。异步通信机制的消息交换过程如图 3-57 所示。

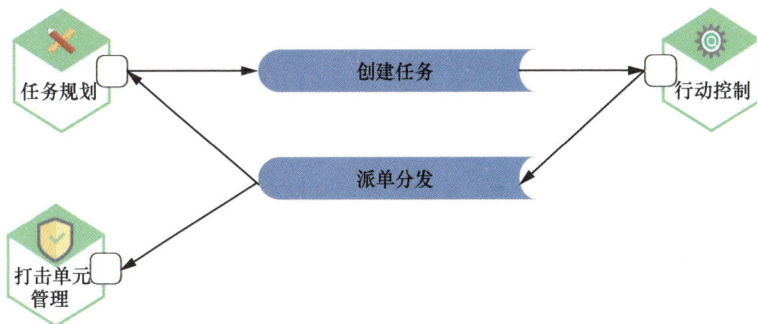

图 3-57　异步通信机制的消息交换过程

3.7.5 数据一致性设计

（1）事件驱动机制

"派单式"时敏目标打击软件支持依次展示在发布打击任务时使用事件驱动方法过滤符合条件的作战单元。微服务之间通过消息代理来交换事件 [7]。

① 行动控制服务创建一个带有 NEW 状态的任务单（Task），发布一个创建任务单事件（Task Publish Event），如图 3-58 所示。

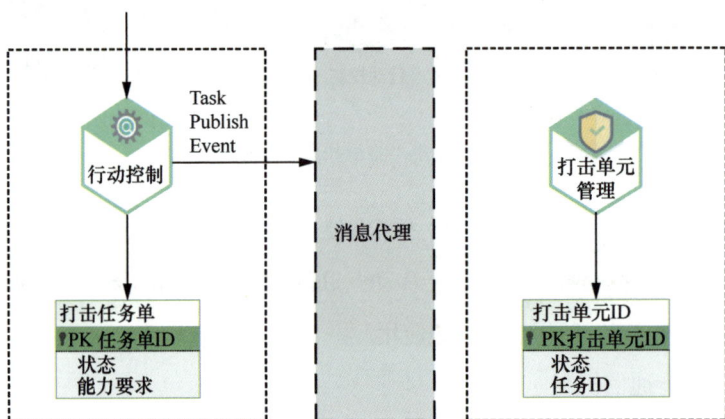

图 3-58　任务单服务发布一个事件

② 打击单元管理服务处理 Task Publish Event，为此任务单过滤符合条件的作战单元，发布匹配的打击单元事件（Match StrikeUnits Event），如图 3-59 所示。

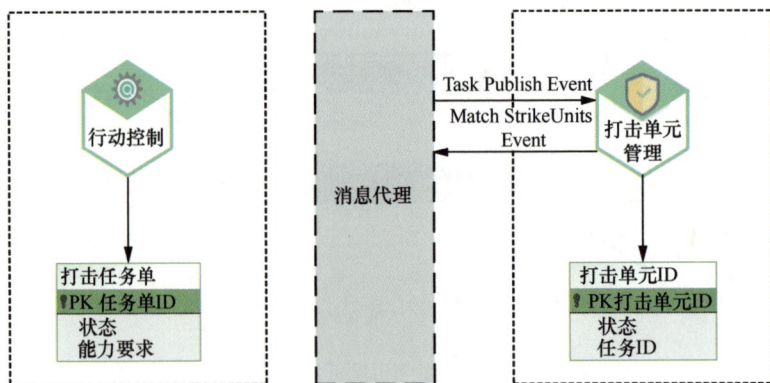

图 3-59　客户服务响应该事件

③ 行动控制服务处理 Match StrikeUnits Event，将任务单的状态改变为 APPLY，如图 3-60 所示。

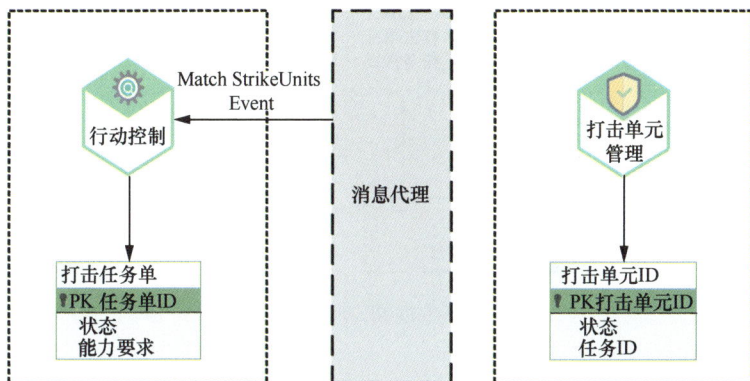

图 3-60　行动控制服务处理响应事件

事件驱动机制能够通过引入更多步骤处理更复杂的业务场景，如检查打击单元的可用度等。

从上述流程可以看出，事件驱动机制通过每个服务原子性更新数据库和发布事件和消息代理确保事件至少传递一次，来实现跨服务的事务管理。这种模式提供了 BASE 模型描述的最终一致性，即弱一致性。

此外，还可以采用事件驱动机制实现不同微服务间的数据预连接（pre-join），当数据变化时，通过发布订阅相关事件来更新其他服务的相关视图。例如，打击单元任务单视图更新服务（维护任务单视图）会订阅由其他服务发布的事件，当任务单视图更新服务收到任务单事件时，就会自动更新任务单视图数据集，如图 3-61 所示。

（2）Saga 模式

① 协同式 Saga

"派单式"时敏目标打击应用中创建打击任务时，采用协同式 Saga 实现任务创建一致性的基本流程如图 3-62 所示。

- 应用程序发起 Saga 事务，以指挥员规划任务事件为开始。
- 任务规划服务监听并处理指挥员规划任务事件，发布任务生成事件。

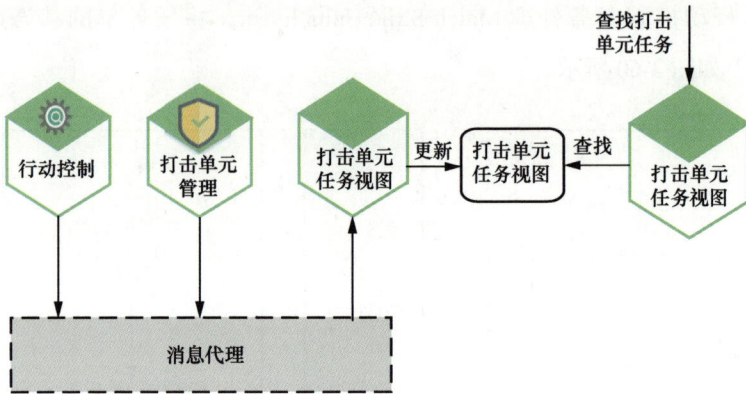

图 3-61 打击任务单视图订阅其他服务发布的事件

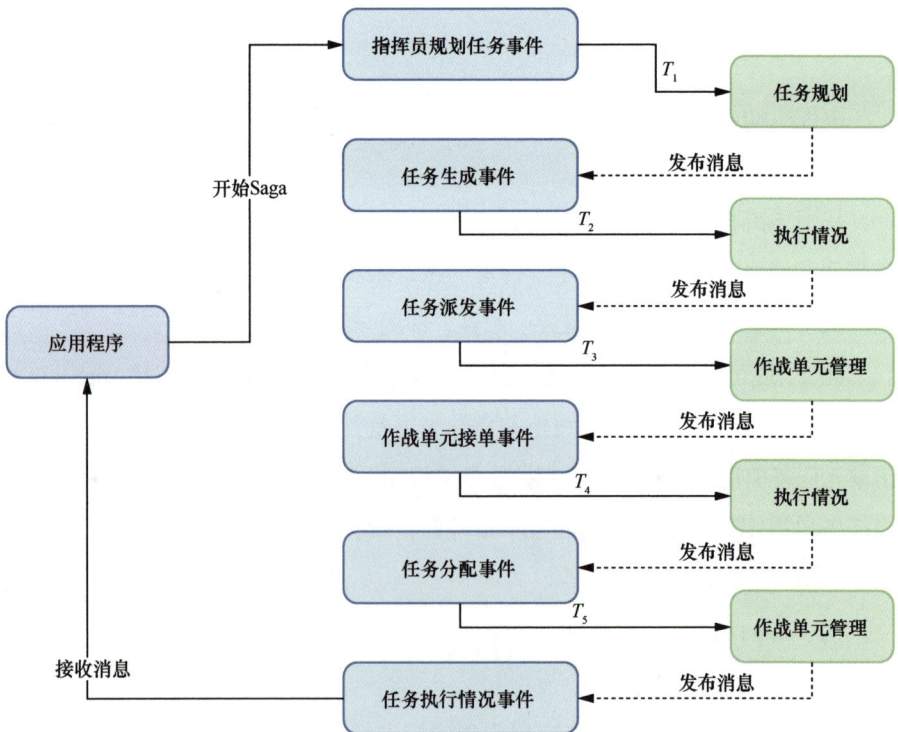

图 3-62 采用协同式 Saga 实现任务创建一致性的基本流程

- 执行情况服务监听并处理任务生成事件，发布任务派发事件。

- 作战单元管理服务监听并处理任务派发事件，作战单元确认接单后，发布作战单元接单事件。

- 执行情况服务监听作战单元接单事件，分配打击任务，发布任务分配事件。

- 作战单元管理服务监听任务分配事件，确认任务完成后，发布任务执行情况事件。

- 应用程序监听任务执行情况事件，任务完成后，Saga 事务结束。

② 编排式 Saga

由 Saga 编排器集中处理事务的决策和业务逻辑排序，以命令或回复的方式与每个 Saga 参与方进行通信，告诉每个参与方什么阶段该做哪些操作。

"派单式"时敏目标打击应用中创建打击任务时，采用编排式 Saga 实现任务创建一致性的基本流程如图 3-63 所示。

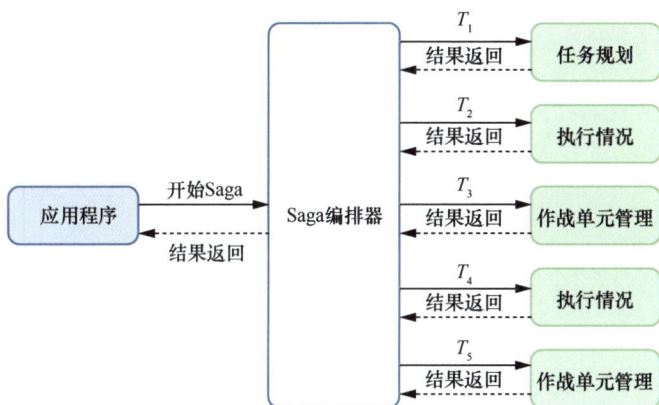

图 3-63 采用编排式 Saga 实现任务创建一致性的基本流程

- 应用程序调用 Saga 编排器发起事务。

- Saga 编排器发送规划任务命令，任务规划服务返回任务规划结果。

- Saga 编排器发送任务生成命令，执行情况服务返回任务生成结果。

- Saga 编排器发送任务派发命令，作战单元管理服务返回任务派发结果。

- Saga 编排器发起作战单元接单，执行情况服务返回接单结果。

- Saga 编排器发起打击任务分配，作战单元管理服务返回任务完成情况。

- Saga 编排器处理最终结果，并返回给应用程序。

3.7.6 部署运行

3.7.6.1 容器化部署

"派单式"时敏目标打击应用采用容器化部署方式，组成应用的多个微服务及其依赖组件打包成容器镜像，每个服务实例都运行在各自的容器中。微服务的容器化部署如图 3-64 所示[7]。

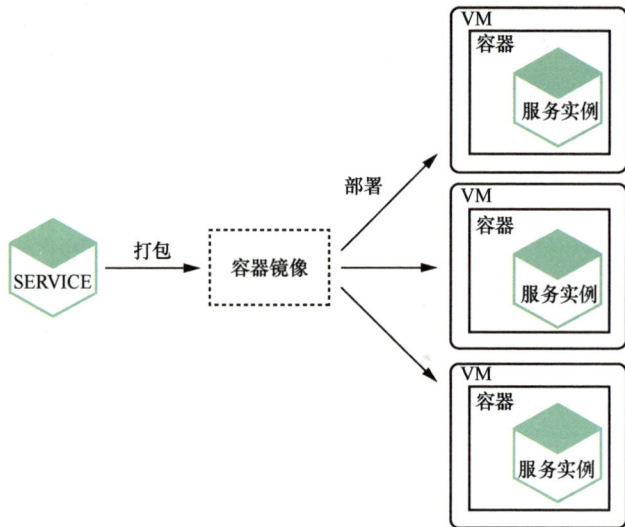

图 3-64 微服务的容器化部署

使用这种模式需要将服务打包成容器镜像，部署流水线使用容器构建工具读取服务源代码和镜像描述，创建容器镜像，存储到容器镜像仓库中。运行阶段，服务从仓库中拉取镜像，创建多个容器，作为服务实例运行。容器有自己的端口命名空间和根文件系统，创建容器时，可以指定它的 CPU、内存资源和 I/O 资源等。容器运行时强制执行这些限制，防止容器占用过多资源[12]。

微服务容器化部署具有自包含封装、移植性好和服务实例隔离等优点，还更加轻量化，容器镜像的创建、部署和启动的速度很快，当一个容器启动时，相应的服务就启动了。随着容器集群管理平台 Kubernetes 的迅速发展和普及，在生产环境中容器化部署已成为微服务的默认部署方式。

3.7.6.2　首次部署

按照"派单式"时敏目标打击软件的微服务划分，规划各服务的部署位置，如图 3-65 所示。

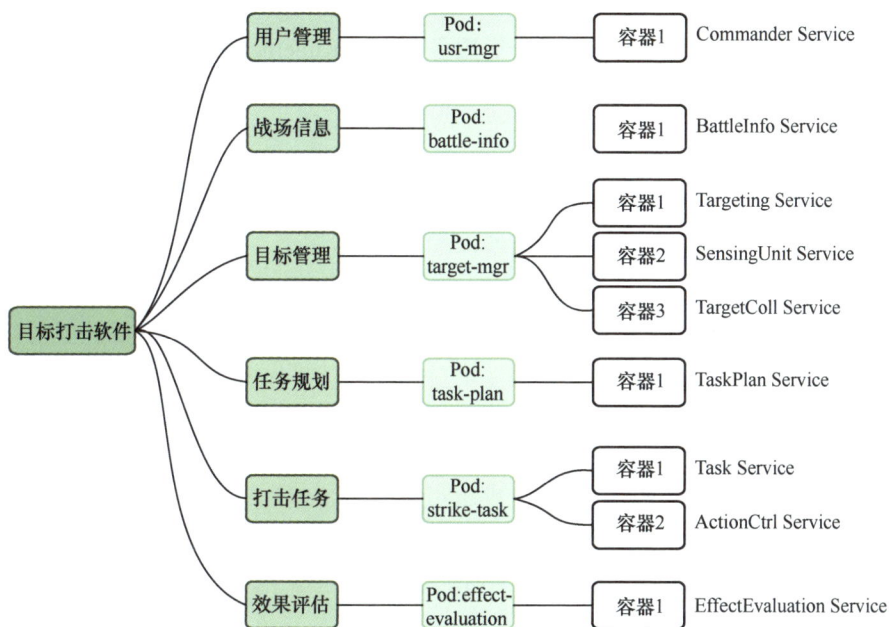

图 3-65　"派单式"时敏目标打击软件微服务部署

应用面向用户展现为 6 个服务。

① 用户管理。Commander Service 主要用于对用户身份校验和权限管理，是一个较独立的功能。

② 战场信息。BattleInfo Service 管理战场信息，功能相对独立，其所在容器单独对应一个 Pod。

③ 目标管理。Targeting Service、SensingUnit Service、TargetColl Service 都是围绕目标展开的微服务，从功能定义到服务间的 API 都相对紧密，因此 3 个服务所在的容器统一对应一个 Pod。

④ 任务规划。TaskPlan Service 负责展开打击任务规划，功能相对独立，其

所在容器单独对应一个 Pod。

⑤ 打击任务。Task Service 和 ActionCtrl Service 间交互相对较多，因此两个服务所在的容器统一对应一个 Pod。

⑥ 效果评估。EffectEvaluation Service 主要用于进行评估工作，是一个较独立的功能。

按照划分的部署位置，将各个微服务部署在 Kubernetes 上，对应的 YAML 文件如下。

```
---
apiVersion: apps/v1
kind: Deployment
metadata:
  name: usr-mgr
spec:
  replicas: 1
  strategy:
    type: Recreate
  selector:
    matchLabels:
      app: usr-mgr
    template:
metadata:
      labels:
        app: usr-mgr
    spec:
      containers:
      - name: commander-service
        image: target-strike/usr-mgr/commander-service:0.3
        imagePullPolicy: IfNotPresent
        ports:
        - containerPort: 81
---
apiVersion: apps/v1
kind: Deployment
metadata:
  name: battle-info
spec:
  replicas: 1
  strategy:
    type: Recreate
  selector:
```

| 第**3**章 | 云原生服务设计模式
```
    matchLabels:
        app: battle-info
    template:
      metadata:
        labels:
            app: battle-info
      spec:
        containers:
        - name: battleinfo-service
          image: target-strike/task-plan/battleinfo-service:0.3
          imagePullPolicy: IfNotPresent
          ports:
          - containerPort: 82
...
```

然后使用 kubectl apply 命令启动部署。

```
kubectl apply -f target-strike-deployment.yaml
```

3.7.6.3　更新部署

针对不同服务的特性，如用户交互度、数据敏感度等，制定部署策略进行软件版本的升级，常用的部署策略主要为蓝绿部署和金丝雀部署。

蓝绿部署适用于需要快速回退的场景，保证对外服务不间断，"派单式"时敏目标打击软件中的用户管理和效果评估服务采用蓝绿部署策略；金丝雀部署则针对需要渐进式验证和最小化风险的情况，任务规划和打击任务服务采用金丝雀部署策略，逐步发布新版本，实时监控并评估其影响。

（1）蓝绿部署

蓝绿部署是指不更新现有的部署，而是使用新版本创建一个全新的部署。初期新版本不接收外部流量，当确认新部署已经启动并正常运行时，将所有流量从当前版本切换到新版本。如果切换到新版本后遇到任何问题，则立即将所有流量切换回以前的部署。

以用户管理为例进行蓝绿部署配置，如图 3-66 所示。详细步骤如下：

① 添加 deployment: blue 标签

除了现有的 app: usr-mgr 标签，我们可以编辑部署并手动添加 deployment: blue 标签，命令如下。

| 309 |

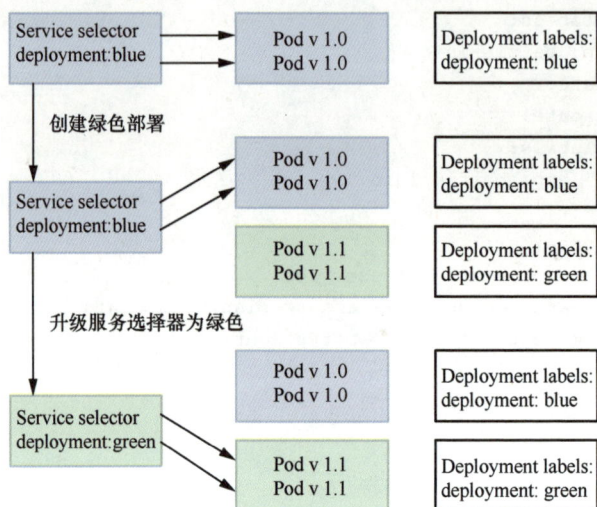

图 3-66 蓝绿部署

```
apiVersion: apps/v1
kind: Deployment
metadata:
  name: usr-mgr-blue
...
    template:
      metadata:
        labels:
          app: usr-mgr
          deployment: blue
      spec:
        containers:
        - image: target-strike/usr-mgr/commander-service:0.3
...
```

验证新的 Pod 是否具有 deployment:blue 标签，命令如下。

```
kubectl get Pods -l app=usr-mgr,deployment=blue
```

② 更新 usr-mgr 服务以仅匹配蓝色 Pod

在服务的 selector 中添加 deployment:blue 标签，命令如下。

```
apiVersion: v1
kind: Service
metadata:
  name: usr-mgr-service
```

```
...
   selector:
app: usr-mgr
deployment: blue
ports:
...
```

应用 usr-mgr 服务，命令如下。

```
kubectl apply -f usr-mgr-service.yaml
```

添加 deployment: blue 标签并不会干扰上述匹配。但是，在准备绿色部署时，应确保该服务仅与当前蓝色部署的 Pod 匹配。验证配置是否有效，命令如下。

```
kubectl get svc usr-mgr-service -o custom-columns=SELECTOR:.spec.
selector
```

③ 增加版本号

usr-mgr 服务的版本在 [build.sh] 文件中维护，可从该文件中调用 CircleCI[.circleci/config.yaml] 文件中的 STABLE_TAG 变量控制版本号。当前版本是 0.3，让我们将其增加到 0.4。

④ 使用 CircleCI 构建新镜像

CircleCI 检测到更改、构建新代码、创建新的 Docker 镜像，并将其推送到 Docker Hub 镜像仓库。

⑤ 部署新（绿色）版本

在 Docker Hub 上有了新的 target-strike/usr-mgr/commander-service:0.4 镜像，需要新部署与当前（蓝色）部署 usr-mgr-service 同时存在。创建一个名为 usr-mgr-green 的新部署，它与蓝色部署的区别如下。

- 部署名称为 usr-mgr-depl-green。
- Pod 模板中的规约有 deployment: green 标签。
- 镜像的版本是 0.4。

```
apiVersion: apps/v1
kind: Deployment
metadata:
  name: usr-mgr-green
...
    template:
```

```
      metadata:
        labels:
          app: usr-mgr
          deployment: green
      spec:
        containers:
        - image: target-strike/usr-mgr/commander-service:0.4
...
```

通过命令进行部署，命令如下。

```
kubectl apply -f usr-mgr-green.yaml
```

检查集群中 Pod 的运行情况，命令如下。

```
kubectl get Pods -l app=usr-mgr,deployment=green
```

⑥ 更新 usr-mgr 服务以使用绿色部署

使用 kubectl edit 命令修改 usr-mgr-service 中的 selector 字段内容，改为选择绿色部署，命令如下。

```
apiVersion: v1
kind: Service
metadata:
  name: usr-mgr-service
...
  selector:
app: usr-mgr
deployment: green
ports:
...
```

保存并关闭生效。

⑦ 验证服务使用绿色 Pod

从服务中的选择器开始，进行如下操作。

```
kubectl get svc usr-mgr-service -o jsonpath="{.spec.selector.
deployment}"
```

接下来，我们可以删除蓝色部署，让服务继续使用绿色部署运行，命令如下。

```
kubectl delete deployment usr-mgr-blue
```

至此，针对 usr-mgr 服务成功执行了蓝绿部署。

（2）金丝雀部署

金丝雀部署是一种逐步部署新版本的方法，运行新版本的服务器数量逐渐增加，同步监控新版本服务器的性能和稳定性，如果发现重大问题，可以迅速回退。这种策略允许开发团队在新版本出现问题时快速响应并修正，而不会中断所有用户的服务。通过逐步增加新版本服务器的流量权重，可以控制新版本的推广速度，从而确保系统的稳定和用户的顺畅体验。

以任务规划为例进行金丝雀部署配置，如图 3-67 所示。详细步骤如下。

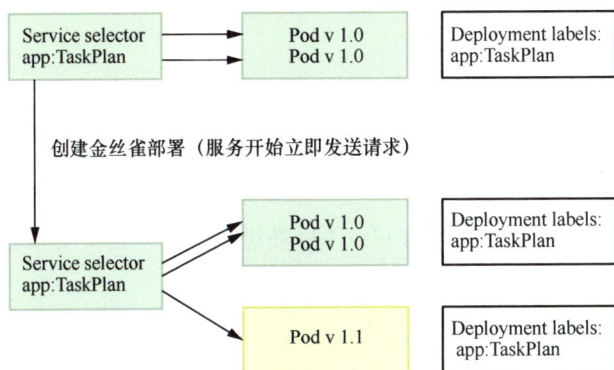

图 3-67　金丝雀部署

① 构建新版本的代码

② 创建一个副本数为 1 的新版本部署，标记为 deployment: yellow

```
apiVersion: apps/v1
kind: Deployment
metadata:
  name: task-plan
spec:
  replicas: 1
...
  selector:
matchLabels:
  app: task-plan
  deployment: yellow
  template:
metadata:
    labels:
```

```
            app: task-plan
            deployment: yellow
      spec:
        containers:
  …
```

③ 将当前的绿色部署扩展到 9 个副本

在将服务更改为金丝雀部署之前，首先将绿色部署扩展到 9 个副本，以便一旦激活金丝雀即可接收 90% 的流量。

```
apiVersion: apps/v1
kind: Deployment
…
spec:
  replicas: 9
…
```

④ 更新服务以选择标签 app: task-plan-1（忽略 deployment:）

更新该服务仅基于 app: task-plan-1 标签进行选择，这将使服务包括所有 10 个 Pod，为此需要删除 deployment: green 标签。

```
kubectl edit svc task-plan-1-service
```

⑤ 针对该服务执行多次查询，并验证金丝雀部署所服务的请求比率是否为 10%

将向 task-plan-1 发送 30 个 GET 请求并查看描述

```
"[green] nothing to see here…"
"[yellow] nothing to see here…"
"[green] nothing to see here…"
"[green] nothing to see here…"
"[green] nothing to see here…"
"[green] nothing to see here…"
"[green] nothing to see here…"
"[green] nothing to see here…"
"[green] nothing to see here…"
"[yellow] nothing to see here…"
"[green] nothing to see here…"
"[green] nothing to see here…"
"[green] nothing to see here…"
"[green] nothing to see here…"
"[yellow] nothing to see here…"
"[green] nothing to see here…"
"[yellow] nothing to see here…"
```

```
"[yellow] nothing to see here…"
"[green] nothing to see here…"
"[green] nothing to see here…"
"[green] nothing to see here…"
"[yellow] nothing to see here…"
"[green] nothing to see here…"
"[green] nothing to see here…"
"[green] nothing to see here…"
"[green] nothing to see here…"
"[green] nothing to see here…"
"[green] nothing to see here…"
```

3.7.6.4　回退部署

在部署之后如果生产环境中出现了问题，需要快速回退所做的更改，并返回到已知可以正常工作的最后一个版本。具体的回退方法取决于采用的部署模式。

（1）回退蓝绿部署

蓝绿部署的回退比较简单，从绿色切换为蓝色只需更改服务选择器，然后将其设置为 deployment: blue。

```
apiVersion: apps/v1
kind: Deployment
…
  selector:
matchLabels:
  app: task-plan
  deployment: green  →  deployment: blue
  template:
metadata:
    labels:
      app: task-plan-1
      deployment: green  →  deployment: blue
…
```

（2）回退金丝雀部署

金丝雀部署的回退更加容易。大多数 Pod 都运行了经过验证的版本，金丝雀部署的 Pod 只处理少量请求。如果发现金丝雀部署有问题，只需使用命令删除该部署，原有的部署将继续接管并处理传入的用户请求。

```
kubectl delete deployment task-plan-1
```

3.8 本章小结

　　本章探讨了基于微服务架构设计、构建和部署云原生应用的基本流程和方法。首先回顾应用软件架构从单体向 SOA、微服务架构演进的过程，归纳总结应用微服务化带来的扩展性、灵活性和可靠性等优势。围绕基于微服务设计模式构建云原生应用，持续提供高可用云原生服务，以"派单式"时敏目标打击软件为案例，对微服务拆分和服务定义方法、微服务间通信机制、微服务数据一致性管理和服务部署方式等进行了详细介绍。相关机制和方法能够为面向未来无人化智能化战场，开发新型云原生应用，实现派单、抢单等任务式一线协同模式提供借鉴和参考。

参考文献

[1] 宋净超 . Kubernetes 中文指南 [EB]. 2023.

[2] HOROVITS D. Istio roadmap, ambient Mesh, and the service Mesh landscape: KubeCon 2023[EB]. 2023.

[3] DINESH G D. Cloud native data center networking: architecture, protocols, and tools[M]. California: O'Reilly Media, 2020.

[4] LBRYAM B, HUB R. Kubernetes 设计模式 [M]. 马晶慧 , 译 . 北京 : 中国电力出版社 , 2023.

[5] 李颖 . Kubernetes 如何原生支持微服务架构 [EB]. 2024.

[6] 神州数码 . 微服务架构 vs 单体架构 [EB]. 2022.

[7] RICHARDSON C, SMITH F. 微服务设计与部署 [EB]. 2017.

[8] 保罗·R·布朗 . SOA 实践指南 : 应用整体架构 [M]. 胡键 , 宋玮 , 祁飞 , 译 . 北京 : 机械工业出版社 , 2009.

[9] 周志明 . 凤凰架构 : 构建可靠的大型分布式系统 [M]. 北京 : 机械工业出版社 , 2021.

[10] FOWLER M, LEWIS J. Microservices: a definition of this new architectural term[EB]. 2014.

[11] ABBOTT M L, FISHER M T. The art of scalability: scalable Web architecture, processes, and organizations for the modern enterprise[M]. California: O'Reilly Media, 2015.

[12] 克里斯·理查森 . 微服务架构设计模式 [M]. 喻勇 , 译 . 北京 : 机械工业出版社 , 2019.

[13] KAPPAGANTULA S. Microservices vs SOA - battle between the top architectures[EB]. 2018.

[14] BROOKS F P. No silver bullet-essense and accident in software engineering[C]// Proceedings of the IFIP World Computing Conference. Heidelberg: Springer, 1986: 1069-1076.

[15] 修冶 . 微服务拆分之道 [EB]. 2021.

[16] 郭强 . 微服务拆分规范 [EB]. 2021.

[17] 秋飞 , 温雷 , 博超 . 微服务拆分最佳实践 [EB]. 2023.

[18] Lipeilun. 微服务拆分的原则 [EB]. 2023.

[19] EVANS E. Domain-driven design: tackling complexity in the heart of software[M]. Massachusetts: Addison Wesley, 2003.

[20] VERNON V. Implementing domain-driven design[M]. Massachusetts: Addison Wesley, 2013.

[21] MILLETT S, TUNE N, DENYER A. Patterns, principles, and practices of domain-driven design[M]. Indiana: Wrox, John Wiley & Sons, Inc., 2015.

[22] NILSSON J. Applying domain-driven design and patterns: with examples in C# and .NET[M]. Massachusetts: Addison Wesley, 2006.

[23] 云原生之家 . 深入微服务架构的进程间通信 [EB]. 2022.

[24] MORGAN W. The service Mesh[EB]. 2023.

[25] Xcbeyond. 全方位解读服务网格（Service Mesh）的背景和概念 [EB]. 2021.

[26] 欧珊瑚 . 微服务之间如何通信 [EB]. 2020.

[27] Wikipedia. REST[EB]. 2023.

[28] RICHARDSON L. REST maturity model[EB]. 2023.

[29] gRPC. Introduction to gRPC[EB]. 2023.

[30] RabbitMQ. RabbitMQ tutorials[EB]. 2023.

[31] Apache Kafka. Apache kafka[EB]. 2023.

[32] Apache ActiveMQ. Apache activeMQ[EB]. 2023.

[33] Github. NSQ[EB]. 2023.

[34] 欧珊瑚 . 为何需要 API 网关 [EB]. 2020.

[35] Liugp. 大数据与云原生技术分享 Kubernetes 中的有状态和无状态 [EB]. 2024.

[36] DevOps 云技术栈 . Kubernetes 的存储机制 [EB]. 2023.

[37] 张磊 . 深入剖析 Kubernetes[M]. 北京 : 人民邮电出版社 , 2021.

[38] 何明璐 . 微服务架构下分布式事务处理方案选择和对比 [EB]. 2023.

[39] Wikipedia. CAP theorem[EB]. 2023.

[40] PRITCHETT D. Base: an acid alternative: in partitioned databases, trading some consistency for availability can lead to dramatic improvements in scalability[J]. 2008, 6(3): 48-55.

[41] Architect Pub. Saga 模式 : 如何使用微服务实现业务事务 [EB]. 2024.

[42] Wikipedia. DevOps[EB]. 2022.

[43] IT 人故事会 . Docker 之了解 CICD 和 DevOps[EB]. 2019.

[44] 陈志勇 , 钱琪 , 孙金飞 , 等 . 持续集成与持续部署实践 [M]. 北京 : 人民邮电出版社 , 2019.

[45] 约翰·阿伦德尔 , 贾斯汀·多明格斯 . 基于 Kubernetes 的云原生 DevOps[M]. 马晶慧 , 译 . 北京 : 中国电力出版社 , 2021.

[46] BEYER B, JONES C, PETOFF J. SRE Google 运维解密 [M]. 孙宇聪 , 译 . 北京 : 电子工业出版社 , 2022.

[47] 夏丽蒂·梅杰斯 , 莉兹·方 琼斯 , 乔治·米兰达 . 可观测性工程 [M]. 观测云团队 , 译 . 北京 : 机械工业出版社 , 2023.

[48] Carroll18. 深入剖析 Kubernetes 之容器监控与日志 [EB]. 2023.

[49] 朱政科 . Prometheus 云原生监控 : 运维与开发实战 [M]. 北京 : 机械工业出版社 , 2020.

[50] 贺阮 , 史冰迪 . 云原生架构 : 从技术演进到最佳实践 [M]. 北京 : 电子工业出版社 , 2021.

[51] 腾讯云开发者社区 . 监控系统 [EB]. 2023.

[52] 何明璐 . 从传统服务链监控到端到端流程监控技术实现 [EB]. 2024.

[53] TheByte. 深入高可用架构原理与实践 [EB]. 2024.

[54] JADC2 联合全域指控 "6+1" 最小可行系统 MVP[EB]. 2022.

[55] PHATAK J J. An overview of microservice architecture impact in terms of scalability and reliability in E-commerce: a case study on uber and Otto.De[EB]. 2022.

[56] 赵国宏 . 从俄乌冲突中杀伤链运用再看作战管理系统 [J]. 战术导弹技术 , 2022, 4: 1-16.

[57] VERNON V. Domain-driven design distilled[M]. Massachusetts: Addison Wesley, 2016.

[58] DAN H. Domain-driven design: domain-driven design using naked objects[M]. [S.l.]: Pragmatic Bookshelf, 2009.

第 **4** 章

CHAPTER 4

大规模低轨星座系统

我们又一次生活在一个发现的时代，宇宙空间是我们无法估量的新边疆。谁能控制太空，谁就能控制世界。

——约翰·F·肯尼迪

4.1 概述

在云原生网络中，大规模低轨星座系统是实现军事信息网络远域扩展的主要途径，也是广域分布的全球机动用户随遇入网和"一跳上云"的重要手段，有时甚至是唯一选择，发展潜力巨大。

卫星通信具有覆盖面积广、与地理条件无关等先天优势，是远域宽带通信的主要手段，也是移动通信与抗干扰通信的重要补充，更是战术通信必不可少的组成部分。

早在20世纪中叶，美苏两个超级大国就开展了以地球静止轨道（Geostationary Earth Orbit，GEO）为主的高轨通信卫星研究试验，并逐步成熟应用。我国于20世纪70年代发射东方红一号试验卫星，1984年发射了东方红二号通信卫星，经过几十年的发展，GEO卫星通信体系逐步完善；低轨星座方面，以美国为代表的西方国家，从20世纪80年代开始研究，在90年代建设完成了以L/S/UHF低频段为主的星座系统建设，最具有代表性的是铱星（Iridium）、全球星（GlobalStar）、轨道通信（Orbcomm）星座系统，至今已升级为第二代，成为军事通信的重要补充。

进入21世纪，随着互联网应用的迅猛发展，人们对宽带卫星通信提出了更加迫切的要求。一方面容量需求爆炸式增长，推动了同步轨道单星超大容量技术发展，最具代表性的是高通量卫星通信系统，单星容量达Tbit/s；另一方面，全球覆盖、小终端、单用户高速率等需求的增长，以及Ka、Ku高频段微波技术的发展，大大推动了以"星链"（Starlink）、"一网"（OneWeb）大规模宽带低轨星座的建设发展，成为战场重要的卫星通信手段。

4.2 低轨星座系统的发展与挑战

4.2.1 低轨星座发展

（1）低轨星座系统发展现状

自20世纪80年代起，全球范围内陆续出现了以铱星、全球星、轨道通信等系统为代表的低轨星座计划，但由于成本、技术等多方面限制，尤其是受地面蜂窝移动通信兴起的影响，上述项目大都发展艰难。随着技术进步和信息时代全面到来，人们对于广域、泛在通联的需求不断增长，多波束相控阵天线、星上处理交换、空间激光通信等前沿科技蓬勃发展，一箭多星、火箭回收、低成本小卫星制造等核心技术取得重要突破，全球范围内兴起了以低轨巨型星座为代表的新一轮卫星通信发展热潮。

2007 年 2 月，下一代铱星计划（Iridium Next）启动，其目标是提升业务传输速率，支持更复杂的业务场景。相较于第一代铱星星座，Iridium Next 系统造价压缩约 50%，能够以较低成本提供更可靠的通信服务。目前，Iridium Next 已经成功完成了 8 次发射，共在轨部署 75 颗卫星，于 2018 年正式实现商用。2020 年 1 月，Iridium Next 系统获得认证，可为全球海上遇险和安全系统（Global Maritime Distress and Safety System，GMDSS）提供卫星业务，打破这一领域由传统地球静止轨道海事卫星垄断的格局。

2013 年，英国 OneWeb 公司提出第一代 OneWeb 星座计划（OneWeb Phase1），拟在 1 200 km 的轨道高度上部署 720 颗卫星，之后将卫星数量减少至 648 颗。2020 年 3 月，OneWeb 公司在发射 74 颗卫星后申请破产保护并进行重组。2021 年 1 月，OneWeb 向美国联邦通信委员会（FCC）提出申请，计划发射 6 372 颗卫星作为星座建设的第二阶段（OneWeb Phase2）。截至 2024 年 10 月，OneWeb 已成功发射部署 654 颗卫星，已超过第一阶段计划的总颗数。

2014 年，太空探索技术公司（SpaceX）宣布筹建星链（Starlink）计划。在最初的计划中，星链包含位于 1 100 ～ 1 325 km 轨道高度上的 4 425 颗低轨道地球（Low Earth Orbit，LEO）卫星，以及轨道高度在 340 km 左右的 7 518 颗极低轨道地球（Very LEO，VLEO）卫星。之后，SpaceX 不断调整方案，最终将 LEO 卫星数量调整为 4 408 颗，轨道高度更改至 550 km 左右。2019 年 10 月，SpaceX 向国际电信联盟（International Telecommunication Union，ITU）提交了建设第二代 Starlink（Starlink Gen2）的申请，在原有第一代的基础上，增加分布在 328 ～ 614 km 轨道高度上的 3 万颗卫星。与此同时，SpaceX 不断发展运载火箭技术，用于支撑其庞大的星座计划并在 2019 年成功实现一箭 60 星的发射。2024 年，

SpaceX 发射了基于 L 频段的窄带手机直连卫星，实现了 4G 长期演进技术（Long Term Evolution，LTE）智能手机直连星载基站通信。同年 7 月 27 日至 8 月 17 日期间，SpaceX 在 22 天内完成了 11 次发射任务，其速度达到该公司成立以来的最快发射节奏。同年，SpaceX 推出了优化后的第二代迷你版卫星，每颗卫星的带宽容量提升至 96 Gbit/s，是 v1.5 卫星的 4 倍，增强了全球覆盖和性能。新卫星配备了 Doppio 双频芯片、改进的推进系统和回程天线，优化了发射能力，每次最多可发射 29 颗卫星，比之前增加 6 颗。星链的可移动终端可提供高达 220 Mbit/s 的下载速度，支持流媒体、视频通话等应用，其低时延特性保障了用户体验流畅。2024 年，星链为 450 架飞机提供服务，提供超过 4.6 PB 的数据。美国用户的平均下载速度为 104 Mbit/s，时延降至 33 ms。星链目前已在 118 个国家和地区拥有超过 460 万活跃用户，持续扩大全球互联网接入。根据 SpaceX 发布的报告，星链第三代卫星将经过优化，由 SpaceX 的星舰运载火箭发射。星舰上每次星链第三代卫星的发射计划将为星链网络增加 60 Tbit/s 的容量，是猎鹰 9 号上每次第二代迷你版发射所增加容量的 20 多倍。每颗星链第三代卫星链的下行速度为 1 Tbit/s，上行容量为 160 Gbit/s，是星链第二代迷你版下行容量的 10 倍多，是星链第二代迷你版上行容量的 24 倍。星链第三代卫星还将拥有近 4 Tbit/s 的射频和激光回程容量。此外，星链第三代卫星将使用 SpaceX 的下一代计算机、调制解调器、波束成形和交换。截至 2025 年 3 月，SpaceX 使用自身研发的火箭发射 Starlink 卫星 243 批共计 8 144 颗，以超高的发射速度获得了全世界的关注。

2019 年 7 月，亚马逊公司向 FCC 提交了 Kuiper 星座申请，并于 2020 年 8 月获得批准。Kuiper 项目由 3 236 颗 LEO 卫星构成，运行在 590 ～ 630 km 间的轨道高度上，卫星使用 Ka 频段，涵盖上行（28.35 ～ 30.0 GHz）和下行（17.7 ～ 20.0 GHz）频段，采用右旋和左旋圆极化方式，配备多波束相控阵天线和高增益抛物面天线，分别用于用户通信和地面站链路构建，实现面向业务的灵活服务和高质量的地面站数据传输。2023 年 10 月 6 日，Kuiper 项目成功发射两颗原型卫星，并计划在 2026 年 7 月之前完成整个星座半数以上卫星的部署。截至 2024 年 5 月 23 日，Kuiper 项目的 Protoflight 任务已成功测试了卫星系统、网络连接与任务操作。

上述 4 个国外低轨星座基本情况如表 4-1 所示。

表 4-1　国外低轨星座基本情况

序号	星座名称	计划在轨卫星数 / 颗	轨道高度 /km	频段
1	Iridium Next	75	780	L、Ka
2	OneWeb Phase1	648	1 200	Ka、Ku
	OneWeb Phase2	6 372	1 200	Ka、Ku、V
3	Starlink	4 408	540~570	Ku、Ka
		7 518	335.9~345.6	V
	Starlink Gen2	30 000	328~614	Ka、Ku、E
4	Kuiper	3 236	590~630	Ka

（2）军事应用情况

随着远域跨域作战需求持续涌现，作战人员对卫星通信的依赖性不断提高。美军一直高度重视低轨星座系统战术级作战应用，利用卫星广域特性，将信息直达用户末端，有效加速杀伤链闭合。2012 年前后，美军启动分布式战术通信系统（Distributed Tactical Communication System，DTCS）项目，通过铱星星座实现了地面手持式卫星收发机的信息通联，也被称为"网络铱星"。经过测试，其性能超出预期，可全天候工作在极具挑战的恶劣环境中。之后，铱星公司与美国空军太空司令部签订了增强移动卫星服务（Enhanced Mobile Satellite Services，EMSS）合同，持续为美国国防部与军事用户提供全球安全与非安全话音、广播、网络及其他相关战术通信服务。

2017 年后，美国相继出台《美国国家太空战略》《太空安全面临的挑战》《太空防务战略概要》《太空力量》等文件，并将大规模低轨星座作为太空域的主要作战力量嵌入美军"全域作战""联合全域指挥控制"等概念之中。

2019 年，美国新成立的空间发展局（Space Development Agency，SDA）正式提出发展以低轨星座为主的国防太空架构，后被命名为扩散作战人员太空架构（Proliferated Warfighter Space Architecture，PWSA），目标是通过光学星间链路将陆海空天多域节点连接，提供近实时的基础数据传输服务。截至 2024 年底，第 0 期实验卫星群已部署 27 颗卫星，部分卫星完成了激光通信测试。2025 年 1 月 9 日，基于第 0 期卫星群进行了首次跨供应商的激光通信，验证了开放标准协议在实战环境中的可行性。原计划于 2024 年 9 月和 2026 年 9 月分别启动对第 1 期 126 颗与第 2 期 210 颗传输层卫星的发射任务，截至 2025 年 3 月，该计划仍被推迟。

在商业低轨道地球卫星应用方面，美国军方机构积极开展基于商业低轨道地球卫星互联网的军事作战能力建设。商业低轨星座也成为美军战术应用的有力补充。Starlink 系统由于建设部署最快、星座规模最大、本土纯正，得到美国军方的高度重视和大力支持。美陆军与 SpaceX 签订了"合作研究与开发协议"，并开展卫星引导下的目标攻击验证项目，验证结论认为 Starlink 应用成本低、抗扰能力强。美空军与 SpaceX 合作开展了"全球闪电"、军事服务演示验证、低轨技术验证试验、商业太空互联网国防实验、"高级战斗管理"系统支撑验证等工作。在此基础上，SpaceX 不断扩展系统功能提高部署能力，2022 年 12 月宣布"星盾"（Starshield）计划，致力于将星座打造为集通信、感知、导航于一体的太空体系服务平台，其潜在军事应用价值巨大。

4.2.2　大规模星座概念及技术挑战

4.2.2.1　大规模低轨星座概念

卫星星座是由多颗具有相似类型功能的卫星，按照一定的空间几何结构分布在相似的轨道上，在共享控制下完成特定任务的系统[1]。大规模低轨星座系统则是指由数百颗至数万颗卫星节点构成，可提供通信传输、侦察监视、空间探测等各种功能的巨系统。目前 Starlink、OneWeb 等大规模低轨星座系统均以通信业务为核心，本书也重点围绕通信应用展开论述。大规模低轨星座通信系统具有全球覆盖、低时延、高弹性的宽带机动保障能力，在支持超视距远程宽带通信、无人设备特种作战操作等应用中具有独特优势，必将在军事通信领域发挥重要作用。

4.2.2.2　大规模低轨星座特点

（1）全球覆盖

单颗地球静止轨道卫星覆盖范围远超过低轨道地球卫星，但受"南山效应"

影响，对高纬度地区覆盖效果差。大规模星座则可利用多种倾角轨道组合，提供全球范围的多重覆盖能力。从商业角度看，由于海洋、沙漠等无人区域需求少，低轨星座全球覆盖性价比受限，但从军事角度看，全球范围随遇接入与宽带通信保障是形成战略威慑和实施战术压制的重要基础。

（2）低时延

相比地球静止轨道卫星，低轨道地球卫星信号传输距离要短得多。仅考虑光速物理限制，地球静止轨道卫星传输时延约为 250 ms，而低轨道地球卫星传输时延在毫秒量级。这种低延迟特性对大范围传感器到射手的杀伤链闭环具有重要意义。

（3）终端小型化

对于终端而言，低轨道地球卫星离地面更近，链路衰减大幅降低，接收信号强度大、发射功率可以更小，从而大幅减少收发端天线、功率放大器等组件体积，实现终端小型化，进而有效提升系统在作战中的机动性与灵活性。

（4）抗毁能力强

大规模低轨星座系统中的卫星数量巨大，面对敌方物理攻击及电磁干扰时，韧性通联能力更强。一方面，由于卫星数量增多，传统针对单星的干扰手段难以实施；另一方面，采用空间攻击武器的效费比较低，攻击武器建造使用成本很可能超过单颗卫星的制造及发射成本。大规模低轨星座系统通过规模效应极大提高了抗毁抗扰能力，相比于损失几颗地球静止轨道卫星将导致灾难性系统故障，大规模低轨星座系统的健壮性更高。

（5）重建重构时间短

相较于地球静止轨道卫星，大规模低轨星座在损毁后还可以快速重建重构。当大规模低轨星座的部分节点损毁严重时，一方面，可通过调整卫星部署，实现在轨系统重构；另一方面，由于低轨道地球卫星成本低，便于规模化制造，生产线上的卫星可提供现成的应急储备，快速补充损耗。

4.2.2.3 大规模低轨星座技术与挑战

大规模低轨星座广泛采用 Ku/Ka/Q/V 等频段点波束实现全球覆盖与敏捷服务，整个系统具备高抗毁抗扰和服务保障能力。与此同时，巨大的星座规模、高速的运动状态、有限的星上资源与多样化非均匀的用户服务需求等，也在星座构型设计、组网交换、协同传输、随遇接入等方面带来诸多挑战。

（1）大规模低轨星座构型设计

大规模低轨星座是一个庞大的空间系统，星座构型与系统性能之间的关系相当复杂，星座构型设计与控制面临巨大挑战。在星座构型设计时，需要首先考虑星座整体的覆盖能力，明确星座类型、轨道参数、卫星数量，在规避对已有在轨卫星系统干扰的同时，还需具备较强的扩展性；其次，需要考虑卫星自身的服务能力能否满足一定数量用户的通信速率及时延需求；最后，还需要考虑星座的发射成本，卫星部署方案往往会直接影响整个星座的发射成本，对可行性带来了极大的挑战。

（2）大规模动态组网

星座拓扑变化条件下，大规模、差异化业务服务质量需求难以通过传统路由计算来满足；同时低轨道地球卫星星载设备功率、重量、计算存储资源均严格受限，星上既无法支持大规模实时计算，也无法存储大量路由信息。此外，低轨星座在周期性运行过程中，网络承载流量在空间和时间上的不均匀特性，容易造成网络拥塞进而导致数据丢失。支持大规模星座动态组网的路由策略及网络运维是低轨巨星座建设的关键。

（3）多星多波束高效传输

卫星系统是典型的资源受限系统，在有限资源下合理高效调用星座波束为更多用户提供服务是提升建设效益必须解决的问题。传统卫星通信系统采用基于业务统计特性的预设式全覆盖方法进行波束规划调度，资源配置难以变动，限制了其服务能力。随着相控阵天线与波束成形技术逐渐成熟，使用灵活捷变波束成为满足用户服务需求的重要方式。由于大规模低轨星座卫星数量多，运动速度快，覆盖区域、信道条件与地面业务量请求实时变化，实现星座波束高效调配难度极大。

（4）海量用户随遇接入

低轨巨星座系统的地面各区域可见卫星数量大幅增加，用户接入选择可能也随之增多，这对于整个星座的接入控制与业务均衡都带来了严峻挑战。一方面，大量用户接入会产生较多冲突与碰撞，处理不好会导致接入效率大幅降低。另一方面，卫星高速运动带来用户频繁卫星切换，接入控制、资源分配频率增加，大规模低轨星座系统中的移动性管理成为亟待解决的核心难题。

本章分别针对上文分析的 4 点主要挑战，详细介绍涉及的关键技术与实现路径，期望为读者带来思考与启发。

4.3 星座构型设计

卫星的时空布局是对星座几何形状和卫星联系性的描述，又称星座构型，是星座系统设计的关键和前提。星座构型设计需考虑卫星的轨道特性，关注星座系统整体运行能力和应用水平，以星座性能为优化目标选择最佳优化设计方法[2]。一个设计良好的星座可以在性能提升的前提下，降低卫星部署的成本。

星座构型设计需考虑包括覆盖性能、组网方式、服务有效性、业务类型、星地链路特性和系统总成本等在内的诸多指标。在满足卫星系统既定覆盖要求的前提下，其目标是使星座规模最小、简化卫星设计（包括卫星能源、负载、抗辐射等）、降低传输时延以及减小星上设备耗能，若采用星间链路，则轨道平面内和面间的星间链路干扰必须限制在可接受的范围内。同时，针对不同国家、不同类型业务，轨位分配应当遵循相应规章制度，若提供有服务质量（Quality of Service，QoS）保证的业务或支持特定业务，应当考虑多重覆盖问题。

4.3.1 轨道参数

4.3.1.1 卫星轨道参数

卫星围绕地球运动遵循着与行星绕太阳运动相同的规律，约翰尼斯·开普勒（Johannes Kepler）推导了描述行星运动规律的三大定律，即开普勒三定律。根据开普勒定律，将地球视为一个质量均匀分布的理想球体，忽略其他星体（太阳、月球、其他行星）对卫星的引力作用，卫星在地球引力场作用下绕地球的运动可以被建模成一个"二体问题"。根据开普勒第一定律，卫星绕地球运动的轨迹是以地心为一个焦点的椭圆轨道。

分析卫星运动规律时，首先明确所采用的天体坐标系类型。根据惯例，一般采用三大类空间坐标系：地心赤道坐标系统、日心黄道坐标系统和轨道坐标系统。其中，地心赤道坐标系统主要用于讨论人造地球卫星运动规律；日心黄道坐标系用于描述太阳系中行星和星际探测器远离地球后的运动规律；轨道坐标系统随着航天器的轨道运动，用于描述航天器的相对运动规律。

下面给出卫星在地心惯性坐标系（以地心为坐标原点，赤道面为参考平面，x 轴指向春分点方向）下的轨道运动方程。根据牛顿第三定律和牛顿第二定律，在忽略卫星对地球引力情况下，可以得到卫星 - 地球"二体问题"的运动方程为 [3-4]

$$\frac{\mathrm{d}^2 \vec{r}}{\mathrm{d}t^2} = -GMm\frac{\vec{r}}{r^3}m \qquad (4\text{-}1)$$

其中，$\vec{r}$ 表示卫星的地心向径矢量，G 表示万有引力常数，r 表示地心距，m 表示卫星质量，M 表示地球质量；设卫星在地心惯性坐标系的坐标为 (x, y, z)，则地心距可表示为 $r=\sqrt{x^2 + y^2 + z^2}$。

通常将地球质量 M 和万有引力常数 G 的乘积 GM 称为地球引力常数，用 μ 以坐标分量形式表示如下。

$$\begin{cases} \dfrac{\mathrm{d}^2 x}{\mathrm{d}t^2} + \mu\dfrac{x}{r^3} = 0 \\ \dfrac{\mathrm{d}^2 y}{\mathrm{d}t^2} + \mu\dfrac{y}{r^3} = 0 \\ \dfrac{\mathrm{d}^2 z}{\mathrm{d}t^2} + \mu\dfrac{z}{r^3} = 0 \end{cases} \qquad (4\text{-}2)$$

由式（4-2）可知，不考虑摄动的卫星在轨运动方程为一个二阶三元微分方程组，需要 6 个独立的积分常数才能确定卫星在地心惯性坐标系的位置和运动规律。在给定初始条件（如初始时刻卫星的三维坐标和速度）时，方程组有唯一解。这 6 个独立的积分常数确定了卫星轨道平面在坐标空间的位置，描述轨道的形状、大小，并且刻画卫星在轨实时运动的情形。一般将这 6 个独立的积分常数称为 6 个轨道根数，其在地心赤道坐标系统的示意如图 4-1 所示。

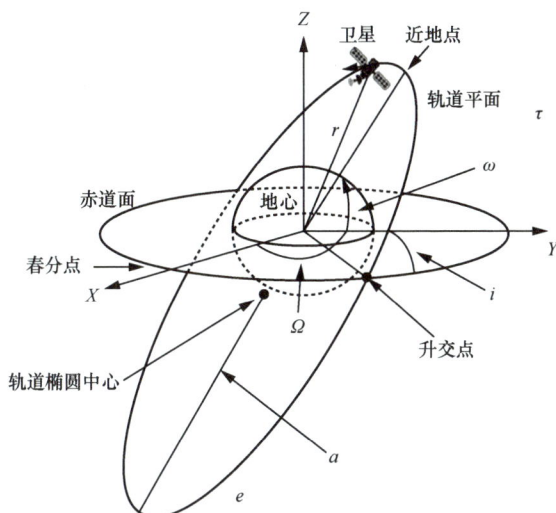

图 4-1　卫星的 6 个轨道根数在地心赤道坐标系统的示意

卫星的 6 个轨道根数定义如下 [5]。

① 轨道半长轴 a：椭圆轨道中心到椭圆轨道远地点的距离。

② 轨道偏心率 e：描述了椭圆轨道的形状。

③ 轨道倾角 i：卫星运动轨道平面与赤道平面的夹角。

④ 轨道升交点赤经 Ω（Right Ascension of the Ascending Node，RAAN）：春分点方向到地心的连线与升交点与地心连线的夹角，其中，升交点为卫星星下点由南向北穿过赤道时轨道平面与赤道平面的交点。

⑤ 轨道近地点幅角 ω：升交点与地心的连线和近地点与地心连线的夹角，从升交点开始沿卫星运动方向衡量。

⑥ 过近地点时刻 τ：卫星经过近地点的时刻，一般使用真近点角、偏近点角或者平近点角来代替参数 τ。

卫星的 6 个轨道根数几何含义很明确：轨道半长轴 a 和轨道偏心率 e 确定了轨道大小和形状；轨道倾角 i、轨道升交点赤经 Ω 和轨道近地点幅角 ω 是轨道平面和拱线的空间定向根数；过近地点时刻 τ 决定了卫星在轨道的运动位置。

值得注意的是，基于"二体问题"得到的运动方程只是卫星绕地球运动的近似解，"二体问题"的假设——作用力仅为引力、质量分布均匀的理想球体在实际应用场景中并不能达到许多卫星工程的精度要求。在天体力学中，将天体真实运动轨道偏离"二体问题"轨道的现象称为摄动。在对真实场景下卫星运动轨道进行分析时，还应考虑地球非球形摄动、大气阻力摄动、太阳光压摄动、日月摄动等因素[3]。

4.3.1.2 星下点轨迹

卫星的星下点指的是在某一时刻卫星在地面的投影点，即卫星与地心的连线和地面的交点。伴随着地球自转以及卫星运动（二体运动和摄动），星下点的位置也每时每刻地发生变化。将不同时刻的星下点连接起来就形成了一个运动轨迹，称为星下点轨迹。根据星下点轨迹，我们可以了解卫星的运行状况。

星下点轨迹与卫星的 6 个轨道根数（轨道半长轴 a、轨道偏心率 e、轨道倾角 i、轨道升交点赤经 Ω、轨道近地点幅角 ω 和过近地点时刻 τ）和地球自转角速度 ω_e 均有着密切关系。使用地理经度 λ 和纬度 φ 对某一时刻 t 的星下点位置进行描述，那么星下点轨迹则可用经度 λ 和纬度 φ 在时间域上的函数来描述。星下点轨迹的地理经纬表示函数为

$$\lambda(t) = \begin{cases} \arctan(\cos i \tan u) + \Omega - \bar{S}(0) - \omega_e t, \text{ascending} \\ \pi + \arctan(\cos i \tan u) + \Omega - \bar{S}(0) - \omega_e t, \text{descending} \end{cases} \tag{4-3}$$

$$\varphi(t) = \arcsin(\sin i \sin u) \tag{4-4}$$

式（4-3）和式（4-4）取卫星过升交点的时间作为时间零点（时间为格林威治平恒星时），用参数 u 和轨道倾角 i 来描述地球自转时的星下点轨迹。其中，u 表示卫星在 t 时刻在轨道平面内的位置，与 a、e、ω、τ 和 t 有关；用户星下点轨迹的形状与 a、e、ω 和 i 有关，Ω 和 τ 仅影响星下点轨迹在地球上的相对位置，对星下点轨迹的形状没有影响。

4.3.1.3 单个卫星对地覆盖分析

卫星的对地覆盖指的是在某一时刻或者一段时间内卫星遥感器所能观察到

的地面区域。图 4-2 为单个卫星对地覆盖区域示意，将地球设为半径为 R_e 的圆球，用 H 表示卫星距地面的高度（轨道高度），σ 表示最小地面仰角，θ 表示单个卫星覆盖圆心角，δ 表示卫星传感器角度。

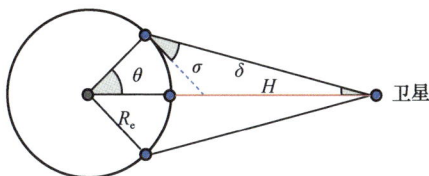

图 4-2　单个卫星对地覆盖区域示意

在图 4-2 中，参数之间的关系可以通过数学公式推导而出。由正弦定理可知，卫星距地高度 H、最小地面仰角 σ 和单个卫星覆盖圆心角 θ 之间的关系式为

$$\frac{H}{R_e} = \frac{\cos \sigma}{\cos(\sigma + \theta)} - 1 \qquad (4\text{-}5)$$

根据三角形内角和的关系，可以得到最小地面仰角 σ、单个卫星覆盖圆心角 θ 和卫星传感器角度 δ 之间关系式为

$$\sigma + \delta + \theta = \frac{\pi}{2} \qquad (4\text{-}6)$$

根据单个卫星覆盖圆心角 θ，结合球体面积公式可得到单个卫星覆盖区域的面积 S，具体表达式为

$$S = 2\pi R_e^2 (1 - \cos \theta) \qquad (4\text{-}7)$$

结合式（4-5）和式（4-7）可知，在轨道高度相同的前提下，若最小地面仰角 σ 增加，单个卫星的覆盖面积 S 逐渐变小；在单个卫星覆盖面积 S 相同的情况下，若最小地面仰角 σ 增加，轨道高度 H 逐渐增加。

4.3.1.4　轨道类型

按照轨道高度划分，卫星一般划分为地球静止轨道（GEO）卫星、中轨道地球（Mediam Earth Orbit，MEO）卫星、低轨道地球（LEO）卫星几种类型。LEO 卫星轨道高度在 500 km 到 1 500 km 之间，远小于 GEO 卫星的轨道高度，具有传输时延低、链路损耗小、易于实现终端小型化等优势，通过多卫星组成星座的方式可以实现连续单重或者连续多重全球覆盖，能够较好地实现全球卫星通信。另一方面，其较低的轨道使得卫星相对地面的运动速度较快，单颗卫星的可视时间比较短导致用户波束间和星间切换较为频繁。MEO 卫星在某种意义上是对 GEO 卫星和 LEO 卫星的折中考虑，与 LEO 星座相比，构成全球覆盖 MEO 星座需要的卫星数小于 LEO 星座；与 GEO 卫星相比，MEO 卫星的链路损耗和传输时延比 GEO 卫星要小。对采用了星间链路的 LEO 和 MEO 系统来讲，当用户进行远距离通信时，MEO 系统的通信跳数通常小于 LEO 系统的通信跳数，而 LEO 则拥有更短的单跳时延。与 LEO 系统相比，MEO 系统对于宽带实时通信业务的支持不如 LEO 系统。综合考虑上述因素，选择 LEO 卫星来构建全球无缝的空－天－地一体化通信系统是更为合理的选择。

根据轨道倾角 i 的不同，可以将轨道分为赤道轨道（$i=0$）、倾斜轨道（$0<i<\pi$ 且 $i \neq \pi/2$）和极地轨道（$i=\pi/2$）。其中，倾斜轨道还可以继续细分为顺行轨道（$0<i<\pi/2$）和逆行轨道（$\pi/2<i<\pi$）。根据偏心率可以将轨道分为圆轨道、近圆轨道、椭圆轨道、抛物线轨道和双曲线轨道。根据卫星轨道的星下点轨迹重复特性可以将轨道分为回归轨道、准回归轨道和非回归轨道。

从轨道的空间形状来看，现有卫星通信系统所采用的轨道主要有圆轨道和椭圆轨道。圆轨道具有对称、在轨运行稳定、覆盖均匀等特点。当前，全球卫星通信系统或大范围覆盖卫星通信系统轨道方案使用的便是圆轨道设计。而椭圆轨道卫星由于其近地点运行速度快，远地点运行速度慢的特点，卫星在远地点时才能提供较为稳定的通信服务，因此，椭圆轨道通常用于覆盖某一个特定区域（通常是高纬度地区）的卫星通信系统，如 Molniya 卫星通信系统[5] 能够为俄罗斯和北美地区提供长时间的稳定覆盖。然而，椭圆轨道有一个致命缺陷，地球非球形摄动会导致椭圆轨道远地点相对地面的位置产生剧烈变化，从而引起卫星覆盖范围发生变化。一个可行的解决办法是将椭圆轨道倾角设置为 63.4°，在这个角度下椭圆轨道的远地点能够保持相对稳定的位置。此外，还可以采用定期轨道校正的方式确保卫星的工作状态。全球覆盖的低轨星座一般使用圆轨道作为优选轨道方案。

4.3.2 星座设计方法

4.3.2.1 星座设计参数

针对全球覆盖的低轨道地球卫星通信星座，一般采用几何解析法来进行设计。几何解析法是处理大规模全球覆盖星座的最优的设计方法，其中的覆盖带星座设计方法和 Walker 星座设计方法已被广泛地运用在各类中、低轨道卫星通信系统中。

对于圆轨道（近圆轨道）卫星星座，在确定星座构型后，需要设计的参数如下。

① 卫星总个数。

② 轨道平面个数和每个轨道平面卫星的个数。

③ 轨道平面的倾角。

④ 轨道的偏心率（对于近圆轨道而言）。

⑤ 轨道平面间升交点赤经的间隔。

⑥ 同一轨道内卫星间相对相位差。

⑦ 相邻轨道相邻卫星间相对相位差。

⑧ 轨道高度。

4.3.2.2 星座设计关键问题

在星座设计中，卫星数量、星座类型、最小地面仰角、轨道高度、轨道平面个数和碰撞避免参数这些设计因素之间会互相制约，且对星座的设计结果有很大影响。

在上述因素中，卫星数量和星座类型是首先考虑的设计因素。卫星数量决定了卫星通信系统空间段的总成本，且与卫星的轨道高度直接相关。在相同星座类型前提下，若满足同样的覆盖需求，减少卫星数量就需要增加卫星轨道的高度；反之，增加卫星数量就可以适当降低卫星轨道的高度。

星座类型是根据卫星总个数和星座覆盖范围来决定的。星座类型可以依据星座的覆盖范围进行划分，分为全球覆盖型、带状覆盖型和区域覆盖型。分布式的现代优化方法更适合区域覆盖星座设计，Walker 和覆盖带的解析化星座设计方法适用于全球或带状覆盖。文献 [6] 对这两种方法进行了比较，在单重连续全球覆盖的要求下，当卫星总个数小于或等于 20 时，Walker 星座设计方法更有效率；当卫星总个数大于 20 时，覆盖带设计方法更有效率。

单个卫星的覆盖面积会受最小地面仰角参数的影响。最小地面仰角、轨道高度与单个卫星覆盖圆心角三者之间也会互相影响 [7]。

轨道平面个数也在很大程度上影响了星座整体的覆盖性能。在卫星总个数相同的前提下，不同轨道平面个数的星座覆盖性能差别非常明显。例如，一个极地轨道覆盖带设计方法设计的 60 星极地轨道星座，一共有 12 种可能的组合，分别是 1 轨道平面 ×60 星、2 轨道平面 ×30 星、3 轨道平面 ×20 星、4 轨道平面 ×15 星、5 轨道平面 ×12 星、6 轨道平面 ×10 星等。在这些星座组合中，6 轨道平面的星座能够提供最好的覆盖性能。

碰撞避免参数又被称为卫星间的最小接近距离，对于防止星座自毁非常关键。在极地轨道覆盖带星座设计方法中，所有轨道平面都在两极重合，这就使得卫星在两极地区的碰撞可能性大大增加。因此，人们提出使用近极地轨道星座代替极轨道星座，即将轨道倾角从 90° 修改为一个接近 90° 的数值，例如铱星系统的轨道倾角为 86.4°。

同一星座所有卫星的轨道高度和轨道的倾角相同是星座设计中一个重要前提，原因是随着时间推移，轨道发生漂移的程度与轨道高度和倾角密切相关。若同一星座中卫星的轨道高度或轨道的倾角不同，卫星运行轨道就会产生不同程度的漂移，导致卫星间的相对位置发生巨大变化进而影响整个星座的长期稳定性。

4.3.2.3 经典星座设计

就全球覆盖星座设计来说，由 Schoen 和 Ullock[8] 提出的极地轨道覆盖带星座设计方法和 Walker[9] 提出的倾斜轨道 Walker 星座设计方法是两种公认的大规模全球覆盖星座的最优设计方法。采用了覆盖带星座设计方法的星座有铱星、Teledesic 等，采用了 Walker 星座设计方法的星座有全球星、Spaceway NGSO、中间圆形轨道（Intermediate Circular Orbit，ICO）等。

（1）极地轨道覆盖带星座

极地轨道星座是由多个轨道倾角为 90° 的卫星集合组成的，每个轨道上的卫星相同、数量相等且卫星之间的分布间隔也相等，各轨道的高度也保持一致，由于轨道具有升交点在 180° 范围内均匀分布的特点，又称其为 δ 型星座，覆盖带方法设计星座的实例如图 4-3 所示。

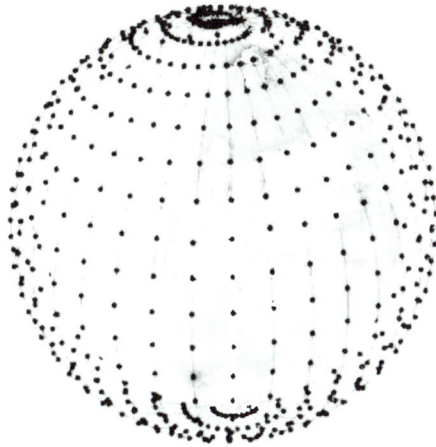

图 4-3　覆盖带方法设计星座的实例

Luders[10] 最早提出了使用多个极地轨道覆盖带来组成星座实现全球单重覆盖的设计思想。如图 4-3 所示，各个轨道平面的卫星个数相同，并且均匀分布。

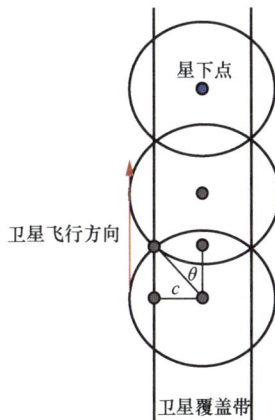

图 4-4　覆盖带示意

在极地轨道覆盖带设计方法中，同轨道卫星均匀地分布在轨道上，组成了一条覆盖带，覆盖带示意如图 4-4 所示，其覆盖宽度为 $2c$，称 c 为覆盖带半宽度，θ 表示单个卫星覆盖圆心角。设 S 表示每个轨道平面的卫星个数，则覆盖带半宽度可表示为

$$c = \arccos\left[\frac{\cos\theta}{\cos(\pi/S)}\right] \tag{4-8}$$

考虑轨道间夹角（在极地轨道星座中，轨道间夹角可以定义为相邻轨道升交点赤经的夹角）的设计，如果采用每个轨道间夹角相同的设计方案，从极点看，由于存在同向运动的轨道和反向运动的轨道两种相对运动情况，在保证同向轨道覆盖冗余度最小的情况下，反向轨道之间必然出现覆盖真空区域。Schoen 和 Ullock[8] 提出了一种非对称极地轨道覆盖带的设计方法，实现了使用最少个数的卫星来实现全球连续单重覆盖的覆盖性能。根据文献 [8] 的研究结果，同向轨道之间和反向轨道之间的夹角不应该相等，并且反向轨道之间的夹角应当小于同向轨道之间的夹角，非对称星座极点视角如图 4-5 所示，其中，ϕ 表示同向轨道间夹角、ε 表示反向轨道平面夹角，且 $\phi > \varepsilon$。

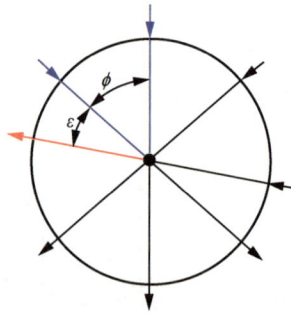

图 4-5　非对称星座极点视角

在极轨道覆盖带星座设计中，相邻轨道平面卫星覆盖几何关系如图 4-6 所示，同向轨道和反向轨道间夹角 ϕ 和 ε 的关系满足

$$\begin{cases} \phi = \theta + c \\ \varepsilon = 2c \end{cases} \tag{4-9}$$

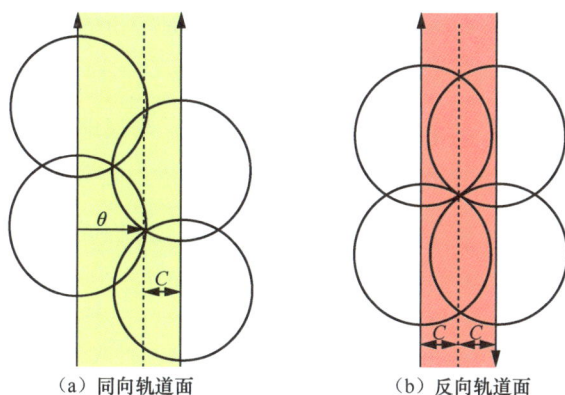

（a）同向轨道面　　　　　　（b）反向轨道面

图 4-6　SOC 相邻轨道平面卫星覆盖几何关系

根据极地轨道覆盖带星座设计思想，由于赤道上星座的覆盖冗余度最小，若能够保证对赤道的连续单重覆盖，那星座就能够保证对全球的连续单重覆盖。基于这个想法，覆盖带设计星座在赤道上满足连续覆盖的条件如下所示。

$$(P-1)\phi + \varepsilon = \pi \tag{4-10}$$

其中，P 表示轨道平面的数量。结合式（4-8）和式（4-10），可得

$$(P-1)\theta + (P+1)\arccos\left[\frac{\cos\theta}{\cos(\pi/S)}\right] = \pi \tag{4-11}$$

将极地轨道覆盖带设计方法应用到星座设计分为以下两种情况。

① 当确定了卫星总数 N 以及轨道平面总数 P 时，首先可以先依据式（4-11）计算出单颗卫星的覆盖圆心角 θ；然后再根据式（4-8）和式（4-10）分别计算出同向轨道之间的夹角和反向轨道之间的夹角；最后再依据式（4-5）计算出相应卫星的轨道高度。

② 当已知最小地面仰角和轨道高度时，可以先根据最小地面仰角和轨道高度获得对应的覆盖带星座参数表以及计算出单颗卫星的覆盖圆心角 θ；然后再根据 θ 的值在星座参数表中得到最优的卫星总数 N、轨道平面总数 P、每个轨道卫星数量 S 以及对应 P 和 S 组合的同向轨道之间夹角和反向轨道之间夹角参数。

（2）倾斜轨道星座

当前主要的倾斜轨道星座有两类，即由 Walker 所提出的 δ 星座和由 Ballard

提出的玫瑰星座。可以证明这两类倾斜轨道星座是等价的，倾斜轨道星座构成如图 4-7 所示，站在极地点的上方向下看 δ 星座的轨道形成了近似三角形的形状，玫瑰星座的轨道形成了一个貌似玫瑰花瓣的形状。与极地轨道覆盖带星座的设计思想不同，倾斜轨道 Walker 星座由多个轨道高度相同、轨道倾角相同、轨道间隔均匀、各轨道卫星数量相同、等间隔分布的卫星构成，具有各轨道升交点在 360° 内均匀分布的特性，因此又称之为 2δ 型星座。

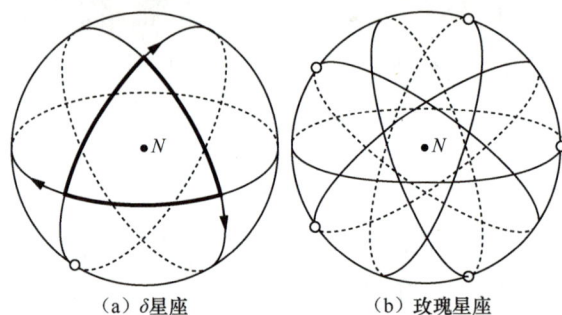

(a) δ 星座　　　　　　　　(b) 玫瑰星座

图 4-7　倾斜轨道星座构成

一般地，以 N、P、F、h、r 这 5 个参数来描述倾斜轨道星座的设计，各参数含义分别为：① 星座的卫星总数 N；② 轨道平面总数 P；③ 相位因子 F，表示相邻轨道平面上卫星的相对位置，其值为相邻轨道平面上相邻卫星间的相位差，取值范围是 $[0,P–1]$ 的整数；④ 轨道高度 h；⑤ 轨道倾角 r。

从上述的 5 个参数中，可以确定每个轨道平面的卫星数量、轨道平面内相邻卫星间的距离、相邻轨道平面间相邻卫星的相位间隔以及相邻轨道平面的间隔等卫星星座所需要的参数。然而，在倾斜轨道星座中，卫星之间运动太复杂，很难使用几何解析的方式对星座进行设计，通常采用计算机仿真的方法来比较星座在不同约束条件下的性能，以找到星座设计参数的最优解。

（3）共地面轨迹星座

共地面轨迹星座是一类特殊的星座，星座中所有卫星沿相同的地面轨迹运动，共地面轨迹星座的轨道平面升交点在赤道平面内的分布不一定是均匀的，星座中的卫星在特定服务区域的上空相对密集，从而提升区域覆盖性能，共地面轨迹星座构型如图 4-8 所示。

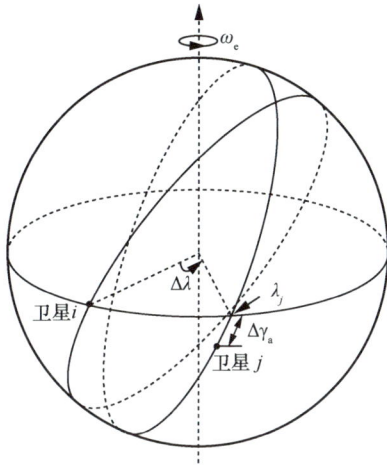

图 4-8 共地面轨迹星座构型

为保证卫星 i 和卫星 j 有相同的地面轨迹，需要满足以下关系。

$$\Delta\lambda/\omega_{\mathrm{e}} = \Delta\gamma_{\mathrm{a}}/\omega_{\mathrm{s}} \quad\quad （4\text{-}12）$$

其中，ω_{e} 是地球的自转角速度，ω_{s} 是卫星的飞行角速度，$\Delta\lambda$ 是轨道平面升交点的纬度差，$\Delta\gamma_{\mathrm{a}}$ 是相位差。

虽然星座的所有卫星沿相同的地面轨迹飞行，但地球的自转仍可能导致地面轨迹沿着赤道移动，为使得地面轨迹与地面保持相对固定的状态，共地面轨迹星座应该采用回归或准回归轨道，回归或准回归轨道是卫星的星下点轨迹在 M 个恒星日，围绕地球旋转 L 圈后重复的轨道（M 和 L 都是整数）。

回归或准回归轨道的轨道周期 T_{s} 为

$$T_{\mathrm{s}} = T_{\mathrm{e}}M/L \quad\quad （4\text{-}13）$$

其中，T_{e} 是地球的自转周期。

卫星在轨角速度为

$$\omega_{\mathrm{s}} = \omega_{\mathrm{e}}L/M \quad\quad （4\text{-}14）$$

因为

$$\Delta\lambda/\omega_{\mathrm{e}} = \Delta\gamma_{\mathrm{a}}/\omega_{\mathrm{s}} \quad\quad （4\text{-}15）$$

则有

$$\Delta\gamma_a = \Delta\lambda L / M \qquad\qquad (4\text{-}16)$$

其中，$\Delta\lambda$和$\Delta\gamma_a$之间满足简单的线性关系。

（4）赤道轨道星座

N颗卫星在特定高度的赤道轨道平面上均匀分布，赤道轨道星座星下点轨迹如图 4-9 所示。

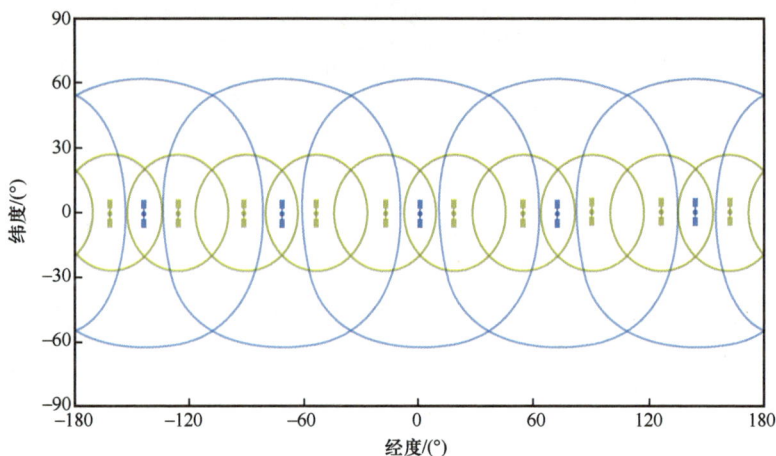

图 4-9　赤道轨道星座星下点轨迹

赤道轨道星座由于只有一条轨道，设计方法很简单。这种星座最大的特点就是能提供良好的中低纬度区域覆盖特性，也正因为如此，该星座可以与极轨道星座配合构建一个复合星座，由此提升覆盖性能和通信性能。极轨道星座和赤道轨道星座卫星之间的运动没有倾斜轨道星座卫星那么复杂，使用这种复合星座提供宽带服务具有很强的可行性。

（5）混合轨道星座

① Orbcomm 系统

Orbcomm 卫星通信系统能够在全球范围内提供双向、窄带的数据传送，数据通信和定位服务，Orbcomm 星座系统示意如图 4-10 所示。Orbcomm 是一个全球覆盖星座系统，由分布在 A、B、C、D、E、F、G 的 7 个轨道平面上的 47 颗卫星组成，其中还包含了 6 颗备用卫星。其中，A、B、C、D 4 个轨道平面的倾角为 45°，对应轨道高度均为 800 km；E 为赤道轨道平面，对应轨道高度为

975 km；F、G 轨道平面的倾角分别为 70° 和 108° ，对应轨道高度均为 820 km。Orbcomm 自 1995 年开始发射测试卫星，并于 1998 年底开始提供全球服务。目前在轨服务卫星共有 29 颗，A、B 轨道平面各 8 颗，C、D 轨道平面各有 6 颗，G 轨道平面 1 颗。作为典型的低成本微型卫星，Orbcomm 系统中的每颗卫星质量不到 50 kg。目前，该系统已经在交通运输、环保、火灾报警等方面发挥巨大作用。

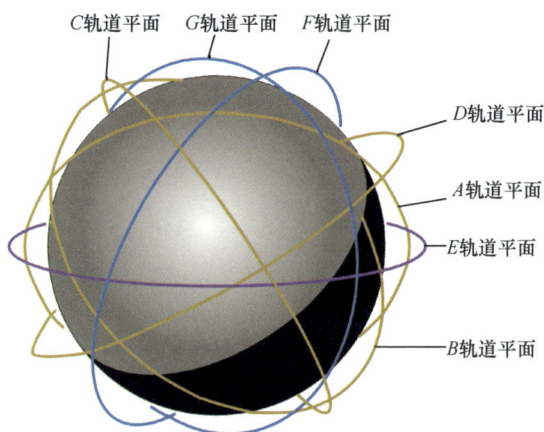

图 4-10　Orbcomm 星座系统示意

② Ellipso 系统

Ellipso 低轨星座系统是由美国 Space Services Holdings 开发的独特的混合轨道星座系统，它由 Borealis 和 Concordia 这两个规则的子星座系统构成，该星座中使用了 17 颗卫星去实现人口分布主要区域（北半球和南半球的中低纬度地区）的覆盖，该星座的卫星数量远少于 Iridium 星座和 GlobalStar 星座的卫星数量。在该星座中，Borealis 子系统由 10 颗卫星组成，在两条轨道倾角为 116.6° 的椭圆轨道上运行，椭圆轨道的远地点高度为 7 846 km，近地点高度为 520 km，偏心率为 0.35，轨道周期为 3 h，覆盖了北半球中高纬度地区；Concordia 子系统由 7 颗卫星组成，在一个轨道高度为 8 063 km 的赤道圆轨道上运行，覆盖了中低纬度地区。

③ 星链卫星系统

星链是美国 SpaceX 提出的低轨道地球卫星互联网星座系统。该系统由不同高度的卫星星座和多个地面站构成，系统建成后，由 4.2 万颗低轨道地球卫星组成的星座将为全球卫星覆盖区域提供高速的互联网接入服务。星链系统计划分为两个阶段，星链计划卫星轨道（一期）情况见表 4-2，星链计划卫星轨道（二期）情况见表 4-3。

表 4-2　星链计划卫星轨道（一期）情况

建设期	轨道高度 /km	轨道倾角 /（°）	轨道平面数 / 个	轨道平面卫星数 / 颗	子星座卫星数 / 颗	每阶段卫星数 / 颗	工作频段	卫星总数 / 颗
阶段一	550	53	72	22	1 584	4 408	Ku/Ka 频段（LEO）	11 926
	540	53.2	72	22	1 584			
	570	70	36	20	720			
	560	97.6	6	58	348			
	560	97.6	4	43	172			
阶段二	345.6	53	—		2 547	7 518	V 频段（VLEO）	
	340.8	48	—		2 478			
	335.95	42	—		2 494			

表 4-3　星链计划卫星轨道（二期）情况

建设期	轨道高度 / km	轨道倾角 /（°）	轨道平面数 / 个	轨道平面卫星数 / 颗	子星座卫星数 / 颗	卫星总数 / 颗
二期	328	30	1	7 178	7 178	30 000
	334	40	1	7 178	7 178	
	345	53	1	7 178	7 178	
	360	96.9	40	50	2 000	
	373	75	1	1 998	1 998	
	499	53	1	4 000	4 000	
	604	148	12	12	144	
	614	115.7	18	18	324	

星链一期的阶段一和阶段二星座构建采用数个近极地轨道平面、倾斜轨道平面卫星族组合的方案，以更好满足全球覆盖和中低纬度区域重点覆盖的需求。在阶段二星座构建上，SpaceX 提供了一种对地覆盖更为高效的低轨通信卫星星座构型方案 [11-12]：将基于卫星轨道平面设计星座的传统思路转变为针对卫星地面轨迹进行星座设计，从而能够更好地从地面用户的视角构建系统。具体来说，一个卫星星座是由多个同步地面轨迹卫星族构成的，卫星族中每个卫星都在一个单独的轨道平面内，但它们的地面轨迹是相同的，且第一颗卫星与最后一颗卫星首尾相连，形成围绕地球运动的"蛇形"（波浪形）连续闭环路径；每个卫星族的升交点都以相同速率向赤道移动，从星座往地球看，每个卫星族之间彼此锁定、整体相对地球不动或以固定速度转动。该方案可以应用于轨道高度在 2 000 km 以下的卫星星座，基于此方案给出 335 ～ 346 km 高度的 7 518 颗卫星星座对地通信覆盖特性显示，美国本土通信可用卫星平均数量除少数区域优于 4 颗外，其余均优于 6 颗（卫星天线张角 ±40.5°，地面天线张角 ±46.8°）。

Starlink：互联网思维驱动下的成功商业案例

美国太空探索技术公司是埃隆·马斯克旗下的一家美国太空运输公司，初期以火箭发射业务为主，开发可部分重复使用的猎鹰 1 号和猎鹰 9 号运载火箭，后续逐步发展航天器制造产业，并研制了 Dragon 系列航天器。2015 年，SpaceX 宣布筹建 Starlink 星座项目。

（1）发展脉络

2016 年 11 月 15 日，SpaceX 向美国联邦通信委员会提交 Starlink Gen1 计划申请，计划向低轨道发射 4 425 颗卫星构造一个轨道高度为 1 110 ～ 1 325 km 的 Ka/Ku 频段低轨星座。

2018 年 3 月 29 日，SpaceX 提交的 Starlink Gen1 计划申请获得 FCC 批准。

2018 年 2 月 22 日，SpaceX 使用猎鹰 9 号运载火箭将 2 颗原型试验卫星（MicroSat2A、MicroSat2B）送入预定轨道，开展演示验证。

2018 年 11 月 8 日，SpaceX 向 FCC 提交第一次修改申请，拟调整轨道高度。

2019 年 4 月 26 日，SpaceX 提交的第一次修改申请获得 FCC 批准。

2019 年 5 月、11 月，SpaceX 先后将第一批 V0.9 版本的 Starlink 卫星送入预定轨道。

2019 年 8 月 30 日，SpaceX 向 FCC 提交第二次修改申请，拟调整轨道平面数和每面卫星数。2020 年 4 月 17 日，SpaceX 向 FCC 提交第三次修改申请，拟调整轨道高度。

2020 年 5 月，SpaceX 向 FCC 提交 Starlink Gen2 计划申请。

2020 年，SpaceX 完成 14 次 V1.0 版本的 Starlink 卫星发射。

2021 年 8 月，SpaceX 向 FCC 提交 Starlink Gen2 的星座构型修改申请。

2022 年，SpaceX 共完成 34 批次 Starlink 卫星发射任务。

2023 年 2 月，SpaceX 发射 21 颗 V2mini 版本的 Starlink 卫星。

2024 年 1 月，SpaceX 发射首批 6 颗手机直连卫星能力的试验卫星。

截至 2025 年 3 月 26 日，SpaceX 共完成 8 144 颗 Starlink 卫星，窄带手机直连的星链卫星数量达到了 570 颗，并已向全球 118 个国家提供星链宽带服务。

（2）星链的通信体制与系统性能

Starlink 计划是目前全球唯一的超高密度大规模低轨星座系统，依托低成本发射手段高效部署，集成星间激光链路、相控阵天线、霍尔推进器等先进技术，可实现灵活组网、宽带传输、蛇形变轨。其中，Starlink-LEO 卫星单载波下行带宽 250 MHz，上行带宽为 125 MHz。Starlink-VLEO 卫星采用频谱分割技术，有效提升服务保障与抗干扰能力。星座建成后，网络吞吐量可达 200 Tbit/s，支持上亿用户数，单用户速率可达 Gbit/s 量级，支持全球无死角、热点区域超过 20 重覆盖，传输时延低至 10 ms 量级。目前，Starlink 向全球 118 个国家提供星链宽带服务，业务类型包括普通版、房车版、企业版、海事版和航空版。此外，Starlink 的窄带手机直连业务在距离上突破了 LTE 协议默认基站和终端站之间的最大距离，最远可达 500 km，上行每波束峰值速率达 3.0 ~ 7.2 Mbit/s，下行每波束峰值速率达 4.4 ~ 18.3 Mbit/s。

（3）星链的发展模式思考

Starlink 计划的阶段性成功离不开马斯克和 SpaceX 采用的互联网商业模式。在星链发展伊始，其发展前景并不被大多数同行所看好。但马斯克利用互联网思维，不断融资快速汇聚资本，分批支撑星座系统建设，并凭借用户体验至上、持续快速升级、用户数量和黏性增长、打造或重塑产业生态、打破行业和技术界限等核心理念，令 Starlink 快速发展，逐步形成了强大的全球通联能力，在一定程度上颠覆了人们对低轨道地球卫星通信的传统认知。

4.3.3　星座构型设计优化

在设计星座构型时，除了需要考虑任务的需求以及星座的覆盖特性，还需要考虑时空结构特性，在进行构型设计时可以使用摄动补偿策略和星座备份策略对设计进行优化。

4.3.3.1　针对任务需求的星座构型设计

星座构型设计的主要任务是优化星座构型的参数，需要根据任务需求和星座构型的不同特性来选择相应的星座构型设计方法。目前，大规模低轨星座的主要任务是通信，但随着研究的不断深入，学术界和产业界进一步提出了融合低轨导航增强、遥感以及授时定位等功能的实现计划。

文献 [13] 提出了卫星遥感和卫星通信的两个相互交联的异构星座设计，通过基于预定义的设计变量范围生成数千个异构构型配置，并根据预定义的性能度量调整这些配置大小的优化框架，寻找最佳的星座异构配置。

文献 [14] 提出了全球导航卫星系统（Global Navigation Satellite System，GNSS）探测星座的概念和设计方法，并使用改进的蚁群算法来进行优化，与原有星座相比，优化后星座中卫星的个数减少了 2 颗，同时，探测的数据量提升了40%，且探测均匀性提升了 67%。

虽然已有研究专家提出了一些低轨导航增强以及遥感观测的星座，但目前文献中都是采用混合星座的设计方案来对低轨星座的构型进行优化设计，卫星数量大多在 300 颗以内。

4.3.3.2　针对覆盖特性的星座构型设计

覆盖性能优化方法主要应用在低轨侦察卫星星座设计上，因此，在对星座进行设计、优化和评估时，如何用覆盖性能指标来评估星座的探测能力非常重要。文献 [15] 于 20 世纪 90 年代研究了低轨星座的最佳组成，并给出了 Walker 星座、圆形极轨星座和大椭圆轨道星座在不同阶段的覆盖范围。在低轨侦察卫星星座设计中，文献 [16] 引入了正常随机目标的侦察过程，建立了检测过程的数学模型，确定了覆盖性能和检测能力之间的关系。文献 [17] 为了能解决更复杂的区域覆盖问题，提出了利用对地球表面进行连续单次和多次全球覆盖的卫星星座设计方案。

在上述方法中，卫星星座的卫星总数均不超过 20 颗，只能实现区域覆盖，不能够为设计持续性全球覆盖的大规模低轨星座提供解决方案。为了实现全球覆盖和强大的连通性，文献 [18] 提出了一种大规模优化星座设计框架。该框架首先利用球形 Voronoi 镶嵌、卫星重访频率和星间链路可行性来表征星座的覆盖和连通性，由众多卫星星下点形成的 Voronoi 图和 Delaunay 三角剖分如图 4-11 所示；其次，在模拟退火优化的基础上，得到了最佳轨道倾角、轨道高度、星座中轨道平面数量以及每个轨道卫星数量。通过优化星座设计，该方案对系统的成本、可扩展性和有效性等进行了较好的优化，并可作为大规模低轨星座构型设计的参考。

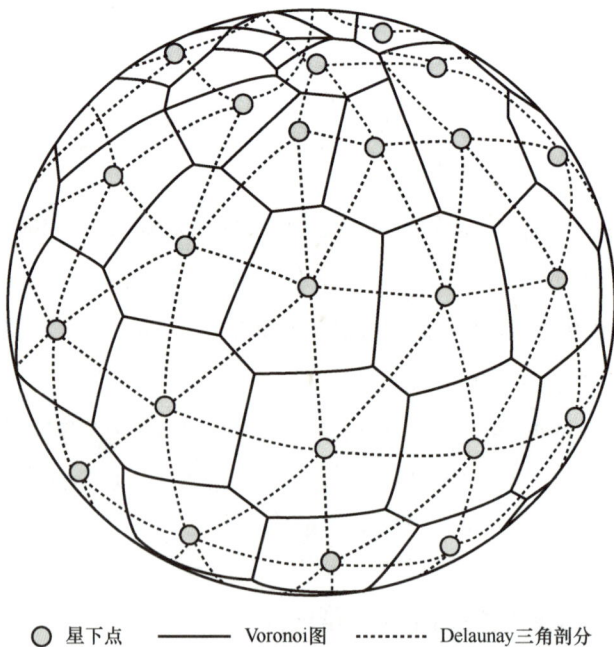

○ 星下点　——— Voronoi图　········· Delaunay三角剖分

图 4-11　星下点形成的 Voronoi 图和 Delaunay 三角剖分

4.3.3.3 考虑摄动补偿的星座构型设计

由于摄动力的作用，卫星在轨道上运行时会逐渐偏离预定的设计轨道，卫星之间的相对位置发生改变，使整个星座的结构发生改变，星座的性能也会降低，文献[19]对低轨道地球卫星的摄动力模型进行分析，并估计了各摄动力的量级。低轨道地球卫星主要受到大气阻力摄动、日月三体引力摄动、潮汐力摄动及太阳光压摄动的影响。

为了能够保证星座构型长时间稳定，在设计星座几何构型时可以对星座轨道进行小量偏置，通过摄动力补偿策略调整星座构型参数。文献[20]使用了参数偏置的摄动补偿方式对卫星摄动运动导致的星座构型发散问题进行处理。文献[21]利用卫星初始参数偏置补偿原理建立星座整体偏移方案；同时通过数据拟合方法拟合调整多种摄动对整体的影响结果，进而消除卫星轨道在长期摄动因素下产生的偏差，保持星座构型的长期稳定性。文献[22]分析了低轨Walker星座的卫星轨道摄动和星座构型稳定性的影响因素，通过其轨道摄动和相对漂移的特点，提出的两次偏置控制策略可将两种星座的相对漂移量降至0.1°以下。但其研究的轨道高度为 800 km，该轨道高度下的大气阻力影响可以忽略不计。

中高轨卫星星座的构型稳定性可通过针对摄动补偿策略进行优化设计的方式来提高，但是只能补偿星座构型长期变化中的线性部分，非线性部分的补偿效果不理想甚至无法补偿。轨道高度低于 500 km 的星座，受大气阻力影响较大，摄动补偿的效果会非常有限。

4.3.3.4 考虑星座备份策略的星座构型设计

在星座的运行中，为了提高星座的可靠性，可以在运行的星座中部署一定数量的备份卫星，称其为星座的备份策略。大规模低轨星座的卫星数量不断增加，未来大规模低轨星座中可能会有许多卫星发生故障，因此在设计星座构型时，为了保障星座的服务水平，应当设计好稳定的备份更换策略来应对突发情况。同时，不同备份策略需要将备份卫星部署在不同的轨道上，这会对星座构型产生不同的影响。

空间备份和按需发射备份是两种传统的星座备份策略。其中，空间备份又可细分为在轨备份和轨道停泊备份。在轨备份是在工作轨道高度上部署备份星，通过相位调整来对故障星进行替换；轨道停泊备份是在与工作轨道存在高度差的轨道上部署备份星，再通过备份星的轨道漂移和轨道机动来对故障星进行替换。按需发射备份也称地面备份，地面备份的备份星存储在地面，通过地面发射来对故障星进行替换。不同星座备份模式的优缺点见表 4-4[23]。

表 4-4 不同星座备份模式的优缺点

备份模式	优势	劣势
在轨备份	高可用性，可快速代替问题卫星，强化星座服务性能	需要较多的备份卫星，开销较大
轨道停泊备份	备份卫星可以优化轨道使用并且不用耗费过多燃料，具有较强灵活性	长替换周期，较高开销，较差的星座性能增强
按需发射备份	按需发射，为数更少的备份卫星	非常长的替换时间，导致星座服务能力显著退化

传统备份的主要思路是基于卫星可靠度、备份卫星可用性、平均修复时间等因素建立星座系统可靠度模型，通过考虑备份卫星轨道设计与重构控制模型，综合考虑星座构型设计和备份策略，实现星座的一体化优化设计[24]。对于倾斜地球静止轨道卫星备份，在考虑剩余卫星的设计约束条件下，文献 [25] 通过比较和分析给出了对应的轨道位置和备用方案。文献 [26] 基于鸿雁单颗 LEO 卫星和 GEO 卫星资源，建立了由单颗 LEO 卫星和 2 颗 GEO 卫星构成的备份方案，从而实现卫星备份。

随着卫星数量的迅速增长，星座系统的自身冗余性不断增加，大规模低轨星座需要高效且可扩展的维护策略，传统备份策略无法满足大规模低轨星座的备份需求。为了解决此问题，提出了存储论模型，即利用库存管理方法的新备用策略。存储论模型是一种多级库存策略，通过在比星座轨道高度低的位置设计一组停泊轨道用于备用存储，即将星座备份看作一个多层次的供应链系统，对不同层次的备份卫星进行了综合考虑。在该模型中，按需发射备份、轨道停泊备份、在轨备份分别被当作供应商、仓库和零售商，星座多级备份策略示意如图 4-12 所示。

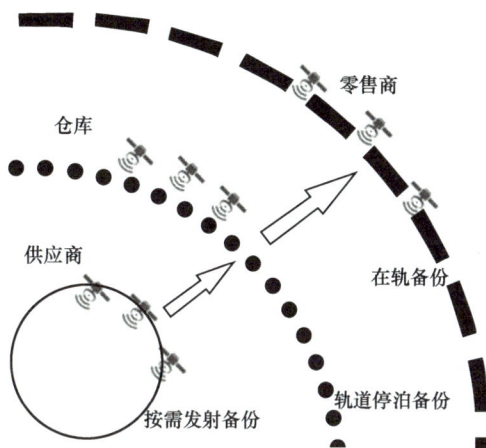

图 4-12　星座多级备份策略示意

在多级库存策略模型的基础之上，文献 [27] 引入了一种考虑停泊轨道特性和所有位置的确定最佳备用策略的优化公式，能够最大程度减少系统的维护成本，同时达到预期的性能要求。该模型可以通过利用不同的停泊轨道和不同的轨道平面策略，使系统在保证效率不变的同时，拥有更大的灵活性。但是该模型需要综合应用多种星座备份策略，模型建立比较复杂，为了使模型更加适用于大规模低轨星座，相关模型还需要更深入的研究。

由于大规模低轨星座卫星数量巨大，出现了一个新的问题：管理卫星地面库存备份的最佳方式是什么？文献 [28] 结合发射失败、硬件故障和卫星碰撞风险等随机因素，提出了采用马尔可夫决策过程模型来计算星座内卫星的最佳部署策略，该策略将与卫星故障风险相关的总净成本最小化，同时确保系统级操作不间断；同时，提出的马尔可夫决策过程通用模型可用于优化管理其他轨道甚至混合轨道中卫星星座的库存水平，可为星座的库存管理提供参考。

由于大规模低轨星座的运行周期较长，需要耗费大量时间进行建设，因此，为保证星座的稳定运行，大规模低轨星座设计过程中的备份冗余也是需要重点关注的问题。然而，在卫星数量和故障频率方面，传统卫星星座备份策略的可扩展性有限，无法满足大规模低轨星座备份需求。对此，一方面可对星座卫星的冗余、可靠性以及成本效率之间的关系进行进一步研究，找到最优方法；另一方面可以研究设计新的备份替换策略，如多级库存策略、库存管理控制方式，利用最佳的备份卫星数量确保星座服务的连续性和稳定性。

4.4　星座组网技术

由于卫星数量庞大且卫星状态在时刻发生变化，大规模低轨星座的组网设计与管理面临着诸多挑战。首先，星座拓扑变化极为复杂，虽然星座运行具有规律性与可预测性，但从卫星拓扑管理的角度而言，管控难度较大；其次，星座规模庞大且具有动态性，以及业务时空不均匀，这些都导致路由计算难度显著增加[29]；此外，信关站作为星座与地面网络的网关，其建设部署直接决定星座的整体通信性能[30]。本节针对大规模低轨星座中的拓扑管理、路由设计、信关站部署等组网问题进行分析。

4.4.1　星座拓扑动态性管理

由于低轨道地球卫星高速运动，它们之间形成的网络拓扑也在不断变化，该变化称之为拓扑动态性。拓扑动态性的主要表现是链路断开或重建切换现象。当链路信噪比、天线跟踪指向等有悖建链条件时，就会发生链路中断。以极轨星座为例，星间拓扑动态性特点及管理难点如下。

① 同轨星间链路相对比较稳定，而异轨星间链路距离、指向均随卫星运动呈周期性变化。

② 异轨星间链路在靠近极区时因变化剧烈而中断，又在飞出极区后重建。

③ 极轨道星座存在运行方向相反的两个轨道平面，形成"缝隙"，缝隙两侧一般不建链，并且缝隙随地球自转相对地面用户而移动。大规模低轨星座中

激增的卫星数量加剧了星间连接切换，增加了网络拓扑动态性和管理开销。

由于卫星运动具有周期性和可预测性，且星座拓扑具有规则性，因此，可构造虚拟的静态网络实现拓扑动态性管理。常用的拓扑动态性管理方法包括虚拟拓扑（Virtual Topology，VT）法和虚拟节点（Virtual Node，VN）法。

4.4.1.1　虚拟拓扑法

虚拟拓扑法的原理是：基于星座拓扑的可预测特性，将时间域离散地划分为若干个时间片 $[t_0, t_1]$, $[t_1, t_2]$,···,$[t_{n-1}, t_n]$，并认为网络拓扑结构仅在 t_0, t_1, t_2···瞬时发生变化，而在时间片内拓扑结构不变，虚拟拓扑法的拓扑结构如图 4-13 所示。单个时间片内网络拓扑被视作静态的，因此便可在时间片内采用静态网络算法，每个时间片内的拓扑称为虚拟拓扑。

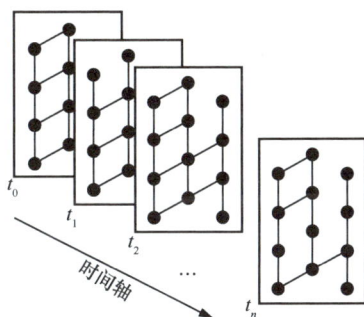

图 4-13　虚拟拓扑法的拓扑结构

虚拟拓扑法的主要优点是：由于将时间片内的拓扑结构视为静态的，因此可以在单个时间间隔内单独分析相应的静态拓扑结构，而不需要考虑动态性变化，从而降低了路由计算费用。

但缺点也显而易见，因为在时间域内分片，所以每次路由信息都需要大量的存储空间来存储，增加了存储负担。同时，基于虚拟拓扑思想的路由算法也难以适应网络链路的实时拥塞、网络流量的变化和网络故障的实时处理。虚拟拓扑法的高级路由算法如图 4-14 所示，为了解决虚拟算法面对网络意外情况难以适应的问题，采取了实时计算每个时间片对应的静态路由办法，并在此基础上综合使用了深度优先搜索（Depth First Search，DFS）和 Dijkstra 两种算法来提高计算效率[31]。

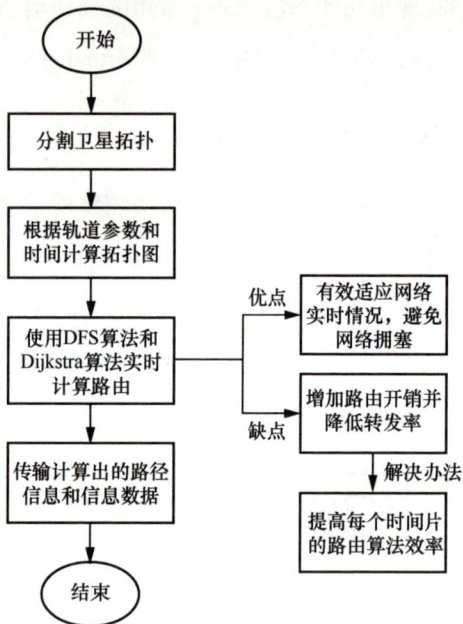

```
                    ┌──────────┐
                    │   开始   │
                    └──────────┘
                         │
                    ┌──────────┐
                    │ 分割卫星拓扑 │
                    └──────────┘
                         │
                 ┌─────────────┐
                 │ 根据轨道参数和 │
                 │ 时间计算拓扑图 │
                 └─────────────┘
                         │
                 ┌─────────────┐      优点    ┌─────────────┐
                 │ 使用DFS算法和 │────────────│ 有效适应网络 │
                 │ Dijkstra算法实时│           │ 实时情况，避免 │
                 │  计算路由   │            │  网络拥塞   │
                 └─────────────┘            └─────────────┘
                         │           缺点    ┌─────────────┐
                 ┌─────────────┐────────────│ 增加路由开销并 │
                 │ 传输计算出的路径 │           │  降低转发率  │
                 │ 信息和信息数据 │            └─────────────┘
                 └─────────────┘                  │ 解决办法
                         │                  ┌─────────────┐
                    ┌──────────┐            │ 提高每个时间片 │
                    │   结束   │            │ 的路由算法效率 │
                    └──────────┘            └─────────────┘
```

图 4-14　虚拟拓扑法的高级路由算法

文献 [32] 对低轨星座网络拓扑的动态特性进行了系统性量化，并针对 Walker 星座分析了时间片的最大理论长度，从理论上推导了拓扑切换时间间隔、时间片数量与星座参数的具体关系。时间片的数量主要受每个平面的数量和卫星数量的奇偶性影响，每个快照的长度主要由星座轨道倾角决定。

利用虚拟拓扑法获得若干离散的静态拓扑，并在各拓扑内采用 DFS 与 Dijkstra 结合的算法生成路由。在有大量卫星节点的情况下，将 DFS 和 Dijkstra 算法结合，以此提高计算效率。实验者根据网络实时情况，将 LEO 卫星网络划分为一系列星群。然后根据不同星群的链接条件，选择使用 DFS 算法还是 Dijkstra 算法。主要应用状况如下：在网络流量大、网络拥塞高的组中采用 Dijkstra 算法，在有大量必要卫星的组中采用 DFS 算法。如此不仅提高了通信路径的计算效率，而且有效避免了 Dijkstra 算法的限制。DFS 和 Dijkstra 联合算法的过程如图 4-15 所示。其具体过程如下。

① 设置源节点、目的节点和必要的卫星节点集。

② 在源节点处，通过 Dijkstra 算法找到其余节点到源节点链路开销最小的路径。当找到节点 N_1（第一个必要卫星节点）和源节点之间的链路开销最小的路径时，结束 Dijkstra 算法，必要卫星节点数（子节点数）减 1。

③ 使用第一个找到的必要卫星节点 N_1 作为开始节点，采用 DFS 算法，记作 DFS（N_1），每次搜索卫星必要节点 N_i 时，检查必要卫星节点数是否等于 0，如果必要卫星节点数不等于 0，则继续使用 DFS 算法进行深度搜索，记作 DFS（N_i），若如果必要卫星节点数等于 0，则 DFS 算法结束。

④ 使用最后找到的必要卫星节点作为起始节点，采用 Dijkstra 算法查找从最后一个必要卫星节点到目的节点之间链路开销最小的路径，从而找到满足要求的通信链路。

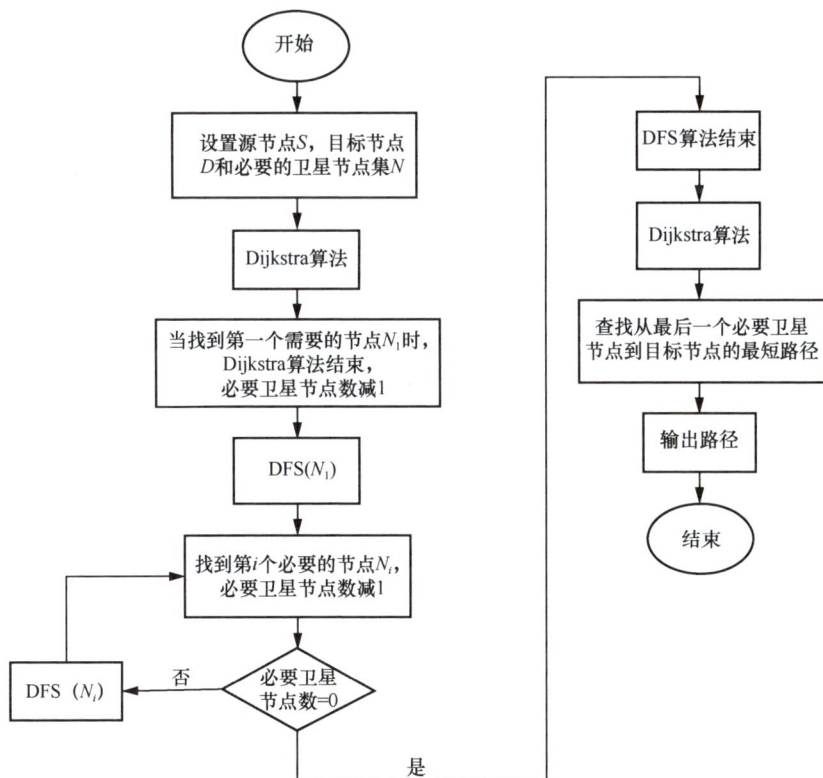

图 4-15　DFS 和 Dijkstra 联合算法的过程

文献 [33] 将虚拟拓扑法与虚拟节点法相结合，设计出一种虚拟节点矩阵路由算法（Virtual Node Matrix Routing Algorithm，VNMR）。不同于上述方法，该算法在利用虚拟拓扑法屏蔽星座层间拓扑动态性的同时，采用虚拟节点法屏蔽层内拓扑动态性。具体算法实现如下：假设数据从 A 点传输到 B 点，便可根据路由矩阵的定义得到一个无向图矩阵 $\boldsymbol{G}=(V, Y, W)$。其中，V 代表一组虚拟节点，Y 为虚拟节点加载率 γ_{nm} 的集合，其中，n 与 m 表示卫星节点编号。虚拟节点的加载率 γ_{nm} 计算式如下。

$$\gamma_{nm} = \sum_{j=1}^{k} \text{data}(j) / D_{nm} \begin{cases} 1 \leqslant k \leqslant M \\ n = 1, 2, \cdots, N \\ m = 1, 2, \cdots, M \end{cases} \quad （4\text{-}17）$$

其中，$\text{data}(j)$ 表示卫星节点单位时间传输的数据量，D_{nm} 表示卫星节点的最大传输速率，N 表示卫星轨道数量，M 表示各轨道上卫星数量的最大值。

W 是负责虚拟节点通信的卫星节点之间的链路权值集，链路权重 W_{nm} 反映了卫星内链路和卫星间链路之间传输数据的能力，链路权重 W_{nm} 计算式如下。

$$W_{nm} = \alpha \frac{C}{L_{nm}} + (1-\alpha) \frac{S_{nm}}{B} \quad （4\text{-}18）$$

其中，L_{nm} 表示卫星间链路 <n, m> 的长度，C 表示数据传输速度（设为光速），S_{nm} 表示卫星间链路 <n, m> 的剩余带宽，B 表示卫星间链路 <n, m> 的最大带宽。α 则是取值范围在（0，1）区间的链路权值的自适应因子。

尽管虚拟拓扑法可用于多层混合星座，但增加卫星数量将缩短拓扑维持时间并增加虚拟拓扑数量，从而导致较大的拓扑管理和路由开销，因此，虚拟拓扑法一般用于卫星数量较少或 QoS 要求低的星座，不适用于大规模低轨星座宽带卫星网络。此外，基于时空图或接触计划的拓扑动态性管理方法基本思想与虚拟拓扑法相似，也不适用于大规模低轨星座。

4.4.1.2　虚拟节点法

虚拟节点法由 Mauger 等首次提出，后经 Ekici 等发展推广，如今已被广泛地应用于屏蔽极轨道星座拓扑动态特性。虚拟节点法如蜂窝般把地理区域划分成一个个小区，这些小区称为虚拟节点。每个虚拟节点都分配有逻辑地址并且和天顶的卫星共享，通过逻辑地址建立虚拟节点和覆盖卫星的映射关系，虚拟节点法示意 [34] 如图 4-16 所示。对于一个小区来说，当卫星不再覆盖时，虚拟节点映射至下一覆盖卫星，由下一卫星继承上一卫星的逻辑地址和网络状态（包括路由表、信道分配等），从而通过继承和映射的方法构建静态的虚拟网络。但也由于映射和继承关系的存在，虚拟网络拓扑也并非完全静态。Mauger 等认为当虚拟节点的映射切换发生在当前卫星与同轨道平面卫星内或异轨道平面卫星间时，由于需要不断地计算卫星与区域的覆盖关系，并且当虚拟节点在不同轨道平面间切换时，将增加极轨道星座"缝隙"位置的不确定性，此时虚拟网络拓扑无法认为是完全静态的。为了解决这一限制，Ekici 等限定虚拟节点切换时仅由同一轨道平面内的卫星继承，从而不改变虚拟节点间的连接关系，由此形成静态的虚拟网络。但受地球自转的影响，随着长时间映射，卫星轨道平面将大幅偏离原覆盖的小区，导致轨道平面内虚拟节点的切换失败。同时，该方法对天线要求较高，卫星天线需支持"地球固定"足印模式，从而使波束始终指向固定的覆盖区。

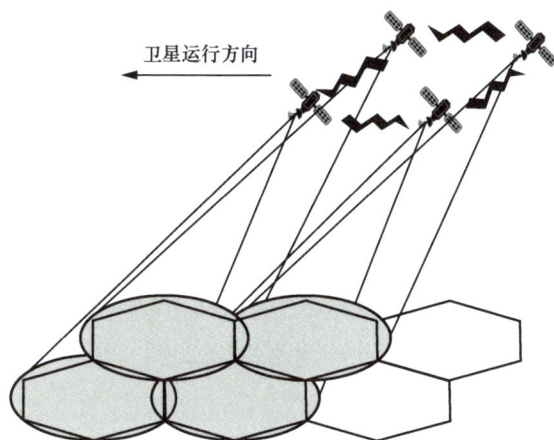

图 4-16 虚拟节点法示意

目前，卫星天线系统主要有两种工作方式，即卫星固定足印与地球固定足印模式，卫星天线工作模式如图 4-17 所示。在卫星固定足印模式下，卫星与其足印同步移动。在地球固定足印模式下，卫星能够自动调整天线，一段间隔内保持足印固定不变。文献 [35] 对基于地理区域划分的虚拟节点法进行了系统总结与比较，从卫星天线系统的工作方式出发，针对多颗卫星对应同一虚拟节点问题提出了多状态虚拟节点法。多状态虚拟节点策略的有效实现，借助了卫星天线系统地球固定工作模式的支持。然后从虚拟卫星节点入手，在研究卫星系统的通用虚拟拓扑和固定轨迹的基础上，设计给出一种多态虚拟网络拓扑结构并得到其数学模型 [36]。该方法基于多态虚拟网络拓扑，并首次利用回归算法处理定点低轨道地球卫星网络的安全切换问题，大大提高了切换过程的流畅性。

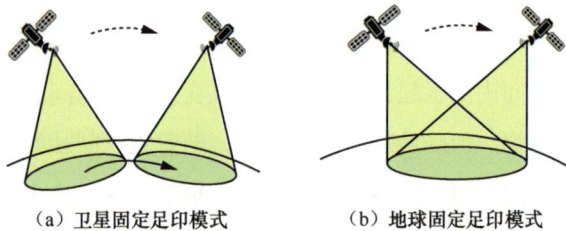

（a）卫星固定足印模式　　　　（b）地球固定足印模式

图 4-17　卫星天线工作模式

高纬度地区异轨星间链路中断、卫星失效带来的拓扑变化和卫星固定足印天线的路径收缩和扩张问题是基于卫星足印的虚拟节点法所必须考虑的问题。这些问题需通过加大路由的复杂性来改进。具体的改进方向有 3 个：① 最小化路径拉伸，从而最大限度地避免卫星的移动性对通信的影响；② 最大化路径收缩，从而最大限度地利用卫星的移动性；③ 最大化路径保持，从而最大限度地维持初始计算路径的确定性，以实现端到端时延的稳定。

文献 [37] 提出了基于天球区域划分的虚拟节点（Celestial Sphere Division Based Virtual Node，CSD-VN）方法来消除地球自转的影响，给出了虚拟节点映射的更新模型。源节点和目的节点之间通过位置对比，即可得到数据包转发的大致方位，解决了相邻轨道卫星相位差带来的切换不同步的问题。CSD-VN 方法可完美屏蔽卫星间拓扑动态性，但星地之间的动态性无法解决，因此完成用户间连接还需提前计算目标用户的覆盖卫星。而基于地理区域划分的虚拟节点法可通过将用户与虚拟节点绑定实现用户移动性管理，根据用户地理位置即可推知其覆盖卫星的虚拟地址。

4.4.2 星座网络路由技术

传统网络路由技术主要分为面向连接的路由技术和面向无连接的路由技术。卫星拓扑结构的动态变化和卫星高速运动的存在导致星座网络存在链路切换和重路由问题，使得面向连接的路由技术实现起来十分困难，且计算复杂导致开销巨大，因此，目前研究领域主要关注无连接卫星网络路由技术。卫星网络路由技术根据实现机理的不同主要分为以下四大类：基于虚拟拓扑的路由技术、基于覆盖域划分的路由技术、基于数据驱动的路由技术以及基于虚拟节点的路由技术。各类技术应用机理不同，优势也各不相同，接下来将对这四大类逐一介绍。

4.4.2.1 基于虚拟拓扑的路由技术

基于虚拟拓扑的路由技术依据网络结构的可预测性提前为各网络节点建立不同时间片内的连接关系，下面重点介绍几种基于虚拟拓扑的路由技术。

离散时间虚拟拓扑路由（Discrete Time Dynamic Virtual Topology Routing，DT-DVTR）是基于异步转移模式（Asynchronous Transfer Mode，ATM）的面向连接服务的路由算法，也是基于虚拟拓扑路由算法的典型代表。该算法将卫星网络的系统周期离散地划分为 N 个时间片，并认为每个时间间隔内的网络拓扑是固定不变的，然后再通过典型的最短路径算法实现路由计算。最短路径算法的实现方式是在每个时间片内，为每对卫星计算出多条路径，形成备选虚拟路径（VP）集合。然后从这些备选的 VP 集合中选择相邻时间片之间 VP 变化最小的路径作为最优路径。路由计算将优化路由在地面设备预先计算后上传到卫星，卫星则在时间片的间隔点修改 VP 路由表。

基于流量的自适应路由（Flow-based Adaptive Routing，FAR）算法处理的是 LEO 卫星网络的路由问题，以星间链路的利用率为优化目标。FAR 算法从链路分配的角度出发，将星间链路分配问题与路由问题相结合，通过采用动态星间链路（Inter-Satellite Link，ISL）分配技术解决 LEO 卫星网络路由问题，进而将卫星网络的路由问题转化为在有限状态下链路分配的最优化问题。FAR 算法的实现方法是在拓扑优化的过程中首先选择星间链路，然后在路由优化过程中把网络流量合理地分配到相应的星间链路中去。FAR 算法先在地面控制中心计算好路由，然后将其上传到卫星上，因此这种路由技术需要在星上存储许多路由表，当拓扑改变时，需要重新检索。为了降低星上存储开销，需要使用合适数量的网络控制中心。

DT-DVTR 算法和 FAR 算法都是通过把星座运行周期划分为等长的若干时间片，在每个时间片内采用特殊的方法使得星间链路切换次数最小化、星间链路利用率最大化，两种算法均属于离线路由算法，由地面控制中心计算路由再上传到星上。这两种算法虽然节省了通信开销和计算的复杂度，但需要占用星上大量的存储空间。这种离线路由算法无法根据网络情况灵活调整路由方案，网络的抗毁性差，难以保证计算路径的时延，也不能有效解决发生切换后引起的重路由问题。

快照序列路由算法采用面向虚拟连接的方法，使用简单标记实现交互。所使用的路由表项的结构包括入口链路、入口标签、出口链路、出口标签。实现步骤为：① 卫星节点接收到分组；② 卫星根据入口链路号和分组标签查询路由表，当链路正常时直接选择最短路径，当出现链路拥塞或者节点故障时，则会选择备选路径。在基于快照序列的路由中，通常为了节省存储空间而采用程序存储模型存储路由，这是因为快照数量比较大，但相邻快照变化较小，星上存储能力有限。

显式负载均衡（Explicit Load Balancing，ELB）算法可以预测下一跳的拥塞状况与排队时延，并反映下一跳卫星丢弃当前分组的可能性，从而实现卫星星座中所有卫星的负载均衡性并且尽可能地避免分组丢失。ELB 算法使负载卫星之间交互拥塞状况信息。当预测到拥塞状况时，负载卫星会将状况通知给邻近卫星并请求其减小数据的转发率。邻近卫星接收到通知后，会减少其到即将拥塞卫星的数据发送速率，并寻找不包括即将拥塞卫星的替代路径。这种方法可以让卫星之间有更好的流量分布，从而有效避免了拥塞和数据丢失。

基于优先级的自适应路由（Priority-based Adaptive Routing，PAR）算法能

根据动态流量情况分布式地设置最小跳数路径。PAR 算法通过设置通往目的地的分布式路径实现整体统一的负载平衡，在其过程中使用了一种基于 ISL 历史利用率和缓存信息的优先权机制。为了避免额外的数据分流和获得更高的 ISL 利用率，学者对 PAR 算法进行了改进从而得到了增强 PAR（enhance PAR，ePAR）算法。

大规模低轨星座采用基于虚拟拓扑的路由技术可以取得较为不错的路由性能，理论上可以取得最优解。然而，由于卫星数量众多，整个系统的路由求解运算量极大，特别是在遇到突发业务时，原始规划的路由方案调整具有较大难度。因此，基于虚拟拓扑的路由技术主要适用于卫星数量较少的星座系统。

4.4.2.2　基于覆盖域划分的路由技术

基于覆盖域划分的路由技术把地理空间划分成不同的区域块，每个区域块都有自己固定的逻辑地址。不同于区域块的固定逻辑地址，卫星的逻辑地址是包含覆盖区域的地理信息的。由于卫星不断地运动，其下的覆盖区域也不断地变化，其逻辑地址也根据覆盖区域而不断变化。在某一特定时刻，区域块和区域块中心天顶卫星的逻辑地址是一样的。

由于网络拓扑结构具有周期性和规则性，该类机制可以忽略卫星移动性的影响，并将覆盖区域的地理位置信息包含在源或目的地址信息中。同时，该机制还能根据不同的策略、负载和故障情况，实时地选择路径而不需要预先进行路由计算。因此，该机制是一种自适应性强、存储空间小的机制。但该机制要求网络拓扑结构十分规则，并且利用了局部状态信息，因此对星上处理要求比较高。

覆盖域切换重路由协议（Footprint Handover Rerouting Protocol，FHRP）是基于覆盖域划分路由算法的典型代表。该协议分为路径增量更新算法和路径重建算法。路径增量更新算法利用卫星网络拓扑结构的规则性和周期性，当有新的卫星加入路径时，计算路径切换后该卫星和原来路径上的卫星之间的增量，然后通过合并形成新的路径。该算法默认路径更新前初始路由是优化的，路径更新后形成的路由也是优化的。但进行多次的路径增量更新后，新的路径可能会偏离最优路径，那么就需要在一定时间段内进行路径重建。路径重建算法通过源节点确定路径重建时间，在向目的节点发送了路由建立请求后进行初始化，然后在路径的网络资源满足后，开始更新各个节点路由信息，最后删除原来的路径实现路由重建。

概率路由协议（Probabilistic Routing Protocol，PRP）是一种基于覆盖域划分、面向连接的卫星路由协议。在 PRP 下，卫星网络根据概率分布函数建立卫星之间的连接，此连接的终止是由卫星切换和呼叫结束引起的。话音的呼叫时长是一个随机变量，PRP 则寻找会话连接期间不会发生链路转交的路径，该路径不发生链路转交的概率为 p。路径满足如下公式。

$$P\left(\min(T_\mathrm{C}, T_\mathrm{hr}) < T_{i,\mathrm{lh}}\right) > p \tag{4-19}$$

其中，T_C 表示剩余会话持续时间，T_hr 表示星间转交重路由和路径建立之间的时间间隔，$T_{i,\mathrm{lh}}$ 表示卫星 i 发生链路转交与路径建立之间的时间间隔。虽然 PRP 与 FHRP 能以较小的代价解决快速实现星间或链路转交时的重路由问题，但它们都是在假定均衡流量的前提下进行的，这有违现实流量分布的复杂性。并且 PRP 或 FHRP 流量平衡能力较弱，单一的路径容易因突发流量而产生路径拥塞，而其他路径上的链路却没被充分利用。

分布式地理路由算法（Distribute Geographic Routing Algorithm，DGRA）以极地卫星星座为应用场景，将地理信息嵌入节点地址中，是一种基于地理位置路由与受限范围最短路由结合的混合方法。DGRA 在一个包含地理信息地址的基础上，通过一个简单的分布式路由协议，将数据包的转发方向发送到卫星。根据得到的方向转发路由数据包，可以最大程度地减少到达目的地址的距离，以此产生的端到端时延也最接近最优路由。当快到达目的地时，在目的地附近有限范围内卫星使用最短路径路由转发数据包。有转发数据包需求的卫星，首先应该确定它到目的卫星的距离，然后确定从当前各个邻居卫星到目的地的距离。假定卫星的地理位置信息及其邻居卫星信息是现成的，而且距离可以根据需要计算或者查表得到，卫星就可以将数据包转发给最能减少到目的地距离的邻居卫星。

基于覆盖域划分的路由技术通过利用星座拓扑的周期特性，按区域计算路由方案，大幅减少了路由计算的开销，但难以获得最优的路由方案。由于该方法对于拓扑结构的规律性要求较高，较适用于极轨、倾斜轨道等典型轨道构型星座，对于具有混合异轨构型的大规模星座而言，适用性不强。

4.4.2.3　基于数据驱动的路由技术

基于数据驱动的路由技术使用面向无连接方式，采用非必要不更新原则，即只有在进行数据传输时才驱动路由查询，没有数据传输时不进行路由更新，其更新路由方式可分为后继更新和前继更新。后继指的是下一卫星节点，前继指的是前一卫星节点，更新的内容是卫星节点存储的拓扑信息。后继更新时，下一跳节点通过收到的数据包头部包含的拓扑变化信息决定是否进行更新，与此同时，将自己的拓扑信息以相同的方式封装在数据包头部然后向下传输，如此重复多次，一直到达目的卫星。前继更新指的是当前节点发现自身和前一卫星节点存储的拓扑信息不同时，触发整个网络拓扑更新的过程。该算法在网络流量正常的情况下比其他普通算法表现更优异。但当出现流量洪泛的情况时，拓扑信息频繁更新，性能会大大降低。

Darting 路由算法是最早的无连接卫星网路由算法之一，它以降低拓扑频繁更新造成的额外通信开销为目标，只在产生分组传输时才更新路由，当数据必须被传送时尽量推迟路由的更新。该算法同样采用前继更新和后续更新，分别更新前后卫星节点的拓扑视图。前继更新指的是当前节点和前继节点的拓扑视图不同时进行全网的更新过程。而后续更新指的是后继节点根据封装在数据包头部的拓扑信息进行判断是否更新，然后用同样的方法将拓扑信息封装在数据包头部向下传输，如此重复，直到到达目的地。节点的拓扑信息在有分组传输的时候才进行两种更新，在没有分组传输时是保持不变的。

辅助定位按需路由（LAOR）算法应用于使用星间链路的低轨道地球卫星 IP 网络。LAOR 将按需路由选择概念应用于卫星网络中，可以视作无线自组织网按需平面距离矢量路由（Ad Hoc On-Demand Distance Vector Routing，AODV）选择算法的一个变种。LAOR 算法的主要目的是在将信令开销降到最低的同时，将端到端时延和时延抖动最小化。与集中式算法相比，该算法的数据源或目的站点都独立地调用路径发现进程，因此 LAOR 算法在终端高比特率的情况下，能以更高的传递率、更小的路由开销代价实现更小的平均端到端时延和平均时延抖动。

虽然基于数据驱动的路由技术在大规模低轨星座系统中具有较强适用性，但数据量也爆炸性增长，且由于卫星系统资源限制，卫星难以达到满载或过载状态。因此，要想实现卫星系统的完美运行，需要配合负载均衡技术使用。

4.4.2.4　基于虚拟节点的路由技术

基于虚拟节点的路由算法改进了基于覆盖域划分路由算法，基本原理是将卫星网络化为由一个个虚拟节点组成的网络，每个虚拟节点分配有固定的地理坐标。然后根据卫星和虚拟节点物理位置的距离，将卫星和虚拟节点进行一一映射。该方法中卫星之间不进行网络负载信息的交换，只沿时延最短路径传送分组。基于虚拟节点的路由算法将卫星星座的动态性屏蔽，把路由问题转化为在虚拟静态坐标系中寻找最短路由的问题。但目前该机制健壮性较差，当网络中卫星节点失效或星间链路失效时，算法的性能大大降低。同时，该算法卫星之间没有负载信息交换，无法保证路由的最优性，无法从根本上解决拥塞问题。另外，此类算法适应面小，只适用于极地轨道的低轨道地球卫星网络中，无法适用于倾斜轨道卫星星座。

局部区域分布路由（Localized Zone Distribute Routing，LZDR）算法是一种基于虚拟节点、面向连接的卫星网路由算法。不同于传统虚拟节点路由技术，LZDR 算法把若干个相邻的虚拟节点合并为一个块，将节点内路由和节点间路由转化成块内路由和块间路由。块内路由的块内节点相互交换状态信息，按照时延最短路径传送分组。块间路由的 LZDR 算法首先将块中某个虚拟节点定义为块的控制器，然后采用曼哈顿网络中二进制编址机制，根据最小跳数度量来决定块间的分组传输。LZDR 算法通过分层路由的方式来降低通信开销，但仅仅停留在策略层面上，没能指出块边界的界定。同时，块间负载信息不进行交互，无法保证块间选择最优化路由。

分布式数据报路由算法（Datagram Routing Algorithm，DRA）是一种无连接、分布式的算法，算法中每个数据包独立选择路由，通过本地路由选择，有效解决网络拥塞和路由失效问题。DRA 中卫星独立地处理每一个传入的数据包，保证数据包按照 $P^*_{S_0 \to S_n}$（S_0 到 S_n 之间的最小传播时延）转发，并由卫星之间协作完成。路径上卫星下一跳的确定分两个阶段进行：方向估计阶段和方向确定阶段。在方向估计阶段，假定所有星间链路有相等的长度，从而确定最小跳数路径上的所有可能下一跳卫星。基于这一假设，就可将最少跳数路径视为最小传播时延路径，最小跳数路径则是通过采取横向跳跃和纵向跳跃的组合生成。但实际网络中的 ISL 长度是不同的，因此有方向确定阶段，在这个阶段，认为 ISL 链路有不同的长度，每颗卫星决定应该将数据包发送到哪个邻居卫星，同时改进在第一阶段做出的关于下一跳的决定。

基于虚拟节点的路由算法适用于可靠性较高的星座系统，对于大规模星座而言，节点失效的概率较大，因此该方法的适用性较差。

4.4.3　星座地面信关站布局优化设计

相比于传统星座，大规模低轨星座中单星服务范围缩小，需要遍布全球的大量信关站连接卫星入网。大规模低轨星座中星间多跳转发将占用大量星间链路资源，而增加信关站或优化信关站布局可减少星间转发跳数。考虑到建设成本，当信关站数量受限时可通过优化信关站布局提升网络性能。宽带卫星网络与地面互联网深度融合，还应考虑信关站与地面互联网骨干节点保持良好连接。此外，信关站布局与多种因素共同影响卫星网络性能，如星座参数、路由算法、系统工作模式、链路流量、用户业务模型等因素。由于大规模低轨星座网络中以上因素均与传统星座有所不同，因此，在优化信关站布局时应综合考虑多因素影响。

相比于传统低轨星座网络，大规模低轨星座系统中需要数量更多且分布更广的信关站，同时，信关站布局对系统性能影响更加显著。文献 [38] 针对具有星间链路的大规模低轨星座网络给出了系统总容量评价模型，并以最小化星间链路容量占用为目标给出了信关站布局设计。其结果表明，大规模低轨星座中星间传输所需跳数相比传统低轨星座大幅增加，并且该跳数受信关站布局的直接影响。文献 [39] 以增强大规模低轨星座网络中卫星连接性为目标给出了简单的地面站布局设计算例，并给出了不同候选地址集下的最优信关站布局。文献 [40] 在限定信关站数量的条件下提出了一种大规模低轨星座网络信关站布局优化方法来实现系统容量的最大化，该文献主要考虑不同地理位置的星地链路大气衰减差异。同一作者在另一篇文献中采用了相同的方法求解信关站布局，并分析了代表性大规模低轨星座（即 OneWeb、Starlink 和 Telesat）中系统总容量与信关站数量的关系，OneWeb、Starlink 和 Telesat 的对比见表 4-5[41]。

表 4-5　OneWeb、Starlink 和 Telesat 的对比

星座	卫星数量 / 颗	最大系统总吞吐量 / (Tbit·s⁻¹)	最大吞吐量的信关站数量 / 个	每个地面站需要的网关数 / 个	每颗卫星的平均数据传输速率 / (Gbit·s⁻¹)	每颗卫星的最高数据传输速率 / (Gbit·s⁻¹)	卫星效率
OneWeb	720	1.56	71	11	2.17	9.97	21.70%
Starlink	4 425	23.7	123	30	5.36	21.36	25.10%
Telesat	117	2.66	42	5~6	22.74	38.68	58.80%

信关站布局问题一般被建模为组合优化模型，且模型中目标函数求解过程高度非线性化，因此相关研究多采用启发式算法求解。文献 [41] 采用遗传算法（Genetic Algorithm，GA）求解信关站布局优化问题，并利用地理区域分块来加速优化求解过程。文献 [42] 将地理区域划分为若干网格，通过求解旅行商问题得到最优网格编码序列，再以候选信关站网格编号作为优化变量建立整数优化模型，最后也采用遗传算法构造求解方法。文献 [43] 采用了详尽搜索算法（ESA）、基于成本函数的启发式算法（CHA）、启发式贪心算法（GHA）3 种优化算法来求解满足气象条件下的最少光学链路信关站数量问题。此外，中国科学院软件所刘立祥等专家学者分析了信关站或控制器联合优化问题的计算复杂度，采用模拟退火和聚类融合算法与改进的离散粒子群算法求解该组合优化问题，并通过大量仿真实验评估算法中各参数对求解性能的影响。由此可知，启发式算法在大规模星座的信关站布局优化问题中具有较强适用性。

4.5 多星多波束协同传输技术

在传统卫星通信中，波束数量的增加会导致卫星发射处理模块的复杂度与制造成本呈指数型增长，极大制约了卫星的服务能力。而大规模低轨星座通过增加卫星数量，提升波束量级，在保证成本可控的同时大幅提升星座系统的传输能力。然而，如何基于多星多波束之间的协同来高效复用 / 调用时、频、空等多维资源，为用户提供服务，成为大规模低轨星座面临的重要挑战。本节从多波束成形理论入手，对多天线协作传输、星地协同预编码、多星多波束联合资源分配等关键技术进行介绍。

4.5.1 多波束成形理论

星载多波束技术可以在兼顾传输速率的同时，利用多波束复用同一频率来缓解卫星系统对带宽的要求，在保证系统容量提升的同时，令波束服务的灵活性大幅提升。波束成形的目标是根据系统性能指标形成对基带或中频信号的最佳分配组合。具体地说，其主要任务是补偿无线传播过程中由空间损耗、多径效应等因素引入的信号衰落与失真，同时降低同信道用户间的干扰。作为发展大规模低轨星座系统不可或缺的关键技术之一，多波束技术对于卫星通信系统服务能力的影响极大。下面重点分析多波束卫星系统的基础理论和关键技术，首先对多波束成形模型进行描述，之后从不同的角度出发，结合系统实例对星载多波束技术进行分类比较，分析其优缺点和发展趋势。

4.5.1.1 低轨星座多波束成形模型

首先，给出多波束天线信号的建模方法。以均匀直线阵分析波束成形过程，假设该阵阵元间距为 d，阵元数为 M，包括 p 个不同信源的入射信号。若以第一个阵元为参考，该阵元能接收到的第 i 个入射信号可表示为

$$x_{i1}(t) = s_i(t)\mathrm{e}^{\mathrm{j}w_i t}, \quad i = 1, 2, \cdots, p \tag{4-20}$$

其中，$s_i(t)$ 为第 i 个初始信号，w_i 为载频。

以平面波为例，其传播时延仅会造成信号相位变化，假设入射信号与天线阵夹角为 0，可得到信号在第 m 个阵元上的响应。

$$x_{im}(t) = s_i(t)\mathrm{e}^{\mathrm{j}\left(w_0 t - \frac{2(m-1)\pi d \sin\theta}{\lambda}\right)}, \quad i = 1, 2, \cdots, p \tag{4-21}$$

其中，λ 为波长，θ 为相位。

第 m 个阵元上对 p 个信号的总响应为

$$x_m(t) = \sum_{i=1}^{p} s_i\left(t - \tau_{im}\right) + N_m(t) \tag{4-22}$$

其中，τ_{im} 是第 i 个信号在第 m 个阵元上产生的时延，$N_m(t)$ 是第 m 个阵元上噪声和干扰的总和。将阵列上的接收信号写为矩阵形式可表示为

$$\boldsymbol{X}(t) = \begin{bmatrix} x_1(t) \\ x_2(t) \\ \vdots \\ x_M(t) \end{bmatrix} = \begin{bmatrix} \mathrm{e}^{-\mathrm{j}w_1\tau_{11}} & \mathrm{e}^{-\mathrm{j}w_2\tau_{12}} & \cdots & \mathrm{e}^{-\mathrm{j}w_p\tau_{1p}} \\ \mathrm{e}^{-\mathrm{j}w_1\tau_{21}} & \mathrm{e}^{-\mathrm{j}w_2\tau_{12}} & \cdots & \mathrm{e}^{-\mathrm{j}w_p\tau_{2p}} \\ \vdots & \ddots & & \vdots \\ \mathrm{e}^{-\mathrm{j}w_1\tau_{M1}} & \mathrm{e}^{-\mathrm{j}w_2\tau_{M2}} & \cdots & \mathrm{e}^{-\mathrm{j}w_p\tau_{Mp}} \end{bmatrix} \begin{bmatrix} s_1(t) \\ s_2(t) \\ \vdots \\ s_M(t) \end{bmatrix} + \begin{bmatrix} n_1(t) \\ n_2(t) \\ \vdots \\ n_M(t) \end{bmatrix}, \tag{4-23}$$

即 $\boldsymbol{X}(t) = \boldsymbol{A}\boldsymbol{S}(t) + \boldsymbol{N}(t)$。其中，$\boldsymbol{X}(t)$ 为阵列信号矢量，$\boldsymbol{S}(t)$ 为信号接收矢量，$\boldsymbol{N}(t)$ 为阵元接收的干扰与噪声。

其次，分析阵列天线对接收信号的处理流程。单波束加权网络如图 4-18 所示。

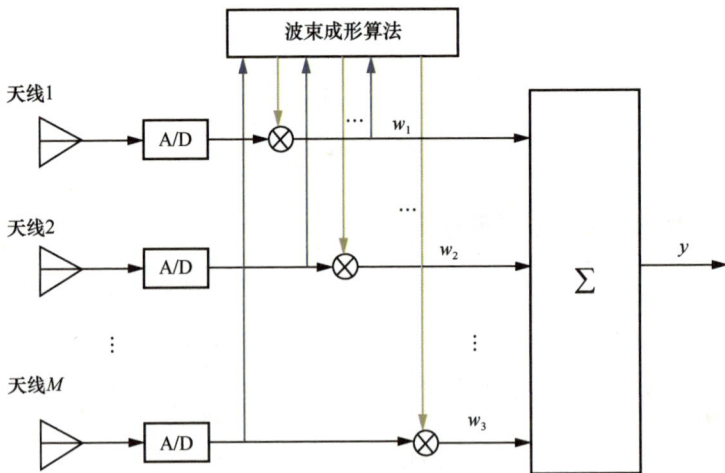

图 4-18　单波束加权网络

此时，若只生成一个波束，其输出 **y** 可表示为

$$y(t) = \begin{bmatrix} w_1 & w_2 & \cdots & w_M \end{bmatrix}\begin{bmatrix} x_1(t) & x_2(t) \cdots x_M(t) \end{bmatrix}^{\mathrm{H}} \qquad （4\text{-}24）$$

若需要生成多个波束，此模型显然难以满足条件，需要进一步扩展。最基础的思路是对加权网络进行修改，使得阵列可以同时实现对多个传输信号的分离与加权。经过修改的多波束加权网络如图 4-19 所示。

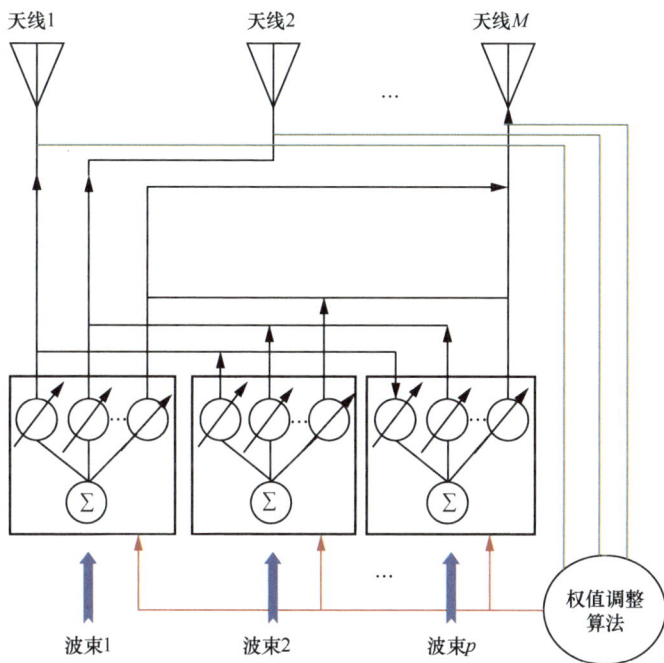

图 4-19　经过修改的多波束加权网络

在多波束加权网络中，各期望信号被传输到 M 个阵元上，并分别进行加权。以波束 p 为例，该信号首先经过导向矢量到达各个阵元，之后再经过阵元上的加权向量进行加权，通过辐射组件发射，其输出表达式为

$$y_p(t) = \begin{bmatrix} w_{p1} & w_{p2} & \cdots & w_{pM} \end{bmatrix}\begin{bmatrix} x_{p1}(t) & x_{p2}(t) \cdots x_{pM}(t) \end{bmatrix}^{\mathrm{H}} \qquad （4\text{-}25）$$

p 个波束的形成情况可表示成

$$\begin{bmatrix} y_1(t) \\ y_2(t) \\ \vdots \\ y_p(t) \end{bmatrix} = \begin{bmatrix} A_{11}e^{-j\phi_{11}} & A_{12}e^{-j\phi_{12}} & \cdots & A_{1M}e^{-j\phi_{1M}} \\ A_{21}e^{-j\phi_{21}} & A_{22}e^{-j\phi_{22}} & \cdots & A_{2M}e^{-j\phi_{2M}} \\ \vdots & \vdots & & \vdots \\ A_{p1}e^{-j\phi_{p1}} & A_{p2}e^{-j\phi_{p2}} & \cdots & A_{pM}e^{-j\phi_{pM}} \end{bmatrix} \begin{bmatrix} x_1(t) \\ x_2(t) \\ \vdots \\ x_M(t) \end{bmatrix} \tag{4-26}$$

其中，$x_n(t)$表示为

$$x_n(t) = \sum_{i=1}^{p} s_{in}(t) \tag{4-27}$$

$A_{ij}e^{-j\phi_{ij}}$表示第 j 个阵元对所接收的第 i 个信号分量s_{ij}的加权分量，A_{ij}表示幅度的加权分量，$e^{-j\phi_{ij}}$表示相位加权分量，ϕ_{pM} 为 p 波束经过 M 阵元的相位。

4.5.1.2　卫星多波束天线技术

多波束天线的出现是为了适应现代卫星通信能力需求的快速增长。辐射到空间的电磁波由多个点波束组成，每个点波束都有相应的输入和输出通道。星载多波束天线是卫星有效载荷的重要组成部分，对卫星通信性能有重要影响。多波束天线技术可用于通信卫星，通过空间隔离实现多频率复用和极化复用，从而提高通信卫星的容量。随着微波技术的发展，国内外对星载天线的研究也逐渐深入，取得了许多重要的成果。

当前，常用的多波束天线按照天线结构主要包括多波束反射面天线和多波束直接辐射式阵列天线两类。经典的卫星多波束天线框架如图 4-20 所示。

（1）多波束反射面天线

反射面天线是目前星载天线中应用最为广泛的一类，它具有技术成熟、质量轻、结构简单、成本低等优点。在不需要产生非常多点波束时，反射面天线是目前最简易方便又能很好地保证性能的最佳选择。反射面天线的馈源单元一般为喇叭天线，由多个喇叭天线组成馈源阵。根据波束成形方式的不同，反射面天线可以分为单馈源单波束（Single Feed per Beam，SFB）和多馈源单波束（Multiple Feed per Beam，MFB）两种类型。

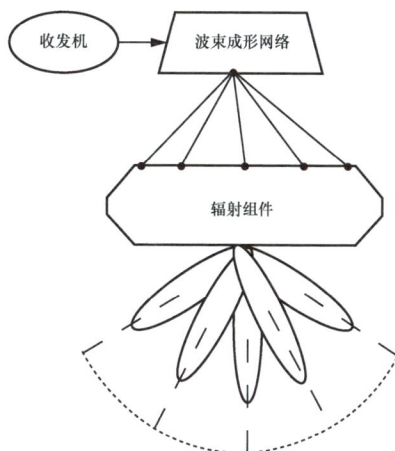

图 4-20　经典的卫星多波束天线框架

　　单馈源单波束，指波束的形成是独立的，每个波束均是通过某单一馈源照射反射面之后形成的。该方法是所有多波束成形方案中最简单的波束成形方法，具有波束成形效率高、方案简单、不需要复杂的波束成形网络、波束间干扰小、可实现收发器共享等特点。然而，其缺点也很明显：当需要形成大量的点波束时，由于反射面数量多，天线体积会异常大，成本也会很高；同时，这种天线的波束重构也很难实现。SFB 反射面天线波束成形示意如图 4-21 所示。

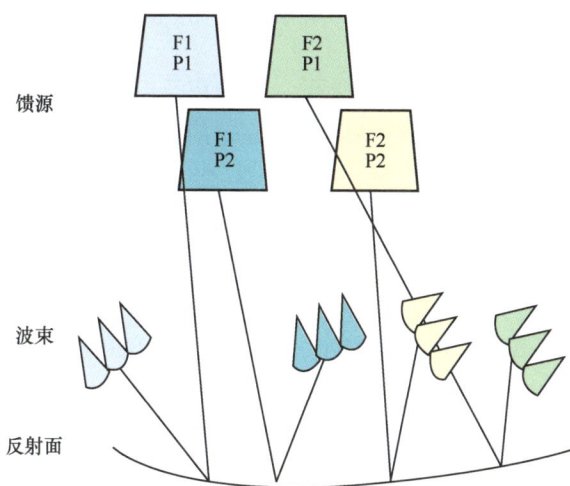

图 4-21　SFB 反射面天线波束成形示意

多馈源单波束型，即天线发射面辐射出的每个点波束是由特定的几个馈源通过波束成形网络控制信号的幅值和相位而形成的，有些馈源可能参与多个点波束的形成。与前一种相比，该类型需要在原有反射器和馈源系统的基础上增加波束成形网络。与 SFB 相比，MFB 的波束成形方法更加灵活，在减少反射面数量的同时，可以产生更多的波束，实现对光束形状、数量和方向的灵活控制。但其缺点是当与 SFB 方案形成相同数量的点波束时，需要更多的馈源，且馈源网络由于需要波束成形网络进行控制而更加复杂。MFB 的波束成形如图 4-22 所示。

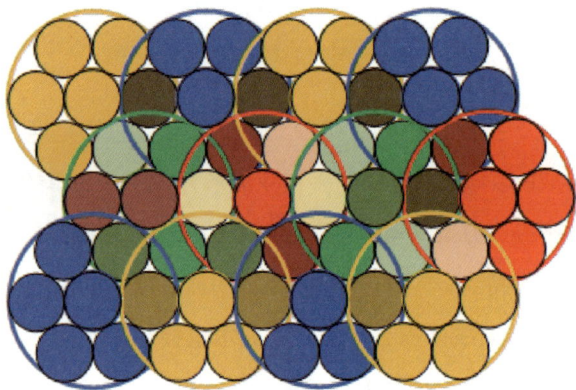

图 4-22　MFB 的波束成形

为了减少馈源阵列对反射面的屏蔽，多波束反射面天线多采用部分馈源结构。根据反射面的结构，可分为单部分馈源反射面和多部分馈源反射面两种。单部分馈电结构天线的馈电阵列位于部分馈电抛物面的焦点处。馈源阵列照射单个反射面以产生多个波束以覆盖目标区域。另一种具有多部分馈源结构的天线也称为镜像反射面多波束天线。当需要的点波束数量非常大时，馈源阵列会变得非常大，这不仅会导致成本增加，而且对天线孔径有一定的屏蔽作用。在这种情况下，需要多偏馈结构。它由一个小的馈电阵列和几个反射面组成。这种结构不同于单一部分馈源类型，因为反射面位于馈源阵列的近场区域而不是远场区域。多偏馈结构天线的主反射面所反射的是经由多个次反射面放大后的馈源阵镜像，即通过镜像的作用将小型的馈源阵在主反射面上进行了放大。

（2）多波束直接辐射式阵列天线

早期，由于微波电路技术不成熟，阵列天线尺寸大、损耗大、制作工艺复杂，阵列天线一般用于地面雷达系统中，在星载天线中几乎完全没有使用。随着卫星通信在移动通信中发挥着越来越重要的作用，卫星天线需要在提供足够多的多点波束数量的前提下满足单个用户终端小型化需求。同时，随着单片微波集成电路的发展，阵列天线的体积、质量、制造难度和成本都大大降低，以阵列天线为星载天线的卫星系统应运而生。

多波束阵列天线通过波束成形网络来调整每个阵元信号的幅度与相位，以此来控制波束的数量和指向。由于不存在反射面，因此，不需要考虑馈源阵与反射面的相对大小，馈源阵可以做得比较大，以生成更多的点波束。

星载多波束阵列天线可以分为无源阵列天线和有源阵列天线两类，两类多波束阵列天线结构如图 4-23 所示。无源阵列天线由总发射机、放大器、移相器和辐射单元构成。总发射机的能量经由放大器放大后，通过一定的策略分配给不同的辐射单元。有源阵列与无源阵列的区别在于每一个辐射单元前面均有一个 T/R（Transmitter/Receiver）组件，通过固态功率放大器和低噪声放大器来提升天线发射的有效全向辐射功率（Effective Isotropic Radiated Power，EIRP）值。这一设计使得有源阵列在宽带应用、信号处理和波束重构灵活性上都有很大优势。正是有源阵列的优越性，使得其在星载天线中有很大的发展空间。

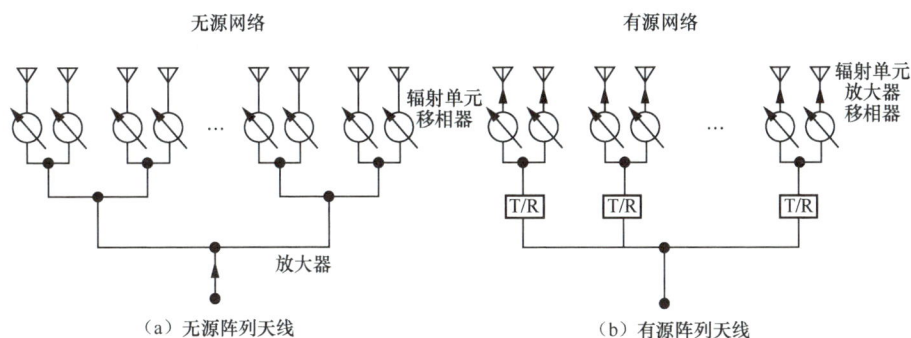

图 4-23　两类多波束阵列天线结构

对于目前很热的 Ka 频段，由于无源阵列天线结构更加简单、布局方便，且

Ka 频段的有源器件小型化不成熟，因此当前大多数系统采用无源阵列结构。

4.5.1.3　卫星多波束成形技术

波束成形是星载多波束天线技术的重要组成部分，根据波束成形网络的不同，可以将多波束成形分为模拟波束成形和数字波束成形两类。

在模拟波束成形中，信号是在中频或高频中进行处理的，每个波束由低电平模拟网络提供相位和幅度加权。在波束成形网络之后，信号经过多端口的功率放大器和发射天线的馈电组件经由天线发射。这种将多端口功率放大器和阵元在波束之间共享的设定，使得天线在保证放大器和阵元数量最小化的同时保持功率分配一定的灵活性，以适应波束之间业务量的变化。

早期由于技术发展的限制，数字信号处理器的运算速度和硬件指标达不到波束成形的要求，波束成形只能通过模拟方式进行。随着数字信号处理技术和大规模集成电路技术的发展，将数字波束成形技术应用于卫星系统成为可能。相较于模拟方案，数字方案的最大优势在于数字波束成形网络的质量和功耗与所要生成的波束数量无关，仅由信号的带宽和辐射部件的数量决定，当卫星需要生成较多波束数量时，数字方案更有优势。另外，不同于模拟方案在高频或中频中对信号进行处理，在数字方案中，首先需要对信号进行采样、信道化、正交化、模数转换，信号在基带上利用数字信号处理器（DSP）或现场可编程门阵列（FPGA）完成相位和幅度加权，信号保留了空间信息，可对采样所得的信号进行进一步的处理。这一优点使得数字方案的波束指向控制、波束重构、功率分配都变得十分灵活，将智能天线技术应用于星载数字天线。通过阵列权值的自适应调整，可以实现卫星对干扰的自适应调零，同时提升期望方向的波束增益。这些优点使得数字方案成为下一代卫星星载天线的首选。

4.5.1.4　卫星多波束体系架构

在多波束卫星通信系统中，星上装配可支撑多个点波束的载荷天线，可将信息同时发送至具有特定频率复用模式的服务区域。波束的分离不仅有效提高了带宽的利用效率，还在一定程度上降低了多用户之间的干扰。用户通过多波束模式来接收和发送信息，而用户向卫星发送的信息由馈电链路馈送。因此馈电链路中的可用带宽必须足够大，以支持多波束的频率复用。一个完整的多波束低轨星座系统包含以下几部分。

① 地面段：空间段卫星与地面网络间的信关站。

② 空间段：以卫星载荷与多波束天线为主，接收从地面站发送的信号并将信号重新发送回地球服务区域，接收和发送信号的过程由星载多波束天线完成。

③ 卫星覆盖区域：该段包括分布在多波束内的用户终端。多波束系统允许卫星为特定区域服务，或者为不同的区域提供不同的服务。

④ 用户链路：卫星和覆盖区域之间的传播信道。

⑤ 馈电链路：以多路复用方式实现地面站与卫星的通信，由于高数据速率要求，在未来的多波束系统中，馈电链路需要采用无噪声带宽资源。

基于该体系架构，波束成形技术广泛应用于低轨道地球卫星系统。该技术使得信号处理不再受空间的限制，可以根据需求选择置于卫星、地面或采用混合等多种处理方式，也从而产生了不同的波束成形结构，具体包括以下几类。

（1）星载处理波束成形架构

在星载处理波束成形架构中，星上载荷配备了馈电信号处理的计算单元，波束成形的运算完全在星上进行，如图 4-24 所示。波束成形网络通过处理来自馈电链路的多路信号，根据路由将信号送入用户链路，形成波束与信息传输。整个过程涉及多类技术，如数字 / 模拟波束成形、频率复用 / 解复用、干扰消除、交换、信号电平控制等。此外，在星载处理结构中采用多载波技术和高效调制方案可以实现波束的高增益与灵活分配，但同时星上多载波的联合放大也可能带来严重的非线性失真。

（2）地基处理波束成形架构

随着通信质量的提高，星上波束成形网络越来越复杂，这为星上有限的处理能力带来了极大的挑战。为了面对这一挑战，美国 Laura 公司提出了地面处理结构，又称地面波束成形（On Ground Beam Forming，OGBF）技术。地基处理波束成形架构如图 4-25 所示。该结构将星上波束成形网络转移到了地面网关。卫星接收到信号后，只需要进行星上信道化和透明转发，即可在地面网关进行信号处理和波束成形。由于只保留天线和转发网络，大大降低了星上设计的复杂程度，有效提高了系统整体的灵活性。

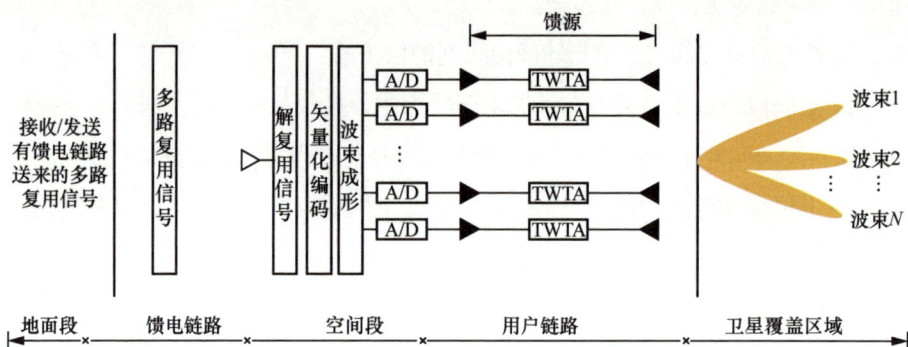

图 4-24 星载处理波束成形架构

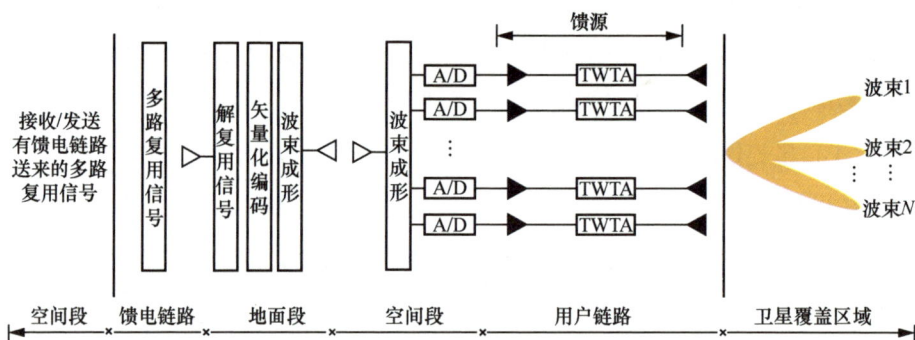

图 4-25 地基处理波束成形架构

地基处理结构的优点在于使用了预失真和信道均衡等先进技术，因为这两种技术都可以对线性和非线性的信道失真效应进行补偿，以减少接收机所受到的干扰。而地基处理结构的不足主要在于以下 3 点：一是由于卫星与网关之间需要阵元信号的传输，馈电链路需要足够的带宽；二是为了保证各阵元的信号一致性，需要进行馈电链路校准；三是由于信号需要在馈电前向和后向链路上进行频率复用，所需功率控制技术较为复杂。

（3）混合处理波束成形架构

混合处理波束成形架构与星载处理波束成形架构和地基处理波束成形架构

不同，此种方法将卫星和地面网关的处理有效分离，旨在取得性能优化和载荷复杂度之间的最佳权衡。混合处理波束成形架构如图 4-26 所示。其核心思想是降低馈电链路带宽传输的压力，一般可以通过两种方式实现。一是在馈电信号空间进行简单的波束成形以将信号空间压缩为一个子空间，从而极大地降低信号的冗余度，减小馈电链路的带宽需求，但压缩时需要保证信号的可还原性以及传输的可靠性。常见的带宽压缩算法有基于离散傅里叶变换的带宽压缩算法、基于 KL 变换的带宽压缩算法、基于正交变换的奇异值分解算法等。二是对服务区域的馈电链路进行分割规划，在多个网关之间进行频率和极化复用，以此减少带宽需求。

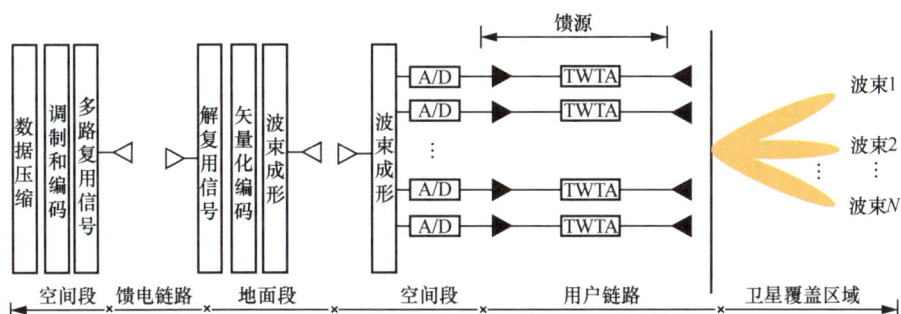

图 4-26　混合处理波束成形架构

4.5.2　多星多天线多链路协同传输技术

4.5.2.1　低轨星座星地信道模型

针对低轨星座系统中多天线技术的研究，首先要分析该系统的信道特性。信道传播特性作为构建多天线系统信道矩阵的决定因素，在很大程度上影响了多天线技术系统的性能表现。

当前，针对多天线低轨星座系统信道模型的研究主要分为数据测量及理论分析两个方面。文献 [44] 对多天线低轨星座系统在城市、郊区和开阔地环境下的信道特性进行了模拟测量 [45]，获得了许多宝贵实验数据。此外，SatNex 项目还针对多天线低轨星座系统的信道相关特性进行了一些测量工作 [45]。除了实测数据，国内外学者针对多天线低轨星座系统的信道模型也进行了一系列理论研究。基于一阶马尔可夫链，文献 [46] 提出了两颗相关卫星的统计信道模型，测量时考虑了工作在 L 频带（1.54 GHz）位于西经 26° 的 MARECS 静止轨道卫星，结果表明两颗 GEO 卫星需间隔 1.5×10^5 个波长（30 km）的距离，来获得较低的信道相关性（相关系数大约为 0.1）。文献 [47] 分析了该模型的信道特性。此外，MiLADY（Mobile Satellite Channel with Angle Diversity）项目提出了多星信道模型 [48]。欧洲空间局的 MIMOSA（Multiple-Input Multiple-Output Channel for Mobile Satellite Systems）项目更是致力于研究 L、S 频段下的多天线低轨星座系统的信道模型 [49]。

与地面多天线系统相比，多天线低轨星座系统信道具有以下特点：① 直射视距（Line of Sight，LoS）；② 高相关性；③ 大多普勒频移。

（1）LoS 信号的影响

在地面系统中，由于存在丰富的反射、散射及非视距（Non Line of Sight，NLoS）传播环境，这有利于产生相互独立的子信道，适宜多天线技术的应用。然而在卫星通信系统中，LoS 信号的存在，使得多天线技术的直接应用存在问题。平坦衰落 MIMO（Multiple-Input Multiple-Output）卫星系统的信道模型 H 包含 LoS 信号信道分量 H_{LoS} 以及由多径信号产生的信号信道分量 H_{NLoS}。

信道模型可表示为

$$H = \sqrt{\frac{K}{K+1}} H_{LoS} + \sqrt{\frac{1}{K+1}} H_{NLoS} \tag{4-28}$$

其中，K 为莱斯因子，它表征了信道直射信号分量与多径信号分量的功率比。

与地面系统不同，在卫星系统中，LoS 信号由于直射性强，是卫星信道传输的主要组成部分，而 NLoS 信号分量处于从属地位。当 K 值较高时，若直射信道矩阵不满秩，信道容量随发送和接收天线的最小值 $\min(N_T, N_R)$ 呈对数而不是线性增长。然而，文献 [49] 指出，在 LoS 信道环境中，通过最优的空间几何分布设计，合理安排接收和发送端天线的几何地理位置，同样可以获得线性的容量增长。

（2）高相关性的影响

构建独立同分布（Independent Identically Distribution，IID）均值为零的循环对称复高斯（Zero Mean Circularly Symmetrical Complex Gaussian，ZMCSCG）

信道的条件有二：一是存在丰富的散射环境，二是发送端和接收端天线具有充分的天线间隔。然而，在多天线低轨星座系统中，卫星侧不存在有效的散射体。当卫星距离较近时，信道矩阵的各元素具有不同程度的相关性。空间相关性会降低多天线低轨星座系统的容量[50-52]。

1995 年，Telatar 给出了高斯衰减信道下 MIMO 系统容量的表达式[53]。1996 年，Foschini 给出了发端未知信道状态信息且平坦衰落条件下 MIMO 信道容量的上界[54]。

$$C = \text{lb}\det[\boldsymbol{I}_m + \left(\frac{\text{SNR}}{n}\right)\boldsymbol{H}\boldsymbol{H}^{\text{H}}] \qquad (4\text{-}29)$$

其中，det 为行列式，$\boldsymbol{I}_m$ 为 m 行 m 列的单位对角矩阵，m 和 n 分别为接收天线数量和发送天线数量，$\boldsymbol{H}$ 为信道矩阵，$\boldsymbol{H}^{\text{H}}$ 为信道矩阵的共轭转置。在式（4-29）中，假设信道矩阵 $\boldsymbol{H}$ 的每个元素 h_{mn} 为相互独立的变量，即任何两个元素之间是非相关的。

当存在相关性时，文献 [55-56] 中分析了信道相关性对信道容量的影响。文献 [55] 分析了 n 个等速率等功率并行子信道下（$n=m$），信道容量随 SNR 和相关系数 ρ 的计算式为

$$C = n\text{lb}\left(1 + \frac{\text{SNR}}{n}(1-\rho)\right) + \text{lb}\left(1 + \frac{n\text{SNR}\rho}{n+\text{SNR}(1-\rho)}\right) \qquad (4\text{-}30)$$

可以看出，当 ρ=0.7 时，相当于 SNR 的 3 dB 损失。当 ρ=0 时，信道矩阵 $\boldsymbol{H}$ 简化为单位阵 $\boldsymbol{I}$，此时信道容量变为

$$C = n\text{lb}\left(1 + \frac{\text{SNR}}{n}\right) \qquad (4\text{-}31)$$

当 SNR=10 dB 时，系统容量 C 随相关系数 ρ 的变化如图 4-27 所示。仿真时分别考虑了天线数量为 2、4 和 6 的情况。从图 4-27 中可以看出，系统容量随相关系数的增大而明显减小。当相关系数为 0.4，天线数量为 2、4 和 6 时，系统容量分别较信道独立的情况下降了 11%、7.8% 和 3.3%。

信道的空间相关性同样会影响系统的分集增益。研究表明，当天线相距较近时，接收信号会存在空间相关性，这种空间相关性会对系统容量或中断概率

及平均符号错误概率性能造成影响[57]。此外，在低信噪比区域，空间相关性会提高系统性能，而在高信噪比区域，空间相关性会降低系统性能[58]。

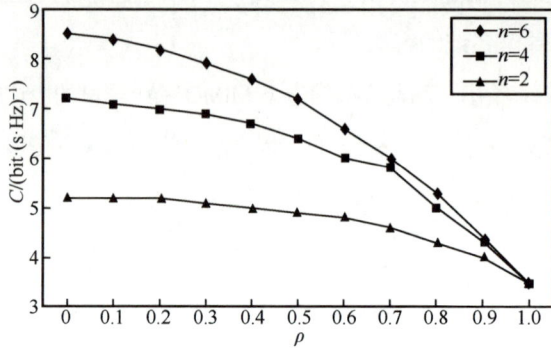

图 4-27　当 SNR=10 dB 时，系统容量 C 随相关系数 ρ 的变化

（3）多普勒频移的影响

当用户终端或卫星移动时，接收信号会产生多普勒频移，该频移取决于入射波的频率、到达角以及用户终端和卫星的相对速度。令 f 为载波频率，v 为信号传播方向的相对速度，c_0 为光速。

多普勒频移 f_d 的计算式为

$$f_d = f \frac{v}{c_0} \tag{4-32}$$

在低轨卫星星座中，将低轨卫星和用户终端均处于运动状态，其速度分别为 v_S 和 v_U。此时，系统多普勒频移可以按照式（4-33）计算[59]。

$$f_d = \frac{v_S - v_U}{c_0} \cos\theta_e \cos\theta_v \tag{4-33}$$

其中，θ_e 为用户终端所在地的卫星仰角，θ_v 为用户终端运动方向及终端与卫星连线在地面上的投影之间的夹角。由式（4-33）可知，与地面系统不同，此时系统的多普勒频移不仅与相对运动的方向有关，还与通信时的 LEO 卫星仰角有关。

为了计算用户终端所在位置的卫星仰角，给出用户终端与卫星连线及地心用户连线所在平面示意，如图 4-28 所示。

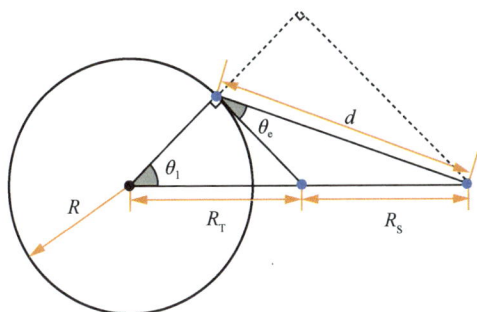

图 4-28　用户终端仰角计算示意

在图 4-28 中，R_T 为地球半径，R_S 为卫星高度。假设 LEO 卫星坐标为 (θ_S,ϕ_S)，用户终端的经纬度坐标为 (θ_U,ϕ_U)，则 $\cos\theta_e$ 的计算式为[59]

$$\cos\theta_e = \cos\theta_S \cos\theta_U \cos(\phi_S - \phi_U) + \sin\theta_S \sin\theta_U \quad (4\text{-}34)$$

将式（4-34）代入式（4-33），则 LEO 系统的多普勒频移为

$$f_d = f\frac{V_S - V_U}{c_0}\cos\theta_v[\cos\theta_S \cos\theta_U \cos(\phi_S - \phi_U) + \sin\theta_S \sin\theta_U] \quad (4\text{-}35)$$

由式（4-35）可知，卫星仰角 θ_e 越低且相对运动速度 v 越大时，系统多普勒频移越大。在多天线低轨星座系统中，每一时刻地面终端的接收信号可能是来自多颗卫星的信号分量的叠加，每条路径都可能会经历多普勒频移，这些与路径相关的多普勒频移不尽相同，从而决定了信道的时变性。

（4）多天线低轨星座系统空间几何分布方法

在多天线低轨星座系统中，当卫星距离较近时，很难获得完全独立的信道分量，这会降低系统复用增益。此外，当信道完全正交时，系统容量随发射和接收天线数量的增加而线性增加。多天线技术在卫星网络中的应用可以有效地提高多路复用增益。通过合理设计卫星间距、地面终端天线间距、指向等参数，优化调整卫星与地面终端的几何关系，得到正交信道矩阵和理论最优复用增益是需要解决的问题。

文献 [49] 表明，在 LoS 环境下，可通过合理的天线位置设计及空间几何分布设计获得高 MIMO 容量增益。基于文献 [49]，文献 [60] 在地面多天线系统中进一步推导了获得理想信道容量的最优空间几何分布方法。针对卫星系统，文献 [61-63] 考虑了由双卫星及具有多个接收天线的地面终端所构成的多天线卫星通信系统下行链路场景，分别推导了 Ku 波段下针对广播业务和宽带业务的系统最优空间几何分布。以上文献借助多个地面站的广域分布，增强了总链路的可用性。文献 [64] 将文献 [61-62] 中的应用场景推广到"弯管式"卫星的场景，综合考虑了系统采用放大转发卫星作为中继时，上、下行链路的联合空间几何分布对系统复用增益性能的影响。在此基础上，文献 [65] 考虑了存在邻星干扰时的最优多天线低轨星座系统空间几何分布设计。结果表明，多天线低轨星座系统优于传统的单星系统，利用多星传输可以有效节省卫星功率，从而在不违反邻星干扰限制的条件下，使得更小的卫星间隔和地面终端口径成为可能。然而，为了获得易于数学处理的结果，上述文献的分析都是基于双卫星或单卫星双天线的场景。文献 [66] 提出了一个容量最优的协同传输空间几何分布设计策略以及地面用户选择准则，但同样将系统场景限制为双卫星及两个单天线地面用户的场景。此外，研究内容多是针对卫星高频段业务的分析，较少涉及工作在 L、S 波段的卫星移动业务。对此，文献 [67] 首先考虑了针对卫星移动业务的最优空间几何分布设计，但同样未考虑多星场景。

通过归纳与总结现有文献可知，目前有关多天线低轨星座系统容量最优的空间几何分布方法的研究主要涉及工作在 Ku、Ka 等高频段的业务，对卫星移动业务考虑较少。此外，现有的文献多是基于双卫星的场景，对多卫星协同的场景较少涉及。

（5）多天线低轨星座系统的性能分析

将多天线技术应用到卫星网络中，不仅可以提高系统复用增益，还可以提高系统分集增益，从而提高系统传输的"可靠性"。在实际系统中，中断概率（Outrage Probability，OP）和符号误差率（Symbol Error Rate，SER）是表征多天线低轨星座系统可靠性的主要参数。因此，研究如何准确地获得相关参数的数学表达式，分析系统参数与系统性能之间的关系具有重要意义。

在低轨星座系统中，文献 [68-70] 指出在卫星通信系统中，采用 MIMO 技术可有效提升系统的分集和复用性能。其中，采用多天线技术来提升系统容量的经验和分析模型分别由文献 [68] 和文献 [69] 提出。文献 [70] 分析了采用 MIMO 技术的低轨星座系统的中断概率和平均符号误差率性能。该文献的信道模型将大尺度衰减分量的包络构建为 Nakagami 分布（其功率为 Gamma 分布），小尺度衰减分量的包络服从瑞利（Rayleigh）分布，且各分量之间不存在相关性。以上这些文献都没有考虑信道相关性对系统性能的影响。针对多天线低轨星座系统的相关特性，文献 [71] 分析了存在信道相关性的条件下，卫星移动 MIMO 系统的性能表现，其分析场景考虑了卫星下行信道与地面中继网络的混合信道，且假设卫星发送端各个信道相互独立，当卫星天线相距较近时，这种假设是不成立的。针对存在空间相关性时多天线低轨星座系统的性能分析是值得考虑的问题。

现有文献大多假设系统已知完美的信道状态信息，在实际系统中，信道状态信息需要通过反馈链路，由接收端反馈到发送端。当信道传输时延大于信道相关时间时，会导致发送端获知的信道状态信息与信道实际信道状态信息之间不匹配，基于失配信道状态信息的波束成形会导致系统分集性能的下降[72]，这种情况在 GEO 卫星系统中更加明显。目前，针对多天线低轨星座系统的时延特性还少有研究。

此外，在低轨星座系统中，当卫星系统之间间隔较近，且使用相同的频段时，会带来严重的邻星干扰（Adjacent Satellite Interference，ASI）[65,73]。在上行链路，ASI 会增加卫星接收端的噪声，同样，当系统工作在 L、S 频段时，由于与地面通信系统工作频段较近，可能会受到邻道干扰（Adjacent Channel Interference，ACI）的影响[74]。

4.5.2.2 频谱分割聚合技术

随着卫星通信技术的发展，可重新分配的频带越来越少，存在着授权频率没有得到充分利用的问题。在许多传统卫星通信系统中，固定的多址接入方式使得稀缺的频率资源被浪费掉，而在许多实际的卫星网络中，空白频谱都是分散的，宽带信号无法接入容量足够但频谱资源零散的信道中。此外，卫星通信信号的传输空间非常开放，所有用户都可以在卫星覆盖范围内接收卫星信号，这使得卫星信号很容易被他人截获和破译，卫星通信的安全性没有得到根本保障。传统的防拦截扩频技术所获得的安全性能大多是牺牲带宽和调制效率来获得的，这虽然提高了卫星通信的防拦截性能，但频谱资源短缺的问题会更加严重。

为了保证频谱的高效利用，可以引入认知无线电中智能频谱感知功能概念，通过对授权频谱进行"二次利用"，即容许认知用户（即非授权用户）在授权用户不使用分配频谱时使用其频谱资源，实现对现有无线信号频谱的自动预测、认知和动态分配。利用频谱检测技术找到授权频段中的空闲频段，授权用户相比认知用户具有更高的频谱接入优先权，认知用户需对感兴趣的授权频谱进行连续不断的检测，判断是否有授权用户存在，若检测到授权用户存在，认知用户要暂时避免使用该频段或者及时退出该频段，不对授权用户造成干扰。一般而言，在一定频段内进行频谱检测，检测到的空闲频段为离散的，要利用这些离散的频段进行大带宽的数据传输，自然就必须具备频谱聚合的功能，将感知到的频段离散、带宽各不相同的空闲频段进行聚合，从而进行大带宽的数据传输。

频谱分割与聚合技术的具体优势主要包括 3 个方面。一是认知无线电能够高效利用动态信道频谱资源，提高通信效率。二是在这种动态改变发射参数体制下，采用高灵活性的频谱分割与聚合技术实现信号任意带宽分割，既能解决大带宽信号无法接入频谱零散信道的问题，又能明显提升系统抗截获性能。三是分割与聚合滤波器组技术不需要改变原卫星通信的调制方式，甚至不用或少量改动原卫星通信收发设备。将认知无线电与频谱分割、置乱、聚合相结合的滤波器组多载波频谱分配方法应用于卫星通信系统上，无疑为提高卫星通信频带利用效率及安全性提供了新思路与新方法。

频谱分割与聚合技术的具体思想是，从频域的角度对传输信号进行分割，再将分割子带搬移到零散的空闲频段进行通信，随后通信设备通过频谱感知技术随时感知卫星信道的频带信息，进而实现频谱的自适应分割与分配。由此构建一个"感知 – 决策 – 分割 – 分配 – 感知"的认知分割环路，在不干扰授权用户的前提下，实现认知用户的不间断通信。分割后的子频谱插入空闲的频谱资源，隐蔽在其他的信号频谱之间，然后在接收端进行子频谱的搬移与合并，达到了频谱"置乱""伪装"的效果，最终达到抗截获通信的目的。该技术可以归类为一种信号层面的加密方法，一方面可以获得高效的频谱利用率，另一方面通过物理层安全技术获得抗截获性能。

提高卫星通信的频谱利用率及安全性能的技术原理是通过对物理层的频谱信号进行自定义带宽的分割和聚合来实现的，卫星频谱分割与聚合原理如图 4-29 所示。

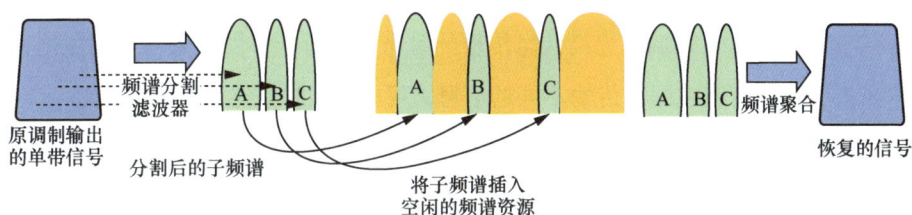

图 4-29　卫星频谱分割与聚合原理

以传统按需分配多址（Demand Assigned Multiple Access，DAMA）卫星传输体制为例，虽然信道中有足够的容量用于其他用户的通信，但是没有足够完整的频带带宽去承载信息。所以频谱分割与聚合系统通过认知无线电频谱感知技术以及卫星的信道分配信息来获得卫星信道中的频谱空穴信息。将待发送的宽带基带信号经过系统中的频谱分割适配器，根据空穴信息对待发送信号进行对应带宽的分割并调制到频谱空隙，分割过程与宽带信号的基带调制方法相独立，并通过地面转发器单元发射到上行链路中，如图 4-29 所示，获得了频谱空穴信息的基带信号谱通过频谱分割滤波器将源谱分割成子频谱 A、B、C，然后根据频谱空穴信息在地面转发器对分割子频谱进行频谱搬移，并进行下行转发；下行链路的地面转发器在接收各子频谱信号后通过独立的频谱聚合适配器分离出"插空"的分割子频谱，再通过频谱聚合恢复成完整信号，最后在宽带通信解调器对信号进行解调，完成通信。整个通信过程最大化了卫星通信系统的频谱资源利用效率，且不限制单带信号的调制方式。

4.5.2.3　低轨星座分布式协同传输——虚拟 MIMO 系统

大规模 LEO 卫星可以利用多轨道卫星星座阵列天线构建一个虚拟 MIMO 系统，通过卫星星座之间的协同，将分布在不同虚拟天线阵列的卫星天线，以协同的方式向地面站或用户之间发送天线阵列信号，构成星阵协同 MIMO 通信系统。分布式协同传输极大提高了星座的通信传输和覆盖能力，有效解决了卫星轨道位置多变、频谱资源短缺和单星有效载荷限制等问题。一方面，采用信号空间分集技术在多个信道中传输相同的信息，然后在接收端进行合并，可以显著减小衰落产生的影响，提高信息传输的可靠性；另一方面，采用空间复用技术在多个并行信道中同时传输不同的信息，可以有效提高数据的传输速率[75]。因此，利用多星构建虚拟 MIMO 系统具有很好的应用前景。

协同传输的基本思想可追溯到 Cover 和 Gamal 关于中继信道容量定理的论文[76]，在这篇原创性文章中，作者分析了由信源、中继和信宿组成的三节点网络的容量。作者将该模型应用于大规模星座系统中，若假设各个节点工作在相同的频带，从信源端可将合作系统的前半部分视为一个具有多个输出的广播信道，从信宿端则可视为一个具有多个输入的多址接入信道；中继信道的主要目的是帮助主信道提高传输性能，而协同传输是在系统总资源固定的条件下，每个卫星节点充当信源和中继的双重角色，协同完成信息的传输。无线信道的各种衰落效应会使发射信号在传输的过程中发生显著的变化，但是独立发送相同信号的副本在接收端可以产生分集增益，从而能有效对抗信道衰落的影响。特别地，如果从空间的不同位置发送相同的信号，在接收端便可获得独立衰落的信号副本，从而产生空间分集增益。低轨星座的协同传输就是充分利用大规模的卫星节点，使处在不同地理位置的基站通过协同传输方式来获取空间分集增益。

与传统的地面 MIMO 系统不同，在卫星编队 MIMO 系统中，卫星天线与地面站之间的 LoS 在一定程度上限制了 MIMO 在卫星通信中的性能，因为星地链路中 LoS 的存在通常会导致信道矩阵秩降低。近年来，有研究发现，在 LoS 环境下，通过特定的收发天线几何结构配置，可以实现 MIMO 信道矩阵的正交性，从而使 MIMO 信道容量最大化。基于此思想，可推导出基于星地 LoS 信道模型的最大信道容量准则下天线的几何间距关系。

LoS MIMO 中信道传输矩阵 $H(f)$ 包括 LoS 部分 $H_{\text{LoS}}(f)$ 和 NLOS 部分 $H_{\text{NLoS}}(f)$，表示为

$$H(f) = \sqrt{\frac{K}{1+K}} H_{\text{LoS}}(f) + \sqrt{\frac{1}{1+K}} H_{\text{NLoS}}(f) \tag{4-36}$$

其中，K 是莱斯因子。由于 NLoS 部分具有统计随机性，对信道传输矩阵不具有决定性作用，在分析信道容量时可以只考虑强 LoS 部分，因此该矩阵第 m 行 n 列处的元素可由电磁波空间传输模型给出，表示为

$$H_{mn}(f) = a_{mn}(f) \exp\left\{-\text{j}\frac{2\pi f}{c_0} r_{mn}\right\} \tag{4-37}$$

其中，a_{mn} 表示第 n 个发射天线到第 m 个接收天线的路径增益，r_{mn} 表示第 n 个发射天线到第 m 个接收天线的距离。

假设发射天线数为 m_{T}，接收天线数为 m_{R}，则归一化后的自由空间 MIMO 信道矩阵可表示为

$$\boldsymbol{H} = \begin{bmatrix} e^{-\text{j}kr_{1,1}} & e^{-\text{j}kr_{1,2}} & \cdots & e^{-\text{j}kr_{1,m_{\text{T}}}} \\ e^{-\text{j}kr_{2,1}} & e^{-\text{j}kr_{2,2}} & \cdots & e^{-\text{j}kr_{2,m_{\text{T}}}} \\ \vdots & \vdots & \ddots & \vdots \\ e^{-\text{j}kr_{m_R,1}} & e^{-\text{j}kr_{m_R,2}} & \cdots & e^{-\text{j}kr_{m_R,m_{\text{T}}}} \end{bmatrix} \tag{4-38}$$

其中，$k = 2\pi / \lambda$，λ 表示波长。因此，相关矩阵可表示为

$$\boldsymbol{HH}^{\text{H}} = \begin{bmatrix} m_{\text{T}} & \cdots & \sum_{m=1}^{m_{\text{T}}} e^{-\text{j}k\left(r_{1m} - r_{m_R m}\right)} \\ \vdots & \ddots & \vdots \\ \sum_{m=1}^{m_{\text{T}}} e^{-\text{j}k\left(r_{m_R m} - r_{1m}\right)} & \cdots & m_{\text{T}} \end{bmatrix} \tag{4-39}$$

显然，式 (4-39) 矩阵中的元素是由收发天线数量以及收发天线间距离确定的。要使信道容量最大，则满足 $\boldsymbol{HH}^{\text{H}} = m_{\text{T}} I_{m_R}$，即 $\boldsymbol{HH}^{\text{H}}$ 的特征值相等，此时 MIMO

系统可表示为 m_R 个独立的子信道。$\boldsymbol{HH}^H$ 的非对角线元素满足

$$\sum_{m=1}^{m_T} e^{-jk\left(r_{m_R m} - r_{1m}\right)} = 0 \qquad (4\text{-}40)$$

通过阵列的几何构型来确定 LoS MIMO 的信道系数能够在视距环境中实现空分复用。在这种情况下实现空分复用不依赖于丰富的散射体，而是通过阵列配置来使接收天线阵对准不同的发射天线来获得复用增益。由于在低轨道地球卫星星地链路中存在着强视距路径，因此可以使用 LoS MIMO 理论模型来分析星地 MIMO 系统。

虚拟 MIMO 技术可根据场景变化使得星座中各卫星间相互共享天线资源，提升整个系统的信息传输能力。其优势主要体现在 3 个方面。一是可以兼容多类网络，实现协同组网传输，为未来天地一体化网络构建提供技术支撑。二是在频谱资源相对稀缺的情况下，将空间分集、频谱分集和时间分集有机结合，大幅提高频谱资源的利用率。三是降低终端用户的发射功率，在符合绿色通信要求的同时，进一步支撑卫星及终端小型化智能化发展。

4.5.2.4　面向业务的多链路聚合技术

业务传输需求的海量和差异化、带宽不足或负载不均等原因可能会引起大规模低轨道星座为用户提供的服务失效。链路聚合技术通过将多条物理链路作为逻辑链路聚合在一起，来增强系统信息的传递能力。链路聚合技术具有以下 4 个优点 [77]。一是可在不升级增加网络节点的情况下提升带宽，在保证服务能力的同时大幅节省硬件成本。二是能够自动和快速地配置，依据业务需求及所选算法确保链路组合达到传输效果。三是链路聚合技术能够均衡流量负载，增强容错性，传输负载可以均分在属于同一条链路聚合的多条链路上，减小链路瓶颈的发生概率。四是如果某条链路发生故障，数据仍然能通过链路聚合中的其他链路传输，提高了网络传输的可靠性。

按 OSI 网络模型的层次，链路聚合技术有两种实现方法：一种是基于 MAC 层的链路聚合方法，另一种是基于应用层的链路聚合方法。

基于 MAC 层的链路聚合是通过在 MAC 层和 MAC Client 层之间增加了一个

可选的链路聚合子层。这个子层是可选的，只有加入链路聚合的成员链路才使用链路聚合子层，由该层来管理所有可选链路，并向 MAC Client 提供一个单独的接口，这样 MAC Client 就只与链路聚合子层交互。链路聚合控制协议（Link Aggregation Control Protocol，LACP）是 MAC 链路聚合的标准协议，协议通过链路聚合控制协议数据单元（Link Aggregation Control Protocol Data Unit，LACPDU）与对端交互信息。

基于应用层的链路聚合通过利用通信网络中多信道捆绑数据通信技术，在通信链路上将多个路由的数据传送经由应用层面，通过对 IP 包进行"拆分－传送－聚合"的过程，实现系统传输带宽的增加。这里所说的链路不一定是点与点之间的通信连接，也可以是点与点之间的数据传输通道，即逻辑链路。与 TCP 相比，同样存在链路的还有用户数据报协议（User Datagram Protocol，UDP），主要区别在于 UDP 并没有建立链路和数据传输校验机制进行全程连接。因此，基于 UDP 的流媒体传输的聚合问题同样存在。

4.5.3　跳波束资源分配方法

低轨多波束卫星通信系统的卫星移动速度快、波束覆盖范围大，但系统资源受限。地理位置、气候条件和人为因素等多种原因，导致此通信系统在其波束覆盖范围内的业务种类和需求分布不均，而传统的波束规划方案并不能有效地解决这一问题。针对该问题，本书将在多波束卫星通信系统中引入跳波束技术，并给出多波束通信卫星的跳波束系统模型、资源分配流程以及关键技术指标，进而引出多波束卫星的跳波束工作方式，说明灵活跳波束技术的可实现性。

跳波束技术的核心在于卫星多维资源的高效分配。卫星通信系统基于跳波束的方式，将时间分割为时隙，再联合频率、功率以及波束等，形成 4 个维度的可用资源，之后通过合理优化的资源分配算法，提高对有限资源的利用效率。该技术相较于传统固定波束的工作方式，能够有效地提升卫星通信系统吞吐量和时延性能[78-88]。

例如，在低轨道地球卫星所覆盖的区域中可采用宽波束与点波束结合的覆盖方式。其中，宽波束作为信令波束，负责卫星覆盖区域内地面业务请求等信令消息的传输，以实现对系统内服务用户的管理；点波束作为业务波束，带宽高、速率快，以跳波束的形式接入，其动态可调的特点能够动态满足热点地区通信业务量的需求。

低轨多波束卫星通信系统中的跳波束技术如图 4-30 所示。

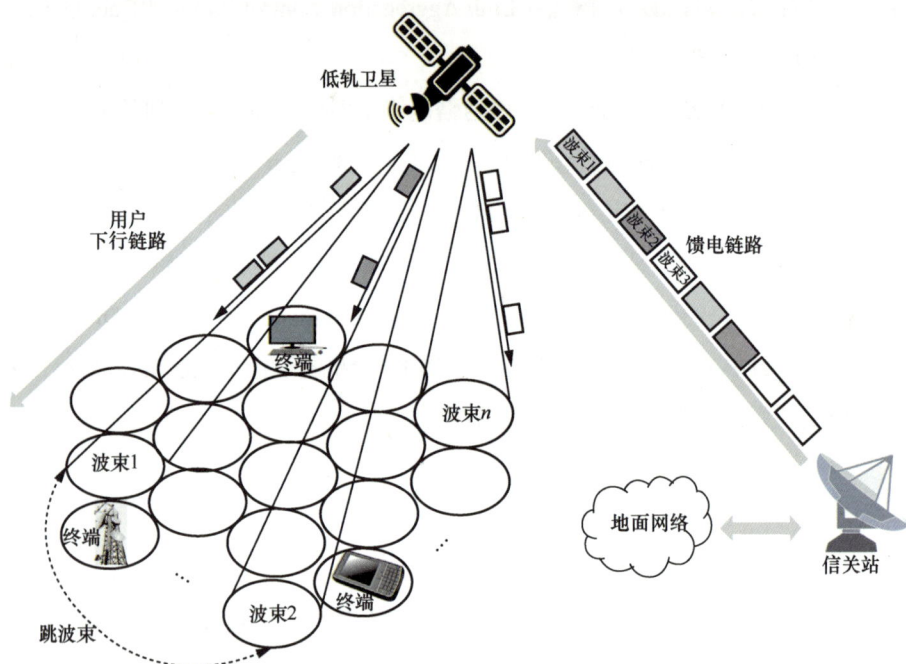

图 4-30 低轨多波束卫星通信系统中的跳波束技术

下面对跳波束资源分配策略、工作流程和典型波束分配方法分别进行介绍。

4.5.3.1 跳波束资源分配策略

现阶段，传统的卫星通信系统大多以固定分配的方式将功率、频率以及波束等资源按需分配给波束覆盖范围内的地面小区。由于低轨道地球卫星系统中的卫星高速移动，过顶时间只有几分钟，而不同小区的通信业务量之间又存在差异，这就必然会导致资源利用效率低。此外，因为星上转发器通常情况下工作在多载波模式，功率放大器工作在线性区，所以需要适当地进行功率回退来避免交调干扰，这便导致了功率的资源利用效率低。

与传统固定分配方式相比，跳波束技术实现了以时隙为基本单元的动态资源按需分配和频率资源的优化使用，从时间和空间两个角度解决通信业务量分布不均匀的问题，从而实现了包含多种业务类型的高效融合传输。此技术通过在"时间、空间、频率、功率"4 个维度建立资源管理机制，对资源合理调配，实现了资源的全局高效灵活调度。

卫星多波束的种类有宽波束和窄波束两种。卫星以宽波束覆盖的地面区域为服务范围，当宽波束接收到地面发送的信令消息后，通过馈电链路将其传至地面网络控制中心；然后网络控制中心对地面用户流量进行统计，并根据统计结果计算出下一个时隙的跳波束分配方案，将其回传至星载处理器；星载处理器在接收到分配方案之后，控制卫星波束进行切换。跳波束技术是一种波束按时隙调度的方式，能够有效地实现资源按需灵活分配。假设全部卫星覆盖范围内共有 mn 个窄波束位置 U_{mn}，多波束系统中有 K 个窄波束。这些窄波束均采用全频率复用的工作方式，且其覆盖位置按时隙跳变，每个时隙最多有 K 个波位同时被波束覆盖，跳波束系统资源分配策略的具体流程如图 4-31 所示。

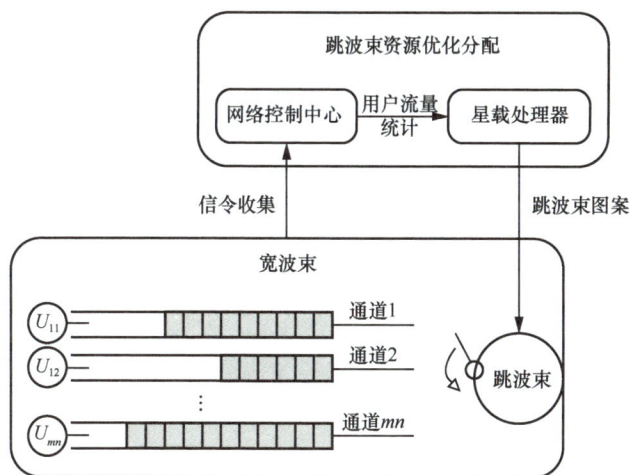

图 4-31 跳波束系统资源分配策略的具体流程

4.5.3.2 跳波束工作流程

假设用矩形块来表示系统中低轨道地球卫星覆盖区域。将每个卫星的覆盖区域定义为一个小区，每个小区进一步划分为 mn 块，并将其定义为单元 U_{mn}，各个单元分别对应卫星点波束的覆盖位置。图 4-32 所示为跳波束工作流程，图中是 3×3 的点波束覆盖小区，在卫星跳波束工作方式中，卫星的窄波束通过时分的方式复用相同的频段，低轨道地球卫星 A 在不同时隙中，其波束覆盖位置由 U_{21} 跳变到 U_{11} 再跳变到 U_{31}。

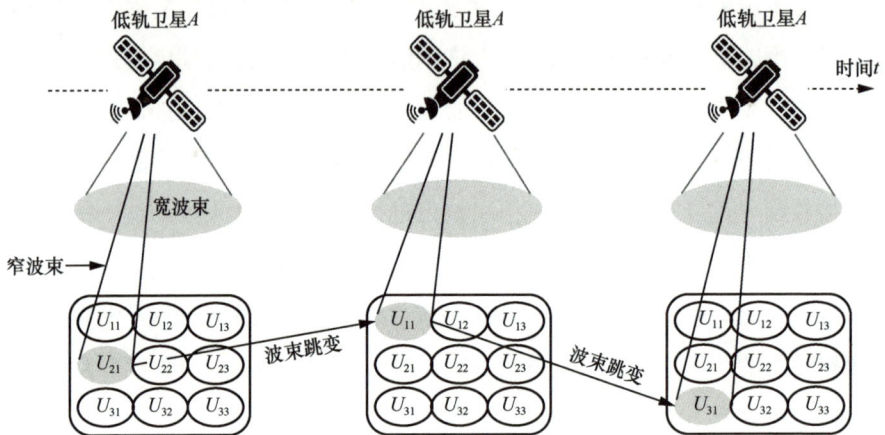

图 4-32　跳波束工作流程

4.5.3.3　典型波束分配方法

多波束系统中，波束分配的主要目的在于当卫星波束数量较少时，借助时分复用的方式调整波束指向，使得所有的小区能够共享有限个波束。常用的波束分配方法有以下 5 种。

（1）轮询波束分配

系统内的全部波束在一段时间内按特定顺序轮流覆盖所有的地面小区。例如，地面小区有 40 个，系统内共有 15 个波束，那么依据轮询波束分配方法，卫星通信系统首先对所有的地面小区进行编号，然后在第一时间服务 1 到 15 号小区，第二时间服务 16 到 30 号小区，依次类推，直到覆盖全部小区。这种分配方法的优势在于分配简单，每个小区获得的波束资源完全相等，且波束覆盖时间几乎相同。但问题在于用户需求不均衡时，资源分配不合理；此外，不同波束下不同的信道状态也会导致分配业务量不同。

（2）固定时隙波束分配

系统分配给各个小区的时隙数量固定，每个小区被分配的时隙大小可以根据供需关系合理控制。卫星通过获取每个小区业务请求的业务量以及信道业务容量，按照小区需求量越大、信道容量越小、分配的波束时长越长的原则，合理分配每个小区的波束驻留时间比例。这种分配方法具有公平、合理、随时转换波束驻留时间的优势，但其缺点在于当地面流量请求和信道状态随时间变化时，无法动态满足变化的需求。

（3）最长队列波束分配

系统在相同时间内，对所有小区服务请求量从多到少进行排序，选取请求量最多的多个小区，分配波束传输数据，并在下一个时间节点重复上述操作。其优势在于实用性强，但这种分配方法没有考虑信道容量的影响。

（4）最大最小速率控制波束分配

此分配方法与固定时隙波束分配类似，主要通过对小区服务请求量和信道容量建模，进而获得每个小区的波束覆盖时间。其具体方法是，首先获得各个小区的服务请求量和信道容量，然后计算对应的服务请求量排队等待时间，通过设置速率控制因子来调节各个小区的服务请求量，使其排队时间满足系统的最大规定时间，进而求得各个小区对应的波束驻留时间。其缺点在于无法满足服务请求量动态变化以及信道状态的时变。

（5）基于学习的波束分配

此分配方法主要是通过优化学习算法来改善暴力算法计算时隙最优解的复杂与不可能性。这种波束分配方法可以有效地考虑信道容量和服务请求量的变化，并在每一时刻通过遗传算法进行计算，适应时变的动态环境，在基于学习的方式下，只需循环迭代即可。虽然其复杂度较高，但大多时候都能够获得一个次优解。

4.6 大规模星座用户接入技术

大规模星座用户接入技术是确保用户与卫星之间建立连接和传输数据的重

要基础。由于频率资源有限、业务突发、泛在接入和星座卫星高速运动等特点，大规模星座用户访问面临着一系列挑战。首先，用户访问容易受到干扰，随着卫星规模的增加，可视用户的卫星和其主瓣数量也会增加。如果用户使用相同的频率，波束的旁瓣（甚至主瓣）会泄漏到其他卫星中，从而增加用户之间的干扰与数据包发生碰撞的概率。其次，业务是动态、多样且分布不均匀的，确保用户在星座多星覆盖中的访问效率是一个挑战。最后，由于卫星的频繁转换，星座系统在用户的切换和移动性管理方面的技术亟待突破。本节介绍了实现大规模星座用户访问的关键技术，分别为低轨星座系统多址接入技术、多星覆盖接入选择技术、移动性管理和切换技术。

4.6.1 多址接入技术

有限的卫星网络信道资源需要匹配良好的卫星多址接入技术以充分利用卫星信道资源，使尽可能多的用户获得服务。同时，用户之间的公平性和通信服务质量也需要被保证。现有的卫星多址接入技术主要分为固定多址接入技术、按需多址接入技术和随机多址接入技术。

（1）固定多址接入技术

固定多址接入技术是指将传输资源划分为多个正交子信道，每个用户在一个或多个子信道上固定传输，并且彼此互不干扰。传统的卫星网络固定多址接入技术包括时分多址（Time Division Multiple Access，TDMA）、频分多址（Frequency Division Multiple Access，FDMA）、码分多址（Code Division Multiple Access，CDMA）等。为了解决用户之间同步的问题，TDMA 需要设置保护间隔，主要应用于位移相对较小的卫星通信系统，如 VSAT 等。FDMA 不需要全网同步，但非线性效应和保护带宽设置等特性直接导致带宽利用率的下降。CDMA 具有良好的抗多路径衰落和抗干扰性能，但码同步时间长，正交码字数少，目前主要应用于用户数量较少的系统。

此外，通过结合两种或多种固定多址接入技术来形成混合多址接入的方式有很多种。最常见的混合方式之一是混合 FDMA 和 TDMA 接入技术形成的多频时分多址（Multi-Frequency TDMA，MF-TDMA）技术。该技术通过综合调度时域和频域资源，实现了资源的灵活分配。目前，美国、德国、日本等国家的宽带多媒体卫星系统均采用 MF-TDMA 技术。

（2）按需多址接入技术

卫星网络中的按需分配多址（Demand Assigned Multiple Access，DAMA）是一种根据用户需求分配信道资源的接入技术。地面用户首先将自己的信道资源请求上传到卫星。卫星收到所有用户的请求后，根据请求指示的所需信道资源数量，按照一定的分配策略，为所有用户分配总的信道资源。在下行链路中，将分配结果通知所有用户。最后，地面用户在其分配的信道资源上传输数据。显然，按需多址技术对长数据包的传输更加友好，但在传输短数据包时，信道资源的申请过程会带来很大的时延。

最常见的按需多址接入是混合自由 / 按需分配多址接入（Combined Free/Demand Assigned Multiple Access，CFDAMA）技术。该技术的资源调度器中会存放按需分配表和自由分配表。CFDAMA 首先根据按需分配表中用户预留时隙的数量为用户分配时隙。如果分配表中的用户分配完成后仍有剩余信道资源，则按照分配表中用户 ID 的先后顺序自由分配剩余的信道资源。这种方法可以有效利用剩余时隙，用户不需要预约就能使用更多的信道资源。当系统负载较低时，CFDAMA 可以有效减少预约次数，减少传输时延。在系统负载较高时，CFDAMA 可以充分利用信道资源，使信道利用率更高。值得注意的是，那些没有预约时隙资源的用户在空闲分配表中的位置会比预约了时隙资源的用户更靠前，这使得那些没有申请预约时隙的用户比那些申请预约时隙的用户更优先获得空闲时隙资源。如果系统内用户多，业务量大，分配给预留用户后没有剩余信道资源，CFDAMA 将退化为一种普通的按需多址技术。

（3）随机多址接入技术

随机多址接入技术是指用户直接随机选择信道资源来传输自己的数据包。如果没有冲突，则传输成功；否则，传输失败，并在随机等待一段时间后重新传输。卫星网络中的随机多址接入技术主要是在时隙 ALOHA 技术的基础上进一步改进，包括最早提出的分级时隙 ALOHA（Diversity Slotted ALOHA，DSA）、竞争解决分集时隙 ALOHA（Contention Resolution Diversity Slotted ALOHA，

CRDSA）、CRDSA++、不规则重复时隙 ALOHA（Irregular Repetition Slotted ALOHA，IRSA）等在 DSA 基础上引入干扰消除技术的多址接入技术。随机多址接入技术虽然不需要发送方和接收方之间频繁控制信令往返交互过程，但也因为用户选择信道资源是完全随机的而缺乏整体控制，在负载较高的情况下，分组碰撞严重，丢包率较高，吞吐量低。

① DSA

在时隙 ALOHA 技术的基础上，DSA 对每个数据包进行多次复制，并将复制的数据包与原始数据包一起发送。只要至少有一个数据包被成功接收，数据包就发送成功。 DSA 可以在频分或时分系统中工作。在频分系统中工作时，根据若干分组是否会选择重复的资源块，DSA 可分为替代 DSA 和无替代 DSA。在时分系统中工作时，也有两种情况，即确定传输多个复制分组和以概率传输多个复制分组。

与 SA 相比，DSA 仅在系统负载较低时有一定的增益，而在系统负载较高时其性能远低于 SA。实际上，DSA 通过省略接收方发送 ACK 确认的一步来获得收益。以一个副本为例，即无论原始数据包是否发送成功，都必须发送另一个副本数据包，而不是发送方发现等待 ACK 超时才重新发送。这种机制进一步增加了数据包传输成功的概率（只要两个数据包中的一个成功即成功），也减少了数据包传输成功所需的重传次数，降低了平均传输时延。但是，当系统负载较高时，这种复制多个分组的模式显然会使系统的负载成倍增加，而且分组碰撞的概率也会急剧增加，导致能够独占一个信道资源，成功传输的分组数量迅速减少，系统吞吐量也随即减少，传输时延随即增加。与 SA 相比，虽然 DSA 的整体性能并没有很大的提高，但这种机制为随机多址接入技术的研究提供了新的思路。

② CRDSA

CRDSA 以 DSA 为基础，结合干扰消除技术，能够进一步提升系统的吞吐量。以工作在时分系统的 CRDSA 为例，系统中的分组只复制一份，原始分组和复制分组称为"双胞胎分组"。双胞胎分组在一帧中分别随机选择时隙发送，且两个时隙不能相同。双胞胎分组持有指向彼此所在时隙的指针。由于每个分组都有校验字段，所以接收端在接收到一帧中的所有分组后，能够找到那些可以成功恢复的数据包，通过这些成功分组中保存的指针信息，可以找到它们的双胞胎分组所在的时隙，重构双胞胎分组，并消除双胞胎分组对这些时隙上的影响。然后重新检测是否有新的分组可以恢复，循环往复，直至没有双胞胎分组需要消除，也没有分组可以被恢复。

基于 SA 的 TDMA 帧结构如图 4-33 所示，一个 TDMA 帧被分成多个时隙，用户在这些时隙中随机选择两个时隙发送双胞胎分组。若使用 DSA 技术，则只有用户 2 和用户 5 的分组可以恢复成功。若使用 CRDSA 技术，接收端可以首先识别出位于时隙 4 的分组 2 已经被成功接收，并根据分组 2 中保存的指针知道分组 2 的双包分组位于时隙 7。将时隙 7 的总能量减去重构的分组 2 的能量，则可恢复分组 6，然后恢复位于时隙 3 的分组 4。同样，接收端也能检测到位于时隙 6 上的分组 5 已被成功接收，且分组 1 的双胞胎分组在时隙 2 上，通过消除时隙 2 中分组 5 的干扰，恢复位于时隙 2 上的分组 1，然后消除时隙 1 中分组 1 的干扰。由于分组 3 和分组 7 的双胞胎分组彼此重叠，形成了一个"死循环"，无法进一步恢复。因此，在 CRDSA 技术下，只有分组 3 和分组 7 无法被恢复。

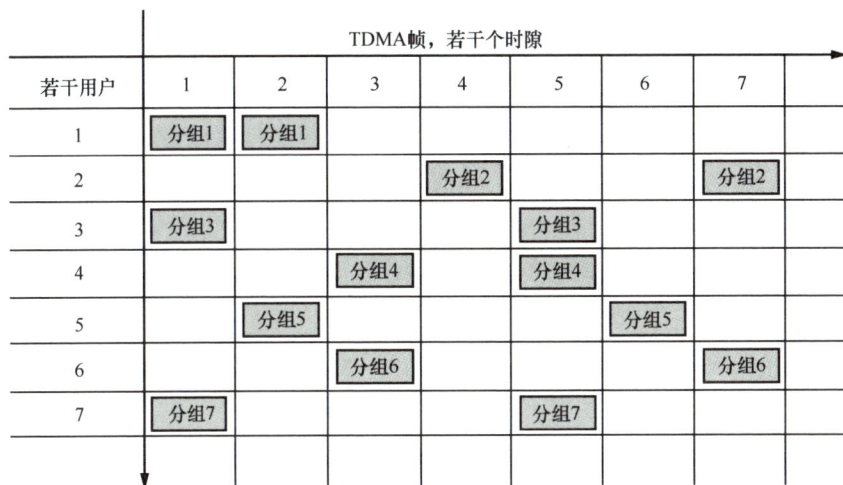

图 4-33　基于 SA 的 TDMA 帧结构

在 CRDSA 的实现过程中，解包过程不是通过判断是否有需要恢复的分组来结束的，而是通过设定接收端干扰消除的最大迭代次数来结束的。如果指定的迭代次数较少，则系统中可能存在可以恢复但未被恢复的分组。如果指定的迭代次数很多，则接收机的实现会更复杂。

CRDSA++ 与 CRDSA 唯一的区别在于 CRDSA 中的分组仅复制一次，而 CRDSA++ 中分组复制次数不限，可以为两次和三次等。

③ IRSA

在 IRSA 系统中，一个分组的复制次数不再是固定的，每个用户都以概率选择自己的复制数。接收器依然使用循环迭代的干扰消除机制来恢复更多的分组。由于利用了分集增益性，IRSA 系统的吞吐量会得到明显提升，且系统性能取决于帧中时隙的数量，时隙越多，可获得的最高吞吐量越大。当然，IRSA 也有其缺点，如复杂度很高，因此在使用时需要权衡性能和实现复杂度。

综上，表 4-6 总结了各种随机多址接入技术性能对比。其中，CRDSA 的性能和实现复杂度都比较可观，也是目前星座设计中经常使用的随机多址接入方式。本节仅介绍几种典型的随机多址接入技术，在大规模低轨星座中，为提高系统整体的接入性能，需根据场景及业务需求，选择使用合适的随机多址接入技术。

表 4-6　各种随机多址接入技术性能对比

随机多址接入技术	优势	劣势
DSA	低负载情况下比 SA 吞吐性能稍高	与 SA 相比，低负载情况下性能提升很小；高负载时吞吐性能比 SA 差
CRDSA	吞吐性能比 SA 有明显提升；实现较为简单	高负载时吞吐性能较差
CRDSA++	比 CRDSA 吞吐性能有进一步提升	高负载时吞吐性能不如 CRDSA；实现较为复杂
IRSA	在长帧中吞吐性能能够达到较高水平	在短帧中吞吐性能较差；实现复杂

4.6.2 多星覆盖接入算法

低轨道地球卫星通信系统中的卫星数量较多，多星覆盖的情况在低轨道地球卫星通信系统中很常见，即一个用户可以同时处于多颗卫星的覆盖区域。在这种情况下，用户终端面临接入哪个卫星的问题，称为多卫星覆盖接入问题。不同的接入策略直接影响用户端的呼叫阻塞率、用户服务质量，以及吞吐量和资源利用率等系统性能。同时，对于低轨道地球卫星，采用不同的接入方式也会导致不同的信令开销和接入时延，影响通信用户和系统性能。

针对低轨道地球卫星通信系统中的多卫星覆盖接入问题，目前最基本的几种解决方法如下。

（1）最大仰角接入选择

用户相对于卫星的仰角越大，离卫星越近，反之越远。因此，基于最大仰角的接入选择算法也相当于基于最短距离的接入算法。当用户终端发起呼叫时，如果有几颗卫星同时覆盖当前呼叫用户，该算法首先选择离用户最近的卫星，并判断是否有空闲信道，若有则接入此卫星。否则，该算法会继续搜索覆盖当前呼叫用户的其他次近卫星。这样，总是选择离用户终端最近的卫星并进行信道空闲状态的判断，如果覆盖用户终端的所有卫星都没有空闲信道，则拒绝用户的呼叫，即此用户被阻塞。由于没有考虑空间网络连接的阴影效应，该算法的访问性能不是很好。

（2）最长覆盖时间接入选择

覆盖时间是指从用户到达卫星覆盖区域到用户离开覆盖区域的时间间隔。用户终端首先选择覆盖时间最长的卫星，如果有满足其通信的信道，则接入通信。如果不满足，则在其余卫星中选择覆盖时间最长的卫星进行接入。该算法可以降低系统中的切换失败率，但对于通信时间短的用户来说并不是最佳选择。

（3）负载均衡接入选择

为了防止用户终端都选择同一颗卫星，导致部分卫星满载，另一部分卫星负荷很轻，造成负载失衡，用户终端在接入时，必须始终选择空闲信道最多的卫星。但该算法也没有考虑到无线网络的通信质量。

（4）综合加权接入选择

综合加权接入选择是指对卫星的覆盖时间、卫星的空闲信道数进行线性加权，并对相对卫星的仰角进行非线性加权的综合考虑。同时，由于空间中的信号受损耗衰减和阴影效应等物理特性的影响，且该影响与仰角呈非线性关系，当仰角接近最小仰角时，卫星信道质量会急剧下降，因此对卫星的仰角采取非线性加权处理。综合加权接入选择算法的计算式为

$$P_1 = \alpha \frac{T_{\text{over}}}{T_{\text{max}}} + \beta \frac{\theta}{\theta_{\text{min}}} + \gamma \frac{C_{\text{remain}}}{C_{\text{total}}} \qquad （4\text{-}41）$$

其中，P_1 代表加权的目标函数，α 代表覆盖时间的加权系数；β 代表用户相对于卫星仰角的加权系数；γ 代表卫星空闲信道的加权系数。T_{over} 代表卫星覆盖用户的时间，T_{max} 代表用户被单颗卫星所覆盖的最长时间；θ 代表用户终端相对于卫星的仰角，θ_{min} 代表系统的最小仰角；C_{remain} 代表卫星中的剩余信道数，C_{total} 代表单颗卫星的总信道数。P_1 的值越大，表示综合性能越好，优先权越大，则优先接入使目标函数值最大的卫星。同时，α、β、γ 也可根据系统对仰角、覆盖时间以及剩余信道数的敏感程度进行动态调整。

4.6.3　移动性管理与切换技术

由于低轨道地球卫星移动速度快，终端与卫星之间的连接不断变化，不仅用户链路发生变化，馈电链路也发生变化，导致服务中断，影响用户体验。对于具有星载处理能力的卫星来说，其运动也会引起卫星间拓扑结构的变化和卫星间路由的重新选择，从而导致路由移动性的变化。星座网络的移动性管理需要考虑新的思路和解决方案。

（1）切换触发原因

根据切换的不同情况，切换的原因可以分为 3 类。一是由于卫星绕地球高速运动，卫星在一定区域内对终端的仰角等信息有限，当信息的值小于设定的阈值时，用户终端启动切换。二是信号在传输过程中会受到各种干扰，当信道条件不好，数据不能准确传输时，会触发切换过程，终端会切换到通信质量更好的卫星上。三是避免卫星负载过重导致网络拥塞等问题，通过切换到其他负

载较轻的卫星来平衡网络负载,这种类型的切换由卫星或地面信关站执行。

（2）切换分类

由于终端和低轨道地球卫星都是移动的,可以根据不同的分类标准对切换进行分类。首先,从用户的角度来看,根据用户在切换期间与卫星保持连接的链路数量,切换可以分为硬切换和软切换两种。硬切换是指当切换发生时,用户终端先断开与源卫星的链路连接,然后再连接候选卫星。如果候选卫星上没有可用的卫星资源,则终端切换失败。在整个切换过程中,用户终端只与一颗卫星保持连接。软切换是指发生切换时,在用户终端与候选卫星连接成功后,才会断开原服务卫星的连接。如果此时候选卫星上没有可用的卫星资源,用户终端仍然可以利用原卫星进行通信,直到候选卫星上有可用的卫星资源,则再次执行切换过程。如果候选卫星上还没有可用的卫星资源,则当终端检测到的信号强度值低于设定的阈值时,用户终端的通信进程将被中断。虽然软切换在一定程度上保证了用户通信的畅通,但软切换同时保持与两颗卫星的连接,造成卫星信道资源的浪费。

根据切换前后终端所处的位置,可将切换过程分为四类。第一类切换过程涉及同一信关站管理范围内的同一卫星下的不同波束之间。切换前后覆盖终端的波束属于同一信关站和同一卫星。此类切换过程的波束切换问题可以转化为星内信道资源的分配问题。第二类切换过程涉及同一个信关站管理范围内的不同卫星。切换前后,终端处于同一信关站管理的不同卫星的覆盖下。第三类切换过程涉及不同信关站管理范围内的同一卫星下的波束切换,虽然切换前后服务终端的波束属于同一卫星,但这两个波束分布在不同的信关站,其中会涉及信令交互、信道资源分配等过程,因此,切换过程较为复杂。第四类切换过程涉及不同信关站管理范围下的不同卫星。切换前后,终端的波束不属于同一卫星或信关站,因此,切换过程需要复杂的切换信令。这里研究不同卫星间的切换过程,着重研究星地链路切换。

（3）切换流程

低轨道地球卫星网络中完整的切换流程包括 3 个阶段:网络发现、切换评估和切换执行。网络发现阶段,检测所有可以覆盖终端的卫星节点,将可以连接到终端的卫星定义为候选卫星集合。切换评估阶段，建立合适的切换决策算法，确定最佳切换时间和最佳切换目标卫星，使终端在考虑整个系统性能的情况下获得最佳的通信质量。切换执行阶段，又可以进一步分为 3 个步骤，首先，目标切换卫星为终端分配一个信道，然后终端接入目标切换卫星，最后终端释放原来连接的卫星信道。根据不同的切换模式，低轨道地球卫星系统可以采用不同的目标选择策略。

在单星内跨波束切换中，使用的目标策略主要有非优先切换策略、队列优先切换策略和预留信道策略。非优先切换策略基于固定信道分配的手段将固定的信道数量分配给每个小区或每类业务。该策略十分简单，但不能适应网络业务量的动态变化，会导致系统的资源利用率偏低，在实际使用时，一般需结合其他策略。队列优先切换策略是队列技术的演进，不同类型的呼叫或请求以排队的方式进行。这样，网络资源的分配能够更加合理。如果卫星的波束不存在空闲信道时有新的呼叫或切换请求到达，卫星会将该呼叫或请求放入单独设置的队列中进行等待。若在系统设定的时间内有空闲信道出现，则该呼叫或请求会被网络接受，否则执行强制中断操作。在同一个队列中，资源分配的原则是按照呼叫或请求发生的先后顺序进行。不同队列之间可以设置不同的优先级，使优先级高的队列获取更多网络资源。预留信道策略为每个小区的切换服务建立专用的保护信道。采用该策略的关键是如何设置合适的阈值，保证在满足信道资源使用的情况下，不对网络资源造成浪费。一般来说，预留信道采用的阈值可以是固定值，也可以是适应网络不断变化的动态值，该动态值能够提高网络资源利用率。

在跨卫星间的用户切换中，选择卫星的准则主要有最小负载准则、最小距离准则、最长可视时间准则等。最小负载准则让用户在所有可见卫星中，选择负载最少的卫星。该准则能够降低掉线率和阻塞率，提升系统资源利用率，但缺点是可能会因为选择距离较远的卫星，导致出现传输时延较长、QoS 较差的问题。最小距离准则通过计算用户与卫星的距离，选择离用户最近的卫星。在该准则下，会选择距离最短的卫星，从而使通信仰角最大。这会导致切换的时间间隔很短，不适合进行长时间通信（如多媒体业务等）。最长可视时间准则通过计算卫星的覆盖时间，选择能够为用户提供最长服务时间的卫星。基于该准则选择的卫星能够在一定程度上降低用户切换的频率，但缺点是计算要求较高。

（4）移动性管理

根据终端用户的无线资源控制（Radio Resource Control，RRC）状态，移动性管理可以分为空闲态的移动性管理和连接态的移动性管理。空闲态的移动性管理即当用户处于空闲态时，终端将对卫星波束进行选择和重选。终端对卫星波束的选择和重选是终端的自主行为，但网络可以通过广播消息对终端小区的选择/重选进行干预。选择和重选的过程依赖于卫星的星历信息、信号强度和终端位置信息。相比于地面通信系统，终端可以基于星历信息和卫星波束配置信息判断自己是否处于卫星的波束覆盖范围之内。

连接态的移动性管理对应于连接态的终端，其移动性管理可以分为星内切换、星间切换和馈电切换。对于星内切换和星间切换，需要解决的主要问题是切换判决的准确性和切换信令的开销；馈电切换则要求切换的可靠性和大规模用户切换的有序性。

星内切换即当终端设备在同一颗卫星上的不同小区之间切换时，源小区和目的小区属于同一个基站。星间切换即终端在两颗卫星之间的波束进行切换。当卫星移动时，终端从一颗卫星切换到另一颗卫星，这时除了空中接口信令的交互，还需要卫星之间的信息交换。

馈电切换主要用于卫星仅与单信关站连接的场景。如果发生馈电切换，需要先与原地面信关站断开连接，然后再连接到新的信关站。这种切换过程将会带来较大的服务中断。由于每颗卫星包含多个波束（小区），每个波束有数百甚至数千个接入用户，在进行馈电切换过程中，需要在最多数万个用户之间进行群切换。受此影响，在切换过程中，随机接入资源需求、切换时延以及切换成功率等因素将面临极大挑战。

因此，需要提前通知所有用户连接到新的卫星，并分配合适的物理随机接入信道（PRACH）资源，以支持大量用户在一个时间窗口内和新的信关站重新建立 RRC 连接。为保证一个时间窗口内的所有用户正确接入，且不发生冲突或资源过载，有必要根据用户优先级和业务需求对接入管理进行分类，将用户安排在特定时间点发送 PRACH 信号。

4.7 手机直连卫星技术

手机直连卫星是指利用卫星网络，使手机能够通过卫星直接通信，而不需要依赖地面蜂窝网络的技术。目前的手机直连卫星技术聚焦于如何实现大众消费级智能手机的卫星直连，主要实现方式有以下两种。

一是在手机中增加卫星通信芯片以及相应射频信道，实现手机与卫星的双连接能力，即改手机不改卫星。在此种方式下，地面移动通信与卫星通信相对独立，通过模式切换实现转换。其优点是利用现有卫星和协议，终端升级快；难点在于天线和功放芯片的小型化与低功耗设计。2022 年 9 月，华为公司推出 Mate 50 手机，嵌入北斗卫星短信功能，能够直接通过北斗卫星发送短消息，是我国第一个支持手机直连卫星的智能手机；2023 年 9 月，华为公司推出 Mate 60 Pro 手机，内嵌基于 S 频段天通一号卫星的双向短消息和双向话音功能，是全球首个支持手机直连卫星双向短消息和双向话音的智能手机。

二是对卫星进行升级，支持 3GPP、ITU 通信标准，普通手机不需要改动即可连接卫星进行通信，即改卫星不改手机。这种模式支持大量现有手机终端直接具备直连卫星能力，成为当前大规模星座实现卫星直连的主流方式。这种模式受限于普通手机的能力，仅能工作在地面蜂窝网络授权的频段上，且因终端侧采用地面蜂窝网络协议的限制，未来可能无法支持非地面网络（Non-Terrestrial Network，NTN）新业务。当前，围绕第二种实现方式还有一种新的思路正在研究，即对卫星和终端进行升级，支持 3GPP NTN 等标准，可支持更多的频段以及更多的新业务。

2017 年以来，3GPP 就在推进卫星融入地面移动通信的技术规范研究，成立了 NTN 工作组。针对卫星信道特点，适应性地修改地面移动通信空口协议，支持手机直连卫星应用。2022 年 6 月，3GPP 宣布 5G R17 标准冻结，R17 引入

NTN 特性，支持终端能同时接入卫星和地面网络，实现全球无缝覆盖。2023 年 2 月，三星电子宣布其新开发的 5G NTN 调制解调器可支持智能手机直接进行卫星通信，并计划将其集成到 Exynos 芯片中，以加速 5G 卫星通信商业化，并为 6G 时代铺路。目前已经开展了该种方式下的部分实验测试，下面重点分析该种方式下的手机直连卫星技术。

4.7.1 发展现状与技术挑战

（1）发展现状

① Lynk Global

Lynk Global 公司成立于 2017 年，致力于利用 LEO 卫星为全球手机用户提供通信服务。2020 年，Lynk Global 首次通过卫星成功实现普通安卓手机的双向连接，成为首家在卫星与标准移动设备之间建立连接的公司。2022 年，Lynk Global 在其试验卫星上成功连接 6 000 台设备，并获得 FCC 批准运营其 10 颗卫星组成的星座。截至 2023 年 2 月，Lynk Global 已发射了 3 颗商业卫星，并展示了其向 1 000 部手机发送应急预警的能力。Lynk Global 已与全球近 30 家运营商合作，在多个国家测试手机与卫星的通信，计划扩展到 5 000 颗卫星，最终提供宽带互联网服务。

② AST&Science

AST&Science 公司成立于 2017 年，专注于建立可与智能手机直接通信的低轨星座移动通信系统，通过 Bird 星座为全球用户提供无缝移动宽带网络。星座计划分 4 个阶段完成，最终由 168 颗卫星组成。2019 年，AST 发射首颗试验卫星 Bl 用户 Walker 1，测试 LEO 卫星通信时延。2022 年 9 月，发射 Bl 用户 Walker 3，并部署 64 m² 的相控阵天线，用于测试与 LTE 和 5G 设备的话音、视频和数据通信。2023 年，AST 与 AT&T 和日本乐天合作，通过 Bl 用户 Walker 3 成功进行了首次卫星话音通话，并在夏威夷测试了 4G LTE 下载速度。原计划于 2023 年底发射的首批 5 颗 Bl 用户 Bird Block 1 商业卫星因制造延误和成本问题推迟至 2024 年 9 月 12 日发射，重量减半。AST 计划通过 Block 2 卫星扩大覆盖范围，目前已与多家运营商达成合作协议。

③ SpaceX

2022 年 8 月 25 日，Starlink 与 T-Mobile 合作，计划通过 Starlink 2.0 提供手机直连卫星通信服务。首批 6 颗支持手机直连卫星已于 2024 年 1 月发射，计划首先提供短信业务，并在 2025 年推出话音和数据服务。

④ 国内发展

2022 年以来，国内开展了大量手机直连卫星试验验证，并基于现有在轨卫星网络，推出了支持手机直连卫星应用的手机，提供短消息和双向低速话音。

2022 年 8 月，中国移动、中兴和交通运输通信信息集团等单位合作，基于 GEO 通信卫星，完成了基于 R17 的 NTN 技术验证，支持短消息、话音对讲等业务，从架构、协议、设备等方面验证了"手机直连卫星"技术的落地能力。

2023 年 4 月，我国 IMT-2020（5G）推进组成立 NTN 工作组，开展标准规范研究和技术验证，推进产业发展。随着 5G NTN 标准发布，紫光展锐等国内芯片厂商相继推出支持该标准的芯片。中国电信、中国移动、Vivo 等企业正在测试 5G NTN 卫星通信。2023 年 5 月，中国电信集团卫星通信有限公司与紫光展锐、中兴通讯等合作伙伴完成了 S 频段 5G NTN 技术上星和业务验证，实现了手机与卫星的直连通信。同时，中国移动研究院与 OPPO、中兴通讯等合作，完成国内首款 5G 物联网 NTN 手机直连卫星实验室验证，该手机支持双向话音对讲和文字消息。2023 年 7 月，紫光展锐推出具备手机直连卫星能力的手机 SOC 芯片。该芯片基于 S 频段天通一号卫星（中国电信携手紫光展锐、vivo、中兴通讯等），完成符合 IoT NTN 标准的手机直连卫星在轨测试。

（2）技术挑战

基于对地静止轨道卫星的手机直连技术路线来源于传统卫星通信模式，具有多普勒频移小、时频同步简单等特点，技术相对成熟，可快速实现业务拓展；基于非对地静止轨道（NGSO）卫星的手机直连技术路线由于不需要修改现有手机，将成为手机直连卫星的主流方式。下面将从空口侧、卫星侧、网络侧和终端侧 4 个方面分析基于 NGSO 卫星的手机直连卫星相关技术挑战。

① 空口侧技术挑战

手机直连卫星技术在空口侧主要面临信道特性复杂、误码率高和星地同步难等挑战。星地信道存在大尺度衰落和小尺度衰落两种特性[89]，其中，大尺度衰落源于自由空间损耗、大气吸收、云雾雨衰、闪烁效应和地物损耗，小尺度衰落则为多径传播所引起的多径效应[90]。卫星信号传播受降雨、云雾、大气及终端附近障碍物影响，导致信道衰减增加，特性复杂，信号质量变化快，影响系统性能[91]。另外，还存在动态大多普勒频移和动态大传播时延等问题。传统手机与地面基站距离近，多普勒频移小[92]。但NGSO卫星因高速运动，多普勒频移多达千赫兹（kHz）L/S频段[93]。

在频率使用方面，NGSO卫星采用MSS频段和地面移动运营商通信频段两种方式。使用地面通信频段会对ITU现行规则产生冲突[94]，需要一体化的频率协同，否则缺乏统一的频率划分，将导致手机直连卫星频率冲突严重，频率兼容与共享困难；而且频率不统一会导致对地面通信频段内合法用户产生干扰，影响通信效能[95-96]。

② 卫星侧技术挑战

基于NGSO卫星的手机直连，手机不做改动，终端装配的接收天线增益较低，需大幅提升卫星收发能力，必须增大卫星天线规模和波束数量，这给卫星及其天线的设计带来重要挑战[97]。同时，大规模阵列模拟波束网络复杂度高，特别是在多波束应用中，随着波束数量增加，复杂度急剧上升，波束成形实现难度较大[98]。

③ 网络侧技术挑战

手机直连卫星在网络侧涉及大规模卫星组网及其与地面网络的融合。卫星网络由于拓扑变化快、时延大、波束覆盖有限，因此在卫星帧结构、星内/星间波束切换、频率复用和多星协同等方面面临巨大挑战[99]，这些内容在前序章节已经介绍，此处不再赘述。对于星地融合而言，卫星网络与地面网络两者独立发展多年，网络结构、标准体制和特征参数存在较大差异，因此在网络认证、鉴权、业务漫游等方面需要新的适配研究。当前，相关标准与融合方式仍处于研究之中，星地融合下的手机直连卫星性能也待进一步验证。

④ 终端侧技术挑战

普通手机连接地面基站时，信号传输距离仅几千米，内置天线功率低。若与 NGSO 卫星直连，信号传输距离需上千千米，链路损耗大，影响通信效能。因此需在手机内置大功率功放和高增益天线，给高密度集成、功耗管理和散热带来严峻挑战。

手机直连卫星的关键技术大多为前几节技术的扩展，需要结合实际需求开展细化研究。本节重点给出研究方向和关键技术，不再对技术进行细化阐述。

4.7.2 手机直连卫星架构

随着卫星通信技术的不断演进，卫星载荷和信号处理能力逐步提升，能够实现透明转发、基站和核心网等功能，并与地面基站进行天地一体化组网。手机直连卫星架构可基于地面移动通信手段开展设计，在 3GPP 的 NTN 架构的基础上进行扩展，并向着基于 6G 的服务化架构演进[100]。

（1）基于 5G NTN 的架构

3GPP NTN 在 R17 和 R18 版本中均采用透明转发架构，卫星作为终端和 NTN 网关中间的射频处理单元，实现无线信号的透明转发。信号的基带处理仍然放在地面基站实现，因此该网络架构对星上处理能力要求较低，有利于快速部署，但该模式需要大量地面站点进行支撑。在此基础上，3GPP 正在开展基于处理转发的网络架构研究，在未来 NTN 演进版本中有望实现。这种方式下，基站的部分或全部功能、核心网的部分网元（如用户平面功能）或全部功能均可以部署在星上。手机直连大规模星座网络架构如图 4-34 所示。

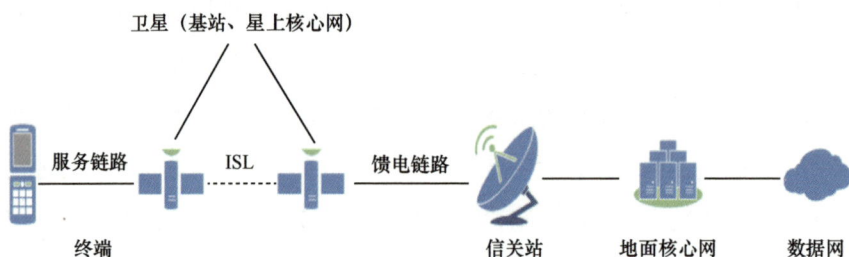

图 4-34　手机直连大规模星座网络架构

由于在卫星上解码和处理数据包，而且支持星间链路，使用基于处理转发的手机直连卫星架构可以为用户提供更好的通信覆盖和传输性能，具有以下优势。

① 降低控制 / 数据平面时延。

② 在没有 NTN 网关（未部署或暂时未运行）的地区支持低时延业务。

③ 地面段 /NTN 网关的部署更具灵活性。

④ 提升服务链路和馈电链路的频谱效率。

（2）面向 6G 扩展新型网络架构

5G 核心网引入了服务化架构，网络功能间采用轻量级服务化接口，利用服务化架构模块化、无状态、独立化、扁平化、自主化的优势，推动网络走向开放化、虚拟化、软件化和服务化。6G 手机直连卫星网络将进一步实现接入网、承载网和核心网的一体虚拟化；借鉴核心网服务化思想，将接入网控制平面和用户平面功能服务化，并按需部署在地面或空间节点平台上，实现接入网和核心网一体化融合设计，降低空间节点能耗。同步利用大数据和人工智能（AI）技术，根据不同场景需求，通过网络功能编排对各节点功能进行统一编排，形成网络即服务（Network as a Service，NaaS）能力，实现天地一体化网络的按需智能重构。在 NaaS 架构下，天地一体化通信网络可灵活地配置成如下模式：天基网络作为地面网络的回传网络，地面网络的基站通过天基网络接入地面核心网；天基节点具备部分基站功能，如分布式单元（DU）部署在卫星节点上，集中式单元（CU）部署在地面节点；天基节点不仅具备与地面基站等同的地位，还可部署"边缘核心网"网元，承载部分地面核心网的功能。

手机直连卫星架构还需要进一步探索，以解决虚拟化平台对异构硬件环境的适应性不足，以及传统网络功能编排器缺乏对无线业务描述等问题。

4.7.3　手机直连空口

（1）星地频率共用技术

目前，国际上关于星地频率的使用规则均在 ITU《无线电规则》的整体框架下进行。ITU《无线电规则》将 8.3 kHz ～ 300 GHz 的频段划分给地面和卫星，有些频段单独给地面或卫星使用，有些频段既划分给地面又划分给卫星。各个国家使用星地共用频段时，会根据各自国内的需求考虑将这些频段用于地面或卫星。总体而言，目前星地频段已经按照规则完成分配，相对独立使用。

　　手机直连卫星可用频率资源主要有两类：一是使用现有卫星移动通信频率；二是使用地面移动网络运营商（MNO）频率。卫星移动通信频率分配相对集中，有利于全球覆盖的频率统一，但对终端能力要求较高、可行性低。使用 MNO 频率则不需要修改手机天线及射频模组，有利于快速接入卫星。但 MNO 频率分配较散，不同区域变化较大，星载天线实现困难，在全球范围内实现兼容困难。

　　天地融合频率需要关注手机直连卫星与地面移动通信频段共享共用，开展有利于降低星载天线工程实现代价的频率使用方案研究；在此基础上，针对天地间同频共用，研究天地频率协作的空间隔离及覆盖规则、天地频率非协作的干扰感知及规避方法。

　　① 星地频率共用

　　低轨道地球卫星在移动过程中，会经过多个国家或地区，可以按照各个国家或地区的要求，以地面通信频率为主，通过不断更改卫星发射和接收频率，避免星地频率干扰。此种方式的好处是能够服务全球所有地区用户，有效形成与地面运营商的合作关系，缺点是地面通信频率在不同国家或地区分散在 600 MHz ～ 2.4 GHz 的多个频段，为了能够适应全球的工作范围，需要研究 600 MHz ～ 2.4 GHz 的宽带射频通道和天线，同时还需要研究基于服务对象位置的频率干扰规避策略。

　　② 频率干扰规避

　　手机直连卫星不仅需要考虑卫星和地面之间的频率干扰，还要考虑不同系统卫星之间的频率干扰以及系统内不同卫星对同一用户的干扰。由于系统内部的工作频率可以提前规划，借鉴地面频率多色复用规则，研究星地统一频率多色复用策略，可以避免星地间、星星间、系统内的频率干扰。但在用户即将跨星切换时，原卫星和目的卫星对用户同时覆盖可能造成同频干扰，此时应考虑将两颗卫星配置成不同频点，减少干扰，但这样又会增加用户切换的复杂度，因此需要针对特殊场景研究频率干扰规避策略。

　　③ 使用非授权频段

　　使用非授权频段无须授权，但要与其他通信体制共存，共同竞争信道资源。

非授权频段分布在 5～6 GHz 和 Ka 频段的多个频段，由于 5～6 GHz 的频率与地面 5G 通信频率相近，2 种信号的星地传输衰减和处理方法大致相同，可以选择 5～6 GHz 频率作为手机直连卫星的天地共用频率。同时借鉴 4G 使用授权频谱辅助接入（Licensed-Assisted Access，LAA）实现非授权频谱接入[101]，在手机直连卫星场景下，可利用授权频谱接入地面网络，之后通过地面网络辅助实现手机利用非授权频谱接入卫星。

（2）星地同步技术

LEO 卫星在大多普勒频移场景下需要解决星地同步问题，文献 [102] 提出一种基于多步进整数分频模式下的初始时频同步估计方法。首先利用主同步信号（Primary Synchronization Signal，PSS）序列的时频特性，在本地生成 $2N+1$ 组带有整数倍频偏的 PSS 时域序列组，每组包含 3 个不同索引号的 PSS 时域序列，将所有这些 PSS 序列分别与接收到的信号进行滑动互相关，估算出 PSS 序列的起始位置，并且判断出最大相关峰值所对应的本地 PSS 序列索引号，确定扇区 ID。算法检测度量函数为

$$\text{Alipha}(idx, icfo, d) = \left| \frac{1}{\sqrt{\sum_{n=0}^{L-1} |r(n+d)|^2}} \sum_{n=0}^{L-1} r(n+d) p_{idx, icfo}^*(n) \right|^2 \quad (4\text{-}42)$$

其中，$r(n)$ 为接收信号，$p_{idx, icfo}^*(n)$ 为本地 PSS 序列，idx 为扇区 ID 值，icfo 为整数倍频偏值，L 为单个子帧内 PSS 的采样点长度。通过接收序列与 $2N+1$ 个本地 PSS 副本组进行滑动相关，当最大相关峰值大于预设判决门限时，得到最大的相关峰值所对应的位置偏移 d 作为接收到时域数据的定时点，相关性最大的本地 PSS 序列所对应的扇区 ID 值和整数倍频偏值即接收序列的扇区 ID 值和整数倍频偏值。

PSS 定时偏移估计以及整数倍频偏估计完成后，利用时域的本地 PSS 序列共轭点乘接收到的时域 PSS 符号，再分成两部分分别求和，最后估计频偏大小。

$$C_i = \left[\sum_{n=0}^{N/2-1} r_{pss,i}(n) S_{pss}^*(n) \right] \left[\sum_{n=0}^{N/2-1} r_{pss,i}(n+N/2) S_{pss}^*(n+N/2) \right] \quad (4\text{-}43)$$

其中，$r_{\text{pss},i}(n)$ 为第 i 副天线接收到的 PSS 序列，$S_{\text{pss}}^{*}(n)$ 为本地生成的 PSS 序列共轭，N 为正交频分复用（OFDM）符号快速傅里叶变换（FFT）样点长度。如果接收为 2 副天线，相关运算结果合并为 $C=C_1+C_2$，也可以多个 PSS 联合估计 $C_{\text{acc}}=\sum C^{(l)}$，由此计算归一化小数倍频偏，从而实现初始同步。归一化小数倍频偏计算方法为

$$\varepsilon_f = \frac{1}{\pi}\text{angle}(C_{\text{acc}}) \qquad (4\text{-}44)$$

其中，angle(·) 表示对复数求角度[102]。

（3）物理层传输技术

为适应星地高动态频率以及时延变化，卫星和手机之间通信，在存量手机不能更改的条件下，星载基站（eNodeB）不能完全照搬 LTE 物理层处理流程，需要进行适应性修改，主要有以下三方面。

一是手机上行业务调度的最大时间提前量（TA）值调整周期需要更改。TA 值在 LTE 中表示基站和终端之间能够支持的最大时延。星载基站与手机之间的距离比地面移动基站与手机之间距离大很多，因此在手机直连卫星环境下必须调整。为适应星地距离高动态变化，需要修改上行 TA 的配置值和调整周期，保证上行业务落在正确的调度时隙内。以轨道高度 550 km 的卫星为例对星载基站的 TA 调整周期进行计算，由于物理上行共享信道（PUSCH）信号的 CP 长度为 4.687 5 μs，支持的传输距离为 1 406.25 m，卫星波束边缘处终端的星地距离 2 703.8 km，往返传输时延 18 ms，处理时延预估为 29 ms，则从终端发出 PUSCH 信号至接收星载基站发出的 TA 调整共需 20 ms，在该段时间中卫星运动了 20 ms×7.9 km/s=158 m，因此 TA 调整最大周期约为 (1 406.25–158) m/7.9(km·s⁻¹) = 158 ms，设置不超过 160 ms 即可。

二是针对不同位置区用户的下行频率需要预补偿。以轨道高度 550 km 的卫星为例，L 频段信号的最大多普勒频移为 45 kHz，远超过了 LTE 体制子载波间隔 15 kHz，而 LTE 体制的 15 kHz 子载波间隔只能适应 7 kHz 左右的频偏。星载基站必须结合卫星运动方向、波束指向，计算覆盖区对应的频偏，并进行下行频偏预补偿，保证信号到达手机的频偏在其估计范围内。

三是手机上行业务接入的频率调整周期需要更改。LTE 系统业务信道容忍的频偏一般为 ±200 Hz，由于地面通信设备之间的多普勒频偏变化率较小，因此业务态上行频率补偿调整最小周期为 500 ms 即可，但卫星高速运动引起的多普勒频率偏移及频偏变化率较大，按照最大星地往返时延约 18 ms 计算，可知多普勒频移变化约 10 Hz，为容忍业务信道的 ±200 Hz 频偏，需要最大的频率调整周期不超过 360 ms。

（4）二次鉴权的安全可控技术

在传统漫游组网方式下，存在网络业务提供商不能自主控制漫游用户和运营数据的问题，因此需要研究卫星网络二次鉴权认证技术，实现对来自地面移动网络用户卫星业务订购权限的管控。通过在卫星核心网增加用户归属方漫游码号权限表，记录用户归属方码号、用户 ID（来源于用户归属方用户关系管理系统）和业务权限（话音、短信），并以此数据为基础实现漫游业务二次鉴权。

采用二次鉴权的主要目的是确保只有授权的用户才能访问卫星网络服务，从而提高网络安全性和服务质量。通过在卫星核心网建立用户归属方漫游码号权限表，可以明确每个用户的身份和权限，使得网络业务提供商能够有效地管理和控制用户的业务订购和使用情况。这种方法不仅提高了网络的安全性，也方便网络业务提供商对用户进行精细化管理和服务质量提升。

系统架构层面，在核心网络中集成二次鉴权模块，该模块与现有的用户数据中心和策略与计费控制单元紧密协作，同时，二次鉴权系统采用分布式架构，以支持大规模用户并发处理，同时提高系统的可靠性和容错能力。

用户识别与认证环节，采用身份验证和凭证校验的方式，用户设备发送服务请求时，系统通过用户标志模块（Subscriber Identity Module，SIM）或其他认证令牌来识别用户，并且系统验证用户凭证的有效性，包括预共享密钥或数字证书。

完善权限查询与验证流程，建立包含用户的业务权限、服务等级协议和任何特定服务限制的漫游码号权限数据库，基于用户的权限信息和服务请求类型，系统实时做出是否允许服务的决策，一旦用户权限验证通过，系统向用户设备发送授权信号，允许访问特定服务。

最后，加强二次鉴权的安全措施，实时监控用户行为，使用机器学习算法来检测和预防欺诈和异常活动，添加日志记录，记录所有鉴权尝试和决策，以便进行审计和故障排除，部署入侵检测系统来识别和响应潜在的网络攻击。

4.7.4　星地协同组网技术

（1）天基极简核心网技术

卫星载荷处理能力有限，手机直连卫星需要基于地面核心网，通过星上网元功能的集合部署以及单网元功能的轻量化裁剪和接口简化，极简化天基核心网，与地面核心网实现星地协同组网。

① 星上网元功能集合部署

卫星的计算和存储资源相对有限，因此在部署星上核心网元时，必须采取高度策略性的选择。一种直观且有效的策略是精简部署，即只选择对星上业务运行至关重要的网元。虽然 3GPP 23.501 定义了 30 多种功能网元，但在卫星通信的实际应用中，并非所有网元都必不可少，且这些网元鲜有专门为卫星通信设计的功能，因此实际部署时要筛选必要且合适的网元进行星上部署。初步考虑星上网元功能部署集合包括接入和移动性管理功能（AMF）、会话管理功能（SMF）、统一数据管理（UDM）功能以及用户平面功能（UPF）。其中，AMF 可以确保用户顺利接入并进行移动性管理，SMF 可以支持用户的会话管理及星地漫游和星间漫游场景，UDM 可以有效统一管理用户数据，UPF 支持星上用户平面数据转发。进一步地，未来不排除考虑其他网元，如策略控制功能 PCF、认证服务器功能 AUSF 等星上部署。

② 单网元功能轻量化剪裁

在地面移动通信网络中，为了满足各类业务场景需求，3GPP 标准通过不断迭代将新定义的网元功能加入标准协议中，并通过功能冗余部署确保业务的性能。然而，卫星由于资源有限，难以实现网元功能的全集部署，必须通过网元功能的轻量化裁剪释放资源来提高网络效率。以 UPF 网元为例，为适配星地协同网络，UPF 网元需要具备以下特点：一是适配低轨道地球卫星通信，功能设计要考虑时延、带宽、稳定性等与地面移动通信的差距；二是适配低计算资源，由于卫星上能提供的电源功耗较低，UPF 能利用的计算资源也比较少，需要规划好设备的业务和管理计算资源。因此根据上述特性，设计星载 UPF 功能包括会话管理、数据报文转发、隧道管理、QoS 功能、报文识别、ULCL 分流、Xn/N2 切换、5G 局域网（LAN）以及 N3/N4/N6/N9/N19 接口。将部分 3GPP 的功能（如计费、后路由、深度包检测等功能）进行裁剪，并对配置、性能、告警管理功能简化，如采用本地文件方式替代原数据库方式进行数据存储。

③ 接口协议简化

在地面移动通信网络中，为了满足各类业务场景的需求，接口协议的设计往往非常复杂。因此除了星上网元集合部署以及功能裁剪，还需要考虑接口协议的简化，以适配星地通信的时延和带宽限制。以 UPF 网元为例，星载 UPF 的设计需要考虑简化通信流程，裁剪部分 3GPP 的流程，减少星地之间的交互，简化信令的传输次数，并对星地通信协议的链路参数可配，如可以配置消息超时时间和重传次数。此外，由于星载 UPF 的计算资源有限，需要减少星载 UPF 软件计算资源使用，适配星地网络，如 N4 接口增加下行数据缓存配置等。通过接口协议的轻量化，实现优化通信流程，确保在星上有限资源条件下的高效通信服务。

（2）业务连续性保障技术

星地协同的天地一体化网络将支持在天基节点、地基节点为用户提供话音、视频等宽带通信业务，在面向星地协同组网的业务需求中实现业务连续性是保障用户 QoS 的基础。星地协同组网的业务连续性需考虑卫星节点分布式部署、卫星网络通信能力受限、通信资源受限、通信体制差异、强对地移动性、动态网络拓扑等特点，支持在星地协同组网的网络功能单元上提供连续的业务服务。在星地协同组网中对网络架构和流程进行优化，充分利用卫星星座的运行规律，优化目标卫星选择机制，减少卫星快速移动导致的切换信令冲击和切换时延增加。例如，网络可根据星座的运行规律和用户的位置，提前预测用户切换的目标基站并进行预切换。基于星地单元之间的协同可以实现复杂业务及跨区域漫游，例如，地面网络与卫星网络间的切换可通过在切换前由核心网指示用户与目的无线接入网元建立连接，在切换时激活连接来保障业务连续性。

（3）端到端 QoS 保障技术

长期以来，卫星系统与地面系统具有独立的网络架构与功能实体。由于各自系统承载业务类型差异，卫星系统与地面系统具有独立的 QoS 优化保障体系。随着星地网络高度融合，星地协同组网将支持为多连接终端用户提供话音、视频、消息、数据、广播 / 多播、垂直行业等多样化通信业务。一方面星地异构网络需要为星地融合业务提供全局一致性 QoS 保障，另一方面高度差异化业务需求需要建立星地协同优化保障机制。在星地协同组网中实现端到端 QoS 保障需要引入新的机制，其中可能包括星地协同组网状态感知、端到端 QoS 策略映射、星地协同 QoS 规划以及统一的 QoS 监测和优化等。例如，针对卫星接入可以结合卫星数据提供灵活的 QoS 策略，建立星地 / 星间 QoS 监测并根据监测结果动态更新 QoS 等。

（4）多连接协同管理技术

在星地协同网络中，用户可以同时利用卫星和地面蜂窝接入流量在卫星网络和地面网络提供的两条链路上进行引导、切换和分配。这种多链路连接的方式为用户带来了更多选择和可能性，但同时也对星地协同组网中的多连接管理提出了更高的要求。通过不同链路达到最佳传输效果，首先需要对网络状态进行实时监测和评估，包括带宽、时延、丢包率等关键指标，这样可以根据不同网络的性能动态调整流量的引导、切换和分配策略。其次需要考虑流量特性的影响，不同类型的流量对网络性能的要求不同，例如，视频流量对带宽和时延要求较高，而文件传输则更注重稳定性和可靠性。因此，需要根据流量的特性选择合适的链路进行传输。此外还需要考虑用户的需求和偏好。不同的用户可能对通信服务的要求不同，有些用户可能更看重速度，有些用户则更注重稳定性和可靠性。通过跨层优化和协同设计，可以充分利用各种资源的优势，提高整体网络的性能和效率。

4.7.5 星载天线与基站技术

（1）星载大型天线技术

受限于卫星发送及接收能力，目前手机直连卫星仅能提供低速数据和话音业务。随着全球通信需求的急剧增加和数据传输速率的不断提升，星载天线技术正向超大阵列天线方向快速发展。这一趋势在 LEO 星座系统中尤为明显，这些系统依赖高度集成的天线阵列来提供高质量的通信服务。地面通信技术如 4G LTE 和 5G 已经为用户提供了 Mbit/s 甚至 Gbit/s 的体验速率，而当前的手机直连卫星通信只能提供 kbit/s 量级的数据服务。因此，为了实现 10 Mbit/s 级别的数据传输并最大化服务用户，星载天线必须具备高增益和灵活的波束管理功能。在地面手机能力确定的情况下，手机直连卫星支撑宽带业务，星载可展开部署的超大阵列多波束天线是关键。

目前，国内在轨成熟的 L 频段相控阵天线，阵面不超过 2 m²、功耗超过 800 W、质量超过 80 kg。距离"手机直连卫星"对不小于 50 m² 天线阵列还有很大差距。为此，首先需要研究超大阵列天线二维高精度展开及收纳压紧装置，支持天线阵列收藏及在轨展开，以适应发射对卫星包络及环境适应性的要求；同时，必须通过轻量化、低功耗射频前端高集成设计研究以及可大幅降低功耗的星载数字波束成形技术研究，解决阵列规模扩大带来的功耗和质量剧增难题。具体来讲，星载天线需要围绕以下要求开展设计。

一是提升天线增益。为实现高数据传输速率，星载天线必须具备高增益以支持更大的 EIRP 和 G/T 值。例如，在 L/S 频段和 500 km 低轨道地球卫星上，为了使手机直连卫星的通信速率达到 Mbit/s 量级，星载天线的 EIRP 值需要达到 58 dBW，G/T 值需不低于 15 dB/K。这需要天线在发射和接收方面都能够提供更强的信号强度，同时还必须平衡功耗与散热。

二是增加波束数量。为了覆盖更大的区域并减少频率干扰，星载天线通常采用阵列形式。由于视场内覆盖面积大，使用大量点波束能够实现目标位置的精确覆盖，但也带来了波束跳变速度与覆盖效率的挑战。以卫星轨道高度 500 km 为例，当俯仰角为 60° 时，覆盖面积可达 3.18×10^6 km²。表 4-7 展示了波束覆盖与波束数量之间的对应关系，说明为了实现大面积覆盖，星载天线必须结合点波束与波束跳变技术[103-104]。

三是减小波束张角。在手机直连卫星场景下，用户、基站、卫星间的同频干扰将非常严重，需要减小波束张角，避免干扰。

表4-7　波束覆盖与波束数量之间的对应关系

卫星最大俯仰角 / (°)	手机终端对应仰角 / (°)	卫星视场内覆盖面积 / km²	波束半径10 km 波束数量 / 个	波束半径15 km 波束数量 / 个	波束半径20 km 波束数量 / 个	波束半径50 km 波束数量 / 个
60	21	3 184 457	10 136	4 505	2 534	405
55	28	1 933 231	6 154	2 735	1 538	246
50	34	1 263 749	4 023	1 788	1 006	161
45	40	855 310	2 723	1 210	681	109
40	46	586 509	1 867	830	467	75
35	52	400 953	1 276	567	319	51
30	57	269 018	856	381	214	34

四是精准波束控制。低轨道地球卫星高速运动使得星载天线必须能够动态调整波束形状，以避免干扰。这需要利用数字波束成形技术，通过天线本地或分布式天线阵列，实现精确的波束控制。采用数字器件在子阵上对信号进行数字化处理，通过光纤将信号传输到基带处理器，进一步增强波束的增益和方向控制。同时，必须结合波束跳变实现全视场覆盖。特别是在资源调度周期快速的情况下（如4G LTE的10 ms和5G的125 μs），星载天线需要在极短的时间内完成波束跳变，以确保用户体验的流畅性。

未来，随着相位控制、波束成形和智能调整技术的进一步发展，超大阵列天线将在更加复杂的通信环境中提供更高效的服务。这些技术的发展将使星载天线能够更好地应对复杂干扰环境，特别是在低轨道地球卫星系统与地面网络的融合中，将发挥重要作用，支持从地球轨道到地面设备的无缝通信连接。

（2）星载高效处理平台技术

星载基站是未来卫星通信系统的重要发展方向[105]，其实现依赖于星载高效处理平台技术，主要包括星载基站轻量化技术、通信体制兼容与用户移动管理和星上边缘计算技术等方面。

① 星载基站轻量化技术

传统手机基站架构通常包括天线、远端射频单元、基带处理单元等组件。随着 5G 的发展，基带处理单元的非实时部分被分离出来作为集中式单元（CU），处理非实时协议和服务，而实时部分则作为分布式单元（DU），处理物理层协议和实时服务。为了应对手机直连卫星的需求，基站架构也在发生变化，考虑将 DU 等实时部分部署在卫星载荷上，而将 CU 和有源天线单元等非实时部分部署在地面侧，以此减少网络时延并降低系统的制造和发射成本。这种架构的轻量化设计对手机直连卫星系统的快速推广应用至关重要[102]。

② 通信体制兼容与移动管理

手机直连卫星通过星载基站完成用户接入、数据交互和资源调度，可以显著提高服务时延和通信效率，尤其是在面对多种通信体制共存场景下，星载基站需要能够适应 4G LTE、5G、NTN-NR、NTN-IoT 等多种通信协议。此外，星载基站的覆盖范围远超地面基站，需要接入和管理大量用户，这对基站的资源分配技术和计算性能提出了更高要求。与地面基站不同，星载基站和用户终端均处于移动状态，这要求基站不仅要对用户进行移动性管理，还要管理自身的移动性。此外，星载基站需要通过复杂的多波束控制策略，根据用户需求和天线特性进行波束的空间和时间调度，以确保高效的服务质量。

（3）星上边缘计算技术

星上边缘计算是指将算力资源以及用户平面功能从地面核心网扩展到星上，利用卫星上部署的移动边缘计算能力，减少业务传输时延，提供不落地、高安全的星上业务。通过星上用户平面数据业务的本地处理，降低对卫星与地面站之间星地链路资源的占用和传送依赖。星上边缘计算一是对于需要实时响应通信的业务，如紧急通信、远程监控和灾害应急等场景，能够显著减少业务传输的时延；二是对于保护敏感信息和隐私数据，提供不落地的星上业务处理方式，在边缘节点进行数据处理，减少数据在传输过程中被窃取或篡改的风险，增强数据的安全性；三是通过将算力资源部署在星上，能够实现星上用户平面数据业务的本地化处理，降低了对卫星与地面站之间星地链路资源的占用和传送依赖，有助于优化星地协同网络整体性能，提高资源的利用效率。

4.8 本章小结

　　大规模低轨星座系统是实现云原生网络远域扩展的主要手段，对于支撑各级各类战术用户"一跳入云"具有天然优势。本章简要回顾了低轨星座系统的发展历程，分析了大规模低轨星座系统的技术挑战，详细阐述了构型设计、可靠组网、协同传输、用户接入等大规模低轨星座系统的关键技术及其实现路径，并专门介绍了当前手机直连卫星相关进展，以期为读者开展相关系统设计建设提供参考。

参考文献

[1]　LLOYD W. Internetworking with satellite constellations[D]. Guildford: University of Surrey, 2001.

[2]　曾喻江. 基于遗传算法的卫星星座设计 [D]. 武汉 : 华中科技大学 , 2007.

[3]　郭庆 , 王振永 , 顾学迈 . 卫星通信系统 [M]. 北京 : 电子工业出版社 , 2010.

[4]　PRATT S R, RAINES R A, FOSSA C E, et al. An operational and performance overview of the IRIDIUM low earth orbit satellite system[J]. IEEE Communications Surveys, 1999, 2(2): 2-10.

[5]　RIISHOJGAARD L P. Report on Molniya orbits[R]. 2004.

[6]　LANG T J, ADAMS W S. A comparison of satellite constellations for continuous global coverage[M]. Dordrecht: Springer Netherlands, 1998.

[7]　蔡亭婷 . LEO 卫星通信网络路由协议研究 [D]. 西安 : 西安电子科技大学 , 2018.

[8]　SCHOEN A H, ULLOCK M H. Optimum polar satellite networks for continuous earth coverage[J]. AIAA Journal, 1963, 1(1): 69-72.

[9]　WALKER J. Continuous whole-earth coverage by circular-orbit satellite patterns//Proceedings of International Conference on Satellite Systems for Mobile

Communications and Surveillance. [S.l.:s.n.], 1973: 35-38.

[10] LUDERS R D. Satellite networks for continuous zonal coverage[J]. ARS Journal, 1961, 31(2): 179-184.

[11] Space Exploration Technologies Corp. Satellite constellations:10843822B1[P]. 2020.

[12] SU Y T, LIU Y Q, ZHOU Y Q, et al. Broadband LEO satellite communications: architectures and key technologies[J]. IEEE Wireless Communications, 2019, 26(2): 55-61.

[13] SANAD I, MICHELSON D G. A framework for heterogeneous satellite constellation design for rapid response earth observations[C]//Proceedings of the 2019 IEEE Aerospace Conference. Piscataway: IEEE Press, 2019: 1-10.

[14] 梁斌, 王珏瑶, 李成, 等. 多 GNSS 掩星大气探测卫星星座设计 [J]. 宇航学报, 2016, 37(3): 334-340.

[15] MATOSSIAN M G. Improved candidate generation and coverage analysis methods for design optimization of symmetric multisatellite constellations[J]. Acta Astronautica, 1997, 40(2): 561-571.

[16] PENG Z, KOHANI S. The performance of the constellations satellites based on reliability[J]. Journal of Space Safety Engineering, 2017, 4(2): 112-116.

[17] MENG S F, SHU J S, YANG Q, et al. Analysis of detection capabilities of LEO reconnaissance satellite constellation based on coverage performance[J]. Journal of Systems Engineering and Electronics, 2018, 29(1): 98-104.

[18] KAK A, AKYILDIZ I F. Large-scale constellation design for the Internet of space things/CubeSats[C]//Proceedings of the 2019 IEEE Globecom Workshops. Piscataway: IEEE Press, 2019: 1-6.

[19] 蒋虎. LEO 卫星轨道设计中的主要摄动源影响评估 [J]. 云南天文台台刊, 2002(2): 29-34.

[20] 李恒年, 李济生, 焦文海. 全球星摄动运动及摄动补偿运控策略研究 [J]. 宇航学报, 2010, 31(7): 1756-1761.

[21] 陈长春, 林滢, 沈鸣, 等. 一种考虑摄动影响的星座构型稳定性设计方法 [J]. 上海航天 (中英文), 2020, 37(1): 33-37.

[22] 李玖阳, 胡敏, 王许煜, 等. 低轨 Walker 星座构型偏置维持控制方法分析 [J]. 中国空间科学技术, 2021, 41(2): 38-47.

[23] 王许煜, 胡敏, 赵玉龙, 等. 星座备份策略研究进展 [J]. 中国空间科学技术, 2020, 40(3): 43-55.

[24] 项军华, 张育林. 基于卫星可靠度和 MTTR 星座空间备份策略设计 [J]. 系统工程与电子技术, 2007, 29(9): 1576-1580.

[25] FENG L P, JIAO W H, JIA X L, et al. A method on constellation on-orbit backup of regional navigation satellite system[C]//Lecture Notes in Electrical Engineering. Berlin: Springer, 2012: 197-211.

[26] 雷文英, 李毅松, 周昀, 等. 基于鸿雁单颗 LEO 卫星和 GEO 卫星的天基导航备份 [J]. 空间电子技术, 2017, 14(5): 47-51.

[27] JAKOB P, SHIMIZU S, YOSHIKAWA S, et al. Optimal satellite constellation spare strategy using multi-echelon inventory control[J]. Journal of Spacecraft and Rockets, 2019, 56(5): 1449-1461.

[28] KIM R. Stochastic inventory control modeling for satellite constellations[J]. Journal of Spacecraft and Rockets, 2020, 57(3): 612-620.

[29] RUIZ DE AZÚA J A, CALVERAS A, CAMPS A. Internet of satellites (IoSat): analysis of network models and routing protocol requirements[J]. IEEE Access, 2924, 6: 20390-20411.

[30] WANG Z H, LI J Z, CHEN H Q, et al. A novel divergence measure–based routing algorithm in large-scale satellite networks[J]. IET Communications, 2021, 15(5): 708-722.

[31] JIA M, ZHU S Y, WANG L F, et al. Routing algorithm with virtual topology toward to huge numbers of LEO mobile satellite network based on SDN[J]. Mobile Networks and Applications, 2018, 23(2): 285-300.

[32] WANG J F, LI L, ZHOU M T. Topological dynamics characterization for LEO

satellite networks[J]. Computer Networks, 2007, 51(1): 43-53.

[33] LIU Z G, ZHU J, ZHANG J M, et al. Routing algorithm design of satellite network architecture based on SDN and ICN[J]. International Journal of Satellite Communications and Networking, 2020, 38(1): 1-15.

[34] 陈全, 杨磊, 郭剑鸣, 等. 低轨巨型星座网络: 组网技术与研究现状 [J]. 通信学报, 2022, 43(5): 177-189.

[35] KORÇAK Ö, ALAGÖZ F. Virtual topology dynamics and handover mechanisms in Earth-fixed LEO satellite systems[J]. Computer Networks, 2009, 53(9): 1497-1511.

[36] LU Y, SUN F C, ZHAO Y J. Virtual topology for LEO satellite networks based on earth-fixed footprint mode[J]. IEEE Communications Letters, 2013, 17(2): 357-360.

[37] 李贺武, 刘李鑫, 刘君, 等. 基于位置的天地一体化网络路由寻址机制研究 [J]. 通信学报, 2020, 41(8): 120-129.

[38] VASAVADA Y, RAVISHANKAR C, CORRIGAN J, et al. Determination of locations of calibration earth stations for ground based beam forming in satellite systems[C]//Proceedings of the 2017 IEEE Military Communications Conference (MILCOM). Piscataway: IEEE Press, 2017: 331-336.

[39] KOPACZ J R, RONEY J, HERSCHITZ R. Optimized ground station placement for a mega constellation using a genetic algorithm[C]//Proceedings of the 33rd Annual AIAA/USU Conference on Small Satellites. [S.l.:s.n.], 2019: 1-9.

[40] PACHLER N, DEL PORTILLO I, CRAWLEY E F, et al. An updated comparison of four low earth orbit satellite constellation systems to provide global broadband[C]// Proceedings of the 2021 IEEE International Conference on Communications Workshops (ICC Workshops). Piscataway: IEEE Press, 2021: 1-7.

[41] DEL PORTILLO I, CAMERON B G, CRAWLEY E F. A technical comparison of three low earth orbit satellite constellation systems to provide global broadband[J]. Acta Astronautica, 2019, 159: 123-135.

[42] LIU Y D, CHEN Y D, JIAO Y W, et al. A shared satellite ground station using user-oriented virtualization technology[J]. IEEE Access, 2020, 8: 63923-63934.

[43] LYRAS N K, EFREM C N, KOUROGIORGAS C I, et al. Optimum monthly based selection of ground stations for optical satellite networks[J]. IEEE Communications Letters, 2018, 22(6): 1192-1195.

[44] KING P R, STAVROU S. Low elevation wideband land mobile satellite MIMO channel characteristics[J]. IEEE Transactions on Wireless Communications, 2007, 6(7): 2712-2720.

[45] FONTAN F P, MORAITIS N, BROWN T, et al. Overview of activities carried out within satnex on land mobile satellite and satellite-to-indoor channel modeling[C]//Proceedings of the 5th European Conference on Antennas and Propagation. [S.l.: s.n.], 2011: 3562-3565.

[46] FONTAN F P, VAZQUEZ-CASTRO M, CABADO C E, et al. Statistical modeling of the LMS channel[J]. IEEE Transactions on Vehicular Technology, 2001, 50(6): 1549-1567.

[47] KING P R, STAVROU S. Characteristics of the land mobile satellite MIMO channel[C]//Proceedings of the IEEE Vehicular Technology Conference. Piscataway: IEEE Press, 2006: 1-4.

[48] EBERLEIN E, HEUBERGER A, HEYN T. Channel models for systems with angle diversity—the MiLADY project[EB]. 2008.

[49] DRIESSEN P F, FOSCHINI G J. On the capacity formula for multiple input-multiple output wireless channels: a geometric interpretation[J]. IEEE Transactions on Communications, 1999, 47(2): 173-176.

[50] CORAZZA G E. Digital satellite communications[M]. Berlin: Springer, 2007.

[51] MOHAMMED A, MEHMOO A. MIMO channel modelling for satellite communications[EB]. 2010.

[52] XUE X W, WEI D X, GONG S H. The study of MIMO channel correlation coefficient in the rainfall environment for satellite communications[C]//

Proceedings of the 2013 5th IEEE International Symposium on Microwave, Antenna, Propagation and EMC Technologies for Wireless Communications. Piscataway: IEEE Press, 2013: 378-382.

[53] TELATAR E. Capacity of multi-antenna gaussian channels[EB]. 1995.

[54] FOSCHINI G J. Layered space-time architecture for wireless communication in a fading environment when using multi-element antennas[J]. Bell Labs Technical Journal, 1996, 1(2): 41-59.

[55] LOYKA S L. Channel capacity of MIMO architecture using the exponential correlation matrix[J]. IEEE Communications Letters, 2001, 5(9): 369-371.

[56] LOYKA S, KOUKI A. Correlation and MIMO communication architecture[C]// Proceedings of the 8th International Symposium on Microwave and Optical Technology. [S.l.: s.n.], 2001: 1-8.

[57] LOUIE R H Y, LI Y H, SURAWEERA H A, et al. Performance analysis of beamforming in two hop amplify and forward relay networks with antenna correlation[J]. IEEE Transactions on Wireless Communications, 2009, 8(6): 3132-3141.

[58] DHUNGANA Y, RAJATHEVA N, TELLAMBURA C. Performance analysis of antenna correlation on LMS-based dual-hop AF MIMO systems[J]. IEEE Transactions on Vehicular Technology, 2012, 61(8): 3590-3602.

[59] XU X Y, REN S B, WU J J, et al. Analysis of channel correlation characteristics in GEO mobile satellite communications[EB]. 2011.

[60] KNOPP A, SCHWARZ R T, HOFMANN C A, et al. Measurements on the impact of sparse multipath components on the LoS MIMO channel capacity[C]//Proceedings of the 2007 4th International Symposium on Wireless Communication Systems. Piscataway: IEEE Press, 2007: 55-60.

[61] SCHWARZ R T, KNOPP A, OGERMANN D, et al. Optimum-capacity MIMO satellite link for fixed and mobile services[C]//Proceedings of the 2008 International ITG Workshop on Smart Antennas. Piscataway: IEEE Press, 2008:

209-216.

[62] SCHWARZ R T, KNOPP A, LANKL B, et al. Optimum-capacity MIMO satellite broadcast system: conceptual design for LoS channels[C]//Proceedings of the 2008 4th Advanced Satellite Mobile Systems. Piscataway: IEEE Press, 2008: 66-71.

[63] KNOPP A, SCHWARZ R T, LANKL B. MIMO system implementation with displaced ground antennas for broadband military SATCOM[C]//Proceedings of the MILCOM 2011 Military Communications Conference. Piscataway: IEEE Press, 2011: 2069-2075.

[64] KNOPP A, SCHWARZ R T, OGERMANN D, et al. Satellite system design examples for maximum MIMO spectral efficiency in LoS channels[C]// Proceedings of the IEEE GLOBECOM 2008 - 2008 IEEE Global Telecommunications Conference. Piscataway: IEEE Press, 2008: 1-6.

[65] SCHWARZ R T, WINTER S P, KNOPP A. MIMO application for reduced adjacent satellite interference in SATCOM downlinks[C]//Proceedings of the 2014 IEEE International Conference on Communications (ICC). Piscataway: IEEE Press, 2014: 3570-3575.

[66] DOU S Y, BAI L, XIE J D, et al. Cooperative transmission for geostationary orbiting satellite collocation system[C]//Proceedings of the 2014 IEEE Global Communications Conference. Piscataway: IEEE Press, 2014: 2880-2885.

[67] DANTONA V, SCHWARZ R T, KNOPP A, et al. Uniform circular arrays: the key to optimum channel capacity in mobile MIMO satellite links[C]//Proceedings of the 2010 5th Advanced Satellite Multimedia Systems Conference and the 11th Signal Processing for Space Communications Workshop. Piscataway: IEEE Press, 2010: 421-428.

[68] KING P R, STAVROU S. Capacity improvement for a land mobile single satellite MIMO system[J]. IEEE Antennas and Wireless Propagation Letters, 2006, 5: 98-100.

[69] ALFANO G, DE MAIO A. A theoretical framework for LMS MIMO communication systems performance analysis[C]//Proceedings of the 2007 International Waveform Diversity and Design Conference. Piscataway: IEEE Press, 2007: 18-22.

[70] DHUNGANA Y, RAJATHEVA N. Analysis of LMS based dual hop MIMO systems with beamforming[C]//Proceedings of the 2011 IEEE International Conference on Communications (ICC). Piscataway: IEEE Press, 2011: 1-6.

[71] DHUNGANA Y, RAJATHEVA N, TELLAMBURA C. Performance analysis of antenna correlation on LMS-based dual-hop AF MIMO systems[J]. IEEE Transactions on Vehicular Technology, 2012, 61(8): 3590-3602.

[72] SURAWEERA H A, TSIFTSIS T A, KARAGIANNIDIS G K, et al. Effect of feedback delay on amplify-and-forward relay networks with beamforming[J]. IEEE Transactions on Vehicular Technology, 2011, 60(3): 1265-1271.

[73] LIOLIS K P, PANAGOPOULOS A D, COTTIS P G. Multi-satellite MIMO communications at ku-band and above: investigations on spatial multiplexing for capacity improvement and selection diversity for interference mitigation[J]. EURASIP Journal on Wireless Communications and Networking, 2007, 2007(1): 059608.

[74] MILAS V F, CONSTANTINOU P. A new methodology for estimating the impact of co-channel interference from high-altitude platforms to terrestrial systems[J]. Journal of Communications and Networks, 2006, 8(2): 175-181.

[75] FOSCHINI G J, GANS M J. On limits of wireless communications in a fading environment when using multiple antennas[J]. Wireless Personal Communications, 1998, 6(3): 311-335.

[76] COVER T, GAMAL A E. Capacity theorems for the relay channel[J]. IEEE Transactions on Information Theory, 1979, 25(5): 572-584.

[77] WATANABE T, NAKAO M, HIROYASU T, et al. Impact of topology and link aggregation on a PC cluster with Ethernet[C]//Proceedings of the 2008 IEEE

International Conference on Cluster Computing. Piscataway: IEEE Press, 2008: 280-285.

[78] BISIO I, MARCHESE M. Power saving bandwidth allocation over GEO satellite networks[J]. IEEE Communications Letters, 2012, 16(5): 596-599.

[79] FAN J C, YIN Q Y, LI G Y, et al. Adaptive block-level resource allocation in OFDMA networks[J]. IEEE Transactions on Wireless Communications, 2011, 10(11): 3966-3972.

[80] JIANG C X, CHEN Y, GAO Y, et al. Joint spectrum sensing and access evolutionary game in cognitive radio networks[J]. IEEE Transactions on Wireless Communications, 2013, 12(5): 2470-2483.

[81] AN K, LIN M, OUYANG J, et al. Symbol error analysis of hybrid satellite-terrestrial cooperative networks with cochannel interference[J]. IEEE Communications Letters, 2014, 18(11): 1947-1950.

[82] AN K, LIN M, LIANG T, et al. Performance analysis of multi-antenna hybrid satellite-terrestrial relay networks in the presence of interference[J]. IEEE Transactions on Communications, 2015, 63(11): 4390-4404.

[83] 马忠贵, 刘立宇, 闫文博, 等. 基于泊松簇过程的三层异构蜂窝网络部署模型 [J]. 工程科学学报, 2017, 39(2): 309-316.

[84] BANSAL H, PANDEY B, KRISHAN K. Intelligent methods for resource allocation in grid computing[J]. International Journal of Computer Applications, 2012, 47(6): 1-5.

[85] CELEBI M E, KINGRAVI H A, VELA P A. A comparative study of efficient initialization methods for the k-means clustering algorithm[J]. Expert Systems with Applications, 2013, 40(1): 200-210.

[86] HAMERLY G, ELKAN C. Alternatives to the k-means algorithm that find better clusterings[C]//Proceedings of the Eleventh International Conference on Information and Knowledge Management. New York: ACM Press, 2002: 600-607.

[87] STEPHEN B L V. Convex optimization[J]. IEEE Transactions on Automatic Control, 2006, 51(11):1859-1859.

[88] SHEN Z K, ANDREWS J G, EVANS B L. Adaptive resource allocation in multiuser OFDM systems with proportional rate constraints[J]. IEEE Transactions on Wireless Communications, 2005, 4(6): 2726-2737.

[89] YOU X H, WANG C X, HUANG J, et al. Towards 6G wireless communication networks: vision, enabling technologies, and new paradigm shifts[J]. Science China Information Sciences, 2020, 64(1): 110301.

[90] 苏昭阳, 刘留, 艾渤, 等. 面向低轨卫星的星地信道模型综述 [J]. 电子与信息学报, 2024, 46(5): 1684-1702.

[91] 陈山枝. 关于低轨卫星通信的分析及我国的发展建议 [J]. 电信科学, 2020, 36(6): 1-13.

[92] LIN X Q, HOFSTRÖM B, WANG Y P E, et al. 5G new radio evolution meets satellite communications: opportunities, challenges, and solutions[M]. Berlin: Springer, 2021.

[93] EULER S, FU X T, HELLSTEN S, et al. Using 3GPP technology for satellite communication[J]. Ericsson Technology Review, 2023(6): 2-12.

[94] ITU. Radio regulations[S]. 2020.

[95] 郝才勇. 手机直连卫星业务发展现状与挑战 [J]. 中国无线电, 2023(12): 36-38.

[96] 3GPP. Solutions for NR to support non-terrestrial networks (NTN) (Release 16): TR 38.821[S]. 2019.

[97] XU Z A, GAO Y, CHEN G J, et al. Enhancement of satellite-to-phone link budget: an approach using distributed beamforming[J]. IEEE Vehicular Technology Magazine, 2023, 18(4): 85-93.

[98] 孙晨华, 卢山, 赵海峰. 卫星互联网发展亮点分析及启示 [J]. 卫星应用, 2023(8): 19-24.

[99] 蒋长林, 李清, 王羽, 等. 天地一体化网络关键技术研究综述 [J]. 软件学报,

2024, 35(1): 266-287.

[100] 孙耀华, 许宏涛, 彭木根 . 手机直连低轨卫星通信 : 架构、关键技术和未来展望 [J]. 移动通信 , 2024, 48(1): 103-110.

[101] 田力 , 袁弋非 , 张峻峰 , 等 . 5G 随机接入增强技术 [M]. 北京 : 人民邮电出版社 , 2021.

[102] 何元智 , 杨岭才 , 肖永伟 , 等 . 天地一体化新路径 : 手机直连卫星发展热点、挑战与关键技术 [J]. 天地一体化信息网络 , 2024, 5(2): 1-11.

[103] 丁祥 , 续欣 , 张森柏 , 等 . 业务自适应的卫星跳波束系统资源分配方法 [J]. 陆军工程大学学报 , 2022, 1(3): 29-35.

[104] DING X, XU X, ZHANG S B,et al. Service-adaptive resource allocation method for satellite beam-hooping systems[J]. Journal of Army Engineering University of PLA, 2022, 1(3): 29-35.

[105] 宋艳军 , 肖永伟 , 孙晨华 . 手机直连卫星关键技术分析与发展展望 [J]. 电信科学 , 2024, 40(4): 1-9.

第 5 章

CHAPTER 5

大规模移动自组织网络

我们正面临着频谱资源稀缺的问题，无论是在时域还是在频域，甚至在码元、帧和数据包的粒度上，我们必须考虑使用空间资源来解决这些问题。

——安德鲁·维特比

5.1 概述

移动自组织（Ad Hoc）网络（MANET）是军事通信中战术末端的主要通信组网方式，具有无中心、自组织、抗毁能力强、适应拓扑快速变化等一系列适合战术环境应用的特点。自美军 20 世纪 70 年代开展的分组无线网络（PRNET）[1]项目开始，经过半个世纪的发展，移动 Ad Hoc 网络技术在战术通信领域得到了快速发展和广泛应用，已成为目前战术电台相当重要的一种通信模式。

长期以来，移动 Ad Hoc 网络主要应用于营连以下战术末端武器平台和下车单兵组网，组网规模和网络带宽均较为有限，网络规模通常限制在 32 节点之下，网络带宽通常在 2 Mbit/s 以下。直到最近 10 年，随着无人机蜂群作战[2]、马赛克作战[3-4]等新型作战概念的提出，面向支持大量战术末端异构平台之间宽带、扁平组网应用的大规模移动 Ad Hoc 网络（Massive MANET）技术逐渐成为军用移动 Ad Hoc 网络领域的研究热点。

与传统移动 Ad Hoc 网络相比，大规模移动 Ad Hoc 网络在实现技术、网络能力等方面都有了质的不同。在物理层，在 Wi-Fi、4G、5G 民用通信领域中得到成熟应用和验证的多输入多输出（MIMO）、正交频分复用（OFDM）、Turbo、低密度奇偶校验码（LDPC）等先进调制编码技术在战术电台中得到应用，通信传输带宽大幅提升，由过去的几十千比特每秒（kbit/s）到几兆比特每秒（Mbit/s），再到 100 Mbit/s 以上；在组网方面，由过去的信道资源静态分配、网络成员相对固定、网络规模和支持跳数受限的网络，发展为信道资源动态灵活分配、网络成员临机加入退出、网络规模和跳数不受限制的大规模扁平网络，网络规模由过去的几十个扩展到几百乃至上千个，网络成员可根据任务需求和战场态势，临机组合、动态调整。

在云原生网络中，大规模移动 Ad Hoc 网络是战术末端组网的主要网络形态，是实现战术末端有人 / 无人平台间互联互通、自主协同的基础。

本章将结合上述背景，围绕构建大规模移动 Ad Hoc 网络的网络架构及能力特征、物理层技术、信道接入控制技术、路由技术等方面进行阐述。

5.2 网络架构及能力特征

5.2.1 传统移动 Ad Hoc 网络

（1）网络架构

目前的军用移动 Ad Hoc 网络主要面向战术末端设计，用于保障营连以下作战分队和武器平台组网，适应现有的编配和指挥流程，通常采用分级分域组网的网络架构。

图 5-1 所示为美军士兵无线电波形（SRW）的组网架构[5]，SRW 是当前美军面向战术末端组网的重要波形，应用于连排层次，构成 A、B 两层网络，其典型组网场景如下：A 层网络为排级，由多个群组（排）组成，每个群组由一个群首（排长）和多个群成员（士兵）组成，群首负责群内节点管理，并承担连接 B 层网络（连）的网关功能。B 层网络为连级，由 A 层网络的群首（排长）、连级节点和连对上的网关节点组成。通常，A 层士兵携带单通道手持电台，排或连群首配备双通道车载 / 背负式电台，双通道电台为每一层分配一个独立的通道，并充当两级网络间通信的网关。

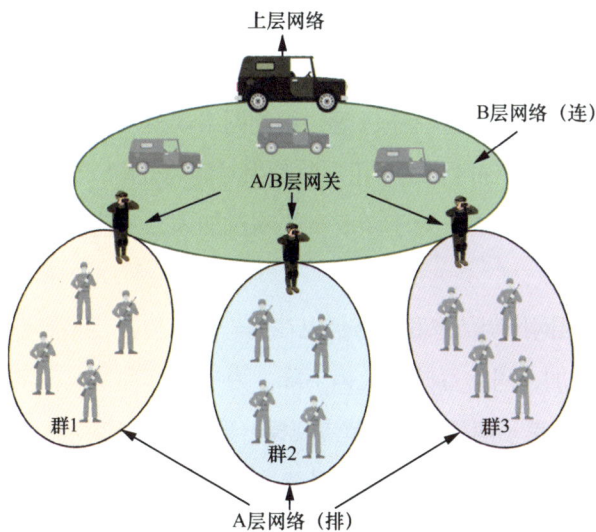

图 5-1 美军 SRW 的组网架构

在这种分级结构网络中，每一个 A 层群组以及 B 层网络分别工作在独立的射频信道上，单个群的网络规模被限制在排级规模，网络以群组为单位扩展，以满足网络节点规模扩展的需求，不同群组成员间不需要维护复杂的路由信息，以减少网络中路由控制信息的带宽消耗。在该网络架构下，群组内网络成员通常需要预先配置，群组不能自动合并或更改成员，网络灵活性较差。

（2）技术特征

在具体实现技术上，现有军用移动 Ad Hoc 网络的基本技术特征如图 5-2 所示。

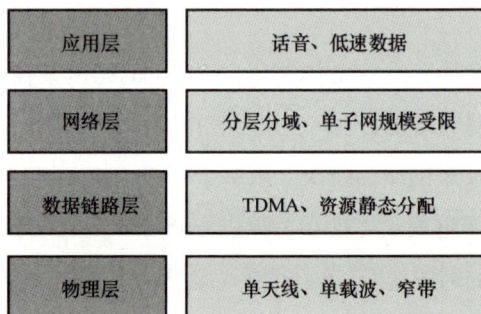

应用层	话音、低速数据
网络层	分层分域、单子网规模受限
数据链路层	TDMA、资源静态分配
物理层	单天线、单载波、窄带

图 5-2　现有军用移动 Ad Hoc 网络的基本技术特征

在物理层，以单天线、单载波技术为主，采用跳频、扩频抗干扰模式，传输带宽较低，通常小于 2 Mbit/s。

在数据链路层，以时分多址（TDMA）技术为主，各节点信道占用时隙预先分配，支持的用户接入数量有限，通过限制网络规模，保证信息可靠稳定传输，提供服务质量（QoS）保障。由于用户时隙相对静态分配，信道资源不能实现高效动态利用，灵活性较差，对于新成员的临机加入，不能很好支持，很难适应大规模组网的场景。

在网络层，组网控制信息和业务信息在同一信道传输，随着网络规模的扩大，网络开销急剧增加，网络吞吐量大幅下降。为适应这种情况，网络通常采用分层分域组网架构，单子网最大网络节点规模一般不大于 32 个。

在应用层，以话音和低速数据业务为主，支持多跳的话音、实时和非实时数据业务，但多跳后数据带宽呈指数级下降，转发跳数有限，最大跳数通常限制在 6 跳以内。

（3）存在问题

一是网络规模受限，拓扑适应性弱。首先，单子网内节点数量受数据链路层接入技术限制，无法随意扩展；其次，网络层的路由功能也存在随着网络规模的扩大，网络开销严重限制网络性能的问题，且网络拓扑发生变化后，常规主动式路由协议需要花费很长时间和较大代价才能达到收敛状态，网络开通和建网时间长，网络震荡时路由反应速度慢，路由收敛速度可能跟不上网络拓扑变化。

二是动态调整能力弱。相对静态的 TDMA 信道接入方式需要在网络规划阶段就要将时隙资源合理分配，网络规划完成后，网络成员动态调整困难，灵活性差，难以实现资源的高效复用。

三是分层分域组网导致跨子网传输时延大。分层分域的组网架构削弱了从源节点到目的节点的路径连通性。在网络规模增大的情况下，需要划分更多的小规模子网，从而限制了节点间的路由选择，子网间节点需要通过网关节点进行通信，子网间路由协议的更新速度慢，大大增加了数据的传输时延。

四是网络规划复杂。分层分域的组网架构，导致子网数量过多，增加了网络规划和频谱分配的难度。

5.2.2 大规模移动 Ad Hoc 网络

（1）网络架构

近年来，随着马赛克作战、无人机蜂群作战等新型作战概念和作战样式的提出，无人平台间的大规模分布式集群组网需求变得非常迫切，军用移动 Ad Hoc 网络也从传统的以支撑数量规模相对有限的战术分队和末端武器平台，向支撑大规模异构有人 / 无人平台扁平组网为主转变。

与传统移动 Ad Hoc 网络相比，支撑上述新型作战概念的网络有了更高的技术需求，主要表现在两个方面。一是在网络层次方面，传统 Ad Hoc 网络模式下，网络规模一旦增大，就要将网络进行分层或分域，通过网关节点实现不同子网间的互联；而大规模移动 Ad Hoc 网络则完全摒弃了分层分域的网络架构，取而代之的是一种超级扁平化的网络，即规模庞大的自组织网络。二是网络更加灵活，从传统的信道资源相对静态分配，网络成员相对固定的静态自组织网络，向信道资源灵活动态调整，网络拓扑按需灵活构建，网络成员临机加入退出转变。典型的大规模移动 Ad Hoc 网络架构如图 5-3 所示。

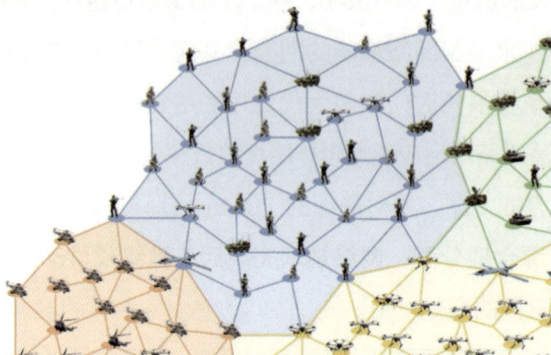

图 5-3　大规模移动 Ad Hoc 网络架构

（2）技术特征

实现这样一个超级扁平的大规模移动 Ad Hoc 网络，在技术上面临一系列的挑战，其主要技术特征如图 5-4 所示。

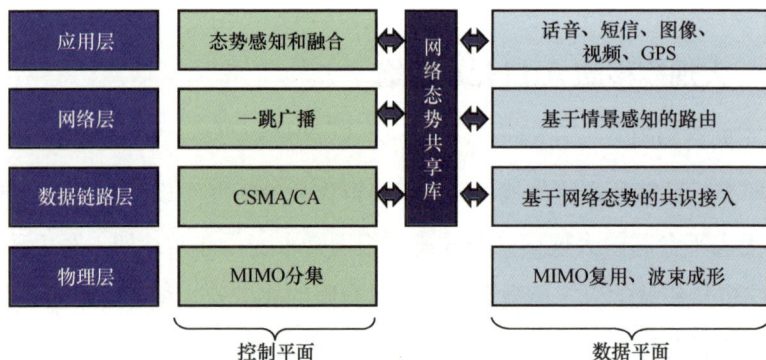

图 5-4　大规模移动 Ad Hoc 网络主要技术特征

网络采用控制平面和数据平面分离的网络架构，通过控制平面和数据平面的分离，构建控制和业务传输相对独立的两张逻辑网络。其中，控制平面负责网络态势感知和融合处理，实现基于网络态势的物理层资源调度控制、路由管理等功能，支持网络协议的运行，采用多输入多输出（MIMO）分集、低阶调制编码（MCS）、一跳广播传输机制保证控制信息的可靠传输；数据平面负责业务信息的传输，采用 MIMO 复用、波束成形、高阶 MCS 等机制实现业务的宽带高效传输。通过控制平面和数据平面的跨层、跨网设计，实现网络资源的灵活调配和高效利用。

在物理层，采用 MIMO、正交频分复用（OFDM）以及 Turbo、LDPC 等高效调制编码技术，提升物理层传输速率，解决频谱资源受限、带宽能力不足的问题，为应用层提供基础。

在数据链路层，控制平面以支持信道资源动态竞争使用的有冲突避免的载波侦听多路访问（CSMA/CA）技术为主，利用载波侦听技术降低传输碰撞，支持三跳以外节点的频率复用，保证三跳之后的传输速率不再下降，为网络规模不限、转发跳数不限提供基础。数据平面，各节点利用控制平面网络获得的网络态势信息（网络拓扑、链路质量、队列缓存等），依托一定的分布式控制策略，采用基于网络实时态势的 CSMA 或动态 TDMA 机制，实现业务时隙的有序竞争和动态分配，支持系统资源动态高效利用。

在网络层，控制平面采用一跳广播路由，实现网络态势感知和融合，数据平面可以直接利用控制平面提供的网络态势信息参与路由决策，降低路由控制信息的开销。数据平面基于网络态势信息中的链路质量、节点发送信息队列缓存、地理位置等综合信息进行路径选择，实现有 QoS 保障的大规模组网路由。

在应用层，提供有 QoS 保障的业务传输，不再局限于传统的话音和低速数据业务，还可以支持图像、视频等各类宽带数据业务。

基于控制平面和数据平面分离架构，以及物理层、数据链路层和网络层的全新设计，使得网络更灵活、更健壮，并获得更高的吞吐量，满足网络节点规模不限、转发跳数不限、可承载宽带业务数据的大规模、扁平化自组织网络需求。

5.3 物理层技术

随着 B3G/4G/5G 通信系统的演进，MIMO、OFDM 以及 Turbo、LDPC、

Polar 码等先进调制编码技术不断发展并得到成熟应用，这些物理层先进技术的应用极大地提升了通信系统性能，相关技术也逐步应用到军用通信系统中。本节从支撑大规模移动 Ad Hoc 网络物理层宽带传输角度出发，重点介绍 MIMO、OFDM 以及 Turbo、LDPC、Polar 码等新型调制编码技术。

5.3.1　MIMO

MIMO 是指发射端和接收端使用多个天线，在不增加系统占用频谱带宽的基础上，利用无线传输信道的空间特征，提升通信系统性能而采用的信号处理技术。

1908 年 Marconi 就提出了 MIMO 应用的设想，目的是对抗信道衰落，MIMO 结构示意如图 5-5 所示。其基本思想是将信号在发射端通过多个天线分别发送，在接收端通过多个天线分开接收来获取分集增益，从而提高信号传输的质量。20 世纪 90 年代，贝尔实验室的 Wolniansky 等将 MIMO 技术应用于无线通信系统，提出了垂直分层空时码（V-BLAST）算法[6]，并在实验室环境内实现了 20 bit/(sHz) 以上的频谱利用率。同期，Alamouti 提出了空时块编码的概念，在时域和空域两个维度上对信号进行编码，从而实现两根发射天线的发射分集增益。在此之后，研究人员通过长期研究得出结论：在存在多径的信道环境中，采用多个发射天线和多个接收天线构成的 MIMO 系统可以成倍地提高无线通信系统的信道容量。

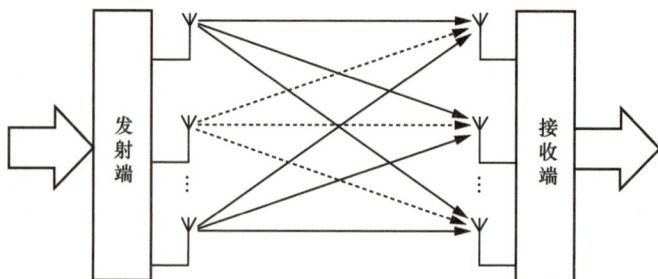

图 5-5　MIMO 结构示意

MIMO 信道容量的研究成果将经典的香农信息论推广到了广义的 MIMO 信息论，是信息理论领域的一次历史性飞跃，为在无线通信系统中获得更高的频谱效率提供了理论基础，对无线通信系统的实现架构、调制编码、信道建模以

及信号检测技术等多方面提出了新的挑战。随着传统单天线通信技术向 MIMO
技术过渡，出现了以空间分集（Space Diversity，SD）增益为主的空时块编码和
预编码以及以空间复用（Space Multiplexing，SM）增益为主的分层空时码等一
系列空时编码新技术，带动了无线通信领域 MIMO 技术的研究热潮，并逐步发
展为 B3G/4G/5G 通信系统的关键核心技术。

　　在军事通信领域，多天线分集技术在短波、散射频段及固定台站、大型武
器平台（飞机、舰船）上应用较多，但在战术末端广泛应用的手持、背负式战
术电台领域，受限于器件能力、体积、重量和功耗等方面因素，鲜有应用。直
到最近，随着技术和工艺水平的发展，以及战术末端宽带大规模扁平组网需求
的推动，多天线技术开始在战术超短波电台领域得到应用，并表现出优异性能，
使 MIMO 技术成为战术末端通信装备实现能力跃升的重要途径。目前业界较为
典型的采用 MIMO 技术的战术通信装备包括 Persistent System 公司的 MPU5 电
台 [7] 和 Silvus Technologies 公司的 Stream Caster 系列电台 [8] 等。

MPU5 电台

　　MPU5 电台是 Persisitent System 公司于 2017 年推出的手持式
多天线无线通信设备，支持 IP 数据、视频、话音业务，集成基于
Android 操作系统的应用处理能力，号称是世界上第一款智能战术
网络通信设备。MPU5 采用模块化的 S 波段 /L 波段 /C 波段射频
硬件设计，具有很强的通用性。

　　MPU5 电台采用了 Persistent 公司的 Wave Relay MANET 技术，并已在
美国陆军综合战术网络（ITN）中评估应用，全面支持美国陆军 MANET，
可以提供一种灵活的扁平二层网络，具有自愈和自组织能力，可提供直至下
车单兵一级的无缝健壮网络传送能力，为士兵带来更好的实时态势感知和网
络接入能力，在关键任务作战场景中实现更好的决策，以及更快的行动能力。

　　针对城市、森林和洞穴等环境中面临的通信距离近、传输速率低以及容
易被遮挡等问题，MPU5 采用了 3×3 MIMO 多天线技术，相比传统电台通
信距离能够扩大 4 倍，传输速率最大可达 100 Mbit/s 以上。

● 主要功能性能指标

智能战术网络	◆ Android 操作系统 ◆ 支持安装现有 Android 应用软件 ◆ 支持运行自定义应用程序 ◆ 连接和使用 USB 设备
扁平自组织	◆ 使用 Wave Relay MANET ◆ 专为大规模可扩展性而设计——无跳数限制 ◆ 快速自组织、自恢复 ◆ 对等网络，不需要主节点
小型化多功能	◆ 集网络、话音、视频、计算功能一体 ◆ 消除额外的电池、LMR、编码器、接收器等 ◆ 为关键任务设备提供更多空间
可替换射频模块	支持内部可更换的射频模块： ◆ L 波段：1 350 ～ 1 390 MHz ◆ S 波段：2 200 ～ 2 507 MHz ◆ C 波段（低端）：4 400 ～ 5 000 MHz ◆ C 波段（高端）：5 000 ～ 6 000 MHz
输出功率	◆ 6 ～ 10 W
可靠话音通信	◆ 监控多达 16 个话音通道 ◆ 双 PTT（Push to Talk）按键，支持同时两路话音 ◆ 话音通道优先级、话音组可配置
数据速率	◆ 3×3 MIMO 模式下，最大不小于 100 Mbit/s
调制解调	◆ OFDM：64-QAM, 16-QAM, QPSK, BPSK，电台模块/板卡可更换 ◆ 软件可配置带宽：5 MHz, 10 MHz, 20 MHz ◆ 收发工作模式：SISO, 2×2 MIMO, 3×3 MIMO
GPS	◆ 支持态势感知，1 s 刷新
尺寸重量	◆ 不含电池：38 mm×67 mm×117 mm, 391 g
工作温度	◆ − 40℃～ 85℃

● 应用

2019 年 4 月，美国陆军网络跨功能小组（N-CFT）与指挥控制通信战术项目执行办公室（PEO C3T）选定 Persisitent System 公司的 MPU5 电台完成一项网络现代化合同，将 MPU5 Wave Relay MANET 集成到 ITN 架构中，目标是使士兵成为网络的中心。

美国 C4ISR 网站 2020 年 4 月 10 日报道，美国 Persistent Systems 公司 2020 年 4 月 8 日宣布获得一份为期四年价值 2 500 万美元的合同，用于升级"波中继战术攻击工具包"（WaRTAK）项目中的 MPU 电台系统。

Stream Caster 电台

Stream Caster 系列电台是 Silvus Technologies 公司针对军用无线电台对通信距离、数据吞吐量和健壮性的严酷要求，为美国陆军提供的一种基于商用技术的宽频带、高吞吐量的移动 Ad Hoc 网络电台，采用支持多天线系统的 MN-MIMO（Mobile Networked-MIMO）技术，大幅提高了数据传输速率，扩展了通信距离，能够在非视距环境（建筑物、涵洞等遮挡环境）以及城市、山区等多径严重的传播条件下提供可靠的通信连接。

同时，设备具备极强的组网能力。2022 年 10 月，Silvus 公司采用 MN-MIMO 波形，构建了由 559 个节点组成的大规模 Ad Hoc 网络，演示了设备的规模化组网能力，满足美陆军营级规模扁平组网需求，为复杂战场环境下战术边缘的每个士兵提供数据连接。

Silvus Technologies 的 Stream Caster 系列电台主要包括面向手持应用的 Stream Caster4200 2×2 MIMO 电台和适应车载、机载应用的 Stream Caster4400 4×4 MIMO 电台。

• Stream Caster4200 主要功能性能指标

通用	
波形	◆ MN-MIMO
数据速率	◆ 最大 100 Mbit/s（自适应）
MIMO 技术	◆ 空间复用 ◆ 空时编码 ◆ Tx/Rx 特征波束成形
输出功率	◆ 1 mW ～ 10 W 可变（发射波束成形可达 20 W 有效发射功率）

PTT 话音	◆ G.711/G.722 输出编码 ◆ RoIP（Radio over Internet Protocol）共享 ◆ 双 PTT
灵敏度	◆ −99 dBm@5 MHz 带宽 ◆ −105 dBm@1.25 MHz 带宽（选配）
频段（可选）	◆ 400 MHz ～ 6 GHz
信道带宽	20 MHz/10 MHz/5 MHz
抗干扰	◆ MANET 频谱感知（MAN-SA） ◆ MANET 干扰避免（MAN-IA） ◆ MANET 干扰抵消（MAN-IC）
频段选项（支持双波段配置）	
UHF-I（042）	◆ 400 ～ 450 MHz
UHF-II（068）	◆ 663 ～ 698 MHz
900 MHz ISM(091)	◆ 902 ～ 928 MHz
低端 L（137）	◆ 1 350 ～ 1 390 MHz
扩展 L（139）	◆ 1 350 ～ 1 440 MHz
中间 L（147）	◆ 1 452 ～ 1 492 MHz
高端 L（182）	◆ 1 790 ～ 1 850 MHz
广播 B（206）	◆ 2 025 ～ 2 110 MHz
联邦 S（225）	◆ 2 200 ～ 2 300 MHz
S 波段（235）	◆ 2 200 ～ 2 500 MHz
2.4 GHz ISM（245）	◆ 2 400 ～ 2 500 MHz
低端 C 波段（455）	◆ 4 400 ～ 4 700 MHz
联邦 C-1（467）	◆ 4 400 ～ 4 940 MHz
高端 C 波段（485）	◆ 4 700 ～ 5 000 MHz
公共安全 +（512）	◆ 4 940 ～ 5 300 MHz
5.2 GHzISM（520）	◆ 5 150 ～ 5 250 MHz
5.8 GHzISM（580）	◆ 5 725 ～ 5 875 MHz

机械	
环境温度	◆ −40℃～ 65℃
防水等级	◆ IP68
尺寸	◆ 101.6 mm × 66.8 mm × 38.35 mm（不含连接器）
重量	◆ 425 g
材料	◆ 黑色阳极氧化铝
安装方式	◆ 4 孔安装方式（通孔）
电源	
电压	◆ 9 ～ 20 V 直流
功耗	◆ 5 ～ 48 W@10 W 发射功率 ◆ 5 ～ 24 W@4 W 发射功率 ◆ 5 ～ 16 W@1 W 发射功率
电池寿命	◆ 12 h（6.8 Ah 电池）
电源选项	◆ 扭动锁紧电池（BB）或前面板（EB）
接口	
射频口	◆ 2 × TNC（f）
基本接口	◆ 坚固的推 / 压连接器 ◆ 1 × 以太网口 1 × RS232，直流输入（只前面板）
辅助接口	◆ 坚固的推 / 压连接器 ◆ 1 × USB 2.0 主机；1 × USB 20. OTG
PTT	◆ 坚固的分离式连接器（前面板）
控制接口	◆ 多位置开 / 关 ◆ 13 个预设零加密 ◆ 基于 Web 的 StreamScape ◆ 网络管理器

5.3.1.1 MIMO 技术分类

在实际系统中，MIMO 技术主要包括两种应用场景，即以提高传输可靠性为目标的空间分集（Space Diversity，SD），以及以提升传输容量为目标的空间复用（Space Multiplexing，SM）。

（1）空间分集

分集的基本原理就是通过多个独立信道（时间、频率或者空间）接收承载相同信息的多个副本，由于多个信道的传输特性不同，信号多个副本的衰落也不相同，接收机对多个统计独立的副本信号进行合并接收，就可以达到提升接收质量的目的。如果不采用分集技术，在噪声受限条件下，发射机必须提高信号发射功率，才能保证信道质量较差时的链路正常连接，而在战术环境中，背负、手持等便携式通信设备采用电池供电，支持的发射功率受限，不能无限制地增大发射功率。此时，与单天线设备相比，采用空间分集方法可以在不提高发射功率的前提下，大幅提升系统的传输性能。时间和频率分集通常会在时间域或频率域产生冗余，从而降低频谱效率，而 MIMO 技术通过在发射端和接收端使用多天线，利用了空间信道的优势，可以在不牺牲频谱效率的前提下提升系统传输可靠性，因而非常适用于宽带无线通信系统。

空间分集的 MIMO 系统如图 5-6 所示，在发射端制作同一个数据流的多个副本，分别在不同的天线进行编码、调制，然后发送，发送的不同副本可以是原始数据流，也可以是原始数据流经过一定的数学变换（空时编码）后形成的新数据流；接收端利用空间均衡器（空时解码）分离接收信号，然后解调、解码，将同一数据流的不同接收信号合并，恢复出原始信号。

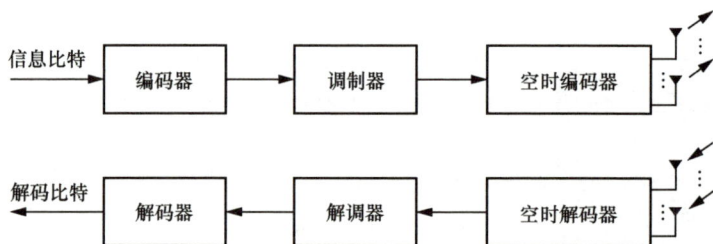

图 5-6　空间分集的 MIMO 系统

多天线 MIMO 系统能有效地提供分集增益，它包括发射分集和接收分集，发射端和接收端的每根天线都可以构成信号的不同副本，通过多个信号副本的接收分集，获取分集增益，从而提高无线传输的可靠性。当移动 Ad Hoc 网络利用分集增益时，可以极大地加强移动通信链路的可靠性，减少数据包的重传次数，这对于拓扑动态变化的宽带移动 Ad Hoc 网络来说非常有价值。

为了保证多根发射天线和接收天线间信道衰落的相互独立，采用空间分集方式的MIMO系统一般要求各天线间要保证一定的空间距离（与通信波长相关），因此对于安装空间受限的手持和背负式战术电台，采用 MIMO 技术，通常选择频率相对较高的特高频（UHF）、L、S等工作频段，而不在频率较低的甚高频（VHF）频段应用。

（2）空间复用

空间复用是在不增加信道带宽的前提下，利用多径效应增加传输容量的MIMO 技术。与空间分集不同的是，空间复用将原始数据通过一定的空时编码规则分解成多个并行数据流，多个数据流分别在不同的天线进行编码、调制，然后发送；接收端利用空间均衡器分离接收信号，然后解调、解码，将几个数据流合并，恢复出原始信号，如图 5-7 所示。天线之间相互独立，一根天线相当于一个独立的信道，这时系统的传输容量就是多个信道传输容量的总和。与空间分集一样，为保证多个传输路径的独立性，空间复用的 MIMO 系统的多天线间也需要保证一定的空间间隔。

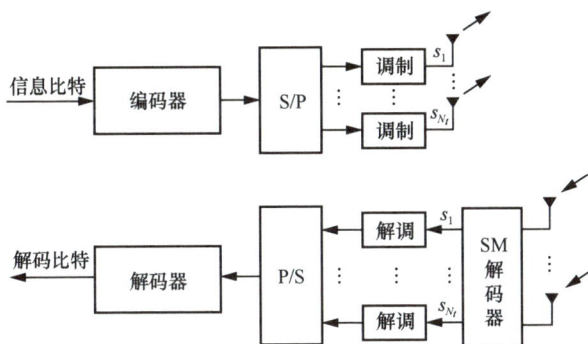

图 5-7 空间复用的 MIMO 系统

通过前面的分析可以看出，空间分集技术是利用多天线，采用空时编码的手段，通过多根天线发送和接收同一数据流的多个副本，并对多个统计独立的副本信号进行合并接收，降低多径导致的信道衰落的影响，获取分集增益，从而达到提高通信链路传输可靠性的目的；空间复用技术则是在不增加带宽占用的情况下，利用信道多径效应，实现对单路串行信号多路并行发送和接收，从而增加通信传输容量。

在工程应用时，对于空间分集和空间复用方式的选择，存在多种权衡。除了本节开始提到追求的目标不同（即分集的目标是提高传输可靠性，复用的目标是提高信道传输容量），在实际系统中，为了达到相同的通信能力，到底是选择分集还是复用，信道条件是一个重要的考虑因素，例如，对于一个2×2的MIMO系统，当链路质量较差时，采用16QAM调制的2×2空间分集系统与采用QPSK调制的2×2空间复用系统可以达到同样的传输带宽，从图5-8（a）的SER曲线可以看出，此时分集是更优的选择；而当链路质量较好时，改为256QAM调制的2×2空间分集系统和16QAM调制的2×2空间复用系统后，两者传输带宽仍然相同，但信道容量显著提升，此时对信噪比的要求更高了，如图5-8（b）所示，复用就成了更佳的选择。可见，MIMO方式的选择，和实际应用场景紧密相关，一般来说，对于低信噪比环境，分集是更优的，而在高信噪比环境下，复用是更佳的选择。

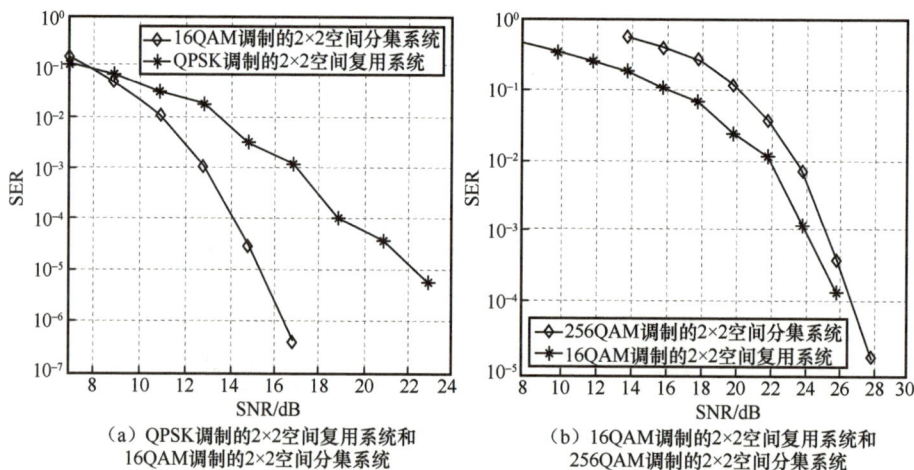

（a）QPSK调制的2×2空间复用系统和
16QAM调制的2×2空间分集系统

（b）16QAM调制的2×2空间复用系统和
256QAM调制的2×2空间分集系统

图 5-8　空间复用和空间分集在不同调制方式下的 SER 曲线

除了空间分集和空间复用技术，多天线技术还有另外一个重要的研究方向，即智能天线技术。智能天线技术是利用各天线的相关性，基于环境反馈，通过对多根天线的加权处理生成动态波束，使波束指向期望用户的方向，同时可以在非期望和干扰用户方向形成零点。从技术上看，智能天线与MIMO技术的主要区别是：智能天线技术重点关注波束的指向，而非信道的空间特征，即在通信方向形成能量聚焦，在干扰方向形成零点；MIMO 技术不关注波束的具体指向，而是充分利用信道的空间特征，提升通信质量，其中，空间分集主要采用空时编码技术创建空间分集来降低衰落的影响，空间复用则利用信道的多径特征，实现多流传输，获得比采用相同带宽的单天线系统更高的数据传输速率。

在战术通信系统中，智能天线技术的一个主要应用方向是宽带抗干扰，这部分的内容将在 5.3.4 节介绍。

5.3.1.2　空间复用

MIMO 空间复用是在频谱资源受限条件下，提升传输容量，实现宽带传输的有效技术途径。提出 MIMO 概念的两篇奠基性文献[9-10]中指出，对于独立同分布瑞利衰落 MIMO 信道，信道容量随收发天线数最小值的增长呈线性增长，这预示着 MIMO 系统可利用空间资源获得极高的频谱利用率。针对 MIMO 空间复用，贝尔实验室分层空时（BLAST）结构实现了这种高频谱利用率的典型空间复用，它能够充分利用空间资源所提供的复用增益。

（1）MIMO 信道容量

信道容量是指在接收端错误概率任意小的条件下，通信链路可以达到的最大信息传输速率。信道容量是通信系统性能的重要标志之一，给出了特定信道条件下，通信双方信息传输速率的上界。根据香农信息论，对于连续信道，在加性白高斯噪声（AWGN）信道条件下，信道容量 C 的理论公式（香农公式）为

$$C = B\mathrm{lb}\left(1 + \frac{S}{\sigma^2}\right) \tag{5-1}$$

其中，B 为信道带宽，S 为信号的平均功率，σ^2 为 AWGN 的平均功率，S/σ^2 为信噪比。通过式（5-1）可以直观地看出，通过增大发射功率，提高信号平均功率 S，可以增加信道容量，但在实际应用中，由于电磁环境、射频电路性能以及用户间干扰等情况的影响，发射端的发射功率往往会受到限制。同样，通过观察式（5-1），提升信道带宽 B 也可以提升信道容量，但是由于 AWGN 平均功率 σ^2 也与信道带宽 B 有关，若噪声单边功率谱密度为 n_0，香农

公式还可以表示为

$$C = B\mathrm{lb}\left(1 + \frac{S}{n_0 B}\right) \qquad (5\text{-}2)$$

当 $B \to \infty$ 时，有

$$\underset{B \to \infty}{C} = \lim_{B \to \infty}\left[\frac{n_0 B}{S}\mathrm{lb}\left(1 + \frac{S}{n_0 B}\right)\right]\left(\frac{S}{n_0}\right) = \frac{S}{n_0}\mathrm{lb}e \approx 1.44\frac{S}{n_0} \qquad (5\text{-}3)$$

从式（5-3）可以看出，当 S 和 n_0 一定时，信道容量虽然在 B 有限时随 B 增大而增大，然而当 $B \to \infty$ 时，σ^2 也趋于无穷大，信道容量不能无限制地增加。

式（5-3）是基于传统的单天线系统推导出来的，它给出了单天线系统的信道容量，而采用 MIMO 技术可以获得信道容量的成倍增加，而不需要额外的功率和带宽。

Telatar、Foschini 的两篇经典文献 [9-10] 中给出了独立同分布瑞利衰落 MIMO 信道模型下信道的容量分析。假设系统包含 N_T 根发射天线，N_R 根接收天线，用链路 (N_T, N_R) 表示；$h_{n_T n_R}$ 表示从发射天线 n_T 到接收天线 n_R 的信道衰落系数，它们相互统计独立，服从均值为零、方差为 1 的循环对称复高斯分布 $\mathrm{CN}(0,1)$（瑞利衰落）；s_{n_T} 为发射天线 n_T 上的发送信号，总平均功率为 1，即 $E[\| s \|^2] = 1$（$\| \cdot \|$ 表示矢量的模，$E[\cdot]$ 表示随机变量的期望值）；r_{n_R} 与 w_{n_R} 分别表示接收天线 n_R 上的接收信号和服从 $\mathrm{CN}(0, \sigma_n^2)$ 分布的 AWGN，则信号模型为

$$r_{n_R} = \sum_{n_T=1}^{N_T} h_{n_T n_R} s_{n_T} + w_{n_R}, \quad n_R = 1, \cdots, N_R \qquad (5\text{-}4)$$

由上述归一化条件可得到平均每接收天线上符号信噪比为 $\rho = \frac{1}{\sigma_n^2}$。记发送符号矢量 $s = [s_1 \cdots s_{N_T}]$，接收符号矢量 $r = [r_1 \cdots r_{N_R}]$，信道矩阵 $H = [h_{n_T n_R}]_{N_T \times N_R}$，AWGN 矢量 $w = [w_1 \cdots w_{N_R}]$，则式（5-4）表示成矩阵形式为

$$r = sH + w \qquad (5\text{-}5)$$

以下给出在独立同分布瑞利衰落信道模型、发射端未知而接收端已知信道状态信息（CSI）情形下信道容量的主要结论。对于 MIMO 信道的某个矩阵 H（矩阵 H 以概率 1 满秩），信道所能支持可靠通信的最大速率为 [10]

$$C(\boldsymbol{H}) = \text{lb} \det\left(\boldsymbol{I}_{N_{\mathrm{R}}} + \frac{\rho}{N_{\mathrm{T}}} \boldsymbol{H}\boldsymbol{H}^{\mathrm{H}}\right) = \sum_{i=1}^{N_{\min}} \text{lb}\left(1 + \frac{\rho}{N_{\mathrm{T}}} \lambda_i^2\right) \qquad （5\text{-}6）$$

其中，$N_{\min} = \min\{N_{\mathrm{T}}, N_{\mathrm{R}}\}$，$\lambda_1 \geqslant \lambda_2 \geqslant \cdots \geqslant \lambda_{N_{\min}}$ 是矩阵 $\boldsymbol{H}$ 的排序奇异值。式（5-6）对应于 N_{T} 路发送信号相互统计独立且功率均匀分配时的情况。对于衰落信道，信道矩阵 $\boldsymbol{H}$ 是随机的，因此 $C(\boldsymbol{H})$ 是一个与 $\boldsymbol{H}$ 有关的随机变量，为了从统计意义上描述随机 MIMO 信道的信道容量，通常采用如下两种定义。

① 中断容量

中断容量用于描述慢衰落 MIMO 信道（即信道衰落系数在一段时间内保持不变）的信道容量，它表征了信道的所有实现以怎样的概率达到某一期望的可靠传输速率。其定义为

$$P_{\mathrm{out}}(C_{\mathrm{out}}) = \Pr\{C(\boldsymbol{H}) < C_{\mathrm{out}}\} = \Pr\left\{\sum_{i=1}^{N_{\min}} \text{lb}\left(1 + \frac{\rho}{N_{\mathrm{T}}} \lambda_i^2\right) < C_{\mathrm{out}}\right\} \qquad （5\text{-}7）$$

其中，C_{out} 为中断概率为 $P_{\mathrm{out}}(C_{\mathrm{out}})$ 的中断容量，其含义是有 $(1 - P_{\mathrm{out}}(C_{\mathrm{out}})) \times 100\%$ 的信道实现 $\boldsymbol{H}$ 支持的可靠传输速率不小于 C_{out}。

② 各态历经容量（即香农容量）

如果信道是快衰落的，且服从广义平稳假设，则它一定是各态历经的（又称各态历经信道），那么对 $\boldsymbol{H}$ 取统计平均（集平均）也表征了它随时间变化的平均值，这时，可将信道容量定义为 $C(\boldsymbol{H})$ 的数学期望

$$C = \mathrm{E}\left[C(\boldsymbol{H})\right] = \sum_{i=1}^{N_{\min}} \mathrm{E}\left[\text{lb}\left(1 + \frac{\rho}{N_{\mathrm{T}}} \lambda_i^2\right)\right] \qquad （5\text{-}8）$$

为了清楚地看到 MIMO 信道提供的自由度增益（或称复用增益），考察式（5-6）在大信噪比情况下的近似

$$C(\boldsymbol{H}) \approx N_{\min} \text{lb}\frac{\rho}{N_{\mathrm{T}}} + \sum_{i=1}^{N_{\min}} \text{lb}\lambda_i^2 \qquad （5\text{-}9）$$

可见，信道的每个实现均能提供自由度增益 $N_{\min}$，不难推断衰落 MIMO 信道能够提供的自由度增益也为 $N_{\min}$，文献 [9-10] 通过对衰落 MIMO 信道容量的深入分析证明了这一点。

从式（5-6）可以看出，MIMO 信道的信道容量相当于由 $N_{\min}$ 个信道增益为 $\dfrac{\lambda_i}{\sqrt{N_T}}$ 的并联信道的信道容量。考察式（5-7），在慢衰落信道下，各子信道模式 λ_i 在一段时间内保持不变，假设完全独立地使用各子信道，如果某子信道 i 的容量小于 C_{out}，那么即使满足所有子信道容量之和达到 C_{out}，整个系统也会处于中断状态。这说明，在这种情况下必须对各发射天线上的发送信号进行联合编码，才有可能达到式（5-7）所示的信道容量。D-BLAST（Diagonal-BLAST）便是一种接近该容量的 MIMO 系统结构。式（5-8）表明，在快衰落情况下，MIMO 信道的各态历经容量等于各子信道各态历经容量之和。可以证明，当发射端未知信道但信道充分随机时，各发射天线发送相互独立且功率相同的数据流可以达到该信道容量，该结构便是 V-BLAST（Vertical-BLAST）结构。

（2）D-BLAST 结构

1996 年，Foschini 构建了第一个 MIMO 空时架构——D-BLAST 结构[11]。下面以 (6,6) 链路为例，说明 D-BLAST 结构。

D-BLAST 系统结构如图 5-9 所示，待发送数据首先经串并变换成 6 路相互独立的数据流，分别经编码调制后形成符号数据流"a, b,…,f"，再经循环移位，从不同的发射天线"1, 2,…,6"发送出去，如图 5-9（a）所示。例如，在第 1 时刻，第 1 发射天线发送数据流 a，其他发射天线空闲，在第 2 时刻，第 1 发射天线发送数据流 b，第 2 发射天线发送数据流 a，其他发射天线空闲，依次类推，直到第 6 时刻之后，各发射天线同时发送相互统计独立的数据流 a, b,…,f，并构成信号的对角分层结构，如图 5-9（b）所示。在信息论中，关于并联信道的信道容量有一个重要的结论，即当各子信道的信噪比相同时可达到信道容量[12]。在 D-BLAST 系统中，随着时间的推移，对角分层结构巧妙地将每个独立数据流均匀地经历了由所有 $N_T N_R$ 个收发天线对构成的通路，使各数据流获得了相同的平均信噪比。并且对于任意一个信道实现，这种结构都能达到在独立数据流之间平均信噪比的目的。因此，如果忽略建立和结束对角结构所需的时间和空间开销，那么 D-BLAST 结构能够达到慢衰落 MIMO 信道的中断容量。以上给出了一种定性解释，感兴趣的读者可查阅文献 [11] 中对该问题的定量分析。

（a）D-BLAST系统

（b）D-BLAST信号对角分层结构

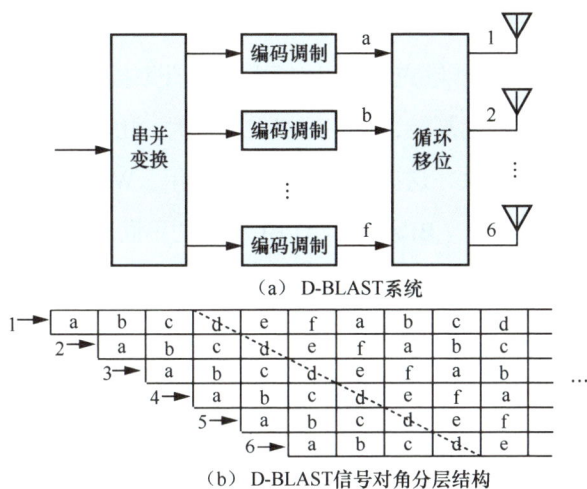

图 5-9　D-BLAST 系统结构

MIMO 信号检测常常涉及高维信号检测问题，其复杂度非常高。Foschini 在提出 D-BLAST 的同时也给出了它的一种次优检测方法，即连续干扰抵消。其算法原理是，对于某当前发射天线对应的待检测信号，首先利用投影算子使已检测信号与当前检测信号构成的空间和未检测信号构成的空间相互正交（称为干扰抑制，Nulled），然后在当前检测信号所在空间内，利用已检测信号重新生成它们对接收信号的贡献并去除其影响（称为干扰抵消，Cancelled），从而获得当前检测信号。这一过程按照数据所在分层的位置呈对角顺序迭代执行，如图 5-10 所示，因此称为"对角分层"结构。

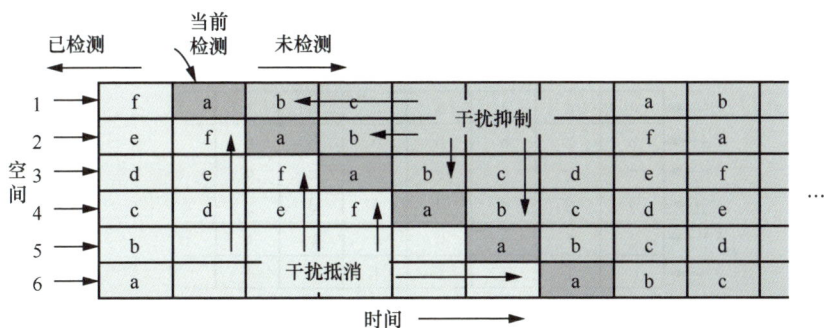

图 5-10　D-BLAST 的检测

（3）V-BLAST 结构

虽然 D-BLAST 结构能够充分利用空间资源来获取接近信道容量的性能，但是它的处理时延大，控制复杂，且在短突发传输时，由形成对角线带来的空间与时间上的开销相对较大，这些都不适合实际应用。Wolniansky 等提出了它的简化版本 V-BLAST[13-14]。V-BLAST 与 D-BLAST 的不同之处在于，V-BLAST 将独立数据流直接从不同发射天线发送，而不经过图 5-9（a）中的循环移位，如图 5-11（a）所示，所形成的垂直分层结构如图 5-11（b）所示，各发射天线水平地发送相互独立的数据流。相应地，在接收端对每一列接收矢量进行检测。与 D-BLAST 结构相比，这种结构既消除了为形成对角结构所需的时间和空间上的开销，也减小了接收机的处理时延。在慢衰落信道下，对于某个信道实现来说，V-BLAST 结构不能使各数据流历经平均意义上相同信噪比的信道，因此限制了其能够达到的最大传输速率。但对于快衰落信道来说，V-BLAST 结构被证明是能够达到各态历经容量的。

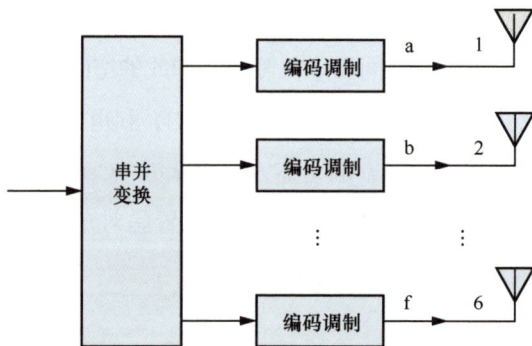

（a）V-BLAST系统

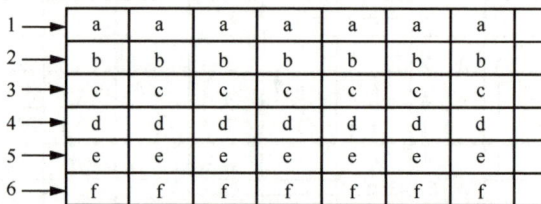

（b）V-BLAST信号垂直分层结构

图 5-11　V-BLAST 系统结构

V-BLAST 结构时延小、处理简单的特点使得它较 D-BLAST 结构受到了更多关注。1999 年，贝尔实验室根据其研究成果，建立了 V-BLAST 系统的实验室原型机 [15]，许多研究机构也借用该系统来验证自己的研究成果。最初的测试表明，在室内环境下，工作在 1.9 GHz 的 (8,12) 链路 V-BLAST 系统可以达到 20 ～ 40 bit/(s·Hz) 的频谱利用率 [15]；在郊区密集多径条件下，对工作于 2.44 GHz 的 (5,7) 链路 V-BLAST 系统的测试表明，20% 测量位置能够获得至少 38 bit/(s·Hz) 的频谱利用率，50% 测量位置能够获得至少 24 bit/(s·Hz) 的频谱利用率 [16]。

5.3.1.3 空时编码

空间复用是利用 MIMO 技术提升传输容量的有效手段，而在战术通信应用中，除了提升传输带宽的需求，还面临着复杂信道环境下可靠通信的需求，即以较小的接收信噪比达到很苛刻的链路误码率要求，这时，对链路可靠性的要求高于对传输容量的要求，空间分集技术便可以针对这种需求发挥作用。

空时编码是实现空间分集的主要方法，目前，普遍认为空时编码技术诞生的两个标志性工作是 1998 年 Alamouti 提出的适用于两发射天线的正交空时块码（STBC），即著名的 Alamouti 码 [17]，以及同年 Tarokh 给出的空时格码（STTC）的设计准则与构造方法 [18]。

空时编码理论自被提出以来，一直是无线通信领域的研究热点之一，各国研究工作者针对不同的信道、不同的调制方式下空时码的构造和性能作了大量的探讨。文献 [19] 结合 STBC 和 STTC 提出了子集分割的正交空时格码的设计。文献 [20] 总结了 Siwamogsatham 的工作并加以推广，提出了超正交空时格码的设计。文献 [21] 探讨了 Turbo 码，将 Turbo 码的交织编码和迭代译码应用到空时编码中。这些空时码都有一个共同的特点，即在接收端对接收的信息序列进行译码时，必须要对信道状态信息（CSI）进行精确的估计，因此，这类方案被称为相干空时码。

对 CSI 进行估计通常采用发送导频序列或复杂的盲估计算法。然而，随着信道数的增加，发送导频序列必然降低频带利用率。当信道衰落系数相对于信息速率变化较慢时，尚能精确地估计 CSI。但在某些情况下，如对移动台高速运动过程中，很难精确地估计出 CSI，因此，在这些情形下研究接收端未知 CSI 条件下的非相干空时码显得尤为重要。基于这些考虑，Hochwald 等分析了在接收端未知 CSI 条件下独立同分布瑞利衰落的 MIMO 信道容量，并且得出了在发射天线数超过相干时间（指衰落系数保持常数的一段时间）内的码元个数时，信道容量并不能随之增加的结论[22]。Hochwald 等在文献 [22] 中提出了一种酉空时调制（USTM）技术，其能够在接收端无 CSI 条件下获得信道容量，并在文献 [23] 中给出了酉空时星座的系统设计方法与非相干检测方案。这些工作是非相干空时码研究的典型代表。

有关空时编码的论著很多，本节不展开论述相关内容，感兴趣的读者可以阅读相关文献和专著，这里只简要介绍其中最经典的 Alamouti 码。

（1）Alamouti 编码

Alamouti 于 1988 年提出了一种使用两个发射天线和一个接收天线的发射分集方法，该方法的性能与采用最大比合并算法的一个发射天线、两个接收天线的性能是相同的，被称为 Alamouti 空时编码方案。Alamouti 空时编码方案的主要特征是两根发射天线的发射序列是正交的，通过一种非常简单的最大似然译码算法实现了完全分集，由于在同一副天线上发送出去的星座点符号与另外任意天线上发送出去的符号是正交的，故这类码称为正交空时块码，其原理如图 5-12 所示。

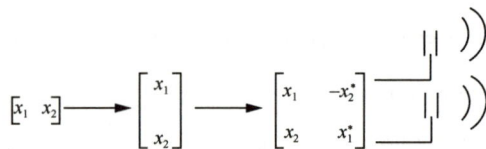

图 5-12　Alamouti 空时编码原理

在 Alamouti 空时编码方案中，将两个连续的符号 x_1 和 x_2 按照空时码子矩阵编码，表示为

$$X = \begin{bmatrix} x_1 & -x_2^* \\ x_2 & x_1^* \end{bmatrix} \qquad （5\text{-}10）$$

Alamouti 编码后的信号使用两个符号周期，由两个天线发送。Alamouti 码字 X 是一个 4 正交矩阵，具有如下性质

$$XX^{\mathrm{H}} = \begin{bmatrix} |x_1|^2 + |x_2|^2 & 0 \\ 0 & |x_1|^2 + |x_2|^2 \end{bmatrix} = \left(|x_1|^2 + |x_2|^2 \right) I_2 \qquad (5\text{-}11)$$

假设信道 h_1 和 h_2 在两个连续的符号时间内不变，令 y_1 和 y_2 分别表示两个连续符号时间内接收到的信号，可以表示为

$$\begin{aligned} y_1 &= h_1 x_1 + h_2 x_2 + n_1 \\ y_2 &= -h_1 x_2^* + h_2 x_1^* + n_2 \end{aligned} \qquad (5\text{-}12)$$

其中，n_1 和 n_2 分别表示两个连续接收信号的加性噪声。通过一些数学变换可以得到

$$\tilde{y} = \begin{bmatrix} y_1 \\ y_2^* \end{bmatrix} = \begin{bmatrix} h_1 & h_2 \\ h_2^* & -h_1^* \end{bmatrix} \begin{bmatrix} x_1 \\ x_2 \end{bmatrix} + \begin{bmatrix} n_1 \\ n_2^* \end{bmatrix} = \tilde{H}x + \tilde{n} \qquad (5\text{-}13)$$

通过在 $\tilde{y}$ 的左侧乘以 $\tilde{H}$ 的埃米特转置，提取出的发送符号向量可以表示为

$$\hat{y} = \begin{bmatrix} h_1^* & h_2 \\ h_2^* & -h_1 \end{bmatrix} \begin{bmatrix} y_1 \\ y_2^* \end{bmatrix} = \left(|h_1|^2 + |h_2|^2 \right) \begin{bmatrix} x_1 \\ x_2 \end{bmatrix} + \begin{bmatrix} h_1^* n_1 + h_2 n_2^* \\ h_2^* n_1 - h_1 n_2^* \end{bmatrix} \qquad (5\text{-}14)$$

由于 Alamouti 编码的复正交特性，可以看到两个天线间的干扰不存在了。

（2）支持任意天线数量的 STBC 码

Alamouti 空时编码主要被限制在两个发射天线情况，为使应用场景更加通用，1999 年，Tarokh 将 Alamouti 码正交设计概念推广到具有多副发射天线的情形，解决了一类空时编码的设计准则和构造问题，即正交空时块码（OSTBC）[24-25]。正交空时块码是根据码字的正交设计原理来构造空时码字，其设计原则就是要求设计出来的码字各行各列之间满足正交性。正交空时块码具有较高的分集增益和较简单的编译码方法，已经成为研究和应用最为广泛的空时编码技术。

STBC 可以推广到任意发射天线数量情况。令 X 表示 $M_{\mathrm{T}} \times T$ 维的码字矩阵，其中，T 是每个块中的符号数。X 的第 i 个行向量记为 $x_i = \left[x_i^1, x_i^2, \cdots, x_i^T \right]$。$X$ 具有如下性质

$$XX^{\mathrm{H}} = c \|x_i\|^2 I_{M_{\mathrm{T}}} \qquad (5\text{-}15)$$

其中，c 是一个常数。这意味着 X 的行向量之间相互正交，满足

$$x_i x_j^{\mathrm{H}} = 0 \ , \quad i \neq j \ , \quad i, j \in \{1, 2, \cdots, M_{\mathrm{T}}\} \tag{5-16}$$

对于 STBC 系统，天线的配置不再仅限于 2×1 MIMO。对于两路空间流，STBC 可用于 3 个或 4 个发射天线以及最少两根接收天线的系统中。在 3 个发射天线的配置下，一路空间流使用 2×1 STBC 配置，第二路空间流不使用 STBC 传输。此时码字矩阵 $X_{3\times2}$ 可以表示为

$$X_{3\times2} = \begin{bmatrix} x_1 & x_2 \\ -x_2^* & x_1^* \\ x_3 & x_2 \end{bmatrix} \tag{5-17}$$

在有 4 个发射天线和两路空间流的情形中，每路空间流独立地用 2×1 STBC 映射。此时码字矩阵 $X_{4\times2}$ 表示为

$$X_{4\times2} = \begin{bmatrix} x_1 & x_2 \\ -x_2^* & x_1^* \\ x_3 & x_4 \\ -x_4^* & x_3 \end{bmatrix} \tag{5-18}$$

在有 4 个发射天线和三路空间流的情形中，一路空间流用标准 2×1 配置传输，第二路和第三路空间流不使用 STBC 传输。此时码字矩阵 $X_{4\times3}$ 表示为

$$X_{4\times3} = \begin{bmatrix} x_1 & x_2 \\ -x_2^* & x_1^* \\ x_3 & x_4 \\ x_5 & x_6 \end{bmatrix} \tag{5-19}$$

上述几种情形的 STBC 系统可以用矩阵及向量表示为 $Y = HX + Z$ 的结构。在这样的形式下，可以利用基础的迫零（ZF）或者最小均方误差（MMSE）检测器来提取发送符号。

5.3.2　OFDM

OFDM 系统具有抗多径、频谱利用率高等特点，通过将高速串行数据流分解为若干个低速并行传输的数据流，扩展了符号宽度，从而相比传统的单载波

系统更容易抵抗信道多径的影响。目前，OFDM 技术已在商用通信系统中广泛应用，是 Wi-Fi、4G/5G 等系统物理层的核心技术之一。

5.3.2.1　基本原理

OFDM 的基本思想是将高速串行数据流分为 N 个低速并行数据流，并将这些数据流调制到 N 个不同的子载波上发射，如图 5-13 所示。由于每个子载波占用的信道带宽较窄，这就相当于把一个宽带的频率选择性信道划分成若干个正交的并行平衰落子信道，从而大大降低了信道频率选择性衰落对传输的影响。

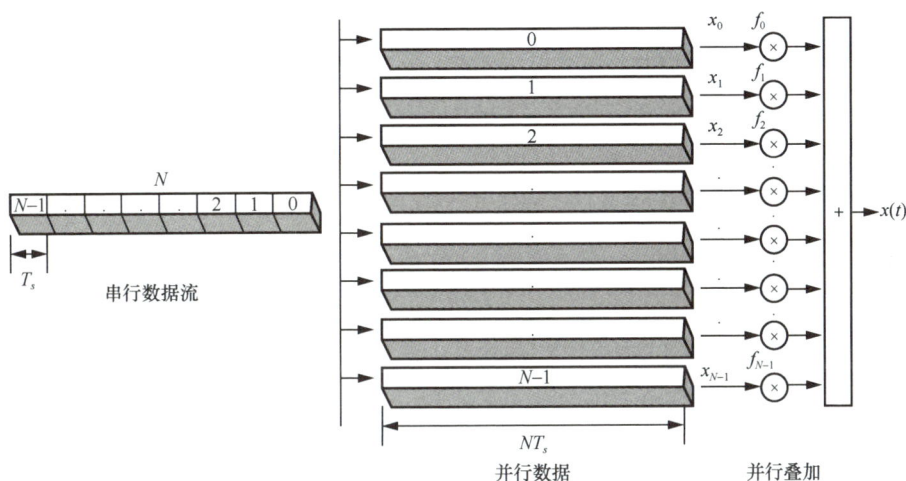

图 5-13　OFDM 串行数据流并行发送

图 5-13 中输出的 OFDM 调制符号可以表示为

$$x(t) = \sum_{k=0}^{N-1} X_k(t)\exp(\mathrm{j}2\pi f_k t) \tag{5-20}$$

其中，N 为子载波个数；f_k 为第 k 个子载波频率 $f_k = f_c + k\Delta f$；f_c 为载波频率；$X_k(t)$ 为 t 时刻第 k 个子载波所携带的频域符号。若对 $x(t)$ 进行时域采样，设置采样频率为 $\dfrac{1}{T_s}$，$X_k(t) = X(k)$，则采样信号为

$$x(nT_s) = \sum_{k=0}^{N-1} X(k)\mathrm{e}^{\mathrm{j}2\pi(f_c + k\Delta f)_k nT_s} \tag{5-21}$$

设一个符号周期T_f含有 K 个采样值，即$T_f = KT_s$，若选择载波频率间隔为

$\Delta f = \dfrac{1}{T_f} = \dfrac{1}{KT_s}$则 OFDM 信号不但保持了正交性，而且可以用离散傅里叶变换

（Discrete Fourier Transform，DFT）来定义，并能够通过简单的快速傅里叶逆变换 / 快速傅里叶变换（IFFT/FFT）来实现信号的调制与解调，其变换关系为

$$x(n) = \frac{1}{\sqrt{N}} \sum_{k=0}^{N-1} X(k) \mathrm{e}^{\mathrm{j}2\pi\frac{kn}{N}}, 0 \leqslant n \leqslant N-1 \qquad (5\text{-}22)$$

$$X(k) = \frac{1}{\sqrt{N}} \sum_{n=0}^{N-1} x(n) \mathrm{e}^{-\mathrm{j}2\pi\frac{kn}{N}}, 0 \leqslant k \leqslant N-1 \qquad (5\text{-}23)$$

时域上的 OFDM 波形形成原理如图 5-14 所示。

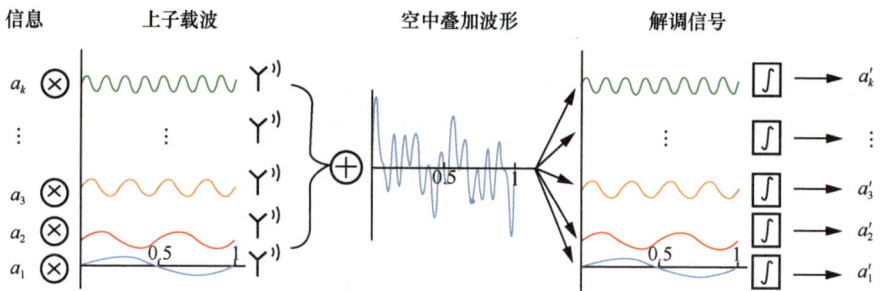

图 5-14　OFDM 波形形成原理

OFDM 相较于传统的单载波技术有着诸多优势，主要包括以下方面。

（1）具有较强的对抗多径效应的能力，适合多径较多的无线通信场景。OFDM 将系统频带划分为等间隔的子频带，每个频带占用较窄的频率范围，在时域相当于增加了每个符号时长，从而降低了符号间干扰（ISI）。通过加入循环前缀的简单方式，在保证频带利用率的同时，可以有效地对抗信道的复杂多径效应。

（2）在对抗频率选择性衰落及窄带干扰方面性能突出。由于 OFDM 信号将系统频带资源划分为多个子频带，并使串行的信号并行传输，当出现频率选择性衰落或窄带干扰时，仅影响每个 OFDM 符号中固定频点处少量子载波上的数据，接收端可以利用信息校验等手段恢复原始信号，同时在发射端可以通过扰

码将信息随机化，使频率选择性衰落或窄带干扰对数据的影响随机分布，有利于接收端的信息恢复，进而降低系统误码率。

（3）系统频谱利用率高。OFDM 系统利用了子载波之间的正交性，使得在频域上相邻子载波之间可以频谱重叠，而每个子载波在其他信道中心频点处的干扰刚好为零。因而从频带划分的角度来说，相较于传统的频分复用（FDM），OFDM 系统的子载波分布更密集，可以大幅提高系统的频谱利用率。

（4）实现简单。数字信号处理的软硬件技术快速发展，尤其是快速傅里叶变换在通信系统中的成熟应用，使得 OFDM 在实现上变得尤为简单可靠，基于 IFFT/FFT 的 OFDM 系统实现原理如图 5-15 所示。

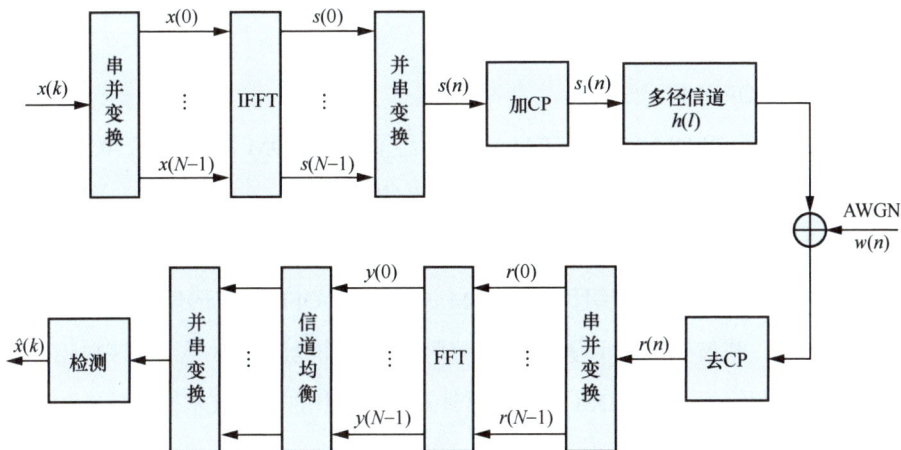

图 5-15　基于 IFFT/FFT 的 OFDM 系统实现原理

随着现代电子技术的发展，尤其是快速傅里叶变换的应用和数字信号处理器件的成熟及其成本降低，OFDM 的诸多优点使其成为现代通信的主流技术之一。但由于 OFDM 系统的基本原理，即大量的不同频率的子载波的叠加，因此 OFDM 系统也存在着不可回避的本质性缺陷，其中最主要的两个缺陷如下。

（1）OFDM 系统对于频偏以及相位噪声非常敏感。由于 OFDM 利用严格相互正交的频率划分来区分各个子信道，所以当正交性被破坏时，会导致子载波间的干扰陡然上升。其中仅 1% 的频率偏移，就会使系统信噪比下降 30 dB，当多普勒频移等情况发生时，将对 OFDM 系统信息正确恢复产生严重干扰，所以 OFDM 对频率及时间的同步误差比较敏感。

（2）OFDM 信号有较高的峰值平均功率比（PAPR）。由于 OFDM 系统是经过大量正交子载波叠加的多载波系统，容易叠加出较高的瞬时峰值幅度，信号的平均输出功率相同的情况下，OFDM 系统相较于传统单载波系统，具有更高的 PAPR。PAPR 会增大对射频功率放大器动态范围的要求，如果功率放大器工作在超过线性放大区的饱和截止区时，将产生信号的非线性失真，为了保证信号质量，不得不降低功率放大器的平均工作点，这将导致射频信号放大器的功率效率严重降低，增加系统的功耗。

5.3.2.2　常用 OFDM 波形

（1）CP-OFDM

循环前缀 OFDM（CP-OFDM）是最经典的 OFDM 波形，被 4G LTE 和 IEEE 802.11 系列标准等多种宽带无线通信系统采用[26]。

CP-OFDM 采用循环前缀（CP）作为 OFDM 符号的保护间隔，即生成 OFDM 符号后加入循环前缀得到 OFDM 波形，CP-OFDM 波形使用矩形窗作为基础滤波器，载波频域波形呈 Sinc 函数形状，带外泄漏较为严重。该缺陷引发的一系列问题使得 CP-OFDM 难以应对针对 5G 提出的更高技术指标需求和更复杂应用场景的挑战。

（2）W-OFDM

CP-OFDM 的频谱衰减相当缓慢，这主要是 OFDM 的矩形脉冲带来的符号边界的不连续性导致的。为了改进 OFDM 的频谱形状，可以使用具有平滑边缘的非矩形脉冲形状，从而形成加窗 OFDM（W-OFDM）。与 CP-OFDM 相比，W-OFDM 具有陡峭的频谱滚降。在发射端处加窗时，每个 OFDM 符号的边界在时域内与一个平滑的斜率相乘，从 0 平滑地增加到 1 或从 1 平滑地减少到 0，下一个 OFDM 符号递增的斜率与前一个 OFDM 符号递减的斜率重叠[27]。

（3）F-OFDM

与加窗一样，滤波是另一种改善 OFDM 带外频谱特性的技术。其原理是在发射端和接收端进行滤波（如同加窗），以减少相邻波段间的相互干扰。在滤波 OFDM（F-OFDM）中，原始脉冲是矩形形状的，如同 CP-OFDM。此外，采用滤波器抑制带外泄漏，其中滤波器为理想带通滤波器和窗函数的乘积。滤波器依赖于信号带宽，所以其需要根据信号带宽动态设计或选择，这和 W-OFDM 不同。F-OFDM 在生成 OFDM 符号后加入循环前缀，经过有限冲激响应（FIR）滤波器得到波形，具有带外泄漏少、复杂度高的特点[28]。

CP-OFDM、W-OFDM、F-OFDM 波形形成方式对比如图 5-16 所示。

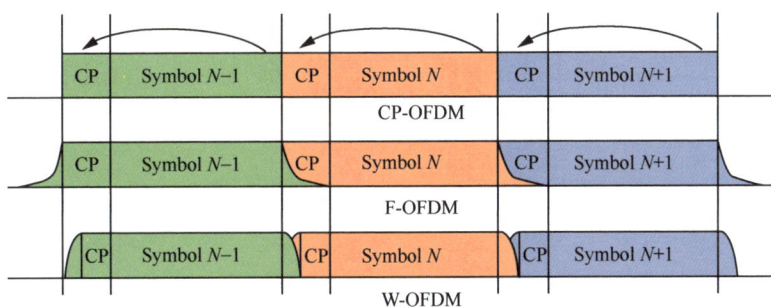

图 5-16　CP-OFDM、F-OFDM、W-OFDM 波形形成方式对比

（4）OQAM-OFDM

基于交错正交幅度调制的正交频分复用（Offset Quadrature Amplitude Modulation Based Orthogonal Frequency Division Multiplexing，OQAM-OFDM）技术是一种滤波器组多载波（Filter Bank Multicarrier，FBMC）技术。相比于 CP-OFDM，FBMC-OFDM 通过使用具有良好频域聚焦特性的原型滤波器，能够在不引入循环前缀的情况下有效对抗多径衰落，避免了循环前缀带来的频谱资源浪费，OQAM-OFDM 信号的带外泄漏非常微弱，极大降低了对邻近频谱其他用户造成的干扰，极低的信号带外泄漏使得 OQAM-OFDM 用户之间不需要保证严格的同步和正交，可以较好地支持异步传输[29]。

（5）DFTS-OFDM

单载波 DFT 扩展 OFDM（DFT Spread OFDM，DFTS-OFDM）是 4G 上行链路的物理层传输体制，其核心目的是在保持 OFDM 高频谱利用率的基础上，改善多载波带来的 PAPR 问题，降低对终端功率放大器的要求。

DFTS-OFDM 波形结合了单载波和多载波波形的优点，具有以下关键特性：振幅变化小（单载波方面）；灵活的频域资源分配（多载波方面）。DFTS-OFDM 可以看作一种基于 DFT 预编码的 OFDM 波形。与普通的 OFDM 相比，DFTS-OFDM 降低了瞬时发射功率的变化，这意味着提高功率放大器效率的可能性[30]。DFTS-OFDM 传输原理如图 5-17 所示。

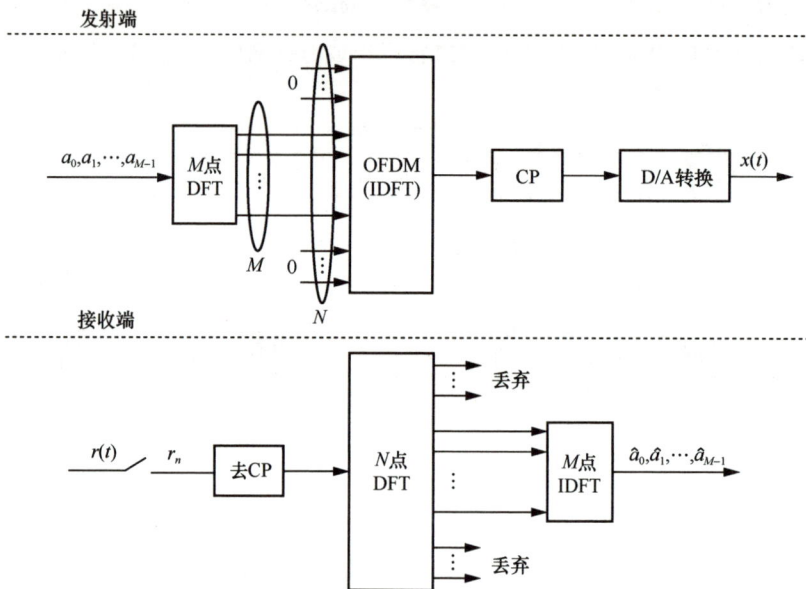

图 5-17　DFTS-OFDM 传输原理

5.3.2.3　MIMO-OFDM

与单载波相比，OFDM 可以更好地支持多用户和信号的复用，天然具备与 MIMO 技术结合应用的优势。OFDM 调制技术是将高速率的数据流调制成多个较低速率的子数据流，再通过已划分为多个子载波的物理信道进行通信，从而减少 ISI 机会。MIMO 技术是在链路的发射端和接收端采用多副天线，将多径传播变为有利因素，从而在不增加信道带宽的情况下，成倍地提高通信系统的容量和频谱利用率，以达到系统速率的提升。将 MIMO 与 OFDM 技术相结合，就产生了 MIMO-OFDM 技术，它通过在 OFDM 传输系统中采用多天线实现空间分集或复用，提高了信号传输质量，并增加了多径的容限，使无线网络的有效传输速率有质的提升。目前，MIMO-OFDM 技术已成为宽带 MIMO 系统中被广泛研究与使用的方案。

典型的 MIMO-OFDM 系统结构如图 5-18 所示。设系统中有 N_T 根发射天线，N_R 根接收天线，每路 OFDM 调制器包含 K 个子载波。在发射端，信息符号序列首先经串并变换成 N_T 路信号，分别进行 OFDM 调制后并行发射出去。在接收端，对 N_R 路接收信号分别进行 OFDM 解调，将解调后的信号送入检测器中。

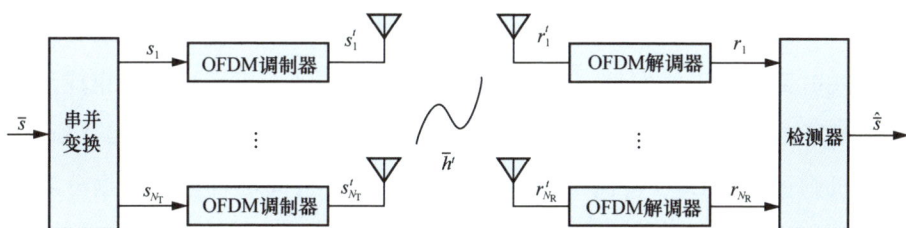

图 5-18 MIMO-OFDM 系统结构

5.3.1 节提到的 Silvus Stream Caster4200 2×2 MIMO 电台，其物理层就是结合 MIMO 和 OFDM 技术设计的，下面简要介绍其物理层实现方案。

Silvus 电台物理层信号流程如图 5-19 所示，发射端生成比特流经过扰码后，分流得到两路数据流，然后对每路数据进行编码、交织、调制、导频插入以及子载波映射等处理，经过空间映射后两路频域数据经过 IFFT，并添加保护间隔（GI）、加窗后，得到 OFDM 时域波形。接收端对接收时域波形完成同步、相位矫正后，通过 FFT 得到频域数据，然后进行相位估计和信道估计，分别进行均衡、解调、解交织、数据流合并后，完成解码和解扰得到原始发送数据。

在 MIMO 应用方面，Silvus 的手持型 Stream Caster4200 电台有直接映射和波束成形两种双流模式，在双流模式时物理层速率实测可达 100 Mbit/s 以上。

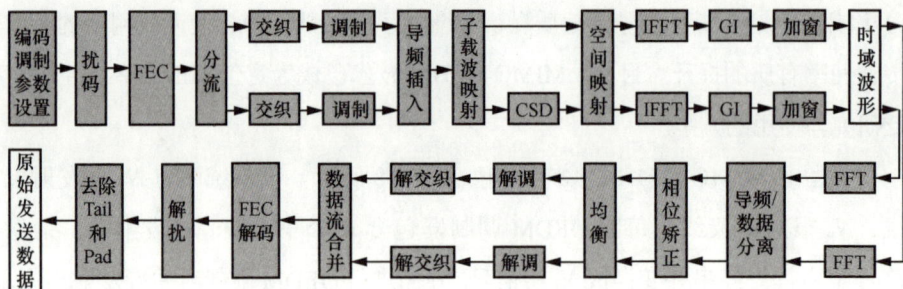

图 5-19　Silvus 电台物理层信号流程

在直接映射模式下，发射端基带根据选择的 MCS 对应码率生成比特流，按照图 5-19 的波形生成流程得到两路发送波形，然后通过直接映射将两路数据映射到两个天线发送。为避免两路发射天线间无意造成的波束成形，需要对第二路数据添加循环移位（CSD）解除信号间相关性，如表 5-1 所示。接收机则通过 MIMO 检测（ZF 或 MMSE），将空间混合后的数据分离得到两路发送数据流，然后进行译码并合流后得到原始发送数据。

表 5-1　CSD 值

空间流数量	空间流 1 的循环移位 /ns	空间流 2 的循环移位 /ns
1	0	—
2	0	−600（可根据应用场景调整）

在波束成形模式下，Silvus 电台发射端在图 5-19 所示的空间映射模块对传输信号进行相位加权，来改善接收性能，加权参数从接收端反馈信道状态信息获得。Silvus 双天线设备采用的发送波束成形方法是最常用的奇异值分解法。接收端通过信道估计得到信道矩阵 H 并反馈给发射端，发射端将信道矩阵 H 经过奇异值分解，得到

$$H=USV^*　　　　　　　　　　（5\text{-}24）$$

通过使用由奇异值分解得到的 V 矩阵，Silvus 电台在波束成形模式下发送多流数据则利用 V 矩阵进行空间映射。在接收端使用 U^* 来过滤接收到的信号 Y，得到

$$R=U^*Y　　　　　　　　　　（5\text{-}25）$$

然后，使用 MMSE 检测器即可分离多路数据进行检测译码，并合流得到原始发送数据。

5.3.3 信道编码

1948 年，香农（Shannon）在贝尔技术杂志上发表了奠基性文献 "A Mathematical Theory of Communication"，标志着信息论学科的创立。Shannon 在该文中提出了著名的信道编码定理，即对于任意一给定信道都存在一个被称为信道容量的参数 C，只要实际的传输速率 $R < C$，就一定存在一种编解码方法，可使当编码长度足够大时，系统的错误概率达到任意小；反之，如果 $R > C$，则不可能有一种编码使错误概率趋于 0。在此之前时代，人们普遍认为只有将传输速率减小至 0 时，才能在噪声信道中进行错误概率任意小的可靠通信。信道编码定理首次证明了通过信道编码技术可以使信息可靠传输的速率接近信道容量，该定理及其证明虽然没有给出能够达到信道容量的编码的具体设计方法，但给出了指导性路线——构造随机长码和接近最大似然译码。此后，构造可逼近信道容量的信道编码方案以及工程可实现的（接近线性复杂度）有效译码算法一直是信道编码理论与技术研究追求的目标。

分组码和卷积码是最早得到深入研究和广泛应用的两类信道编码方案。1950 年，美国数学家汉明（Hamming）提出了第一个实用的纠错编码方案，即 Hamming 码 [31]，方法是将输入数据每 4 bit 分成一组，然后对信息比特进行线性组合得到 3 个校验比特，组成 7 bit 的码字。利用 3 位校验比特不仅可以检测传输错误，还可以纠正单个随机错误。该方法就是分组码的基本思想，方法提出后迅速引起了代数学家的研究兴趣，并逐步发展成系统的代数编码理论，成为纠错码中理论体系最完整、最成熟的一类码字。卷积码是与分组码同时发展起来的一种信道编码方案，与分组码不同，卷积码编码时本组的校验比特不仅与当前的信息比特相关，还与以前时刻输入编码器的若干信息比特相关。由于卷积码利用了各组之间的相关性，且每组的长度及其包含信息长度较小，因此当与分组码采用同样的码率以及硬件复杂度时，卷积码除了具有不逊色于分组码的性能，在相同的码长下，其译码比分组码更加容易，此外，卷积码以流的方

式连续进行，其译码时延也比分组码更小。最常用的卷积码译码算法是维特比
（Viterbi）译码算法[32]，该算法被 2G 系统采用。

分组码和卷积码具有良好的纠错性能，且编译码复杂度也在可接受的范围
内，但由于码长较短，其性能相对 Shannon 限仍有较大距离。

现代信道编码的典型特征是具有逼近 Shannon 限的译码性能。Turbo 码开启
了现代信道编码的时代，并且和 LDPC 以及 Polar 码成为了 3 类对学术界和工业
界影响力极大的现代信道编码方式。1993 年，法国的 Berrou 等学者提出了并行
级联卷积码，即 Turbo 码[33]。他们的研究结果表明，在码率 $R = \frac{1}{2}$ 时，Turbo 码
在二进制输入 AWGN 信道的性能距离香农限仅有 0.7 dB，Turbo 码被 3GPP 采
用作为 3G、4G 和 4G LTE 系统的编码方案。20 世纪 60 年代，Gallager 提出了
LDPC[34]，受限于当时的技术条件，其编译码器的实现过于复杂，并没有得到充
分的重视，Mackay 等学者在 1996 年发现 LDPC 同样具有逼近信道容量的译码
性能[35]，尽管与 Turbo 码相比还有一定差距，但仍然引起了人们的研究兴趣。
Chung 等学者在 2001 年提出了著名的密度进化算法[36]来优化非规则 LDPC 的参
数，并在仿真中证明了基于该算法设计的 LDPC 性能超过当时已知最好的 Turbo
码。LDPC 的优点主要在于译码复杂度较低且结构适用于并行译码，可实现高吞
吐译码；其缺点在于编码复杂度较高，所需的存储空间较大，而且需要花费大
量成本来构造对不同信息比特长度和编码码率性能优异的校验矩阵。尽管 Turbo
码和 LDPC 的性能进一步逼近 Shannon 限，但始终没有达到信道容量。2008 年，
土耳其毕尔肯大学 Arikan 教授在国际信息论会议（ISIT）中首次提出信道极化
的概念[37]，并于 2009 年发表的论文中构造了极化（Polar）码[38]。Polar 码是
目前唯一可理论证明的在二进制输入对称的离散无记忆信道下可达到信道容量
的编码方案，其一经提出就受到学术界以及工业界的广泛关注。目前 LDPC 和
Polar 码均被采用为 5G 系统的编码方案。

5.3.3.1　Turbo 码

（1）Turbo 码编码

Turbo 码又称为并行级联卷积码，由法国 Berrou 等学者在 1993 年的 ICC 会

议上提出。它巧妙地将卷积码与随机交织器结合在一起，实现了 Shannon 随机编码的思想。Turbo 码的编码器结构如图 5-20 所示，两个分量编码器通过交织器并行级联在一起，交织器打乱了原始信息序列的顺序，使得两个分量编码器对应相同的信息序列，但有不同的输入顺序。

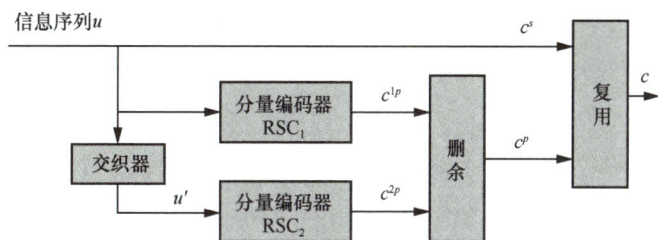

图 5-20　Turbo 码的编码器结构

图 5-20 中，$u = (u_1, u_2, \cdots, u_K), u_k \in \{0,1\}$，是长度为 K 的输入信息序列。它一方面进入第一个分量编码器 RSC$_1$ 进行卷积编码，另一方面经过交织器变为长度相同但比特位置重排的序列 u'。$u' = (u_1', u_2', \cdots, u_K')$ 表示 $u = (u_1, u_2, \cdots, u_K)$ 经过比特交织后的序列，此时 u' 进入第二个分量编码器 RSC$_2$ 进行编码，这样信息序列 u 就得到了两个不同的校验序列 c^{1p} 和 c^{2p}。若图中分量编码器的码率均为 $\frac{1}{2}$，由于编码器对应的是相同的输入信息序列，因此信息序列只需要传输一次，在不使用删余的情况下，整个码字由 $c^s = u$ 以及两个校验比特序列 c^{1p} 和 c^{2p} 组成，其整体码率为 $R = \frac{1}{3}$。为了提高 Turbo 码的码率，一方面可以选用高码率的分量编码器（如码率为 $\frac{2}{3}$）；另一方面可采用删余技术，即将一部分校验位从两个校验序列中周期性地剔除，而后将重新构建的校验序列与信息序列 c^s 复用一起传送给数据调制器。例如，若采用如下删余矩阵，图 5-20 中的编码速率可以提升至 $\frac{1}{2}$。

$$P = \begin{bmatrix} 1 & 0 \\ 0 & 1 \end{bmatrix} \tag{5-26}$$

其中，矩阵 P 的第 m 行中的 0 表示第 m 个校验序列的对应位置比特被删除，即

c^{1p} 中的奇数位和 c^{2p} 中的偶数位将被删除。如此删余后，Turbo 码的编码器在时刻 k 的输出为 $c_k = \left(c_k^s, c_k^p \right)$，其中

$$c_p^k = \begin{cases} c_p^{1k}, & k\text{是偶数} \\ c_p^{2k}, & k\text{是奇数} \end{cases} \tag{5-27}$$

（2）Turbo 码译码

Turbo 码的译码器基于软输入软输出的最大后验概率（MAP）算法设计，其基本结构如图 5-21 所示。其中，y^s 为接收系统比特序列，y^{1p} 和 y^{2p} 分别为两个分量编码器的接收校验比特序列。译码器主体由两个软输入软输出译码器 DEC$_1$ 和 DEC$_2$ 组成，而交织器与编码器所使用的交织器相同。译码器 DEC$_1$ 对分量编码器 RSC$_1$ 进行最佳 MAP 译码，计算信息序列 u 中每一比特的后验概率信息，将产生的外信息 $L_e^{(1)}$ 经过交织后传递给 DEC$_2$；译码器 DEC$_2$ 将该信息用于对信息序列 y^{2p} 的译码，产生关于交织后信息序列中每比特的后验概率信息，并将其解交织后作为外信息 $L_a^{(1)}$ 传递给 DEC$_1$，进行下一次译码。经过多次迭代后，DEC$_1$ 和 DEC$_2$ 产生的外信息趋于稳定，译码性能逼近对整个码的最大似然译码。

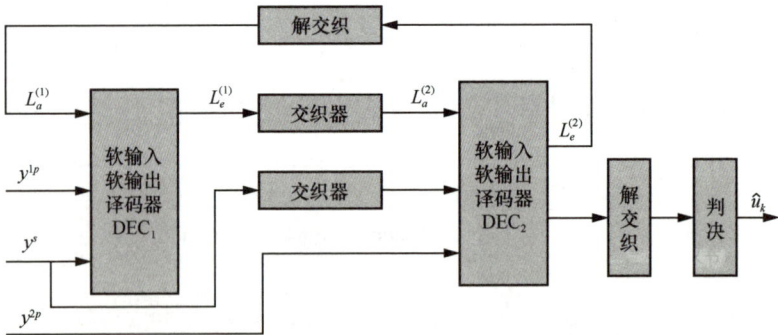

图 5-21　Turbo 码的译码器结构

（3）LTE 中的 Turbo 码

3G 和 4G LTE 的信道编码方案中均采用了 Turbo 码，LTE 标准中 Turbo 码的编码器结构 [39] 如图 5-22 所示。该标准中所采用的 Turbo 码率为 $\frac{1}{3}$，两个分量编码器结构相同，移位寄存器个数 $m = 3$，生成矩阵为

$$G(D) = \left[1, \frac{1 + D + D^3}{1 + D^2 + D^3} \right] \qquad (5\text{-}28)$$

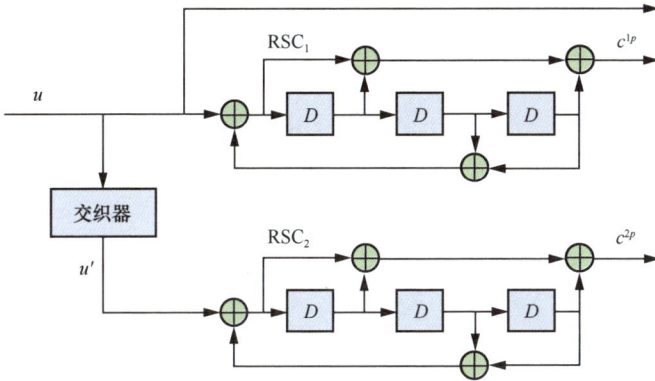

图 5-22　LTE 标准中 Turbo 码的编码器结构

LTE 中的交织器采用正交置换多项式（QPP）交织器。该交织器易于实现、复杂度低且可以提供高数据速率。信息位长度 K 的取值范围是 $[40, 6\,144]$，该交织器定义为

$$\pi(i) = \left(f_1 i + f_2 i^2 \right) \bmod K \qquad (5\text{-}29)$$

其中，f_1 和 f_2 均为交织器的参数，与信息位长度 K 相关，可通过 3GPP 标准中 Turbo 码的交织器参数表得到。

在整个信息编码完毕后，为使得移位寄存器的状态归零，还需额外输入一些比特。LTE 标准中 Turbo 码的编码器通过移位寄存器的反馈信息进行网格状态归零，此时输入比特等于反馈比特，这样在进行异或运算后输入移位寄存器中的是全 0 比特。由于尾比特的加入，Turbo 码的实际码率有所降低。

5.3.3.2　LDPC

LDPC 是一种具有稀疏校验矩阵的线性分组码，最早由 Gallager 提出。受 Turbo 码优良性能的启发，LDPC 在 1996 年后成为信道编码领域新的研究热点。LDPC 的性能接近于很多通信信道容量，目前已有多个标准应用了 LDPC，包括 IEEE 802.11n、IEEE 802.16e、IEEE 802.11ad 和 DVB-S2 等。

LDPC 的核心是奇偶校验矩阵（PCM），可以用 $m \times n$ 的稀疏 PCM 来定义 (n,k) 二进制 LDPC，这里 $m \geq n-k$，意味着允许不满秩的 PCM 存在。一种表示 PCM 的便捷方法是通过 Tanner 图。例如，PCM 为如下矩阵时

$$H = \begin{bmatrix} 1 & 0 & 0 & 1 & 1 & 0 \\ 0 & 1 & 0 & 0 & 1 & 1 \\ 1 & 0 & 1 & 0 & 0 & 1 \end{bmatrix} \tag{5-30}$$

其相当于图 5-23 所示的 Tanner 图。

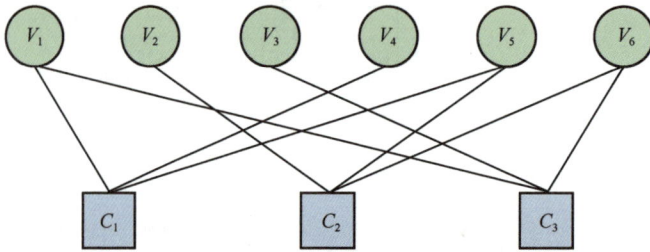

图 5-23 给定 PCM 的 Tanner 图

Tanner 图是一个二分图，图中节点分为两种不同类型，连接线仅连接不同类型的节点。这两种类型的节点通常称为与码字长度 n 数量一致的变量节点（Variable Node，VN）以及和 PCM 行数 m 一致的校验节点（Check Node，CN）。Tanner 图由 PCM 构造，奇偶校验矩阵中的项 h_{ij} 为 1 时，那么在 Tanner 图中对应的第 i 个 CN 和第 j 个 VN 之间就会有一条边线相连。当所有 VN 的度数都相同（即它们连接的边线数量相同），并且所有 CN 的度数也相同，则称 LDPC 是规则的，否则就称 LDPC 为不规则的。在图 5-23 中，虽然 CN 的度都为 3，但 VN 之间的度并不相同，因此称其为不规则的 LDPC。

LDPC 的编码方式可大致分为两类：（1）基于 LDPC 的生成矩阵 G 编码；（2）基于 LDPC 的校验矩阵 H 编码。如前文所述，LDPC 是一类线性分组码，其编码可以按照一般线性分组码的编码方法基于生成矩阵 G 进行编码。首先通过 Gauss-Jordan 消元法将给定的校验矩阵变换为

$$H = [P \quad I_{n-k}] \tag{5-31}$$

其中，P 是一个 $(n-k) \times k$ 的二元矩阵，I_{n-k} 是一个 $(n-k) \times (n-k)$ 的单位矩阵。这样就可以得到该编码的生成矩阵

$$G = [I_K \quad P^T] \tag{5-32}$$

然后，根据式（5-33）可以完成由 H 定义的 LDPC 编码。

$$c = uG = [u \quad uP^T] \tag{5-33}$$

在 LDPC 译码算法方面，Gallager 的论文给出了软判决（合积算法）与硬判决（比特反转算法）两类迭代译码算法。自 LDPC 再度受到学术界和工业界的广泛关注后，人们对具有更好性能的低复杂度译码算法也进行了深入研究，目前二元 LDPC 的典型迭代译码算法包括和积算法、最小和算法、轮转式迭代译码算法、基于可靠度的迭代译码算法、迭代大数逻辑译码算法、比特翻转算法。

5.3.3.3　Polar 码

Polar 码是基于信道极化概念构造的一种线性分组码，是目前已知的唯一一种被严格证明可以达到香农限的信道编码方法，最早由土耳其毕尔肯大学 Erdal Arikan 教授提出，目前，Polar 码已被确定为 5G 增强移动宽带（eMBB）场景控制信道的编码方案。

（1）信道极化

Polar 码的核心思想是信道极化。通过信道极化，一组独立的二元输入信道可以变换成容量接近于 0 或 1 的两类"极端信道"：几乎纯噪声信道（信道容量为 0）或几乎无噪声信道（信道容量为 1）。之后在容量为 1 的无噪声信道中传输信息；而对于容量趋于 0 的纯噪声信道，则可传输收发双方已知的固定比特。

Polar 码是在信道极化理论基础上建立的编码方式，而实现信道极化的方法是信道合并与信道分裂。

信道合并指 N 个独立且相同的二进制信道 W 组成并行的 N 阶信道：$W^N : \mathcal{X}^n \rightarrow \mathcal{Y}^N, N = 2^n, n > 0$，然后通过一一映射 $G^N : \{0,1\}^N \rightarrow \{0,1\}^N$ 来建立一个

新的矢量信道：$W_N : \mathcal{U}^N \to \mathcal{Y}^N$。

图 5-24 表示两个相同的独立信道 W 合并为二阶信道 $W_2 : \mathcal{U}^2 \to \mathcal{Y}^2$ 的过程，W_2 的信道转移概率为

$$W_2 = (y_1, y_2 \mid u_1, u_2) = W(y_1 \mid u_1 \oplus u_2)W(y_2 \mid u_2) \tag{5-34}$$

其中，$\oplus$ 表示模 2 加运算。此时矢量信道 W^2 的输入和信道 W_2 输入之间的关系可表示为 $x_1^2 = u_1^2 G_2$，生成矩阵 G_2 为

$$G_2 \triangleq \begin{bmatrix} 1 & 0 \\ 1 & 1 \end{bmatrix} \tag{5-35}$$

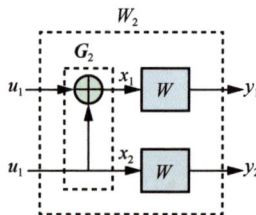

图 5-24　信道 W_2 的构造

信道分裂的过程指将合并后的信道 W_N 分裂成 N 个虚拟子信道（又称为比特信道）$W_N^{(i)} : \mathcal{U} \to \mathcal{Y}^N \times \mathcal{U}^{i-1}, 1 \leqslant i \leqslant N$，其信道转移概率为

$$W_N^{(i)}\left(y_1^N, u_1^{i-1} \mid u_i\right) = \sum_{u_{i+1}^N \in \mathcal{X}^{N-i}} \frac{1}{2^{N-1}} W_N\left(y_1^N \mid u_1^N\right) \tag{5-36}$$

其中，U_i 为 $W_N^{(i)}$ 的输入，$\left(Y_1^N, U_1^{i-1}\right)$ 为 $W_N^{(i)}$ 的输出。

（2）Polar 码编译码

Polar 码的编码就是将信息比特放置在集合 $\mathcal{A}$ 索引的可靠信道，其他不可靠信道放置事先约定的冻结比特，组成待编码的输入序列 $u_1^N = \{u_{\mathcal{A}}, u_{\mathcal{A}^c}\}$，经过生成矩阵得到码字 $x_1^N = u_1^N G_N, N = 2^n$。对于对称信道而言，冻结比特可以任意选择，编码性能相同。实际编码时，为了便于与串行抵消（SC）译码算法的递归结构相结合，Polar 码的生成矩阵通常表示为

$$G_N = B_N F^{\otimes N} \tag{5-37}$$

其中，⊗表示直积，且

$$F = \begin{bmatrix} 1 & 0 \\ 1 & 1 \end{bmatrix} \tag{5-38}$$

接收端采用 SC 译码，通过对信道索引集的比特反转排列来获得解码顺序，具体来说，就是将信道从 0 到 $n-1$ 进行编号，通过反转每个信道用二进制表示的索引来得到一个新的索引，并按照新的索引顺序进行解码。

对于二进制输入的离散无记忆信道，其对称信道容量可以表示为

$$C(W) = \sum_{y \in \mathcal{Y}} \sum_{x \in \mathcal{X}} \frac{1}{2} P(y \mid x) \log \frac{P(y \mid x)}{\frac{1}{2} P(y \mid 0) + \frac{1}{2} P(y \mid 1)} \tag{5-39}$$

以 $N = 1$ 为例，此时对称信道容量经过计算后为

$$C(W_1) = \frac{1}{2} \tag{5-40}$$

当 $N = 2$ 时，每个子信道的对称信道容量为

$$C\left(W_2^{(1)}\right) = \frac{1}{2^2} \tag{5-41}$$

$$C\left(W_2^{(2)}\right) = 1 - \frac{1}{2^2} \tag{5-42}$$

通过递归计算，对于 N 维信道，其信道容量最小和最大的子信道容量分别为

$$C\left(W_N^{(1)}\right) = \frac{1}{2^N} \tag{5-43}$$

$$C\left(W_N^{(N)}\right) = 1 - \frac{1}{2^N} \tag{5-44}$$

可以看出，信道分裂的过程是无损的，当 $N \to \infty$ 时，我们将逐渐得到两种极端的信道，一类 $C\left(W_N^{(i)}\right)$ 趋于 1 的 "好" 信道和一类 $C\left(W_N^{(i)}\right)$ 趋于 0 的 "坏" 信道，且 "好信道" 所占的比例接近原 W_N 信道的容量。图 5-25 给出了当 $N = 8, R = \frac{1}{2}$ 时的 Polar 码结构、可靠度排序，以及各个子信道的信道容量。

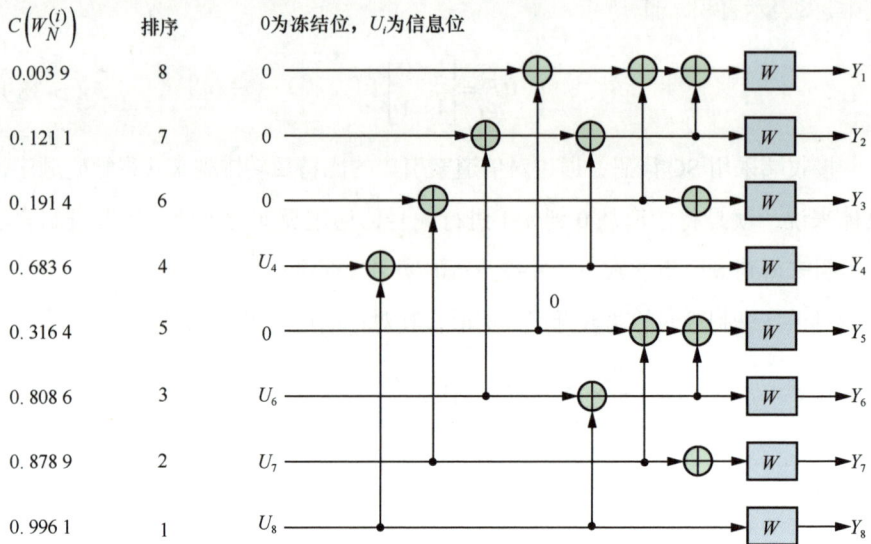

图 5-25 当 $N=8$, $R=\frac{1}{2}$ 时的 Polar 码结构、可靠度排序以及各个子信道的信道容量

5.3.4 宽带抗干扰

有别于各类商用通信系统，抗干扰能力一直是衡量战术通信系统性能的一个核心指标。在传统的窄带系统中，跳频、扩频等技术得到了广泛应用，并获得了优异的抗干扰性能。

在宽带 MIMO 自组织网络模式下，随着信道带宽和传输速率的增加，原来适用于窄带系统的跳频、扩频抗干扰技术，由于不能获得足够的扩（跳）频增益，不再适用于宽带通信系统。例如，美军 SRW 对应的抗干扰模式只针对低速率设计，在美军对 SRW 的能力评估中也明确提出了 SRW 抗干扰能力不足[5]。

在宽带 MIMO 自组织网络通信系统中，结合其物理层实现特点，可选择的抗干扰技术主要包括利用多天线特性的空间抗干扰技术以及自适应频率捷变技术。

（1）空间抗干扰

多天线技术不仅是提升系统传输速率，实现宽带传输的核心技术，其同样开拓了一个新的抗干扰领域，即空间抗干扰。通过对不同天线阵元信号的幅度和相位进行加权处理，可动态调整天线方向图，产生空间定向波束，提升期望方向的信号增益，同时将旁瓣和零陷对准干扰信号方向，从而实现通信信号的空间抗干扰。对于宽带 MIMO 电台来说，空间抗干扰主要通过数字波束成形（Digital Beam Forming，DBF）技术来实现 [40]。DBF 技术是多天线通信领域中的一个重要研究方向，是解决频率资源匮乏、提高系统容量和通信质量，以及解决通信抗干扰等问题的有效途径。

图 5-26 给出了 DBF 技术原理，信号处理器的作用在于根据空间阵列的输入信号 $x(t)$ 及输出信号 $y(t)$ 来形成权矢量 w，通过调整权矢量可以将形成的波束指向不同的方向。假设空间存在由 N 个天线组成的阵列，阵元的接收信号为向量 $x(t)$，各阵元的权矢量为

$$w = [w_1, w_2, \cdots, w_N] \tag{5-45}$$

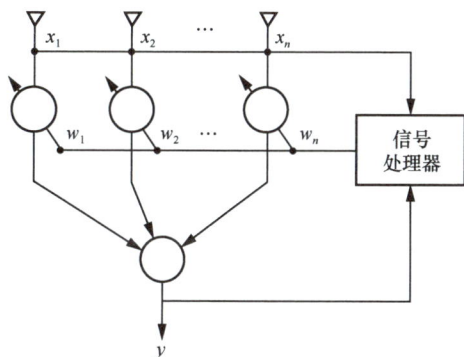

图 5-26 DBF 技术原理

经加权处理后的阵列输出信号可表示为

$$y(t) = w^{\mathrm{H}} x(t) = \sum_{i=1}^{N} w_i^* x_i(t) \tag{5-46}$$

从式（5-46）可以看出，在根据一定的准则和算法对不同天线阵元信号的幅度和相位进行加权处理后，DBF 技术能动态调整天线方向图，当阵列方向图的波束主瓣指向期望方向的信号时，期望方向的信号增益将获得大幅提高。此外，当存在干扰时，通过调整各天线阵元信号的幅度和相位激励权值，DBF 技术能在干扰方向形成零陷或旁瓣，将干扰和期望信号从空间上进行分离，起到"空

域滤波"的作用。由于 DBF 技术是从空域上对信号进行处理，利用每个信号的空间特性差异来区别信号，因而 DBF 技术可以有效对抗同频干扰、多址干扰以及多径衰落的影响。

在 Silvus 公司参与的美军 MANET 技术开发中，DBF 技术已经得到了很好的应用。为有效解决宽带传输过程中面临的敌对干扰问题，Silvus 公司在开发的 MIMO 电台中专门设立了用于 MANET 的抗干扰（MANET-Interference Cancellation，MAN-IC）模块。通过 MAN-IC 模块，电台能检测干扰信号的空间特征，然后通过 DBF 技术计算出应用于抵消干扰空间特征的天线权值，并基于权值形成具有干扰抑制效果的空间波束。这种方法已被证明具有超强的实用性，在现场试验过程中，MAN-IC 模块最高可以抑制 30 dB 的干扰。

MAN-IC 模块采用的算法主要为 DBF 技术中的特征波束置零（EBN）算法[41]和特征波束成形（TEBF）算法[42]。EBN 算法的核心是在保留目标信号的前提下，通过调整权值使得波束在干扰方向形成零陷，达到消除干扰的目的。通过EBN 算法，MIMO 系统能从每个天线单元的角度观察干扰信号的幅度和相位，并识别其空间特性，然后基于该特征计算出干扰方向需要的零陷大小，随着零陷宽度的增大，零陷深度将逐渐抬升，但对波束图的主瓣和旁瓣无影响，因此算法具有一定的波束稳定性和工程实用性。与 EBN 算法不同，TEBF 算法旨在放大期望信号而不是消除干扰信号，其技术原理是通过调整波束成形算法中权值控制发射天线的相位和幅度，以确保不同方位的两个信号到达接收天线的时间相同，再通过信号叠加的方式增加期望信号的幅度。Silvus 公司在实验后发现，在视距信道中，TEBF 算法可以提供 6 dB 的信号增益（采用 4×4 MIMO），为8 W 的无线电台提供相当于 32 W 输出的功率，有效提高了网络的可靠性和传输效率，同时也能为非视距信道提供明显的传输增益。值得注意的是，DBF 技术在 MAN-IC 模块中的应用除了使 MIMO 电台具备优异的抗干扰性能，还使其可以利用收集到的干扰信息实现隐蔽传输，达到低截获概率 / 低探测概率（LPI/LPD）通信的目的。具体方法为，在发射模式下，MAN-IC 模块利用前期获得的干扰方位先验信息，直接将波束零点位置对准敌方的干扰机或侦察机所在方向，由于干扰方向信号强度极低，敌方侦察系统无法进行有效的探测和截获，从而可以极大地提高通信系统的隐蔽性。

（2）自适应频率捷变

自适应频率捷变技术是一种用于规避通信干扰的方法，该技术首先通过对工作频段内的信道环境、干扰情况进行实时监测，再汇集频谱监测结果选出最优工作频率进行通信传输，如图 5-27 所示。

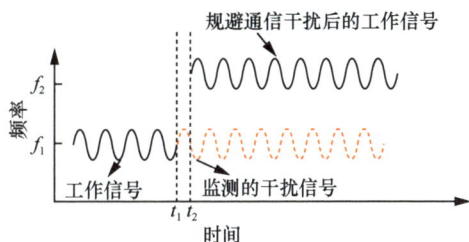

规避通信干扰后的工作信号

频率　f_2　f_1

工作信号　监测的干扰信号

t_1 t_2　时间

图 5-27　自适应频率捷变

要采用自适应频率捷变，首先需要考虑的是在哪一级别实现。一种是全网级，即全网统一在一个频率工作；另一种是链路级，即全网中不同链路工作在不同的频率，只在通信双方之间相同。两种自适应频率捷变的主要优缺点如表 5-2 所示。

表 5-2　全网级与链路级自适应频率捷变优缺点对比

自适应频率捷变	可靠性	交互开销	有效性	频谱效率	实现广播能力
全网级	低	高	低	高	易
链路级	高	低	高	低	难

在表 5-2 中，全网级自适应频率捷变由于需要各个节点之间选出频率之后再进行全网的交互，确定频率之后再全网广播，过多的交互会降低其可靠性并增大系统交互开销；在多跳拓扑结构时，自组织网络覆盖范围大，全网级自适应频率捷变所选出的频率很难适合所有链路，因此其有效性也较低；但是由于全网使用同一频率，其频谱效率更高；并且在全网统一频率时广播业务不受影响，而链路级自适应频率捷变更适合单播业务，需要特殊协议处理广播业务。

自适应频率捷变需要探测其他频点的信道状况，探测方法可分为两种，一种是由收发双方都切换到所需探测频点，分别发送并接收信号再进行信道状态评估的主动探测方法；另一种是只由收方切换到所需探测频点进行探测的被动探测方法。两种探测方式的对比如表 5-3 所示。

表 5-3　频率主动探测与被动探测方式对比

探测方式	有效性	系统开销	协议复杂度
主动探测	很高	较高	较高
被动探测	低	较低	较低

自适应频率捷变的主要目的在于选择信道更好的频点，被动探测实际只探测了各频点接收方的噪声，而主动探测是探测整个信道，得到信噪比，因此主动探测结果的有效性远高于被动探测；系统开销方面，主动探测需收发方协调切换到探测频点，被动探测只需要一方切换到探测频点，被动探测的系统开销稍低；协议复杂度方面，主动探测需收发方交互决定切换时间，被动探测则是节点自己判断有无接收任务即可。

在具体频谱监测方法上，宽带 MIMO 自组织网络系统还可以利用通信容量大和天线自由度高的优势，通过牺牲一定的通信带宽或利用独立信道进行频谱监测，常用的宽带 MIMO 自组织网络通信系统频谱监测方法包括基于 TDMA 的频谱监测和基于 MIMO 天线自由度的频谱监测，如图 5-28 所示，两种方法的对比如表 5-4 所示。

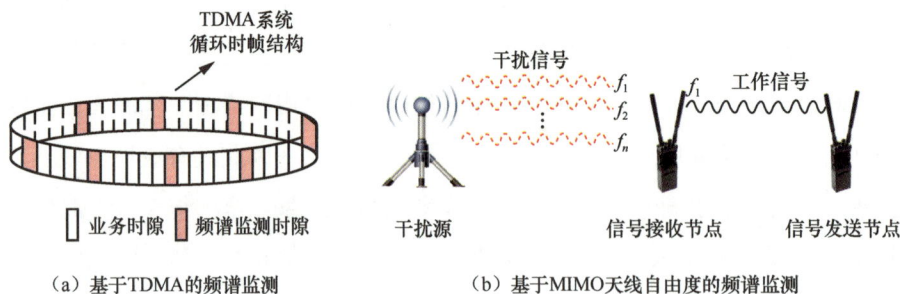

（a）基于TDMA的频谱监测　　　　（b）基于MIMO天线自由度的频谱监测

图 5-28　宽带 MIMO 自组织网络系统两种频谱监测方法

表 5-4　宽带 MIMO 自组织网络系统频谱监测方法对比表

频谱监测方法	实时性	系统开销	硬件复杂度	协议复杂度
基于 TDMA	较低	较高	较低	较低
基于 MIMO 天线自由度	很高	较低	较高	较高

基于 TDMA 的频谱监测方法利用 TDMA 技术，在链路层接入时帧设计中预留若干时隙资源用于频谱监测；采用这种方法的自组织网络通信系统需具备 TDMA 接入能力，为保证实时的频谱监测，该方法消耗的通信带宽较大。基于 MIMO 天线自由度的频谱监测方法利用多天线的自由度特征，设计独立的信道用于频谱监测；采用这种方法的工作方式较为灵活、频谱监测实时性好，但采用该方案，MIMO 系统需具备多天线异频双工工作能力，硬件要求较高，处理算法也较为复杂；此外，将独立信道用于频谱监测，也降低了通信波形 MIMO 处理增益。美国 Silvus 公司 Stream Caster4200/4400 宽带自组织网络电台就采用了基于 MIMO 天线自由度的干扰规避技术（MAN-IA），可在两个频段最多 6 个频点上，实现时间小于 1 s 的全网自适应频率捷变[43-44]。

5.4 信道接入控制技术

在移动 Ad Hoc 网络中，由于无线信道的广播特性，两个或多个节点同时发送信号时可能会引起冲突，导致发送失败。协调节点访问信道的媒体接入控制（MAC）协议对网络的性能起着决定作用，它用于解决各用户无冲突地访问信道、传输数据的问题，不仅关系到能否充分利用无线信道资源、实现节点对无线信道的公平竞争，而且影响网络层和传输层协议的性能，是构建移动 Ad Hoc 网络的关键技术之一。

按照信道资源获取方式的不同，移动 Ad Hoc 网络的 MAC 协议可划分成分配类 MAC 协议、竞争类 MAC 协议和混合类 MAC 协议，如图 5-29 所示。

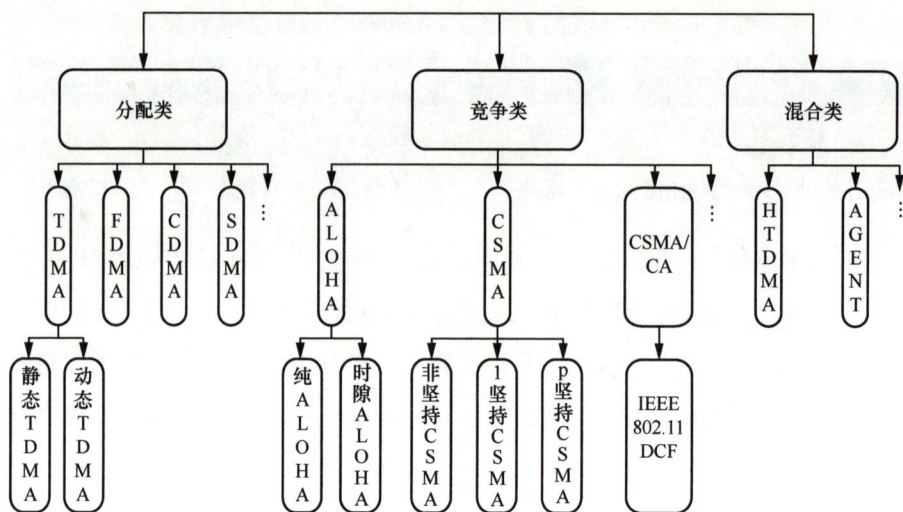

图 5-29　MAC 协议分类

5.4.1　TDMA 协议

TDMA 协议属于分配类 MAC 协议，分为静态 TDMA 协议和动态 TDMA 协议两种。

静态 TDMA 协议采用集中式、静态的时隙分配方式，协议运行前为每个节点分配固定的传输时隙。静态 TDMA 协议的技术原理为：在网络运行前，TDMA 协议根据特定的分配规则将信道时间资源分配给全网所有节点；在网络运行过程中，节点在预先分配的固定时隙接入信道，从而实现无冲突的信道占用。其典型的分配规则是按照网络最大节点数规划节点传输的时隙，即假设网络规模为 N，TDMA 协议将固定的一段时间分为 N 个时隙，每个节点占用其中的一个时隙进行数据传输。

动态 TDMA 协议采用分布式、动态调整的时隙分配方式。动态 TDMA 协议的技术原理为：采用分布式时隙分配算法，系统能够根据当前网络流量动态调整节点的时隙分配方案和时帧长度。时隙分配算法是动态 TDMA 协议的关键机制，时隙分配算法有两个设计目标：高时隙复用度和低实现复杂度，但这两者很难同时达到最优，通常需要进行性能折中。研究证明生成一个优化的时隙分配算法是 NP 完全问题，通常采用随机方法或启发式方法实现次优的时隙分配策略。

相比于竞争类 MAC 协议，TDMA 协议信道资源分配相对固定，保证了信道占用的公平性，在网络规模有限、节点密度和业务量较大的场景下，有较高的信道利用率，端到端的传输时延固定且抖动小，更容易保证战场信息的实时高效传输；但 TDMA 协议也存在灵活性差的问题，难以适应网络规模大、网络拓扑快速变化、节点业务量不稳定的应用场景。

目前，在战术移动 Ad Hoc 网络中，TDMA 协议是应用最多的 MAC 协议，在美军现役的 SINCGARS（Single-Channel Ground and Airborne Radio System）[45]、WNW（Wideband Networking Waveform）[46]、SRW[5]、ANW2[47] 等波形中都有应用。下面对 WNW 分布式统一时隙分配协议（USAP）进行简要介绍。WNW 是美军联合战术无线电系统（JTRS）的一个重要波形，用于实现战场自组织环境下的高速数据传输，于 2010 年投入使用。为了保证战场信息在战场机动骨干网中的实时可靠传输，WNW 在 MAC 层采用能够适用于动态变化场景的 USAP。

USAP 是一种支持多信道的动态 TDMA 协议，其基本机制是通过节点间控制包的交互，发送和收集局部拓扑信息以及时隙占用情况，使得节点从还没有被使用的空闲时隙中分配一个或多个时隙用于与相邻节点之间的通信，并且通过协调控制两跳节点间的时隙分配利用方式，确保节点传输不产生冲突。

USAP 的帧结构如图 5-30 所示。USAP 将一个周期划分为 N 个时帧，每个时帧包含 M 个时隙，同时频率被划分为 F 个信道。每个时帧的第一个时隙为广播时隙（控制时隙），在该时隙中，与所在时帧号对应的节点发送网络管理控制包（NMOP）给自己的邻居节点。N、M 和 F 这 3 个参数的设计是 USAP 帧结构的核心。考虑单信道的情况（$F=1$），N 的取值应保证网络中的每个节点在一个周期内都能够发送 NMOP，故 N 的取值一般为网络中的节点数量。M 的取值应满足当前网络中所有节点在一个时帧内有一次发送机会，故 M 的取值应大于网络中所有节点的最大两跳邻居个数。

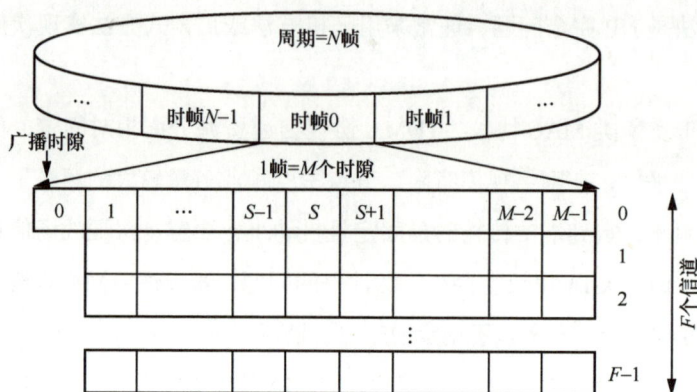

图 5-30　USAP 的帧结构

节点发送的 NMOP 包括自身准备占用的时隙号、时隙数量以及本地时隙信息表等信息，邻居节点根据收到的 NMOP 以及本地的时隙信息进行分布式本地时隙更新算法，进行两跳邻域节点的时隙冲突发现和解决。网络中的每个节点都通过这样的方式占有时隙并知晓节点两跳范围内的时隙分配情况。

在 USAP 基础上，衍生出了 USAP 多址接入（USAP-MA）协议 [48]。该协议能够支持广播和单播的发送模式，除了每帧第一个时隙用来发送 NMOP，还预留了两个时隙给节点进行广播。在 USAP 中，N 和 M 的值根据网络拓扑结构和节点发送的数据量提前确定，整个协议运行阶段值均保持不变。同时，为了避免时隙资源的浪费，USAP-MA 提出了网络密度自适应性的概念，即采用基于两跳邻域的网络拓扑动态改变帧长的思想，实现自适应广播循环（ABC）时隙分配。但是，USAP-MA 协议并没有具体给出改变帧长的方法，也没有给出新入网节点分配时隙的实现方法。

5.4.2　CSMA 协议

CSMA 协议属于随机竞争类 MAC 协议。在 CSMA 协议中，各节点地位平等，节点之间以竞争方式抢占信道，基于其思想诞生了有冲突检测的载波侦听多路访问（CSMA/CD）、有冲突避免的载波侦听多路访问（CSMA/CA）以及基于 CSMA/CA 衍生的 IEEE 802.11 DCF[49] 等协议。

CSMA 协议采用载波侦听技术来避免相邻节点信道占用时的碰撞，尽可能地保证节点在发送数据时其他邻居节点均不发送数据。CSMA 技术也称为先听后说（Listen Before Talk，LBT），即节点先侦听信道，当节点发现信道忙时先退避一段时间，不发送数据，当节点侦听到信道空闲时再发送数据。这里就涉及一个问题，就是节点在侦听到当前信道中有数据在传输时，要退避多久才再次侦听，这就是 CSMA 技术的退避算法。根据不同的退避算法，CSMA 协议分为非坚持 CSMA 协议、1 坚持 CSMA 协议和 p 坚持 CSMA 协议。

在非坚持 CSMA 协议中，节点每隔一段时间侦听信道，若节点发现信道空闲，则立即发送数据；若检测到信道被占用，则等待一段时间再重新侦听，直到发现信道空闲才发送数据。尽管非坚持 CSMA 协议可以在一定程度上减少碰撞，但还是不能完全消除碰撞，同时信道利用率不够高。在 1 坚持 CSMA 协议中，节点持续不断侦听信道，一旦发现信道空闲就立即发送数据。相对于非坚持 CSMA 协议，1 坚持 CSMA 协议在信道空闲时会立刻发送数据，不会出现信道处于空闲时仍没有节点发送数据的情况。但是，该协议在有多个节点发送数据的情况下，多个节点同时检测到信道空闲，所有节点均立即发送数据，更容易发生碰撞。为了克服前两种协议存在的问题，在 p 坚持 CSMA 协议中，若节点检测到信道空闲，则以概率 p 立即发送数据，以概率 $1-p$ 延迟发送后再重新进行信道侦听，其目的就是避免与其他节点产生碰撞，其中延迟时间一般设为最大传播时延。

CSMA/CD 与 CSMA/CA 协议都遵循 CSMA 技术的思路，其核心就是 LBT 机制，但 CSMA/CD 是源自 1 坚持 CSMA 的协议而 CSMA/CA 是源自 p 坚持 CSMA 的协议。

IEEE 802.11 是无线局域网的通用标准，迄今为止该标准已形成 802.11a、802.11b、802.11n、802.11ac、802.11ax 等多个版本，广泛应用于无线局域网、自组织网络等场景中。在 IEEE 802.11 MAC 协议结构中，包含两种模式：一是点协调功能（Point Coordination Function，PCF）模式，二是分布式协调功能（Distributed Coordination Function，DCF）模式。在 PCF 模式下，接入点（Access Point，AP）集中控制整个基本服务集（Basic Service Set，BSS）内的活动，同时使用集中控制的接入算法,用类似于轮询的方法把信道占用权轮流交给各个子站,从而避免了碰撞的产生,但这种方式并不适用于无中心的大规模自组织网络。在 DCF 模式下,网络中没有中心控制节点,每个节点均使用 CSMA 机制的分布式接入算法,各个节点采用竞争的方式接入信道。DCF 模式采用了二进制指数退避算法(Binary Exponential Backoff,BEB)的 CSMA/CA,采用 ACK(Acknowledgement)控制分组来实现链路层的确认,同时在物理载波侦听的基础上引入了虚拟载波侦听的技术。

IEEE 802.11 DCF 协议的基础是载波侦听。载波侦听有物理载波侦听和虚拟载波侦听两种模式。其中,物理载波侦听通过能量检测与前导码检测来判断信道是否被占用,功能位于物理层;虚拟载波侦听功能位于 MAC 层,使用 MAC 头的"时长"字段中承载的预定信息(导致信道占用的持续时间信息),声明节点对信道的独占接入,该功能被称为网络分配向量(Network Allocation Vector,NAV)。通过这种方式,隐藏终端的问题有所减少。

IEEE 802.11 DCF 协议主要包括两种工作模式,一种是 DATA-ACK 的基本工作模式,另一种是 RTS-CTS-DATA-ACK 的 RTS-CTS(Request to Send-Clear to Send)握手模式。RTS-CTS 握手模式采用"用小的控制分组碰撞,来避免大的数据分组碰撞"的思想,较好地解决了隐藏终端的问题,同时在节点数较多的网络中,相较于基本工作模式有更好的性能。

在 DCF 基本工作模式下,有数据发送需求的节点检测到信道空闲时,在结束随机回退后立刻发送数据分组,目的节点在接收到数据分组后反馈给发送节点相应的 ACK 分组,告知发送节点已经收到数据分组,DCF 协议基本工作模式如图 5-31 所示。

在 DCF 协议 RTS-CTS 握手模式下,有数据发送需求的节点检测到信道空闲时,在结束随机回退后首先发送 RTS 分组,目的节点若成功收到并解调 RTS 分组后反馈给发送节点一个 CTS 分组。发送节点收到 CTS 分组后,表明发送节点与目的节点之间已经建立通信连接,发送节点发送数据分组,目的节点在接收到数据分组后反馈给发送节点相应的 ACK 分组,告知发送节点已经收到数据分组,DCF 协议 RTS-CTS 握手模式如图 5-32 所示。

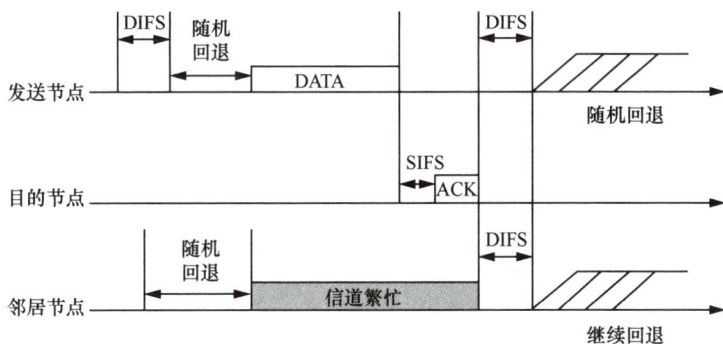

图 5-31　IEEE 802.11 DCF 协议基本工作模式

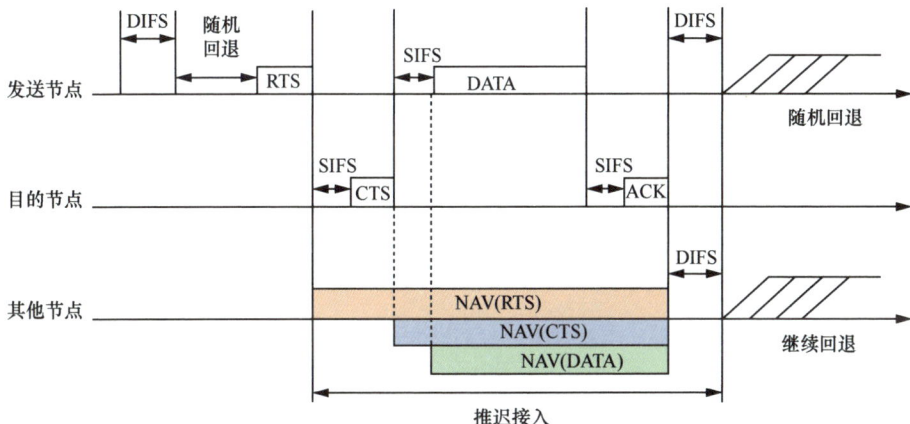

图 5-32　IEEE 802.11 DCF 协议 RTS-CTS 握手模式

在 IEEE 802.11 DCF 协议中，节点每次传输之前都需要进行回退。在回退过程中，节点会在每个时隙中对信道进行侦听（包括物理载波侦听和虚拟载波侦听），若信道监听为空闲，那么进行回退，即随机倒数计数器减 1；若信道监听为信道忙，则挂起该计数器，只有当该计数值为 0 时，节点才可以发送数据。若发生冲突后，对竞争窗口（Contention Window，CW）进行 BEB 操作，直至达到最大竞争窗口，则进行丢包处理。

美军近期数字电台（Near Term Digital Radio，NTDR）以及 MIL_STD_188_220C[50] 等标准中的接入控制协议均采用了基于 CSMA 协议的算法。对于单播业务，通常采用 RTS-CTS-DATA-ACK 的 RTS-CTS 握手模式，对于多播和广播业务则没有 ACK 确认。

与 TDMA 协议相比，CSMA 协议简单，易于分布式执行，更适用于大规模移动 Ad Hoc 网络。CSMA 协议在轻传输负载条件下碰撞次数少，信道利用率高、分组传输时延小，网络运行良好；但是，随着传输负载的增大，CSMA 协议碰撞次数增多，导致性能下降，分组传输时延增大，难以保证广播业务的可靠传输。

对于要求保证可靠广播的军用系统，CSMA 类的 MAC 协议存在其技术局限性，即相较于 TDMA 协议，CSMA 协议存在分组拥塞、时延和带宽分配不可控和难以直接支持时间敏感性业务等问题。

5.4.3 大规模移动 Ad Hoc 网络接入协议

受限于物理层传输带宽和传统的应用需求，现有军用移动 Ad Hoc 网络的信道接入协议主要面向有限规模网络设计，在大规模组网条件下，无论是采用 TDMA 的信道接入模式还是 CSMA 的信道接入模式，均不能很好地支持大规模扁平组网的应用场景。单独的基于 TDMA 的信道接入协议，难以满足网络规模无限制、网络动态重组、节点临机加入和退出等要求；而单独的基于 CSMA 的信道接入协议又存在分组拥塞、时延和带宽分配不可控、时间敏感性业务支持能力弱等问题。

为了支撑大规模移动 Ad Hoc 网络应用，需要结合新型的网络架构、物理层 MIMO 和高效调制编码方案，设计新型的 MAC 协议，以满足以下需求：1）支持网络规模的扩展；2）在大规模密集网络下，使得节点的接入碰撞率保持在可控的范围内，网络传输带宽不会随节点数量的增加呈指数级下降；3）在大规模网络拓扑下，解决分组拥塞问题，使得战场业务传输 QoS 有保障。

本节基于控制平面和数据平面分离的网络架构，提出一种基于网络态势感知的共识信道接入机制。该机制适用于大规模网络，能够使得节点有序接入信道，并可以较好地解决 CSMA 机制随网络规模扩大节点接入碰撞率增加的问题。

5.4.3.1 设计思路

协议以 CSMA/CA 协议为基础，基于控制平面和数据平面分离的网络架构设计。基本思路是将信道资源按时间划分为固定大小的时帧，每个时帧划分为两类时隙：控制时隙和数据时隙。在控制时隙，各节点感知网络状态，生成一个以自己为中心的 N（$N \geqslant 2$）跳范围内网络态势（包含局部拓扑、节点密度、链路质量、节点发送数据队列缓存等信息），N 可根据系统要求选择。在数据时隙，每个节点利用从控制时隙获知的网络态势信息，基于一定的策略选择自己可申请接入的时隙，并结合 CSMA/CA 机制，实现对数据时隙的有序竞争，降低冲突概率。以图 5-33 为例，各节点在控制平面中感知到以自己为中心的 N=2 跳范围内的网络态势（2 跳之外节点信道可复用），然后各节点根据自己感知的 2 跳局部态势，通过一定的共识策略，降低 2 跳内节点的信道竞争冲突概率，实现信道资源的有序接入。

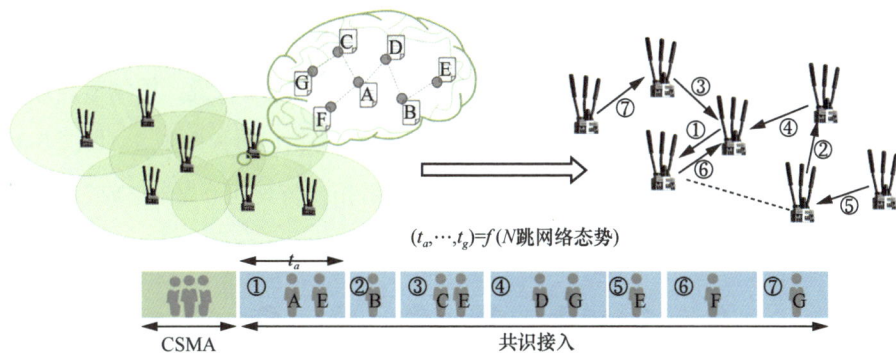

图 5-33　基于网络态势感知的共识接入

对于基于网络态势感知的自组织网络接入协议，其设计目标是设计分布式接入算法使尽可能多的信道资源在节点间得到有序复用、避免节点间的干扰，同时保证在网络负载较低时避免无线资源的浪费。下面提出两种基于网络态势感知的大规模移动 Ad Hoc 网络接入协议设计，即基于局部网络拓扑的接入方案与基于活跃节点数的概率性接入方案，并对其性能进行分析。

5.4.3.2　基于局部网络拓扑的接入方案

我们采用图着色算法描述基于局部网络拓扑的接入方案。节点入网后将当前网络拓扑结构看作一个图，其中，图的顶点表示网络中的节点，图的边表示节点之间的连接关系。在该算法中，时间轴划分为若干个 TDMA 时隙，各节点根据自己感知的局部态势确定申请占用的时隙，并通过颜色标记时隙的占用情况。在自组织网络中，不存在中心控制节点，所有节点都独立进行决策，即使所有节点的决策规则相同，但是各个节点所掌握的仅仅是局部的网络态势，不同节点掌握的态势信息可能存在差异，这将导致节点进行时隙选择时发生碰撞，从而使组网性能下降。

以图 5-34 所示的 8 节点直线拓扑为例，每个节点都根据自己掌握的拓扑进行时隙分配，假设决策规则是根据节点的 ID 顺序分配时隙，即最小的节点 ID 分配时隙 1，次小的节点 ID 分配时隙 2，依次类推。假设每个节点只了解以自己为中心的 5 跳拓扑，以节点 2 的视角分析，它了解节点 1～7 的拓扑。按决策规则，节点 2 认为自己应该占用时隙 2，节点 1 占用时隙 1，节点 3 占用时隙 3；2 跳以外的节点可以进行复用，则节点 4 占用时隙 1，节点 5 占用时隙 2，节点 6 占用时隙 3，节点 7 占用时隙 1。但对于节点 6、7、8 来说，根据节点分配的决策规则，以及自己掌握的网络拓扑，它们都会为自己分配时隙 3，如图 5-35 所示。可见在图着色算法中，由于自己感知的局部拓扑与其他节点未达成"共识"，节点进行时隙选择时发生了碰撞。

图 5-34　8 节点直线拓扑

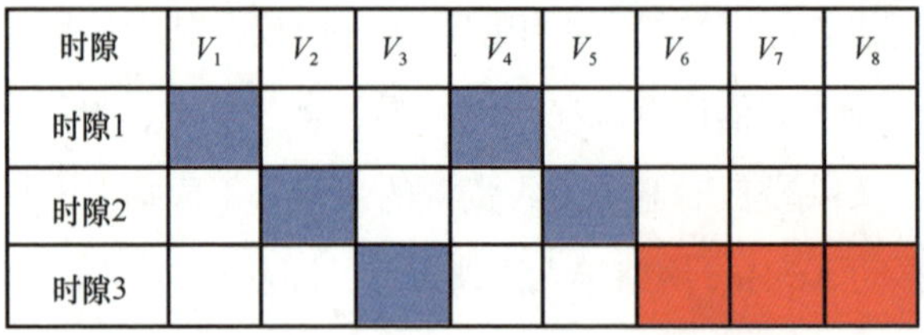

图 5-35　8 节点直线拓扑时隙占用

为了应对上述情况，在基于局部网络拓扑的接入方案中，各个节点除了依靠自身掌握的局部态势信息，还需要结合网络的实时发送状态决策时隙的分配，而网络实时发送状态可以通过侦听信道中的信令交互信息获取，然后基于拓扑共识和网络实时交互信息，通过节点的有序预判接入解决 CSMA/CA 的碰撞问题。

下面介绍该方案的一种实现方式，在该方案中，数据时隙被细分为多个等长的微时隙，节点根据感知到的态势和实时发送状态综合决策能否在当前的微时隙发送数据。在每个微时隙中，节点一次完整的信道接入及数据类型帧发送流程将经历 3 个时段：等待时段、退避时段、数据传输时段，如图 5-36 所示。在等待时段，每个节点根据感知到的态势信息和节点时隙申请排队规则，计算各自的等待时长，假设最大等待时长为 TW_{max}。若节点计算等待时间大于 TW_{max}，本微时隙该节点将不参与信道竞争；若计算等待时间小于或等于 TW_{max}，那么节点将在等待时段后进入退避时段。在退避时段，每个节点在固定的退避窗口内随机选择确定退避时长。退避时段结束，代表节点获得了当前微时隙的信道资源，将进入数据传输时段。在等待时段与退避时段内，节点一直处于载波侦听状态，若在此期间检测到信道繁忙，则该节点放弃对当前时隙信道资源的占用。

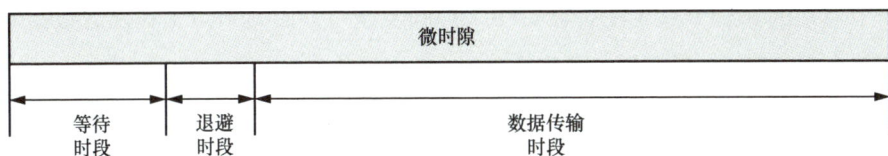

图 5-36　微时隙内划分时段

该方案汲取了 TDMA 及 CSMA/CA 协议的部分特点，加入了共识接入思想将两种协议进行融合，其中，每个节点根据态势信息计算等待时长，借鉴 CSMA/CA 的载波侦听和随机退避机制，降低由各节点获取的态势不一致导致的碰撞概率。协议避免了节点间动态时隙分配带来的控制信息开销，同时解决了大规模组网中因节点接入碰撞率过高而造成的性能下降问题。

5.4.3.3 基于活跃节点数的概率性接入方案

5.4.3.2 节介绍的基于局部网络拓扑的接入方案通过控制平面获得的局部网络态势信息以及数据平面节点间的交互感知，实现了信道资源的有序竞争，能够有效支持组网节点规模的扩展，具有一定的参考价值。然而该方案将数据时隙等比例划分为若干微时隙，微时隙的长度限制了节点发送数据包的大小；而且控制时隙网络拓扑信息获得不准确（如节点移动速度过快）或数据时隙节点间的交互不稳定，都会影响方案性能。

本节介绍一种基于活跃节点数的概率性接入方案。相比于基于局部网络拓扑的接入方案，基于活跃节点数的概率性接入方案的接入碰撞率略有上升，但在应对各种实际场景（如节点快速移动、业务非饱和等）方面，该方案的健壮性更强，且工程实现更简单。

在 CSMA/CA 机制下，自组织网络信道占用产生碰撞的场景大致分为两种，一种是邻居节点同时接入信道产生的碰撞。尽管一跳邻居可以通过载波侦听和退避机制降低碰撞概率，但仍无法完全避免同时发送的碰撞。如图 5-37 所示，若节点 1 和节点 2 同时完成退避并发送数据，则节点 3 无法收到节点 1 或节点 2 任何一点的消息。另一种场景是隐藏节点发送消息造成干扰，导致碰撞产生。如 5-38（a）所示，在节点 1 向节点 2 发送数据的过程中，由于节点 2 的邻居节点 3 没有被 CTS "抑制发送"，因此节点 1 在发送数据时可能会受到节点 3 的影响，导致节点 2 处数据接收失败；类似地，如图 5-38（b）所示，在节点 2 向节点 1 发送数据的过程中，由于节点 2 的邻居节点 3 没有被 RTS "抑制发送"，因此节点 2 在接收节点 1 的 ACK 时可能受到节点 3 的影响，导致节点 2 不能确认节点 1 数据接收成功。对于大规模移动 Ad Hoc 网络，节点越多，发生此类碰撞的概率越大。因此，本节引入一种基于活跃节点数的概率性接入方案，主要设计思路是在基于态势感知的共识接入算法中，引入活跃节点数的概念，各节点根据本节点周边活跃节点的密度，动态调整自己的退避时间、信道占用时长等，从时间维度离散降低信道接入的密度，降低接入碰撞率。

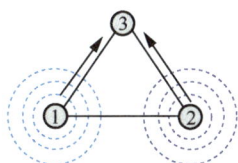

图 5-37　邻居节点同时发送数据碰撞

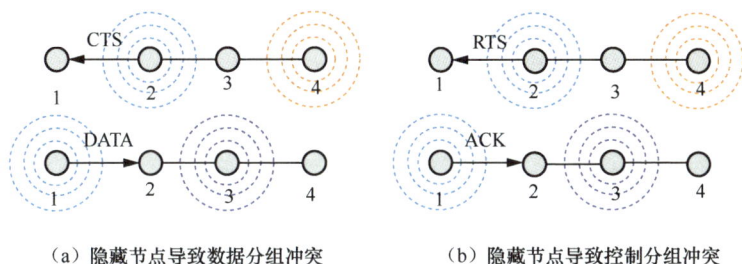

（a）隐藏节点导致数据分组冲突　　　　　　（b）隐藏节点导致控制分组冲突

图 5-38　隐藏节点发送消息导致碰撞

　　基于活跃节点数的概率性接入方案基于 IEEE 802.11 DCF 协议设计，但节点不是无限制的接入信道，而是通过感知本节点周边的活跃节点数，根据活跃节点的密集度，按照一定规则确定自己可以主动接入信道的时间点和时长，以达到密集区域的节点可主动接入的时间较短、稀疏区域的节点可主动接入的时间较长的效果。该方案主要包括以下几个步骤。

　　（1）节点通过控制时隙感知态势信息，包括但不限于两跳范围内的节点数量、队列长度等态势信息；节点根据两跳范围内待发送节点数量，采用概率性方式计算可接入的时间点和接入时长，即当节点数量超过一定阈值后，随机选择一段时间在数据平面进行尝试发送，而不是在整个数据时隙进行尝试发送。例如，设定密集度门限为 15 节点 / 级，当节点感知两跳内活跃节点数小于 15 时（网络不够密集），则该节点在全部数据时隙进行信道的抢占；当节点感知两跳内活跃节点数为 15 ～ 30 时（网络具有一定的密集度），则该节点在选择数据时隙中的一半时间段进行信道抢占，以此类推。这种方式可以降低在网络密集的情况下多个隐藏节点造成的碰撞概率。

　　（2）节点维持载波侦听等 IEEE 802.11 DCF 协议中的机制。

　　（3）节点在成功完成 IEEE 802.11 DCF 协议机制的相关交互后接入信道。

5.4.3.4 协议仿真

本节对前面提出的基于活跃节点数的概率性接入方案的网络性能进行仿真，并与 IEEE 802.11 DCF 协议性能进行对比。仿真采用丢包率和饱和吞吐量两个指标评价移动 Ad Hoc 网络信道接入协议的性能。

丢包率反映了节点数据分组发送的失败概率，定义为

$$\text{Packet\_lose} = \frac{\sum_{i}^{N}\text{Tx}_i - \sum_{i}^{N}\text{SucRx}_i}{\sum_{i}^{N}\text{Tx}_i} \tag{5-47}$$

其中，Tx_i 为节点 i 发送的数据分组总数，SucRx_i 为节点 i 成功接收的数据分组总数，N 为当前网络的节点总数。

饱和吞吐量反映了网络负载饱和时的信道利用率。定义为

$$\text{Saturated\_throughput} = \frac{\sum_{i}^{N} L_{\text{SucRx}_i}}{T} \tag{5-48}$$

其中，L_{SucRx_i} 为节点 i 成功接收分组的数据量，N 为当前网络的节点总数，T 为统计时长。

仿真场景定义为在一固定区域放置不同节点数量，形成多跳网络拓扑，主要仿真参数配置如表 5-5 所示，图 5-39 为节点数量为 280 的仿真拓扑。

表 5-5　IEEE 802.11 DCF 协议仿真参数配置

参数	值
节点通信距离 /m	300
发送速率 /(Mbit · s^{-1})	3.25
时槽（Slot）/μs	9
数据包长 /byte	1 500
CW$_{min}$/CW$_{max}$	31/1 023
长 / 短数据包重传次数	7/4

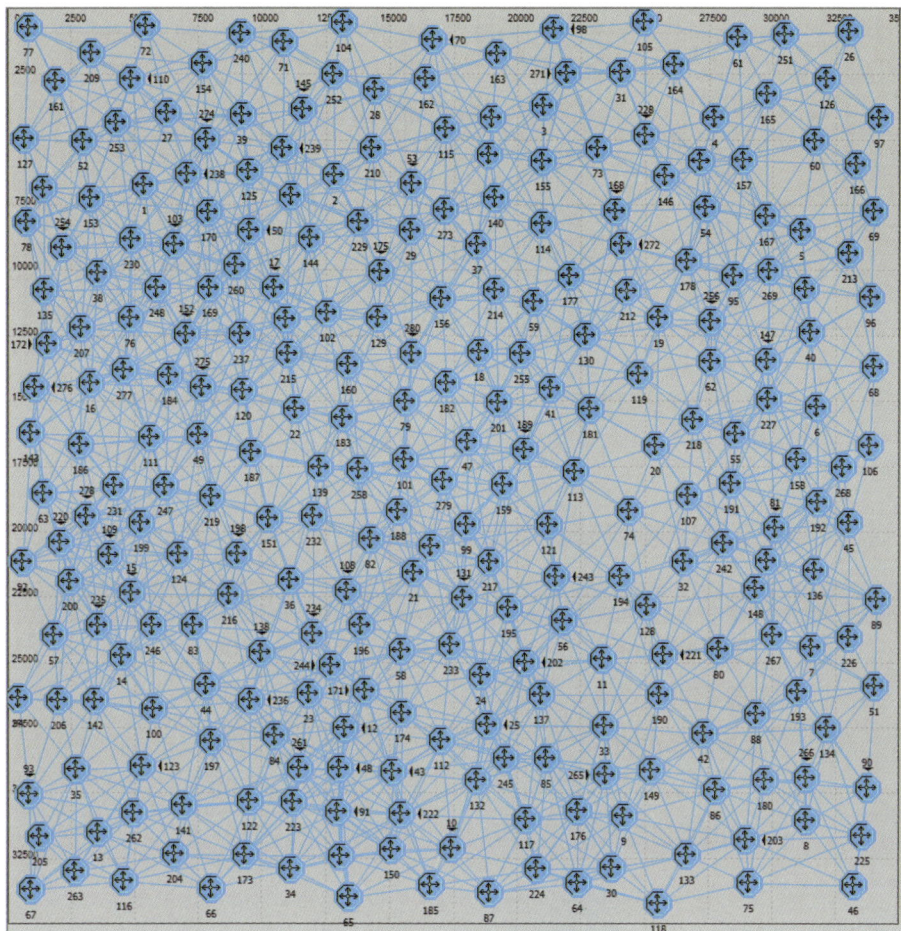

图 5-39　节点数量为 280 的仿真拓扑

图 5-40 仿真为 IEEE 802.11 DCF 协议下网络丢包率与网络饱和吞吐量曲线，从仿真结果可以看出，在相同区域下，当节点密度到达一定程度后，节点间碰撞所带来的影响将变得非常严重，导致 MAC 层的丢包率大幅上升，同时网络饱和吞吐量大幅下降。

选用相同的仿真场景，对前文提出的基于网络态势感知的信道接入协议进行仿真。控制平面仿真参数配置如表 5-6 所示，数据平面仿真配置参数如表 5-7 所示。

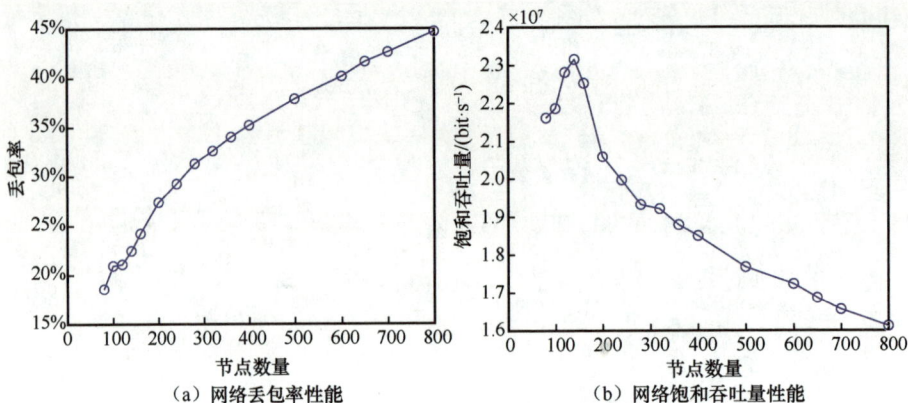

(a) 网络丢包率性能　　　　　　　　　(b) 网络饱和吞吐量性能

图 5-40　IEEE 802.11 DCF 协议下网络丢包率和网络饱和吞吐量仿真曲线

表 5-6　基于网络态势感知的信道接入协议的控制平面仿真参数配置

参数	值
发送周期 /ms	100
时槽（Slot）/μs	9
态势帧长 /byte	80
CW	900
信息保存时间 /s	2

表 5-7　基于网络态势感知的信道接入协议的数据平面仿真参数配置

参数	值
发送速率 /(Mbit · s^{-1})	3.25
时槽（Slot）/μs	9
数据包长 /byte	1 500
CW_{min}/CW_{max}	31/1 023
长 / 短数据包重传次数	7/4
密集度门限	15 节点 / 级

图 5-41 为基于活跃节点数的概率性接入方案与 IEEE 802.11 DCF 协议的丢包率对比。从图 5-41 的仿真结果可以看出，与 IEEE 802.11 DCF 协议相比，基于活跃节点数的概率性接入方案大大降低了 MAC 层的接入碰撞率，在网络规模

较大时网络丢包率性能明显优于 IEEE 802.11 DCF 协议。

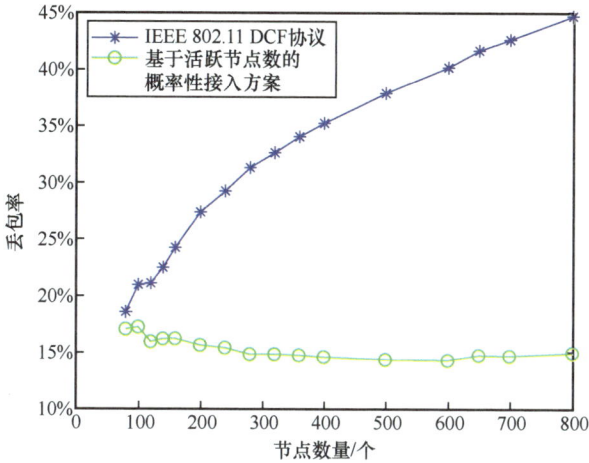

图 5-41　基于活跃节点数的概率性接入方案与 IEEE 802.11 DCF 协议的丢包率对比

图 5-42 为基于活跃节点数的概率性接入方案与 IEEE 802.11 DCF 协议的网络饱和吞吐量对比。从图 5-42 的仿真结果可以看出，与 IEEE 802.11 DCF 协议相比，在大规模组网、节点发送队列饱和的情况下，基于活跃节点数的概率性接入方案提升了网络饱和吞吐量，且随着节点规模的增大，提升比例也相应提高。

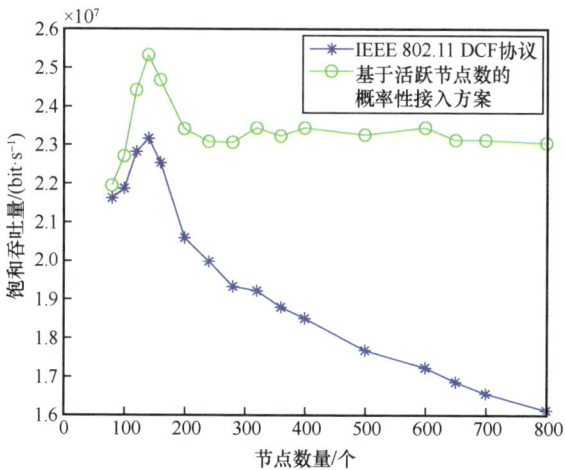

图 5-42　基于活跃节点数的概率性接入方案与 IEEE 802.11 DCF 协议的网络饱和吞吐量对比

通过前面的仿真可以看出，在基于网络态势感知的共识信道接入协议中，各节点通过控制平面获得的网络态势信息，根据网络的实时状态，形成符合当前网络态势的信道接入策略，从而有效降低了传统 CSMA 协议无序竞争带来的信道冲突，可以显著提升网络性能。从表面上看，为了感知网络态势而增加了控制平面的资源开销，但从系统整体性能角度上看，网络态势信息的利用，使得信道资源的接入更加智能和高效。同时，网络态势信息不仅是 MAC 层信道共识接入的重要基础，还可以为网络层的路由算法，甚至应用层的功能扩展等方面提供支撑，这也是控制平面和数据平面分离的全新自组织网络架构带来的本质优势。

以上方案及仿真仅仅是基于网络态势感知的信道接入协议的举例，该类协议还可以以态势信息为基础采用更多的策略进行设计优化，以达到网络信道资源的快速接入和高效利用。

5.5 路由技术

路由是指分组从源节点传送到目的节点时，决定端到端路径的进程。在移动 Ad Hoc 网络中，由于节点移动、动态拓扑、链路不稳定等原因，其路由设计与固定网络相比面临更多挑战。

移动 Ad Hoc 网络的路由协议可以按照网络节点所使用的用于路由计算的信息类型、路由的寻址规则等多种不同的维度进行分类。

根据用于路由计算的信息类型，移动 Ad Hoc 网络路由协议可以分为链路状态（LS）路由协议和距离向量（DV）路由协议。在链路状态路由协议中，节点间传递拓扑信息，网络的能见度是整个拓扑结构，网络节点根据拓扑信息做出路由选择决策，一般使用迪杰斯特拉（Dijkstra）最短路由算法；在距离向量路由协议中，节点间传递路由条目，网络的能见度只有一跳，网络节点使用到其他节点的距离估计计算路由，一般使用分布式贝尔曼－福特（Bellman-Ford）最短路由算法。两者相比，在距离向量路由协议中，由于每个节点都必须在将从邻居节点学到的路由转发给其他节点之前，运行路由算法，所以网络的规模越大，其收敛速度越慢；而在链路状态路由协议中，节点在转发链路状态包时（描述链路状态、拓扑变化的包），没必要先运行路由算法，从而加快了网络的收敛速度。然而链路状态路由协议也存在缺点，即节点需要有较大的存储空间，用以存储所收到的每个节点的链路状态数据包，同时计算工作量大，每次收到新的拓扑更新后都必须计算最短路径。

按照寻址规则，移动 Ad Hoc 网络路由协议可以分为主动式路由协议和反应式按需路由协议。其中，主动式路由协议也称为表驱动路由协议，此类路由协议通过在固定的时间周期内主动发送路由更新信息，尽力维护网络中所有节点之间的最新路由信息，并保持同步，典型的主动式路由协议有目的节点序列距离矢量路由（DSDV）协议[51]、鱼眼状态路由（FSR）协议[52]、最优化链路状态路由（OLSR）协议[53]等；反应式按需路由协议也称为源启动路由协议，在此类路由协议中，节点不需要实时维护及时准确的路由信息，只需要在发送数据时才进行路由发现和建立，典型的反应式按需路由协议有动态源路由（DSR）协议[54]、无线自组织网络按需距离向量路由（AODV）协议[55]和临时预定路由算法协议（TORA）[56]等。主动式路由协议在节点发送数据时，只要有到目的节点的路由存在，就可以直接发送分组，发送时延小，缺点是移动节点间需要交换整个路由表的内容，从而导致开销较大。反应式按需路由节点不需要维护及时准确的路由信息，只有在需要的时候才会建立一条到达目的节点的路由，因此开销较小，但分组传送的时延较大。

按照路由选择的方式，移动 Ad Hoc 网络路由协议可分为源路由协议和逐跳路由协议，其中，源路由协议是指源节点在分组发送时，就选择一条从源节点到目的节点的完整路径，并将其放置在每个分组的头部，每个节点按照分组头部中指定的路径转发；逐跳路由协议是指在分组发送时，并不计算整个路径，只确定下一跳节点，节点收到分组后，为每个到来的分组选择其传输路径上的下一跳节点，将分组往目的节点的方向推进一步，直到分组到达目的节点。目前大多数的移动 Ad Hoc 网络路由协议（如 OLSR、AODV 等）均具有逐跳路由的特性。

传统路由算法很少考虑节点位置，在条件允许的情况下（如节点设备内嵌定位模块），利用节点的位置信息辅助路由决策，可以提高路由算法的性能。

典型的位置信息辅助路由协议包括位置辅助路由（LAR）[57]和贪婪边界无状态路由（GPSR）[58]等。

评价移动 Ad Hoc 网络路由协议优劣的标准包括端到端的数据吞吐量和时延、路由建立时间、路由协议开销、大规模多跳网络的适应能力等。本节将结合美军波形介绍目前 Ad Hoc 网络常用的网络层路由协议，以及宽带大规模移动 Ad Hoc 网络的路由设计技术。

5.5.1　常用移动 Ad Hoc 网络路由协议

5.5.1.1　AODV 路由协议

AODV 协议[55]是应用于移动 Ad Hoc 网络中的反应式按需路由协议，采用距离向量的方式计算路由，支持单播和多播，由 IETF MANET 工作组于 2003 年 7 月正式公布为自组织网络路由协议的 RFC 标准。

AODV 协议是 DSR 协议和 DSDV 协议的结合。AODV 协议采用 DSDV 协议中的逐跳路由、目的节点序列号和路由维护阶段的周期更新机制，并借鉴 DSR 协议中的按需路由思想进行改进。具体而言，与 DSDV 协议中节点周期性地维护完整的路由表不同，AODV 协议通过建立基于按需路由来减少路由广播的次数，这是 AODV 协议对 DSDV 协议的重要改进。而在 DSR 协议中，由于使用了源路由的机制，要求在每个数据包头部包含完整的路径信息，大大增加了路由协议的开销，AODV 协议则使用逐跳转发机制解决了这个问题。AODV 协议是一个纯粹的按需路由协议，那些不在路径内的节点不保存路由信息，也不参与路由表的交换。

AODV 协议定义了 3 种控制消息，包括路由请求（RREQ）、路由应答（RREP）和路由错误（RERR）。AODV 协议运行时分为路由请求、路由响应和路由维护 3 个阶段，当源节点向目的节点发送数据分组却没有到目的节点路由表时，在路由请求阶段会广播 RREQ 查找相应的路由，当 RREQ 分组到达目的节点或到达一个拥有足够新的到达目的节点路由的中间节点时，路由请求结束；此时，目的节点或中间节点会向源节点单播 RREP 分组，RREP 分组根据节点建立的反向路由逐跳转发到源节点,每个转发此分组的节点,会建立到目标节点的前向路由。在路由维护阶段,采用邻居发现和链路层反馈两种方式进行路由维护。ADOV协议路由请求和路由应答如图 5-43 所示。

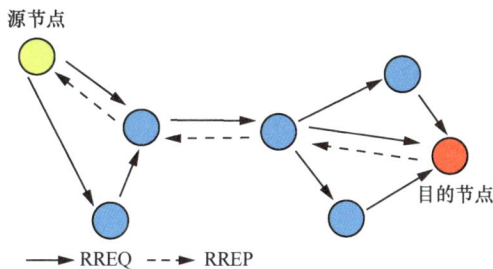

图 5-43 ADOV 协议路由请求和路由应答

相比于 DSR 协议和 DSDV 协议,AODV 协议进行了很多优化,其特性总结如下。

AODV 协议基于传统的距离向量的路由机制,设计简单;在路由请求和路由响应阶段,节点只存储需要的路由,节省了存储空间和查询时间;同时相较于需要周期性维护网络中所有节点路由信息的主动式路由协议,控制开销较小。特别地,在 AODV 协议中,节点的移动速度对网络传输速率、丢包率等性能指标影响很小,这是因为 AODV 协议是按需路由协议,无论节点移动速度大小,几乎每次发送时,路由表里的信息都要更新,不会影响性能指标。

AODV 协议的按需路由方式同样存在一定的问题,即 AODV 协议具有较长的路由建立时间,导致数据分组的传输时延较大。同时,在 AODV 协议中,当发生断链需要重建路由时,需要将断链信息发回源节点,由源节点重新发起路由发现过程,导致时延进一步增大。

5.5.1.2 OLSR 路由协议

OLSR 协议[53]是一种主动式链路状态路由协议,在传统表驱动协议基础上,针对自组织网络进行改进而来。

OLSR 协议的核心是采用多点中继(MPR)机制,对传统链路状态路由协议的全网泛洪机制进行优化。网络中每个节点都在自己的邻居节点中选择一部分作为自己的 MPR 节点，只有被选为 MPR 的节点才会定期发送拓扑控制（TC）分组并泛洪 TC 分组，通过优化拓扑扩散方式，减少了同一区域内控制分组的转发次数，降低了协议的开销。

MPR 的思想是通过降低相同区域内的冗余重传而将消息在网络中的泛洪开销降低到最低程度。如图 5-44 所示，网络中任一节点的邻居节点均被分为两类：MPR 节点和一般节点，其中，只有 MPR 节点负责转发控制分组，一般节点只负责接收和处理，不参与转发。由于只有 MPR 节点负责向全网泛洪 TC 控制分组和参加路由，且同时在拓扑维护中仅涉及 MPR 节点和选择自己为 MPR 节点的 MS（MPR Selector）节点之间的链路状态信息，这样就可以从以下两个方面降低协议开销。

- 中继节点的减少。在 MPR 机制中，只有 MPR 节点才对分组的转发负责，使得整个网络中泛洪的 TC 控制消息的总数量和转发次数大大减少。
- TC 分组长度的减少。在 OLSR 协议中，只利用 MPR 节点和其 MS 节点之间的链路状态信息构建最短路由，因此每个 TC 控制分组的长度缩短，使得拓扑维护中需要发送、转发和接收的数据量减少。

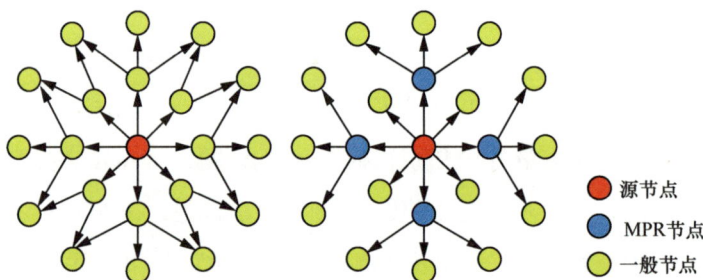

图 5-44　无选择性泛洪和 OLSR 协议中的扩散方式

在 OLSR 协议中，为实现 MPR 机制，网络中每个节点都需要维护一个 MS 列表，记录自己当前被哪些节点选为 MPR 节点。MPR 节点选择的标准如下，在由节点及其 2 跳以内邻居节点组成的网络局部拓扑图中，选择连接该节点和它的所有 2 跳邻居节点必须经过的一跳邻居节点作为 MPR 节点；如果同时有多个一跳邻居节点可以连接某个 2 跳邻居节点，则选择最新了解的一个节点作为

MPR 节点。

图 5-45 为 OLSR 协议简易流程，通过 HELLO 消息的交互后，节点 A 为节点 S 和 B 的 MPR，节点 B 为节点 A 和 C 的 MPR，节点 C 为节点 B 和 D 的 MPR。每个节点同时维护一张 MS 表和一张拓扑表，记录节点的 MS 信息和网络拓扑信息。当接收到 MS 的控制分组时，节点转发分组，维护拓扑信息，并由此信息计算路由，其中，T_dest 为目的节点，T_last 为到达目的节点的上一跳节点（目的节点的 MPR）。表明已经选择 T_last 作为 MPR。在经过节点 B 发送 TC 控制分组并泛洪到全网以声明自己的 MS 后，节点 S、A、C、D 将更新自己的拓扑表。此时如果节点 S 想发送数据分组到节点 C，那么根据路由表，节点 S 将通过路径 S-A-B-C 进行路由。

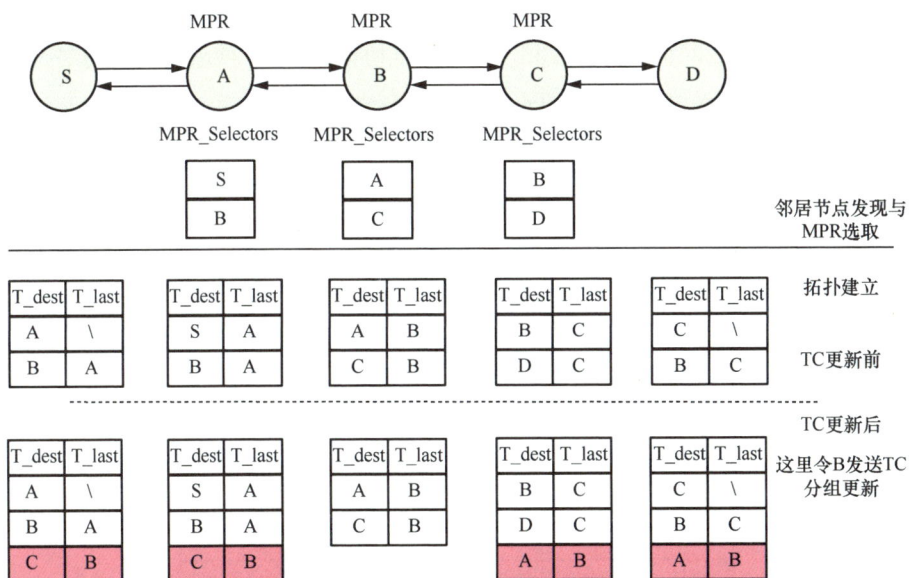

图 5-45　OLSR 协议简易流程

OLSR 协议一方面保持了主动式路由协议查找路由时间短的优点，另一方面通过 MPR 机制减小了网络中控制分组的大小并减少了转发次数，可以有效地减少整个网络范围内的路由控制分组的数量，在节点密度大、数量多的大规模网络应用中具有一定优势。但是 OLSR 协议也存在局限性，主要包括：MPR 机制只考虑覆盖度，忽略了链路质量的影响，不能支持 QoS 的路由；拓扑高动态变化时，各节点的拓扑发生变化均需要发起广播，频繁地广播仍会导致全网负载加重，从而影响业务传输；随着拓扑变化的加快，OLSR 协议路由表信息更新可能跟不上拓扑变化，导致丢包率增大、分组端到端传送时延增加，从而使性能下降。

5.5.1.3　ROSPF 路由协议

ROSPF（Radio Open Shortest Path First）是标准 OSPF 协议的扩展，主要应用于美军近期数字电台（NTDR）和联合战术无线电系统（JTRS）中的宽带网络波形（WNW）。

在美军的波形体系中，移动 Ad Hoc 网络作为战术末端组网的主要形式，是实现机动宽带骨干网络向末端延伸的重要手段。ROSPF 协议的作用就是整合传统的移动 Ad Hoc 网络路由协议和现有的标准协议 OSPF，使战术末端网络有效地整合到运行 OSPF 协议的骨干网络中，实现宽带骨干网络和战术末端子网的一体融合组网。

ROSPF 的网络层分为 Intranet 子层、Convergence 子层和 Internet 子层，如图 5-46 所示。

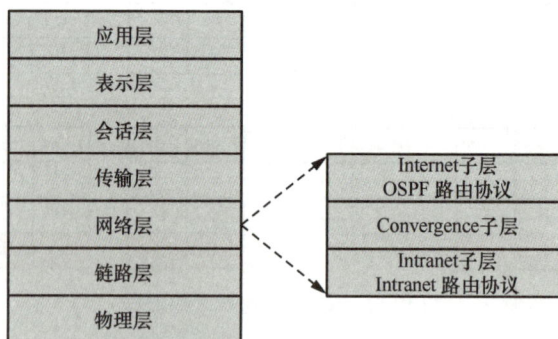

图 5-46　ROSPF 网络分层

移动 Ad Hoc 网络的所有路由和转发由内部协议在 Intranet 子层进行，Intranet 子层可以运行多种移动 Ad Hoc 网络路由协议，包括 NTDR 使用的分层链路状态（HLS）协议，WNW 使用的 Hazy-Sighted 链路状态（HSLS）协议、最优化链路状态路由（OLSR）协议、目的节点序列距离矢量（DSDV）协议和无线路由协议（WRP）等。对于一个能运行 ROSPF 的节点（路由器）来说，具有以下特点。

（1）兼容标准的运行 OSPF 的路由器。对于所有标准的 OSPF 接口，一个具有 ROSPF 的路由器就像任何标准的路由器，确保绝对的、严格的兼容性。

（2）增加一个多跳无线接口，用于运行 ROSPF 机制，如图 5-47 所示。

（3）将 Intranet 子层构成的移动 Ad Hoc 网络拓扑，表示成一个由多接入链路和点到点链路组成的拓扑，称为"虚拟模型"。

（4）通过"模拟 HELLO 消息"，将该"虚拟模型"报告给 Internet 子层。

（5）Internet 子层根据"虚拟模型"的拓扑，发送链路状态更新信息，并维护 OSPF 路由表，而维护的路由只是一个虚拟路由，但需保证加入和退出移动 Ad Hoc 网络的节点和 Intranet 子层的节点相同，从而避免 OSPF 根据"虚拟模型"计算出的路由的出口节点是移动自组网的某个中间节点而造成的路由不一致。

（6）在自组网内部，实际的路由由具体的移动自组织网络路由协议计算。

（7）ROSPF 对 OSPF 的传输机制也进行了优化。一方面，由于"虚拟模型"隐藏了移动自组织网络节点移动造成的邻居关系的变化，ROSPF 本身就可以使用 OSPF 的机制来传输缓慢变化的路由信息，减少路由开销。除此之外，ROSPF 还使用了一种更快的、开销更低的交换数据库描述信息的分层数字签名同步算法来优化性能。

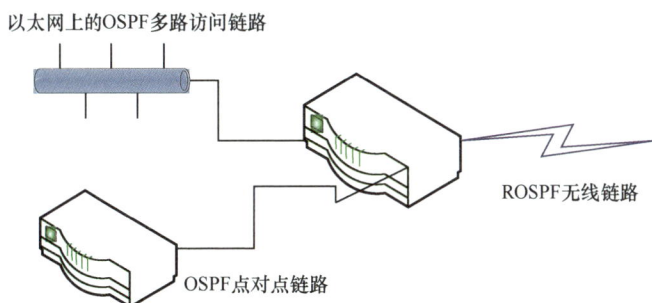

图 5-47　ROSPF 的多跳无线接口

ROSPF 协议基本流程如图 5-48 所示。

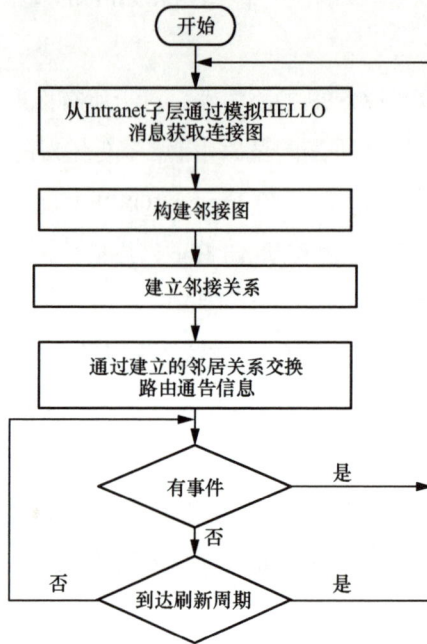

图 5-48　ROSPF 协议基本流程

综上，从 ROSPF 的结构和原理可以看出，ROSPF 是一种框架式协议，主要功能是实现移动自组织子网与其他运行 OSPF 协议的网络无缝连接，支持运行移动 Ad Hoc 网络路由协议的末端子网无缝连接到上层更大网络。协议中的 Intranet 子层可以运行各种主动式移动自组网路由协议，而 Internet 子层运行改进的 OSPF 协议，对标准 OSPF 路由器表现出 OSPF 的功能，对于在移动 Ad Hoc 网络中的 ROSPF 路由器，ROSPF 计算出可以与 OSPF 通用的路由，但是实际的路由则是由 Intranet 子层的路由协议来决定的。

5.5.2　大规模移动 Ad Hoc 网络路由技术

5.5.2.1　现有协议的局限性

现有的网络协议基本都是面向规模相对有限的网络设计的，在美军网络集成评估（NIE）测试试验中，SRW、WNW 均暴露出节点能力和信道环境不对称、网络规模增大后开销大、网络拓扑快速变化适应性差等问题，并得出如下评估结论[5]："目前移动 Ad Hoc 网络面临的一个突出问题是网络规模，即节点数量不能超过 50 个，否则网络开销就会严重影响网络性能。例如，SRW 有效实测网络节点只有 30 个，与最初设计所预想的 800 个节点来说，差距很大，为避免过度网络开销，在网络架构上不得不采用分级分域组网模式，而对网络结构的调整，削弱了 SRW 性能，限制了移动 Ad Hoc 网络的优势，不仅如此，这种结构改动还使得频率分配和网络管理问题进一步恶化。"

可以说传统的移动 Ad Hoc 网络路由协议难以适应大规模高动态的扁平化自组织网络，其局限性主要包括以下几点。

（1）路由收敛慢，网络规模增大后，路由收敛速度跟不上网络拓扑变化。在按需路由协议中，当发生断链需要重建路由时，需要将断链信息发回源节点，由源节点重新发起路由发现过程，路由收敛慢。对于主动式链路状态路由协议（如 OLSR），在大规模网络中，随着网络拓扑变化的加快，此类协议在将全网的拓扑信息更新给每个节点时面临挑战，这可能导致拓扑信息（特别是距离源节点跳数较多的节点拓扑信息）无法及时地更新到每个节点，进而影响其性能指标，包括丢包率、传输时延等。

（2）在大规模网络中，按需路由的方式会导致数据分组的传输时延较大。例如，在 AODV 协议中，节点不需要维护及时准确的路由信息，只有在需要的时候才会建立一条到达目的节点的路由，大规模网络会导致较长的路由建立时间，进而导致数据分组的传输时延较大。

（3）在大规模网络中，基于链路状态信息的路由会造成全网泛洪问题，开销过大，使得业务数据无法发送。尽管 OLSR 协议对全网泛洪的机制进行了优化，但是随着网络规模的扩大，OLSR 控制信息的交互与拓扑信息的全网泛洪仍然会带来很大的开销。特别是当拓扑高动态变化时，各节点的拓扑发生变化均需要发起广播，频繁地广播会导致全网负载加重，从而影响业务传输。

（4）传统路由协议无论是按需路由（如 AODV、DSR），还是主动式路由（如 DSDV、OLSR），都是使用最短路径优先算法选择最小跳路由进行通信的，其应用在单速率通信网络中是合适的，但是在多速率网络中不一定是最优的，它们存在的主要问题如下。①系统吞吐量低。传统路由协议仅以跳数作为选择依据，实现简单；在业务流量较低和节点移动速度较慢的情况下有较好的效果，但难以适应多速率及拓扑变化比较快的战场环境，另外跳数少则覆盖距离远，传输速率比较低，而低速率传输需要占用更多的信道占用时间，因此在该路径上传输的其他业务都要延迟，降低了系统吞吐量，影响整个系统性能。②业务传输可靠性差。跳数减少则节点每跳覆盖距离会增加，信号在远距离传播时有严重的无线传播损耗，因此相比跳数多的路径会有更高的丢包率，降低了网络传输效率。

5.5.2.2　BRN 协议

针对 SRW 在网络集成评估试验中暴露的问题，美国 Trellisware 公司研发了 TSM（Tactical Scalable MANET）波形 [59]。TSM 波形克服了当前美军使用的 SRW 在规模组网方面的问题，单个子网的节点规模由 SRW 的 30 ～ 40 个扩展到 200 个以上。同时，TSM 波形还提升了在恶劣的多径和高动态环境下的可靠传输能力，用户不但可以建立规模更大的网络，还可以在城市、山洞、隧道和建筑物内等各种复杂环境中提供可靠通信，传输话音、视频和数据。2017 年 7 月，美军对 TSM 波形进行了超过 150 个节点的规模组网测试，在一个信道上演示了陆军连级规模的应用 。

阻塞中继网络（BRN）技术是 TSM 波形采用的核心技术体制。基于该技术，在移动 Ad Hoc 网络中，节点不再需要维护路由信息，而是将网络层路由融合进MAC 层设计，采用物理层协作通信机制，实现信息的端到端传输，降低了控制开销，使得 TSM 波形能够支持大规模移动 Ad Hoc 网络。同时 BRN 技术的特殊机制（如协作通信、CBR 机制等）使得 TSM 波形能够适应复杂多变的战术环境。下面对 BRN 协议进行介绍。

（1）BRN 协作通信

在传统移动 Ad Hoc 网络中一般存在路由协议和 MAC 协议，路由协议用于维护节点之间的链路连接性，MAC 协议用于物理层信道资源的访问控制。这两种协议是设计移动 Ad Hoc 网络的关键，其控制开销不可忽视。在多跳网络中，分组从源节点到目的节点需要经过多个中间节点转发，由于传统移动 Ad Hoc 网络物理层存在同时发送、相互干扰的问题，同一时刻只能有一个节点进行转发，分组每到达一个中间节点必经历排队、退避、竞争信道、发送等过程，大大增加了分组的端到端时延并极大地降低了网络吞吐量；因此，时间敏感业务并不适合在传统移动 Ad Hoc 网络中传输。

不同于传统移动 Ad Hoc 网络，BRN 物理层采用协作通信技术，利用多个节点同时发送相同分组来提高分组传输的可靠性，将传统网络中的不利因素（干扰）转化为了有利因素，TSM 波形分组传输过程如图 5-49 所示。

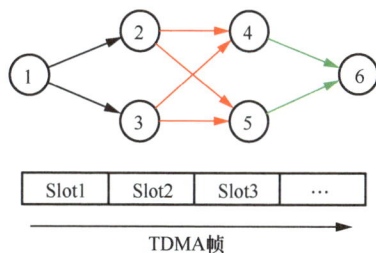

图 5-49　TSM 波形分组传输过程

如图5-49所示，BRN物理层采用TDMA帧结构，节点1有分组向节点6发送，节点1首先在 Slot1 发送第一个分组，其一跳邻居节点 2 和 3 接收到分组后在随后的 Slot2 同时转发分组，两跳邻居节点 4 和 5 同时接收到节点 2 和 3 转发的分组（在传统网络中，此时节点 2 和 3 如果同时发送会相互干扰，节点 4 和 5 不能接收到任何分组，BRN 通过协作通信技术，节点 2 和 3 同时发送不仅不会造成相互干扰，反而可以增加节点 4 和 5 的接收可靠性），在后续的 Slot3，节点 4 和 5 同时转发该分组（节点 2 和 3 也会接收到 4 和 5 转发的分组，但不会再转发），至此节点 6 接收到了节点 1 的第一个分组，节点 1 按相同流程再继续发送下一个分组；分组从源节点到目的节点的路径长度为 3 跳，3 个时隙后即到达了目的节点，分组时延即 3 个时隙的时间，相较于传统网络的信道竞争传输方式大大缩短了分组的传输时延。

BRN 可理解为一个广播泛洪中继网络，在此网络中不需要维护路由表，分组均广播发送，邻居节点在接收到分组后再中继广播，在源节点和目的节点之间可能存在一系列的中继节点，源节点发送的数据在整个网络中进行广播泛洪发送，最终到达目的节点；距离源节点跳数相同的所有中继节点同时接收并转发分组（考虑到处理时延转发可能在物理层完成），中继节点在转发之前可以修改分组控制信息，但在相同时间转发的分组内容必须完全相同，这就要求中继节点修改控制信息的规则与节点无关，只与距离源节点的距离（跳数）有关；如在图 5-49 中，节点 2 和 4 转发的分组可以不同，但节点 2 和 3 转发的分组完全相同，同理节点 4 和 5 也必须相同；由此可知，在 BRN 中，同一时间只能有一个分组源节点，因此需要有特定的 BAC（Barrage Access Control）协议 [60] 来分配和协调每个节点发起分组的时间。

由于 BRN 不再需要维护路由表，即不需要路由协议，只需要 BAC 协议，BRN 中所采用的 BAC 协议为按需分配协议，控制开销小；相对于传统移动 Ad Hoc 网络，采用 BRN 技术后的移动 Ad Hoc 网络具有如下优点。

- 协议控制开销小；
- 分组端到端时延小，可支持时间敏感性业务；
- 可支持拓扑快速变化网络。

（2）BAC 协议

由 BRN 工作原理可知，BRN 为广播型网络，在同一时刻只能有一个数据流源节点，因此其所采用的 BAC 协议又称为 SF-BAC（Single-Flow Barrage Access Control）协议；BRN 虽然为广播型网络，但仍可支持单播业务，最简单的实现方式为所有中继节点只转发数据，而不向上层提交数据，只有目的节点向上层提交数据；但为了提高单播业务的吞吐率，根据单播业务的特性，BRN 技术将整个网络划分为不同的受控拦截区域（Controlled Barrage Region，CBR），在相同的 CBR 中同一时刻只能有一个数据流源节点，但不同的 CBR 可以同时存在不同的数据流源节点，即将网络在空间上进行划分，使得不同域在时间上进行复用，建立 CBR 所采用的协议即 MF-BAC（Multiple-Flow Barrage Access Control）协议。

BRN 按照各业务流的传送边界，将网络分割为一个或多个 CBR。CBR 之间相互独立，节点只能与其所在的 CBR 内的节点通信，信息传输范围被限制在 CBR 内，不能被转发至区域外，同样外部的消息也无法传输进区域内。每个区域内节点"身份"共有 4 种，包括源节点、目的节点、内部 / 中继（Interior/Relay）节点，以及阻塞（Buffer）节点。内部节点转发收到的数据分组，阻塞节点则不转发该区域内的任何数据分组。当受控拦截区域建立时，节点的"身份"随之确定，CBR 的内部是内部节点，外部由一组阻塞节点包围，限制消息的传输范围。这样，多个业务流可以在网络的不同区域同时传输数据，避免了数据传输的干扰，提高了网络的性能。

BRN 协议采用 TDMA 的方式将信道分为竞争逻辑信道（CLC）和数据逻辑信道（DLC）。控制分组在 CLC 上传输，用来协调 DLC 的接入。CBR 的建立主要通过 CLC 上的控制分组完成，CBR 的控制分组主要包括 RTS 分组、CTS 分组以及 BUF（Buffer Assignment）分组，具体工作流程如下。

- RTS 分组

CBR 的建立由源节点发送 RTS 分组开始，RTS 分组包括源节点和目的节点、距离源节点的跳数字段 $d_{S \to X}$、受控拦截区域宽度、业务类型、流序号等字段，节点收到 RTS 分组后，获取相应信息并存储。每经过一个节点，RTS 分组中的跳数会递增一跳。节点收到 RTS 分组后继续转发，使 RTS 分组在全网范围内广播，因此收到 RTS 分组的节点可以确定其与源节点的跳数距离。

- CTS 分组

当目的节点收到 RTS 分组后，经过预先规定数量的 CLC 时隙后发送 CTS 分组，CTS 分组包括源节点和目的节点、源节点–目的节点间最短跳数 $d_{S \to D}$、距离目的节点的跳数 $d_{D \to X}$、受控拦截区域宽度、业务类型、流序号等字段。CTS 分组每经过一个节点，跳数同样会递增一跳。网络节点收到 CTS 分组后，根据 $d_{S \to X}$、$d_{D \to X}$、$d_{S \to D}$ 确定节点的"身份"，若节点 X 满足 $d_{S \to X} + d_{D \to X} \leqslant d_{S \to D}$，则节点 X 为内部节点；若不满足，则为阻塞节点。只有内部节点可以转发 CTS 分组，阻塞节点不能转发任何消息。直到源节点收到 CTS 分组，受控拦截区域建立完毕。

- 受控拦截区域宽度

受控拦截区域宽度扩展了 CBR 的范围，即除了源节点到目的节点最短路径上的节点，长度为 $d_{S \to D}+1, d_{S \to D}+2, \cdots, d_{S \to D}+N$ 的路径上的节点均可以成为内部节点。因此节点身份的判决公式变为 $d_{S \to X}+d_{D \to X} \leqslant d_{S \to D}+N$。这里 N 为受控拦截区域宽度，满足 $N \leqslant M$，其中，M 为空间复用因子。区域宽度增加了网络的健壮性，在一定程度上缓解了部分节点失效带来的影响。

- BUF 分组

为了减少 CTS 分组与潜在的 RTS 分组碰撞，可以通过 BUF 分组来解决。在目的节点发送 CTS 分组前，目的节点首先发送 BUF 分组，BUF 分组被目的节点的一跳邻居节点接收但不继续转发。类似地，源节点在收到 CTS 分组后同样发送一个 BUF 分组。所有收到 BUF 分组但是不转发 CTS 分组（不是 CBR 的内部节点）的节点同样成为 CBR 的阻塞节点。

图 5-50 展示了 CBR 的建立过程，其中，源节点、目的节点、内部（中继）节点、阻塞节点和外部节点分别用绿色、红色、蓝色、粉色和白色表示。图 5-50（a）为 $N=0$ 的 CBR，图 5-50（b）为 $N=1$ 的 CBR。其中，图 5-50（a）中标记虚线的阻塞节点是由 BUF 分组确定的。图 5-50（c）为同时并存的 8 个 CBR。

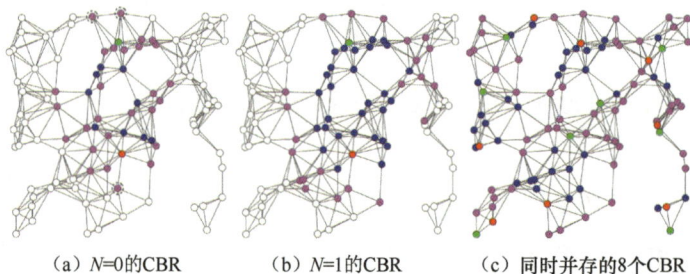

（a）N=0的CBR　　（b）N=1的CBR　　（c）同时并存的8个CBR

图 5-50　CBR 的建立过程

TSM 波形采用了 BRN 技术。该技术利用自主协作传输机制，通过对时间、空间等物理层资源的控制（而不是对点对点链路的控制），以节点间协作中继的方式使数据包能够快速可靠地到达目的节点，避免了链路级复杂的访问控制机制，大幅扩展了网络容量。BRN 协议的特性如下。

（1）受控拦截区域的建立依靠节点"身份"，不依赖于网络拓扑信息，降低了组网以及维护网络的开销，使接入时间变短。BRN 将网络层路由融合进 MAC 层，减少了查找路由表选择路径的过程。BRN 在链路层直接采用解码－转发的方式，这种机制保证 CBR 建立迅速，业务接入时间短。

（2）CBR 的机制增强了网络可扩展性。由于 CBR 的特性，节点的接入时间短，新的节点入网或者节点离开网络通过 CBR 的重建即可完成，确定节点"身份"后完成其通信任务。可扩展性增强使 BRN 可以更好地适应复杂多变的战术环境。

（3）多数移动 Ad Hoc 网络受限于每个节点同时只能接收或发送信号，广播业务传输时业务会向所有节点泛洪，导致网络性能大幅下降。BRN 技术中，每个节点同时发送、接收和中继信息，信息以同步和协调的方式逐跳传播到接收方，为高消息完成率提供冗余通信路径，确保了网络性能。

（4）BRN 中的物理层综合利用最佳均衡、动态跟踪、差错控制和自适应迭代等信号处理技术，可在极端多径衰落、快速变化和受限传播信道条件下提高通信可靠性，可在利用多径反射和中继的同时对齐和整合射频信号，使其在恶劣信道环境中的传输可靠性优于其他传统的移动 Ad Hoc 网络。

在具有上述诸多优点的同时，BRN 协议在设计上还需要有特别考虑的地方，在应用时也存在局限性。首先，建立多个 CBR 需要解决不同控制分组间的碰撞问题，建立好多个 CBR 后，若多个 CBR 拥有共同的节点，需解决多个数据流的碰撞问题；其次，BRN 协议中的时隙同步问题也需要妥善解决；最后，BRN 协议仍然基于最短跳数构建 CBR，不支持 QoS 路由。

BRN 协议的特性和工作方式介于 DSR 协议和 OLSR 协议之间，即在 BRN 协议中 CBR 的建立过程更接近 DSR 协议（开销少），而建立 CBR 之后的网络性能更接近 OLSR 协议（稳定、低时延），达到了较为优秀的综合性能。然而在战术信息网络中，当指控信息需要持续多次的向目的群组中的多个目的节点下达时，BRN 协议的解决方案是随着目标节点的改变进行多次 CBR 单播区域的重组，当群组中目的节点数量较多、移动速度较快时，CBR 的重新建立次数也会很多，这样会使分组传输时延增大，网络开销增多，网络资源的利用率降低，且随着网络节点数量的增多和节点移动速度的加快，其局限性越明显。

5.5.2.3　面向数控分离网络架构的 Ad Hoc 网络路由协议设计

BRN 协议提供了一种大规模移动 Ad Hoc 网络的解决方案，但存在不支持 QoS 路由，以及随着网络规模和节点移动速度增加而网络开销增大的问题，使其在应用上也存在一定的局限性。本节提出一种面向控制平面和数据平面分离网络架构、基于网络态势信息的网络层和应用层综合路由协议设计思路，该协议支持 QoS 路由，可以满足大规模扁平化移动 Ad Hoc 网络的应用需求。

在控制平面和数据平面相互分离的新型移动 Ad Hoc 网络架构中，控制平面负责收集和发送网络的态势信息（如网络拓扑结构、节点间链路 SNR、周围节点业务排队量等），这些态势信息不仅能够用于支持 MAC 层协议设计，降低信道接入碰撞率，同时能够支持基于态势、位置等信息的网络层和应用层综合路由。

在主动式路由协议（如 OLSR 协议）中，路由信息的维护需要将每个节点的态势信息广播至全网。这种全网泛洪控制分组的方式，一方面造成了信道竞争和冗余传输的问题，导致网络中消息泛洪的业务量为 $O(n^2)$，其中 n 为网络中的节点数量；另一方面，随着网络拓扑变化加快，主动式路由表信息更新频繁，影响网络性能，甚至会出现网络拓扑信息更新不及时的问题。为了解决大规模移动 Ad Hoc 网络中控制消息泛洪造成的网络资源消耗问题以及态势信息更新不及时问题，这里提出一种基于网络态势信息的网络层和应用层综合路由协议设计思路，该协议应用在控制平面，与传统的全网泛洪有以下明显区别。

（1）每个节点不仅广播自己的态势信息，而且广播本地拥有的其他邻居节点的态势信息。

（2）每个节点周期性触发广播态势信息，而不是按照传统的主动式路由协议收到其他节点的态势信息后马上进行转发广播。

（3）每个节点广播的邻居节点态势信息被限制在一定范围内，如 5 跳邻居节点以内的邻居节点态势信息。

（4）每个节点仅关心本节点一定范围内邻居节点的态势信息，对于范围外节点的节点信息，在数据平面作为应用层的数据进行广播发送。到一定范围外的节点路由仅需根据节点掌握的态势信息首先在一定范围内路由到距离目的节点较近的中转节点，然后不断重复这个过程就能将数据分段路由至目的节点。

该协议具有如下优势。

（1）使广播信息泛洪的业务量从$O(n^2)$降低至$O(n)$，大大减少了路由信息维护的开销，特别适用于大规模网络。

（2）节点一定范围内的态势信息能够得到及时的更新。

（3）相较于传统主动式路由中拓扑关系的更新，此方法中更为丰富的态势信息能够支持 QoS 路由。

（4）传统路由协议的路由算法都使用最短路径优先算法选择最小跳路由进行通信，并不支持 QoS 路由。本协议可以综合考虑网络的态势信息（拓扑信息、节点间的信道质量、节点的队列缓存等）做出路由综合决断。例如，图 5-51 中展示了一个网络拓扑的态势信息，节点和链路的态势由不同颜色标注，其含义见表 5-8。如果根据传统的最短路径优先算法选择最小跳路由，那么节点 1 到节点 5 将选择节点 3 进行中继转发。然而通过网络态势信息可知，节点 1 到节点 3 的链路、节点 3 到节点 5 的链路质量并不好，同时节点 3 的队列长度较长，向其转发容易造成丢包。因此，基于网络态势信息的路由可以选择节点 1– 节点 2– 节点 4– 节点 5 的路径进行分组的转发。采用基于态势信息的链路选择算法支持 QoS 路由，能够适应多速率及拓扑变化比较快的战术环境，可以提升整个网络的传输效率。

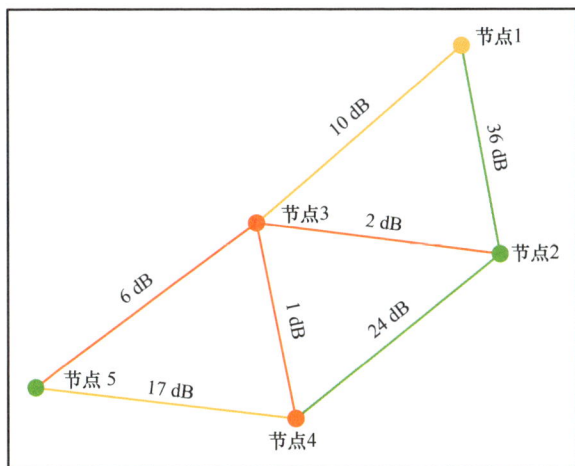

图 5-51　网络拓扑的态势信息

表5-8　网络拓扑示例

颜色	链路	节点
绿色	>20 dB	队列中 <10 个包
橙色	10~20 dB	队列中 10~100 个包
红色	<10 dB	队列中 >100 个包

上面只是给出了一种基于数控分离自组网架构，适应于大规模移动 Ad Hoc 网络应用的路由协议设计思路，具体的协议实现可根据实际的应用场景进行设计。

5.6 本章小结

本章面向无人机蜂群作战、马赛克作战等新型作战概念，聚焦云原生网络战术末端组网技术，针对大规模、宽带扁平化组网需求，在分析现有移动 Ad Hoc 网络支撑大规模扁平组网存在问题的基础上，对支撑大规模移动 Ad Hoc 网络的网络架构、物理层、信道接入控制和路由技术进行了介绍，在物理层重点介绍了支撑宽带传输的 MIMO、OFDM 以及 Turbo 码、LDPC、Polar 码等新型调制编码技术；在数据链路层结合美军典型通信波形介绍了目前常用的 TDMA、CSMA 技术，并提出了一种基于网络态势的分布式共识接入机制；在网络层结合美军典型波形介绍了现有常用移动 Ad Hoc 网络路由协议，并提出了一种适应大规模组网的基于数据平面和控制平面分离网络架构、基于网络态势信息的网络层和应用层综合路由协议设计思路。

参考文献

[1]　JUBIN J, TORNOW J D. The DARPA packet radio network protocols[J]. Proceedings of the IEEE, 1987, 75(1): 21-32.

[2]　CALHOUN C P. DARPA emerging technologies[J]. Strategic Studies Quarterly, 2016, 10(3): 91-113.

[3]　Defense Advanced Research Projects Agency (DARPA) Strategic Technology

Office (STO). Resilient networked distributed Mosaic communications (RN DMC)[R]. 2020.

[4] CLARK B, PATT D, SCHRAMM H. Exploiting artificialintelligence and autonomous systems to implement decision-centric operations[R]. 2020.

[5] MARWICK S M, KRAMER C M, LAPRADE E J. Analysis of soldier radio waveform performance in operational test[R]. 2015.

[6] WOLNIANSKY P W, FOSCHINI G J, GOLDEN G D, et al. V-BLAST: an architecture for realizing very high data rates over the rich-scattering wireless channel[C]//Proceedings of the URSI International Symposium on Signals, Systems, and Electronics. Piscataway: IEEE Press, 2002: 295-300.

[7] Persistent Systems. MPU5 basic operator manual (version 2.11)[R]. 2020.

[8] Silvus Technologies, Inc. Stream caster MIMO radio user manual[R]. 2019.

[9] TELATAR E I. Capacity of multi-antenna Gaussian channels[J]. Communication Network, 1999, 10(6): 585-595.

[10] FOSCHINI G J, GANS M J. On limits of wireless communications in a fading environment when using multiple antennas[J]. Wireless Personal Communications, 1998, 6(3): 311-335.

[11] FOSCHINI G J. Layered space-time architecture for wireless communication in a fading environment when using multi-element antennas[J]. Bell Labs Technical Journal, 1996, 1(2): 41-59.

[12] 傅祖芸. 信息论 : 基础理论与应用 [M]. 北京 : 电子工业出版社 , 2001.

[13] FOSCHINI G J, GOLDEN G D, VALENZUELA R A, et al. Simplified processing for high spectral efficiency wireless communication employing multi-element arrays[J]. IEEE Journal on Selected Areas in Communications, 1999, 17(11): 1841-1852.

[14] WOLNIANSKY P W, FOSCHINI G J, GOLDEN G D, et al. V-BLAST: an architecture for realizing very high data rates over the rich-scattering wireless channel[C]//Proceedings of the URSI International Symposium on Signals,

Systems, and Electronics. Piscataway: IEEE Press, 2002: 295-300.

[15] GOLDEN G D, FOSCHINI C J, VALENZUELA R A, et al. Detection algorithm and initial laboratory results using V-BLAST space-time communication architecture[J]. Electronics Letters, 1999, 35(1): 14.

[16] GANS M J, AMITAY N, YEH Y S, et al. Outdoor BLAST measurement system at 2.44 GHz: calibration and initial results[J]. IEEE Journal on Selected Areas in Communications, 2002, 20(3): 570-583.

[17] ALAMOUTI S M. A simple transmit diversity technique for wireless communications[J]. IEEE Journal on Selected Areas in Communications, 1998, 16(8): 1451-1458.

[18] TAROKH V, SESHADRI N, CALDERBANK A R. Space-time codes for high data rate wireless communication: performance criterion and code construction[J]. IEEE Transactions on Information Theory, 1998, 44(2): 744-765.

[19] SIWAMOGSATHAM S, FITZ M P. Improved high-rate space-time codes via orthogonality and set partitioning[C]//Proceedings of the 2002 IEEE Wireless Communications and Networking Conference Record. Piscataway: IEEE Press, 2002: 264-270.

[20] JAFARKHANI H, SESHADRI N. Super-orthogonal space-time trellis codes[J]. IEEE Transactions on Information Theory, 2003, 49(4): 937-950.

[21] STEFANOV A, DUMAN T M. Turbo-coded modulation for systems with transmit and receive antenna diversity over block fading channels: system model, decoding approaches, and practical considerations[J]. IEEE Journal on Selected Areas in Communications, 2001, 19(5): 958-968.

[22] HOCHWALD B M, MARZETTA T L. Unitary space-time modulation for multiple-antenna communications in Rayleigh flat fading[J]. IEEE Transactions on Information Theory, 2000, 46(2): 543-564.

[23] HOCHWALD B M, MARZETTA T L, RICHARDSON T J, et al. Systematic design of unitary space-time constellations[J]. IEEE Transactions on Information

Theory, 2000, 46(6): 1962-1973.

[24] TAROKH V, JAFARKHANI H, CALDERBANK A R. Space-time block codes from orthogonal designs[J]. IEEE Transactions on Information Theory, 1999, 45(5): 1456-1467.

[25] TAROKH V, JAFARKHANI H, CALDERBANK A R. Space-time block coding for wireless communications: performance results[J]. IEEE Journal on Selected Areas in Communications, 1999, 17(3): 451-460.

[26] HWANG T, YANG C Y, WU G, et al. OFDM and its wireless applications: a survey[J]. IEEE Transactions on Vehicular Technology, 2009, 58(4): 1673-1694.

[27] Qualcomm Inc. Waveform candidates[R]. 2016.

[28] ZHANG X, JIA M, CHEN L, et al. Filtered-OFDM - enabler for flexible waveform in the 5th generation cellular networks[C]//Proceedings of the 2015 IEEE Global Communications Conference (GLOBECOM). Piscataway: IEEE Press, 2015: 1-6.

[29] SIOHAN P, SICLET C, LACAILLE N. Analysis and design of OFDM/OQAM systems based on filterbank theory[J]. IEEE Transactions on Signal Processing, 2002, 50(5): 1170-1183.

[30] SAHIN A, YANG R, BALA E, et al. Flexible DFT-S-OFDM: solutions and challenges[J]. IEEE Communications Magazine, 2016, 54(11): 106-112.

[31] HAMMING R W. Error detecting and error correcting codes[J]. The Bell System Technical Journal, 1950, 29(2): 147-160.

[32] VITERBI A. Error bounds for convolutional codes and an asymptotically optimum decoding algorithm[J]. IEEE Transactions on Information Theory, 1967, 13(2): 260-269.

[33] BERROU C, GLAVIEUX A, THITIMAJSHIMA P. Near Shannon limit error-correcting coding and decoding: turbo-codes.1[C]//Proceedings of the IEEE International Conference on Communications. Piscataway: IEEE Press, 2002: 1064-1070.

[34] GALLAGER R. Low-density parity-check codes[J]. IRE Transactions on Information Theory, 1962, 8(1): 21-28.

[35] MACKAY D J C, NEAL R M. Near Shannon limit performance of low density parity check codes[J]. Electronics Letters, 1996, 32(18): 1645-1646.

[36] CHUNG S Y, RICHARDSON T J, URBANKE R L. Analysis of sum-product decoding of low-density parity-check codes using a Gaussian approximation[J]. IEEE Transactions on Information Theory, 2001, 47(2): 657-670.

[37] ARIKAN E. Channel polarization: a method for constructing capacity-achieving codes[C]//Proceedings of the 2008 IEEE International Symposium on Information Theory. Piscataway: IEEE Press, 2008: 1173-1177.

[38] ARIKAN E. Channel polarization: a method for constructing capacity-achieving codes[C]//Proceedings of the 2008 IEEE International Symposium on Information Theory. Piscataway: IEEE Press, 2008: 1173-1177.

[39] 3GPP . Multiplexing and channel coding (version 17.1.0): TS 36.212[S]. 2022.

[40] VENKATARAMANA D, SANYAL S K, MISRA I S. Digital signal processor-based broad null beamforming for interference reduction[J]. Circuits, Systems, and Signal Processing, 2016, 35(1): 211-231.

[41] CHEN J. MIMO enhancements for air-to-ground wireless communications[D]. California: UCLA, 2014

[42] ABDEL-SAMAD A, DAVIDSON T N, GERSHMAN A B. Robust transmit eigen beamforming based on imperfect channel state information[J]. IEEE Transactions on Signal Processing, 2006, 54(5): 1596-1609.

[43] EBBUTT G. Mesh network: increasing resilience and reducing infrastructure across network domains[EB]. 2021.

[44] WALKENHORST B. The impact of LPI/LPD waveforms and anti-jam capabilities on military communications[EB]. 2020.

[45] PALMER R L. Single-channel ground and airborne radio system (SINCGARS) operator training evaluation[R]. 1990.

[46] Joint tactical radio system (JTRS) wideband networking waveform (WNW) functional description document (FDD) [R]. 2001.

[47] Harris assured communications. RF-7800M-MP applications guide[R]. 2010.

[48] YOUNG C D. USAP multiple access: dynamic resource allocation for mobile multihop multichannel wireless networking[C]//Proceedings of the IEEE Military Communications. Conference. Piscataway: IEEE Press, 2002: 271-275.

[49] IEEE Standard for Information Technology. Telecommunications and information exchange between systems - local and metropolitan area networks - specific requirements - part 11: wireless LAN medium access control (MAC) and physical layer (PHY) specification[S]. 2012.

[50] Department of Defense Interface Standard. Digital message transfer device subsystem: MIL-STD-188220C[S]. 2002.

[51] PERKINS C E, BHAGWAT P. Highly dynamic destination-sequenced distance-vector routing (DSDV) for mobile computers[C]//Proceedings of Special Interest Group on Data Communication Conference. New York: ACM Press, 1994: 234-244.

[52] PEI G Y, GERLA M, CHEN T W. Fisheye state routing: a routing scheme for ad hoc wireless networks[C]//Proceedings of the 2000 IEEE International Conference on Communications. Piscataway: IEEE Press, 2000: 70-74.

[53] JACQUET P, MUHLETHALER P, CLAUSEN T, et al. Optimized link state routing protocol for ad hoc networks[C]//Proceedings of IEEE International Multi Topic Conference. Piscataway: IEEE Press, 2001: 62-68.

[54] JOHNSON D B, MALTZ D A. Dynamic source routing in ad hoc wireless networks[M]//IMIELINSKI T, KORTH H F. Mobile Computing , Berlin: Springer, 1996: 153-181.

[55] PERKINS C E, ROYER E M. Ad-hoc on-demand distance vector routing[C]// Proceedings of the IEEE Workshop on Mobile Computing Systems and

Applications. Piscataway: IEEE Press, 2002: 90-100.

[56] PARK V D, CORSON M S. A highly adaptive distributed routing algorithm for mobile wireless networks[C]//Proceedings of INFOCOM. Piscataway: IEEE Press, 2002: 1405-1413.

[57] KO Y B, VAIDYA N H. Location-aided routing (LAR) in mobile ad hoc networks[C]//Proceedings of the 4th Annual ACM/IEEE International Conference on Mobile Computing And Networking. New York: ACM Press, 1998: 66-75.

[58] KARP B, KUNG H T. GPSR: greedy perimeter stateless routing for wireless networks[C]//Proceedings of the 6th Annual International Conference on Mobile Computing and Networking. New York: ACM Press, 2000: 243-254.

[59] TrellisWare Technology. Tactical scalable MANET - TSM datasheet[R]. 2015.

[60] HALFORD T R, CHUGG K M, POLYDOROS A. Barrage relay networks: system & protocol design[C]//Proceedings of the 21st Annual IEEE International Symposium on Personal, Indoor and Mobile Radio Communications. Piscataway: IEEE Press, 2010: 1133-1138.

第 6 章

CHAPTER 6

云原生网络零信任安全

不需要信任网络，所以网络不需要完美，而且网络也不可能做到完美。

——路易斯·普赞

6.1 概述

随着网络空间和数字世界的迅猛发展演进，网络安全日益成为网络设计不可回避的核心问题。信息共享与网络安全矛盾突出，未知攻击与内部攻击挑战严峻，必须有效实现网络可用性与安全性的平衡，确保安全风险可预测、可评估、可隔离和可控制。

当前，网络安全领域缺乏成熟的理论体系，典型网络安全手段主要采用打补丁、堵漏洞和筑边界、硬隔离的方式，网络安全设计师和网络设计师常常背对背工作，部署的节奏和时间往往也不同步，结果是安全与网络"两张皮"的现象尤其突出，导致网络不好用，安全却仍不托底。分析网络安全隐患的根源，主要是互联网缺乏安全"基因"，具体表现为两个不分：一是实体命名与网络寻址不分，使得用户身份与网络地址混用，导致用户能够采用匿名身份上网；二是控制平面与数据平面不分，使得资源控制与业务传输混合，导致攻击暴露面大，安全风险增加。

一段时期以来，业界对有效解决网络安全问题、实现网络"内生安全"寄予了迫切的期望。总的来看，解决网络安全问题需要从业者首先树立科学的安全观。我们必须面对的现实是找到万能的对付未知攻击或内部攻击的方法非常困难，甚至是不可能的，所以没有绝对的安全，没有完美的安全，更没有永远的安全。追求"绝对"安全的结果必然是"绝对"的不可用，就像人想要"绝对"不生病的方法就只能是死亡。在设计安全架构时，过度防护就像自身性免疫疾病，通常会造成网络可用性和用户体验的严重下降，相当于攻击方的入侵威慑产生了攻击效果，也就是达到了"不战而屈人之兵"的效果。

云原生网络采用名址分离、控制平面与数据平面分离的基本架构，在网络中植入了重要的安全"基因"，为解决安全问题提供了"先天"的基础。零信任安全架构以"从不信任、始终验证"的原则，能够比较好地解决传统基于边界的"城堡＋护城河"网络安全模式的问题，实现对网络基础设施、数据资源及个人隐私、应用服务等细粒度自适应防护，很适合在云环境部署使用，也自然而然地成为云原生网络的首选安全架构。

本章首先对零信任的核心理念、主要特征、主流架构和实践进行综述分析，并结合云原生网络架构和网络孪生服务进行云原生网络安全架构设计，然后对 Kubernetes 安全防护细粒度认证和授权、自适应安全防护进行详细阐述。

6.2 零信任安全

6.2.1 传统边界安全防护

为应对网络攻击威胁，网络安全架构师通常将网络划分为不同的区域，每个区域被授予某种程度的信任，决定哪些资源可以被访问，区域之间采用逻辑或物理隔离。这种架构可提供较强的纵深防御能力。

图 6-1 给出了采用边界防护安全架构构建的典型企业网，该网络建立了 3 个边界。第一个"边界"，是在互联网与企业网之间通过防火墙建立的，用于严密监控外部的互联网流量进入企业网，通常在从互联网进入企业网的第一关卡位置部署防火墙等安全设备。第二个"边界"，是利用防火墙将企业网划分为隔离区，即 DMZ（Demilitarized Zone），和企业内网。从互联网进入的流量只能限制在隔离区。高风险网络资源，包括 Web 服务器和邮件服务器都部署在这一区域。企业内网用于企业主体办公区域互联，各个部门员工的办公计算机、企业服务器等均连入内网网络。第三个"边界"，存储重要秘密的数据库服务器被一个防火墙单独隔离在一个配有严格安全监控措施的核心区，只允许研发部门办公计算机访问数据库服务器。

在边界防护安全架构下，网络设计师假设互联网用户和企业内网用户均只访问部署于 DMZ 的应用服务，不直接相互访问。只要这一假设成立，那么即使发生网络攻击，也只会影响 DMZ，不会对企业内网造成破坏性影响。这一假设在互联网发展早期是成立的，那时企业员工除了访问 DMZ 的邮件服务器，几乎没有访问互联网的需求，DMZ 也就确实能起到很好的内外网"隔离"作用。然而，随着互联网的资源越来越丰富,企业员工在办公期间访问互联网资源成为常态。为了满足这一需求,需要在 DMZ 的边界防火墙中设置例外规则来放行企业内网与互联网直接访问的流量。这些例外规则违背了网络设计师的前提假设,使得 DMZ 很快沦为黑客攻击的薄弱环节。

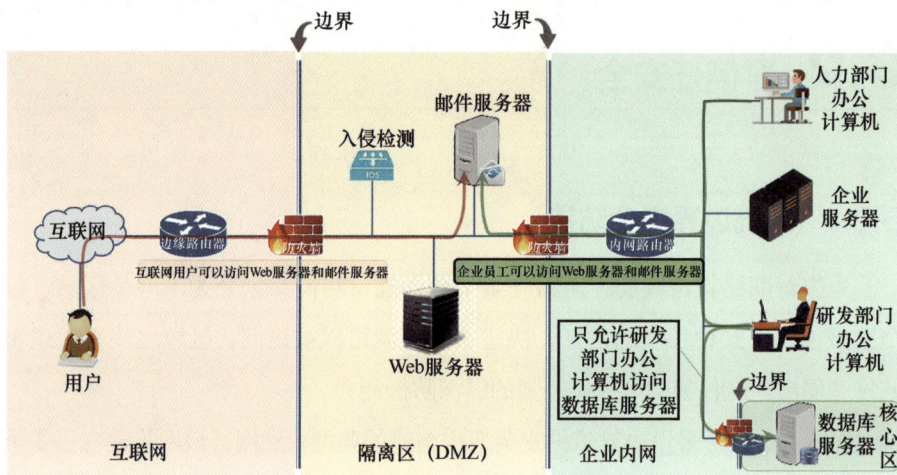

图 6-1　采用边界防护安全架构构建的典型企业网

现在,假设这家企业的竞争对手想要窃取该企业的核心资产数据,为此雇佣了一支黑客团队。黑客首先在互联网上找到企业员工的电子邮件地址,然后给他们发送电子邮件,邮件内容被伪装成某家银行推广的理财产品。这些钓鱼邮件被作为正常邮件暂存在邮件服务器中。当某个员工出于好奇或其他原因点击邮件内容中的链接时,黑客即趁机在其办公计算机上安装恶意软件。恶意软件产生伪装的合法出站流量,利用边界防火墙的例外规则回连到黑客的计算机,建立连接会话后,黑客就能够控制这台办公计算机。还算幸运,这名员工尚在实习期,黑客获得的企业内网访问权限十分有限。于是,黑客开始在企业内网中搜寻其他线索,他们很快就发现该企业正在使用一款企业协作软件,并且一部分员工的计算机没有使用这款软件的最新版本,而当前版本存在一个可以被用于实施攻击的漏洞。黑客利用这个漏洞逐个尝试攻陷员工的计算机,搜寻具有更高权限的机器。如果黑客拥有丰富的攻击经验,那么这个过程会很高效且具有很强的针对性。最终，黑客找到了该企业一名研发部门员工使用的计算机，并在这台计算机上安装了键盘记录器，目的是窃取这名员工访问核心区数据库服务器时使用的登录凭据。设置好狩猎陷阱后，黑客耐心等待这名员工访问核心资产数据时记录他的登录凭据。接下来，黑客在所攻陷的研发部门员工所使用的计算机上提权，并使用收集到的登录凭据，从核心区数据库服务器上读取该企业的核心资产数据，下载、转储数据内容，并删除所有日志文件。如果该企业的 IT 运维人员运气好，也许能发现这次数据泄露事件。黑客完整的攻击过程，即黑客在企业内网中横向移动进入核心区的过程如图 6-2 所示。

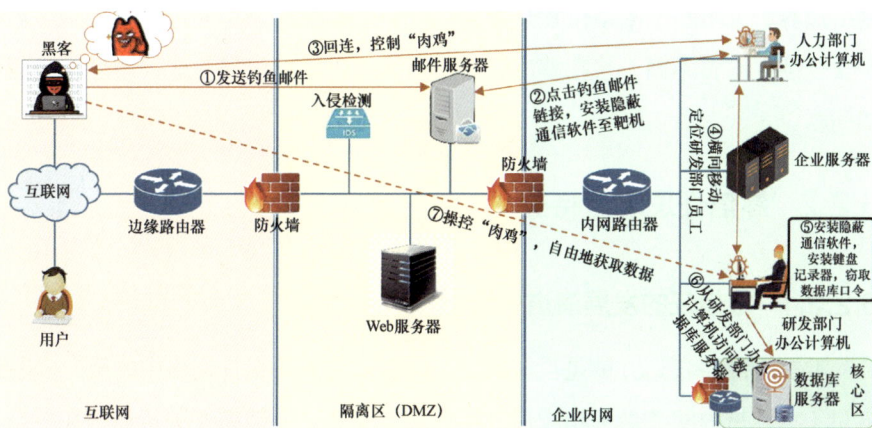

图 6-2　黑客在企业内网中横向移动进入核心区

在这个企业网络中，防火墙的部署位置是合理的，安全策略和例外规则的设置也严格限制了网络流量进出企业网络的范围。从网络安全的角度看，一切措施都很得当，那为什么攻击还能成功呢？回顾这一攻击过程，可以发现传统的边界防护安全架构不足以抵抗这种攻击。恶意软件通过回连的方式伪装成符合规则的出站流量，轻松穿过了防火墙。不同安全区域之间的防火墙在执行安全策略时只使用源地址和目的地址作为判别依据。显然，面对纷繁复杂的应用安全需求，不能仅依靠网络位置这个单一维度的信息来判断网络通信是否安全可信。

这种基于网络区域设置安全策略的边界防护安全架构在内网（信任区、特权区）、外网（互联网）、隔离区（DMZ）不同安全等级区域之间建立网络边界，在边界强制执行访问控制机制（防火墙、WAF、IPS 等），营造了一个"与外界隔离"的安全的局部网络环境，实质是默认内网比外网更安全，预设了对内网中用户、设备、系统和应用的信任。但随着互联网的蓬勃发展，特别是近年来移动互联网、云计算、大数据的广泛普及，没有企业或个人能将自己与互联网完全割裂，边界防护安全架构的假设基本上不再成立。自然地，这种模型在应对云网络时代的网络安全问题时显得捉襟见肘、力不从心。

在这种情形下，零信任安全架构应运而生，零信任安全架构不指定明确的网络边界，也不基于网络位置来建立信任，在设计理念和架构上与传统边界防护安全架构均有不同，旨在解决"基于网络边界建立信任"这种理念本身固有的问题。

6.2.2 零信任理念与特征

6.2.2.1 零信任的发展演进

零信任，顾名思义，就是没有信任、不信任，是指不信任网络中的用户、设备、流量（特别是内网流量）和应用，所有业务开展之前都需要进行认证和授权。零信任的出现和发展经历了一个相对比较长的过程。

2004 年，Jericho 论坛指出了在大型网络分段上实施单一静态防护的局限性，发布了去边界化的思想，提出了一种"去边界化的网络安全架构"，主张限制基于网络位置的绝对信任，去除对内网的隐式信任。这种架构假设环境中处处存在危险，没有固定的安全区域。所以，安全防护必须覆盖所有用户和网络资产，所有流量都要经过身份验证。这是零信任思想的雏形。

美国国防部建立黑核（BlackCore）安全模型，主张从边界防护转变为对每个用户行为进行信任评估，从基于边界的安全模式转变为聚焦单个事务的安全模式，让身份和权限变成新的"边界"[1]。

2010 年，Forrester 的分析师约翰·金德维格（John Kindervag）正式提出了零信任的概念，描绘了零信任安全架构 [2-3]。因此，John Kindervag 被称为"零信任之父"。此时，零信任理念最重要的一点是所有的网络流量都被视为是不可信的，这也就要求网络架构做出如下改变。

（1）网络中需要存在一个中心网关，强制让所有流量都经过它，进行实时检测。

（2）隔离和访问控制策略要覆盖网络中的所有设备，按最小权限原则进行授权。

（3）集中管理访问策略，并进行全面的安全审计。

值得强调的是，John Kindervag 提出的零信任安全架构是一种从内到外的整体网络安全架构，网络组件也具备安全管控和整体协同管理能力，其安全能力不是外挂式叠加的，而是刻进网络的 DNA 中的，即网络是内生安全的。

此后，零信任概念不断丰富发展。Forrester 的分析师查斯·坎宁安（Chase Cunningham）提出零信任扩展生态系统（Zero Trust eXtended Ecosystem，ZTXE）[4]，将零信任安全架构的范围扩展到 7 个维度，即数据、网络、用户、设备、工作负载、可见性分析、自动化编排。

Gartner 和 Forrester 先后提出了安全访问服务边缘（Secure Access Service Edge，SASE）[5] 和零信任边缘（Zero Trust Edge，ZTE）模型 [6]。这两个模型内涵基本一致，都是基于零信任理念的云形式的安全模型，都主张融合各类安全检测技术和组网加速技术，在靠近用户的地方提供更灵活、扩展性更强的云形式安全服务。

2010 年，谷歌公司在遭受到严重的网络攻击事件后，正式启动 BeyondCorp 安全项目，将访问权限控制措施从网络边界转移到具体的用户、设备和应用，及时发现和阻断来自内部的风险，这是最早进行实践的零信任项目。从 2014 年 12 月起，谷歌先后发表 7 篇相关论文，全面介绍了 BeyondCorp 的架构和实施情况 [7-13]。2017 年发布企业网零信任解决方案 BeyondCorp。目前，谷歌有超过 10 万名员工通过 BeyondCorp 进行日常办公。随后，谷歌公司又开展了 BeyondProd 项目，解决服务器与服务器之间的访问控制问题。

谷歌公司的零信任实践在业界产生了巨大影响，促成了零信任的大发展。著名咨询机构 Gartner 认为，未来几年将有 80% 的面向生态合作伙伴的新数字业务采用零信任网络，60% 的企业将从远程访问 VPN 向零信任安全架构转型。

2020 年，美国国家标准与技术研究院（National Institute of Standards and Technology，NIST）发布了《零信任安全架构》标准 [14]，对零信任进行了定义，指出零信任是一系列概念和思想，用于减少网络威胁带来的不确定性，以便对业务系统和服务的每个请求都执行细粒度访问决策；给出了零信任安全架构，讨论了组件关系、工作流规划、访问策略等。

2021 年 5 月，美国总统拜登签署《关于加强国家网络安全的行政命令》，要求政府各部门立即着手制定落实零信任安全架构的计划。这标志着零信任安全架构得到了美国主流市场的广泛认可。2021 年至 2022 年间，美国国防部陆续发布了《零信任参考架构》（1.0 版和 2.0 版）[15-16]、《DoD 零信任战略》[17] 等一系列指导文件。

近几年，我国也高度关注零信任安全架构的研究和应用，从政府、标准化组织、学术团体到企业，相继开展了一系列与零信任相关的架构设计、标准制定、产品开发与应用部署等工作，推动了我国在该领域的发展 [18-20]。

综合来看，零信任是一种不断发展的网络安全范式、理念和一系列原则，将网络防御从静态的、基于网络边界的防护转移到关注用户、资产和资源的防护，不再采用仅基于物理或网络位置即授予资源访问的隐式信任，而是使用零信任原则来规划企业基础架构和工作流，重点是保护网络中的资源，包括数据、应用程序、资产和服务（Data，Application，Asset，Service，DAAS）。现在，除了 Forrester 和 Gartner 等咨询机构，NIST、ITU 等标准化组织，美国国防部，以及谷歌、思科、微软、IBM、腾讯等头部公司都大力推进零信任研究和应用，零信任安全架构取代传统边界防护安全架构已成为必然趋势。

6.2.2.2　零信任的假定与原则

零信任安全架构认为，计算机无论处于网络的什么位置，都应被视为互联网主机。它们所在的网络，无论是互联网还是内部网络，都应被视为充满威胁的危险网络。只有认识到这一点，才能建立安全通信。零信任网络的概念建立在以下 5 个基本假定之上。

（1）网络无时无刻不处于危险的环境中。

（2）网络中自始至终存在外部或内部威胁。

（3）网络的位置不足以决定网络的可信程度。

（4）所有设备、用户和网络流量都应经过认证和授权。

（5）安全策略必须是动态的，并基于尽可能多的数据源计算得到。

NIST 提出了以下 7 个设计和部署零信任安全架构的基本原则。

（1）所有的数据源和计算服务都被视为资源。一个网络可以由多类设备组成。网络应基于标准化协议，在各类物理 / 虚拟交换设备，计算存储节点及软件系统之间，实现安全可靠的双向数据传输与路由交换，同时满足特定的服务质量要求。此外，企业也能够对个人拥有的设备进行分类；如果个人拥有的设备能够访问企业所拥有的资源，那么，企业可以决定将这些设备归类为资源。

（2）无论网络位置如何，所有通信都应确保安全。仅凭网络位置并不能决定网络可信度。那些来自企业网络基础设施（如传统网络周界内）的设备的访问请求，必须要与来自其他任何非企业网络的访问请求和通信一样，达到相同的安全要求。换言之，不应基于当前企业网络基础设施的设备自动地授予信任。所有的通信都要以可用的、最安全的方式来进行，保护机密性和完整性，并提供来源验证。

（3）对个体企业资源的访问，要基于每次会话来批准。在批准相关访问之前，要对请求者进行信任评估。要按照完成任务所需的最小特权来批准访问。这可能意味着，针对此次特定事务，仅允许"最近某一时间"访问，而且不会在会话启动之前就发生，也不会在与资源处理事务之前发生。但是，对一个资源的验证和授权，并不会自动地批准访问另一个不同的资源。

（4）对资源的访问，要按照动态策略来决定——包括可观察到的客户端身份、应用 / 服务和提出请求的资产的状态，还可包括其他行为属性和环境属性。一个企业可以通过定义它有什么资源，有哪些成员（或者对来自联邦式群体的用户进行验证的能力），以及这些成员需要访问哪些资源，为资源提供保护。就零信任而言，客户端身份可能包括用户账户（或服务身份），以及企业分配给该账户的任何相关属性，或者用来验证自动化任务的产品。提出请求的资产状态，可能包括设备特点，如已安装的软件版本、网络位置、请求的时间 / 日期、之前观察到的行为和已安装的证书。行为属性包括但不仅限于自动化主体分析、设备分析，以及与所观察的使用模式的实测偏离情况。策略是访问规则集，基于组织机构向主体、数据资产或应用分配的属性。环境属性包括申请者的网络位置、时间、已报告的有效攻击等要素。这些规则和属性基于业务流程的需求和可接受的风险等级。根据资源 / 数据的敏感性，资源访问和行动批准策略会有不同。最小特权原则既可用来限制可视性，也可用来限制可访问性。

（5）对其拥有的及相关的所有资产的完整性和安全态势，企业都可进行监视和测量。任何资产，都不是固有可信的。企业在评估资源申请时，要对相关资产的安全态势进行评估。实施零信任安全架构的组织机构应当建立一个持续诊断与缓解（CDM）系统或类似的系统，以监视设备和应用的状态，而且应按需进行补丁 / 修理。对于那些发现已遭到破坏的、存在已知漏洞的或不归企业管理的资产，可以按照完全不同的方式来对待处理（包括拒绝对企业资源的一切连接）。这也适用于那些获准访问某些资源，但不得访问其他资源的相关设备（如由个人所有的设备）。此外，该原则还要求必须部署一个健壮的监视与报告系统，以便提供关于企业资源当前状态的有效数据。

（6）所有的资源验证和授权都是动态的，而且要在准许访问之前严格执行。获取访问、扫描和评估威胁、适应，以及在当前通信中持续进行信任再评估，这些操作共同组成了这个恒定的循环。实施零信任安全架构的企业应该有已部署到位的身份、证书与访问管理（ICAM）及资产管理系统，其中包括使用多因素身份认证（MFA）以访问某些或者所有的企业资源。在用户事务全程，要按照力争平衡安全性、可用性、有效性和效费比这一策略的相关定义和执行要求（如基于时间、被申请的新资源、资源修改、检测到的异常主体行为），使用可能的再验证和再授权，进行持续的监视。

（7）企业要尽量多地收集有关资产、网络基础设施和通信当前状态的信息，用于改进其安全态势。企业应收集与资产安全态势、网络业务和访问请求有关的数据，对这些数据进行加工处理，运用从中获得的洞见，改进策略的生成和执行。此外，还可使用这些数据为来自主体的访问请求提供情境信息。

6.2.2.3 零信任的核心理念

结合零信任基本假定、原则以及多年的发展演进，可以将零信任的核心理念总结为以下 14 个方面。

（1）基本理念：从不信任、始终验证。

（2）网络的位置不能决定网络的可信度。

（3）由网络中心转变为数据中心，实现网络安全范式的颠覆性变革。

（4）持续进行状态感知信任评估，动态进行访问授权接入控制，实现细粒度自适应访问控制；采用最小访问授权原则，尽量减小"暴露面"。

（5）不确定性（模糊性）机制提供了一种防御未知攻击和防御内部攻击的能力。

（6）不再区别内网与外网，不再区别内部人员与外部人员。

（7）认证是用户向要访问的系统证明自己身份的过程，授权是基于已证明的身份决定用户是否具有访问资源的权限。

（8）对用户（人）、设备（机）、情景（环境）、服务（流）等进行信任等级评估(信任评分)，设备信任与用户信任完全不同，容易混为一谈，必须严格区分，用户身份是社会人对应的数字个体标识，是用户在网络空间活动的基础。

（9）零信任安全拥抱灰度哲学，强调安全性与可用性的平衡，构建基于风险和信任的持续动态授权机制和按需认证的可变信任机制是零信任的重要特征。

（10）零信任网络需要一个独立的控制平面来完成设备和用户的认证、授权和实时访问控制，以大幅减小网络的暴露面 / 攻击面。

（11）控制平面配置管理数据平面的流量传输，所有流量都需经过认证、授权和加密（机密性和完整性）处理，否则就会被主机和网络设备丢弃。

（12）控制平面的所有操作都被记录下来作为安全审计日志，支撑形成安全态势。

（13）传统的集中式单点登录（Single Sign On，SSO），控制平面只负责初次请求的认证授权，之后的所有认证授权决策都由应用服务自己管理。

（14）零信任安全架构很适合在云环境部署使用，也适合基于云操作系统(如

Kubernetes）来开发实现，自然而然成为云原生网络的首选安全架构。

　　基于这些核心理念，怎样应用零信任安全架构构建一个安全的网络呢？先将零信任网络划分为逻辑上相互独立的控制平面和数据平面，数据平面由控制平面指挥和配置。访问受保护资源的请求先经过控制平面处理，包括设备和用户的身份认证与授权。如果用户需要访问安全等级更高的资源，那么就需要执行更高强度的认证。一旦控制平面完成检查，确定该请求具备合法的授权，它就会动态配置数据平面，接收来自该客户端（且仅限该客户端）的访问流量。此外，控制平面还能够为访问请求者和被访问的资源协调配置流量加密的具体参数，包括一次性的临时凭证、密钥和临时端口号等。虽然上述措施的安全强度有强弱之分，但基本的处理原则是一致的，即由一个权威的、可信的控制平面基于多种输入来执行认证、授权、实时的访问控制等操作。

　　按照这一思路，可以将前述的网络改造得到如图 6-3 所示的企业网络。首先，对防火墙"边界"设备进行重新定位，主要用于执行一些由控制平面下发的安全规则，但不再用于建立具有不同安全等级的网络边界。其次，在 Web 服务器、邮件服务器和存储核心资产的数据库服务器等受保护资源的出入口处增加"访问网关"，出入这些服务器的流量必须经过它们对应的访问网关。在有可能访问这些资源的客户端配置"访问代理"，访问者必须通过访问代理才能发起对受保护资源的访问。访问网关和访问代理按控制平面的指令执行相关的放行或阻断操作。再次，在控制平面，部署安全策略、身份认证和访问授权三大组件。安全策略组件用于识别不同的资源访问的安全需求，并将它们转换为对身份认证和访问授权强度的要求。安全策略组件的运行必须接受来自系统管理员的指导，体现企业制定的安全策略。身份认证组件用于验证访问者是否是其所声称的那个实体，根据具体场景，这个实体可能指代用户、设备、软件或其任意组合。访问授权组件用于判断当前的访问请求是否足够安全，达到可以放行的程度，允许它访问受保护资源。身份认证是访问授权的前提，访问授权组件对该请求是否足够安全的判断不仅依赖于发起访问的客户端当前所处的网络位置，它还与用户在企业的职位是否具备相应的访问权限、客户端设备是否是企业配发的、访问代理软件是否升级到了最新版本等很多因素有关。如果一条访问请求经过认证获取了最终授权，那么控制平面会进一步在数据平面建立一条由访问代理到访问网关的加密传输通道，访问者就可以通过客户端设备访问受保护资源了。

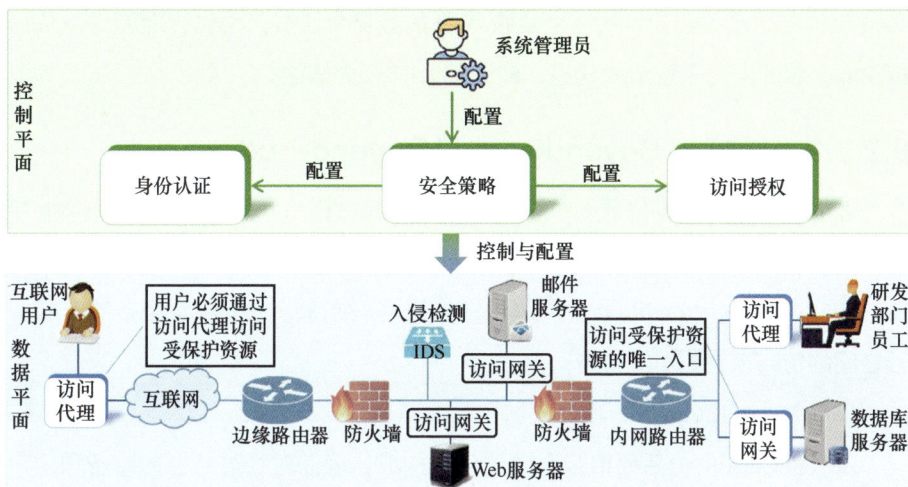

图6-3　改造后的企业网络

从上面的例子可以发现，零信任安全架构与边界防护安全架构存在根本的差别。边界防护安全架构试图在可信资源和不可信资源（本地网络和互联网）之间建立一堵墙，而零信任安全架构则"认输"了，它接受"坏人"无处不在的现实。零信任安全架构不是依靠建造城墙来保护墙内柔弱的个体，而是让全体大众都拥有自保的能力。

6.2.3　零信任战略与实践

零信任原理虽然简单，但其实际实施和操作却非常复杂，需要统筹考虑网络配置、数据标记分析、信任建立、访问控制、策略管理等方面。一方面，实施零信任可能会给传统加解密带来巨大挑战，因为与传统加解密相比，零信任中的加解密算法和密钥长度可能会差异较大。另一方面，虽然全流量的加密保证了数据传输安全，但却增加了现有基于深度包检测的网络行为异常分析的难度，需要研究部署新的异常监测手段。

云计算技术的发展演进成为零信任实施的契机。可以说云化部署是实现零信任理念的最佳途径，如果云基础设施本身受到入侵，兼容零信任的架构可以保护应用之间的虚拟网络免遭攻击者的渗透。同时，安全的自动化管理是成功部署零信任的关键，身份验证、访问授权、安全监控等功能不能再手动管理，必须全面自动化。例如，所有节点都需要具备安全证书自动化管理能力，从而减少非必要的人为干预造成延迟，确保会话加密过程高效。

6.2.3.1 谷歌公司 BeyondCorp 和 BeyondProd

谷歌是最早践行零信任安全架构的公司，先后提出并实施了 BeyondCorp 和 BeyondProd 项目。BeyondCorp 是企业网零信任解决方案，主要负责用户到服务器的访问控制。BeyondProd 是云原生零信任解决方案，主要负责服务器与服务器之间的访问控制[21]。

（1）BeyondCorp

BeyondCorp 由一系列相互合作的组件构成，确保对经过认证的设备和用户进行授权访问企业应用。BeyondCorp 架构如图 6-4 所示。

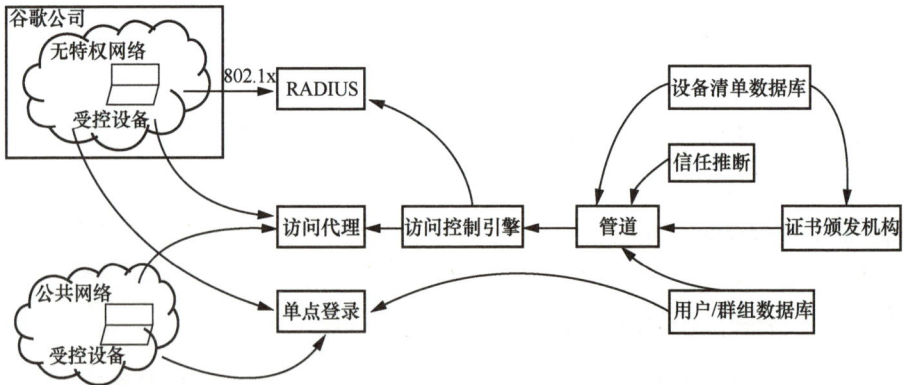

图 6-4　BeyondCorp 架构

① 安全地识别设备

设备清单数据库。BeyondCorp 使用"受控设备"的概念，指由企业采购并管理的设备。只有受控设备才能访问企业应用。围绕设备清单数据库的设备跟踪和采购流程管理是这个模型的基础之一。在设备的全生命周期中，谷歌公司会持续追踪设备发生的变化，这些信息会被监控和分析，并提供给 BeyondCorp 的其他组件进行分析和使用。因为谷歌有多个清单数据库,所以需要使用一个元清单数据库对来自多个数据源的设备信息合并和归一化,并将信息提供给 BeyondCorp 的下游组件。通过元清单数据库,可以掌握所有需要访问企业应用的设备信息。

设备标识。所有受控设备都需要一个唯一标识,此标识同时可作为设备清单数据库中对应记录的索引值。一种典型的实现方法是为每台设备签发特定的设备证书。只有在设备清单数据库中存在且信息正确的设备才能获得证书。证书存储在硬件或软件形态的可信平台模块(Trusted Platform Module,TPM)或可靠的系统证书库之中。设备认证过程需要验证证书存储区的有效性,只有被认为足够安全的设备才可以被归类为受控设备。当进行证书定期轮换时,这些安全检查也会被执行。一旦安装完毕,证书将用于企业服务的所有通信。虽然证书能够唯一地标识设备,但仅凭证书不能获取访问权限,证书只用于获取设备的相关信息。

② 安全地识别用户

用户 / 群组数据库。BeyondCorp 跟踪和管理用户 / 群组数据库中的所有用户。用户 / 群组数据库系统与谷歌的人力资源(Human Resource,HR)流程紧密集成,管理所有用户的岗位分类、用户名和群组成员关系,当员工入职、转岗或离职时,数据库就会相应地更新。HR 系统将需要访问企业的用户的所有相关信息都提供给 BeyondCorp。

单点登录(Single Sign On,SSO)系统。SSO 系统是一个集中的用户身份认证门户,它对请求访问企业资源的用户进行双因素认证。使用用户 / 群组数据库对用户进行合法性验证后,SSO 系统会生成短时令牌(Short-Lived Token),用来作为对特定资源授权流程的一部分。

③ 消除基于网络的信任

无特权网络。为了不再区分内部和外部网络访问,BeyondCorp 在内网的地址空间定义并部署了一个与外网非常相似的无特权网络。无特权网络只能连接互联网、有限的基础设施服务(如域名系统、动态主机配置协议和网络时间协议),以及诸如 Puppet 之类的配置管理系统。谷歌公司内部的所有客户端设备默认都分配到这个网络中,这个无特权网络和谷歌网络的其他部分之间由严格管理的访问控制列表(ACL)进行控制。

有线和无线网络接入的 802.1 x 认证。对于有线和无线接入，谷歌使用基于 802.1x 认证的 RADIUS 服务器将设备分配到一个适当的网络，实现动态的、而不是静态的 VLAN 分配。这种方法意味着不再依赖交换机/端口的静态配置，而是使用 RADIUS 服务器来通知交换机，将认证后的设备分配到对应的 VLAN。受控设备使用设备证书完成 802.1x 握手，并被分配到无特权网络，无法识别的设备和非受控设备将被分配到补救网络或访客网络。

④ 将应用和工作流外化

面向公共互联网的访问代理。谷歌的所有企业应用都通过一个面向公共互联网的访问代理开放给外部和内部客户。通过访问代理，客户端和应用之间的流量被强制加密。一经配置，访问代理对所有应用都进行保护，并提供大量通用特性，如全局可达性、负载均衡、访问控制检查、应用健康检查和拒绝服务防护。在访问控制检查完成之后，访问代理会将请求转发给后端应用。

公共的 DNS 记录。谷歌的所有企业应用均对外提供服务，并且在公共 DNS 中注册，使用 CNAME 将企业应用指向面向公共互联网的访问代理。

⑤ 实现基于设备清单的访问控制

对设备和用户的信任推断。每个用户和设备的访问级别可能随时改变。通过查询多个数据源，能够动态推断出分配给用户和设备的信任等级，这一信任等级是后续访问控制引擎进行授权判定的关键参考信息。例如，一个未安装操作系统最新补丁的设备，其信任等级可能会被降低；某一类特定设备，如特定型号的手机或者平板计算机，可能会被分配特定的信任等级；一个从新位置访问应用的用户可能会被分配与以往不同的信任等级。信任等级可以通过静态规则和启发式方法来综合确定。

访问控制引擎。访问代理中的访问控制引擎基于每个访问请求为企业应用提供服务级的细粒度授权。授权判定基于用户、用户所属的群组、设备证书以及设备清单数据库中的设备属性进行综合计算。如果有必要，访问控制引擎也可以执行基于位置的访问控制。另外，授权判定也往往参考用户和设备的信任等级，例如，可以限制只有全职工程师且使用工程设备才可以登录谷歌的缺陷跟踪系统；限制只有财务部门的全职和兼职员工使用受控的非工程设备才可以访问财务系统。访问控制引擎还可以为应用的不同功能指定不同的访问权限和策略，例如，在缺陷跟踪系统中，与更新和搜索功能相比，查看某条记录可能不需要那么严格的访问控制策略。

访问控制引擎的消息管道。通过消息管道向访问控制引擎源源不断地推送信息，这个管道动态地提取对访问控制决策有用的信息，包括证书白名单、设备和用户的信任等级，以及设备和用户清单数据库的详细信息。

（2）BeyondProd

云原生环境中，边界不再由数据中心的物理位置决定，边界内也不再是微服务的安全可信之处。开发者并非总会将代码部署到同一环境，借助BeyondProd，微服务不仅可以在受防火墙保护的数据中心内运行，还可以在公有云、私有云或第三方托管的服务中运行，在所有这些地方都必须保证安全。BeyondProd 认为服务信任应当取决于代码出处和服务身份等特征，而不是生产网络中的位置。

表 6-1 给出了云原生零信任安全与传统边界防护安全的对比，对从传统边界防护安全迁移到云原生零信任安全需要满足的要求进行了说明。

表 6-1　云原生零信任安全与传统边界防护安全的对比

对比项	传统边界防护安全	云原生零信任安全	说明
是否存在信任区	基于边界的安全性（如防火墙），内网通信被认为是受到信任的	零信任安全需要对服务之间的通信进行验证，服务之间没有默认的信任	对边缘网络的保护仍然适用，服务之间没有固有的相互信任
IP 地址和硬件是否固定	特定应用采用固定 IP 地址和硬件	更高的资源利用率（包括 IP 地址和硬件），使用效率和共享率高	在受信任机器上运行可溯源的代码
身份的表征方式	基于 IP 地址的身份	基于服务的身份	包括人 - 机 - 物与服务的身份
服务的运行位置	服务在已知的预期位置运行	服务可以在任何位置运行，包括跨公有云和私有云混合部署的数据中心	安全不应终止于网络边缘

续表

对比项	传统边界防护安全	云原生零信任安全	说明
安全组件是否共享	每个应用都内置了特定的安全性要求，这些要求会单独强制执行	根据集中式强制执行策略，所有应用微服务共享相同的安全组件	业务应用不执行安全策略，应用开发人员不必成为安全专家
安全性要求是否一致	缺乏一致的构建和审核服务安全性的要求	安全性策略会一致地强制执行到所有服务	在所有服务中集成了共享的安全性要求
是否进行安全性审核监督	缺乏安全性组件的监督	集中审核安全性策略及其执行情况	在控制平面强制执行跨服务的一致性安全要求
版本更新升级的方式	专门发布更新，频率较低	构建标准化的发布过程，可以更频繁地升级每个微服务	简单、自动化、标准化的版本升级发布

① 从基于边界的安全性到零信任安全性

在传统边界防护安全架构中，企业的应用可能依靠围绕其私有数据中心的外部防火墙来防止传入的流量。

在云原生零信任环境中，虽然网络边界仍然需要受到像 BeyondCorp 模型一样的保护，但基于边界防护安全架构已不再具有足够的安全性。这不会引入新的安全问题，但会让人注意到一个事实：如果防火墙无法完全保护企业网络，则无法完全保护生产网络。在零信任安全模型中，无法再隐式信任内部流量，需要其他安全控制措施，如身份验证和加密。同时，向微服务的转变提供了重新考虑传统安全性模型的机会。当不再依赖单个网络边界时，可以按服务进一步细分网络，可以实施微服务级细分，使得服务之间没有固有的信任。借助微服务，流量可以具有不同的信任级别和不同的控制措施，也不再仅比较内部流量与外部流量。

② 从固定 IP 地址和硬件到更大的共享资源

在传统边界防护安全模型中，企业的应用都是部署到特定的机器上，并且这些机器的 IP 地址很少发生变化，这意味着安全工具看到的是一个相对静态的架构，其中的应用都是以可预知的方式联系到一起的。

在云原生零信任环境中，对于共享主机和频繁变更的作业，使用防火墙来控制微服务之间的访问并不可行。不能依赖特定 IP 地址与特定服务关联，身份应基于服务，而不是基于 IP 地址或主机名。

③ 从实施特定于应用的安全性到集成在服务栈中的共享安全性要求

在传统边界防护安全架构中，各个应用分别独立于其他服务来满足自己的安全性要求。这些要求主要包括身份管理、安全套接层（Secure Socket Layer，SSL）/传输层安全（Transport Layer Security，TLS）协议终止和数据访问管理等。这常常会导致实施方式不一致，安全性问题得不到有效解决，进而使得难以有效应用修复措施。

在云原生零信任环境中，服务之间会更加频繁地重复使用组件，并且会有关卡来确保跨服务一致强制执行政策。可以使用不同的安全性服务来强制执行不同的政策。可以将各种政策拆分成单独的微服务，而不是要求每个应用单独实施重要的安全性服务。

④ 从专门发布更新且发布频率较低的流程到发布更新频繁的标准化流程

在传统边界防护安全模型中，共享服务很有限。如果代码分散并结合本地开发，则意味着难以确定应用相关部分的更改所造成的影响，因此更新的发布频率一般较低并且难以协调。为了进行更新，开发者可能必须直接更新每个组件（例如，通过 SSH 连接到虚拟机以更新配置）。总的来说，这会导致应用的生命周期极长。从安全性角度来看，由于代码更加分散，因此审核难度更大，甚至会带来更大的挑战，即在修复某个漏洞后，不能确保在所有地方都修复该漏洞。

迁移到频繁、标准化发布更新的云原生零信任安全架构以后，安全性在软件开发生命周期中的位置会提前。这样可以实现更简单、更一致的安全性强制执行措施，包括定期应用安全补丁程序。

⑤ 从使用"物理机器或管理程序隔离的工作负载"到"二进制打包、运行在共享机器上、需要更强隔离性的工作负载"

在传统边界防护安全架构中，工作负载被调度到各自专属的实例上，不存在共享资源，因此机器和网络边界能够有效地保护机器上的应用；另一方面，物理机器、管理程序和传统防火墙也能够有效地隔离工作负载。

在云原生零信任安全环境中，工作负载都是容器化的，可执行文件打包到容器镜像，然后调度到共享主机和共享资源上执行。因此，需要在工作负载之间实现更强的隔离。通过网络控制和沙盒等技术，能够将工作负载分离成彼此隔离的微服务。

在 BeyondProd 架构下访问用户数据的典型过程如图 6-5 所示。

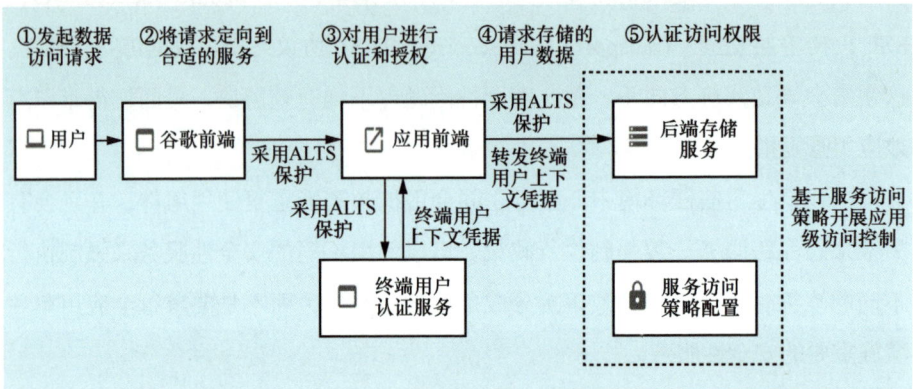

图 6-5　在 BeyondProd 架构下访问用户数据的典型过程

当谷歌前端（Google Front End，GFE）收到用户请求时（第①步），它会终止传输层安全（TLS）协议连接并通过应用层传输安全（Application Layer Transport Security，ALTS）将请求转发到相应服务的前端（第②步）。应用前端使用中央最终用户身份验证（EUA）服务对用户的请求进行身份验证，如果成功，则接收短期加密的最终用户上下文（EUC）标签（第③步）。

然后，应用前端通过 ALTS 向存储后端服务发出远程过程调用（RPC），从而在后端请求中转发 EUC 标签（第④步）。后端服务使用服务访问政策，以确保：

① 系统授权前端服务的 ALTS 身份向后端服务发出请求并提供 EUC 标签；

② 前端的身份受到适用于谷歌集群操作系统 Borg 的二进制授权（Binary Authorization for Borg，BAB）的保护；

③ EUC 标签有效。

然后，后端服务会检查 EUC 标签中的用户是否有权访问所请求的数据。如果这些检查中的任何检查失败，请求就会被拒绝。在许多情况下，存在一系列后端调用，并且每个中间服务都会对入站 RPC 执行服务访问策略检查，而在执行出站 RPC 时会转发 EUC 标签。如果这些检查通过，则数据会返回给获得授权的应用前端，并提供给获得授权的用户。

每台机器均具有通过宿主机完整性（Host Integrity，HINT）系统预配的 ALTS 凭据，并且只有在 HINT 已验证机器启动成功后才能解密。大多数 Google 服务作为微服务在 Borg 上运行，并且这些微服务各自具有自己的 ALTS 身份。逻辑上的中心控制器 Borgmaster 根据微服务身份将这些 ALTS 微服务凭据授予工作负载。机器级 ALTS 凭据构成了预配微服务凭据的安全通道，只有成功通过 HINT 启动时验证的机器才能实际托管微服务工作负载。

6.2.3.2 NIST 零信任安全

2020 年 8 月，NIST 下属的信息技术实验室计算机安全部在正式发布的特别出版物 800-207 *Zero Trust Architecture* 中，对零信任安全架构构建、部署和迁移等进行了全面的探讨。

（1）零信任访问模型

NIST 给出的零信任访问模型如图 6-6 所示，访问者访问受保护资源时，必须通过策略决策点（PDP）/策略执行点（PEP）来准许访问请求。除了策略执行点与受保护资源之间的流量被赋予隐式信任，其余位置均不允许存在隐式信任。该模型要求策略执行点与受保护资源的部署位置尽量靠近，以尽可能减小网络中的隐式信任区的范围。

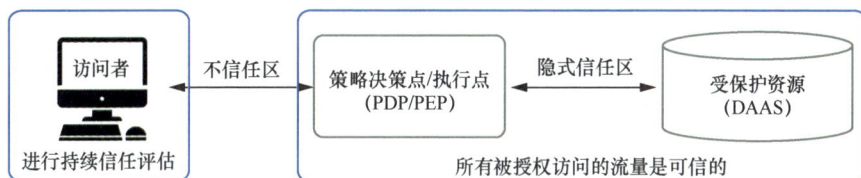

图 6-6 零信任访问模型

系统必须确保访问者是真实的，而且请求是有效的。PDP/PEP 会做出是否允许访问者访问资源的恰当判断。这意味着零信任包含两个基本方面：认证和授权。就一次特定的请求而言，访问者身份的信任等级如何？鉴于该访问者身份的信任等级，是否允许其对所申请资源的访问？相关请求使用的设备是否具有恰当的安全态势？是否还有其他应该考虑而且可能会使信任等级产生变化的因素（如时间、访问者的位置、访问者的安全态势）？总的来说，企业需要开发并维护动态的、基于风险的资源访问控制策略，并建立一个系统，以确保能够针对每个资源访问请求，正确、一致地执行这些策略。这就意味着，企业不应依赖隐式信任。在隐式信任中，如果访问者满足了一次基本认证等级（如登录访问了一个资源），那么其后续所有资源请求都会被认为是同等有效的。

在图 6-6 所示的"隐式信任区"内，所有实体都会被认为至少满足了一个 PDP/PEP 定义的信任级别。以机场的乘客安检模式为例。所有乘客通过机场的安检点（PDP/PEP）后，进入登机口。乘客、机场工作人员、空乘机组等，可在航站区内四处走动，所有这些实体都被认为是可信的。在这个例子中，隐式信任区就是登机区。

PDP/PEP 运用一套控制措施，使得通过 PEP 之后的所有业务具备同样的信任等级。为了让 PDP/PEP 尽可能详细准确，这个隐式信任区必须尽可能小。零信任原则要求这些 PDP/PEP 尽可能地接近受保护的资源，也就是明确地认证和授权企业所有访问者、资产和工作流。

所有零信任安全系统均遵循这一模型。该模型摒弃了可信或不可信网络、设备、角色或流程的想法，转向基于多属性信任级别的判定，以实现基于最小权限访问概念的身份认证和授权策略。通过采用动态、细粒度的认证和授权策略应对不断变化的威胁，通过关注"保护面"而不是"攻击面"更有效地减少内部和外部威胁向量。零信任安全专注于保护关键数据和资源，包括数据、应用程序、资产和服务（DAAS），提供连续多因素身份认证、微分段、加密、端点安全、自动化、分析和稳健审计等能力。

（2）零信任安全架构与逻辑组件

零信任安全架构在企业中的部署可以由很多逻辑组件组成。这些组件可作为本地部署的服务来运行，也可通过基于云的服务来运行。图 6-7 所示的零信任概念框架及核心逻辑组件显示了这些组件及其基本交互关系。需要注意的是，这是一个理想的模型，用来说明逻辑组件及其交互关系。策略决策点（PDP）被分成了两个逻辑组件：策略引擎（PE）和策略管理器（PA）。这些零信任安全架构逻辑组件使用一个单独的控制平面来进行通信，而应用数据则在数据平面上进行通信。

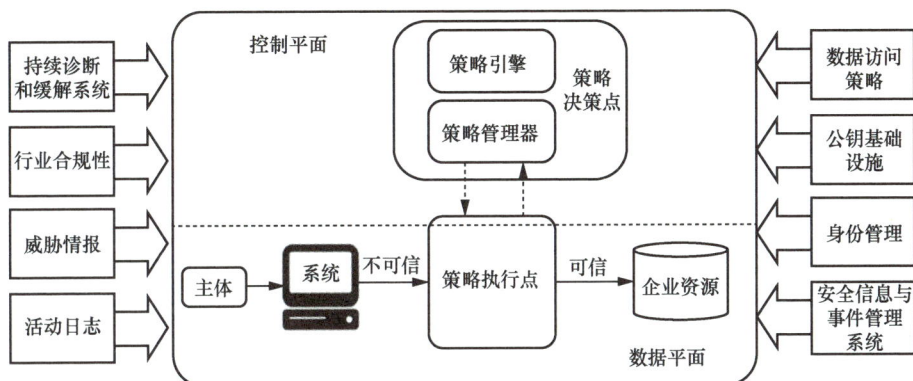

图 6-7　零信任概念框架及核心逻辑组件

各组件描述如下。

策略引擎（PE）。该组件负责最终决定是否授予特定访问主体对资源的访问权限。策略引擎使用企业安全策略以及来自外部源（如持续诊断和缓解系统、威胁情报服务）的输入作为"信任算法"的输入，以决定授予、拒绝或撤销对该资源的访问权限。PE 常与 PA 组件搭配使用。PE 做出决定并进行记录（批准或拒绝），PA 执行该决定。

策略管理器（PA）。该组件负责建立或切断主体与资源之间的通信路径（通过与 PEP 相关的指令）。它将生成针对具体会话的身份验证令牌或凭证，供客户端用于访问企业资源。它与 PE 密切相关，并依赖 PE 最终做出允许或拒绝会话的决定。如果会话被授权并且请求通过身份验证，PA 将配置 PEP 以允许会话启动。如果会话被拒绝（或先前的批准被否决），PA 就向 PEP 发出信号切断连接。PE 和 PA 可分别作为单项服务来实施，两者被划分成两个逻辑组件。在创建通信路径时，PA 与 PEP 通过控制平面保持通信。

策略执行点（PEP）。该组件负责启用、监控并最终结束访问主体和企业资源之间的连接。PEP 与 PA 通信以转发请求或从 PA 接收策略更新。PEP 是 ZTA

中的一个逻辑组件，可分为两个不同的组件：客户端组件（如计算机上的代理）、资源端组件（如资源前控制访问的网关）或保护通信路径的单个门户组件。在 PEP 之外是托管企业资源的隐式信任区。

除了上述核心组件，还有若干能够提供输入和策略规则的数据源。PE 在做出访问决策时可使用这些输入和策略规则。这些数据源包括本地数据源和外部（非企业控制或创建的）数据源，主要内容如下。

持续诊断和缓解（CDM）系统。该系统收集企业系统当前状态信息，并将更新应用到配置和软件组件中。企业 CDM 系统为 PE 提供关于发送访问请求的系统信息，如系统运行的是否是打过补丁的操作系统和应用程序、企业认可的软件组件是否完整或是否存在未经批准的组件、系统是否存在任何已知漏洞。CDM 系统还负责识别和潜在地对活跃在企业基础设施上的非企业设备执行策略子集。

行业合规系统。该系统确保企业可满足可能归入的任何监管制度，如联邦信息安全现代化行动（Federal Information Security Modernization Act，FISMA）、医疗或金融行业信息安全要求等的合规性要求，包括企业为确保合规性而制定的所有策略规则。

威胁情报源。该系统提供本地数据源或外部源信息，帮助 PE 做出访问决策。这些可以是从多个外部源获取数据并提供关于新发现的攻击或漏洞信息的多个服务，也可以是新发现的软件缺陷、新识别的恶意软件或对其他资产的攻击。

网络和系统活动日志。这是一个企业系统，它聚合了资产日志、网络流量、资源访问操作和其他事件，这些事件提供关于企业信息系统安全态势的实时（或近实时）反馈。

数据访问策略。这是企业为企业资源创建的关于数据访问的属性、规则和有关访问企业资源的策略的集合。策略规则集可以编码（通过管理界面）在 PE 中或由 PE 动态生成。这些策略是授予资源访问权限的起点，因为它们为企业中的参与者和服务提供了基本的访问权限。这些策略应以本组织确定的任务角色和需要为基础。

企业公钥基础设施（Public Key Infrastructure，PKI）。该系统负责生成和记录企业对资源、主体、服务和应用等发布的证书，还包括全局认证中心（Certificate of Authority，CA）生态系统和联邦 PKI。联邦 PKI 可能与企业 PKI 集成，也可能不与之集成。该系统也可能不是建立在 X.509 证书上的 PKI。

身份管理系统。该系统负责创建、存储和管理企业用户账户和身份记录，如轻量级目录访问协议（LDAP）服务器。该系统包含必要的主体信息和其他企业特征，如角色、访问属性或分配的系统。该系统通常利用其他系统（如上述 PKI）来处理与用户账户相关的工件。该系统可能是一个更大的联邦社区的一部分，可能包括非企业员工或链接到非企业资产进行协作。

安全信息与事件管理（SIEM）系统。它收集以安全为中心的信息供以后分析。这些数据将用于完善策略并警告可能对企业资产发起的攻击。

6.2.3.3　美国 DoD 零信任战略

近年来，美国国防部相继发布零信任参考架构和零信任战略，涵盖了零信任实践的需求开发、衡量方法、管理等内容，探讨了指导原则、实施路径与实施方法，为推进零信任理念落地提供了总体思路和实施指导。零信任战略设定了基于零信任安全框架的美国国防部信息系统愿景，阐述了零信任的战略目标、实施路径及实施方法，提出了围绕零信任七大支柱设定的 45 项独立能力，旨在增强美国国防部的网络安全并保持美军在数字战场上的信息优势。美国国防部预计在 2027 年内完成零信任能力建设，可以实时对网络安全和威胁做出适应性反应，并提供最高级别防护。零信任参考架构讨论零信任的核心概念、原则、支柱和零信任安全架构的能力以及应用场景等，描述了以数据为中心的企业标准和能力，可用于推进美国国防部信息网络（DoDIN）向可互操作的零信任最终状态发展。

（1）零信任 4 项基本原则

零信任战略中提出的零信任安全理念，要求美军放弃有关可信网络、设备、账户或流程的传统安全思维，运用多种手段实现最小范围访问权限的身份验证和授权。这意味着美军当前的身份验证和安全机制将发生系统性、全员化的深刻重构，为改进美国防部网络安全体系架构奠定基础。具体原则如下。

① 使命导向原则。要求在遵循最小权限和保护信息的基本前提下，实现所

有用户和实体均可在任何位置、任何网络开展协同和执行任务。

② 组织管理原则。通过分割访问权限、减少受攻击面、实时监控风险及限制"爆炸半径"，同时要求零信任必须覆盖组织过程的各个方面。

③ 综合治理原则。实施适当治理方式不断将现有分散的方法整合为数据管理，同时贯彻"永不信任"要求，使用动态安全策略进行身份验证和明确授权。

④ 技术标准原则。所有技术规范必须对标零信任参考体系架构，确保标准与法规衔接顺畅。

（2）零信任七大支柱

零信任战略中确定了零信任支柱，如图 6-8 所示。这些支柱与业界共同确定的零信任支柱相关联。保护数据是零信任目标的核心，也是所有其他资源的一部分。所有资源都与零信任安全架构紧密相连。支柱是实现零信任控制的关键聚焦领域。零信任就像是一幅环环相扣的拼图，数据支柱被其他保护支柱环绕。所有保护支柱协同工作，有效保护数据支柱的安全。

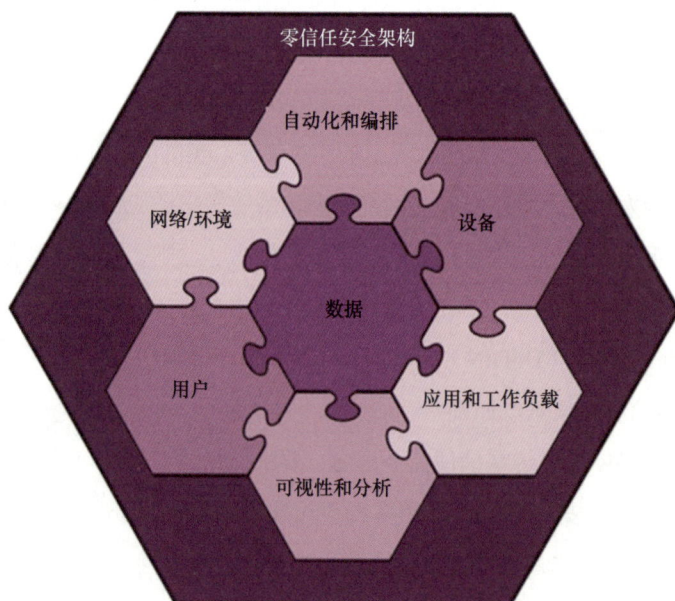

图 6-8　零信任支柱

美国国防部零信任七大支柱如下。

① 用户。安全实现、限制并强制执行个人实体、非个人实体对 DAAS 的访问，包括使用如 MFA 和特权访问管理（PAM）之类的 ICAM 能力。各单位要能够持续地验证、授权并监视活动模式，以便管理用户的访问和特权，同时保护并确保所有交互活动的安全。

② 设备。要能够识别、验证、授权、清点、隔离、安全实现、纠正并控制所有设备，这在零信任安全架构中非常重要。对企业中的设备进行实时认证、检查、评估和打补丁，这些是关键功能。一些如移动设备管理器、"合规连接"项目或可信平台模块（TPM）之类的解决方案，它们所提供的数据能够用于设备信任评估、授权确定和限制访问。针对每一个访问申请，还要进行其他评估（如检查受损状态、软件版本、防护状态、加密赋能和正确配置等）。

③ 网络 / 环境。通过细粒度访问和策略限制，对网络 / 环境进行（逻辑上的以及物理上的）分段、隔离和控制。随着边界通过宏分段而变得越来越细，微分段也可对 DAAS 提供更强大的保护和控制。对于控制特权访问、管理本地及外部数据源以及防止内网漫游来说，这一点很关键。

④ 应用和工作负载。应用和工作负载包括本地部署的系统或服务上的任务，以及在云环境中运行的应用或服务。零信任工作负载涵盖整个应用栈，从应用层到超级管理器。应用层以及计算容器和虚拟机的安全实现和恰当管理是采用零信任的核心。如代理技术之类的应用交付方法，可实现额外的防护，包括零信任决策点和执行点。开发出的源代码和通用库，可通过 DevSecOps 开发实践来予以检查，确保应用从一开始就是安全的。

⑤ 数据。清晰地理解一个企业的 DAAS，对于零信任安全架构的成功实施非常关键。各企业需要从任务关键性的角度，对其 DAAS 进行分类，并使用这一信息开发一个综合性数据管理战略，作为其零信任总体方法的组成部分。通过摄取一致有效的数据、数据分类、开发方案以及对静止数据和传输数据的加密，可以做到这一点。诸如数字版权管理、数据丢失防护、软件定义环境和粒度数据标记之类的解决方案，对于保护关键数据密切相关。

⑥ 可视性和分析。至关重要的情境细节，有助于更好地理解其他零信任支

柱之间的性能、行为和活动基线。这种可视性可以改进异常行为探测，能够对安全策略和实时访问决策进行动态变更。此外，除了遥测，还将使用如传感器数据之类的其他监视系统，帮助填补当前环境图像，辅助触发报警，以便做出响应。零信任企业将会捕捉和检查业务，超越网络遥测而进入数据包内部，以便准确发现网络上的业务流量，观察那些已经存在的威胁，并更加智能地调整防御方向。

⑦ 自动化和编排。使人工安全流程自动化，以便在整个企业快速地、大规模地采取基于策略的行动。安全编排、自动化与响应（SOAR）可改进安全性，缩短响应时间。安全编排可把 SIEM 和其他自动化的安全工具集成起来，帮助管理各种不同的安全系统。自动化的安全响应，必须要在零信任企业的所有环境之间定义明确的流程和执行一致的安全策略，以便提供积极主动的指挥与控制。

（3）目标环境

零信任支持一种渐进式的网络安全迁移途径，最终状态是一种可互操作的、功能完备的、优化的网络安全架构。该架构可确保我们的关键资产和数据能够安全抵御各种蓄意的或者无意的恶意活动。所期望的结果就是，能够向 DoDIN 上的任何企业滚动推出一套可在整个 DoDIN 上联合使用的企业级零信任能力，而且每种能力都由可度量、可重复、可支持且可扩展的标准、设备和流程组成。

图 6-9 给出了零信任安全架构的目标环境。零信任安全架构引入了新的安全概念，如"以数据为中心"和"有条件访问"，从而实现不信任任何数据、应用程序或资源申请的核心理念。除了"从不信任"和"明确验证"的概念，假设环境中存在漏洞，也会提升在这些能力中实施的安全策略的粒度级别。

以数据为中心的安全架构首先要确定的是，引入零信任的敏感数据和关键应用。这一过程包括鉴别用户和流量，以便制定安全策略。由零信任策略控制器以及自动化和编排能力组成的控制平面将成为新条件访问策略的插入点。这些技术之间的集成将通过 API 来实现。人工智能（AI）和机器人流程自动化（RPA）的发展将使控制平面部署的策略更加现代化，也更加丰富。

零信任安全策略执行通过整个架构的众多策略执行点。从用户到数据流区间，第一步是对用户进行身份验证和授权，这需要与企业 ICAM 解决方案、全局设备管理以及对身份和属性的持续审查进行整合。授权所需的属性将与用户的访问级别、设备健康状况以及在环境中执行的活动有关。这些要素的组合将形成一个信任评分，并根据条件和遥测数据动态变化。

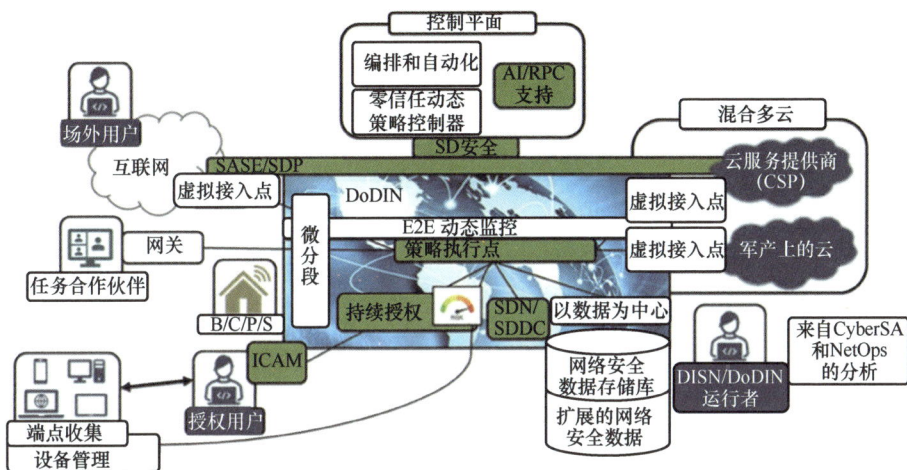

图 6-9 零信任安全架构的目标环境

虚拟接入点和网关是授权的下一阶段。策略决策点提供用户或端点的信任评分。然后，策略执行点执行分段策略，并将用户或端点连接到申请的资源。根据实施情况，某些云接入点应符合云原生接入点参考设计（CNAPRD）。这些接入点具有众多安全能力，包括防火墙和检测技术。软件定义周界能力也符合实施虚拟接入点的要求。部署环境的要求是，采用软件定义的数据中心技术，如软件定义网络（SDN），从而真正实现零信任控制。软件定义网络技术将在主机层面进行整合，整合后将实现微分段，这是内网漫游的关键控制手段。除了以端口和协议为重点的传统分段实施方法，还应对流程和身份进行评估，以确保应用组件内的东西向网络流不会构成威胁。

通过数据丢失防护（DLP）和数字版权管理（DRM）方式进行数据保护，可以控制数据外流。通过将加密与相关安全策略和属性挂钩，DRM 将对文件访问进行保护。该做法将有可能对使用中的数据进行保护，并为操作数据和从文件中提取数据提供额外的控制。在此过程中，将会对交易数据进行记录、过滤和分析。统一分析可提高授权决策中使用的信任等级，并提供用户属性和设备健康之外的相关数据。用户和实体行为分析（UEBA）将对正常活动进行基准分析，并提供限制授权交易的威胁和额外风险指标。

（4）FFP：支柱、资源和能力映射

零信任支柱、资源和能力映射概念为如何在架构内实施安全措施提供了可操作的视图。对非个人实体（NPE）身份和个人实体身份进行独立跟踪，允许以不同路径在各执行点验证信任等级。身份验证和授权活动将在整个企业内多点进行，但这些点很集中，包括用户和端点、代理、应用和数据。在每个执行点，日志都会被发送到 SIEM 并进行分析，以确定信任等级。设备和用户的信任等级是独立制定的，随后在适当的情况下汇总并执行策略。如果 NPE 或个人实体的信任等级高于衡量的阈值，那么它们就有权查看申请的数据。DLP 可在整个过程中对数据进行保护，同时为 SIEM 提供数据，以确保数据的正确使用。下面详细介绍图 6-10 中所描述的决策点、组成和能力。

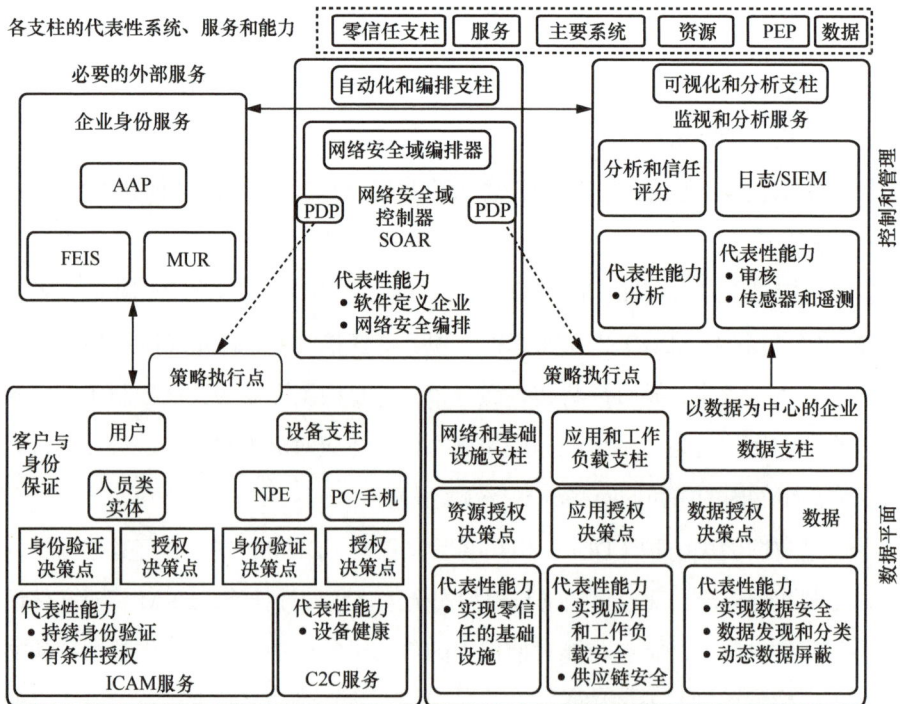

图6-10　FFP：支柱、资源和能力映射

下面所列出的能力可以代表一种最终状态的零信任实现。基于用户和设备风险来控制对资源的访问是零信任的基线要求，而且无须实现下列所有能力就可完成。

① 企业身份服务

包括联邦式企业身份服务（FEIS）、自动化账户提供（AAP）和用户总记录（MUR），可对角色、访问特权以及各种批准或拒绝用户特权的情况进行识别和管理。

- FEIS：FEIS 汇集身份证书和授权，并在联邦组织之间共享，以便用户 / NPE 可以访问其他域中的服务。

- AAP：基于入职和离职、持续审查、人才管理和战备训练等以人为中心的各项活动期间所生成的身份数据，提供身份统管服务，如用户权利管理、业务角色审计和执行，以及账户的注册和注销。

- MUR：实现关于什么人可以访问什么系统或应用的知识、审计和数据汇总报告。MUR 还将支持对内部及外部威胁的识别。

② 客户与身份保证

- 身份验证决策点：在出现试图访问应用和数据的情况时，对证书的发放以及用户、NPE 的身份进行评估。也可对设备是否受到管理或者未得到管理进行评估。在 ICAM 参考设计中，可以看到更多关于无用户的 NPE 和用户辅助的 NPE 的使用案例。

- 授权决策点：该系统实体对申请此类访问决策的实体做出授权决策。它会检查资源访问申请，将这些申请与适用于该资源所有访问申请的策略进行对比，从而决定是否准许当前申请者的该次访问。客户端和设备授权，是有条件地访问资源、应用以及最终访问数据的第一个阶段。

- ICAM 服务：通过为个人实体和 NPE 创建可信的数字身份，将这些身份与可在访问交易中作为个人实体或 NPE 代理的证书绑定，并利用证书提供对机构资源的授权访问。ICAM 的能力如下。

  - 持续身份验证：一种身份验证概念，利用多种兼容的验证策略，在用户和 NPE 尝试访问资源和数据时，持续、实时地验证用户和 NPE 的身份。

◆ 有条件授权：根据申请者的持续信任等级向资源授予授权的能力。这种信任等级可能受到设备健康状况、用户和实体行为以及其他因素的影响。

- 合规连接（C2C）服务：在整个网络基础设施中运行的工具和技术框架，用于发现、识别、描述和报告所有连接到网络的设备。C2C 服务将编排多种工具，防止不合规和未经授权的设备和人员连接到网络，从而保持网络的安全配置，并根据既定标准和配置保护信息。C2C 服务的能力如下。

  ◆ 设备健康：检查设备状态、检查恶意软件或漏洞的能力，以及管理和非管理资产的安全控制合规状态，以确定允许设备访问资源和数据的风险级别。

③ 以数据为中心的企业

- 资源授权决策点：这是一个中间决策点，可对 NPE 和用户组合进行评估，以授权访问申请。和之前的决策点一样，该决策点也将利用信任等级和已定义的策略来决定是否批准访问。

- 应用授权决策点：该决策点可对 NPE 和用户组合进行评估，以授权访问申请。和之前的决策点一样，该决策点也将利用信任等级和已定义的策略来决定是否批准访问。其能力如下。

  ◆ 保障应用和工作负载安全：保护应用层以及计算容器和虚拟机安全并对应用层以及计算容器和虚拟机进行管理的能力。识别和控制技术堆栈的能力，以做出更精准的访问决策。

  ◆ 保障供应链安全：防止针对软件供应链的攻击或采取相应行动的能力，当网络威胁行为渗透到软件供应商的网络，并在供应商将软件发送给客户之前使用恶意代码破坏软件时，就会发生这种攻击。

- 数据授权决策点：数据所有者使用零信任措施，通过编排或数据丢失防护服务器对数据进行标记。数据标记将用于确保所有数据都符合适当的访问控制。其能力如下。

  ◆ 保障数据安全：识别、分类、安全处理、保留和处置数据的流程和技术控制。

◆ 数据发现和分类：能够发现、分类、标记和报告所有数据，包括数据库中的敏感数据和风险数据。

◆ 动态数据屏蔽：提供列级安全功能的能力，可在查询时使用屏蔽策略，有选择地屏蔽表和列。

④ 自动化和编排

- 安全编排、自动化与响应（SOAR）：这些术语用于定义处理威胁管理、事件响应、策略执行和安全策略自动化的技术。零信任架构需要动态的策略执行和自动化。SOAR 将与分析和策略引擎协同工作，制定信任等级，并自动将策略传送到 PEP。其能力如下。

  ◆ 软件定义企业：在物理基础设施上创建虚拟化层，并以自动化方式进行集中管理的能力。这利用了基于策略的访问控制来动态创建、配置、提供和退出虚拟化网络功能、系统功能、安全功能和工作流程。

  ◆ 网络安全编排：编排不同的零信任活动并使之自动化的能力，以及与核心系统对接和协调的能力。

⑤ 监视和分析服务

- 分析和信任评分：该系统通过统计或其他定义功能过滤器或计算对数据进行系统分析，从而分析事件和事故日志，获得信任评分。这些分数表示在特定误差范围内，将给定分析数据集的统计参数估计确定为真实的概率 / 百分比值。具体来说，在零信任中，这表示用户或 NPE 是本人 / 本体的概率。其能力如下。

  ◆ 分析：系统地应用统计或逻辑技术来描述和说明、简述和复述以及评估数据的能力。

- 利用 SIEM 进行的日志记录：活动数据汇总并存储在 SIEM 中，而 SIEM 可同时提供安全信息管理（SIM）和安全事件管理（SEM）能力。其能力如下。

  ◆ 审计 / 传感器和遥测：通过检查、检验或计算等方式直接验证活动或设备的能力，以确保符合安全要求。实体包括用户和 NPE、传感器可靠性、合规计划和共享服务。

（5）零信任战略的预期成果

① 普及零信任文化，包括运用零信任安全架构和思维方式指导信息技术开发，以及全员主动接受养成零信任思维。

② 提升国防部信息系统的安全防护，确保国防信息系统具有韧性。

③ 实现技术加速，确保基于零信任的技术部署速度持平或领先于行业发展速度，国防部信息网络安全能够拥有最新最先进技术。

④ 实现零信任赋能，将对零信任的执行融汇于部门、机构间流程的整合，实现战略无缝协调落地。

6.3 云原生网络安全架构

云原生网络安全防护在 Kubernetes 安全防护的基础上，贯彻零信任安全的核心理念，通过严格的身份认证和动态授权机制确保数据的安全可控，同时在系统运行过程中，实时监控和分析系统行为，自动识别和响应潜在威胁，基于大模型技术生成精准的安全防护策略，实现云原生网络的内生安全防护，实现不确定性网络环境下可用性和安全性的动态平衡。

6.3.1 架构设计

基于云原生网络数据平面、控制平面分离的基本理念，以零信任核心理念为基本出发点，设计提出基于网络孪生的云原生网络安全架构，如图 6-11 所示。

云原生网络安全架构以 Kubernetes 安全防护为基础，摒弃传统的以网络为中心的边界安全防护理念，以软件定义边界（Software Defined Perimeter，SDP）为技术手段，坚持以数据为中心的安全防护，基于"从不信任、始终验证"的原则，对网络中的设备、用户、应用和流量进行持续的认证和授权，同时动态监测网络中的安全威胁，智能生成网络安全防护策略，实现对安全威胁的自适应精准响应。

云原生网络安全架构分为 Kubernetes 安全防护、认证与授权、自适应安全防护 3 个部分，按照数据平面和控制平面分离的原则开展安全防护机制的设计。

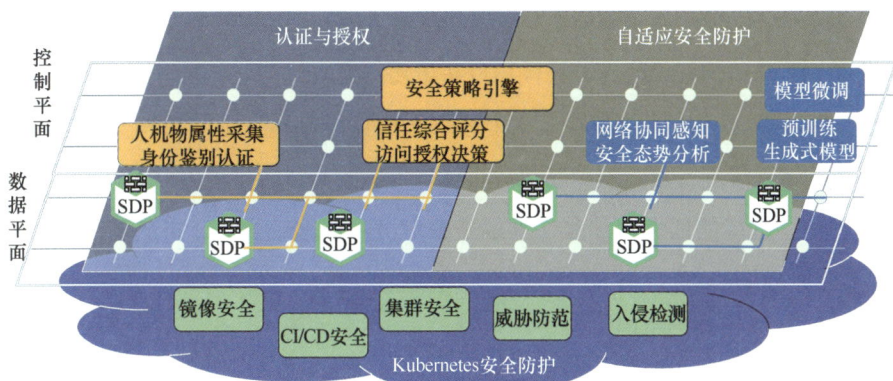

图6-11　云原生网络安全架构

（1）Kubernetes安全防护

Kubernetes安全防护主要从构建阶段、部署阶段和运行时阶段3个方面考虑。在构建阶段，通过使用可靠的宿主机操作系统和基础的容器镜像、在CI/CD过程中持续对容器镜像进行安全扫描来确保构建阶段的安全性。在部署阶段，加强集群的安全防护，采取有效的机密信息管理策略，以防止未经授权的访问和机密信息的泄露。在运行时阶段，通过持续监控集群活动、检测异常行为、执行入侵防御策略以及对容器和节点的资源限制，来动态保护Kubernetes环境免受潜在的攻击和威胁。

（2）认证与授权

基于零信任的安全防护理念，将信任的概念引入安全防护中，确保无论是设备、用户、应用还是流量，只要没有经过认证、未取得信任，都无法取得对数据资源的权限，反之只要经过了认证、取得了信任，那么不管设备、用户、应用或流量是否来自所谓的网络"边界"内，都可以取得数据资源的权限。

首先，在用户至网络的入口处，仍然部署防火墙。尽管对于零信任安全架构而言防火墙不是必需的，但是防火墙作为物理上的边界，其存在仍然具有重要的价值。

然后，分布在网络中的SDP网关，是用户接入网络的关口，对应完成接入控制网关功能。这些功能都是通过部署在容器网络上的微服务进行承载的。

用户的所有访问请求，通过接入控制网关送给控制平面的人机物属性采集身份鉴别认证功能模块，该模块基于人机物环流属性采集，进行身份鉴别认证，并将结果发送给信任综合评分访问授权决策功能模块。

信任综合评分访问授权决策功能模块根据身份鉴别认证结果和安全策略引擎提供的接入规则，结合安全态势分析模块提供的异常告警等实时 / 准实时安全风险评估，进行信任综合评分，确定是否对访问请求放行，并将决策结果下发给 SDP 网关执行。

（3）自适应安全防护

自适应防御是指通过持续学习，动态调整安全策略和规则，自动适应安全威胁的动态变化，使得网络具备持续进化的智能安全防护能力。

网络协同感知安全态势分析功能模块持续收集分布在云原生网络中的各类信息，形成安全态势，实时或准实时的异常告警信息可直接反馈给访问授权决策功能模块，用于即时的访问授权决策，同时，长期积累的态势信息形成日志大数据，提交给预训练大模型进行训练。

预训练大模型基于网络日志数据进行训练，得到的结果经过指令微调（SFT/IFT）、人类反馈强化学习（RLHF）进行模型微调，得到自适应访问策略，也就是通过学习和训练形成"网络抗体"，反馈给安全策略引擎，提供更高级、更完备的安全防护能力。

云原生网络安全架构具有"以不变应万变"特性，虽然不知道遭到了什么攻击，只要感知到了风险或危害，就可以通过调整访问控制策略的方法来抵御和化解攻击；只要消除或降低了风险或危害，就可以认为找到了某种与攻击特征匹配的"网络抗体"，即特定的访问控制策略。

6.3.2　基于网络孪生的零信任

前文给出了网络孪生的定义，即物理空间中的人、机、物、组织映射到云原生网络中的实名代理，具有移动代理、传输代理和安全代理等功能，是部署和运行在边缘云、核心云上的一种基础服务。这里对网络孪生的安全代理功能进一步研究分析。

作为运行在云上的基础服务，网络孪生能够支持身份认证、访问授权等重要功能，成为用户进入网络的门户，这也是实施零信任的关键要素。充分考虑人机物与场景环境等不同因素对数据访问操作的影响，实施细粒度的访问控制权限管控，以网络孪生为核心，设计提出一种分段式复合认证授权机制，如图 6-12 所示。

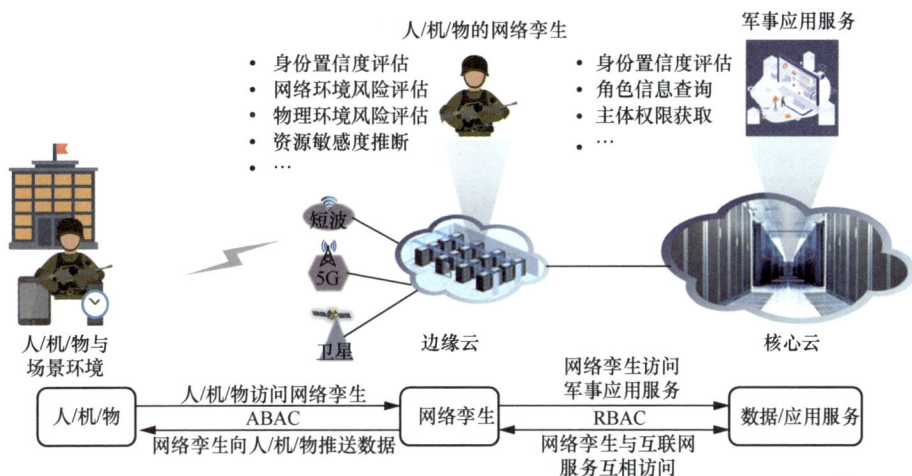

图 6-12　基于网络孪生的分段式复合认证授权机制

基于网络孪生的分段式复合认证授权，包含两个主要阶段，每个阶段的认证授权机制根据不同的环境特性和安全需求有所不同。

（1）第一阶段：网络孪生对用户的认证授权

· 针对人 / 机 / 物 / 环的多属性状态采集

由于人 / 机 / 物 / 等数据访问主体所处的物理环境是动态变化的，并且开展业务的网络环境信任等级也不尽相同，结合被访问数据的敏感度，在决定授予数据访问权限之前，需要综合采集人 / 机 / 物 / 环的多属性状态，以支撑授权的评估决策。

对于人 / 机 / 物等访问主体，需要获取访问主体的身份认证信息，包括用户名和密码、数字证书以及其他 MFA 信息。对于环境状态信息，主要包括网络和终端环境状态以及物理环境状态等信息，在网络和终端环境状态采集中，主要是采集网络的连接类型、可用的带宽、支持的加密模式以及终端软硬件的配置、供应商和部署等信息，在物理环境状态采集中，主要是采集访问主体所处的物理位置、访问发生的时间、涉密等级等状态信息。

- 授权机制——基于属性的访问控制（ABAC）

综合人/机/物/环的多属性状态信息，开展身份置信度、网络环境风险和物理环境风险等方面的评估，采用信任度评估规则或者模型进行信任推断，再根据访问数据的资源属性，如数据敏感级别、访问时间窗口等信息，进行细粒度的权限控制。

- 数据推送

在数据访问主体通过网络孪生的 ABAC 授权后，如果网络孪生缓存了用户需要的数据，则可以直接将缓存的数据推送给用户；如果没有相关数据，则需要由网络孪生向云原生应用侧申请数据访问，此时需要开展第二段认证授权模式，即网络孪生到云原生应用的认证授权。

由于网络孪生是访问主体私有的安全代理，会时刻掌握主体的各类状态信息，直接由网络孪生综合状态信息对访问主体进行细粒度的认证授权，在保证用户数据安全可靠的前提下，还避免了频繁的云平台鉴权，提高了用户体验和系统效率。

（2）第二阶段：云原生应用对网络孪生的认证授权

- 身份信息采集

网络孪生作为一个访问主体的专有安全代理，拥有用户所有身份认证的信息，因此网络孪生可以代表主体向云原生应用请求数据访问权限，同时将身份信息发送给云原生应用进行鉴权。

- 授权机制——基于角色的访问控制（RBAC）

由于网络孪生所处的网络环境和物理环境相对稳定、受控，因此本阶段的认证授权可以采用基于角色的访问控制模式，即在用户身份得到验证后，查看其绑定的角色信息，网络孪生根据其主体被赋予的角色享有其对云原生应用数据的访问权限。

- 数据缓存

一旦网络孪生通过 RBAC 机制获取了数据访问权限，网络孪生即可以根据

主体的要求从云原生应用处获取相应的数据，并将数据临时缓存到自己的存储
空间中，后续如果主体对自己的数据进行了更改或者删除，网络孪生可以在适
当的时候向云原生应用侧同步主体对数据的操作。这样做的目的是提高数据传
输的效率，并减少对云原生应用的直接访问负载。

通过采用基于网络孪生的分段式复合认证授权，人 / 机 / 物等主体在充分享
有自己数据主权的同时，确保了数据的安全受控。具体优势有以下几点。

（1）安全性。通过分段式复合认证授权机制，能够有效地控制数据访问的
安全性。分段式的认证授权确保用户不仅有权操作其请求的数据，还必须在恰
当的网络环境和物理环境要求下操作。

（2）高效性。数据缓存机制确保主体一旦具备数据访问条件就可以从网络
孪生那里获取所需的数据，减少了对云原生应用的直接访问，提高了主体对数
据操作的效率。

（3）灵活性。基于属性的访问控制使得认证授权过程能够灵活适应用户环
境的动态变化，提供更细粒度的访问控制，在确保数据安全性的同时提升用户
体验。

这种基于网络孪生的零信任安全架构，能够为战场用户提供入网时的认证
授权和"永远在线"的信息服务，可全面支持零信任安全架构的落地实施。

6.3.3　零信任引发的五大转变

零信任给云原生网络安全带来了一系列重要变化，主要体现为以下5个方面。

（1）由"内网或 VPN 用户可信"转变为"网络位置不决定可信度"

与边界防护安全架构最明显的不同在于，零信任安全中网络位置不能代表
用户的可信程度。在零信任环境中，不再区分"内部"或"外部"用户，内部
用户不再享有区别于外部用户的隐式信任，所有的用户都视为不可信。这一假
设也就使得企业不再需要部署 VPN 了。零信任环境中，所有用户都是"外部的"
或不受信任的，必须经历同样严格的身份认证和访问授权过程。

在传统方法中，非现场用户通过 VPN 连接到内部网络，这一方式有效地将
他们与现场用户置于同一个"内部"网络上。如果外部用户访问外部云计算资

源或互联网资源，则流量首先经过广域网 VPN 至企业边界，然后再路由到要访问的资源。这种增加的流量需要持续的带宽，并可能造成严重的延迟问题。此外，VPN 对企业安全构成威胁。它在网络边界上通过身份认证之后，就能访问网络上所有资源。传统方式既无法提供确认来访者真实身份的强认证方法，也无法实施基于身份认证的自适应访问策略。

在零信任环境中，所有用户在访问资源之前都要统一经过策略执行点（PEP）和网关，其中被访问资源一般都位于数据中心和可通过互联网访问的云服务中。无论是从企业内网还是从互联网发起的访问流量，都被一致地对待，即都使用连续多因素身份认证和最小特权的方式对访问请求进行严格审查，不会因为用户处于企业内网而被赋予更多的信任。在这种模式下，处于互联网的外部用户也避免了由 VPN 的固定开销导致的额外时延。由传统的内网或 VPN 用户可信转变为零信任环境下网络位置不决定可信度的逻辑如图 6-13 所示。

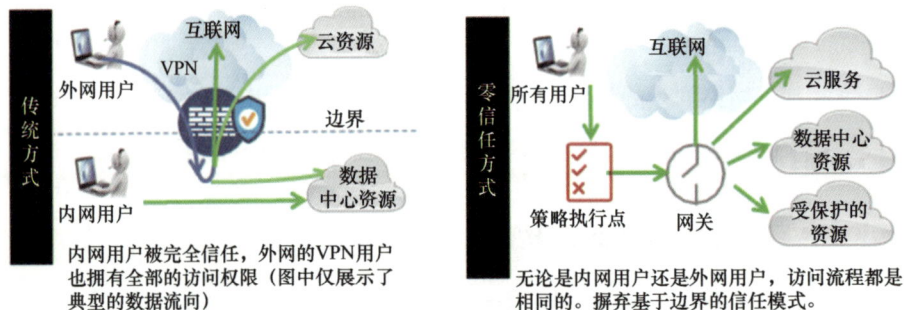

图 6-13　由传统内网或 VPN 用户可信转变为零信任环境下网络位置不决定可信度的逻辑

（2）由"以网络为中心，分散孤立的安全策略"转变为"以数据为中心，统一协调的安全策略"

目前的数据安全方法是基于传统的、孤立的以网络为中心的策略和方法。数据在以网络为中心的安全模型中容易受到攻击，因为数据仅受到基本安全策略的保护，如用户名/密码、基于用户/设备的访问以及使用很少更新的基于角色的访问控制进行静态加密或验证。入侵者可以规避这些基本保护手段。

　　未来的数据安全方法将采用统一的零信任框架，通过持续评估协调，部署以数据为中心的策略和保护措施。以数据为中心意味着数据是可被理解的，安全工程师能够根据数据的含义以更精准的方式设计安全防护措施。例如，在以数据为中心的加密技术中，加密将通过字段和记录中的额外加密层帮助保护静态数据，传输中的数据也必须加密。数据标记可以为数据权限管理（Data Right Management，DRM）和数据丢失防护（Data Loss Prevention，DLP）解决方案提供支持，这些解决方案允许使用基于属性的访问控制来创建额外的动态细粒度策略。图 6-14 示意了由传统的网络中心、分散孤立的策略转变为零信任环境下数据中心、统一协调的策略。

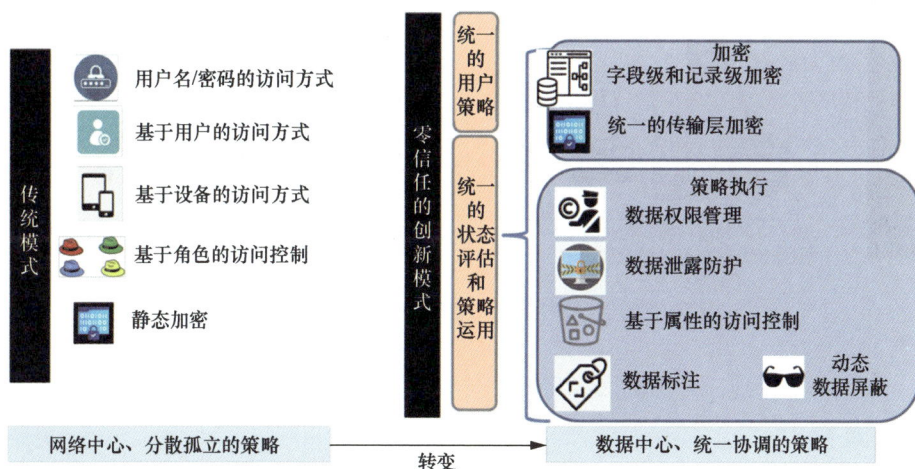

图 6-14　由网络中心、分散孤立的策略转变为零信任环境下数据中心、统一协调的策略

　　（3）由"隐式信任"转变为"持续认证和授权"

　　在传统的边界防护中，采用静态的边界网络设备配置来保护网络安全。部署于同一区域内的应用程序和服务器堆栈被赋予了相互之间隐式的信任，这种信任使得恶意用户和设备能够相对轻松地穿越环境。一旦突破了外围边界，恶意用户和软件就可以在区域内的服务器或应用程序之间横向移动，感染或攻击影响区域内的系统和数据。

在零信任安全架构中，只允许应用程序传输所需的特定通信流量。采用微分段（Micro-Segmentation）技术，可以灵活地基于 IP 地址、MAC 地址、虚拟机名、应用等将网络进行精细分组，然后在分组间部署策略来实现流量控制。微分段使设备之间的通信受到限制，只有足够的访问权限才能完成服务器、设备和应用程序之间的预期通信任务。通信流量不仅在主机之间的网络级别进行控制，而且还可以通过 API 微分段在进程间和应用程序堆栈中进行控制。身份认证和授权贯穿于整个受保护资源访问过程。这些措施使得"横向移动"在零信任环境中变得十分困难。由传统的隐式信任转变为零信任环境下持续认证授权的逻辑如图 6-15 所示。

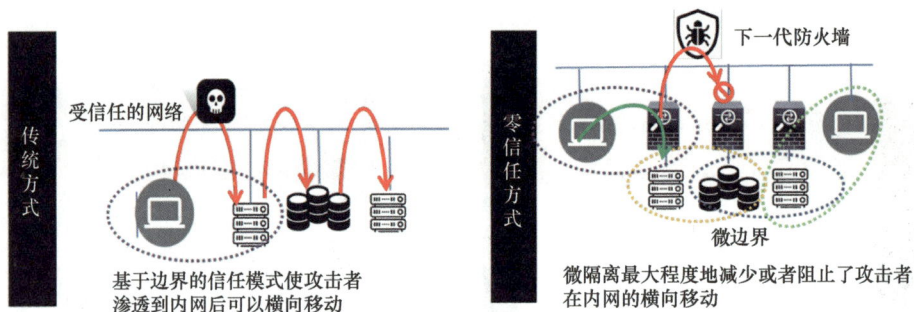

图 6-15   由隐式信任转变为零信任环境下持续认证授权的逻辑

（4）由"独立分散的网络与应用身份认证"转变为"统一综合的风险分析与信任评分"

零信任并没有取消所有传统的身份认证手段，而是转向更加集中地使用基于多属性的信任等级，以实现基于最低特权访问概念的身份认证和授权策略。基于角色的身份、凭证和属性的常规使用不是动态的或上下文感知的。当前方法与用户的物理位置相关。身份认证后，每个实体都会受到相同的对待。零信任利用 MFA、企业身份服务和用户 / 实体行为分析（UEBA）等技术，实现连续和动态身份认证。

当请求访问应用程序和数据时，这些工具实时评估用户 /NPE 的身份。持续监控用户 /NPE 事务的异常行为，然后对其进行标记，进而限制用户 /NPE 的访问。

要完全启用零信任，企业身份服务和多因素身份认证都至关重要。使用具有集成身份和访问管理的单一统一平台来提供 MFA 是避免安全漏洞或实施零信任的任何障碍的理想选择，从而实现彻底和持续的监控。由独立分散的身份认证转变为零信任环境下统一综合的信任评分如图 6-16 所示。

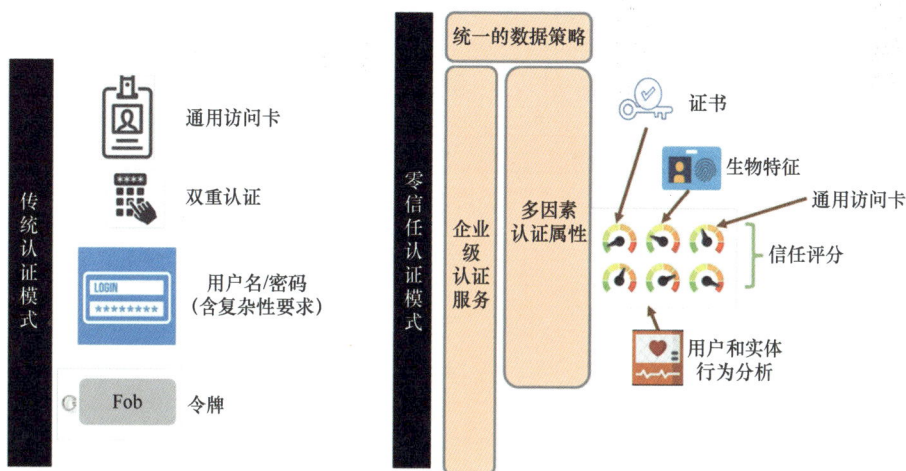

图 6-16 由独立分散的身份认证转变为统一综合的信任评分

（5）由"基于静态机制的接入控制"转变为"基于动态策略的条件授权"

传统边界防护安全结构下，通过网络位置、用户/实体角色以及身份认证方法（如登录/密码、PKI/CAC、双因素身份认证）来进行访问授权。零信任安全架构采用更加全面的身份认证过程，还考虑动态策略、上下文和多因素属性，如设备健康状况、位置、时间和行为。活动日志记录在 SIEM 中，用户和 NPE 行为分析用于制定信任评分。每个个人和 NPE 都进行信任评估并汇总，用于强制执行策略。策略引擎基于用户或 NPE 的信任评分来制定策略。身份认证和授权活动发生在整个企业的重点策略实施点。策略执行点（PEP）负责启用、监视和终止企业内的连接，持续监控整个企业的所有活动，以发现账户、设备、网络活动和数据访问中的异常。由传统的基于静态机制的接入控制转变为零信任环境下基于动态策略的条件授权如图 6-17 所示。

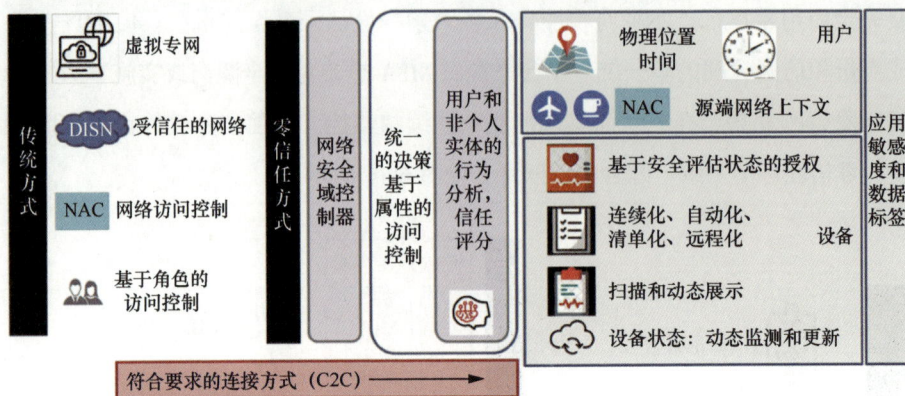

图 6-17　由基于静态机制的接入控制转变为零信任环境下
基于动态策略的条件授权的逻辑

6.4　Kubernetes 安全防护

　　Kubernetes 平台具有动态伸缩和自动化调度等特性，需要开展针对性的体系性安全防护设计。在传统云平台安全防护的基础上，从构建阶段、部署阶段到运行时阶段全生命周期视角，进行整体的安全防护设计，满足云原生应用的安全防护要求[22]。

6.4.1　全生命周期的安全防护

　　随着工作负载迁移到云端，Kubernetes 已成为管理这些工作负载最常见的编排工具。Kubernetes 具有声明式特点，屏蔽了基础设施的细节，应用团队不需要担心工作负载的部署位置、运行方式以及网络策略等细节，只需在 Kubernetes 中启用相关配置来部署其应用，就能获得期望的结果。

　　在 Kubernetes 中，运行工作负载的一组资源称为集群，而工作负载以 Pod 的形式在集群上部署运行。Kubernetes 在集群中对 Pod 进行创建、关闭和重启，从而实现对负载的运行管理。在典型的实现中，Pod 可以根据其需求调度到网络中的任何可用资源（物理主机或虚拟机）上。同时，Kubernetes 会监控工作负载的状态，必要时采取一定的措施以维持负载的正常运行，例如，重启无响应的节点。此外，Kubernetes 还会管理所有必要的网络，以便 Pod 和主机之间能够相互通信。应用团队无须参与网络的管理和配置。

对于安全团队来说，传统方法是构建一个"机器网络"，然后将工作负载（应用程序）加入其中。作为加入过程的一部分，通常是分配 IP 地址、根据需要更新网络，并定义和实施网络访问控制规则。完成这些步骤后，应用程序就可以供用户使用了。这一过程确保了安全团队拥有绝对的控制权，由于应用的 IP 地址、部署位置等都是静态的，因此能够方便地实施应用程序保护。然而 Kubernetes 的安全防护是截然不同的，传统的安全防护方法将面临诸多困难。

在 Kubernetes 的生态系统里，工作负载被构建为容器镜像，并以 Pod 的形式部署到 Kubernetes 集群中。在应用的开发过程中，开发团队多数使用持续集成（CI）和持续部署（CD）来确保软件的快速开发和可靠交付。这意味着如果在工作负载构建、部署和运行的每个阶段、每个环节都开展安全审查，将不可避免地破坏 CI/CD 过程的敏捷性，因此有必要针对 Kubernetes 环境持续集成、持续交付的敏捷性开展针对性的安全防护设计。

在 Kubernetes 中，工作负载的部署大致可以分为构建、部署和运行时 3 个阶段。在传统"客户端 - 服务器"架构的应用中，应用程序存在于服务器（或服务器集群）上，位置相对单一和固定，而在 Kubernetes 部署中，应用程序是在集群中分布式部署的，因此开展安全防护设计需要考虑以下几点。

- 在构建阶段，需要考虑工作负载和基础设施的安全防护，这是安全防护的起点，这一点尤为重要。
- 在部署阶段，此时 Kubernetes 集群已经部署并且应用已经准备就绪，需要考虑集群的安全性、机密信息的安全性等方面。
- 在运行时阶段，此时应用程序依托基础设施以及 Kubernetes 集群网络开展运行，需要密切关注 Kubernetes 的安全态势，做好威胁防范和入侵检测。Kubernetes 环境工作负载全生命周期安全防护设计如图 6-18 所示。

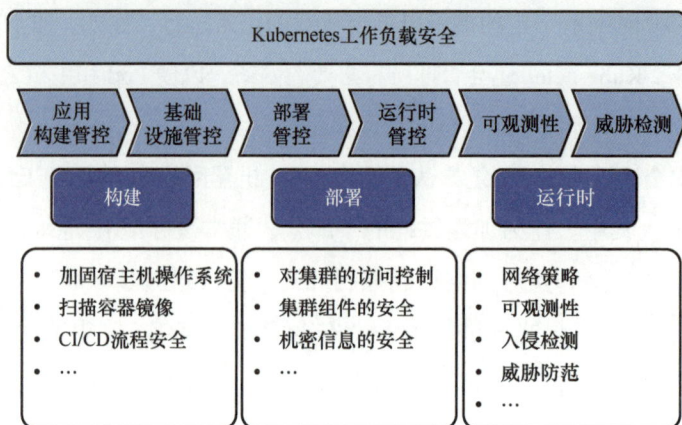

图 6-18　Kubernetes 环境工作负载全生命周期安全防护设计

构建阶段是应用程序软件开发以及主机、虚拟机等基础设施建设的阶段。在这个阶段，需要充分考虑作为基础设施的主机、虚拟机等设备的操作系统安全防护，应用程序的容器镜像的安全检查以及 CI/CD 流程的安全防护等。此外，还需要对容器镜像库做好安全防护，避免镜像库中的镜像受到破坏，通常，通过保护对镜像库的访问来实现这一点，很多用户有私有镜像库，不使用来自公共镜像库的镜像。

部署阶段是设置 Kubernetes 集群并部署工作负载的阶段。在这个阶段，需要为运行在 Kubernetes 集群中的工作负载提供外部访问，同时考虑 Kubernetes 集群安全防护的最佳实践方式。此外，还需要考虑一些安全控制措施，如限制对工作负载访问的策略、控制应用访问平台的网络策略、基于角色的资源访问控制策略等。一般情况下，在本阶段，平台团队需要与开发团队、安全团队协同，共同开展安全防护部署。

运行时阶段是应用程序已经部署并开始运行的阶段。在这个阶段，通常需要考虑网络层面的安全防护，包括启用网络策略进行访问控制、开展安全态势监测实现威胁防范，同时还包括合规性审查、安全性审计等安全控制手段。

可以看到，与传统边界安全防护策略不同，在 Kubernetes 中，需要将安全防护部署贯穿到云原生应用从构建部署到上线运行的各个阶段。此外，各个阶段涉及的包括应用程序开发人员、Kubernetes 平台运维人员和安全防护人员等所有团队在内，在实施 Kubernetes 安全方面都扮演着非常重要的角色，因为安全是一项共同的责任，安全防护成功的关键在于团队之间的密切协作，确保在安全防护上没有短板弱项。

6.4.2 构建阶段的安全防护

6.4.2.1 宿主机操作系统安全防护

通常情况下，攻击者通过挖掘利用容器中应用软件的漏洞来获取宿主机操作系统的访问权限，来拓展自己的攻击范围，为后续在云平台中横向移动奠定基础。为有效应对此类攻击者以应用程序为突破口开展攻击，应遵循最小访问权限原则，在宿主机中安装支持应用权限控制的操作系统，仅为上层应用授予其运行必要的权限，最大程度减小攻击暴露面，从而提升操作系统的安全性。

承载应用的宿主机是 Kubernetes 集群的重要组成部分，因此宿主机安全是构建 Kubernetes 集群安全的重要基础。提升宿主机安全性，主要关注以下 3 个方面。

（1）选择特定的操作系统

CNCF 明确的云原生技术之一是不可变基础设施，即基础设施的实例创建后设置为只读状态，如果需要状态更改和升级，则需要用新的实例来替换。在操作系统选择上，也可以基于不可变基础设施的理念，选择专门为容器设计的不可变 Linux 发行版。这些发行版具有以下优点。

- 通常包含较新的内核，修复了最新的、公开的漏洞，同时包含一些最新技术的实现，如 eBPF 等，它可以被 Kubernetes 的网络和安全监控工具利用，实现网络安全策略控制、网络故障排查以及性能监控等功能。
- 不可变性提升了系统的安全性。因为不可变性意味着根文件系统被锁定，无法被应用程序更改，应用程序只能通过容器进行安装部署，实现应用程序与根文件系统隔离，确保系统不会因应用程序漏洞而被入侵。
- 能够保持实时在线更新，确保公开的漏洞能够及时得到修复。

无论选择哪种操作系统，都要及时获取准确的威胁情报，第一时间掌握最新披露的安全漏洞，并确保能够尽快修复这些安全漏洞。同时在选择操作系统时，还必须考虑主机操作系统中的共享库，并分析评估它们对在主机上部署的容器的影响。

对于应用开发人员而言，不应依赖于特定版本的操作系统或内核，因为这将限制安全人员根据需要更新主机操作系统的能力。

（2）摒弃非必需的内置应用

每个运行的主机进程都是黑客的潜在攻击点。从安全角度来看，如果一个进程不是运行 Kubernetes、管理主机或保护主机所必需的，那么最好不要启动该进程。

如果使用的是为容器优化的不可变 Linux 发行版，那么非必要的进程通常已经被移除，只需要确保通过容器运行的进程是自己应用所必需的即可。

（3）基于宿主机的防火墙设置

要进一步加固托管 Kubernetes 的服务器或虚拟机，可以配置主机本身的本地防火墙规则，限制与主机交互的 IP 地址范围和端口。

根据操作系统的不同，可以使用传统的 Linux 管理工具，如 iptables 规则或 firewalld 配置来完成这些操作。要确保防火墙规则与使用的 Kubernetes 控制平面和 Kubernetes 网络插件兼容，以避免阻塞 Kubernetes 控制平面、Pod 网络等。

6.4.2.2 容器镜像的安全防护

下面从容器镜像的构建和扫描入手，探讨容器镜像安全防护的最佳实践。同宿主机安全防护类似，这些举措中同样包括选择基础镜像以减少攻击面，还包括对容器镜像安全加固、容器镜像的安全扫描等方面。

（1）选择容器基础镜像

同宿主机操作系统选择类似，可以选择不可变 Linux 发行版作为容器的基础镜像，也可以选择传统的 Linux 轻量级发行版。尽管从轻量级发行版镜像开始是一个很好的起点，但该方法并不能彻底杜绝操作系统中的漏洞。

如果考虑最大程度减小攻击面，可以选择 distroless 镜像或 scratch 镜像作为容器的基础镜像。distroless 镜像不包含完整的操作系统，只包含应用程序运行所需的最小依赖项。distroless 镜像经过各类应用检验、具备应用条件。例如，Kubernetes 中 Kubelet、scheduler 等组件就是基于 distroless 镜像构建的。scratch 镜像仅包含了 Docker 运行所需的最小文件系统和执行环境。使用 scratch 基础镜像来构建应用程序时，可以使用多阶段 Dockerfile 来完成，每一阶段都可以只集成所必需的依赖项，从而最小化容器镜像。

两种镜像的运用都显著减少了镜像的大小，降低了漏洞出现的概率，缩小了攻击面，从而显著提升了安全性。

（2）容器镜像的安全加固

容器镜像安全加固的主要目的是在构建镜像过程中减少安全弱点和攻击面。如果使用未加固的容器镜像，可能会导致用户信息泄露、应用被劫持或者攻击者以应用为突破口打入宿主机内部。实施容器镜像安全加固，通常需要考虑以下几个方面。

- 确保基础镜像的来源可靠，并且在使用之前检查镜像的哈希值与发布信息一致性，同时将该镜像发布在像 Docker Hub 这样的仓库中，从而防止攻击者在镜像中嵌入恶意代码。
- 遵循最小权限访问原则，并以最少的必要权限运行容器镜像。例如，除非必要，否则应以非 root 用户身份运行容器，从而增加攻击者逃离容器的难度。
- 不要在 Docker 镜像中使用标签，而是在 Dockerfile 中固定基础镜像的版本。可变的标签如 latest 或 master 等经常会随着功能的更新和问题的修复而改变，这可能会导致在 CI/CD 流水线中扫描镜像时出现问题。此外，它们还可能会因为依赖的库被更新或者移除等导致应用程序出现稳定性等问题。
- 使用容器镜像签名来确保镜像的可信性。尽管 Kubernetes 本身没有容器镜像验证功能，但可以通过使用 Docker Notary 等工具来为镜像签名，并通过 Kubernetes 准入控制器来验证镜像签名，确保镜像没有被恶意操作者篡改。

（3）容器镜像安全扫描

通常情况下，需要使用容器镜像扫描工具开展容器镜像安全扫描。扫描工具通过检查容器文件系统、获取元数据等过程，从而判断镜像中是否存在漏洞组件。市场上有许多开源和商业扫描工具可供选择，它们通常能够集成到 CI/CD 流程中，并提供丰富的扫描功能。

扫描工具在获取到元数据后，通过尝试与权威的漏洞数据库或私有威胁情报源等的漏洞信息进行匹配，综合评估各种条件的误报和漏报的情况，以确定镜像中是否存在漏洞。

除了传统的镜像扫描，基于沙箱的容器威胁分析解决方案正在逐渐流行起来。此类解决方案通过在沙箱中运行 Docker 镜像，并监控容器的系统调用、进程、内存、网络流量（HTTP、DNS、SSL、TCP）等行为，利用机器学习和其他分析评估技术来检测潜在的恶意活动。

6.4.2.3　CI/CD 的安全防护

在充分考虑了宿主机操作系统安全防护和容器镜像的安全防护后，还应当针对云原生应用持续集成、持续交付的特点，考虑持续集成（CI）/持续交付（CD）全过程的安全防护。

持续集成是一种开发实践，通过自动化的构建、测试应用程序，来检测应用程序潜在的各类问题，便于快速开展应用的集成。持续交付是持续集成的扩展，是在持续集成的基础上，进一步强调软件快速交付给客户的能力，它不仅关注代码的集成，还将关注的焦点扩展到整个软件生命周期，包括从开发、测试到最终交付的所有阶段。

CI/CD 安全防护的目标是将安全性集成到从程序开发和上线发布中的每一步，这也是 DevOps 流程中"左移"策略的重要组成部分。通过将安全扫描集成到 CI/CD 流程，代码在被提交到仓库时、程序构建完毕时均会执行安全检测，开发人员会在第一时间获得检测结果，具体如图 6-19 所示。这种方法的主要优势在于应用程序可以在构建时的各个阶段被执行安全检测，一旦发现问题，CI 过程会失败，并提示所有 DevOps 相关的团队，尽早开展修复工作。

CI/CD 流程的自动化特性以及最少的人为干预特点使其成为攻击者的理想目标。此外，开发环境过于宽松，缺少安全防护的设计，也会面临安全风险，因此 CI/CD 流程的安全还需要考虑以下几个方面。

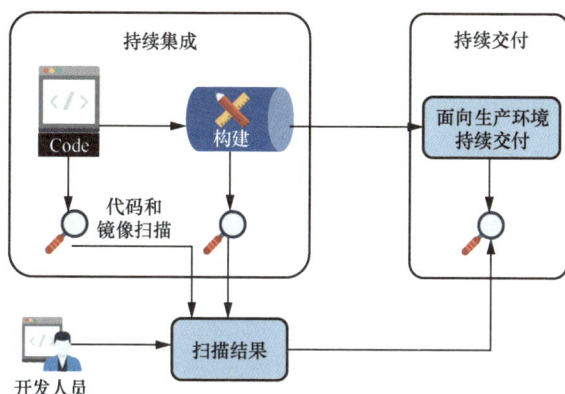

图 6-19 在 CI/CD 中集成镜像扫描功能

（1）在机密信息的安全防护方面，需要审查 CI/CD 流程中涉及的每个密钥，并确保只有在需要时才被允许调用。密钥管理要体现对密钥的细粒度访问控制，同时还需要关注密钥变更日志记录、自动密钥轮换以及密钥的停用和废弃等方面。

（2）在访问控制方面，对 CI/CD 资源的严格访问控制和用户职责的分离是确保 CI/CD 管道安全的关键。无论采用何种访问控制方法，访问控制都需要将全过程的访问进行分段，以便在发生泄露时大幅缩小影响范围。此外，还可以使用强身份验证机制，并默认启用双因素身份验证等功能。

（3）在安全审计和监控方面，对 CI/CD 资源的访问需要进行持续的安全审计和监控，以确定是否存在过度访问情况以及用户离职或更换工作角色时可能发生的权限滥用等可疑的用户行为。

6.4.3 部署阶段的安全防护

6.4.3.1 集群的安全防护

集群是一组运行容器化应用程序的计算节点的集合，由一个主节点和多个工作节点组成，这些节点可以是物理计算机，也可以是虚拟机。为了应用程序的分布式部署和规模化运行，可以设置多集群部署模式，不同的集群可以分布在不同的数据中心。

集群至少包含一个由主节点组成的控制平面和一个由数量不等的计算节点组成的业务平面。控制平面负责维护集群的状态，通过运行调度服务，根据应用程序的部署需求和可用的计算资源，自动部署、编排容器的运行。业务平面中每个工作节点主要支撑上层应用的稳定运行，同时通过部署软件代理程序，接收和执行来自控制平面的命令。

集群是支撑云原生应用的基础，集群安全是 Kubernetes 安全的重要组成部分，加强集群安全可以从集群 API 的访问控制和集群组件的安全防护 2 个方面开展。

（1）对集群 API 的访问控制

对集群的所有操作都是由 API 访问控制实现的，如图 6-20 所示。加强对集群 API 的访问控制、规范对集群的操作和行为，是确保集群安全的第一道防线。

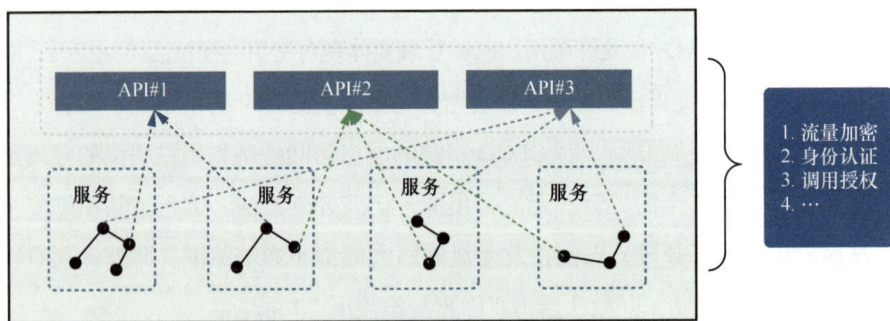

图 6-20　API 访问控制

首先，对所有 API 通信使用传输层安全协议（TLS）进行通信流量加密，确保通信内容不会被侦听截获。其次，启用 API 身份认证，通过对 API 服务器和 API 客户端进行双向认证，加强对 API 集群的访问控制。根据集群大小灵活采取证书、静态承载令牌或者集成 OpenID 连接（OpenID Connect，OIDC）服务等不同的模式启用身份认证。最后，为通过身份认证的 API 调用进行授权，即授予通过身份认证的实体对特定资源（包括节点、容器、服务等）实施特定操作（包括创建、增加、查询、删除等）的权利。通过灵活设置不同类型的权限，在满足集群高效运转的同时，为集群的访问控制提供安全保证。

（2）对集群组件的安全防护

集群组件是集群支撑上层应用运行、发挥资源管控作用的核心，强化对集群组件的安全防护，主要从以下几个方面开展。

一是要严格限制对集群数据的访问控制。通常而言，集群数据一般通过 etcd 进行存储。etcd 是一种以键值形式进行数据存储的数据库，用于支撑集群开展信息共享、状态监测和调度协调等行为。应当加强对 etcd 数据获取等行为的凭据校验，防止未授权的 etcd 访问。

二是要启用日志记录审核的功能。集群内置了行为日志记录功能，能够按时间顺序完整记录集群 API 的所有操作，同时也可以针对特定 API 进行监视，发现可疑行为就会生成警告信息。通过对日志信息的审核，可以排查潜在的攻击行为，提升集群安全性。

三是要限制对 alpha 或 beta 功能的访问。alpha 和 beta 版的功能是正处于试用阶段的新上功能，由于没有经过严格的安全分析和测试，可能存在不同程度的安全隐患。

四是要频繁轮换基础设施凭据。集群中的凭据等敏感信息的生存期越短，攻击者就越难基于该凭据造成损害。通常情况下，可以通过缩短证书的有效期、提高身份令牌的轮换频率和及时撤销不必要的授权等措施来提升基础设施凭据的安全性。

五是要确保对集群机密进行加密处理。一般来说，etcd 数据库包含集群运行状态的所有信息，攻击者一旦获取 etcd 的访问权限就能窥探整个集群的状态。在可能的情况下，可以启用写时加密的机制，在进行数据存储的同时即可完成信息加密，在某些情况下甚至可以采取全盘加密的方式实现对机密信息的保护。

6.4.3.2　机密信息安全防护

Kubernetes 机密信息是一种用于安全存储敏感数据的资源。在 Kubernetes 中，机密信息通常用于管理 SSH（Secure Shell）密钥、数据库密码、OAuth 标记等身份验证信息。如果这些敏感信息以纯文本形式包含在 Pod 的规范文件或容器镜像中，可能会被攻击者恶意窃取，从而对安全造成威胁。因此，为了确保安全，机密信息不会直接存储在容器镜像中，而是采取特殊的管理机制。

（1）基于 etcd 管理机密信息

当应用程序迁移到 Kubernetes 时，通常情况下是将应用程序的机密信息以 Base64 编码格式存储在 etcd 中，以键值对的形式进行存储。etcd 是 Kubernetes 中支持的数据存储方式。以 etcd 存储的机密信息可以通过 Kubernetes 内的卷挂载或环境变量在应用程序的容器内使用。由于环境变量存储在内存中，与基于文件系统上的卷挂载相比，攻击者窃取机密信息更加困难。Kubernetes 平台对 etcd 提供了基于角色的访问控制支持，具备基础的安全性和灵活性。

虽然 etcd 提供了强大的并发原语、串行化访问和大规模管理等机制，然而其缺点也很明显。etcd 中机密信息以明文形式（Base64 编码）存储，不仅如此，如果 etcd 没有配置使用 TLS 进行加密通信，则其中的机密信息会以明文形式检索和传输，鉴于此，要确保足够的安全性，机密信息在 etcd 中存储时需要加密。

此外，存储在 etcd 中的机密信息一旦被删除，就无法基于历史版本进行恢复。同时，对 etcd 的访问也未进行安全审计，任何有权访问 etcd 的人都可以访问所有机密信息，由此可知难以对 etcd 存储的机密信息实施细粒度的访问控制。由于 etcd 并不是专门的机密信息存储工具，要想提示机密信息管理的安全性，有必要采取专门的措施进行机密信息管理。

（2）机密信息管理服务

为了满足企业对机密信息管理的需求，可以采用云服务提供商的机密信息管理服务。所有主要的公有云服务提供商都提供机密信息管理服务。

此外，还有专门的第三方开发的集中式机密信息管理器。通常情况下，管理器会提供一系列功能来满足企业进行细粒度机密信息管理的需求，如密钥管理、加密解密、密钥轮换、日志记录、安全审计等。管理器也可以与云服务提供商的机密信息管理服务结合使用，大幅提升机密信息的安全性和易用性。

（3）基于 CSI 驱动的 Kubernetes 机密信息存储

容器存储接口（Container Storage Interface，CSI）驱动程序将各种外部机密信息存储集成到 Kubernetes 中，CSI 驱动程序通过卷属性与机密信息存储服务进行身份验证，并无缝地将所需的机密信息挂载到 Pod 中。这种方法避免了使用 Kubernetes 的 etcd 数据存储，同时能够有效地扩展和管理各类机密信息。

6.4.4　运行时阶段的安全防护

6.4.4.1　基于网络策略的安全防护

网络策略是保障 Kubernetes 网络安全的主要手段。合理的网络策略可以有效限制集群中的网络流量，确保集群中所有流量都是经过认证的。

传统的边界网络安全防护中，网络的物理拓扑定义了其安全边界，即网络安全是通过设计网络的物理拓扑结构以及在网络设备中启用相关安全配置来实现的。添加新的应用程序或服务通常需要调整网络拓扑以及更新网络设备配置以实现所需的安全性。相比之下，Kubernetes 中的 Pod 组成的网络是一个"扁平化"的网络，在这种扁平化网络中，默认情况下每个 Pod 都可以直接与集群中的所有其他 Pod 进行通信。这种方法极大地简化了网络设计，同时工作负载在集群中的任何位置都可以被动态调度，而不依赖网络拓扑结构。在这种网络设计中，网络安全不再由网络拓扑边界定义，而是通过与网络拓扑无关的网络策略来定义。网络策略使用标签选择器作为其主要机制来定义哪些工作负载之间可以互相通信，摒弃了传统依赖 IP 地址的网络流量控制机制，从而进一步将业务流量与网络拓扑分离。

基于网络策略开展流量控制，可以认为每个 Pod 前都有一个专用虚拟防火墙，该防火墙规则由网络策略定义并实时更新。图 6-21 显示了在 Pod 处使用专用虚拟防火墙进行网络策略实施的情景。

图 6-21　基于专用虚拟防火墙的 Pod 安全

下面探讨从哪些方面入手实施网络策略，主要包括 Kubernetes 的 Ingress 和 Egress、工作负载的安全防护、网络策略规范性和默认配置等几个方面。

（1）Ingress 和 Egress

提到网络安全，首先想到的往往是工作负载面临的由南北向流量引入的外部攻击者的入侵。为此，可以使用网络策略来限制任何 Pod 的入站流量。然而，当攻击者成功挖掘出应用负载的漏洞时，这个被攻陷的工作负载就可以作为在集群网络中横向移动的起点，从而绕过南北向流量的管控，探测网络的其余部分以获取更有价值的资源，或者提升权限以发动更强大的攻击或窃取敏感数据。即使集群中的所有 Pod 上都设置了针对入站流量的网络策略，横向移动仍可能会以防护较弱的集群外部资产为突破口展开。因此，最佳策略是始终为集群中的每个 Pod 定义入站和出站的网络策略规则。虽然这不能保证攻击者无法找到其他漏洞，但确实显著缩小了攻击面，提升了攻击的难度。此外，如果结合适当的策略违规警报，可以大幅缩短入侵响应的时间。通常情况下，通过正确编写的网络策略和违规警报，信息泄露的响应时间可以控制在几分钟甚至几秒钟内，有时甚至可以通过隔离可疑的工作负载以实现自动响应。

（2）关键工作负载的安全防护

鉴于攻击者可能实施横向移动的安全威胁，对关键工作负载的安全防护不能局限于关键工作负载本身，仍然需要从全局的角度保护所有的工作负载，即确保每个 Pod 都拥有限制其入站和出站流量的网络策略。否则，一旦所谓"无关紧要"的工作负载被攻破，可能会成为攻击者开展集群网络横向移动的基点，直接对关键工作负载产生安全威胁。

（3）网络策略的标准化和规范性

Kubernetes 标签和网络策略的优势之一在于其运用的灵活性。然而，这也意味着网络策略会呈现出一种多样性，即网络策略可以有多种不同的编写和标记方式实现相同的效果。因此，为了便于自动化实施基于网络策略的流量控制，要尽量用统一的、标准化方式标记 Pod 以及编写网络策略，在确保网络策略的规则和效果更加直观的同时，更加适应在集群中托管大量微服务的情况。

（4）网络策略的默认设置

Kubernetes 网络策略默认情况下允许所有 Pod 的入站流量，除非某些 Pod 应用了入站规则的网络策略，在这种情况下，只允许网络策略明确允许的入站流量，同样的原则也适用于出站流量。因此，如果没有为新的微服务编写网络策略、设置出入站规则而只采用默认设置的情况，新的工作负载将处于不安全状态。鉴于此，为确保安全，应实施"默认拒绝策略"，通常的做法是制定一个适用于所有 Pod 的策略，包含入站和出站规则，但不明确允许任何流量。这样，如果某些流量没有被其他网络策略明确允许，则该流量将被拒绝。

6.4.4.2　基于可观测性的安全防护

Kubernetes 的可观测性和安全防护之间有着密切的关系。可观测性使得系统运维人员能够监控、记录和分析 Kubernetes 集群的各个方面。通过将可观测性与安全防护相结合，安全人员可以根据观测到的数据，识别潜在的安全威胁和漏洞，进而确保 Kubernetes 集群运行时环境的安全性和稳定性。Kubernetes 可观测性的核心在于实时的监控和检测、详细的日志记录和审计、及时的告警和响应以及关键指标的可视化等方面，充分利用 Kubernetes 的可观测性功能特点，持续对系统各项指标进行监控，有助于在运行时快速响应异常、定位问题、排除潜在的安全风险。下面从 Kubernetes 告警、安全运营中心（Security Operations Center，SOC）、用户和实体行为分析（User and Entity Behavior Analytics，UEBA）3 个方面介绍基于可观测性的安全防护设计。

（1）Kubernetes 告警

Kubernetes 监控告警系统在容器化应用的管理中扮演着关键角色，主要用于确保集群和应用的健康状态、性能以及可用性。告警系统的主要作用是对宿主机、集群中的各个组件及其运行状况进行实时监控，确保应用程序的健康运行。当系统出现性能瓶颈、资源不足或故障等问题时，告警系统能够及时发出警报，通知管理员采取相应的措施。具体功能如下。

- 资源利用监控：跟踪 CPU、内存、网络等资源的使用情况，确保资源合理分配和高效利用。

- 状态监控：检测节点、Pod、服务的运行状态，确保应用程序正常运行。
- 性能监控：分析应用的性能指标，及时发现性能退化或瓶颈问题。
- 故障检测与告警：通过设定阈值，当系统异常或超出预定范围时触发告警，避免潜在问题恶化。

目前主流的云服务提供商都提供一定程度的告警功能，这些告警基于在云服务提供商的日志系统中收集的日志开展工作，允许安全人员自定义告警规则，根据阈值触发告警。例如，在给定时间段内对某些 API 调用次数进行监测，超过一定的阈值可能是发生了拒绝服务（DoS）攻击。虽然这些功能适用于一般的运行时监测，但为了充分监测 Kubernetes 集群运行时的安全事件，同时在日志收集时完成数据关联，需要一个专门针对 Kubernetes 的日志收集系统，实现在单一的日志源上定义告警事件。此外，一个专门针对 Kubernetes 的告警系统也很必要，因为它能够以更合适的方式将上下文信息补充到日志数据中，简化告警的数据分析工作。例如，不需要在网络流量日志中将一组标签与服务和 IP 关联起来，就可以查询服务的网络活动等。

告警系统以其强大的数据分析能力展现了出色的可观测性，通过设置合适的阈值，安全人员可以实现基础的运行时安全监测。此外，如果告警系统能够"学习"系统的行为，动态定义阈值，将极大地提升告警的保真度，并减少由于阈值未随系统状态变化而导致的误报。因此，在告警中引入人工智能技术，是 Kubernetes 系统运行时安全状态分析监测的发展方向。

（2）Kubernetes 安全运营中心（SOC）

Kubernetes SOC 是一个专门用于监控、检测、响应和管理 Kubernetes 集群安全威胁的集中式平台。Kubernetes SOC 结合了现代安全运营中心的功能，专注于为容器化环境和微服务架构提供安全运营和防护。它通过集成监控、事件管理、威胁检测与响应等多种安全功能，确保 Kubernetes 集群及其上运行的应用程序具备强大的安全态势管理能力。其核心目标在于保障集群的安全性、可用性、合规性及性能稳定。

下面以谷歌云中的 SOC 实现为例，分析其主要的功能组成以及工作模式，具体的基于谷歌云的 SOC 部署如图 6-22 所示。

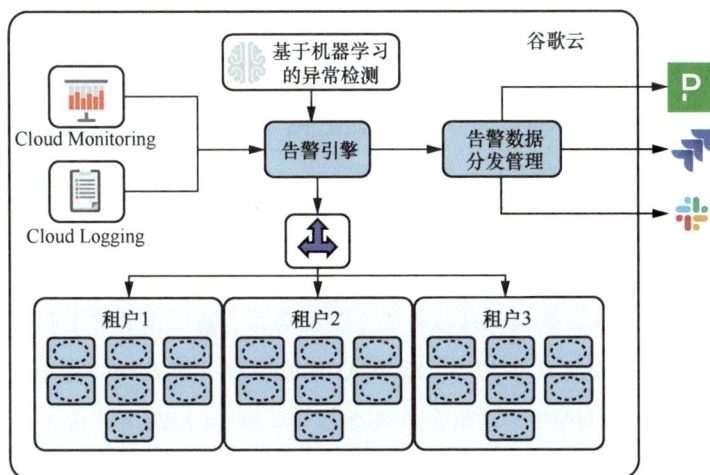

图 6-22 基于谷歌云的 SOC 部署

谷歌云中托管了一个 Kubernetes 集群，每个命名空间代表一个租户，多租户之间相互隔离。为了保障 Kubernetes 运行时安全，SOC 需要配备日志记录、监控和告警等功能要素，可以使用谷歌云的运维套件实现相关功能。套件中的云监控（Cloud Monitoring）可以从谷歌云、亚马逊云或者其他应用程序探针中收集指标、事件和元数据，套件中的云日志（Cloud Logging）能够自动化高效获取谷歌云内部和外部的各类日志数据，谷歌云的运维套件对这些数据进行摄取，并通过仪表盘和图表等方式进行上报。在告警分析环节，谷歌云利用机器学习技术设定用户或者其他实体的正常行为基线，从而进一步提升告警的精准性。最后，可以使用如 OpsGenie 等主流工具将告警输出到 SIEM、Slack、PagerDuty、JIRA 和其他工具，实现告警信息的统一管理。安全人员将依据这些告警信息开展安全风险分析和隐患排查，确保运行时环境的安全稳定。为进一步增强云原生安全能力，提升在人工智能和多云环境快速发展背景下的竞争力，谷歌公司收购了在云原生安全领域具备技术优势的 Wiz 公司。

Wiz 公司

2025 年 3 月 18 日，谷歌以 320 亿美元收购云安全公司 Wiz，这也是谷歌迄今为止最大的一笔收购，值得注意的是，2024 年 7 月，Wiz 曾拒绝谷歌

230 亿美元的收购提议，选择独立运营并寻求首次公开发行（IPO）。然而，随着市场环境的变化和 IPO 市场的波动，双方重新展开谈判，最终达成了 320 亿美元的交易。Wiz 公司成立于 2020 年，是一家快速崛起的云安全领域独角兽公司。Wiz 作为云安全领域的颠覆者，其技术创新围绕以下五大核心展开。

第一，无代理扫描架构，通过调用云服务商 API 实现全环境实时扫描，无须部署代理软件，兼顾高效性与安全性；第二，基于图的安全模型，利用动态关系图谱可视化攻击路径，结合 AI 优先处理关键风险；第三，云原生应用保护平台（CNAPP），整合云安全态势管理（CSPM）、云工作负载保护平台（CWPP）等功能，提供跨云全生命周期防护，解决传统工具碎片化难题；第四，AI 驱动的威胁响应，通过机器学习分析千亿级日志，实现零日攻击检测与自动化修复，显著提升响应效率；第五，跨多云环境的兼容性，Wiz 支持 AWS、Azure、GCP（Google Cloud Platform）、阿里云、Kubernetes 等多种云环境，提供统一的安全视图，方便企业在不同平台间进行一致的安全管理，消除使用特定云服务商工具可能带来的盲点。

凭借这些创新，Wiz 以轻量化架构、风险量化能力和多云兼容性为核心优势，在 18 个月内实现 1 亿美元年度经常性收入，服务近半数《财富》百强企业，成为云安全标杆，重新定义了行业技术范式。

Kubernetes SOC 是确保容器化环境安全的关键系统，通过集成实时监控、威胁检测、事件响应、合规性管理等功能，Kubernetes SOC 能够帮助企业有效应对复杂的安全威胁。在云原生架构下，Kubernetes SOC 不仅提高了对安全事件的响应速度和精度，还为 Kubernetes 集群的持续安全改进和合规性保障提供重要支持。

（3）用户和实体行为分析（UEBA）

UEBA 是一种利用机器学习和人工智能技术来分析用户或实体（Pod 或者服务等）行为模式随时间变化的情况，并根据变化情况检测用户 /NPE 异常行为的技术。UEBA 的目标在于通过识别偏离正常行为的异常模式，发现内部威胁、外部攻击以及其他难以通过传统安全工具检测到的安全事件。总体而言，实体所谓的异常行为并不总是因为发生了安全问题，对此，可以将行为映射到

MITRE ATT&CK 框架或其他威胁指标，以确认是否存在安全问题。关于 MITRE ATT&CK 框架，我们将在 6.4.4.3 节展开描述。

通常情况下，UEBA 系统包含数据收集、行为基线建模、行为分析与异常检测、威胁评估和响应与修复几个方面。具体而言，在数据收集方面，主要通过集成 Kubernetes 中网络流量日志、应用程序流量日志、Kubernetes 审计日志、DNS 活动日志等各类日志数据源，开展数据收集；在行为基线建模中，使用机器学习算法分析正常的用户和实体行为模式，建立行为基线。这包括个体用户的访问模式、使用频率、常用设备等，以及实体的正常活动模式；在行为分析与异常检测中，基于行为基线，系统实时分析当前行为是否偏离正常模式。如果行为表现出显著的异常特征，如访问异常系统、尝试提权或在非工作时间登录等，系统会将这些活动标记为潜在威胁；在威胁评估中，对每个检测到的异常行为分配威胁评分，基于威胁的严重性、频率和潜在风险进行优先级排序。这种评分机制有助于安全团队将注意力集中在高风险事件上；在响应与修复中，根据异常行为和威胁评分，UEBA 系统可以触发自动响应流程，如警报、事件调查、用户账户锁定、访问权限调整等，或集成到现有的安全运营平台（如 SIEM）进一步处理。

图 6-23 展示了基于 UEBA 的实体行为分析过程，其中 UEBA 引擎将来自各种数据源的日志存储在数据库中。这些日志由数据分析模块进行聚合和关联，通过数据清洗、特征提取等预处理步骤将数据转化为可用于分析的标准化数据。机器学习模块基于历史数据，通过机器学习算法建立用户和实体的正常行为基线。异常检测模块运行在实时监控过程中，当某个用户或实体的行为偏离正常基线时，系统将识别为异常，最终分析各种异常行为，确定安全问题，并最终进行展示和告警。

UEBA 系统通过收集和分析广泛的数据源，借助先进的机器学习和行为分析技术，能够为组织提供对用户和实体异常行为的深度洞察。通过监控用户和实体的正常行为模式，UEBA 不仅可以发现内部威胁和高级外部攻击，还能有效降低误报，提升整体安全防护能力。在现代企业安全架构中，UEBA 成为补充传统安全工具的重要组成部分，帮助企业更好地应对复杂且动态的安全威胁。

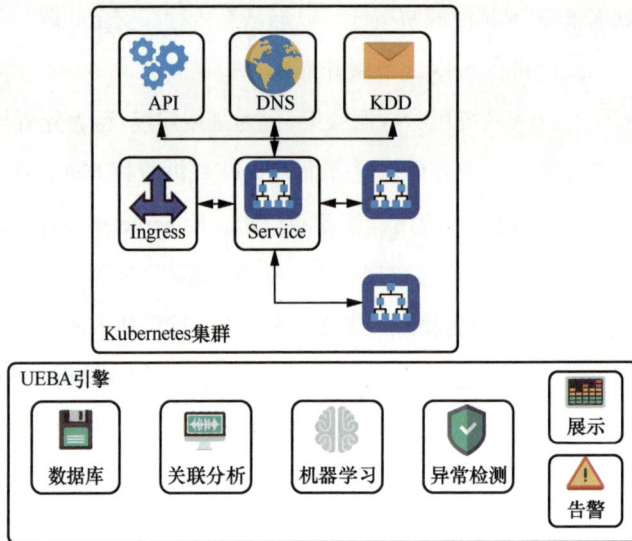

图 6-23　基于 UEBA 的实体行为分析流程

6.4.4.3　入侵检测和威胁防范

网络安全领域存在一个不可避免的循环，即每一种新的防御措施都会吸引攻击者研究出新的攻击方法，而每种新的攻击方法又会促使新的防御措施出现。这种攻防方法的迭代升级使得双方都处于不断竞争中，因此在不理解网络攻击的情况下很难做好网络防御。本节从攻击者的视角入手，研究典型的网络攻击行为模式，然后有针对性地分析运行时阶段的入侵检测和威胁防范方法。

（1）典型的网络攻击行为模式

MITRE ATT&CK 是由美国非营利组织 MITRE 提出的一个网络安全知识库[23]，用于描述和分类网络攻击者的战术、技术和程序。它被广泛用于网络安全领域，帮助企业和组织理解攻击者的行为模式，并加强自身的防御能力。由于 MITRE ATT&CK 用一种标准化的方法对网络攻击行为进行刻画，给网络安全从业人员呈现出一种独特的攻击者视角，自 2013 年被提出以来逐渐风靡网络安全行业，并被越来越多的 IT 厂商和网络安全专业人员采用。

MITRE ATT&CK 的核心要素是战术、技术、子技术、过程 4 个部分。

战术是攻击者的高层次目标，即他们在攻击过程中要实现的主要目的。战术可以被视为攻击的"为什么"，如初始访问、持久性、防御规避等。这些战术定义了攻击的不同阶段。

技术描述了攻击者如何实现这些战术目标。每种技术代表了攻击者在特定战术下采取的具体行动。例如，在持久性战术下，攻击者可能会使用账户操控或自启动机制等技术。

子技术是对技术的进一步细化，描述了更加具体的攻击方法。例如，账户操控技术下可能包括添加用户账户和修改账户权限等子技术。

过程描述了攻击者如何具体实施技术和子技术，是攻击者使用特定技术的实际操作方式，通常基于已知的攻击实例或事件。

MITRE ATT&CK 针对不同的攻击场景和环境，有不同的版本。具体而言，分别是用于企业网络环境的攻击模式的 Enterprise ATT&CK，针对移动设备的攻击模式的 Mobile ATT&CK，以及针对工业控制系统的攻击模式的 ICS ATT&CK。每个不同的版本还会有更细致的划分。针对云原生网络安全，需要更多地聚焦到云平台安全上，这对应于 Enterprise ATT&CK 中的 Containers 部分。

MITRE ATT&CK 直观上以矩阵的形式展现，MITRE ATT&CK 的 Containers 部分是一个专门针对容器环境的威胁矩阵，它基于 MITRE ATT&CK 的总体结构，涵盖了与容器相关的战术、技术和子技术。微软 Azure Security Center 在原始的容器威胁矩阵的基础上，结合 Kubernetes 容器编排的特点，提出了 Kubernetes 威胁矩阵 [24]，具体如图 6-24 所示。

矩阵横轴是攻击者在实施云平台攻击时可能采用的一些攻击战术，矩阵纵轴是每种攻击战术下可能的攻击技术以及子技术。矩阵包含了上面列出的 9 种战术。每种战术都包含了若干技术，攻击者可以利用这些技术实现不同的目标。

① 初始访问。初始访问战术包括各种用于获取资源访问权限的技术。在容器化环境中，这些技术使攻击者能够首次访问集群。此类访问可以通过集群管理层直接实现，或者依托集群中被植入的恶意代码或存在的漏洞来实现。

初始访问	执行	持久化	权限提升	防御绕过	凭证获取	发现	横向移动	收集	影响
使用云平台凭证	使用exec工具运行恶意代码	利用后门容器	利用特权容器	清除容器日志	枚举Kubernetes机密信息	访问Kubernetes API Server	访问云资源	使用私有镜像库	破坏数据
感染镜像库中的镜像	使用容器内自带的bash/cmd	利用可写的hostPath卷	绑定集群管理员角色	删除Kubernetes事件	利用Service principal程序	访问Kubelet API	利用容器服务账户		劫持资源
Kubeconfig文件窃取	启动新容器	使用定时任务执行恶意代码	挂载hostPath卷	Pod/容器命名混淆	访问容器服务账户	内网嗅探	利用集群内部网络		拒绝服务
利用应用脆弱性	利用应用脆弱性执行远程代码	使用准入控制器拦截更改系统行为	访问云资源	使用跳板或匿名网络隐藏攻击源	获取配置文件中的应用凭证	获取Kubernetes仪表板	获取配置文件中的应用凭证		
利用暴露的敏感的访问接口	利用SSH服务获取权限				获取托管身份认证服务的凭证	利用元数据访问接口	在主机上挂载可写卷		
	边车容器注入攻击				利用恶意的准入控制器		coreDNS投毒		
							ARP欺骗		

图 6-24　Kubernetes 威胁矩阵

②执行。执行的战术目的是攻击者获取在集群内部运行其恶意代码的能力。主要包括恶意执行命令、利用应用程序漏洞实施攻击行为等技术。

③持久化。持久化的战术目的是攻击者用于在初始立足点失去后仍保持对集群访问权限，包括运行后门容器、可写的 hostPath 挂载等。

④权限提升。权限提升的战术目的是攻击者在环境中获取比当前权限更高的权限。在容器化环境中，这主要包括特权容器、集群管理员绑定、hostPath 挂载等。

⑤防御绕过。防御绕过的战术目的是攻击者避免检测、隐藏其活动。主要

包括清除容器日志、删除 Kubernetes 事件对象、Pod/ 容器命名混淆等。

⑥ 凭证获取。在容器化环境中，凭证包括运行应用程序的凭证、身份信息、存储在集群中的密钥或云凭证等，实施凭证获取战术就是攻击者通过非法手段获取上述凭证的过程。主要包括检索机密信息、访问容器服务账号、检索配置文件中的应用程序凭证等。

⑦ 发现。发现战术是攻击者对当前环境进行探测的过程，是后续横向移动进而获取资源的基础。主要包括访问 Kubernetes API 服务器、访问 Kubelet API 等技术。

⑧ 横向移动。横向移动战术主要目的是探寻有价值的资源，在容器化环境中，体现在从一个容器的访问权限中获取对集群中其他资源的访问，或是获取对云环境的访问权限等，主要包括访问容器资源、容器服务账号、CoreDNS 投毒等。

⑨ 收集。在 Kubernetes 中，收集战术包括攻击者通过集群进行数据收集的各种技术，主要体现在容器镜像库的非法访问。

⑩ 影响。影响战术包括对手用来干扰系统可用性或破坏数据完整性的各种技术，影响战术通过销毁或篡改数据，使得在某些情况下，业务流程表面上看起来正常，但实际上可能已经被篡改以服务于攻击者的目标，主要包括数据销毁、资源劫持、拒绝服务等技术。

MITRE ATT&CK 为云原生平台的安全防护提供了一个详细的框架。随着容器技术的广泛应用，理解并应用 MITRE ATT&CK 对于确保这些环境的安全性至关重要。它帮助安全人员有效识别、检测和响应针对云原生应用的复杂攻击，增强整体的安全防护能力。

（2）入侵检测方法

下面探讨应用于运行时安全防护的典型入侵检测技术手段及其在 Kubernetes 集群中的应用。

- 部署入侵检测系统

入侵检测系统（Intrusion Detection System，IDS），是一种监控网络活动、检测异常模式并报告可疑行为的系统。入侵检测系统能够监视、上报当前网络中的违规情况，当发现异常行为时，入侵检测系统可以启动告警和入侵防护等响应操作。

一个优秀的入侵检测系统能够通过跟踪系统行为，将相关的异常行为关联起来进行分析。用户和实体行为分析（UEBA）工具是一类当前较为热门的入侵检测系统。UEBA 通过对用户和实体行为进行画像来建立安全基线，通过监控网络上用户和实体的行为是否偏离基线来评估是否发生了攻击行为。UEBA 工具可以单独使用，也可以和其他的入侵检测系统集成以扩展系统的数据来源，提升分析的精准性。传统入侵检测系统由于误报率高等原因，会产生大量的报警信息，安全人员难以在大量的误报信息中开展有效的安全分析并响应潜在的攻击。成功的 UEBA 应用有助于减少警报数量，并生成准确性高的告警。

- 利用威胁情报

通过研究 MITRE ATT&CK 可知，攻击者一旦成功入侵 Kubernetes 平台，通常会植入恶意代码回连由攻击者自己控制的命令与控制服务器，以此来接收攻击者的指令，从而发起内网嗅探、横向移动或者数据窃取等进一步的攻击行为。通常情况下，世界范围内的安全研究团队一旦发现攻击行为，随即会尝试定位本次攻击的命令与控制服务器，将服务器的 IP 地址或域名进行发布，并作为威胁情报的一部分进行定期更新。威胁情报源的维护者会综合对比各类威胁情报，收集其中的攻击信息进行汇总发布，供安全防护人员进行安全分析和防范。目前已有多个知名的开源和商业的威胁情报源，合理利用威胁情报可以帮助安全人员甄别异常行为，准确还原安全事件真相。

（3）威胁防范

在 Kubernetes 运行时阶段，采用合理的入侵检测手段可以及时发现针对系统的攻击行为，此外，还可以采用一些威胁防范技术来有效检测攻击过程中的横向移动和数据窃取等行为。

- 蜜罐技术

蜜罐技术被认为是一种对攻击方的欺骗技术，通过在集群中故意暴露易受攻击的应用服务或者设置诱饵服务等，诱使攻击者攻击这些服务，从而可以对攻击行为进行捕获和分析，辅助安全人员了解攻击者所使用的工具与方法，推测攻击意图，进而准确掌握系统所面对的安全威胁，并通过技术和管理手段来增强系统的安全防护能力。蜜罐技术是一种主动防御技术，安全人员在捕获到攻击行为后，可以对攻击行为进行隔离甚至从集群中移除，进而有效开展威胁防范。

由于 Kubernetes 平台对工作负载管理具有简洁性和高效性等特点，因此在 Kubernetes 环境中应用蜜罐技术非常方便。在 Kubernetes 中应用蜜罐技术如图 6-25 所示，无论工作负载是独立运行还是作为复杂业务流的一部分，工作负载之间的通信都由应用程序的业务流程所决定，任何未知的通信行为都可以被视为可疑的行为。因此，可以在生产环境中部署作为诱饵的工作负载和服务，当一个工作负载被攻击时，攻击者无法区分其是真实的工作负载，还是作为诱饵的虚假工作负载，攻击者与安全防护人员之间的信息不对称使得检测从工作负载发起的横向移动变得有效。

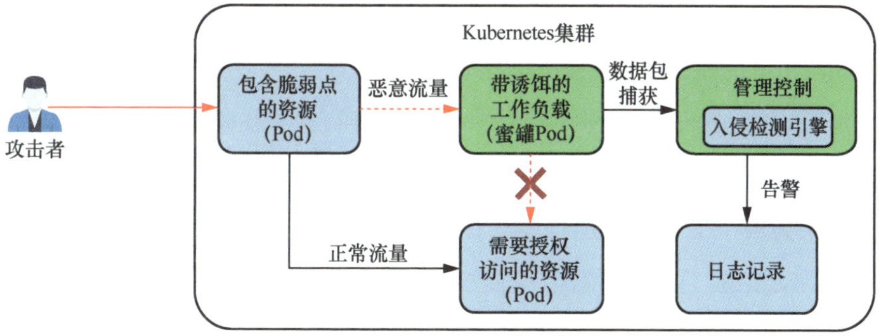

图 6-25　在 Kubernetes 中应用蜜罐技术

- 基于 DNS 的攻击和防御

DNS 在 Kubernetes 集群运行时阶段中具有关键作用。Kubernetes 支持使用域名访问 Pod 和服务。由于 DNS 对集群运行至关重要，因此需要允许 DNS 流量进入集群，必要时甚至需要在集群外进行域名解析和查找，因此 DNS 成为攻击者潜在的攻击对象，有必要开展基于 DNS 的威胁防范。这里重点介绍典型的域名生成算法（Domain Generation Algorithm，DGA）的攻击和防御，图 6-26 显示了 DGA 攻击过程。

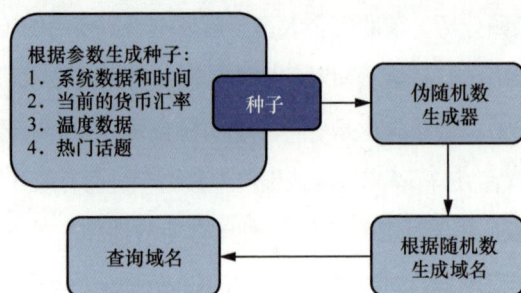

图 6-26　DGA 攻击过程

攻击者首先在集群内部植入一个域名生成程序，同时启动回连命令与控制服务器的通信进程，域名生成程序使用预置的种子和算法来生成域名。通信进程会查询由算法生成的域名。命令与控制服务器端会采用相同的算法生成域名，并响应针对此类域名的查询，由于单次回连并不能保证成功，并且长期使用同一个域名进行回连容易引发安全告警，因此通信进程会循环重复查询生成的不同域名，直到客户端和服务器域名匹配为止。一旦成功匹配，集群中的恶意代码就和攻击者的命令与控制服务器建立了连接。

由于域名是基于算法随机生成的，并且回连行为承载在合法的 DNS 查询中，因此采用 DNS 威胁情报或基于深度包检测工具无法检测到这些类型的攻击。此外，如果集群中工作负载运行中存在大量的 DNS 活动，此类攻击能够轻易地隐藏其活动痕迹。要有效检测这些攻击，可以使用机器学习技术分析请求的域名和恶意行为的关联，这非常重要。另一种有效的方法是使用机器学习来建立 DNS 查询失败的行为基准，并在监测到 DNS 查询失败时发布告警信息。

6.5　认证与授权

6.5.1　信任度的定义

6.5.1.1　信任度与可信度

区分"信任度"（Confidence Score）（主要体现社会属性）与"可信度"

（Trust Score）（主要体现技术属性）两个概念，是进一步讨论认证授权的基础。信任度主要包括社会信任度（Social Confidence Score）和网络信任度（Network Confidence Score）。

（1）社会信任度

指人与人、人与组织或组织之间的信赖关系，是人、组织或其提供的服务在社会空间中的信用属性，通常是一种主观感觉和评价的结果。

在本书语境下，社会信任度主要表示服务的提供者与服务的访问者之间的信赖程度，通常由个人或组织的角色、声誉、职责、行为等属性决定，具有一定的动态性。

社会信任度是主观的、意图性的。

（2）网络信任度

是社会信任度通过人、组织或服务身份鉴别可信度与相应终端及网络设备技术可信度综合作用的评估结果；是社会信任度通过网络或服务传递到网络空间后，还能保留的信任度；是社会信任度到网络空间的映射。

信任度是有方向的，两个方向的信任度通常不一样。

（3）可信度

表达人、机、物或服务的身份确认或设备安全状态的可信程度，主要通过认证、加密、签名等技术手段来实现防身份冒充、信息机密性、完整性和行为不可抵赖等功能。

可信度是客观的、技术性的。网络中实体（包括人、机、物、服务）的可信度主要由实体安全性（主要由制造商决定）和身份认证的可靠性决定，是技术手段的体现。

网络孪生的可信度可由权威机构认证的硬件或软件 TPM 来实现。

（4）可信链（Trust Chain）

是指通过在网络上建立一系列的可信关系，使得从一个端点到另一个端点的链路可以被相互受信的参与者所认可的过程。

（5）信任度的传递

信任度是可以传递的。社会空间中的信任度可以通过可信链传递到网络空间。由于可信链不可能 100% 可靠，所以信任度的传递通常是有一定损失的（就像通信信道会对传输的信息比特引入一些误码），社会空间中的社会信任度传递到网络空间后的网络信任度会有一定下降。

（6）信任度与可信度度量

零信任安全拥抱灰度哲学，可以用百分比的方式来度量信任度。例如，0%代表不能访问任何资源（信任度为零）；100% 代表可以访问所有资源（最高访问权限）。

同样，也可以用百分比的方式来度量可信度。例如，50% 代表没有证据表明该用户是否是其所声称的用户；10% 代表有很大概率该用户并不是其所声称的用户。

6.5.1.2　云原生网络中的信任度

云原生网络中存在 4 种基本的信任度，即人对网络孪生的信任度、网络孪生对人的信任度、网络孪生对服务的信任度和服务对网络孪生的信任度，如图 6-27 所示。

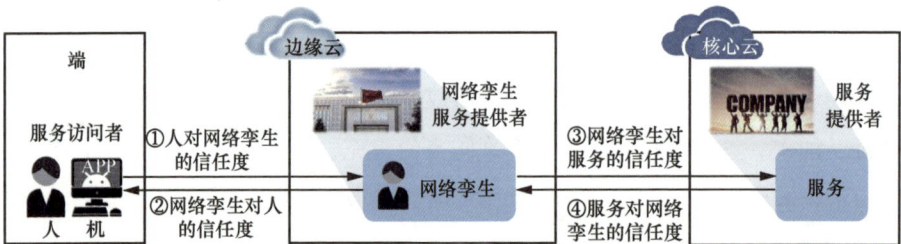

图 6-27　云原生网络中的信任度

（1）人对网络孪生的信任度

人对网络孪生的信任度取决于人对网络孪生服务提供者的社会信任度和网络孪生的可信度（对网络孪生服务所采用安全技术手段的综合评价）的综合，计算式为

人对网络孪生的信任度 = 人对服务提供者的信任度（社会信任度）* 网络孪生的可信度

其中，* 表示某种融合方法。这是一种网络信任度。

（2）网络孪生对人的信任度

按照网络孪生的定义，网络孪生充分信任自己的主人。因此，网络孪生对自己主人的信任度取决于可信链的可信度（即网络孪生对主人身份认证的可信度、所处环境的可信度，对用户身份认证的可信度、终端运行环境的可信度等的综合评价），计算式为

网络孪生对人的信任度=100%（即网络孪生对主人的信任度）*终端的可信度

这也是一种网络信任度。

（3）网络孪生对服务的信任度

取决于网络孪生的主人对服务提供者的信任度（社会信任度）与服务的可信度（网络孪生对服务身份认证、服务运行环境的可信度等）的综合，计算式为

网络孪生对服务的信任度 = 人对服务提供者的信任度（社会信任度）* 服务的可信度

这也是一种网络信任度。

企业网场景下，一般员工对企业的社会信任度可认为是 100%。此时，网络孪生对企业服务的信任度 = 服务的可信度。

（4）服务对网络孪生的信任度

在网络空间中，网络孪生就是其主人的代表。服务对网络孪生的信任度，等价于服务的提供者对社会空间人的信任度与网络孪生的可信度（服务对网络孪生身份认证、网络孪生运行环境可信度等）的综合，计算式为

服务对网络孪生的信任度 = 服务提供者对人的信任度（社会信任度）* 网络孪生的可信度。

这也是一种网络信任度。

在企业网场景下，企业对员工的社会信任度，即信赖程度或涉密权限的规定，主要通过企业组织管理制度进行评价和调整；企业对员工网上活动的网络信任度（即企业服务对网络孪生的信任度），是社会信任度传递到网络空间后还能保留的信任度。即

企业服务对网络孪生的信任度 = 企业对员工的信任度（社会信任度）* 网络孪生的可信度。

6.5.2　信任建立机制

信任管理是网络安全面临的重要挑战，零信任网络需要建立一套统一的框架，综合运用各种技术手段，将对人的信任层层传递给网络中的设备、用户、应用和流量[25]。

6.5.2.1　信任管理

（1）强认证

网络面临的一个挑战是，应该如何判断链路对端的人或系统的确就是其所声称的那个人或系统？通常情况下，管理员采用检查远程系统的 IP 地址，并要求对方输入口令来完成身份认证。零信任网络中，仅采用这类方法进行身份认证远远不够，因为 IP 地址可以被攻击者伪造，攻击者还能够将自己置身于两台远程通信的设备之间发起中间人攻击。因此，每个访问请求都需要经过强身份认证。

目前应用最广泛的身份认证机制是 X.509 标准[26]，该标准定义了数字证书的标准格式，并能够通过信任链认证身份。

X.509 标准定义的证书使用两个密钥：公钥和私钥。公钥需要被公布出去，私钥则被严格保密。使用公钥加密的数据，可以用私钥解密，反之亦然，如图 6-28 所示。其中，Bob 使用 Alice 的公钥加密消息，只有 Alice 能够解密。通过正确解密由众所周知且可验证的公钥加密的数据片段，人们可以证明其拥有正确的私钥，这样就能够在不暴露秘密的情况下进行身份验证。

为进一步提升机密性，可以使用多个存储在不同位置的秘密，防止未授权的访问。同时，可以为身份认证凭据的使用加上时间限制，只有在有效时间期限内才能获取认证。管理员还可使用凭据轮换机制进一步加强认证的强度。

（2）认证信任

为进行有效身份认证，网络上需要有权威的 PKI 服务供应商。PKI 服务供应商类型很多，最常用的是证书授权中心（Certificate Authority，CA）和信任网络（Web of Trust，WoT）。CA 的信任依赖数字签名链，用户能够根据数字签名链回溯到初始的可信根节点。WoT 没有使用信任链，而是允许参与通信的系统判断对方身份的有效性，最终形成相互背书的网状结构。相比较而言，CA 比WoT 使用更加广泛。

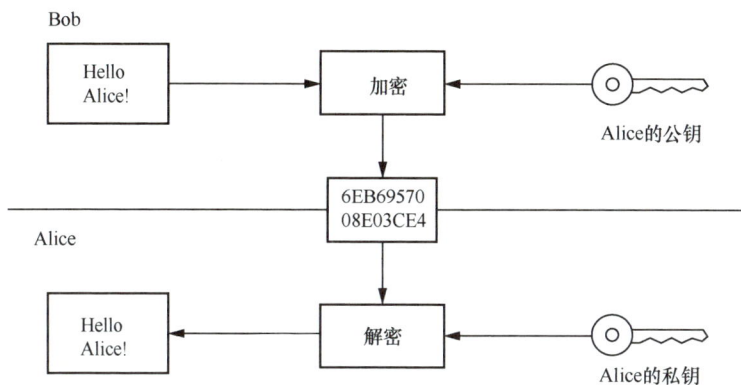

图 6-28　公钥和私钥工作的机理

CA 是数字证书链的信任锚，负责签署并公开发布公钥及其绑定的身份信息，允许无特权实体通过数字签名来验证这种绑定关系的有效性。CA 证书用于表明自己的身份，对应的私钥用于签署由其颁发的客户证书。CA 作为可信第三方拥有很高的特权，因此必须强化对 CA 安全性的保护。由于 X.509 数字证书标准支持证书链，所以根 CA 可以处于离线状态，这是绝大多数 PKI 体系的根 CA 的标准做法。

PKI 是零信任安全架构身份认证的基础，设备、用户、应用程序等实体都可以使用数字证书来进行身份验证。PKI 通常包含公共 PKI 和私有 PKI 两类。公共 PKI 模式下，可信第三方是公共的可信任方，客户利用公共 PKI 对其他组织的资源进行身份认证。公共 PKI 的优点主要包括成熟的基础设施和工具、大量专业化的安全实践、更短的市场进入时间等。但公共 PKI 也存在几个突出的缺点：一是成本高，由商业化运作的权威机构签发和管理证书需要收取费用，零信任网络中使用的证书量非常大，会产生高昂的证书签发费用；二是 CA 机构的可信度问题，公共的 CA 机构由不同的国家和政府运营，人们很难完全信任与这些 CA 机构相关联的政府部门和相关法律；三是使用公共 CA 会影响零信任网络的灵活性和可扩展性，零信任网络为了完成身份认证，需要在证书中存储与组织相关的元数据，如用户角色或用户 ID，而公共 CA 一般很难提供可编程接口，这也就带来了非常大的挑战。正是由于存在以上缺点，一般在零信任网络中应尽量避免使用公共 PKI。当然，如果使用私有 PKI，也需要在实现自动化方面付出较大代价。

（3）最小特权

最小特权原则是指一个实体应该只被授予完成任务所必需的特权，而不是被授予该实体想要得到的特权。最小特权原则能够极大地降低用户或应用程序滥用权限的可能性。

如果用户确实需要更高的访问权限，那么应当只在需要的时候获得这些特权。只有对每项操作所需的特权十分清楚，才能恰当地给用户授权。

零信任网络中，在大多数情况下用户以最小特权原则访问网络资源，只有在需要执行敏感操作时才赋予其更高的权限。例如，用户经过身份认证后可以自由地访问公司的目录，也可以使用项目计划软件。但是，如果用户要访问关键的生产系统，那么就需要采用额外的手段确认该用户的身份，并确保该用户的系统没有被攻陷。对于风险相对较低的操作，特权提升过程可以很简单，一般可以提示用户重新输入口令、要求出示双因素认证令牌或者给用户的手机推送认证通知。而对于风险很高的操作，则建议选择通过带外方式要求相关人员进行主动确认。

零信任网络中，对应用程序也应当赋予最小特权。对于设备，一般应当将用户或应用程序与其对应的设备进行绑定，作为一个整体授予相应的特权，这样可以有效降低用户凭据丢失或被盗而造成的损失。

6.5.2.2 建立设备信任

在零信任网络中，建立对设备的信任非常重要。大多数网络安全事件都与攻击者获得设备的控制权相关，这种情况一旦发生，将无法通过设备来确保信任链安全，信任也就彻底被瓦解。从全生命周期角度看，设备在新配发时需要注入初始信任，在使用过程中应保持其可信状态，在网络中活动时应辨别其身份是否合法、判断其行为是否可信。

（1）注入初始信任

建立设备的初始信任需要解决 3 个问题：怎样信任设备的硬件、怎样信任设备的软件、怎样唯一地识别该设备。

对新设备的信任度来源于采购者对生产厂商和供应商的信任程度，这是一种社会化信任，一般认为其信任度较高。对设备硬件制造的信任来源于对其生产厂商的社会化信任。对设备注入初始信任就是将这种现实社会中对厂商或人的信任"注入"设备本身，从而形成初始的数字信任度。

同样，对设备软件的信任也离不开对其生产厂商的信任。为了确保设备所加载的软件的确是受信任的软件代码，首要原则是"黄金镜像"——无论以哪种方式收到设备，都需要加载一个明确的"好"镜像。软件很难审核，与其针对每台设备反复检查和审核，不如一次性地通过彻底的审核来确定软件镜像的可信，并将其作为"黄金镜像"进行分发。将一个干净的"黄金镜像"加载到设备能极大地确保设备的信任度。通过采用这种方式来确保设备将要运行的软件经过了审核并且是安全的。

通过加载"黄金镜像"保证了设备软件代码的可信，那么怎样确保设备启动时，运行的是这个"黄金镜像"，而不是其他被黑客植入的恶意代码呢？通过一些底层技术将非法代码植入设备中是完全有可能的，这些植入代码非常顽固，即便重新为设备加载镜像也无法有效去除。UEFI联盟定义的"统一可扩展固件接口"（UEFI）中的安全启动机制是防护此类攻击的方法之一，这种安全启动机制在"黄金镜像"中嵌入数字签名，设备在启动程序时首先进行签名验证，通过验证后的程序代码才允许运行，通过这类策略可以有效确保非法植入程序无所遁形。

当设备在网络中活动时，需要认证该设备的身份，典型的做法是通过私有CA为每台设备签发单独的设备证书，进行入网或通信时，设备必须提交此证书。一般仍然遵循"信任来自人"的原则，通常由操作员进行人工的设备身份标识部署，以此通过人工操作来确保初始身份标识可信。

如果网络基础设施的规模很大，这种人工签发的过程工作量会极大，将会成为实施过程的一大问题。一种解决方法是在自动化部署场景中引入人工环节，对签发和部署请求进行验证，如图6-29所示。例如，私有CA在为新设备自动签发证书的同时，验证由操作员输入的一次性动态口令（TOTP）。这种简单而强大的机制确保了新证书签发过程的可控，同时需要的额外管理成本较小。因为一个 TOTP 只能使用一次，所以 TOTP 验证失败是一个重要的安全事件。

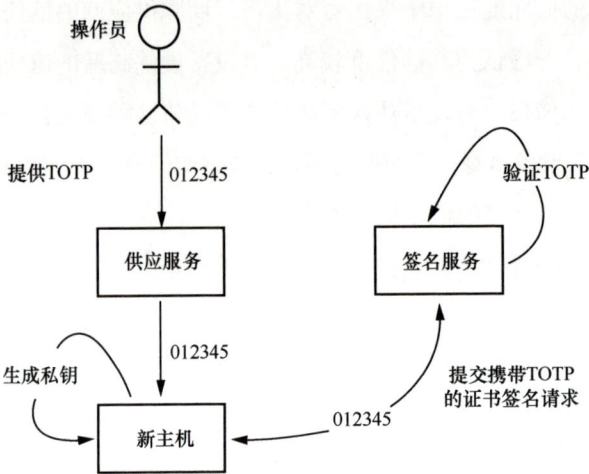

图 6-29　在自动化部署场景中引入人工环节

在 PKI 体系中，方案有效运转的前提是确保私钥没有被窃取。因此，设备私钥的安全存储问题非常关键。从目前实践看，最为有效的安全存储方式是采用以可信平台模块（TPM）为典型代表的硬件安全模块（HSM）来实现。

TPM 是一种嵌入设备中的特殊芯片，可以看作一种特殊的单片机，用于以可信和安全的方式进行密码运算。TPM 提供了一种小巧而精简的硬件 API，可以轻松审核和分析潜在的系统漏洞。通过提供接口实现与密码相关的运算，可以避免暴露过多接口以及直接对私钥的访问。这种架构保证了设备私钥从产生开始，直至设备报废，都永远不会离开芯片。在零信任安全中，通过 TPM 实现设备身份认证是一种非常理想的选择。

设备除了包含实体化的设备，有时也指虚拟化设备，这时通过人工干预是不现实的。如 Kubernetes 环境下容器自动伸缩，需要完全自动化的基础设施部署。在这种场景下，通常选择"黄金镜像"与资源调度器相配合的方式。资源调度器属于特权系统，具备对基础设施系统进行扩大或缩减的能力，负责确保新主机的启用，并维护新主机的各类信息，也可以直接或间接地对新证书的签发进行授权。确保对资源调度器的正确配置，对日志信息进行实时采集和分析，是提高这类场景下安全性的重要手段。

设备在使用期间，有可能在不知情的情况下被植入木马或被病毒感染，也就导致随着设备使用时间的加长，其可信度会降低。因此，需要采取一些措施使设备状态尽量靠近初始信任度，称为设备信任续租。一个常用的策略是设备轮换（Rotation），即在使用一段时间以后，通过对设备重新加载"黄金镜像"，撤销现有设备证书并签发新证书，按照一定的方案对设备进行健康度评估等措施，使设备持续保持在接近初始信任度的状态。如果基础设施位于云端，那么设备可能是一个云主机实例，在这种场景下实现轮换就相对简单：只需要销毁现有实例，重新构建一个新实例就完成了。

（2）认证和授权时的信任

零信任网络要求，设备发起会话时必须首先验证其身份。X.509 作为设备身份认证方面的重要标准，定义了公钥证书、吊销列表的证书格式和证书合法性验证算法。基于 X.509 证书对设备身份信息进行约束和定义，除了用于设备身份认证，还可以支持授权访问。

X.509 证书定义了设备身份的细节，核心任务是将设备名字关联到公钥。如果之前从未和其他设备通信，但信任一些 CA，那么就可以用证书来认证，认证过程如下。

首先，验证证书是合法的（用 CA 的公钥检查签名）；其次，提取证书中的设备公钥和名字；再次，用设备的公钥，通过网络验证该设备的签名；最后，查看名字是否正确。

这样就可以通过对第三方的信任，来验证对方的身份。X.509 证书除了可以可信地分发设备公钥，还可以重定义一些字段，或者利用扩展字段记录更多的设备信息。例如，重定义 OU（组织机构）字段为设备的角色。这些附加信息随同公钥信息一起签名，因此也是可信任的。这些信息经常被用于访问授权时策略的判定。假如提供访问服务的服务器已知这些访问控制策略，那么就可以直接采用这种方法进行访问授权，而不需要依赖于外部的访问授权服务。从零信任安全架构的观点来看，这一实践将策略执行点收缩到了受保护资源本身，是符合零信任原则的。

零信任网络中，所有流量都应该是可信的，也就是说，网络只允许预期的操作和请求，这样就可以关注"保护面"、预防未知攻击。设备清单数据库是实现这种可预期的访问控制能力的关键组件。

设备清单库是对设备及其属性进行编目管理的数据库。在零信任网络中，设备可以是物理设备，也可以是逻辑实体，如虚拟机和容器。通过各类设备属性可以推导出大量的有用信息，并基于这些信息推导出系统的预期行为，这些预期行为可能包括哪些用户或应用应该在哪些设备运行、设备应该被部署的位置，甚至设备上应该运行什么操作系统等。

对于数据中心的场景，这种行为预期会更加明确，也更加有用。例如，部署一台新服务器时，其 IP 地址和目的就已经明确了，通过这些信息可以推导出预期的网络 ACL 和主机防火墙规则，可以细粒度地只针对预期的网络通信行为和特定的 IP 地址进行规则配置。这样就可以默认只放行期望的流量。属性信息越丰富、越准确，这种细粒度的行为预期和访问控制规则就越完善。

对于客户端的场景，情况就没那么理想了。客户端系统的操作总是存在某些不可预期的模式，精准地梳理客户端系统的行为预期通常非常困难。这与数据中心场景完全不同，数据中心内的服务器行为相对静态和可预期，它们往往采用长连接的方式与特定的预设主机 / 服务通信。而客户端系统则常常使用短连接与各种不同的服务进行通信，通信的时间、频率和模式都持续变化。为了应对客户端的复杂场景，需要不同的解决方案。一种可行的方案是确保所有的通信都使用双向认证的 TLS 连接进行保护，强制客户端提供设备证书。通过设备证书，可以在设备清单数据库中进行检索，从而判断是否授权此连接请求。由于很多系统都支持双向 TLS 连接，并且不会过度限定必须使用某种客户端软件，因此可以在获得较高安全性的同时保持不错的可用性和易用性。

这种方案也存在不足，在进行双向证书认证之前，客户端在 TCP 层面是可以连接到服务器的。如何避免系统被不可信的客户端设备连接和攻击呢？新设备发出的第一个连接或数据包具有极高的不确定性（甚至威胁性），因为系统为了提供服务，必须允许和接受这个请求，如果没有很好的机制对这个初始包进行认证，则风险就始终存在。为此，系统必须提供某种安全机制来验证这种"第一次接触"，这种机制通常被称为安全介绍（Secure Introduction，SI）。

安全介绍机制的核心在于，认证服务器为需要进行身份认证的客户端设定一个预期，仅接受通过预期行为验证的客户端发来的认证请求。这种方式称为预认证，即对认证请求的认证。举个例子，客户端在发送正式的认证请求之前，先使用 UDP 发送一小段加密数据（通常携带数字签名）至认证服务器。为什么使用 UDP 进行预认证？因为 UDP 传输是无连接的，无须接收方响应，这个特性允许信息接收方隐藏自己，只有其接收到采用正确密钥加密的数据包时才会做出响应暴露自己。被动接收一个经过正确加密的预认证数据包后，就可以让信息发送方启动身份认证流程了。可以对主机防火墙过滤规则进行细粒度控制，仅为此发送方打一个"洞"，让此发送方与认证服务器之间建立基于 TCP 的双向 TLS（mTLS）通道。这种预认证操作模式也称单包授权（Single Packet Authorization，SPA）。进行预认证操作通常依赖一个可信第三方。这个可信第三方是一个已经被信任的系统（如可信的配置管理系统），并且它具备介绍其他新设备加入网络的权限。这个系统可以协调 / 验证待介绍的新设备并且对其行为和属性设置合适的预期。开源配置管理系统 Chef 与其客户端工具 Knife 配合就可以实现安全介绍机制。

至此，即完成了零信任网络中保证设备全生命周期可信的过程。从可信任的供应商采购新设备，可信任的操作员为新设备注入初始信任，系统管理员为新设备在网络中的行为设定预期并存储于设备清单数据库中。当设备在网络中活动时，采用安全介绍与身份认证机制确保在网络中活动的设备是合法的，采用访问授权机制确保设备的行为符合预期。在设备使用过程中，采用轮换更新策略保持设备的初始信任度。

6.5.2.3 建立用户信任

零信任网络理念下，需要将用户的识别和信任，与设备严格区分开，虽然很多技术手段相似，但两者是完全不同的两种凭证。

（1）身份权威性

身份是现实社会中个体的表征，是个体进行社会活动的基础。在网络系统中，身份就是社会人 / 用户所对应的数字个体的标识，是用户在网络系统中活动的基础。身份一般分为非正式身份和权威身份两类。

非正式身份是组织内部的自定义身份，常用于计算机系统，如即时通信软件中常用的昵称，不是个体的真实身份。非正式身份一般不宜关联重要信息，因为可能会存在以下几个缺点。

- 用户可以创建虚假身份。
- 用户可以假冒他人身份。
- 单个用户可以创建多个身份。
- 多个用户可以共享同一身份。

当系统需要安全性更高的身份时，相关机构应为个体创建权威身份凭证。现实世界中，个人往往使用政府颁发的 ID（如驾照）作为身份凭证。在安全性较高、风险较低的场景下，单独使用这些 ID 就可以证明某人的身份。但是在风险较高的场景下，需要根据政府数据库交叉核验身份凭证，进一步增强安全保障。

通过人工方式授予新用户数字身份是一种可靠的认证机制。基于一个已知的可信人员对新用户信息的了解来建立间接的信任关系，这种间接的信任关系是后续人工认证和身份创建的基础，如图 6-30 所示。

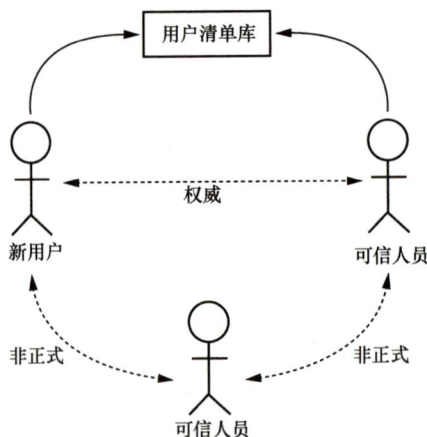

图 6-30　可信人员将新用户添加到用户清单库

例如，一个在职经理陪同新员工到服务台获取人工认证，因为该经理可能已经与此人相当熟悉，所以可以证明他的身份。

（2）身份的存储

为了建立用户信任，系统一般需要一个目录集中记录用户相关信息。零信任网络可以基于丰富的用户信息做出更好的认证判定。用户目录通常会存储一些基本信息，如用户名、电话号码、用户在组织中的角色，还可能存储一些扩展信息，如用户地址或系统颁发的 X.509 证书的公钥。

用户信息极其敏感，一般不应将所有信息都存储在一个数据库中，而应采用几个相互隔离的数据库代替单一数据库来存储所有用户信息。

用户目录的准确性对零信任网络的安全性至关重要，应确保只有一个权威身份源系统记录身份，其他身份源系统都从该系统导出它们所需的数据。

（3）何时进行身份认证

认证对于零信任网络至关重要，是强制行为，但在确保安全性的同时应保证提供足够好的用户体验，最大程度地为用户提供方便。在系统实现中容易只关注认证的安全性，忽略其便捷性，而用户体验是设计零信任网络的重要参考因素。

可以为不同的认证操作赋予不同的信任等级，根据情况灵活选择认证方式。例如，登录音乐订阅服务仅需要密码，但是登录投资账户不仅需要密码，还需要额外的验证码。此外，用户可以通过额外的二次认证方式进一步提高其信任等级。

在用户认证时，应根据期望的信任等级来设定认证机制。当用户的信任评分足够高时，则不需要对其进行进一步认证，而当用户的信任评分太低时，则要求进一步认证。这种信任评分驱动的认证机制与传统的认证模式有着本质区别。传统模式要求划分一个高度敏感的数据区域或操作，对其进行尽可能的强认证，即使用户之前已经做过一定的认证，并且累积了足够的信任度也是如此。而信任评分驱动的认证机制，摒弃绝对的一次性的认证模式，取而代之的是一种自适应的按需认证和授权机制。

（4）如何进行认证身份

零信任网络中，可以通过用户掌握的信息、持有的凭证和固有的特征这3 个方面对用户进行识别。

- 用户掌握的信息：指只有用户本人知道的信息，如密码。一般安全性比较高的密码，具有长度足够长、难以猜测、不重复使用等重要特征。

- 用户持有的凭证：指用户可以提供的物理凭证，如基于时间的一次性口令（TOTP）[27]、X.509 证书、安全令牌等。
- 用户固有的特征：指用户本身相对固化的特征，如指纹、掌纹、视网膜、语言分析、人脸等。

可以使用以上一种或多种方法来对用户进行认证。对于需要多因子认证的高风险操作，最好不要选取同一类型的认证方式，而是选取这几类认证方式的组合来进行认证。

此外，还可以采用带外认证、单点登录等方式进一步提升系统的安全性。

6.5.2.4　建立应用信任

应用是由代码完成的，在可信设备上运行有效的代码，实现设备可信只完成了一半的工作，同时还必须信任代码本身和编写代码的程序员。建立应用信任有以下几点要求。

- 确保创建代码的人可信。
- 确保从代码生成应用的过程可信。
- 确保应用被部署到基础设施的过程可信。
- 持续监控可信应用，防止应用程序被恶意程序所操纵。

代码的创建、交付和执行构成一条非常敏感的工作链条，必须确保链条中对每个环节的潜在破坏都能够被监测，如图 6-31 所示。

为了支撑软件交付链条的安全，可以按照源代码、构建 / 编译、分发、执行 4 个步骤进行安全审计和采取验证措施。

（1）对源代码的信任

编写源代码是软件运行的第一步，一般应从保护代码库、代码验证与审计、代码审查几个方面对源代码进行保护。

对于保护代码库，传统的安全措施依然有效，还可以加入更多的高级安全措施，如最小特权原则，对编写权限严格限制，只授予用户完成任务所必需的代码库访问权限。

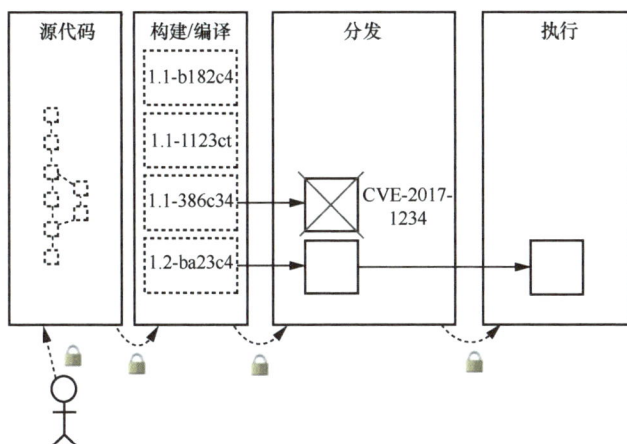

图 6-31　流水线的安全依赖创建源代码、配置系统的工程师以及流水线组件的安全性

版本控制系统（Version Control System，VCS），特别是分布式 VCS，使用加密技术存储源代码历史记录。在数据库中使用内容的加密散列作为该对象的标识，通过这种方式计算源文件散列，并将其作为源文件存储在数据库中，可以确保源文件中的任何更改都会有新的散列对应。这就使得文件的存储是不可变的，即一旦存储，就不可更改。

Git 是一个流行的分布式 VCS 项目，将历史提交记录存储为一个有向无环图，将"提交"作为数据库中的对象，存储提交时间、作者、前序提交标识等细节。将前序提交的加密散列存储在每个提交记录上，形成一棵 Merkle 可信树，通过加密方式验证整个提交链是否未经修改，如图 6-32 所示。

以这种有向无环图方式存储能够确保历史数据不被篡改，但这种存储并不能保证新的提交是经过授权且真实的。为了防止恶意提交，Git 允许使用受信任开发人员的 GPG 密钥对提交和标签进行签名。标签指向特定历史中起始提交的位置，可以使用 GPG 密钥来签名以确保某次发布的真实性。对提交进行签名能够进一步验证整个 Git 的历史记录，这使得攻击者除非先窃取提交者的 GPG 密钥，否则无法假冒其他提交者。

（2）对构建系统的信任

构建服务器具有更高的访问权限，并能够生成直接在产品中执行的代码，在构建阶段难以发现代码的篡改和恶意代码植入。因此，对构建服务实施强有力的保护非常重要。

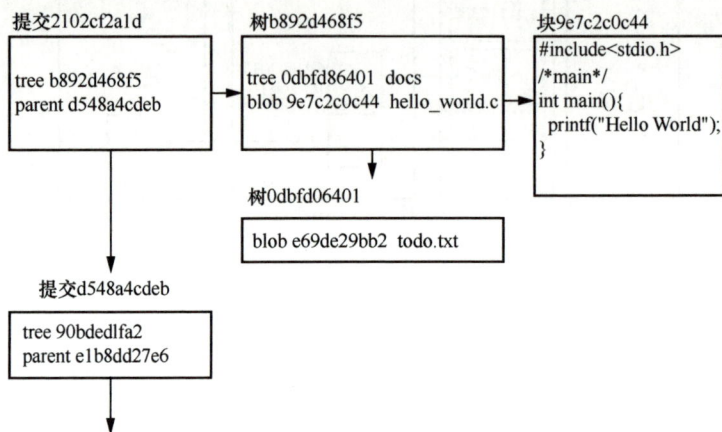

图 6-32 采用内容散列构建提交链，防止对 Git 的提交记录进行非法篡改

建立对构建系统的信任，需要重点评估 3 个方面：构建所用的源代码是否符合预期、构建流程 / 配置是否符合预期、构建的执行本身安全可靠。

构建系统可以输入签名代码，编译结果也可以签名输出，但输入输出之间的过程却缺乏可靠的加密保护，这是构建系统的重要攻击向量，如图 6-33 所示。如果没有正确的处理和验证，那么这类攻击和破坏将很难被发现，甚至根本不可能被发现。

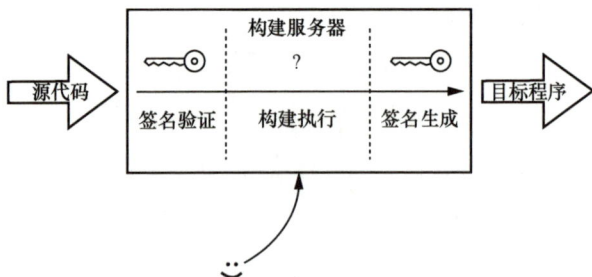

图 6-33 构建流程 / 配置及其执行是一个强大的攻击向量

在构建系统的信任中，首先要信任系统的输入。应通过一个经过身份验证的通道（如 TLS 通道）来访问版本控制系统，在启动构建之前应当首先验证签

名或签名链。

为了保证无论源代码由谁构建，其生成的二进制文件都完全相同，需要采用支持可重现构建的软件。通过可重现构建，可以观察一个 CI/CD 系统的输出，将输出与本地编译结果进行比较，很容易检测到构建过程中的恶意干扰或代码注入，对源代码和由它产生的目标二进制文件进行验证。

（3）对分发系统的信任

构建系统将会产生许多工件，其中一部分需要交付给下游使用者，应采取一定的措施来确保分发系统能够控制最终交付的工件。

工作发布将指定一个工件作为权威发布版本，为确保其可验证性，需要采用某种机制使得使用者能够验证其获取的工件是正式发布版本，而不是过渡版本或有缺陷的版本。一种机制是采用专用密钥为发布工件签名，向使用者证明该版本是正式发布版；另一种机制是发布一个签名的清单，列出发布的版本和对应的加密散列。许多包分发系统，如高级打包工具（Advanced Packaging Tool，APT），采用这种方法来验证从分发系统获得的版本。

在分发系统中，主要采用散列和签名两种机制来维护完整性和真实性。使用者通过验证散列值，来验证二进制文件在离开开发人员后是否被篡改。在发布版本签名的过程中，需要设计者采用私钥加密发布版本的散列值，使用者通过解密来验证软件是否由权威机构发布。这两种机制可以同时采用。

APT 存储库通常包含 3 种类型的文件：发布文件、包文件和包本身。

包文件是存储库中所有包的索引，其中存储了库中包含的每个包的元数据索引，如文件名、文件描述、校验和等。索引中的校验和用于在安装前验证下载包的完整性，校验和验证可确保文件内容在分发过程中没有被篡改，提供了完整性保证，但这种方式不能防止散列修改。

发布文件的用途正是防止散列修改。发布文件中包含关于版本库的元数据，其中包括版本库名称及其使用的分发系统版本；同时，发布文件还包含包文件的校验和，这样使用者可先验证索引的完整性，随后再验证下载包的完整性。为防止对发布文件的修改，还必须引入加密签名，如图 6-34 所示。签名机制不仅为已签名文件提供完整性保证，还提供真实性保证，因为对签名的成功解密可以证明生成方确实持有私钥。

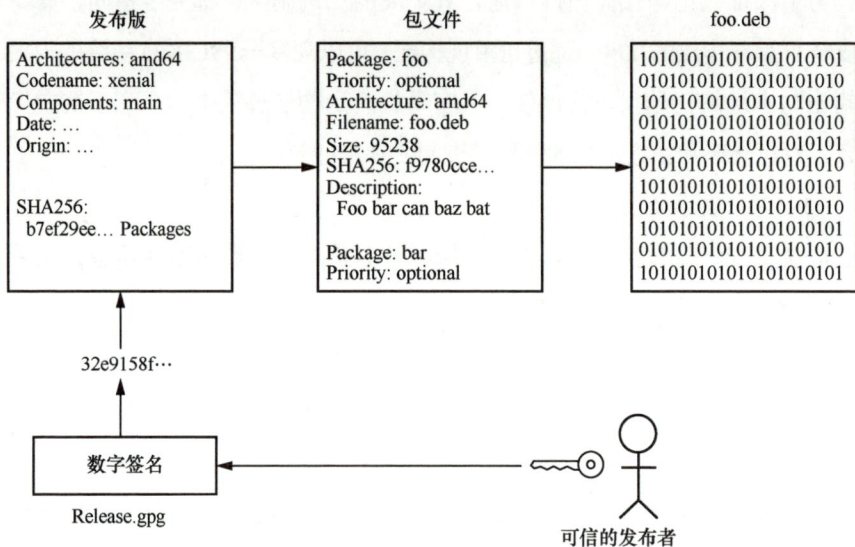

图 6-34　可信的发布者为发布文件签名

（4）运行时安全

对于已经授权的应用程序实例，仍然可能有许多攻击向量可以破坏其可信性，因此必须采取一些措施来确保其全生命周期安全可靠地运行。

潜在的缺陷是应用级漏洞的起源，攻击者可以利用缺陷来控制受信任的应用程序进行不当操作。如注入攻击，攻击者可以针对性地构造输入数据，从而利用应用程序或相关系统中的漏洞。通过构造数据库查询 API，可以清晰地分离应用逻辑和数据，显著降低注入攻击的可能性。除了主动识别已知漏洞，还可采用模糊测试技术，将随机数据发送给正在运行的应用程序，用于检测意外的错误。

在零信任网络中，可以通过限制可访问的资源集来隔离已部署的应用程序。应用程序隔离，指通过明确定义应用程序的可用资源，来限制应用被攻破时带来的潜在损害。隔离将限制操作系统提供的功能和资源，主要包括 CPU 时间、存储访问、网络访问、文件系统访问和系统调用。在理想情况下，每个应用程序都只获得完成其工作所必需的最小访问权限。一个受到良好约束的应用即便被攻破，也无法在整个系统中造成更大的破坏。

隔离通常分为两种类型：虚拟化和共享内核环境。虚拟化的应用程序运行在虚拟硬件环境中，该环境下，虚拟机管理程序和虚拟机之间有清晰的边界，其交互界面足够小，具有较好的安全性。共享内核环境，主要包括容器或应用程序策略系统，也提供了一些隔离保障，使用更少的资源来运行同一组应用程序，因此具备较好的性价比，但在安全性方面有所降低。

在系统运行过程中，进行详细的监测和日志记录非常重要。既可以对整个基础设施安全事件进行常规的日志监控，也可以采取一些主动监控手段，如自动扫描器。扫描器类型比较丰富，主要包括模糊测试（如 AFF-Fuzz）、注入扫描（如 SQLMap）、网络端口扫描（如 Nmap）、通用漏洞扫描（如 Nessus）等。

6.5.2.5 建立流量信任

零信任网络中，对网络流的验证和授权至关重要，消息的真实性是零信任网络必须有效解决的关键需求，一般应当同时使用加密和认证来对数据的机密性和来源是否属实进行确认。

（1）两个主流安全套件

TLS 和 IPSec 是目前两大主流的网络安全套件。TLS 应用很普遍，许多应用层协议都支持通过 TLS 来保护流量。虽然 TLS 协议的名称中有"传输"两个字，但是 TLS 并不工作在 TCP/IP 模型的传输层，而是工作在应用层，因此它属于应用程序的范畴[28]。

IPSec 是一种替代协议，通常用于 VPN 场景。IPSec 通常被认为是 TCP/IP 模型中互联网层的一部分，由于位于堆栈的下层，所以 IPSec 通常是在主机的内核中实现的。作为一种底层服务，IPSec 能够很好地提供安全通信服务，可以将其配置为只允许在建立安全通道之后再进行数据包传输，也就是在两个主机之间创建一条安全的虚拟专线之后，数据流量才能通过[29]。

零信任网络中，仅对两个设备之间的通信进行保护是不够的，还需要确保每个单独的网络流都是经过授权的。为此，可以有以下几种选择。

- IPSec 可以为每个应用程序配置使用唯一的安全关联，只有经过授权的流量才允许构造这些安全策略。

- 过滤系统可以叠加在 IPSec 之上。
- 通过应用程序及授权来确保通信得到授权，可以使用标准的授权技术（如访问令牌或 X.509 证书），同时由 IPSec 栈执行加密和认证。
- 双向 TLS 认证可以叠加在 IPSec 层之上，这样就提供了两层加密，即使其中一层被攻破，通信仍能得到保护。当然，付出了复杂性和额外开销的代价。

尽管 IPSec 有许多重要的优点，但在网络支持、设备支持和应用支持方面存在一些现实障碍，缺乏普及性。综合考虑 IPSec 和 TLS 的优缺点，可以给出一个实用的解决方案。对于客户端与服务器的交互，使用双向认证的 TLS 协议是一种合理的网络安全方案，这种方案通常包括配置浏览器，并将客户端证书提供给服务器端访问代理，以确保连接经过认证和授权。对于服务器与服务器的交互，则 IPSec 更实用，服务器集群的配置通常更可控，并且网络环境更明确。

（2）IKE/IPSec

互联网密钥交换（Internet Key Exchange，IKE）协议用于执行 IPSec 认证和密钥交换，通常以后台守护进程的方式实现，使用预共享密钥或 X.509 证书来对对端进行认证，并创建一个安全会话[30]。

IKE 经常被认为是 IPSec 协议套件的一部分，可以将 IKE 理解为 IPSec 的控制平面，主要负责处理会话协商和认证。使用协商的结果来为端点配置会话密钥和加密算法。

（3）双向认证 TLS

TLS 是用于保护 Web 流量的成熟协议，在银行交易等敏感业务中得到了广泛应用。HTTPS 中的"S"指的就是 TLS（SSL）。

采用 TLS 来保护 Web 会话时，客户端一般会验证服务器证书的有效性，但是服务器很少验证客户端证书。TLS 的双向（Mutual）前缀指的是 TLS 被配置为需要客户端证书，完成双向认证。双向认证是遵循零信任安全架构安全协议的必要条件。

RSA 密钥交换的双向认证 TLS 握手过程如图 6-35 所示。客户端通过向服务

器端发送 Hello 消息来发起会话，其中包含密码套件、压缩方法等内容的兼容性
列表，服务器从该兼容性列表中选择参数，回复一个 ServerHello 来定义它做出
的选择，附带服务器的 X.509 证书，同时请求客户端证书。

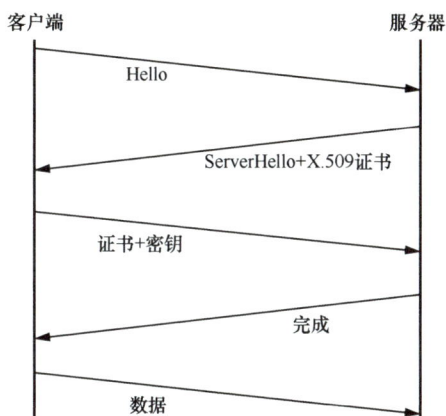

图 6-35　RSA 密钥交换的双向认证 TLS 握手过程

　　然后，客户端生成密钥，并且使用服务器的公钥对其加密。客户端将这个
加密的密钥信息、客户端证书及表明其是证书所有者的证明信息发送给服务器。
客户端生成的密钥用于派生几个额外的密钥，其中包括对称的会话密钥。因此，
一旦客户端发送这些详细信息，它就有足够的信息来建立自己这一侧的加密会
话，它会通知服务器切换到加密会话，服务器验证客户端，并发送类似的信息
作为响应，然后整个会话就完全升级为加密会话了。

6.5.3　访问控制机制

6.5.3.1　典型访问控制机制

　　访问控制的目的是保护对象（如数据、服务、可执行应用、网络设备）
免遭未经授权的操作。对象的所有者有权制定策略，规定可以对这些对象执
行哪些操作、由谁执行以及在什么情况下执行。如果主体符合对象所有者制
定的访问控制策略要求，那么主体就被授权对该对象执行想要的操作，也就
是被授予访问该对象的权限。如果主体不符合策略要求，则其访问该对象的

请求将被拒绝。

常见的访问控制机制包括基于身份的访问控制（IBAC）、基于角色的访问控制（RBAC）以及基于属性的访问控制（ABAC）[31]等，每种机制根据不同的策略和规则来定义访问权限。

为了方便讨论各类认证授权模式，先明确几类相关属性的概念内涵。

（1）主体（Subject）。主体是试图访问某些资源或系统的实体，可以是用户、设备、服务、应用程序或进程等。对应于前文所述的人/机/物。主体是访问控制中的主动发起者，它发出请求去执行某些操作，访问某些资源。

（2）客体（Object）。客体是主体试图访问的资源或目标。客体可以是数据文件、数据库、应用程序、网络资源、设备或其他计算资源。客体是访问控制的被动接收者，是受到保护的资源或目标对象。

（3）操作（Operation）。操作是主体对客体试图执行的行为或活动。例如，读、写、执行、删除、修改等。操作定义了主体能对客体进行的具体动作，是授权过程中要控制的核心行为。

（4）属性（Attributes）。属性是用于描述主体、客体和环境的特征和信息。属性信息可以用于制定访问控制决策。其中，主体属性描述主体的特征，如用户的身份、角色、职位、部门、等级等。客体属性描述客体的特征，如文件类型、数据敏感性、所有者、标签等。环境属性描述环境的特征，如访问时间、地理位置、网络状态、设备状况等。

（5）权限（Permission）。权限是定义访问控制规则的集合，规定了在什么条件下主体可以对客体执行某些操作。权限将主体、客体、属性和操作结合起来，通过规则（如"允许"或"拒绝"）来决定是否允许特定的访问请求。

（6）角色（Role）。角色是一组用户权限的集合，是权限分配的单位和载体。角色是一种抽象概念，用于描述用户在系统中能够对哪些资源执行哪些操作，通过将角色授予用户实现对权限的管理与控制。

主体对客体的访问控制功能可以用各种访问控制模型来描述。这些访问控制模型设定了一个框架和一组边界条件，在此基础上，可以将主体、客体、操作和策略结合起来，生成并执行访问控制决策。主要访问控制模型有以下几类。

（1）强制访问控制 / 自主访问控制（MAC/DAC）

在 20 世纪 60 年代和 70 年代的美国国防部应用系统中，出现了自主访问控制（Discretionary Access Control，DAC）和强制访问控制（Mandatory Access Control，MAC）的概念 [32-33]，这是早期的逻辑访问控制应用。通常将 MAC 与 DAC 结合实施访问限制。一个主体只有通过自主与强制性访问限制检查后，才能访问其客体。

（2）基于身份的访问控制 / 访问控制列表（IBAC/ACL）

随着网络的发展，限制访问特定受保护对象的需求促进了基于身份的访问控制（IBAC）模型的发展。IBAC 采用访问控制列表（ACL）等机制来获取获准访问对象的身份。如果主体出示的证书与 ACL 中的证书相匹配，主体就可以访问对象。主体执行操作（读、写、编辑、删除等）的个人权限由对象所有者单独管理。每个对象都需要有自己的 ACL 和分配给每个主体的一组特权。在 IBAC 模型中，在做出任何具体访问请求之前，主体能否访问对象已成定局，并且主体已被添加到 ACL 中。对于要加入 ACL 的每个主体，对象所有者必须根据管理对象的策略评估身份、对象和情境属性，决定是否将主体加入 ACL。这一决定是静态的，并存在一个通知流程，以便所有者根据主体、对象或情境的变化重新评估或从 ACL 中移除主体。长期不删除或撤销访问权限会导致用户的特权不断累积。

（3）基于角色的访问控制（RBAC）

基于角色的访问控制模型 [34-35] 使用了将分配给主体的预定义角色，这些角色具有一组与之相关的特定特权。例如，获分配"经理"角色的主体与获分配"分析师"角色的主体所能访问的对象是不同的。在这种模式下，主体的访问权限是在分配角色时预先确定的，也是由对象所有者在确定与每个角色相关的权限时明确的。在提出访问请求时，访问控制机制会评估分配给请求访问主体的角色，以及该角色被授权对象执行的一系列操作，然后做出并执行访问决策。注意，角色可被视为主体属性，由访问控制机制进行评估，并围绕该属性生成对象访问策略。随着 RBAC 规范的普及，它使企业访问控制能力的集中管理成为可能，并减少了对 ACL 的需求。

（4）基于属性的访问控制（ABAC）

就所使用的属性而言，ACL 和 RBAC 在某些方面是 ABAC 的特例——ACL 使用"身份"属性，而 RBAC 使用"角色"属性。它们与 ABAC 的主要区别在于策略的概念，ABAC 的策略表达了一个复杂的布尔规则集，可以评估许多不同的属性。虽然使用 ACL 或 RBAC 可以实现 ABAC 目标，但由于基于属性的访问控制需求对 ACL 和 RBAC 模型的抽象程度要求较高，要证明访问控制需求符合要求难度太大。ACL 和 RBAC 模型的另一个问题是，如果访问控制需求发生变化，难以通过 ACL 和 RBAC 的固有机制进行高效响应。

ABAC 避免了在提出请求前将能力（操作 / 对象对）直接分配给主体请求者、角色或群组。相反，当主体提出访问请求时，根据请求者的属性、对象的属性、环境属性以及对对象的操作需求，ABAC 引擎可做出访问控制决策。在这种模式下，ABAC 可以实现细粒度的权限控制，并且灵活性较高，能够快速响应访问控制需求的变化。

6.5.3.2 RBAC 的核心机制

RBAC 是一种通过用户角色来管理权限的访问控制模型。其定义如下：RBAC 是一种将权限与角色关联，并通过给用户分配适当的角色来使用户获得这些角色权限的访问控制方法 [36-37]。

RBAC 的基本模型如图 6-36 所示，主要包括用户、角色、会话集合、权限以及约束等部分。其中，权限代表对资源操作的规则集合。

图 6-36 展示了用户分配和权限分配的关系。用户与角色之间以及角色和权限之间均为多对多关系。一个用户可以属于多个角色，一个角色也可以包含多个用户。同样，一个角色可以拥有多个权限，同一个权限也可以被分配给多个角色。RBAC 的关键就在于这两种关系。用户是最终执行权限的主体。将角色作为用户授予权限的中介，与直接将用户与权限关联相比，在访问控制的配置和授权审查方面提供了更强的控制力。

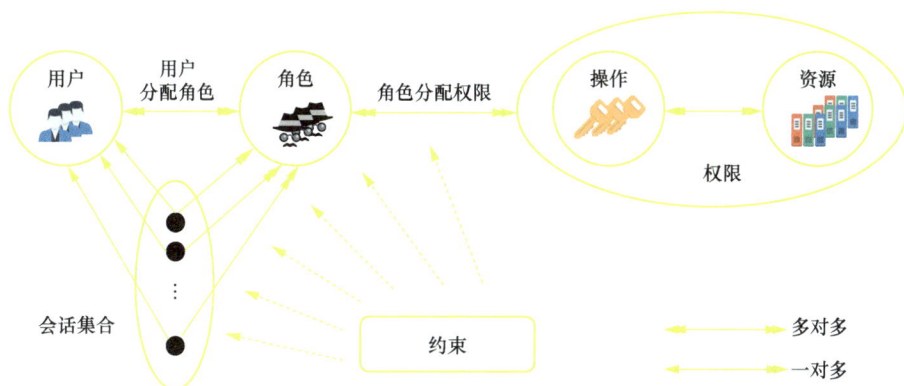

图 6-36 RBAC 的基本模型

　　每个会话都是一个用户与多个角色的映射，即用户在会话期间激活其所属角色的某个子集。图 6-36 中会话到角色的双箭头表示多个角色可以同时被激活。在某一特定的会话中，用户可用的权限是所有激活角色的权限的并集。会话到用户的单箭头表示每个会话只与一个用户关联，这种关联在会话的整个生命周期内保持不变。

　　一个用户可以同时打开多个会话，例如，每个会话在用户终端上的不同窗口中进行。每个会话可以拥有不同的活动角色组合。RBAC 的这一特性支持最小特权原则。一个属于多个角色的用户可以在一个会话中选择激活适合执行当前任务的角色子集。因此，拥有高级权限角色的用户通常可以保持该角色处于未激活状态，并在需要时显式激活它。在 RBAC 中，哪个角色在特定会话中被激活完全由用户自行决定。RBAC 还允许在会话的生命周期内动态激活和停用角色。会话的概念等同于访问控制文献中传统的主体概念。一个主体（或会话）是访问控制的基本单元，一个用户可以同时拥有多个具有不同权限的主体（或会话）。

　　约束是 RBAC 中的一个重要方面，有时被认为是 RBAC 的主要动机之一。一个常见的例子是互斥角色，如采购经理和应付账款经理。在大多数组织中，通常不允许同一个人同时担任这两个角色，因为这可能会导致舞弊行为。这种方法体现了一个久负盛名的原则，即职责分离。

RBAC 基本模型中涉及的各个要素的形式化定义如下 [38]。

- USERS 表示用户集合，ROLES 表示角色集合，OPS 表示操作集合，OBS 表示客体集合，即模型中的资源集合，SESSIONS 表示会话集合。

- $\text{UA} \subseteq \text{USERS} \times \text{ROLES}$，为用户分配角色，是用户到角色的多对多映射集合。

- $\text{assigned\_users}(r : \text{ROLES}) \to 2^{\text{USERS}}$，对于给定的角色 r，其对应的用户集合，同样可以形式化表述为 $\text{assigned\_users}(r) = \{u \in \text{USERS} \,|\, (u,r) \in \text{UA}\}$。

- $\text{PRMS} = 2^{(\text{OPS} \times \text{OBS})}$，权限集合。

- $\text{PA} \subseteq \text{PRMS} \times \text{ROLES}$，为角色分配权限，一个权限到角色的多对多映射集合。

- $\text{assigned\_permiddiond}(r:\text{POLES}) \to 2^{\text{PRMS}}$，对于给定的角色 r，其对应的权限集合，同样可以形式化表述为 $\text{assigned\_permissions}(r) = \{p \in \text{PRMS} \,|\, (p,r) \in \text{PA}\}$。

- $\text{Op}(p : \text{PRMS}) \to \{op \subseteq \text{OPS}\}$，对于给定的权限 p，其对应的操作集合。

- $\text{Ob}(p : \text{PRMS}) \to \{ob \subseteq \text{OBS}\}$，对于给定的权限 p，其对应的资源集合。

- $\text{user\_sessions}(u : \text{USERS}) \to 2^{\text{SESSIONS}}$，对于给定的用户 u，其对应的会话集合。

- $\text{session\_roles}(s : \text{SESSIONS}) \to 2^{\text{ROLES}}$，对于给定的会话 s，其对应的角色集合，同样可以形式化表述为 $\text{session\_roles}(s_i) \subseteq \{r \in \text{ROLES} \,|\, (\text{session\_users}(s_i), r) \in \text{UA}\}$。

- $\text{avail\_sessio\_perms}(s : \text{SESSIONS}) \to 2^{\text{PRMS}}$，每次会话中涉及的权限集合。对于一个用户，在一次会话中具备的权限可表示为 $\bigcup_{r \in \text{session\_roles}(s)} \text{assigned\_permissions}(r)$。

RBAC 简化了权限管理，在大型系统中可以通过管理少量的角色来有效控制用户访问权限，避免直接为每个用户单独设置权限的复杂性和出错风险。

基于 RBAC 的形式化表述，参考业内 RBAC 的具体实现，本节提出基于 RBAC 的企业网零信任安全架构，具体如图 6-37 所示。

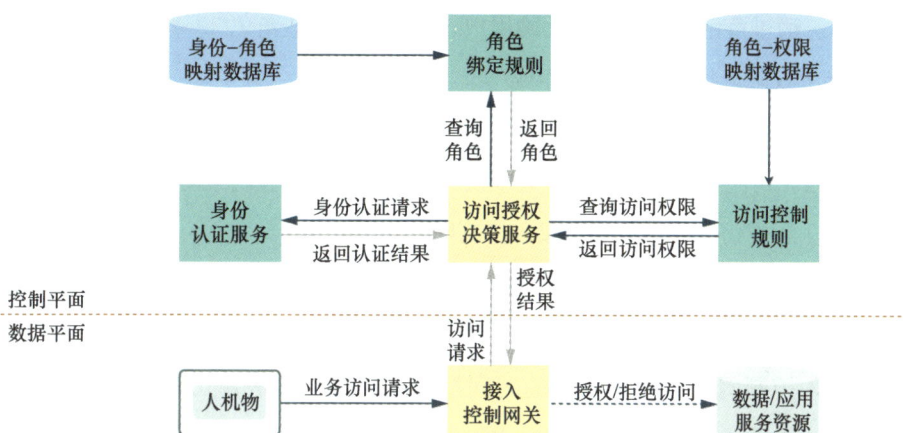

图 6-37 基于 RBAC 的企业网零信任安全架构

基于零信任的核心理念，采用数据平面和控制平面分离的设计模式，实现基于 RBAC 的企业网零信任设计，主要包括接入控制网关、访问授权决策、身份认证服务、角色绑定规则、访问控制规则等几个方面。其中，接入控制网关作为零信任安全中的策略执行点（PEP），是接收用户申请、启动认证授权流程的入口。访问授权决策服务是零信任安全中的策略决策点（PDP），是认证授权过程中的核心。具体流程如下。

（1）用户发起访问请求

访问主体通过网络发出访问企业系统资源的请求。请求会被传递到接入控制网关，即零信任安全中的 PEP。此时的访问主体可以是人机物，也可以是其对应的网络孪生。

（2）接入控制网关启动认证授权流程

接入控制网关接收到用户的访问请求后，会将请求传递给访问授权决策服务，将认证授权过程转移到控制平面中。

（3）访问授权决策服务实施身份认证

访问授权决策服务将身份认证信息传递给身份认证服务，发送身份认证请求。身份认证服务会对用户进行身份验证，确认该用户的身份是否真实和有效。

（4）访问授权决策服务查询用户角色信息

在用户身份得到确认后，访问授权决策服务会查询与该用户身份绑定的角色信息。通过角色绑定规则，明确用户当前激活了哪些角色。

（5）权限查找与访问策略生成

根据用户的角色信息，访问授权决策服务会查找该角色对应的权限。基于这些权限，访问授权决策服务生成本次访问请求的访问控制策略。

（6）下发访问控制策略至接入控制网关

访问授权决策服务生成的访问控制策略会被下发到接入控制网关，供后续执行。

（7）执行访问控制策略

接入控制网关根据接收到的访问控制策略，决定是否允许用户的业务访问请求。如果用户的权限满足访问要求，允许访问；如果不满足，则拒绝访问。

基于 RBAC 的零信任设计极大地简化了授权模式，在满足多用户并发认证的同时，降低了系统在访问控制中的开销，减少权限被滥用风险，角色和权限可以根据企业需求进行灵活定制，满足不同岗位和任务的需求，增强灵活性和可扩展性。

6.5.3.3 ABAC 的核心机制

关于 ABAC 的定义有很多 [39-40]，一个比较权威的定义如下：ABAC 是一种访问控制方法，根据主体的指定属性、对象的指定属性、环境条件以及根据这些属性和条件指定的一系列策略，批准或拒绝主体对对象执行操作的请求 [41-42]。

ABAC 基本场景如图 6-38 所示，其中，ABAC 机制接收主体的访问请求，然后根据特定策略检查主体和对象的属性，再确定主体可以对对象执行哪些操作 [43]。主要步骤如下。（1）主体要求访问对象；（2）访问控制机制在做出决策前评估访问控制策略、主体属性、对象属性和环境条件；（3）如果获得授权，则主体可以访问对象。

ABAC 核心机制如图 6-39 所示。最基本的 ABAC 包括主体属性评估、对象属性评估、环境条件评估，以及对明确主体 - 对象属性组合允许操作的正式关系或访问控制规则的评估。所有 ABAC 解决方案都包含这些基本的核心能力，用于评估属性并执行这些属性之间的规则或关系，在做出访问请求后，ABAC 机制对基于属性的访问控制规则进行评估并做出访问控制决策。最基本的 ABAC 机制包含一个策略决策点和一个策略执行点。

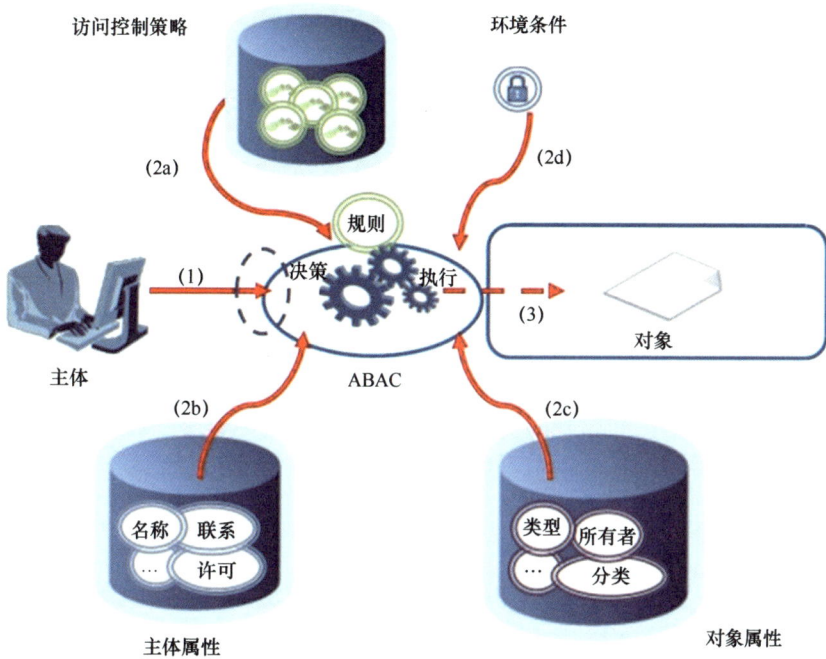

图 6-38 ABAC 基本场景

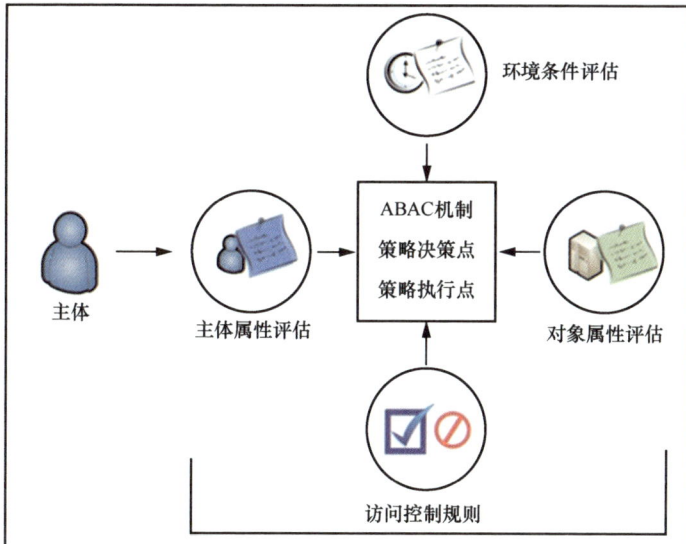

图 6-39 ABAC 核心机制

在企业范围内部署 ABAC 时，所需的组件集会变得更加复杂，由于规模的扩大，需要复杂的、有时甚至是独立建立的管理能力，以确保策略和属性的一致共享和使用，以及访问控制机制在整个企业内的受控分配和使用。图 6-40 为企业 ABAC 场景示例。一些企业拥有可用于实施 ABAC 的能力。例如，大多数企业都以某种形式的身份和证书管理来管理主体属性，如名称、唯一标识符、角色、许可等。同样，许多企业可能也有一些组织策略用于制定授权主体访问企业对象的规则。然而，这些规则通常不是以机器可执行的格式编写的，无法在所有应用中统一整合。ABAC 策略必须以机器可执行的格式提供，并存储在资源库中，发布给访问控制机制（Access Control Mechanism，ACM）使用。这些数字策略包括做出访问控制决策所需的主体和对象属性。企业主体属性必须通过主体属性管理功能来创建、存储，并在企业内部各组织间共享。同样，企业对象属性必须通过对象属性管理功能建立并绑定到对象上。此时，必须部署 ABAC 启用的访问控制机制。

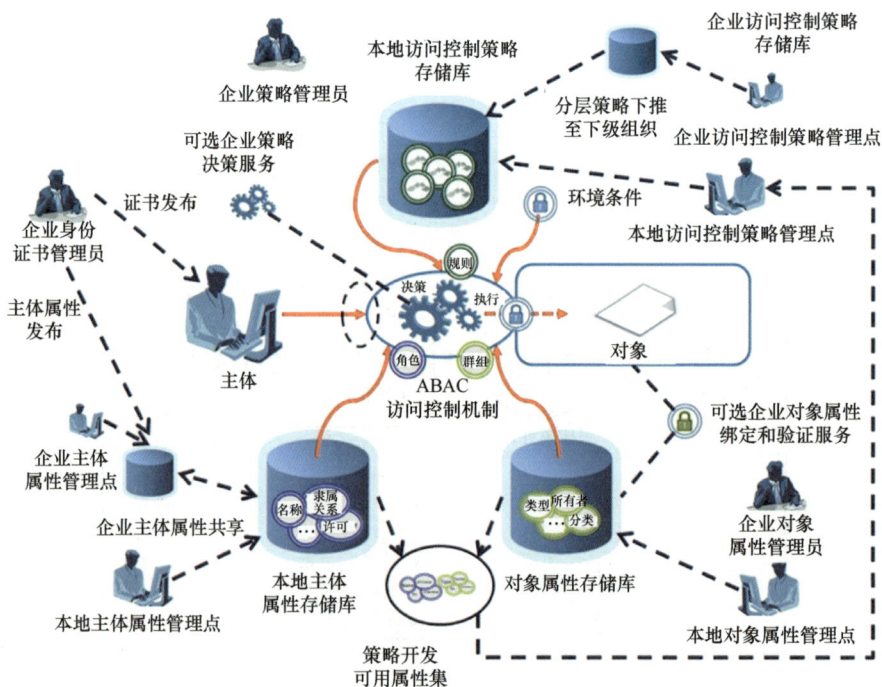

图 6-40　企业 ABAC 场景示例

在企业中部署 ABAC 时，要考虑 ACM 的分布和管理。根据用户的需求、企业的规模、资源的分布以及需要访问或共享的对象的敏感性，可以将 ACM 的功能组件在物理和逻辑上分开，分布在企业内部，这对成功实施 ABAC 至关重要。在 ACM 中，几个功能"点"（检索和管理策略的服务节点）与一些逻辑组件一起，完成环境、策略、属性等的检索和评估。图 6-41 显示了主要的功能点：策略执行点（PEP）、策略决策点（PDP）、策略信息点（PIP）和策略管理点（PAP）。当这些组件处于一个环境中时，它们必须共同发挥作用，做出访问控制决策并执行策略。

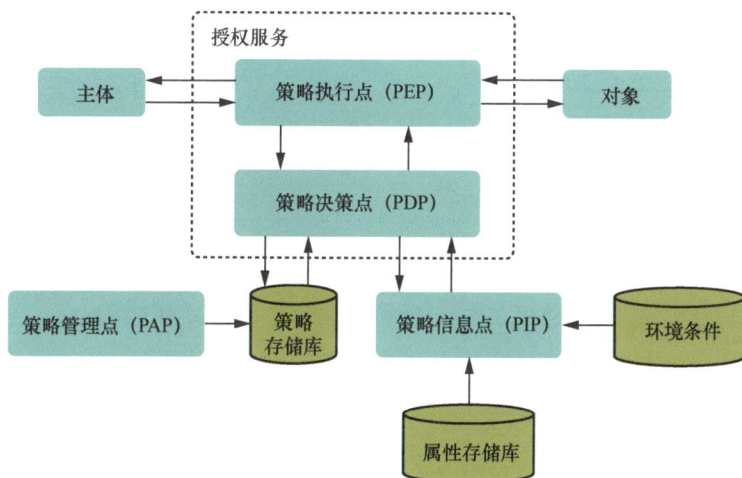

图 6-41　ACM 功能点示例

在 ACM 功能点设计的基础上，结合零信任的安全防护机制，本节研究并提出基于 ABAC 的企业网零信任安全架构，具体如图 6-42 所示。

与基于 RBAC 的零信任设计类似，在基于 ABAC 的零信任设计中，接入控制网关和访问授权决策服务作为数据平面和控制平面的核心，负责认证授权的决策和执行环节。具体过程如下。

（1）接入控制网关接收用户访问请求

用户或系统发出的业务访问请求，会首先被接入控制网关拦截，开启认证授权过程。

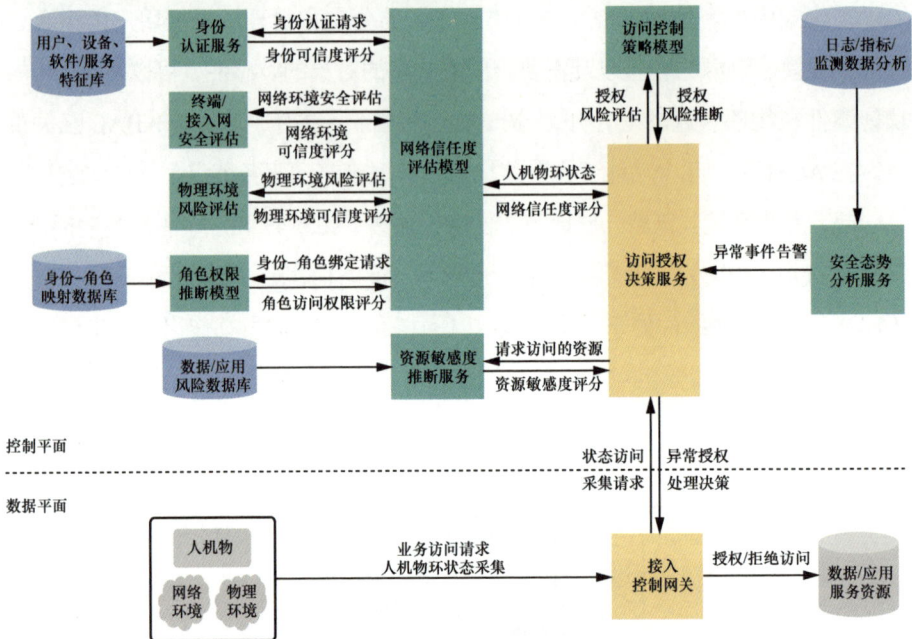

图 6-42　基于 ABAC 的企业网零信任安全架构

（2）接入控制网关将请求发给控制平面的访问授权决策模块

接入控制网关作为策略执行点，不直接做出访问决策，而是将请求转交给控制平面的访问授权决策模块。

（3）访问授权决策依次调用各类模型和服务

首先，调用网络信任度评估模型，具体开展以下子服务。

- 身份认证服务：对用户身份进行验证，并给出身份可信度评分。

- 终端 / 接入网安全评估：对终端和接入网络的安全性进行评估，给出网络环境可信度评分。

- 物理环境风险评估：对物理环境的安全性进行评估，给出物理环境可信度评分。

- 角色权限推断模型：基于用户角色和权限规则，给出角色访问权限评分。

其次，调用资源敏感度推断服务，对资源的敏感度进行推断，并提供环境敏感度评分。

再次，访问控制策略模型，依据当前网络信任度评估和资源敏感度推断，开展授权风险的评估和推断。

最后，调用安全态势分析服务，分析系统安全态势，监控异常事件，提供异常事件告警信息。

（4）综合评估并做出访问授权决策

授权决策模块综合网络信任度评估模型、资源敏感度推断服务、访问控制策略模型以及安全态势分析服务的评分和告警信息，做出最终的授权或拒绝决策。

（5）接入控制网关执行授权决策

接入控制网关接收到控制平面的访问授权决策，进而允许或拒绝业务访问请求。

企业 ABAC 需要协调和确定若干业务流程和技术因素，并建立企业责任和权威。建议成立一个企业治理机构来管理所有身份、证书和访问管理能力的部署和运行，并建议每个下属机构都成立一个类似的机构，以确保在管理与企业 ABAC 实施相关的部署和过渡方面的一致性。此外，建议管理机构开发一个"信任模型"，用于说明信任链，帮助确定信息和服务的所有权和责任、对额外策略和管理的需求，以及对验证或执行信任关系的技术解决方案的要求。信任模型可用于帮助相关组织共享其信息，明确预期信息的使用和保护方法，并能够信任来自其他组织的信息。

6.6　自适应安全防护

云原生网络是一个开放的复杂网络系统，实际运行中面临着较大的复杂性和不确定性，不可避免地存在缺陷和安全隐患。如何对已知或未知的安全威胁生成针对性的安全防护策略是本节的研究重点。云原生平台具备完善的日志记录体系，通过收集和分析各类日志数据（如系统日志、应用日志、网络日志等），可以全面感知平台的安全态势，识别潜在威胁、攻击行为和异常活动等。基于大模型技术强大的处理、分析和内容生成能力，自适应安全防护可以对这些日志数据进行深度学习和模式识别，准确感知平台当前的安全状态，生成高度精准的安全防护策略，提出实时、智能的应对措施，最终实现对平台的持续监控和主动防御，提升整体的安全性和稳定性。

6.6.1 安全态势感知的设计

网络安全态势感知旨在提供对网络安全状态的全面洞察，使组织能够迅速识别和应对潜在的安全威胁，主要通过对网络中的全局安全状态进行实时监测和分析理解，支撑安全运维人员识别出网络存在的异常问题以及潜在攻击行为，通常包括对系统调用、运维操作、网络流量、设备行为、异常活动以及潜在威胁的感知和识别。网络安全态势感知对于保护信息资产、防范网络攻击以及及时回应安全事件至关重要。

在云原生网络的网络安全防护中，整体的网络安全态势感知可以通过多种渠道、多个维度实施，如传统的蜜罐、入侵检测设备、沙箱等安全防护设备会持续对整个网络进行安全监测，收集汇总威胁告警信息，并根据固有的防护策略进行常态化安全防护，是网络安全态势的一部分。另外，云计算平台、Kubernetes 集群、Kubernetes Pod、容器以及应用程序的日志记录能够准确采集平台的状态信息、服务和应用的活动信息等，直观地反映云原生网络的整体运行态势，是网络安全态势的"底图"。本节聚焦云原生网络的日志收集和存储，实现基于日志的安全态势感知设计，为云原生网络自适应安全防护奠定数据基础。

云原生网络的日志记录与传统的日志有所不同，以主流的 Kubernetes 平台为例，Kubernetes 日志记录是系统对集群中各类活动的行为、操作以及运行状态的实时"快照"，通过对日志记录进行挖掘分析，可以准确判断和应对潜在的安全风险和威胁，确保其承载的应用程序能按照预期稳定运行，也保证了云原生平台始终处在"稳态"之中。

实现云原生网络的网络安全态势感知，需要全面记录基础设施、平台支撑和软件运行时的运行状态，并进行长期的积累和分析。下面从云计算平台、Kubernetes 集群、Kubernetes Pod 和应用程序几个方面介绍云原生架构下的网络安全态势感知要点。

（1）云计算平台上的态势感知

云计算平台是一种提供资源虚拟化并以服务的方式向外公开的平台，云计算允许用户通过网络按需访问和使用计算、存储、网络以及其他资源。根据云计算平台对外提供服务模式的特点，在云计算平台上进行网络安全态势感知，需要重点关注云服务 API 调用监控、云上身份和访问管理（Identity and Access Management，IAM）事件、云计算平台的网络性能监测等方面。

① 云服务 API 调用监控

云服务 API 调用监控是一种通过日志记录、监控工具或者其他手段对云服务 API 调用进行实时监测和分析，从而及时发现并定位云计算平台中异常行为的措施。由于 Kubernetes 通常采用云服务 API 进行资源的请求和调用，对 API 调用进行监控能够全面感知云计算平台的安全态势。

② 云上身份和访问管理事件

身份和访问管理的主要目标是确保用户能够在正确的时间、以正确的方式访问合适的资源。IAM 是信息安全领域中的一个关键方面，涉及管理用户身份、授权访问权限、活动监控等方向。对 IAM 事件进行监控能够确保云计算平台在稳定运行的同时，使潜在的安全风险最小，对云计算平台保持安全稳定至关重要。

③ 云计算平台的网络性能监测

在云原生网络中，网络性能通常是应用程序对外提供服务的性能瓶颈。监测云计算平台的网络性能，确保信息能够安全可靠地传输，这对安全运维人员及时发现突发性的异常流量，同时实施拥塞控制和流量清洗等防护策略至关重要。

（2）Kubernetes 集群上的态势感知

Kubernetes 平台中最重要的组件是集群。虽然每个 Kubernetes 平台可以管理多个集群，但在大多数情况下，每个 Kubernetes 平台只包含一个集群。因此，通过在集群上进行安全态势感知，可以全面了解构成集群的所有节点、Pod 和应用程序的整体安全态势，重点涉及集群资源利用率、节点的使用情况和异常 Pod 问题这几个方面。

① 集群资源利用率

对集群资源利用率的感知使得安全运维人员能够实时掌握集群使用的总体情况，能够支撑安全运维人员根据当前的工作负载动态调度节点资源，使得集群在满足工作负载的前提下实现资源的高效利用。

② 节点的使用情况

在 Kubernetes 中，每个工作节点运行不同的 Pod，对集群进行网络安全态势感知应跟踪每个节点上的负载，确保工作节点间的负载均衡。Kubernetes 集群可以采用不同控制器平衡集群中的工作节点负载。

③ 异常 Pod 问题

在通常情况下，Kubernetes Pod 会根据集群资源的利用率和应用程序的需求进行动态的创建和销毁，以实现灵活的迁移调度，但如果有一个 Pod 本应当正常运行，却持续得不到运行资源，导致其无法有效支撑上层应用，就出现了异常 Pod 问题。集群应监控每个 Pod 的运行情况，及时发现异常 Pod 问题。

（3）Kubernetes Pod 上的态势感知

虽然通过对集群进行网络安全态势感知已经使得安全运维人员能够基本掌握 Kubernetes 安全态势全貌，但是为了实现对云原生网络的细粒度感知，还应监控单个 Pod 的运行状态，使得安全运维人员能够获取运行时的网络安全态势。

① Pod 状态分析

Pod 状态分析是指对 Kubernetes 中 Pod 对象的运行状态进行监控、分析和评估的过程。Pod 的状态可以表征 Pod 当前状态的关键信息，如是否正常运行、是否有故障、是否处于终止状态等。通过监控 Pod 的部署模式、部署位置，分析 Pod 的资源分配以及利用情况，可以有效定位 Pod 的运行故障，分析潜在的 Pod 性能瓶颈，从而形成云原生网络的运行时基础态势。

② Pod 实例统计

在 Kubernetes 中，Pod 是最小的部署和调度单元，是容器的集合。Pod 实例可视为一个处于特定运行状态的对象。因此可以认为 Pod 是静态的，而 Pod 实例则代表静态的 Pod 在集群中被创建、运行直到终止的一个对象，是一个动态概念。每个 Pod 实例都是支撑系统运行的一部分，足够多的 Pod 实例代表着系统的高可用性。当然，在满足系统可用性的前提下，不宜过分追求 Pod 实例数量，避免造成云计算平台资源的浪费。

③ Pod 实例与预期的对比分析

Pod 实例数量和预期对比分析是指实际运行的 Pod 实例数量与预期数量之间

的差异，并对这些差异进行分析。在 Kubernetes 中，Pod 的部署和伸缩通常由控制器负责，这些控制器会根据用户定义的期望状态来管理 Pod 的数量。应当持续监控每个 Pod 的实际运行实例数量，并将其与预期运行的实例数量进行比较，以此来感知分析整体的安全态势。

（4）应用程序的态势感知

Kubernetes 中应用程序的态势感知是指对应用程序在集群中运行时的状态、性能和健康状况进行实时监测和分析的过程。对应用程序进行态势感知有助于安全运维团队更好地理解应用程序的运行情况，及时发现潜在问题，并采取适当的措施来确保应用程序的高可用性和性能。虽然应用程序在 Kubernetes 中不是明确定义的组件，但是应用程序的运行态势是云原生体系中安全态势感知的重要组成部分。应用程序的态势感知可以从应用程序可用性监测和事务追踪等方面开展。

① 应用程序可用性监测

应用程序可用性监测是一种评估应用程序在特定条件下是否可用的方法。这涉及监测应用程序的性能、响应时间、稳定性和可靠性等方面。保证应用程序能够持续对外提供服务是运维人员的重要目标，感知应用程序的可用性是云原生网络安全态势的重要组成部分。

② 事务追踪

在 Kubernetes 中，事务追踪通常指的是对分布式系统中请求的端到端跟踪，实现对服务从请求到响应的全链条传播路径的记录和监测。事务追踪对于理解应用程序的性能、诊断问题和优化系统非常重要。如果应用程序遇到性能或可用性问题，通过开展事务追踪可以有效定位并解决问题。

应用程序在 Kubernetes 中的态势感知所发现的问题可能与 Kubernetes 环境有关，也可能源于应用程序代码本身。无论哪种方式，通过持续开展应用程序的网络安全态势感知，监测应用程序提供服务的质量，提供事务追踪的措施和手段，都能有效分析、定位并解决应用层面的问题。应用程序中的网络安全态势是云原生网络全局性安全态势的有机组成部分。

6.6.2　基于日志的安全态势感知

在 Kubernetes 中，系统管理员应当为其环境建立一个有效的日志记录和监控系统。仅记录 Kubernetes 事件不足以提供网络安全态势全貌，应在云原生网络体系的所有级别执行日志记录，包括主机、云计算环境、容器、容器引擎、应用程序等方面。捕获这些日志后，应将其全部聚合到一个服务中，以便为安全审计员、网络防御者和事件响应者提供整个环境中网络安全态势的完整视图[44]。

现代化的大型应用程序设计都会考虑运行日志的记录和保存，在云原生网络中同样有一套完善的日志体系，在容器引擎、Pod、节点和集群中都有相应的日志记录模式设计。其中，容器引擎支持日志记录的功能，针对容器化应用，最简单且最广泛采用的日志记录模式就是写入标准输出流（stdout）和标准错误流（stderr）。但是由容器引擎或 Pod 运行时提供的原生功能通常不足以构成完整的日志记录方案，例如，如果在发生容器崩溃、Pod 被迁移或节点宕机等情况时，想要访问应用程序日志是非常困难的，因此还需要节点和集群层级的日志记录。不仅如此，在集群中，日志应该具有独立的存储，并且其生命周期与节点、Pod 或容器的生命周期相独立，这样才能确保日志记录的可靠性和完备性。

（1）Pod 和容器日志

在 Kubernetes 中，Pod 和容器的日志记录是通过容器运行时和容器引擎来处理的，同时为了便于安全运维人员查看实时日志情况，还可以采取输入命令的方式查看日志。

① 容器引擎的日志记录。Kubernetes 使用的容器引擎负责实际的容器创建和运行，主流的容器引擎都提供日志记录的功能，如 Docker 容器引擎会负责收集和记录容器的 stdout 和 stderr，并将它们收集到控制平面上，使得管理员和开发者能够更方便地访问这些日志。

② kubectl logs 命令。Kubernetes 提供了 kubectl logs 命令，用于从 Pod 中检查正在运行的容器的实时日志，以便了解容器内部的活动、调试问题或监视应用程序的运行状态。

总体而言，Kubernetes 中 Pod 和容器的日志记录是容器引擎和 Kubelet 协同工作的结果。通过集成不同的日志存储后端，管理员可以根据需要灵活地配置日志记录方式和存储位置。

（2）节点级日志记录

在 Kubernetes 中，节点级别的日志记录通常指的是记录整个节点上运行的所有容器的日志。包括对容器和 Pod 日志文件的汇总存储和系统组件日志记录两方面。

容器和 Pod 日志文件的汇总存储方面，实际的日志文件是由容器引擎通过收集应用程序 stdout 和 stderr 的输出创建的。主机上每个运行中的容器都有相应的文件，通过配置 Kubernetes 平台，节点知道在哪里找到这些日志文件以及如何通过适当的日志驱动程序来读取它们，该驱动程序是特定于容器运行时的。图 6-43 是容器和 Pod 日志文件的汇总存储流程。

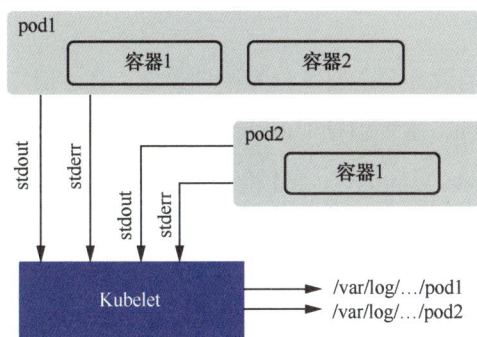

图 6-43　容器和 Pod 日志文件的汇总存储流程

在 Kubernetes 平台中，当 Pod 被迁移时，Kubelet 会移除其上的所有日志文件。当 Pod 重新启动时，Kubelet 会保留当前日志和重新启动之前最新版本的日志，任何更早的日志都会被删除。这种模式有助于 Kubernetes 高效管理存储空间，但会极大地减少日志文件的存储量，这不利于云原生体系的安全运维人员开展事后的安全审计和问题分析。

为了有效地管理和维护日志文件的大小、数量和存储的状态，Kubernetes 提供了日志轮转的管理策略。日志轮转有助于防止日志文件无限增长导致的磁盘空间耗尽，并提供对历史日志的保留和检索的功能。

对于任何生产环境，由于磁盘空间的限制，持续的日志生成和本地存储将变得不现实，因此最有效的做法是在每个节点上实现日志轮转，具体流程如图 6-44 所示。Kubernetes 本身无法定期处理日志轮转，但有许多可用的第三方工具实现轮转的功能，如 logrotate 工具，它可以基于时间（如每天一次）、文件大小或两者的组合的方式进行轮转。使用文件大小作为参数之一，可以进行容量规划，以确保有足够的磁盘空间来处理在任何给定节点上可能运行的所有 Pod 的数量。

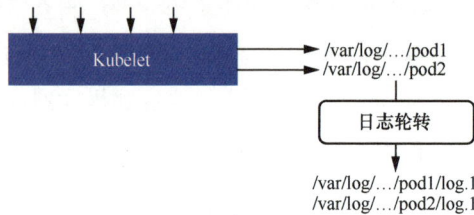

图 6-44　日志轮转流程

系统组件日志记录方面，通常分为两种类型：在容器中运行的组件和直接参与容器运行的组件，主要包括 kube-apiserver、kube-controller-manager、kube-scheduler、Kubelet、kube-proxy、etcd 和 CoreDNS 等组件。

kube-apiserver 是 Kubernetes 控制平面的组件之一，是整个系统的 API 服务器，其日志通常包含有关 API 请求、认证、授权等信息。

kube-controller-manager 是 Kubernetes 控制平面的核心组件之一，负责运行集群级别的控制器，监控集群状态，并确保系统中的资源处于期望的状态。其日志包含有关控制器的活动、事件和错误等信息。

kube-scheduler 是 Kubernetes 控制平面的组件之一，负责根据调度策略为新创建的 Pod 选择合适的节点来运行。其日志记录了关于 Pod 调度决策的信息。

Kubelet 是运行在每个 Kubernetes 节点上的代理，负责维护节点上的容器和 Pod，与控制平面通信，并确保节点上的容器处于运行状态。Kubelet 的日志包含有关容器启动、停止、资源分配等信息。

kube-proxy 是 Kubernetes 控制平面的组件之一，负责维护节点上的网络规则，支持服务发现和负载均衡。其日志包含关于网络代理规则的信息。

etcd 是一个分布式键值存储系统，作为 Kubernetes 集群的后端存储，用于保存整个集群的配置数据和状态信息。etcd 的日志记录了存储的变更、健康状况等信息。

CoreDNS 负责为 Kubernetes 集群提供 DNS 服务。其日志包含有关 DNS 查询、服务发现等信息。

（3）集群日志记录

在 Kubernetes 中，没有原生的集群日志记录功能，开展集群级别的日志记录，一般需要依托节点上的日志代理和 Pod 中专门记录日志的边车（Sidecar）来实现。

在每个节点上配置代理是一种常见的方法，通过该代理可以收集每个节点上运行的所有容器的日志。代理负责捕获这些日志并将它们发送到集中的存储或分析系统，以便进一步处理和监控。如图 6-45 所示，在每个节点上安装运行的代理，可作为 Kubernetes 中的一个 DaemonSet，也可在操作系统级别进行。其优点是不需要对 Kubernetes 集群进行任何更改，并且可以扩展到捕获其他系统日志；缺点是需要一个高权限运行的容器。

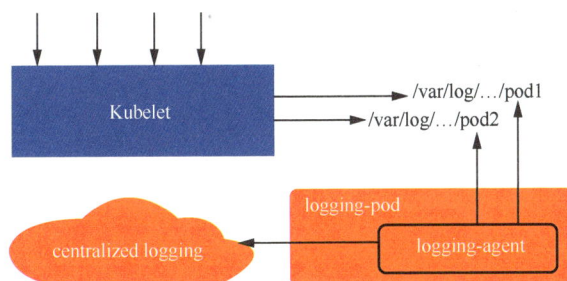

图 6-45　节点日志代理流程

在 Kubernetes 中，边车容器（Sidecar Container）是与主容器一同运行在同一 Pod 中的辅助容器，通常用于扩展或增强主容器的功能，如图 6-46 所示。采用边车模式运行日志代理，主要有两种部署选项：第一种是边车容器将应用程序日志传送到自己的 stdout；第二种是边车容器运行一个日志代理，配置该日志代理自动从应用容器收集日志。

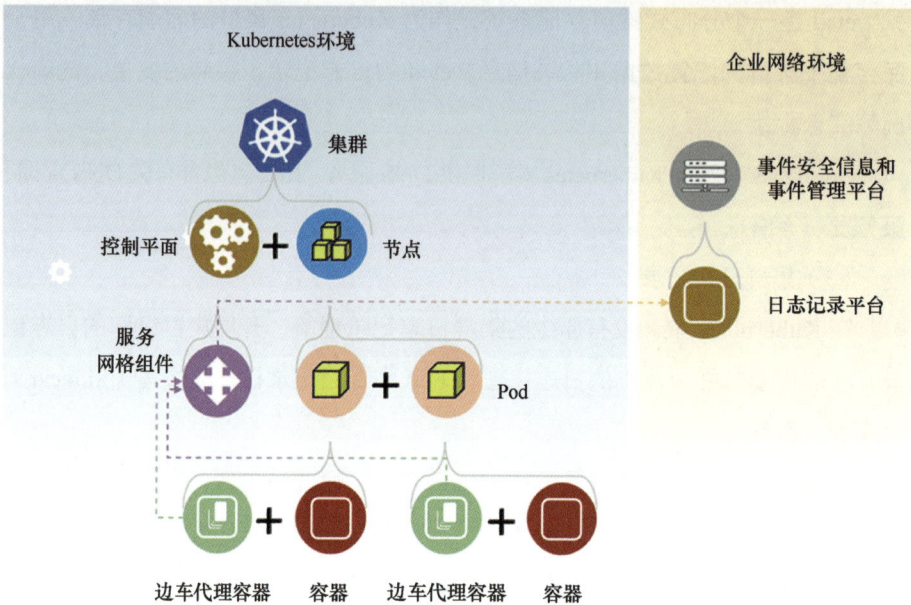

图 6-46 基于边车的日志代理模式

　　云原生网络的日志管理与传统日志记录相比有其独特之处。首先，云原生环境下应用和基础架构生成的日志数量更多，每个微服务和组件都可能产生独立的日志。其次，日志类型更加多样化，涵盖了服务器日志、应用程序日志、云基础设施的日志、Kubernetes 或 Docker 的日志等，不同类型的日志可能采用不同的格式，这增加了日志数据的复杂性。在云原生环境中，日志记录的模式也更加多样化。例如，Kubernetes 提供了一些内置功能来收集节点日志，但其具体实现方式依赖于环境变量和安装选项。这种多样性使得设计统一的日志管理流程非常困难。最后，云原生应用程序中存在非永久性日志存储的挑战。特别是在容器化环境中，容器实例停止运行时，存储在容器中的所有数据将被永久销毁，包括日志数据。这就要求在云原生日志记录中考虑如何处理短暂性数据丧失的问题，以确保历史日志的可用性。因此，在开展日志记录时要注意以下几个关键点。

- 在创建时建立 Pod 基线，以便能够识别异常活动。
- 在所有级别的环境中进行日志记录。

- 整合现有的网络安全工具，进行汇总扫描、监控、警报和分析。
- 设置容错策略，以防止发生故障时的日志丢失。

在云原生架构下进行日志记录时，有一些常见的原则和实践准则，可以确保实现高效、安全和可维护的日志管理。以下是一些常见日志记录的原则。

- 统一日志收集和汇总。在云原生环境中，为了有效管理日志，需要采用集中式的日志收集工具，以便能够从多个微服务和组件中收集、统一和汇总日志，提高可观察性。
- 灵活的日志管理解决方案。由于不同应用和服务对日志有不同需求，选择灵活的日志管理工具是关键。支持多种日志格式和来源的工具，以及可自定义配置日志级别和格式，可以满足多样化的日志需求。
- 实时收集日志。实时获取最新的应用程序和系统日志是保障故障检测和响应的重要步骤。配置实时日志收集，并使用支持实时查询和分析的工具，有助于及时发现和解决问题。
- 使用自定义日志解析器。为了更轻松地进行查询、分析和监控，使用自定义的日志解析器将日志信息转化为结构化的数据格式。采用标准化的日志格式，如 JSON，同时添加关键性的上下文信息，可以提高日志的可读性和可理解性。

6.6.3　基于大模型的自适应安全防护设计

基于日志的网络态势安全审计包括两个关键过程，一是收集并保存所有必要的日志数据，二是尽可能实时地主动监控日志数据中的危险信号。在编写日志解析策略或手动检查日志时，知道要查找什么非常重要。当攻击者试图利用集群时，他们会在日志中留下行为痕迹。在此情况下，可以根据前文提及的 MITRE ATT&CK 威胁矩阵来分析攻击过程，并探究这些攻击行为在系统日志中所体现的异常特征。

典型攻击行为和日志检测对照如表 6-2 所示，其包含了攻击者可能尝试利用集群的一些方法，以及这些方法在日志中的表现 [45]。

表 6-2　典型攻击行为和日志检测对照表

攻击者行为	日志检测要点
攻击者将恶意软件部署到 Pod 或者容器中，通过复制镜像名称等方式进行伪装，同时尝试以 root 特权启动容器，以提升权限	对比镜像 ID 和哈希来发现可疑镜像，同时监控以 root 权限启动的 Pod 或应用程序容器
攻击者将恶意镜像导入组织的镜像仓库，以便自己能够部署该镜像，或者诱导组织内其他人员部署恶意镜像	检测容器引擎或镜像仓库的日志。排查镜像部署过程的异同。根据具体情况，也可以通过使用新镜像版本重新部署后容器行为的变化来检测
如果攻击者能够突破应用程序的安全防护，具备在容器中执行命令的能力，其就能够从 Pod 内部发起 API 请求，潜在地升级权限、在集群内进行横向移动，或者越过容器边界进入宿主机	Kubernetes 审计日志的异常 API 请求，seccomp 的异常系统调用
获得 Kubernetes 集群初始访问权的攻击者为进一步渗透到集群中，需要与 kube-apiserver 进行交互	检测账户对 API server 的请求记录，是否反复出现多次失败等异常情况
攻击者获取了集群的操作权限，占用集群的资源进行挖矿或者其他非法行为	检测集群资源的消耗情况，是否在日志中表现出资源消耗突然激增的情况
攻击者可能使用匿名账户，以隐藏其活动痕迹	检测集群中的任何匿名行动
攻击者可能尝试为已被其入侵或正在创建的容器挂载卷，以获取对主机的访问权限	检查为容器进行卷挂载的操作，分析异常情况
攻击者可能会利用定时任务等功能使Kubernetes 自动定期在集群上运行恶意软件	检查定时任务的创建和修改情况

　　在这样的环境中生成的大量日志使得管理员不可能手动查看所有日志，更重要的是管理员要知道应该查找哪些指标。这些知识可用于配置自动响应和改进触发警报的标准。

　　Kubernetes 本身并不包括安全审计和响应的功能。然而，该系统的构建是可扩展的，允许用户自由开发自己的定制解决方案，或选择适合需求的附加组件。Kubernetes 集群管理员通常将额外的后台服务连接到他们的集群，为用户执行额外的功能，如扩展搜索参数、数据映射的功能，以及警报功能。

　　常规系统安全审计应该包括将当前日志与正常活动的基线度量进行比较，

以识别任何已记录的度量和事件中的重要更改。系统管理员应该调查重大更改以确定根本原因。例如，资源消耗的显著增加可能表明应用程序使用情况发生了变化，或者安装了恶意进程。

应该对内部和外部流量日志进行审计，以确保连接上的所有预期安全约束都已正确配置，并按预期工作。随着系统的发展，管理员还可以使用这些审计来评估外部访问可能受到限制的地方。

2022 年底，美国 OpenAI 公司发布了重量级人机交互产品 ChatGPT，能够像人一样进行对话交流，同时还能够根据人类的命令对文件进行翻译、总结以及写文案、编代码，一经推出，便火爆全网。ChatGPT 采用了一种被称为 Transformer 的神经网络架构，采用精心挑选的语料对模型进行预训练和微调，再依靠人工训练奖励模型，并最终通过奖励模型进行强化学习完成模型训练。通过 ChatGPT 的实际表现看，其大幅提升了人机交互体验，并且在内容总结、文案生成方面产生了意料之外的效果。

在自适应安全防护中的安全策略生成方面，可以借鉴 GPT 大模型技术，通过大模型分析基于日志的态势感知数据，识别异常行为和潜在攻击路径。实时生成适应当前状态的网络安全防护策略，并自动推送到安全策略引擎等组件执行。系统还能通过持续学习，优化未来的安全策略生成与部署模式，实现自适应的网络安全防护。网络安全防护策略自适应生成流程如图 6-47 所示。

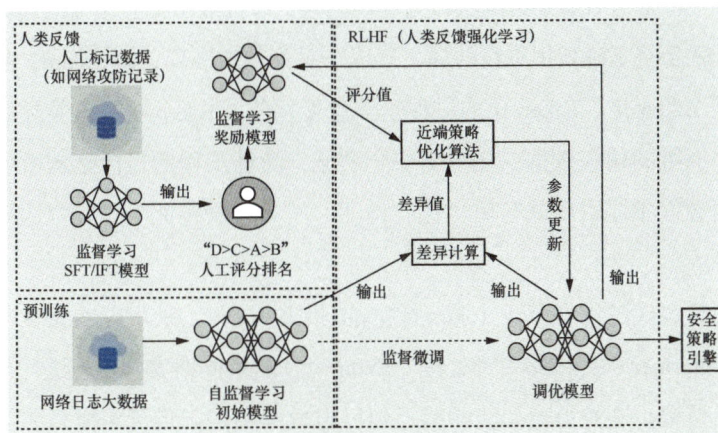

图 6-47　网络安全防护策略自适应生成流程

网络安全防护策略自适应生成流程主要包括预训练阶段、监督式微调阶段、奖励建模阶段以及强化学习阶段。其中，奖励建模和强化学习阶段采用了人类反馈强化学习（RLHF）方法。每个阶段会选取不同的数据进行相应的模型训练和微调工作，最终形成能够产生符合预期的安全策略生成式大模型。

（1）预训练阶段

预训练阶段是模型训练的第一个阶段，本阶段的训练目标是得到满足自适应安全策略生成的基础模型。本阶段主要以 Transformer 神经网络为基础进行训练。

Transformer 架构是 2017 年谷歌研究团队在论文 "Attention is All You Need" [46] 中提出的，目的是提升机器翻译的准确性。Transformer 架构摒弃了传统的循环神经网络（RNN）和卷积神经网络（CNN）等机器学习框架，采用 Attention 机制来构建每个词的特征，从而实现机器翻译的功能。Transformer 架构如图 6-48 所示 [46]。

基于 Transformer 架构，预训练阶段主要分为数据收集、特征工程和预训练实施 3 个步骤。

在数据收集过程中，主要利用基于日志记录的网络安全态势感知数据作为数据源，进行自监督学习。这些日志数据包括云原生架构下各个组件、服务和应用的正常运行状态以及遭受攻击后的关键事件记录等。

特征工程是指对原始数据进行处理和转换，以提取出模型所需的关键特征。主要工作就是将基础数据进行转译，形成一系列整数序列，即 Token，整个转译过程就是 Token 化。Token 化的过程是信息无损的，Token 化后是整数序列表征即模型预训练的输入数据。在网络安全领域，特征工程的目标是从日志和其他安全相关数据中提取出具有信息量的特征，使得这些特征能够有效地被模型学习和利用。

预训练实施过程是基于 Token 数据的预训练过程，采用自监督学习方法，基于 Transformer 神经网络对预处理（Token 化）后的网络安全日志进行预训练，形成初始模型。这使得模型能够捕捉到日志数据中的正常行为模式和潜在攻击模式，对于最终生成自适应安全防护策略至关重要。

输出概率

归一化指数函数

线性层

残差连接&正则化

前馈神经网络

残差连接&正则化

多头注意力机制

Add & Norm

掩码
多头注意力机制

残差连接&正则化

前馈神经网络

残差连接&正则化

多头注意力机制

位置偏码   +   +   位置偏码

输入词嵌入   输出词嵌入

输入   输出
（整体右移）

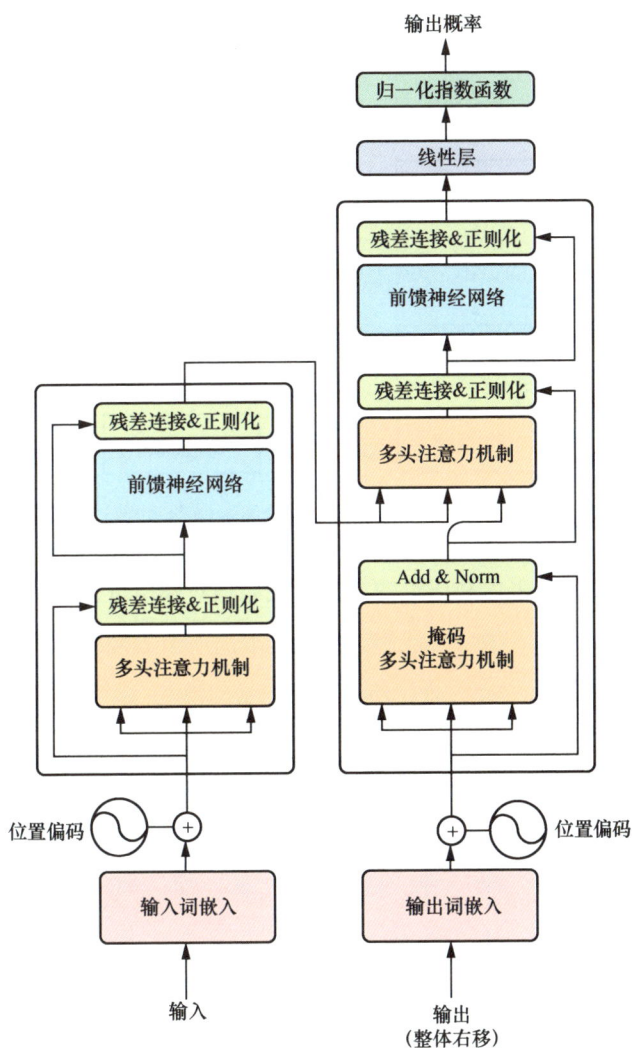

图 6-48 Transformer 架构

（2）监督式微调阶段

监督式微调阶段主要采用高质量的人工标记数据对模型进行微调，以预训
练生成模型为基础，通过逐层映射的方式进行模型演变[47]，其中，预训练生成
模型的底层部分保留了海量日志数据训练完后的通用的基础特征，微调后的模
型输出层生成符合用户特定结果，这是本阶段主要训练的部分，其模型演变
如图 6-49 所示。

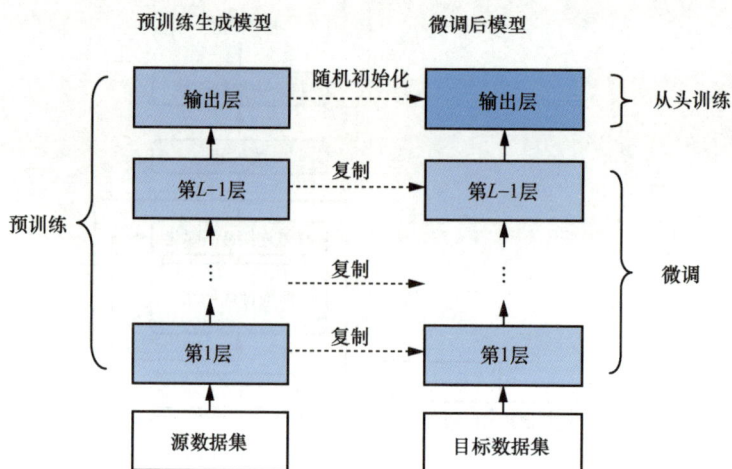

图 6-49　监督式微调阶段的模型演变

在本阶段中通常采用高质量的人工标记数据对模型进行微调。在自适应策略生成大模型的监督式微调阶段中，可以选取高质量的网络攻防数据集作为监督式微调的数据输入，基于预训练阶段生成的基础模型，继续进行模型优化过程。这个训练过程完成后，就得到了一个 SFT（Supervised Fine-Tuning）模型。经过监督式微调后的模型已经能完成一定程度策略生成的工作。监督式微调阶段主要包括以下几个步骤。

步骤 1。基于预训练生成模型，创建微调后模型。即从预训练生成模型复制输出层以外的所有层的模型设计及其参数，保留预训练阶段模型的训练成果。

步骤 2。为微调后模型添加一个输出大小为目标数据集类别个数的输出层，并随机初始化该层的模型参数。

步骤 3。在目标数据集即人工标记的网络攻防数据集上训练微调后模型。重新训练模型的输出层。训练完成后得到 SFT 模型。

本阶段利用监督学习，对初始模型进行微调，通过与标记数据进行对比，提高模型对已知攻击和正常行为的识别以及针对已知攻击的防御策略生成的能力。

（3）奖励建模阶段

奖励建模的本质是找到能够评价目标模型输出结果质量的方法，目前 ChatGPT 采取的思路是对于同样的模型输入，令模型对其产生不同的输出，然后采取人工标记[48]的方式对输出结果进行排序,基于大量人工排序的数据生成奖励模型,该奖励模型可以较好地评价目标模型的输出结果,更好地支撑完成目标模型参数调优。奖励建模过程如图 6-50 所示。

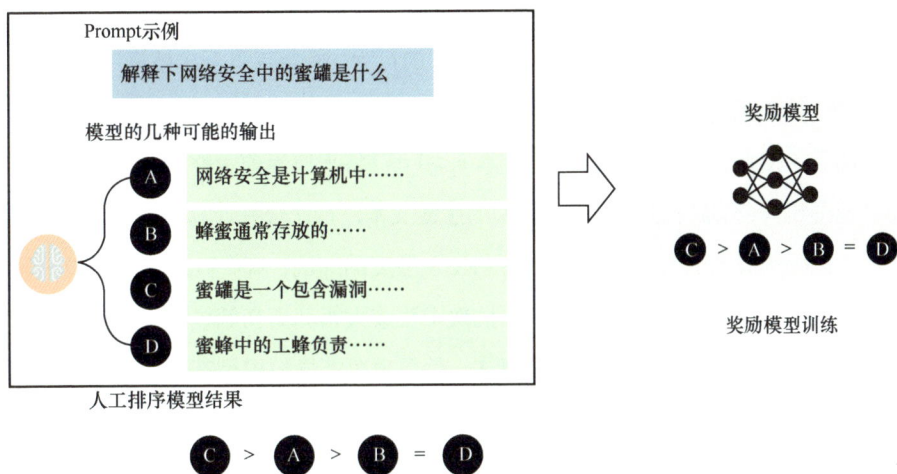

图 6-50　奖励建模过程

在自适应安全策略大模型的奖励建模阶段中,通过网络攻防专家对微调后大模型生成的网络安全防护策略结果进行排序,根据多轮次的排序结果可以构建出具有评价功能的奖励模型,奖励模型的建立为大模型准确理解网络安全防护的目标、提高攻击检测准确性以及防御策略精准化等方面提供的评价机制,极大地支撑了大模型参数调优的过程。

(4)强化学习阶段

强化学习是一种机器学习范式,其目标是通过智能体(agent)与环境的交互学习,使智能体能够在未知的环境中做出正确的决策,以最大化累积的奖励信号。在强化学习中,智能体通过观察环境的状态,执行某些动作,获得奖励或惩罚,然后根据这些反馈来调整自己的策略,以提高在未来遇到相似状态时的决策能力。强化学习阶段做的事情就是基于奖励模型,使用强化学习算法对大量目标模型输入输出结果进行评分。经过多轮次的奖励模型评价、强化学习参数调优,会训练出一个符合用户期望的自适应安全策略生成大模型。

强化学习阶段的主要工作是基于 RLHF 对大模型进行参数调优。基本思想是采用近端策略优化（Proximal Policy Optimization，PPO）算法[49-50]。PPO 算法是一种典型的强化学习算法。PPO 算法的基本思想是通过最小化相邻策略之间的差异来保证训练的安全性，同时使用一种限制策略变化的方法来防止策略变化过大。利用奖励直接对选择行为的可能性进行增强和减弱，如果是好的行为，则会增加下一次被选中的概率，如果是不好的行为，则会减弱下次被选中的概率。

PPO 算法确定的奖励函数具体计算如下。将提示 x 输入初始预训练模型和当前微调后的模型，分别得到了输出文本 y_1 和 y_2，将来自当前策略的文本传递给奖励模型得到一个奖励标量。将两个模型的生成文本进行比较并计算差异的惩罚项，此处可以采用成熟的 Kullback-Leibler（KL）散度的缩放，即 $r = r_\theta - \lambda r_{KL}$。这一项被用于惩罚强化学习策略在每个训练批次中生成大幅偏离初始模型，以确保模型输出合理的网络防御策略。如果去掉这一惩罚项可能导致模型在优化中生成随机的防御策略来愚弄奖励模型从而获取高奖励值。PPO 算法流程如图 6-51 所示。

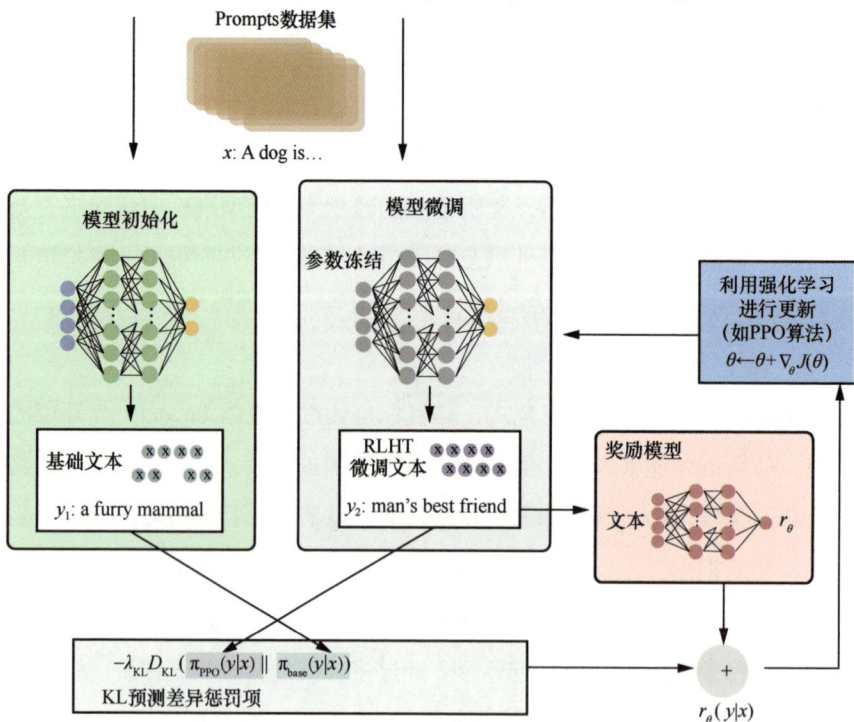

图 6-51　PPO 算法流程

总的来说，基于大模型的自适应精准响应首先以无监督的方式在大量未标记的日志数据上训练基础 Transformer 模型，实现日志条目和网络安全态势之间的特征提取和模式学习。然后，使用人工标注的网络攻防数据作为基础进行监督学习训练，对预训练模型进行微调。然后，由人类安全专家对微调后大模型生成的安全防护策略进行评分，并以此训练奖励模型来自动评估大模型生成的安全防护策略。最后通过强化学习方法对基础模型进行参数调优，经过调优后的网络安全大模型可以根据当前网络安全态势生成自适应的网络安全防护策略，从而形成能够实现云原生主动防御的安全策略生成"引擎"。

6.7 本章小结

本章探讨了云原生网络的安全问题。本着"预防在先、风险控制"的设计原则，云原生网络采用基于网络孪生的零信任安全架构，对网络中所有访问流量进行认证、授权和信任评估，尽最可能保证网络中的流量都是安全可信的。同时，对于防不胜防的网络攻击，云原生网络构建具有信息传递优势的控制平面网络，实时感知系统安全态势的变化，通过基于日志的态势感知、基于大模型的训练和学习，自适应生成针对性安全策略并快速响应，以确保在强对抗环境下网络的安全和云服务的持续可用。

参考文献

[1] GRIMES J G, CIO D. Department of defense global information grid architectural vision: vision for a net-centric, service-oriented DoD enterprise (version 1.0)[R].2007.

[2] KINDERVAG J. Build security into your network's DNA: the zero trust network architecture[R]. 2010.

[3] KINDERVAG J. No more chewy centers: introducing the zero trust model of information security[R]. 2016.

[4] CUNNINGHAM C, BALAOURAS S, BARRINGHAM B, et al. The zero trust eXtended (ZTX) ecosystem: extending zero trust security across your digital business[R]. 2018.

[5] Gartner. The future of network security is in the cloud[R]. 2019.

[6] Forrester. Introducing the zero trust edge architecture for security and network services[R]. 2021.

[7] WARD R, BEYER B. BeyondCorp: a new approach to enterprise security[J]. ;Login:, 2014, 39(6): 6-11.

[8] OSBORN B, MCWILLIAMS J , BEYER B, et al. BeyondCorp: design to deployment at Google[J]. ;login:, 2016, 41(1): 28-34.

[9] CITTADINI L, SPEARBATZ, BEYER B, et al. BeyondCorp: the access proxy[J]. ;login:, 2016, 41(4): 28-33.

[10] PECK J J, BEYER B, BESKE C, et al. Migrating to BeyondCorp: maintaining productivity while improving security [J]. ;login:, 2017, 42(2): 49-55.

[11] ESCOBEDO V, BEYER B, SALTONSTALL M, et al. BeyondCorp 5: the user experience[J]. ;login:, 2017, 42(3): 38-43.

[12] JANOSKO M, KING H, BEYER B, et al. BeyondCorp: building a healthy fleet[J]. ;login:, 2018, 43(3): 24-30.

[13] GONÇALVES G, O'MALLEY K, BEYER B, et al. BeyondCorp and the long tail of zero trust[EB]. 2023.

[14] ROSE S, BORCHERT O, MITCHELL S. Zero trust architecture[S]. 2020.

[15] Department of Defense. Department of defense (DOD) zero trust reference architecture (version 1.0)[R]. 2021.

[16] Department of Defense. Department of defense (DOD) zero trust reference architecture (version 2.0)[R]. 2022.

[17] Department of Defense. DOD zero trust strategy[R]. 2022.

[18] 中国信息通信研究院, 奇安信科技集团股份有限公司. 零信任技术 [R]. 2020.

[19] 零信任产业标准工作组. 零信任接口应用白皮书（2021）[R]. 2021.

[20] ITU-T Recommendation X.1011. Guidelines for continuous protection of the service access process[S]. 2021.

[21] Google Corporation. BeyondProd[EB]. 2023.

[22] CREANE B, GUPTA A. Kubernetes Security and Observability[M]. California: O'Reilly Media, 2021.

[23] MITRE. MITRE ATT&CK[EB]. 2024.

[24] YOSSI W. Secure containerized environments with updated threat matrix for Kubernetes[EB]. 2021.

[25] BARTH E G A D. Zero trust networks: building secure systems in untrusted networks[M]. California: O'Reilly Media, 2017.

[26] ITU-T Recommendation X.509. Information technology - open systems interconnection - the directory: public-key and attribute certificate frameworks[S]. 2019.

[27] IETF. TOTP: time-based one-time password algorithm: IETF RFC6238[S]. 2011.

[28] IETF. The transport layer security (TLS) protocol (version 1.3): IETF RFC 8446[S]. 2018.

[29] IETF. Security architecture for the Internet protocol: IETF RFC 4301[S]. 2005.

[30] IETF. Internet key exchange protocol version 2 (IKEv2): IETF RFC 5996[S]. 2010.

[31] NIST. Guide to attribute based access control (ABAC) definition and considerations: NIST SP 800-162[S]. 2014.

[32] WILSON B, HAPEREN V K. Information assurance (IA)[EB]. 2015.

[33] NIST. Joint task force transformation initiative, security and privacy controls for federal information systems and organizations: NIST SP 800-53 Rev.4[S]. 2015.

[34] American National Standards Institute. Role based access control: ANSI/INCITS 359-2012[S]. 2012.

[35] SANDHU R S, COYNE E J, FEINSTEIN H L, et al. Role-based access control models[J]. Computer, 1996, 29(2): 38-47.

[36] Sandhu R S. Role-based access control[J]. Advances in computers, 1998, 46: 237-286.

[37] FERRAIOLO D F, CUGINI J, KUHN D R. Role-based access control (RBAC): features and motivations[C]//Proceedings of the 11th Annual Computer Security Applications Conference. [S.l.:s.n.], 1995: 241-248.

[38] FERRAIOLO D F, SANDHU R, GAVRILA S, et al. Proposed NIST standard for role-based access control[J]. ACM Transactions on Information and System Security (TISSEC), 2001, 4(3): 224-274.

[39] WANG L Y, WIJESEKERA D, JAJODIA S. A logic-based framework for attribute based access control[C]//Proceedings of the 2004 ACM Workshop on Formal Methods in Security Engineering. New York: ACM Press, 2004: 45-55.

[40] YUAN E, TONG J. Attributed based access control (ABAC) for Web services[C]//Proceedings of the IEEE International Conference on Web Services. Piscataway: IEEE Press, 2005: 569.

[41] ZHU Y, HUANG D J, HU C J, et al. From RBAC to ABAC: constructing flexible data access control for cloud storage services[J]. IEEE Transactions on Services Computing, 2015, 8(4): 601-616.

[42] JIN X, KRISHNAN R, SANDHU R. A unified attribute-based access control model covering DAC, MAC and RBAC[C]//Lecture Notes in Computer Science. Berlin: Springer, 2012: 41-55.

[43] HU V C, FERRAIOLO D, KULN R, et al. Guide to attribute based access control (ABAC) definition and considerations[EB]. 2014.

[44] Kubernetes. Logging architecture[EB]. 2023.

[45] National Security Agency, Cybersecurity and Infrastructure Security Agency. Kubernetes hardening guide[EB]. 2021.

[46] VASWANI A, SHAZEER N, PARMAR N, et al. Attention is all you need[C]// Proceedings of the 31st International Conference on Neural Information Processing Systems. Piscataway: IEEE Press, 2017: 6000-6010.

[47] RADFORD A, NARASIMHAN K, SALIMANS T, et al. Improving language understanding by generative pre-training[R]. 2018.

[48] KNOX W B, STONE P. Interactively shaping agents via human reinforcement: the TAMER framework[C]//Proceedings of the Fifth International Conference on Knowledge Capture. New York: ACM Press, 2009: 9-16.

[49] SCHULMAN J, WOLSKI F, DHARIWAL P, et al. Proximal policy optimization algorithms[EB]. 2017.

[50] LAMBERT N, CASTRICATO L, WERRA V L, et al. Illustrating reinforcement learning from human feedback (RLHF)[EB]. 2022.